全国电力出版指导委员会出版规划重点项目

汽轮机设备运行

（第二版）

《火力发电职业技能培训教材》编委会　编

中国电力出版社
CHINA ELECTRIC POWER PRESS

内容提要

本套教材在2005年出版的《火力发电职业技能培训教材》的基础上，吸收近年来国家和电力行业对火力发电职业技能培训的新要求编写而成。在修订过程中以实际操作技能为主线，将相关专业理论与生产实践紧密结合，力求反映当前我国火电技术发展的水平，符合电力生产实际的需求。

本套教材总共15个分册，其中的《环保设备运行》《环保设备检修》为本次新增的2个分册，覆盖火力发电运行与检修专业的职业技能培训需求。本套教材的作者均为长年工作在生产第一线的专家、技术人员，具有较好的理论基础、丰富的实践经验和培训经验。

本书为《汽轮机设备运行》分册，共3篇，主要内容包括：汽轮机辅助设备系统的启停及运行、汽轮机的启动、汽轮机的运行调整、汽轮机的停机、汽轮机组的常见事故与处理、汽轮机典型事故的原因分析与预防、汽轮机及辅机大修后的验收和试运行、发电厂的经济指标分析及可靠性管理、热工仪表和控制系统，泵的基础知识、给水泵的运行、循环水泵和凝结水泵的运行、离心式水泵的运行，热力网基础知识、减温减压器的运行、热力网水泵的运行、热力网加热器和除氧器的运行、热力网的运行、供热管道的运行、吸收式热泵系统的运行。

本套教材适合作为火力发电专业职业技能鉴定培训教材和火力发电现场生产技术培训教材，也可供火电类技术人员及职业技术学校教学使用。

图书在版编目（CIP）数据

汽轮机设备运行/《火力发电职业技能培训教材》编委会编．—2版．—北京：中国电力出版社，2020.5（2025.1重印）

火力发电职业技能培训教材

ISBN 978-7-5198-4381-6

Ⅰ．①汽…　Ⅱ．①火…　Ⅲ．①火电厂－汽轮机运行－技术培训－教材

Ⅳ．①TM621.4

中国版本图书馆CIP数据核字（2020）第033018号

出版发行：中国电力出版社
地　　址：北京市东城区北京站西街19号（邮政编码100005）
网　　址：http://www.cepp.sgcc.com.cn
责任编辑：刘汝青（010-63412382）　董艳荣
责任校对：王小鹏
装帧设计：赵姗姗
责任印制：吴　迪

印　　刷：固安县铭成印刷有限公司
版　　次：2005年1月第一版　2020年5月第二版
印　　次：2025年1月北京第十五次印刷
开　　本：880毫米×1230毫米　32开本
印　　张：19.75
字　　数：681千字
印　　数：3001—3200册
定　　价：98.00元

《火力发电职业技能培训教材》(第二版)

编　委　会

主　任： 王俊启

副主任： 张国军　乔永成　梁金明　贺晋年

委　员： 薛贵平　朱立新　张文龙　薛建立

许林宝　董志超　刘林虎　焦宏波

杨庆祥　郭林虎　耿宝年　韩燕鹏

杨　铸　余　飞　梁瑞珽　李团恩

连立东　郭　铭　杨利斌　刘志跃

刘雪斌　武晓明　张　鹏　王　公

主　编： 张国军

副主编： 乔永成　薛贵平　朱立新　张文龙

郭林虎　耿宝年

编　委： 耿　超　郭　魏　丁元宏　席晋奎

教材编辑办公室成员： 张运东　赵鸣志

徐　超　曹建萍

《火力发电职业技能培训教材
汽轮机设备运行》(第二版)

编 写 人 员

主 编：杨 铸

参 编（按姓氏笔画排列）：

刘玉江　南 轶　程 斐　翟俊琦

《火力发电职业技能培训教材》（第一版）

编　委　会

第二版前言

2004年，中国国电集团公司、中国大唐集团公司与中国电力出版社共同组织编写了《火力发电职业技能培训教材》。教材出版发行后，深受广大读者好评，主要分册重印10余次，对提高火力发电员工职业技能水平发挥了重要的作用。

近年来，随着我国经济的发展，电力工业取得显著进步，截至2018年底，我国火力发电装机总规模已达11.4亿kW，燃煤发电600MW、1000MW机组已经成为主力机组。当前，我国火力发电技术正向着大机组、高参数、高度自动化方向迅猛发展，新技术、新设备、新工艺、新材料逐年更新，有关生产管理、质量监督和专业技术发展也是日新月异，现代火力发电厂对员工知识的深度与广度，对运用技能的熟练程度，对变革创新的能力，对掌握新技术、新设备、新工艺的能力，以及对多种岗位上工作的适应能力、协作能力、综合能力等提出了更高、更新的要求。

为适应火力发电技术快速发展、超临界和超超临界机组大规模应用的现状，使火力发电员工职业技能培训和技能鉴定工作与生产形势相匹配，提高火力发电员工职业技能水平，在广泛收集原教材的使用意见和建议的基础上，2018年8月，中国电力出版社有限公司、中国大唐集团有限公司山西分公司启动了《火力发电职业技能培训教材》修订工作。100多位发电企业技术专家和技术人员以高度的责任心和使命感，精心策划、精雕细刻、精益求精，高质量地完成了本次修订工作。

《火力发电职业技能培训教材》（第二版）具有以下突出特点：

（1）针对性。教材内容要紧扣《中华人民共和国职业技能鉴定规范·电力行业》（简称《规范》）的要求，体现《规范》对火力发电有关工种鉴定的要求，以培训大纲中的“职业技能模块”及生产实际的工作程序设章、节，每一个技能模块相对独立，均有非常具体的学习目标和学习内容，教材能满足职业技能培训和技能鉴定工作的需要。

（2）规范性。教材修订过程中，引用了最新的国家标准、电力行业规程规范，更新、升级一些老标准，确保内容符合企业实际生产规程规范的要求。教材采用了规范的物理量符号及计量单位，更新了相关设备的图形符号、文字符号，注意了名词术语的规范性。

（3）系统性。教材注重专业理论知识体系的搭建，通过对培训人员分析能力、理解能力、学习方法等的培养，达到知其然又知其所以然的目的，从而打下坚实的专业理论基础，提高自学本领。

（4）时代性。教材修订过程中，充分吸收了新技术、新设备、新工艺、新材料以及有关生产管理、质量监督和专业技术发展动态等内容，删除了第一版中包含的已经淘汰的设备、工艺等相关内容。2005 年出版的《火力发电职业技能培训教材》共 15 个分册，考虑到从业人员、专业技术发展等因素，没有对《电测仪表》《电气试验》两个分册进行修订；针对火电厂脱硫、除尘、脱硝设备运行检修的实际情况，新增了《环保设备运行》《环保设备检修》两个分册。

（5）实用性。教材修订工作遵循为企业培训服务的原则，面向生产、面向实际，以提高岗位技能为导向，强调了“缺什么补什么，干什么学什么”的原则，在内容编排上以实际操作技能为主线，知识为掌握技能服务，知识内容以相应的工种必需的专业知识为起点，不再重复已经掌握的理论知识。突出理论和实践相结合，将相关的专业理论知识与实际操作技能有机地融为一体。

（6）完整性。教材在分册划分上没有按工种划分，而采取按专业方式分册，主要是考虑知识体系的完整，专业相对稳定而工种则可能随着时间和设备变化调整，同时这样安排便于各工种人员全面学习了解本专业相关工种知识技能，能适应轮岗、调岗的需要。

（7）通用性。教材突出对实际操作技能的要求，增加了现场实践性教学的内容，不再人为地划分初、中、高技术等级。不同技术等级的培训可根据大纲要求，从教材中选取相应的章节内容。每一章后均有关于各技术等级应掌握本章节相应内容的提示。每一册均有关于本册涵盖职业技能鉴定专业及工种的提示，方便培训时选择合适的内容。

（8）可读性。教材力求开门见山，重点突出，图文并茂，便于理解，便于记忆，适用于职业培训，也可供广大工程技术人员自学参考。

希望《火力发电职业技能培训教材》（第二版）的出版，能为推进火力发电企业职业技能培训工作发挥积极作用，进而提升火力发电员工职业能力水平，为电力安全生产添砖加瓦。恳请各单位在使用过程中对教材多提宝贵意见，以期再版时修订完善。

本套教材修订工作得到中国大唐集团有限公司山西分公司、大唐太原第二热电厂和阳城国际发电有限责任公司各级领导的大力支持，在此谨向为教材修订做出贡献的各位专家和支持这项工作的领导表示衷心感谢。

《火力发电职业技能培训教材》（第二版）编委会

2020 年 1 月

第一版前言

近年来，我国电力工业正向着大机组、高参数、大电网、高电压、高度自动化方向迅猛发展。随着电力工业体制改革的深化，现代火力发电厂对职工所掌握知识与能力的深度、广度要求，对运用技能的熟练程度，以及对革新的能力，掌握新技术、新设备、新工艺的能力，监督管理能力，多种岗位上工作的适应能力，协作能力，综合能力等提出了更高、更新的要求。这都急切地需要通过培训来提高职工队伍的职业技能，以适应新形势的需要。

当前，随着《中华人民共和国职业技能鉴定规范》（简称《规范》）在电力行业的正式施行，电力行业职业技能标准的水平有了明显的提高。为了满足《规范》对火力发电有关工种鉴定的要求，做好职业技能培训工作，中国国电集团公司、中国大唐集团公司与中国电力出版社共同组织编写了这套《火力发电职业技能培训教材》，并邀请一批有良好电力职业培训基础和经验，并热心于职业教育培训的专家进行审稿把关。此次组织开发的新教材，汲取了以往教材建设的成功经验，认真研究和借鉴了国际劳工组织开发的 MES 技能培训模式，按照 MES 教材开发的原则和方法，按照《规范》对火力发电职业技能鉴定培训的要求编写。教材在设计思想上，以实际操作技能为主线，更加突出了理论和实践相结合，将相关的专业理论知识与实际操作技能有机地融为一体，形成了本套技能培训教材的新特色。

《火力发电职业技能培训教材》共 15 分册，同时配套有 15 分册的《复习题与题解》，以帮助学员巩固所学到的知识和技能。

《火力发电职业技能培训教材》主要具有以下突出特点：

（1）教材体现了《规范》对培训的新要求，教材以培训大纲中的“职业技能模块”及生产实际的工作程序设章、节，每一个技能模块相对独立，均有非常具体的学习目标和学习内容。

（2）对教材的体系和内容进行了必要的改革，更加科学合理。在内容编排上以实际操作技能为主线，知识为掌握技能服务，知识内容以相应的职业必需的专业知识为起点，不再重复已经掌握的理论知识，以达到再培训，再提高，满足技能的需要。

凡属已出版的《全国电力工人公用类培训教材》涉及的内容，如识绘图、热工、机械、力学、钳工等基础理论均未重复编入本教材。

（3）教材突出了对实际操作技能的要求，增加了现场实践性教学的内容，不再人为地划分初、中、高技术等级。不同技术等级的培训可根据大纲要求，从教材中选取相应的章节内容。每一章后，均有关于各技术等级应掌握本章节相应内容的提示。

（4）教材更加体现了培训为企业服务的原则，面向生产，面向实际，以提高岗位技能为导向，强调了“缺什么补什么，干什么学什么”的原则，内容符合企业实际生产规程、规范的要求。

（5）教材反映了当前新技术、新设备、新工艺、新材料以及有关生产管理、质量监督和专业技术发展动态等内容。

（6）教材力求简明实用，内容叙述开门见山，重点突出，克服了偏深、偏难、内容繁杂等弊端，坚持少而精、学则得的原则，便于培训教学和自学。

（7）教材不仅满足了《规范》对职业技能鉴定培训的要求，同时还融入了对分析能力、理解能力、学习方法等的培养，使学员既学会一定的理论知识和技能，又掌握学习的方法，从而提高自学本领。

（8）教材图文并茂，便于理解，便于记忆，适应于企业培训，也可供广大工程技术人员参考，还可以用于职业技术教学。

《火力发电职业技能培训教材》的出版，是深化教材改革的成果，为创建新的培训教材体系迈进了一步，这将为推进火力发电厂的培训工作，为提高培训效果发挥积极作用。希望各单位在使用过程中对教材提出宝贵建议，以使不断改进，日臻完善。

在此谨向为编审教材做出贡献的各位专家和支持这项工作的领导们深表谢意。

《火力发电职业技能培训教材》编委会

2005 年 1 月

第二版编者的话

本书以实际操作技能为主线，突出理论和实践相结合，面向生产、面向实际，以提高岗位技能为导向，体现培训为企业服务的原则编写而成的。本次修编以300、600MW汽轮机组为主，兼顾1000MW机组及其辅机的内容，结合我国现阶段技术发展的实际情况编写，尽量反映新技术、新设备、新工艺、新材料、新经验和新方法，有相当的先进性和适用性。

本书为《汽轮机设备运行》分册，全书共分为三篇，包含二十一章。第一、六、七章由大唐阳城发电有限责任公司刘玉江修编；第二、三、四、五、二十一章由大唐山西发电有限公司太原第二热电厂程斐修编；第八、九章由大唐山西发电有限公司太原第二热电厂翟俊琦修编；第十一、十三、十四章由大唐阳城发电有限责任公司刘玉江和大唐山西发电有限公司太原第二热电厂南轶共同修编；第十二章由大唐阳城发电有限责任公司刘玉江和大唐山西发电有限公司太原第二热电厂翟俊琦共同修编；第十、十五、十六、十七、十八、十九、二十章由大唐山西发电有限公司太原第二热电厂杨铸修编。全书由大唐山西发电有限公司太原第二热电厂杨铸主编并统稿。

在编写过程中得到了大唐山西发电有限公司有关部门和大唐山西发电有限公司太原第二热电厂发电部领导及大唐阳城发电有限责任公司领导的大力支持和帮助，他们为本书提供了咨询、技术资料及许多宝贵建议，在此一并表示衷心的感谢。

由于编写时间紧迫，编者水平有限，教材中存在疏漏和不足之处在所难免，敬请各使用单位和广大读者及时提出宝贵意见。

编　者

2020年1月

第一版编者的话

为了适应电力职业技能培训和实施技能鉴定工作的需要，全面提高电力生产运行、检修人员和技术管理人员的技术素质和管理水平，适应现场岗位培训的需要，特别是为了能够使企业在电力系统改革实行“厂网分开，竞价上网”的市场竞争中立于不败之地，特组织编写、出版、发行《火力发电职业技能培训教材》这套丛书。

本丛书是以电力行业《中华人民共和国职业技能鉴定规范》为依据，以够用为度、实用为本、应用为主，结合地方电厂现状及近年来电力工业发展的新技术，本着紧密联系生产实际的原则编写而成的。本书按照模块—学习单元模式进行编写，以300MW汽轮机组为主，兼顾600MW和200MW机组及其辅机的内容，结合我国现阶段技术发展的实际情况编写，尽量反映新技术、新设备、新工艺、新材料、新经验和新方法。全书内容以操作技能为主，基本训练为重点，着重强调了基本操作技能的通用性和规范化。

本书为《汽轮机设备运行》分册，是汽轮机运行值班员、水泵值班员以及热力网值班员进行职业技能鉴定的辅导与培训用书，也是汽轮机运行人员的必备读物，涵盖了汽轮机运行值班员、水泵值班员以及热力网值班员技能鉴定考核的全部内容，内容丰富、覆盖面广，文字通俗易懂，是一套针对性较强的，有相当先进性和普遍适用性的工人技术培训参考书。

本书全部内容共分为三篇、二十五章。第一篇的第一、第七~九、十一、十三、十四章及第一篇第二章的第四、五节，第六章的第一~五节和第七~十节由山西太原第一热电厂王国清同志编写；第一篇的第三~五章及第一篇的第二章的第一~三节由山西太原第一热电厂张好德同志编写；第二篇由山西太原第一热电厂杨俏发同志编写；第三篇由山西太原第二热电厂杨铸同志编写；第一篇第六章的第六节及第十、十二章由中北大学（原华北工学院）自动控制系的闫宏伟讲师编写。全书由山西太原第一热电厂王国清同志主编并统稿，由山西省电力科学院原副总工程师傅正祥主审。在此书出版之际，谨向为组织本书编写的相关人员、提供咨询以及所引用的技术资料的作者们致以衷心的感谢。

本书在编写过程中，由于时间仓促和编著者的水平与经历有限，书中难免有缺点和不妥之处，恳请读者批评指正。

编者

2004年6月

目录

第一篇 汽轮机运行

第二篇　水泵运行

第三篇 热力网运行

第一篇 汽轮机运行

第一章

综　述

第一节　汽轮机的作用及特点

一、汽轮机在火力发电厂中的地位

自然界中能够产生能量的资源称为能源。它可分为一次能源和二次能源。一次能源是指自然界中以自然形态存在的、可以利用的能源。其中有些可以直接利用，但通常需要经过适当加工转换后才能利用。主要有煤、石油等内所含的化学能；水力能、风能、太阳能、核能和地热能等。可见一次能源直接使用既不方便又不经济，有时还容易造成环境污染。二次能源是指由一次能源经过加工转换后的能源，其中最常见的就是把燃料的化学能、原子核能或水的重力势能等在发电厂内大规模地加工转化为电能。此外，还有热能和机械能等。

由此可见，发电厂（包括火电厂、水电厂、核电站等）是能源加工厂。火力发电厂简称火电厂，它是利用化石燃料（如煤、石油或天然气等）中蕴藏的化学能，在蒸汽锅炉内通过燃烧转变成蒸汽的热能，然后在汽轮机内将蒸汽的热能转变成机械能带动发电机发电的工厂。在现代火电厂和核电站中，汽轮机就是用来驱动发电机生产电能的，故汽轮机与发电机的组合称为汽轮发电机组。汽轮机还可用来驱动泵、风机、压气机和船舶螺旋桨等。因此，汽轮机是现代化国家中重要的动力机械设备。

由于电能无法大量储存，发电设备的功率是随外界负荷的变化而变化的，即发电、供电与用电同时完成，所以，电能的生产不同于其他产品的生产，这是发电厂生产的一个重要特点。因此，汽轮机必须要有可靠的自动调节系统，以便随时调节汽轮机的功率，使之满足用户的需要，并保证供电质量即供电的电压与频率，同时还要确保电能生产具有高度的可靠性和安全性。如果电能质量降低，就会影响用户产品的产量和质量；若汽轮机运行中发生故障，供电中断，便会引起国民经济各部门生产停顿、减产，甚至损坏用户设备，发生人身事故等，最终使企业造成无法弥补的严重后果。

二、汽轮机的作用及特点

1. 汽轮机的作用

汽轮机是以水蒸气为工质，将热能转变为机械能的回转式原动机。它在工作时先把蒸汽的热能转变成动能，然后再使蒸汽的动能转变成机械能。汽轮机具有单机功率大、效率高、运转平稳、单位功率制造成本低和使用寿命长等优点。

2. 汽轮机的特点

随着汽轮机单机容量的增大、蒸汽参数的提高，汽轮机本体结构越来越复杂，部件尺寸也相应增大，因此，为使设备在高参数下工作时金属部件有足够的强度，汽缸、法兰及螺栓等部件便设计得十分笨重，从而使得加工、制造、安装非常复杂，给运行也带来很多问题。如汽轮机启动时，部件加热均匀是十分困难的。但概括起来，大型汽轮机（一般指功率在150MW以上，参数在超高压以上的中间再热式汽轮机）具有如下基本特点：

（1）采用多汽缸结构。随着汽轮机功率的增大及蒸汽参数的提高，整机的理想焓降会变得很大，在保证每一级最佳速比的前提下，需要的级数会很多。如果一个汽缸内容纳过多的级，将造成汽轮机转子长度的增加，这样就会使转子的刚性降低，难以保证强度和防振的可靠性。因此，必须将转子分成若干段，各段分别支承，也必须采用多汽缸结构。此外，采用多汽缸结构，有利于采用再热循环，使单机功率进一步提高；有利于机组轴向推力的平衡；还可以扩大通流能力。汽缸数目取决于机组的容量和单个低压汽缸所能达到的通流能力。

（2）采用多层汽缸结构。随着蒸汽参数提高，汽缸内外压差也大大增加，汽缸的厚度增加，过厚的汽缸壁会产生过大的热应力，因此，大容量机组均采用多层汽缸结构。高、中压缸采用双层缸后，内外缸之间充满着低于初参数压力和温度的蒸汽，因为内缸主要承受高温，需要用耐热合金材料制造，但承受的压力相对较小，故内缸尺寸较小。外缸在夹层蒸汽冷却的作用下，温度较低，只需一般的合金钢即可。采用双层缸后，当汽轮机启动或加负荷时，夹层内的蒸汽对汽缸有加热作用；而停机或减负荷时，又起冷却汽缸的作用，起到加速启动和停机的作用。此外，大容量机组尽管采用双层缸，但内、外压差仍然较大，其法兰总是既宽又厚，因此运行时，特别是在机组启停过程中，汽缸内壁与法兰外缘以及法兰与结合螺栓的温差仍然很大。此时，汽缸体的膨胀受到法兰的限制，法兰的膨胀又受到螺栓的制约，为避免由此而引起设备变形或损坏，机组又设有专门加热法兰与螺栓的法兰加热装置。但近年来，新制造的机组随着汽缸高窄法兰的应用，法兰加热装置已几乎不再使用。

对于低压缸，由于蒸汽容积流量的增大，所以其尺寸较大。为保证低压缸有足够的强度以及排汽通道有合理的形状，以利用排汽余速，同时为了使低压缸外壳温度分布均匀，不产生翘曲变形，低压缸一般也采用双层缸结构。其中外层缸采用钢板焊接，这样可减轻低压缸的重量，节约材料，增加刚度；内层缸由于形状复杂，一般采用铸造结构。但采用双层结构的低压缸也有其缺点，主要是因为低压缸受抽汽室内的蒸汽冷却，而抽汽室又受排汽的冷却，所以，在一定程度上降低了热效率。此外，有的大功率机组采用三层低压缸结构，这样做的原因是为了使低压外缸在可能发生各种变形的情况下，减小对通流部分间隙的影响。

(3) 采用高中压缸分流合缸布置方式。这种布置方式的优点如下：

1) 高温区集中在汽缸的中部，两端的温度、压力均较低，从而减少了对轴承和端部汽封的影响，因而可以改善运行条件，并减少部件的热应力。

2) 与分缸机组比较，由于减少了一个端部轴段，所以可以缩短主轴长度，减少轴封漏汽量。

3) 减少了一个汽缸和一个中间轴承，缩短了机组长度，简化了机组结构。

4) 可平衡部分轴向推力。

但一般来说，单机功率在350MW以上的机组不宜采用合缸方案。因为机组容量进一步增大后，若采用合缸，将使汽缸和转子过大、过重，汽缸上进汽和抽汽口较多，以致管道布置困难，机组对负荷变化的适应性减弱。

(4) 采用多排汽口。采用多排汽口是提高汽轮机单机功率的有效途径。在末级叶片几何尺寸不变的情况下，可把低压缸设计成分流形式，这样可成倍地增大汽轮机的功率。图1-1所示为几种大功率汽轮机的汽缸配置示意图。

(5) 采用双轴系结构。为了解决大功率汽轮机排汽口增多使转子过长的缺点，可以采用双轴系结构，图1-1 (d) 所示为日本三菱公司制造的600MW汽轮机双轴结构，两轴系的转速均为3000r/min，第一轴系高压缸排汽经过一次再热后进入第二轴系的中压缸，其排汽再分别引入两个轴系的低压缸。需要注意的是，现代大功率双轴机组大多采用双转速。在相同的进汽参数下，汽轮机的极限功率与转速的平方成反比，而汽轮机的单

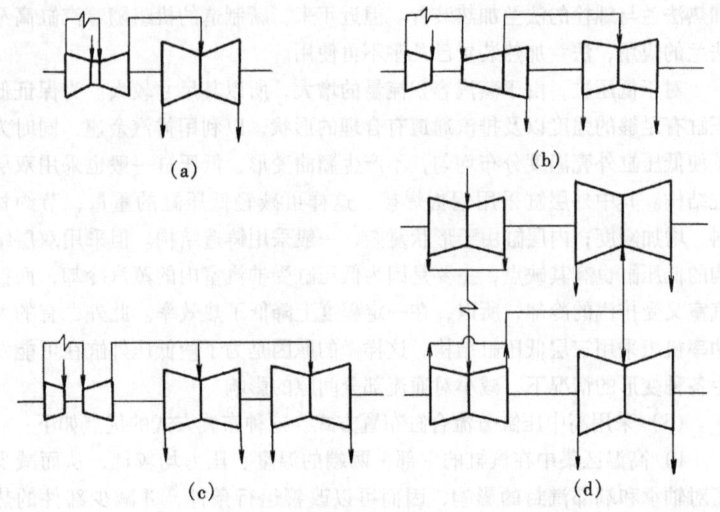

图 1－1　几种大功率汽轮机的汽缸配置示意图

(a) 二排汽口（125、300MW）；(b) 三排汽口（200MW）；
(c) 四排汽口（300、600MW）；(d) 双轴四排汽口（600MW）

机功率和质量与转速成反比。因此，降低转速，可以有效地提高汽轮机的功率，但又增加了汽轮机的单机质量。如果采用双转速，即大约一半功率由转速为 3000r/min 的转子带动一台二极发电机承担，另外大约一半的功率由转速为 1500r/min 的转子带动一台四极发电机承担，则提高了单机功率，同时又只有机组的低转速部分的材料消耗相对增加了。某一段时期双轴系汽轮机在国外少数国家发展较快，但它与单轴系汽轮机相比，造价较高，电站建设费用大，运行控制困难，故近年来随着汽轮机制造技术的不断提高和完善，尤其是末级较长叶片的研制成功，双轴系结构已很少采用。目前，我国设计制造的汽轮机组均为单轴系结构。据资料介绍，世界上目前容量最大的单轴全速汽轮机组为 1200MW，仅有一台，运行在俄罗斯，其末级采用 1200mm 长的钛叶片。我国在建的最大单轴全速汽轮机组为阳西电厂二期 5、6 号 1240MW 燃煤机组。

(6) 加长低压级叶片长度。各制造厂对低压末级叶片的研究与开发极为重视，因为这也是提高单机功率的有效途径，但末级叶片的工作环境恶劣，长期处于湿度最大的蒸汽环境下，且易诱发颤振，工作应力又高，所以要特别考虑其强度问题。叶片的长度取决于两个因素：一是冶金水平，是否能提供质量更轻、强度更高的叶片材料；二是叶片设计的完善性，是否满足气体动力条件、振动强度等技术要求，还需要考虑叶片变工况运行特性，在最小允许流量下安全运行。当然，叶片的长度还与汽轮机的额定转速有关。目前，世界上最长的汽轮机叶片为阿尔斯通生产的75in（1.905m），排汽面积58m^{2}的LP75型超长核电汽轮机末级叶片。

（7）采用单独阀体结构。大功率汽轮机采用了把蒸汽室和调节汽门从高压缸的缸体上分离出去，设计成单独的蒸汽室——调节阀体的结构形式，并布置于汽轮机两侧的基础上。阀体与汽缸之间可采用大半径弯管连接，并采用铰链支架将其支承在机座上。

采用单独阀体结构，可以简化汽缸形状，减薄汽缸壁厚并使汽缸具有良好的对称性，使汽缸能有均匀的温度分布，并可避免或减少运行中产生的热应力和热变形。通常调节汽门和主汽门作为一个整体，这样，结构显得更加紧凑且便于检修。

（8）机组的自动化水平高。大功率汽轮机的控制极其复杂，但随着计算机技术的应用，机组的自动化控制水平逐步提高。利用计算机可进行机组运行的实时监控，性能和效率的在线计算，控制汽轮机的自动启动、升速及并网等操作，即整个机组的控制可由机炉协调控制系统（CCS）完成，汽轮机的各项功能由数字电液调节系统（DEH）完成。目前，已经有了以计算机为主体的全自动化电厂。可以说，随着大容量汽轮机自动化水平的进一步提高，电厂已进入了利用设备诊断技术，以系统运行管理为目标的超自动运行的火力发电时代。

三、汽轮机发展史概述

自1883年瑞典工程师拉伐尔发明第一台汽轮机以来，汽轮机的发展已有百余年的历史，特别是近几十年，汽轮机的发展尤为迅速。目前，超临界参数的机组技术上已经成熟，其可用率与亚临界机组基本相同，负荷适应性好，机组热效率为41.4%～43.1%。随着技术的进步和材料工业的发展，高效超临界参数机组（USC）也投入了运行。燃用天然气的两台700MW高效超临界参数机组（31MPa、566/566/566℃）于1989年和1990年在日本川越电厂并入电网，其最低负荷可低至定出力的10%且自动化程度很高，两台机组仅需一名运行人员。火电双轴机组最大单机容量为1300MW，共有9台，均运行在美国，其两转子的转速均为3600r/min。

我国国产第一台汽轮机是原上海汽轮机厂制造的，容量为6MW，于1956年4月在淮南发电厂投产。此后，各汽轮机厂也分别先后制造、投产了单机容量为12、25、50、100、125、200、300MW的汽轮机。到1996年1月，第一台国产600MW汽轮发电机组在哈尔滨第三发电厂投产。

2004年4月，我国首台进口900MW的汽轮发电机组也在上海外高桥发电厂投产。2006年11月，我国首台1000MW的汽轮发电机组在浙江玉环电厂投产。这是目前国内单机容量最大、运行参数最高的超超临界燃煤机组，额定主蒸汽压力为26.25MPa，主蒸汽和再热蒸汽温度为600℃。在建的阳西电厂二期5、6号1240MW超超临界发电机组，汽轮机为上海汽轮机有限公司生产的N1240/28/600/620一次中间再热、单轴、五缸六排汽、凝汽式汽轮机。它煤耗低、环保性能好、技术含量高，是国际上燃煤发电机组的重要发展方向。世界上超超临界参数机组最终目标拟达到40MPa、720/720℃，机组热效率可达52%~55%。

为适应电力工业的发展，我国火电机组的结构也有了根本性变化，逐步实现以发展600MW及以上容量机组为主的方针，最大单机容量已达1000MW，许多新建的大型火电厂都装有这两种机组，有国产的，也有引进或进口的，并且火电机组的可靠性和经济性以及其自动化水平也都有了很大的提高。

第二节　汽轮机的分类及型号

一、汽轮机的分类

汽轮机可按工作原理、热力特性、主蒸汽压力、用途、汽流方向、热能来源及结构形式等进行分类，具体分类如下。

1. 按工作原理分

(1) 冲动式汽轮机。它主要由冲动级组成，蒸汽主要在喷嘴叶栅（静叶栅）中膨胀，在动叶栅内只有少量膨胀。

(2) 反动式汽轮机。它主要由反动级组成，蒸汽在静叶栅和动叶栅内均进行膨胀，且膨胀程度相同。现代喷嘴调节的反动式汽轮机，因反动级不能做成部分进汽，故第一级调节级常采用单列冲动级或双列速度级。

这两种类型的汽轮机的差异不仅表现在工作原理上，而且还表现在结构上，冲动式汽轮机为隔板型，反动式汽轮机为转鼓型。隔板型汽轮机动叶片嵌装在叶轮的轮缘上，喷嘴装在隔板上，隔板的外缘嵌入隔板套或汽缸内壁的相应槽道内；转鼓型汽轮机动叶片直接嵌装在转子的外缘上，隔板为单只静叶环结构，它装在汽缸内壁或静叶持环的相应槽道内。

2. 按热力特性分

（1）凝汽式汽轮机。蒸汽在汽轮机内做功后，除少量漏汽外，全部进入凝汽器，这种汽轮机称为纯凝汽式汽轮机。采用回热抽汽的汽轮机称为凝汽式汽轮机。

（2）背压式汽轮机。排汽压力高于大气压力，直接用于供热，无凝汽器。当排汽作为其他中、低压汽轮机的工作蒸汽时称为前置式汽轮机。

（3）调整抽汽式汽轮机。从汽轮机中间某几级后抽出一定参数的蒸汽，对外供热，其余排汽仍排入凝汽器，这种汽轮机称为调整抽汽式汽轮机。根据供热需要，有一次调整抽汽和二次调整抽汽之分。

（4）中间再热式汽轮机。蒸汽在汽轮机内膨胀做功过程中被引出，再次加热后返回汽轮机，继续膨胀做功，这种汽轮机称为中间再热式汽轮机。

（5）乏汽式汽轮机。利用其他蒸汽设备的低压排汽或工业生产工艺流程中副产的低压蒸汽作为工质的汽轮机称为乏汽式汽轮机。

（6）多压式汽轮机。向同一汽轮机的不同压力段分别送入不同压力的蒸汽的汽轮机称为多压式汽轮机。

其中，背压式汽轮机和调整抽汽式汽轮机统称为供热式汽轮机。

3. 按主蒸汽压力分

进入汽轮机的蒸汽参数是指进汽的压力和温度，按不同的压力等级可分为：

（1）低压汽轮机。主蒸汽压力小于1.47MPa。

（2）中压汽轮机。主蒸汽压力为1.96~3.92MPa。

（3）高压汽轮机。主蒸汽压力为5.88~9.81MPa。

（4）超高压汽轮机。主蒸汽压力为11.77~13.73MPa。

（5）亚临界汽轮机。主蒸汽压力为15.69~18.0MPa。

（6）超临界汽轮机。主蒸汽压力大于22.2MPa。

（7）超超临界汽轮机。主蒸汽压力大于30MPa。

4. 按用途分

（1）发电用汽轮机。它是指带动发电机的汽轮机。

（2）工业用汽轮机。它是指驱动各种机械用的汽轮机，包括自备动力站的发电用汽轮机及驱动水泵和风机用的汽轮机。

（3）船用汽轮机。它是指供船舶推进和驱动辅机用的汽轮机。

5. 按汽流方向分

(1) 轴流式汽轮机。蒸汽流动的总体方向大致与轴平行。

(2) 辐流式汽轮机。蒸汽流动的总体方向大致与轴垂直。

(3) 周流式汽轮机。蒸汽大致沿轮周方向流动。

6. 按热能来源分

(1) 化石燃料电厂汽轮机。以煤、油、天然气等作为燃料的锅炉产生蒸汽推动的汽轮机。

(2) 核电厂汽轮机。核反应堆产生蒸汽推动的汽轮机。

(3) 地热电厂汽轮机。地热井引出蒸汽推动的汽轮机。

7. 按结构形式分

按结构形式可分为单级汽轮机和多级汽轮机，固定式和移动式汽轮机，单缸、双缸和多缸汽轮机，单轴、双轴和多轴汽轮机等。

二、汽轮机的型号

不同国家汽轮机产品型号的组成方式是不同的，由于篇幅所限，下面只介绍国产汽轮机的型号。

1. 国产汽轮机型号的组成

中国汽轮机产品型号的组成方式为

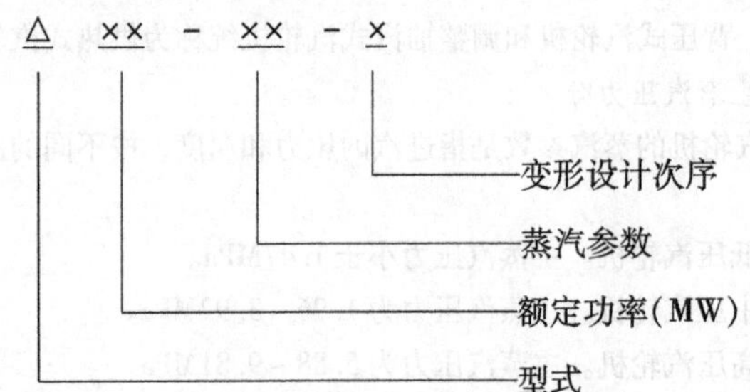

2. 国产汽轮机型号中型式的汉语拼音代号

国产汽轮机型号中型式的汉语拼音代号见表1-1。

表1-1　国产汽轮机型号中型式的汉语拼音代号

代号	N	B	C	CC	CB	CY	Y	K
型式	凝汽式	背压式	一次调整抽汽式	二次调整抽汽式	抽汽背压式	船用	移动式	空冷式

3. 国产汽轮机型号中蒸汽参数的表示法

国产汽轮机型号中蒸汽参数的表示法见表1-2。

表 1-2　　国产汽轮机型号中蒸汽参数的表示法

型　式	参数表示方法	示　例
凝 汽 式	主蒸汽压力/主蒸汽温度	N100-8.83/535
中间再热式	主蒸汽压力/主蒸汽温度/中间再热温度	N300-16.7/538/538
抽 汽 式	主蒸汽压力/高压抽汽压力/低压抽汽压力	CC50-8.83/0.98/0.118
背 压 式	主蒸汽压力/背压	B50-8.83/0.98
抽汽背压式	主蒸汽压力/抽汽压力/背压	CB25-8.83/0.98/0.118

注　功率单位为 MW，压力单位为 MPa，温度单位为℃。

第三节　汽轮机的基本工作原理

一、冲动作用原理和反动作用原理

由力学知识可知，当一运动物体在碰到另一物体时，就会受到阻碍而改变其速度和方向，同时给阻碍它运动的物体一作用力，通常称这个作用力为冲动力。这个力的大小主要取决于运动物体的质量和速度变化。在图 1-2 中，高速流动的蒸汽从喷嘴中流出，冲击桌子上的木块，这时蒸汽速度发生改变，就会有一个冲击力 F_{imp} 作用于木块，使其向前运动，这种做功原理称为冲动作用原理。

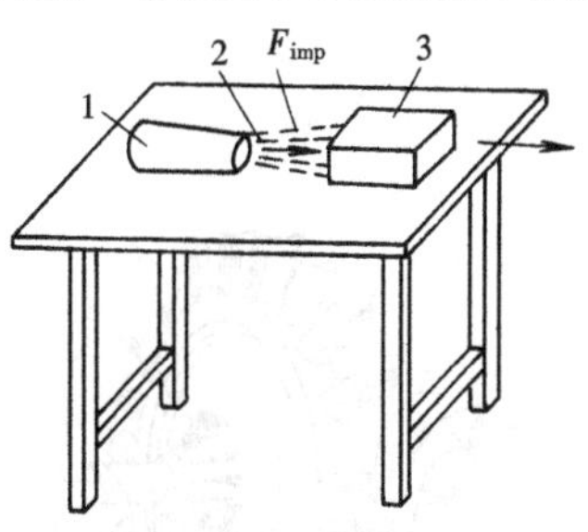

图 1-2　蒸汽的冲动力

1—喷嘴；2—蒸汽；3—木块

反动力的产生与上述冲动力产生的原因不同，反动力是由原来静止或运动速度较小的物体，在离开或通过另一物体时，骤然获得一个较大的速度增加而产生的。在图 1-3 中，火箭内燃料燃烧产生的高压气体以很高的速度从火箭尾部喷出，这时从火箭尾部喷出的高速气流就给火箭一个与气流方向相反的作用力 F_{rea}，在此力的推动下火箭就向上运动，这种反作用力称为反动力。在汽轮机中当蒸汽在动叶片构成的汽道内膨胀加速时，汽流必然对动叶片作用一个反动力，推动叶片运动，做机械功，这种做功原理称为反动作用原理。

在汽轮机级中蒸汽的动能到机械能的转变一般都是通过上述两种不同作用原理来实现的。

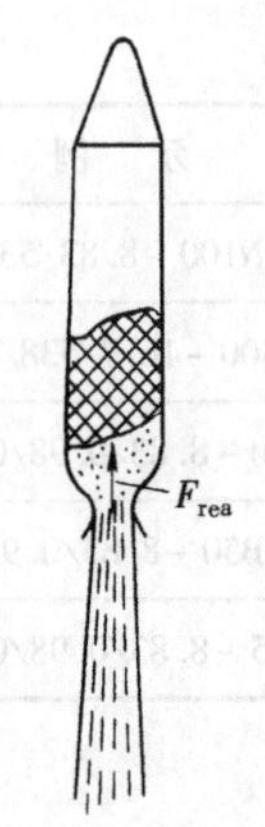

图1-3 气体的反动力

二、汽轮机的基本工作原理

图1-4所示为最简单的单级汽轮机示意图，它由喷嘴、动叶片、叶轮和轴等基本部件组成。由图1-4可见，具有一定压力和温度的蒸汽通入喷嘴膨胀加速，这时蒸汽的压力、温度降低，速度增加，使热能转变为动能。然后，具有较高速度的蒸汽由喷嘴流出，进入动叶片流道，在弯曲的动叶流道内，改变汽流方向，给动叶以冲动力，如图1-5所示，产生了使叶轮旋转的力矩，带动主轴旋转，输出机械功，即在动叶片中蒸汽推动叶片旋转做功，完成动能向机械能的转换。

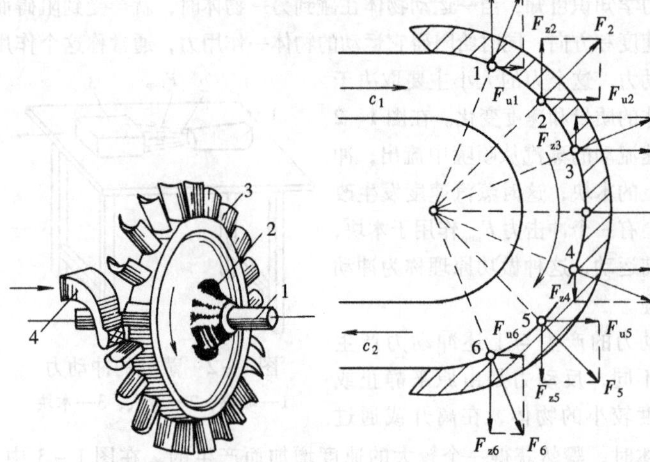

图1-4 单级汽轮机结构示意图

1—轴；2—叶轮；3—动叶片；4—喷嘴

图1-5 蒸汽对动叶片的作用力

由上述可知，汽轮机在工作时，首先在喷嘴叶栅中蒸汽的热能转变成动能，然后在动叶栅中蒸汽的动能变成机械能。喷嘴叶栅和与它相配合的动叶完成了能量转换的全过程，于是便构成了汽轮机做功的基本单元，通常称这个做功单元为汽轮机的级。可见，级是汽轮机中最基本的工作单元，在结构上，它由一副喷嘴叶栅（静叶栅）和紧邻其后与之相配合的动叶栅组成。在功能上，它完成将蒸汽的热能转变为机械能的能量转换过程。

三、单级汽轮机

由一个级构成的汽轮机称为单级汽轮机。按工作原理不同，单级汽轮机有以下几种类型：

（1）蒸汽只在喷嘴中膨胀，动叶片仅受蒸汽冲动力的作用，这种汽轮机称为纯冲动式汽轮机。

（2）蒸汽的热能一半在喷嘴中转换成动能，另一半在动叶中转换成动能，使动叶片既受冲动力又受反动力作用，这种汽轮机称为反动式汽轮机。

（3）蒸汽的热能除大部分在喷嘴中转换为动能外，还有少部分在动叶片中膨胀，使动叶片除了主要受冲动力作用外，也受少许反动力的作用，这种汽轮机称为带有反动度的冲动式汽轮机，简称冲动式汽轮机。

如果采用单级冲动式汽轮机，蒸汽动能在动叶中不能完全被转换，蒸汽离开动叶后仍具有较大的余速，造成较大的余速损失，为充分利用排汽余速的动能，可采用复速级汽轮机。它是在冲动式单级后，再加装一列固定在汽缸上的导向叶片和一列装在同一叶轮上的第二列动叶片。其工作过程为：蒸汽在喷嘴中膨胀加速后，进入第一列动叶做功，蒸汽速度降低；然后蒸汽进入固定在汽缸上的导向叶片中，改变汽流方向后被导入第二列动叶，利用余速继续做功，增加了汽轮机的功率，降低了余速损失。这种汽轮机一般用于焓降较大的单级汽轮机。

四、多级汽轮机

单级冲动式汽轮机的功率很小，采用复速级后所能增加的功率也很有限，且单级汽轮机损失较大。因此，为使汽轮机能发出更大的功率，需要将许多单级汽轮机串联起来，制作成多级汽轮机。

多级汽轮机主要由汽缸、转子、隔板等组成，各级按序依次排列。工作时，蒸汽进入多级汽轮机，依次流过所有的级，膨胀做功，压力逐级降低，蒸汽流出最末级动叶片时，已变成流速较低的乏汽，排出汽缸。多级汽轮机的功率为各级功率的总和。因此，随着单机容量的不断增加，多级汽轮机的级数也越来越多，如哈尔滨汽轮机厂有限责任公司生产的N600－16.7/538/538型汽轮机共有57级。

第四节　汽轮机主要部件的结构

一、喷嘴

汽轮机的第一级喷嘴通常是由若干个喷嘴组成喷嘴组固定在喷嘴室壁上，因其所承受的压力和温度较高，一般均采用合金钢铣制而成。

多级冲动式汽轮机从第二级起以后各级的喷嘴（通常由两片喷嘴片与隔板内、外缘构成一喷嘴通道，习惯上称静叶）都固定在隔板上。现代结构的喷嘴的高压级大都是将钢制喷嘴片焊接在隔板上，低压级由于喷嘴两侧的压力差较小，工作温度也较低，为降低造价常把喷嘴片与铸铁隔板浇铸在一起。

二、隔板（静叶环）

为了适应结构上的需要，冲动式汽轮机在汽缸上装有支承隔板的隔板套，而反动式汽轮机在汽缸上装的是支承静叶环的静叶持环。

1. 隔板及隔板套

隔板是用来固定汽轮机各级的静叶片和阻止级间漏汽，并将汽轮机通流部分分隔成若干个级的部件。它可以直接安装在汽缸内壁的隔板槽中，也可以借助隔板套安装在汽缸上。

根据制造工艺的不同，隔板通常有焊接隔板和铸造隔板两种类型，其具体结构是根据隔板所承受的工作温度和蒸汽压差来决定的。

焊接隔板具有较高的强度和刚性，较好的汽密性，制造容易，用于350℃以上的高、中压级。有些汽轮机的低压级也采用焊接隔板。因为高参数、大功率汽轮机的高压部分，每一级的蒸汽压差较大，所以其隔板体做得特别厚，若仍沿整个隔板厚度做出喷嘴，就会使喷嘴相对高度太小，导致端部流动损失增加，使级效率降低。因此，目前常采用窄喷嘴焊接隔板，即将喷嘴叶片做成狭窄形，而在隔板进汽侧设置许多加强筋。它的隔板体、隔板外缘及加强筋是一个整体。这种结构增加了隔板强度和刚度，减少了喷嘴损失。但因为加强筋很难与导叶对准，经济性略差。所以目前较多的机组的隔板不设加强筋，而是静叶片采用了分流叶栅结构，如东方汽轮机有限公司的300MW汽轮机的高、中压部分隔板，这种叶栅由主流片和分流片组成，隔板的强度和刚度较好，静叶流动损失小，有利于提高机组的热效率。

铸造隔板加工制造比较容易，成本低，并有较高的减振性能；但其汽道尺寸精度较差，端面较粗糙，且只能用于温度低于350℃的级，以往的国产及进口机组的低压部分大多采用了这种隔板。目前，现代大功率汽轮机均以焊接隔板替代了铸造隔板。

在现代高参数、大功率汽轮机中，往往将相邻几级隔板装在一个隔板套中，然后将隔板套装在汽缸上。采用隔板套不仅便于拆装，而且可使级间距离不受汽缸上抽汽口的影响，从而可以减小汽轮机的轴向尺寸，简化汽缸形状，有利于启停及负荷变化，并为汽轮机实现模块式通用设计创造了条件。但隔板套的采用将增大汽缸的径向尺寸，相应的法兰厚度也将增大，延长了启动时间。

2. 静叶环及静叶持环

反动式汽轮机没有叶轮和隔板，动叶片直接嵌装在转子的外缘上，静叶环装在汽缸内壁或静叶持环上。

某国产优化引进型300MW汽轮机的高、中压缸静叶片由方钢加工而成，具有偏置的根部和整体围带，各叶根和围带沿静叶片组的外圆和内圆焊接在一起，构成相似隔板形状的静叶环，称为叶片隔板。这种隔板形状的静叶环，在水平中分面处对分成两半，当其上下两半部分嵌入静叶持环的直槽后，在直槽侧面的凹槽中打入一系列短的L形锁紧片，使之固定。各上半部分再用制动螺钉固定在上静叶持环中，向发电机方向看时，此螺钉位于水平中分面的左侧。

低压缸的静叶环的结构形式基本上与高中压缸的静叶环相似。

为了减少蒸汽流过静叶环时的漏汽量，在高压静叶环的内圆上嵌入三排汽封片，中低压静叶环的内圆上开有汽封槽。

三、汽缸

汽缸也就是汽轮机的外壳，是汽轮机静子部件中的主要部件。其作用是将汽轮机的通流部分与大气隔开，以形成蒸汽热能转换为机械能的封闭汽室。汽缸内部装有喷嘴室、喷嘴（静叶）、隔板（静叶环）、隔板套（静叶持环）、汽封等部件；外连进汽、排汽、回热抽汽等管道及支承座架等。汽缸工作时受力情况十分复杂，除承受内外蒸汽的压差及汽缸本身和装在其中的各零部件的质量等静载荷外，还要承受蒸汽流出静叶时对静叶部分的反作用力，以及各种连接管道冷热状态下对汽缸的作用力及沿汽缸轴向、径向温度分布不均匀所引起的热应力。特别是在机组快速启停和工况变化时，温度变化大，在汽缸和法兰中产生很大的热应力和热变形。

由于汽缸形状复杂，高压汽缸内部又处于高温、高压蒸汽的作用下，所以，在进行结构设计时，缸壁必须具有一定的厚度，以满足强度和刚度的要求。水平法兰的厚度则更大，以保证结合面的严密性。汽缸的形体在设计上应力求简单、均匀、对称，使其能顺畅地膨胀和收缩，以减小热应力和应力集中，并且应具有良好的密封性能。此外，还要保持静止部分与转动部分处于同心状态，并保持合理的间隙。低压缸则需要有良好的刚性和气动性能，使排汽损失最小，同时要能克服运行时大气压力、凝汽器水重、抽真空力等对其的影响。

由于汽轮机的型式、容量、蒸汽参数、是否采用中间再热及制造厂家不同，所以汽缸的结构也有多种形式。根据进汽参数的不同，可分为高压缸、中压缸和低压缸；按每个汽缸的内部层次可分为单层缸、双层缸和三层缸；按通流部分在汽缸内的布置方式可分为顺向布置、反向布置和对称分流布置；按汽缸形状可分为有水平结合面的或无水平结合面，以及圆筒形、圆锥形、阶梯圆筒形或球形等。

四、汽封

汽轮机运行时，转子高速旋转，汽缸及隔板（或静叶环）等固定不动，为了避免动、静部件不发生碰磨，转子和汽缸之间就必须留有适当的间隙，然而间隙的存在就要导致漏汽（或漏气），这样不仅会降低机组效率，还会影响机组的安全运行。为了减少蒸汽泄漏和防止空气漏入，需要有密封装置，通常称为汽封。汽封按其安装位置的不同，可分为通流部分汽封、隔板（或静叶环）汽封、轴端汽封。反动式汽轮机还装有高、中压平衡活塞汽封和低压平衡活塞汽封。

汽封的结构型式有曲径式、碳精式、水封式等。目前，大部分汽轮机均采用曲径式汽封，也称迷宫汽封，它可分为以下几种结构形式：梳齿形、J形（又叫伞柄形）、枞树形。此外，还有一类新型汽封，主要有可调汽封、多齿汽封及椭圆汽封等。曲径汽封一般由汽封套（也叫汽封体）、汽封环及轴套（或称汽封套筒）三部分组成。汽封套固定在汽缸上，内圈有T形槽道（隔板汽封一般不用汽封套，而是在隔板体上直接车有T形槽）；汽封环一般由6～8块汽封块组成，装在汽封套T形槽道内，并用弹簧片压住；在汽封环的内圆和轴套（或轴颈）上，有相互配合的梳齿及凹凸肩，形成蒸汽曲道和膨胀室。蒸汽在通过这些汽封和相应的汽封凸肩时，在依次相连的狭窄通道中反复节流，逐步降压和膨胀，以减少蒸汽的泄漏量。可调汽封在松弛状态时保持较大间隙，以适应启停要求；在正常运行时维持较小的间隙，以减少漏汽损失。

1. 通流部分汽封

在汽轮机的通流部分，由于动叶顶部与汽缸壁面（或静叶持环）之间存在着间隙，动叶栅根部与隔板（或静叶持环）壁面之间也存在着间隙，而动叶两侧又具有一定的压差，所以在动叶顶部和根部必然会有蒸汽泄漏，为减少这部分蒸汽的漏汽损失，设置有通流部分汽封。

通流部分汽封包括动叶围带处的径向、轴向汽封和动叶根部处的轴向汽封。一般围带汽封间隙较小，约为1mm；考虑动、静部分的相对膨胀，轴向间隙设计得较大，为6~10mm。

2. 隔板（或静叶环）汽封

因为冲动式汽轮机隔板前后压差较大，隔板与主轴之间又存在着间隙，所以必定有一部分蒸汽从隔板前通过间隙漏到隔板后面与叶轮之间的汽室里。由于这部分蒸汽不通过喷嘴，同时还会恶化蒸汽主流的流动状态，从而形成了隔板漏汽损失。为了减少该漏汽损失，必须将间隙设计得小一点，故设置有隔板汽封，通常其间隙为0.6mm左右，汽封片一般较多。隔板汽封环装在隔板体内圆的汽封槽中，汽封一般多采用梳齿式。

反动式汽轮机无隔板结构，只有单只静叶环结构，静叶环内圆处的汽封称为静叶环汽封，隔板汽封和静叶环汽封统称静叶汽封。静叶环汽封径向间隙一般设计为1.0mm。

3. 轴端汽封

为了减少或防止由于轴端漏汽（或漏气）而引起汽轮机效率的降低，在转子穿过汽缸的两端均设置有汽封，这种汽封称轴端汽封，简称轴封。高压轴封用来防止蒸汽漏出汽缸，造成工质损失，恶化运行环境；而低压轴封用来防止空气漏入低压缸内，影响汽轮机的经济和安全运行。

大型汽轮机的轴封比较长，通常分成若干段，相邻两段之间有一环形腔室，可以布置引出或引入蒸汽的管道。可见，轴端汽封必须和相应的轴封系统配合工作才能有效地确保汽封功能的实现。

4. 平衡活塞汽封

为减小汽轮机的轴向推力，反动式汽轮机往往设置了平衡活塞，为在平衡活塞两侧形成压差并减少蒸汽的泄漏，在高、中、低压平衡活塞处均设有汽封。平衡活塞汽封体均制成两半，支承在高、中压缸内缸上。

平衡活塞汽封采用高低齿汽封，由于压降较大，齿数较多，故做成若干个汽封环，分别嵌在平衡活塞汽封持环的环形槽道内，并采用弹性支承。

5. 轴封系统

在汽轮机的高低压端虽然都设有轴端汽封，能减少蒸汽漏出（或空气漏入），但漏汽现象仍不可能完全消除。为了防止和减少这种漏汽现象，以保证机组的正常启停及运行，以及回收漏汽和利用漏汽的热量，减少系统的工质损失和热量损失，汽轮机均设有由轴端汽封加上与之相连接的管道、阀门及附属设备组成的轴封系统。

汽轮机的型式不同，轴封系统也就各不相同，它由汽轮机进汽参数和回热系统连接方式等因素决定。大、中型汽轮机都采用具有自动调节轴封蒸汽压力装置的闭式轴封系统。轴封系统所需要的蒸汽与汽轮机的负荷有关，通常情况下，汽轮机轴封供汽母管压力应维持在0.02～0.027MPa（表压）。

五、轴承

汽轮机所采用的轴承有径向支持轴承和推力轴承两种。径向支持轴承的作用是承担转子的质量及由转子质量不平衡引起的离心力，并确定转子的径向位置，以保持转子中心与汽缸中心一致，从而保证转子与汽缸、汽封、隔板等静止部分的径向间隙在正常范围内。推力轴承的作用是承受蒸汽作用在转子上的轴向推力，并确定转子的轴向位置，以保证通流部分动静间正常的轴向间隙。

（一）轴承的工作原理

因为汽轮机轴承是在高转速、大载荷的条件下工作，所以要求轴承工作必须安全、可靠，摩擦力小。为了满足这两个要求，汽轮机轴承一般都采用液体摩擦的滑动轴承。轴颈和轴承或推力瓦与推力盘之间形成油膜，建立液体摩擦，使汽轮机安全、稳定运行。

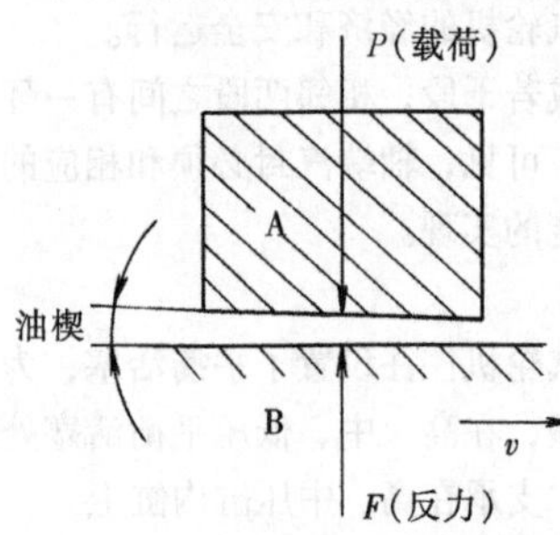

图1－6　轴承润滑原理示意图

轴承润滑原理示意如图1－6所示。假如有不平行的A、B两平面构成楔形，其四周充满油，B平面以一定的速度移动，A板上承受P的载荷，因油的黏性而将润滑油带入油楔里，当带入油楔里的油量与油楔中流出的油量相等时，在油楔中的油就产生与载荷P大小相等而方向相反的作用力F，将A板稍微抬起，这样在两平面间就建立起了油膜，B板就在油膜上滑行，而不会与A平面产生干摩擦，从而油膜起到了润滑作用。

由此可知，两平面间建立油膜的条件是：

（1）两平面间必须形成楔形间隙。

（2）两平面间要有一定速度的相对运动，并承受载荷，平板移动方向必须由楔形间隙的宽口移向窄口。

(3) 润滑油必须具有一定的黏性和充足的油量。润滑油黏度越大，油膜的承载力就越大，但油的黏度过大，又会使油的分布不均匀，增加摩擦损失。因为油温过高会使油的黏度大大降低，以致破坏油膜形成，所以必须有一定量的油不断流过，把热量带走。

(二) 径向支持轴承

1. 径向支持轴承油膜的形成

为了满足上述油膜形成的条件，须使轴瓦的内孔直径略大于轴颈的直径。当轴静止时，在转子自身质量的作用下，轴颈位于轴瓦内孔的下部，直接与轴瓦内表面的乌金接触，如图 1－7（a）所示，这时轴颈中心 O_1 在轴瓦中心 O 的正下方，距离为 OO_1，而在轴颈与轴瓦之间形成上部大而下部逐渐减小的楔形间隙，对称分布在轴颈两侧。当连续不断地向轴承供给具有一定压力和温度的润滑油之后，在轴颈旋转的过程中，黏附在轴颈上的油层随轴颈一起转动，并带动相邻各层油的转动，进入油楔向旋转方向和轴承端部流动。由于楔形面积逐渐减小，带入其中的润滑油被聚集到狭小的间隙中而产生油压。随着转速的升高，油压不断增加。当这个油压超过轴颈上的载荷时，便把轴颈抬起，使间隙增大，则所产生的油压有所降低。当油压作用在轴颈上的力与轴颈上载荷平衡时，轴颈便稳定在一定的位置上旋转，轴颈的中心由 O_1 移至 O'。这样，轴颈与轴瓦完全由油膜隔开，便建立起了液体摩擦。

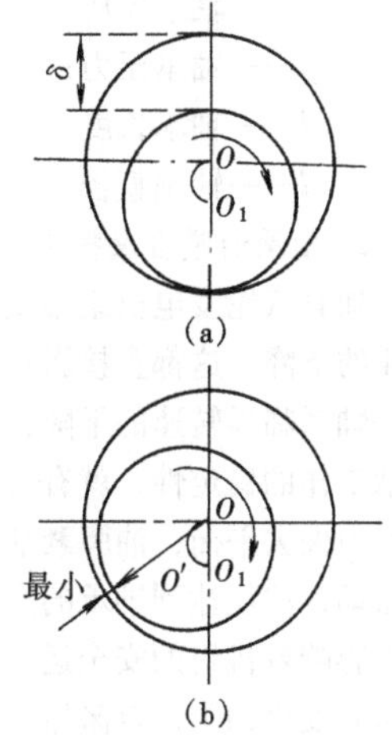

图 1－7　轴瓦油膜的形成

(a) $n \approx 0$；(b) $n > 0$

在转速逐步升高的过程中，轴颈中心移动的路线为 O_1O' 半圆弧线。偏心距逐渐减小，而楔形间隙内油膜逐渐加厚。由此可见，对于承受一定载荷的轴承，只要有一个转速，就会有一个轴颈的偏心距，它与转速成对应关系。在转速无穷大时，理论上轴颈中心便与轴承中心重合。当载荷、转速、轴瓦内径、轴颈直径及润滑油等条件都相同时，若轴承轴向长度越长，则产生油压越大，轴承的承载能力越大，轴颈抬起越高，偏心距越小。反之，轴承轴向长度越短，则承载能力越小，偏心距越大。轴承长度过长将不利于轴承的冷却，并增加汽轮机转子轴向长度。因此，必须合理选择轴承尺寸。

轴承的承载能力，可用比压这个重要参数来表示。比压就是轴颈载荷与轴瓦垂直投影面积的比值（即单位面积上的载荷），用式（1－1）表示为

$$\bar{p} = \frac{p}{ld} \tag{1-1}$$

式中 $\bar{p}$——轴承比压；

p——轴承压力；

l——轴承长度；

d——轴颈直径。

2. 轴承油膜自激振荡

随着汽轮发电机组容量的不断增加，导致轴颈直径的增大和轴系临界转速的下降，这都直接影响轴承的正常工作。

轴系临界转速的下降，在相同的间隙下，油膜压力升高，直接影响着轴承工作的稳定性，就有可能发生油膜振荡。发生油膜振荡时，载荷和油膜反力失去平衡，油膜紊乱，此时甚至会引起机组所有轴承产生很大的低频振动，往往达到轴承的实际间隙值，同时转子承受着强烈的交变应力，严重影响着机组的安全运行。当汽轮发电机转速升高到两倍转子第一临界转速时发生的轴瓦自激振动，通常称为油膜振荡。也即只有转子第一临界转速低于1/2 工作转速时，才会发生油膜振荡现象。最典型的油膜振荡现象常发生在汽轮发电机组的启动升速过程中。

此外，油膜振荡振幅较大时，会使零件疲劳、松动，甚至会使轴承和轴系损坏，造成事故，所以要尽可能地抑制半速涡动，特别是要防止大振幅的油膜振荡。

3. 轴承结构

径向支持轴承按支承方式和轴承体的形状可分为圆筒形固定轴承和球形自位轴承两种；按轴瓦内圆乌金面截面形状和油楔又可分为圆轴承、椭圆形轴承、多油楔轴承和可倾瓦轴承等。

中小功率汽轮机组及发电机采用圆轴承较多，大型汽轮机组则采用椭圆轴承或三油楔轴承较多。近年来，三油楔轴承已逐步被椭圆轴承或可倾瓦轴承所代替。

可倾瓦支持轴承是密切尔式的支持轴承，一般由 3～5 块或更多块能在支点上自由倾斜的弧形瓦块组成。瓦块在工作时可以随着转速或载荷及轴承温度的不同而自由摆动，在轴颈四周形成多油楔。若忽略瓦块的惯

性、支点的摩擦阻力及油膜剪切摩擦阻力等影响，每个瓦块作用到轴颈上的油膜作用力总是通过轴颈中心的，所以不容易产生轴颈涡动的失稳分力，因而具有较好的稳定性，甚至可以完全消除油膜振荡的可能性。另外，由于瓦块可以自由摆动，所以增加了支撑柔性。可倾瓦还具有吸收转轴振动能量的能力，即具有很好的减振性。可倾瓦支持轴承还有承载能力大、耗功小以及能承受各个方面的径向载荷，适应正反转等优点，特别适合在高转速、轻载及要求振动很小的场合应用。

（三）推力轴承

推力轴承的作用是确定转子的轴向位置和承受作用在转子上的轴向推力。虽然大功率汽轮机通常采用高、中压缸对头布置以及低压缸分流布置等措施来减小轴向推力，但其仍具有较大的数值。特别是当工况变化时，还可能出现更大的瞬时推力及反向推力，从而对推力轴承提出了较高的要求。

一般应用最广泛的推力轴承为密切尔式推力－支持联合轴承。它广泛应用在国产汽轮机组中。为保证较均匀地将轴向推力分配到各个瓦片上，选用球面形支持轴瓦。轴承的推力瓦片可分为工作瓦片和非工作瓦片（有称定位瓦片）。工作瓦片承受转子的正向推力，非工作瓦片承受转子的反向推力。这些瓦片利用销子挂在它们后面的两半对分的安装环上，销子宽松地插在瓦片背面的销孔中，由于瓦片背面有一条突起的肋，使瓦片可以绕它略微转动，从而在瓦片工作面和推力盘之间形成楔形间隙，建立液体摩擦。

推力瓦片上的乌金厚度应小于通流部分及轴封处的最小轴向间隙，以保证即使在事故情况下乌金熔化时，动、静部分也不致相互碰磨，一般乌金厚度为1.5mm左右。

六、叶片

叶片是完成蒸汽能量转换的部件，它按用途可分为动叶片（又称工作叶片）和静叶片（又称喷嘴叶片）两种。

叶片是汽轮机中数量和种类最多的关键零件，其结构型线、工作状态将直接影响能量转换的效率。在工作时，除承受汽流施加的弯曲应力及承受高速旋转所产生的离心力作用外，还因其分别处在过热蒸汽区、两相过渡区（即从过热蒸汽区过渡到湿蒸汽区）和湿蒸汽区段内工作而承受高温、高压、腐蚀和冲蚀的作用。由于叶片的结构、材料和加工、装配质量对汽轮机的安全经济运行有极大的影响，所以在设计、制造叶片时，既要考虑叶片要有足够的强度，又要有良好的型线，以提高汽轮机的效率。

叶片一般由叶根、叶身（也称叶型部分或工作部分）、叶顶连接件（拉筋或围带）三部分组成。现分述如下。

1. 叶根

叶根是将动叶片固定在叶轮轮缘或转子上的连接部分，它的作用是紧固动叶片，使其在经受汽流的推力和旋转离心力作用下，不至于从轮缘沟槽里拔出来。叶根的结构型式主要取决于转子的结构型式、叶片的强度、制造和安装工艺的要求及传统等。常用的结构型式有T形、叉形和枞树形等，如图1-8所示。

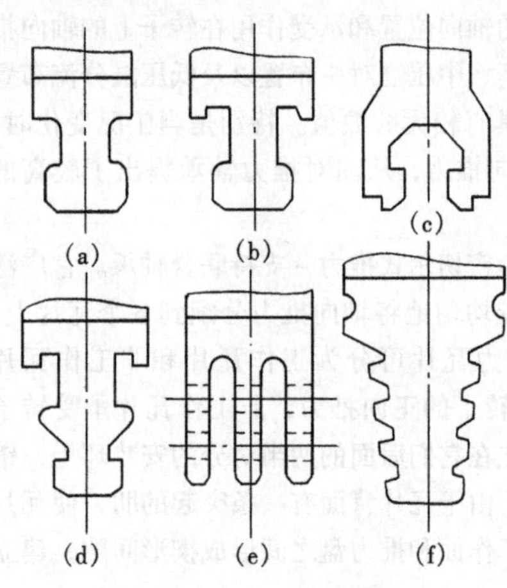

图1-8 叶根结构

(a) T形叶根；(b) 外包凸肩T形叶根；(c) 菌形叶根；(d) 外包凸肩双T形叶根；(e) 叉形叶根；(f) 枞树形叶根

图1-8 (a) 所示为T形叶根，这种叶根结构简单，加工装配方便，工作安全可靠。但由于叶根承载面积小，叶轮轮缘弯曲应力较大，使轮缘有张开的趋势，所以常用于受力不大的短叶片，如高压级叶片及调节级。

图1-8 (b) 所示为外包凸肩T形叶根，其凸肩能阻止轮缘的张开，减小轮缘两侧截面上的应力。叶轮间距小的整锻转子常采用这种叶根，如国产200MW机组，高压缸第二级以后和中压缸末级以前的级均采用外包口凸肩T形叶根。

图1-8 (c) 所示为菌形叶根，它又可分为单菌形、双菌形和三菌形叶根。这种叶根和轮缘的载荷分布比T形合理，因而其强度较高，但加工复杂，所以不如T形叶根应用广泛。

图1-8 (d) 所示为外包凸肩双T形叶根，由于增大了叶根的承力面，故可用于叶片较长、离心力较大的情况。通常高度为100~400mm的中等长度的叶片均采用外包凸肩双T形叶根。这种叶根的加工精度要求较高，特别是两层承力面之间的尺寸误差大时，受力不均，叶根强度将大幅度降低。

上述叶根属周向装配式，这类叶根的装配轮缘槽上开有一个或两个缺口（或称窗口、切口），其长度比叶片节距稍大，宽度比叶根宽0.02～0.05mm，以便将叶片从该缺口依次装入轮缘槽中。装在缺口处的叶片称为末叶片，用两根铆钉将其固定在轮缘上。有的厂家再用叶根底部的矩形状隙片或半圆形塞片固定。这种装配方式的缺点是叶片拆换必须通过缺口进行，当个别叶片损坏时，不能单独拆换，要将部分或全部叶片拆下重装，增加了工作量。

图1－8（e）所示为叉形叶根，这种叶根的叉尾直接插入轮缘槽内，并用两排铆钉固定。叉尾数可以根据叶片离心力的大小进行选择。叉形叶根强度高，适应性好，被大功率汽轮机末几级叶片广泛采用。叉形叶根虽加工方便，便于拆装，但装配时比较费工，且轮缘较厚，钻铆钉孔不便，所以整锻和焊接转子不宜采用。此外，还有等强度叉形、等强度多叉（九叉）形叶根等。

图1－8（f）所示为枞树形叶根，这种叶根和轮缘的轴向断口设计成尖劈形，以适应根部的载荷分布，使叶根和对应的轮缘承载面都接近于等强度，故在同样的尺寸下，枞树形叶根承载能力高，叶根两侧齿数可根据叶片离心力的大小选择，强度高，适应性好。这种叶根通常只采用于大功率汽轮机的调速级和末级叶片上。

2. 叶身（也称叶型部分或工作部分）

叶身是叶片的基本部分，它构成汽流通道。叶身的横截面形状称为叶型，其周线为型线。为了提高能量转换效率，叶型部分不仅应符合气体动力学的要求，而且还应满足结构强度和加工工艺的要求。

冲动式叶片与反动式叶片由于工作原理的不同，其叶型也是不同的，冲动式汽轮机的动叶片出、入口侧比较薄，中间比较厚，从入口到出口，流道截面积相对比较匀称，汽流通道从入口到出口的面积基本不变；反动式汽轮机叶片入口侧比较厚，出口侧比较薄，流道从入口到出口横截面积逐渐缩小。

按叶型沿叶高是否变化，将叶片分为等截面叶片和变截面叶片两种。等截面叶片的叶型沿叶高不变，其适应于径高比 $\theta=d_m/l_R>10$ 的级（其中 d_m 为级的平均直径，l_R 为叶片长度），这种叶片加工简单，但流道结构和应力分布不尽合理。对于较长的叶片级（$\theta<10$），为了改善气动特性，减小离心力，宜采用变截面叶片。变截面叶片的叶型沿叶高按一定规律变化，即叶片绕各截面的形心连线发生扭转，通常又称扭曲叶片。

在湿蒸汽区工作的叶片，为了防止水滴的浸湿，其上部进汽边的背面通常经过强化处理，如镀硬铬、堆焊硬质合金或电火花强化处理等。

3. 叶顶连接件（拉筋或围带）

在汽轮机同一级中，用拉筋、围带连在一起的数个叶片称为成组叶片（或称叶片组）；用拉筋、围带将全部叶片连接在一起的称为整圈连接叶片；不用拉筋、围带连结的叶片称为单个叶片或自由叶片。

随着叶片成组方式的不同，叶顶结构也各不相同：整体围带和叶片实为一个整体部件，叶片装好后顶板互相靠紧即形成一圈围带，围带之间可以焊接成为焊接围带，也可以不焊接。

将3～5mm厚的扁平钢带，用铆接方法固定在叶片顶部，称为铆接围带，铆接围带的承载能力可达到中等水平。

拉筋可分为焊接拉筋、松拉筋、Z形拉筋、拱型拉筋及互锁拉筋等。结构最简单的是以6～12mm的金属丝或金属管，穿在叶身的拉筋孔内。拉筋位于汽流通道中间，将影响级内汽流流动，还有拉筋孔削弱了叶片的强度，因此在满足振动和强度要求的情况下，有的长叶片可设计成自由叶片。

七、转子

汽轮机的转动部分总称为转子，它由主轴、叶轮（或转鼓）、动叶栅、联轴器及其他转动部件组成，是汽轮机中最重要的部件之一，担负着工质能量转换及扭矩传递的重任。在运行中应特别注意转子的工作状况。任何设计、制造、安装、运行等方面的工作上的疏忽，均有可能酿成重大事故。

（一）转子的分类

汽轮机转子按其外形可分为轮式和鼓式两种基本类型。

轮式转子按其结构可分为套装转子、整锻转子、焊接转子和组合转子4大类。

1. 套装转子

套装转子是将叶轮、轴封套、联轴节等部件分别加工后，热套在阶梯形主轴上的，如图1-9所示。各部件与主轴之间采用过盈配合，以防止叶轮等因离心力及温差作用引起松动，并用键传递力矩。所有设备锻件小，质量容易保证。适合温度在400℃以下、低应力环境下工作，中、低压汽轮机的转子和高压汽轮机的低压转子常采用套装结构。

2. 整锻转子

整锻转子的叶轮、轴封套和联轴节等部件与主轴是由一块钢料整体锻造而成的，无热套部件，这就解决了高温下叶轮与主轴连接可能松动的问题，因此，整锻转子常用作大型汽轮机的高、中压转子，如图1-10

所示。

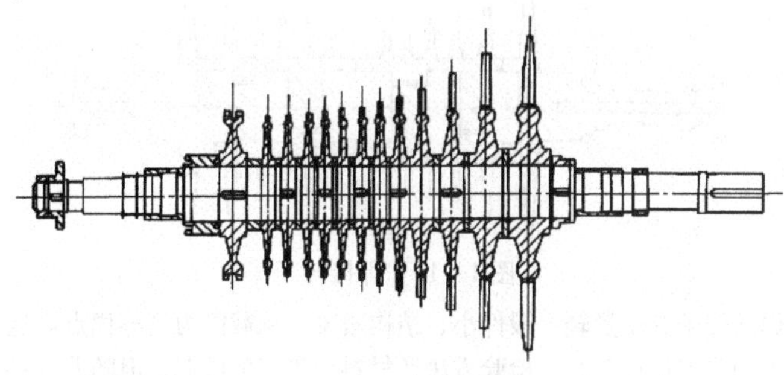

图 1－9　套装转子

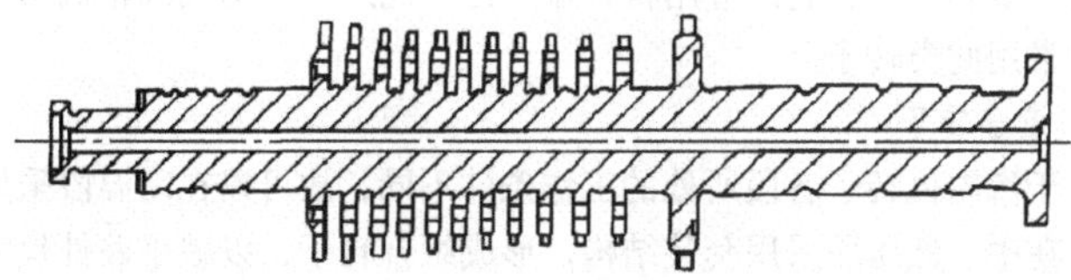

图 1－10　整锻转子

整锻转子有以下优点：

（1）结构紧凑，装配零件少，没有连接短轴，叶轮无轮毂，可缩短汽轮机的轴向尺寸。

（2）没有热套的零件，叶轮、轴封套、联轴器与主轴由一个整体锻件加工而成，工作时叶轮与主轴不会产生松动现象，对变工况的适应性较强，适合于在高温条件下运行。

（3）转子刚性好。

（4）在高压级中，转子直径和圆周速度相对较小，有可采用等厚度叶轮的整锻结构的可能。

（5）启动适应性好。

（6）可应用于中小型汽轮机的高压转子、大型汽轮机的任何转子。

3. 焊接转子

汽轮机的低压转子直径大，特别是大功率汽轮机低压转子的质量大，叶轮承受很大的离心力。当采用套装结构时，叶轮内孔在运行中将发生较大的弹性变形，因而需要设计较大的装配过盈量，但这又引起很大的装配应力。当采用整锻转子时，则因锻件尺寸太大，质量难以保证。所以采用分段锻造，焊接组合的焊接转子，如图 1－11 所示。焊接转子主要是由若干个叶轮与端轴拼合焊接而成。

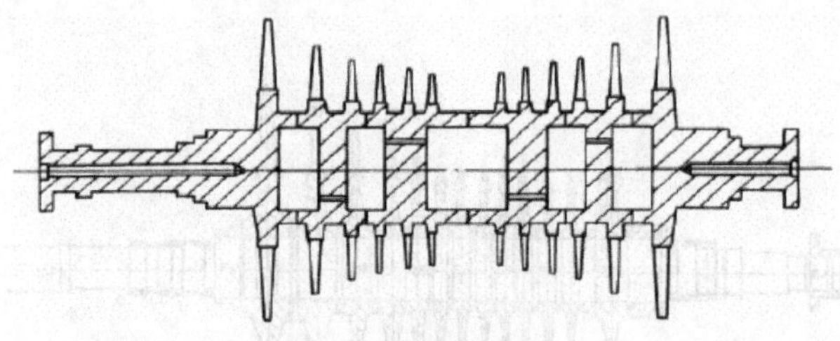

图 1－11　焊接转子

焊接转子有质量轻、锻件小、结构紧凑、承载能力高等优点。这种转子的应用受到焊接工艺、检验方法及材料种类等的限制，但随着焊接技术的不断发展和提高，它的应用将日益广泛。此外，反动式汽轮机因为没有叶轮也常用此类转子。

4. 组合转子

由于汽轮机转子各段所处的工作条件不同，故可以在高温段采用整锻结构，在中、低压段采用套装结构，形成组合转子，以减小锻件尺寸，如图 1－12 所示。组合转子综合了套装转子与整锻转子的优点，高压部分采用整锻式，中低压采用套装式。

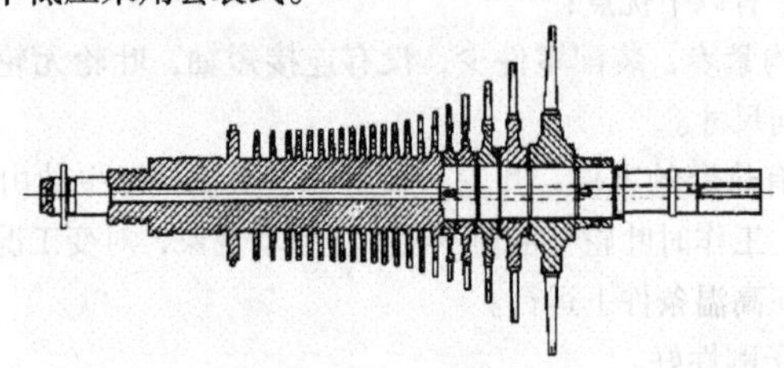

图 1－12　组合转子

鼓式转子的特点是一般没有明显的叶轮或者叶轮径向尺寸也很小，除调节级外，其他各级动叶片安装在转鼓上开出的叶片槽中，可缩短轴向长度和减小轴向推力，如图 1－13 所示。它多应用在由反动级组成的汽轮机中，主要原因是避免叶轮两侧压差造成过大的轴向力和适应反动级通流部分形状，但为了减小高温区域内转子的金属蠕变变形和热应力，需要对转子进行冷却。

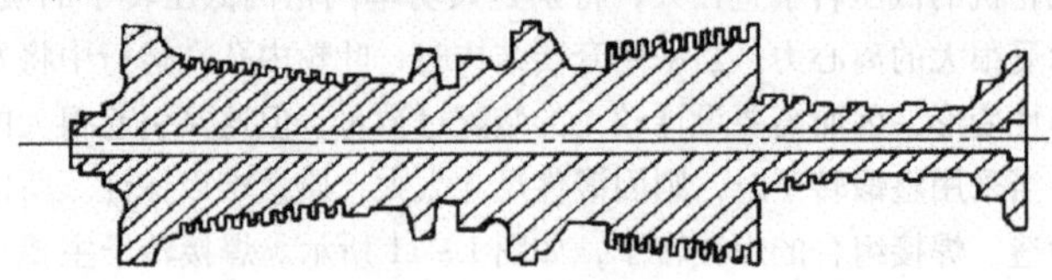

图 1－13　鼓式转子

一台机组选用转子的数目应根据其功率、蒸汽参数及总体结构布置而定。

（二）联轴器

联轴器是连接多缸汽轮机转子或汽轮机转子与发电机转子的重要部件，借以传递扭矩，使发动机转子克服电磁反力矩作高速旋转，将机械能转换为电能。

联轴器的类型一般可分为刚性、挠性和半挠性3类。两半联轴器直接刚性相连的联轴器称为刚性联轴器；中间通过啮合件（如齿轮等）或蛇形弹簧等来连接的联轴器称为挠性联轴器；中间通过波形筒等来连接的联轴器称为半挠性联轴器。

刚性联轴器由两根主轴上带有凸缘的圆盘组成，用螺栓将两圆盘紧连在一起。刚性联轴器结构简单、连接刚性强、轴向尺寸短、工作可靠、不需要润滑、没有噪声，除可传递较大的扭矩外，还可传递轴向力和径向力，将转子质量传递到轴承上，另外，刚性联轴器连接的轴系只需要一个推力轴承平衡推力，简化了轴系的支撑定位，缩短了轴系长度。因此，刚性联轴器在现代大功率汽轮机中得到普遍采用。缺点是不允许被连接的两个转子在轴向和径向有相对位移，故对两轴的同心度要求较严格。制造与安装的少许偏差都会使联轴器承受不应有的附加应力，从而引起机组较大的振动，且其对振动的传递比较敏感，又增加了现场查找振动原因的困难。

挠性联轴器有较强的挠性，它允许两转子有相对的轴向位移和较大的偏心，对振动的传递也不敏感，传递功率小，且结构较为复杂，需要配备专门的润滑装置，一般只用在中、小型机组上。国产300MW机组所配用的给水泵汽轮机与给水泵的连接就是这种联轴器。

半挠性联轴器的结构特点是在联轴器间装有波形套筒，它由具有较好弹性的材料制成。套筒两端由法兰分别与两只联轴器相连接，一只联轴器的外缘上紧套的一只齿轮，是连接盘车用的。汽轮机运行时，由于两转子轴承热膨胀量的差异等原因，可能会引起联轴器连接处大轴中心的少许变化。波形套筒则可以略微补偿两转子不同心的影响，同时还能在一定程度上吸收一个转子传到另一个转子的振动，并能传递较大的扭矩，将发电机转子的轴向推力传递到汽轮机的推力轴承上。由于具有以上优点，所以半挠性联轴器在大、中型汽轮机上也得到广泛应用。如国产100、125、200、300MW汽轮机的低压转子与发电机转子之间的连接均采用此种联轴器。

联轴器的作用是传递扭矩，它工作时主要是靠联轴器半部端面间的摩擦力来传递，而连接螺栓所能承受的剪力则只起某种保险作用。

（三）转子的临界转速

由于汽轮机转子的材质不可能十分匀称，转子在制造与组装过程中不可避免地要出现一些误差，致使转子的质心不可能落在几何中心线上，所以存在偏心距。当汽轮机转子旋转时，离心力的作用就会使转子产生挠曲和振动，其振动频率与汽轮机转数相当，称为激振力频率。

汽轮机转子具有一个固有的自振频率，当转子的自振频率与激振力频率相重合时，便发生共振，振幅急剧增大，产生剧烈振动，此时的转速就是转子的临界转速。它在运行中的表现为汽轮机启动升速过程中，在某个特定的转速下，机组振动急剧增大，越过这一转速后，振动便迅速减小。在另一更高的转速下，机组又可能发生较强烈的振动。继续提高转速，振动又迅速减弱。因为转子有一系列的自振频率，所以转子就有一系列的临界转速，依次称为第一阶临界转速、第二阶临界转速、……，用 n_{c1}、n_{c2}、…表示。

在汽轮机设计时，要求其临界转速比工作转速高或低30%左右。工作转速低于临界转速的汽轮机转子称为刚性转子，这种转子在启动过程中没有共振现象产生。工作转速高于临界转速的汽轮机转子称为挠性转子，这种转子在启动过程中有临界转速出现。

转子临界转速的高低与转子的材质、直径、质量、几何形状、两端轴承的跨距、轴承支承的刚度等有关。一般来说，转子直径越大、质量越轻、跨距越小、轴承支承刚度越大，则转子的临界转速就越高；反之，则越低。需要指出的是临界转速的高低与转子质量的偏心距大小无关，但转子振动的振幅却与转子质量的偏心距成正比，因而要尽量减少转子的偏心质量。

第五节　300、600MW及1000MW等级汽轮机简介

一、国产300MW汽轮机

1. 上海汽轮机有限公司300MW原型机N300-16.18/550/550型汽轮机

该机组为亚临界、一次中间再热、单轴四缸四排汽冲动式凝汽汽轮机。它共有4个汽缸，即高压缸、中压缸和2个双流式低压缸，并且均为双层缸，中压缸采用分缸反向布置。高压缸由一个单列调节级和8个压力级组成。中压缸有11个压力级，低压缸共有64个压力级，全机共有44级，汽轮机总长约为23.8m，低压缸的横向宽度为7.34m，本体总质量

为612t。

该机组共有8段回热抽汽，高压缸有2段抽汽，第1段在压力级第6级后抽出，第2段抽汽为高压缸的排汽，此排汽绝大部分引到锅炉再热器，只有一小部分抽到7号高压加热器。中压缸共有4段抽汽，分别从压力级第12、15、17级及第19级后抽出。第19级后蒸汽即为中压缸排汽，它分成两路，大部分通过连通管送到两只低压缸，分流成四股汽流进行做功，其余部分到3号低压加热器。低压缸有2段抽汽，在低压缸的第3、5级后设有抽汽口，即在第22、28、34、40级后为7段回热抽汽；在第24、30、36、42级后为第8段抽汽。低压缸的排汽经过导流板径向汇流到凝汽器。

1~3段抽汽供3台高压加热器用汽，第4段抽汽为除氧器用汽，除氧器为滑压运行，第5段抽汽供4号低压加热器和给水泵汽轮机用，6~8段抽汽供1~3号低压加热器用汽。给水泵汽轮机排汽排入小汽轮机凝汽器，凝结水由泵打入主凝结水管路中。

在额定工况下，该机组的热耗计算值为8189kJ/（kW·h），热耗率的保证值为8331 kJ/（kW·h）；经过热力试验，机组实际热耗率为8345.54 kJ/（kW·h），基本上达到了保证值，但未达到计算值。

2. 上海汽轮机有限公司引进型N300－16.67/537/537型汽轮机

该型机组是由上海汽轮机有限公司按照引进的美国西屋公司技术制造的。其为亚临界、一次中间再热、单轴双缸双排汽、高/中压缸合缸、低压缸双流程的反动式凝汽汽轮机。

该机通流部分由高、中、低压3部分组成，共有34级，除高压调节级为冲动级外，其余33级均为反动级。高、中压通流部分反向对头布置在一个缸内，为双层缸结构，主、再热蒸汽均由汽缸中部进入，并向相反方向流动。进汽阀门单独布置在汽缸的左右侧。低压缸是双流式、三层缸结构，2个排汽口与2个凝汽器相连接。各缸均为水平对分形式。

高、中、低压转子均由整锻合金钢加工而成。为平衡轴向推力，在高、中压转子上设有高、中、低压平衡活塞。机组有2个主汽门—调节汽门组合部套，每一组件有1个主汽门和3个调节汽门；2个再热联合汽门。全机共有8段非调整抽汽。机组正常运行时，高压加热器疏水逐级自流至除氧器，低压加热器逐级自流至凝汽器。

给水泵汽轮机汽源为汽轮机中压缸排汽，即第4段抽汽，机组在低负荷运行时，自动切换为汽轮机新蒸汽。给水泵汽轮机的排汽进入汽轮机凝汽器。机组配有30%额定容量的两级旁路系统。

该机组采用的调节系统为新华电站控制工程有限公司依据西屋公司技术生产的DEH－Ⅲ型数字式电液调节系统。DEH能对机组的转速（包括启动、升速、甩负荷）和功率进行连续调节，并能满足机组协调控制系统对汽轮机调节的要求，DEH系统使用数字式逻辑回路来迅速对机组进行监视、记忆、运算及作出判断等。

在额定工况下，机组的保证热耗率为8080kJ/（kW·h）；经过热力性能考核试验，机组实际热耗率为8896kJ/（kW·h），试验结果基本上达到了保证值。

3. 国产优化引进型300MW汽轮机

当前300MW汽轮机的国际水平是热耗率指标普遍在7955kJ/（kW·h）以下。为进一步降低热耗率，提高效率，使该引进型机组达到目前的国际水平，我国汽轮机厂家，在引进、消化美国西屋公司技术，并先后生产了若干引进型300MW机组的基础上，对引进型机组进行了优化改造，具体为：

（1）优化引进型N300－16.7/538/538型汽轮机。它是由上海汽轮机有限公司制造的，主要改进为：

1）额定主再热蒸汽温度由537℃提高到538℃。

2）额定排汽压力由5.4kPa降到4.9kPa。

3）高压缸反动级组的级数由原来的10级增加为11级。热耗率的得益约为10.5kJ/（kW·h）。

4）调节级喷嘴和动叶片叶型以新的2195、2197型线代替原来的2184、2176型线，并在喷嘴进口采用了子午面型线通道，调节级效率可提高约4%。

5）高压缸反动级动叶型线由5600A系列改为8500系列，可提高效率约为0.8%。

6）静叶片由等截面直叶片改为扭叶片。

7）高压静叶环汽封改为镶嵌式结构。

8）高压动叶片叶根改为T形叶根，可减小漏汽，级的效率提高0.4%～0.7%，相当于热耗率得益约8.4 kJ/（kW·h）。

高压缸经过上述结构改造后，其热耗率可降低约63 kJ/（kW·h）。机组热力性能试验，其机组保证工况的热耗率为8066.1 kJ/（kW·h），此结果比设计值高出73.5 kJ/（kW·h）。

（2）哈尔滨汽轮机厂有限责任公司引进型300MW优化机组。该机组也是引进美国西屋公司技术优化改进后制造的。主要改进为：采用三元流计算程序进行通流部分改进设计，按可控涡流型设计原则，静叶片全部采用扭叶片，高压通流部分增加一个反动级，调节级喷嘴采用子午面成型；高压动叶采用T形叶根，除末两级动叶外，其余均采用自带围带整圈连接结构；与西屋公司合作，开发了末级叶片长度为1000mm的长叶片及可以与它相配的次、末两级叶片。

二、进口300MW等级汽轮机

1. 英国GEC公司生产的N362－16.85/540/540型汽轮机

该机组由英国通用电气公司（GEC）汽轮发电机有限公司制造。该机为亚临界、一次中间再热、单轴、三缸双排汽冲动式凝汽汽轮机，其高、中、低压缸均为双层缸，高、中压缸采用分缸反向布置。高压缸内有9个压力级；中压缸有10个压力级、2个中压隔板套；低压缸每一分流有5个压力级，全机共有29级，采用节流配汽方式。两个高压联合汽阀布置在高压缸左右两侧，两个中压联合汽阀布置在中压缸左右两侧，均与汽缸分开布置，中压缸排汽通过两根导汽管引入低压缸。

该机高压第一级动叶的围带为整体式围带，其余各级叶顶覆有由两个铆钉头固定的几段弧形围带；中压各级动叶都有围带；低压前4级装有围带，末级动叶的叶顶有薄缘，并且在接近叶顶处每两片动叶间装有Z形杆拉筋。机组的高、中、低压转子均为整锻转子，且与联轴器是锻造在一起的。高压与中压、中压与低压转子之间都用刚性联轴器连接。高压转子采用1CrMoV材料制造，长为4.775m；中压转子由1CrMoV材料制造，长为5.69m；低压转子由31/2Ni CrMoV材料制造，长为7.163m。高、中压转子无中心孔，而低压转子钻有中心孔。

全机共有4个轴承座。在高压转子、中压转子和低压转子两端各有一径向轴承支持，推力轴承用密切尔轴承，置于高压－中压轴承座内。盘车转速为30r/min，盘车时由顶轴油泵供油。机组共设有8段回热抽汽。给水系统配有3组50%容量的电动给水泵组，由液力联轴器对主泵进行变速调节。

该机组主蒸汽和冷、热再热蒸汽管道均采用单元制，且为双管系统，在主蒸汽管及再热热段管上都设有混温联络管。本机组未设旁路系统，再热器允许干烧。在启动中，用锅炉排污及疏水等来进行有关参数的控制。在运行中，靠锅炉安全门来解决超压问题。其优点是系统得到简化，节省了基建投资。缺点是自动化程度降低了（汽轮机的快速切回保护即FCB随同旁路保护一同被取消），且浪费了部分工质。

该机组采用数字电液调节系统（DEH）。调节油采用高压抗燃油，它与润滑油系统分开各成系统。该机组采用定压－滑压－定压复合滑压运行方式。

2. 德国 SIEMENS 生产的 K30－40－16、N30－2×10 型 350MW 汽轮机

该汽轮机为反动式单轴双缸、双排汽、亚临界、一次中间再热、节流调节凝汽式汽轮机。该机组额定负荷为 350MW，最大连续出力为 369.69MW，阀门全开工况出力为 378.885MW。该机组 100% 额定工况热耗为 7755 kJ/（kW·h），75% 额定工况热耗为 7885 kJ/（kW·h）。

该汽轮机高中压缸采用合缸布置，并采用双层缸结构，低压缸为双流程设计，也为双层缸结构，高中压缸进汽各有两个联合主调节汽门，高压缸还有一个过负荷调节汽门。高、中、低压转子均采用整锻转子，汽轮机各级均为 50% 反动度的反动级，高中压转子、低压转子、发电机转子、励磁转子之间均采用刚性联轴器连接，低压缸末级结构设计有防水蚀措施。

汽轮发电机组共有 6 个轴承，1 号轴承即高中压缸前轴承为组合式支持推力轴承，其他 5 个轴承均为支持轴承，除 6 号轴承无顶轴油孔外，1～5号轴承均设有顶轴油孔，各轴承座固定于基础上。转子的轴向推力由平衡活塞和推力轴承来承担。

该汽轮机采用一次中间再热、八段抽汽回热系统。主蒸汽经高压联合汽门进入高压缸做功后送入再热器，再热蒸汽通过中压联合汽门进中低压缸做功后排入凝汽器，凝结水经凝结水泵、轴封加热器、低压加热器、除氧器通过汽动给水泵或电动给水泵升压经高压加热器送回锅炉。

回热系统设有 8 段非调整抽汽，分别供给 3 台高压加热器、一台除氧器、4 台低压加热器。高压加热器疏水逐级自流入除氧器，4 号低压加热器疏水流入 3 号低压加热器，3 号低压加热器疏水经疏水泵打入其后的凝结水管路，1、2 号低压加热器疏水经外置式疏水冷却器进入凝汽器。

汽轮机阀门由油动机借助于高压抗燃油系统的动力实现控制，汽轮机控制器产生阀位控制信号，送至各阀门的电液执行器，经伺服阀和导向阀转换为相应的液压信号，去控制油动机，从而控制阀门开度，阀门的开度反馈至汽轮机控制，实现机组控制参数的闭环调节。

汽轮机达保护条件跳闸系统跳闸，跳闸电磁阀失电，开通跳闸油回路，迅速泄去高压油，阀门在弹簧力作用下关闭，从而保护汽轮机。

给水系统配置两台 50% BMCR 容量的汽动给水泵，另外配置了 1 台 50% BMCR 容量的电动给水泵，作为启动和备用泵。汽动给水泵正常汽源

由 A5 抽汽供给，启动、低负荷或事故情况下可由辅助蒸汽或再热器冷端供汽。

三、600MW 等级汽轮机

1. 哈尔滨汽轮机厂有限责任公司 NJK600－16.7/538/538 型汽轮机

该汽轮机为亚临界、一次中间再热、单轴、三缸四排汽、间接空冷凝汽式汽轮机。设计额定功率为 600MW，最大连续出力为 640.5MW，阀门全开工况出力为 662MW，背压为 13.8kPa，THA 工况热耗值为 8060.4kJ/（kW · h）。机组采用日本东芝公司成熟的设计技术，高中压缸采用合缸布置，并采用双层缸结构，低压缸为双流反向布置、三层缸结构。高、中压转子采用无中心孔合金钢整锻转子。高压转子由 1 个单列冲动式调节级和 8 个冲动式压力级构成；中压转子由 6 个冲动式压力级构成；低压转子为双分流无中心孔合金钢整锻转子，每缸有正反向各 6 个反动式压力级。

该机组采用喷嘴调节，高压部分共有 4 个调节门对应于 4 组喷嘴，高压调节门运行方式分部分进汽（顺阀）和全周进汽（单阀）。中压部分为全周进汽。机组可采用定压和滑压两种方式运行。

主蒸汽从位于汽轮机前部 2 个主汽门和 4 个调节汽门，由 4 根导汽管进入汽轮机高压缸，做功后的蒸汽再热后从机组两侧与汽缸相连的两个中压联合调节汽门进入中压缸，经连通管引入两个低压缸，低压缸排汽进入两个凝汽器。旁路系统采用德国博普－罗依特公司生产的二级串联液压驱动旁路系统，其中高压旁路为单流程，低压旁路为双流程，容量为 40% BMCR。

凝结水系统采用 2×100% 容量的凝结水泵，1 台运行 1 台备用。

回热系统采用 7 段非调整抽汽，其中，1、2、3 段抽汽分别向 3 台高压加热器供汽；4 段抽汽向除氧器和辅助蒸汽供汽；5、6、7 段抽汽分别向 3 台低压加热器供汽。高、低压加热器疏水均采用逐级自流方式。

给水系统设计有 3 台 50% 容量的电动给水泵，正常运行时，2 台运行 1 台备用。

2. 上海汽轮机有限公司 N600－24.2/566/566 型汽轮机

该汽轮机为超临界、一次中间再热、单轴、三缸、四排汽凝汽式汽轮机。设计额定功率为 600MW，额定主蒸汽压力为 24.2MPa，额定主、再热蒸汽温度为 566℃，背压为 5.4kPa，THA 工况热耗值为 7558kJ/（kW · h）。

该汽轮机采用冲动式调节级和反动压力级的混合形式，主蒸汽通过安装在汽轮机两侧的主汽门－调节汽门进入高压汽轮机，做功后蒸汽通过高中压外缸下半两个排汽口排出，经再热器加热后通过两个中压汽门－调节汽门进入中压缸。

汽轮机采用了当今世界上最先进的技术，使汽轮机具有良好的安全性、经济性和可靠性，同时具有良好的调峰性能，适合在电网中承担调峰负荷和基本负荷。

3. 东方汽轮机有限公司 N600－24.2/566/566 型汽轮机

该汽轮机为超临界、一次中间再热、三缸四排汽、双背压、凝汽冲动式汽轮机，设计额定功率为600MW，最大连续出力为639MW，阀门全开工况出力为669MW，额定主蒸汽压力为24.2MPa，额定主、再热蒸汽温度为566℃，背压为6.5kPa，THA 工况热耗值为7613kJ/（kW·h）。

高中压缸为合缸结构，高压级和中压级的蒸汽流向相反，两个分流式低压缸对称布置。机组采用复合变压运行方式，汽轮机具有8段非调整回热抽汽。主蒸汽管道在汽轮机前分为两根，各经过1个主汽门进入4个调节汽门经高压导汽管引入调节级的喷嘴室做功。两路再热蒸汽经过一个中压主汽门和一个中压调节汽门，进入中压第一级的喷嘴室，在中压级做功后引至两个低压缸。进入低压缸的蒸汽又分为两部分，分别经过7个低压级做功，做功后的乏汽由两端的排汽口排入双压凝汽器。

该汽轮机采用了日立公司所具有的国际上最先进的通流优化技术及汽缸优化技术，使机组经济性、可靠性得到进一步的提高。

四、1000MW 等级汽轮机

1. 东方汽轮机有限公司生产的1000MW 汽轮机

东方汽轮机有限公司与日立公司合作开发的1000MW 超超临界汽轮机为单轴、冲动式、一次中间再热、四缸四排汽、双背压、凝汽式、八级回热抽汽，有1个高压缸、1个中压缸、两个低压缸，高压缸为单流式，包括1个分流冲动式调节级和8个压力级；中压缸分流布置，共2×6个压力级；2个分流布置的低压缸，共2×2×6个压力级。该机组额定功率为1000MW，最大连续功率为1044MW，额定主蒸汽温度为600℃，额定再热蒸汽温度为600℃，额定主蒸汽压力为25MPa，低压缸平均背压为11.8kPa，THA 工况热耗保证值不高于7354kJ/（kW·h）。

主蒸汽管道在汽轮机机头分成4路接入4个主汽门，在靠近高压主汽门的供汽管路上设有相互之间的压力平衡管；再热蒸汽冷段由高压缸排汽口以双管接出，经锅炉再热后分成两路接入左右侧中压联合汽门，在靠近中压主汽门的供汽管路上设有相互之间的压力平衡管。汽轮机具有8段非调整抽汽，1~3段抽汽供3台高压加热器，4段抽汽供除氧器、辅助蒸汽、给水泵汽轮机，5~8段抽汽供低压加热器。

每台机组配置两台50% BMCR容量的汽动给水泵，1台25% BMCR容量的电动给水泵作为启动和备用泵，各给水泵均设有前置泵。凝结水系统设3台50%容量的立式凝结水泵。

汽轮机为高压缸启动方式，采用一级启动大旁路系统，旁路系统仅考虑机组启动需要，在旁路减压阀前加装了电动隔离阀以保护凝汽器。

2. 上海汽轮机有限公司生产的1000MW汽轮机

上海汽轮机有限公司采用德国西门子技术的超超临界1000MW汽轮机为单轴、反动式、一次中间再热、四缸四排汽、双背压、凝汽式、八段回热抽汽。由HMN型积木块组合：一个圆筒单流式H30高压缸，没有调节级，设有15个反动级；一个双流M30中压缸，共2×14压力级；两个N30双流低压缸，共4×6级。该机组额定功率为1000MW，最大连续功率为1060MW，阀门全开工况出力为1094MW，额定主蒸汽温度为600℃，额定再热蒸汽温度为600℃，额定主蒸汽压力为26.25MPa，低压缸平均背压为11.8kPa，THA工况热耗保证值不高于7329kJ/（kW·h）。

汽轮机高压缸设有2个主汽门和2个调节汽门；在每个主汽门和调节汽门之间有一引出管，接入1个或2个补汽阀；2个调节汽门出口直接接入全周进汽的蒸汽室，补汽阀从主汽门后接入高压缸的某一中间级后。再热蒸汽通过2个中压主汽门和2个中压调节汽门从中压缸两侧进入，中压缸排汽通过连通管进入2个低压缸继续做功后，分别排入2个凝汽器。

凝汽器采用双背压、双壳体、单流程、表面冷却式凝汽器。每台机组配置两台50% BMCR容量的汽动给水泵，1台30% BMCR容量的启动/备用电动给水泵。凝结水系统设有3台50%容量的凝结水泵。循环水系统设有50%容量的可抽芯式混流泵。

机组取消调节级，采用全周进汽滑压运行方式。同时采用补汽技术提高了汽轮机的过载和调频能力，它使全周进汽机型的安全可靠性、经济性全面超过喷嘴调节机型。

机组具有卓越的热力性能、优越的产品运行业绩和可靠性，以及高效、高可用率、容易维护、检修所花时间少、运行灵活、快速启动等特点及调峰能力。

3. 哈尔滨汽轮机厂有限责任公司生产的1000MW汽轮机

哈尔滨－东芝联合设计制造的超超临界1000MW汽轮机为单轴、一次中间再热、四缸四排汽（双流低压缸）、凝汽式、八段回热抽汽。包括1

个单流式双层结构的高压缸、1个分流式双层结构的中压缸、2个分流式低压缸，其中高压缸有一个分流式调节级和9个压力级、中压缸有2×7个压力级、低压缸有2×2×6个压力级。该机组额定功率为1000MW，最大连续功率为1052.1MW，阀门全开工况出力为1091.7MW，额定主蒸汽温度为600℃，额定再热蒸汽温度为600℃，额定主蒸汽压力为25MPa，低压缸平均背压为5.1kPa，THA工况热耗保证值不高于7383kJ/（kW·h）。

主蒸汽通过4个主汽门和4个调节汽门，由4根导气管引入汽轮机高压缸，高压排汽排入锅炉再热后通过中压联合汽阀进入中压缸后分流做功，然后通过中低压连通管引入2个低压缸继续做功后，分别排入2个凝汽器。

一次再热与3级高压加热器（内设蒸汽冷却段和疏水冷却段），1级除氧器和4级低压加热器组成8级回热系统，各级加热器疏水逐级自流。

每台机组配置两台50% BMCR容量的汽动给水泵，1台30% BMCR容量的启动/备用电动给水泵。

提示　第一～五节内容适用于初级工、中级工、高级工、技师及高级技师使用。

第二章

汽轮机辅助设备系统的启停及运行

第一节 凝汽设备

在火力发电厂中，工质循环做功主要分为四大过程：蒸汽在锅炉中的定压吸热过程、蒸汽在汽轮机中的膨胀做功过程、乏汽在凝汽器中的定压放热凝结成水的过程、水在给水泵中的压缩升压过程。可见凝汽设备是凝汽式汽轮机组的一个重要组成部分，其工作性能的好坏直接影响着整个机组的经济性和安全性。

图2-1所示为火力发电厂的热力系统。燃料在锅炉内燃烧加热给水，使之汽化产生具有一定参数的蒸汽，这是热力系统的热源区，称为“热端”；在汽轮机内，蒸汽的部分热能转变为机械能后排入凝汽器，凝汽器的冷却水将排汽冷凝成水，吸收了排汽凝结所放出的热量。凝汽设备及其冷却水系统起着冷源的作用，称为热力系统的“冷端”。

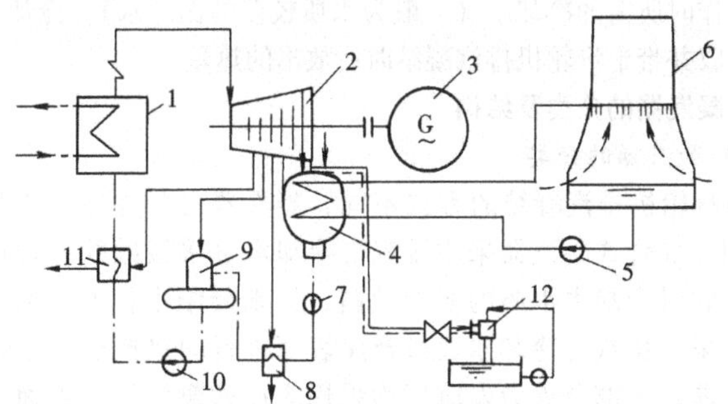

图2-1　火力发电厂热力系统

1—锅炉；2—汽轮机；3—发电机；4—凝汽器；
5—循环水泵；6—冷却水塔；7—凝结水泵；8—低压加热器；
9—除氧器；10—给水泵；11—高压加热器；12—抽气装置

一、凝汽设备的作用

在图2-1中，凝汽设备主要由凝汽器4、凝结水泵7、循环水泵5及抽气装置12等组成，是火力发电厂热力系统中的一个重要组成部分。

凝汽设备的作用主要有：

（1）在汽轮机排汽口建立并维持一定的真空，以提高汽轮机的循环热效率。

（2）冷凝汽轮机的排汽，再用水泵将凝结水送回锅炉，以方便地实现热功转换的热力循环。

除此之外，凝汽器还对凝结水和补给水有一定的真空除氧作用，并且可以回收机组启停和正常运行中的疏水，接收机组启动和甩负荷过程中汽轮机旁路系统的排汽，减少工质的损失。

在机组启动时，凝汽器的真空是靠抽气器抽出其中的空气建立起来的。此时，所能达到的真空值较低。在汽轮机正常运行中，低压缸的排汽进入凝汽器，凝汽器中真空的形成，主要是靠汽轮机的排汽被冷却成凝结水时，其比体积急剧缩小形成的。如在4.9kPa的压力下，1kg蒸汽的体积比1kg水的体积大两万多倍。这样，当蒸汽凝结成水后，其体积骤然缩小，原来被蒸汽充满的空间就形成了一定的真空。此时，抽气器的作用是抽出真空系统中漏入的空气以及其他不凝结气体，以维持凝汽器的真空。

汽轮机的排汽进入凝汽器冷凝后产生的凝结水，汇集在凝汽器的下部也即热井中，再由凝结水泵送到除氧器，作为锅炉的给水。循环水泵供给凝汽器工作时所需的冷却水（一般为水质较差的循环水），冷却水进入凝汽器内吸收并带走汽轮机排汽凝结时所放出的热量。

二、凝汽器的分类及结构

（一）凝汽器的分类

按照汽轮机排汽凝结的方式不同，凝汽器可分为混合式和表面式两种类型。混合式凝汽器采用排汽与冷却水直接接触的混合换热来凝结排汽，它对冷却水水质的要求较高，否则凝结水将不能回收。表面式凝汽器采用排汽与冷却水通过金属表面进行间接换热的方式来凝结排汽。目前，大部分火力发电厂均采用表面式凝汽器。表面式凝汽器按冷却水的流程又可分为单流程、双流程、多流程；按水侧有无垂直隔板，又可分为单一制（单道制）和对分制（双道制），大型电厂多采用对分制凝汽器。随着电厂，特别是核电站汽轮机单机功率的增长，凝汽器冷却水进水方式出现了在同一壳体内冷却水通过3～6根进水管，进入相应的3～6个水室去的凝汽器，分别称为三道～六道制凝汽器；按进入凝汽器的汽流流动方向，又可分为汽流向下式、汽流向上式、汽流向心式和汽流向侧式。

按照凝汽器冷却介质的不同，又可以将凝汽器分为水冷却式凝汽器和空气冷却式凝汽器。空气冷却式凝汽器又分为直接空冷凝汽器、间接空冷表面式凝汽器、间接空冷混合式凝汽器。

按照凝汽器汽室压力数，又可以将凝汽器分为单压凝汽器和多压凝汽器。一般来说，多压凝汽器与单压凝汽器相比，可使汽轮机组热效率提高0.15%～0.25%，我国制造或引进的500MW以上的机组多采用双压凝汽器。

（二）凝汽器的结构

下面以表面式凝汽器为例，介绍有关内容。

1. 表面式凝汽器的结构简介

图2－2所示为表面式凝汽器的结构示意图。它主要由外壳、水室端盖、固定在端盖与壳体之间的管板以及装在两端管板上的许多冷却水管等组成。凝汽器内部被管板和冷却水管分成蒸汽（汽侧）空间和冷却水（水侧）空间。冷却水从冷却水进口进入凝汽器，沿箭头所指的方向经过冷却水管内部，吸收排汽传递的热量后，从冷却水出口流出。汽轮机的排汽从排汽进口进入凝汽器，接触比蒸汽温度低的冷却水管后，释放热量凝结成水。最后汇集在热水井中，由凝结水泵抽出。不凝结的气体流经空气冷却区后，由空气抽出口抽出。要维持蒸汽和空气混合物以一定速度向抽气口流动，空气抽出口处应保持较低的压力p_c''。压差（$\Delta p = p_c - p_c''$）称为

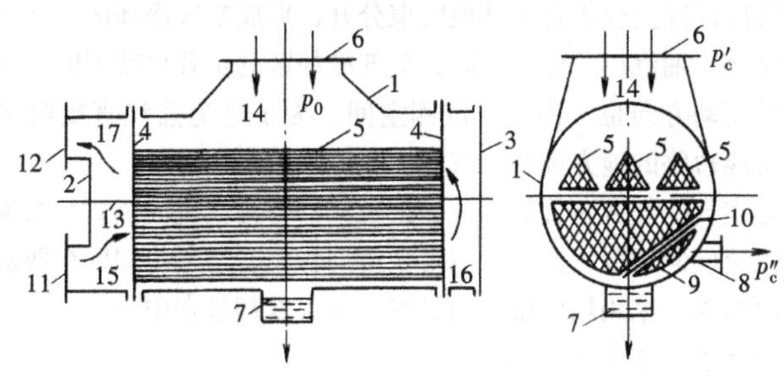

图2－2　表面式凝汽器的结构示意图

1—外壳；2、3—水室端盖；4—管板；5—冷却水管；6—排汽进口；7—热水井；8—空气抽出口；9—空气冷却区；10—空气冷却区挡板；11—冷却水进口；12—冷却水出口；13—水室隔板；14—汽室间；15～17—水室

凝汽器的汽阻。汽阻越大，凝汽器内的压力 p_c 也越高，经济性越低。大型机组凝汽器的汽阻为0.3～0.4kPa。

凝汽器中冷却水的阻力称为水阻。它由冷却水管内的沿程阻力、冷却水由水室进出冷却水管的局部阻力与水室中的流动阻力（包括由循环水管进出水室的局部阻力）三部分组成。水阻越大，循环水泵的耗功越大。单流程凝汽器的水阻较小，双流程凝汽器的水阻较大，为49～78kPa。

2. 冷却水管的布置形式

因为合理的凝汽器内管束的布置形式能提高凝汽器的传热效果，直接影响凝汽器的真空度，所以冷却水管的管束形式与汽轮机的经济运行有着密切的关系。合理的管束布置要求具有较高的传热系数和较小的汽阻，且不应使凝结水过冷却。为保证凝结水温度接近排汽温度，消除凝结水过冷却现象，现代凝汽器都设有专门的蒸汽通道，使部分蒸汽直接达到热井加热凝结水，称为回热式凝汽器。

国产125MW及以下的机组较普遍地采用带状布置形式。目前大容量机组有的采用辐向块状布置方式有的采用卵状布置方式。卵状布置方式的优点是蒸汽向抽汽口流动时，流程均匀、短直；蒸汽流道宽、流速低；主凝结区热负荷高且在各区域分布均匀；空气冷却区能够比较充分地冷却汽、气混合物。

3. 抽汽口的布置方式

为降低抽出空气的温度，减少随空气一起被抽出的蒸汽量，降低抽气器的负荷，在凝汽器内的空气抽出口附近，专门布置有一簇管束，并用带孔的空气冷却区挡板将它和其他管束分开，形成空气冷却区，其余管束称为主凝结区。抽汽口的位置不同，空气冷却区的位置也就不同，汽流在凝汽器内的流动方向也不同。在汽侧空间，为了避免蒸汽直接短路至抽汽口，在可能短路的地方设有挡汽板。

根据空气冷却区布置的方位，把凝汽器分为汽流向侧式和汽流向心式两类。汽流向侧式凝汽器多采用带状排列管束，空气冷却区在两侧；汽流向心式凝汽器多采用辐向排列的管束，空气冷却区在中央。

4. 热水井真空除氧装置

大功率汽轮机凝汽器的热水井中均设有除氧装置。图2－3所示为N－11220－1型凝汽器的淋水盘式除氧装置。来自管束侧面通道中的蒸汽直接和托盘内的凝结水接触，将凝结水加热到与该处压力相对应的饱和温度，使凝结水中溶解的气体大为减少。淋水盘的左右两翼开有许多小孔，凝结水自小孔成水柱流下，击溅在溅水角钢上，散碎成小水珠，使水的表面积增大，溶解在水中的气体得以迅速逸出。托盘与热井侧面之间有小通道，运行中部分蒸汽由此进入除氧区，溅水角钢及淋水盘下部，将水珠加热，使凝结水中的溶解气体进一步析出。析出的气体经排气管引至空气冷却区，最后由抽汽口抽出。

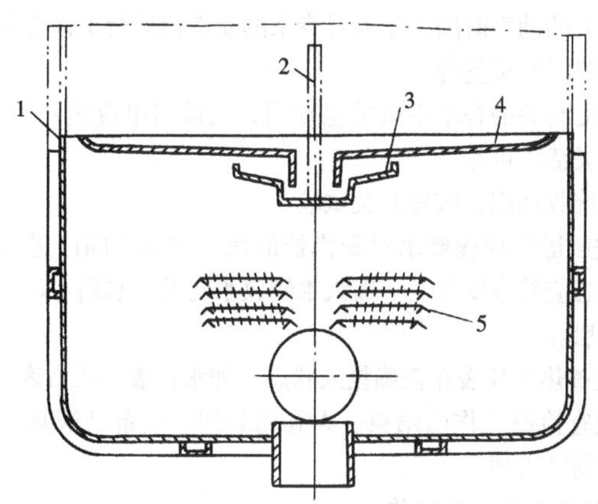

图 2-3　N-11220-1 型凝汽器的淋水盘式除氧装置

1—外壳；2—排气管；3—淋水盘；4—托盘；5—溅水角钢

凝汽器的喉部与汽轮机排汽口的连接必须保证严密，同时还要求在汽轮机受热时可以自由膨胀。否则将会使汽缸发生位移和变形。目前，大功率汽轮机广泛采用的连接方式有刚性连接和弹性连接两种。刚性连接是指凝汽器的喉部与汽轮机排汽口直接焊接起来，同时用支持弹簧来承受凝汽器的质量，以补偿垂直方向的热膨胀。弹性连接是指凝汽器与排汽缸之间用橡胶伸缩节或不锈钢伸缩节来连接，此时凝汽器直接安装在基座之上。当汽轮机排汽缸受热膨胀时，利用伸缩节来补偿。

三、凝汽器的投运和停止

凝汽器是汽轮机组的重要辅助设备之一，一般在汽轮机本体启动之前投入运行，在汽轮机本体停运之后停运。凝汽器能否正确投运，直接影响到机组的启动时间和启动性能。

凝汽器的投运包括投运前的检查与试验和投运操作两部分，下面分别进行介绍。

（一）投运前的检查与试验

凝汽器投运前的检查与试验是保证凝汽器顺利投入运行的重要步骤。

凝汽器投运前的检查与试验项目规定如下：

（1）凝汽器灌水试验。它可以及时发现凝汽器铜管及与凝汽器相连的部分管道和附件有无泄漏，是凝汽器找漏的有效手段之一。

（2）电动门的开关试验。循环水系统的电动门试验，不但要看其开关动作是否灵活及关闭是否严密、终端开关动作是否正确，而且还要记录其全开至全关的动作时间，这点对将来的凝汽器运行工作有着重要的指导意义，如出口门的调整等。

与凝汽器有关的补水系统的电动门、气动门也应做开关、调整试验，确保其动作灵活、可靠。

胶球系统收球网也应做开关试验。

（3）按照运行规程要求对凝汽器的汽、水系统阀门进行检查，各阀门的开关状态应符合要求。一般汽水侧放水门关，水侧入口门开，水侧出口门适当开启。

（4）检查热工仪表在正确投入状态，如水位表、压力表、温度表等。

（5）检查检修工作已结束、人孔门封闭、设备已恢复、灌水试验用的临时支撑物已去掉。

（二）凝汽器的投运操作

凝汽器的投运分两个步骤，即循环水侧的投运和凝汽器汽侧的投运。循环水侧的投运在机组启动前完成，也不宜投得过早，以节约厂用电；汽侧的投运和机组启动同步进行，是机组启动的一个组成部分。

1. 循环水侧的投运

对单元制系统，凝汽器循环水侧的投运与循环水系统的投运同步进行。在做好准备工作之后，启动循环水泵，循环水系统及凝汽器水侧投入运行。对于轴流式循环水泵，凝汽器出口管的闸门必须开启。

对母管制运行的循环水系统，则应注意循环水母管的压力变化情况，必要时可增加循环水泵的运行台数，避免影响其他机组的安全运行。

在凝汽器循环水排水管道的高位处，将排空气门打开，以便将空气从循环水管道中排除，到放空气门排出水时，便可将该阀门关闭。循环水系统中如装有抽气器排除空气时，应投入抽气器抽出空气。

凝汽器通水后应检查人孔门等部位是否漏水。凝汽器水侧空气排尽后，调整凝汽器的出口水门开度，保持正常的循环水流。

2. 凝汽器汽侧的投运

凝汽器汽侧的投运分清洗、抽真空、接带热负荷 3 个步骤。

（1）清洗。凝汽器汽侧的清洗是保证凝结水水质合格的重要手段之一。清洗前应联系化学储备足够的补充水量，并检查关闭凝汽器的汽侧放水门。清洗时，启动补水泵，开启凝结水补水门，将水位补至一定程度后，开汽侧放水门，断续进水冲洗凝汽器汽侧的铜管及室壁，直至水质合格。

（2）抽真空。机组冷态启动时，应在锅炉点火前抽真空，以保证疏水的畅通和工质的回收，但也不宜过早。抽真空时，应检查关闭真空破坏门、汽侧放水门等排大气门，然后启动抽气设备开始抽真空，并与以往比较，根据真空上升情况，判断真空系统是否正常。

（3）接带热负荷。锅炉点火后，随着疏水和汽轮机旁路系统蒸汽的排入，凝汽器开始接带热负荷，到机组冲转并网后，凝汽器接带的热负荷才逐步增加。在这一阶段，应注意循环水系统、抽真空系统及汽封系统的正常运行，监视凝汽器真空是否稳定，以保证机组的整个启动过程顺利进行。

3. 凝汽器运行时的注意事项

（1）投运前一定要检查凝汽器灌水找漏试验时的临时支撑物已取消（特指刚性连接的凝汽器），否则将影响凝汽器的膨胀，甚至造成机组振动。

（2）凝汽器在抽真空及进入蒸汽后，应注意检查凝汽器各部分的温度和膨胀变形情况，并对真空、水位、排汽温度以及循环水的压力、温度等有关参数进行监视。

（3）投运循环水之前，禁止有疏水进入凝汽器。抽真空之前，要控制进入凝汽器的疏水量。

（4）真空低于规程规定值时，禁止投入低压旁路系统。

（三）凝汽器的停止

凝汽器的停止是在机组停机以后进行的，操作顺序是先停汽侧，后停水侧。凝汽器停运时要注意以下几点：

（1）真空到零后，开启真空破坏门。

（2）排汽缸温度低于50℃后，方可允许停止循环水泵运行。

（3）为防止凝汽器因局部受热或超压造成损坏，停运后，应做好防止进汽及进疏水的措施。较长时间停运时，还应做好防腐措施。

（4）凝结水系统仍在运行中时，应认真监视凝汽器水位，防止满水后冷水进入汽缸造成事故。

四、凝汽设备的运行监视

凝汽设备运行情况的好坏，主要表现在三个方面：①能否保持或接近最有利真空；②能否使凝结水的过冷度最小；③能否保证凝结水的品质合格。可见，评价凝汽器运行的主要指标就是凝汽器压力（真空度）、凝结水的过冷度及凝结水品质。凝汽器压力每改变1kPa，汽轮机功率将改变1%～2%。一般过冷度增加1℃，发电煤耗增加0.1%～0.15%。在现代大型凝汽器中，凝结水过冷度一般不超过0.5～1℃。

凝汽设备的运行监视主要有以下几个方面。

1. 凝汽器的真空

运行中，凝汽器的真空下降将直接引起汽轮机热耗、汽耗的增大和出力的降低。也就是说凝汽器真空的变化，对机组的经济性和安全性都有很大的影响，所以，运行中必须严格地监视凝汽器的工作情况。具体监视项目见表2－1。

表2－1　凝汽器的运行监视项目

序号	测量项目	单位	仪表测点位置
1	大气压力	kPa	表盘
2	排汽温度	℃	排汽缸
3	凝汽器真空	kPa	凝汽器喉部
4	冷却水进口温度	℃	冷却水进口处之前
5	冷却水出口温度	℃	冷却水出口处
6	凝结水温度	℃	凝结水泵之前
7	被抽的气、汽混合物温度	℃	抽气器抽空气管道上
8	冷却水进口压力	kPa	冷却水进口之前
9	冷却水出口压力	kPa	冷却水出口处
10	凝结水流量	m^3/s	再循环管后的凝结水管道上
11	凝结水溶解氧量	μg/L	凝结水出口管道

凝结水出口管道凝汽器真空下降，可分为急剧下降和缓慢下降两种。真空急剧下降多数原因是抽气装置或循环水系统工作失常，以及汽轮机轴封中断或真空严密性遭到突然破坏，这些原因是比较容易发现的。而真空以较小的数值逐渐下降时，其原因则较难查找。在这种情况下，应仔细分析凝汽设备的所有指标，由于排汽压力值是由其对应的饱和温度 t_s 确定的，所以可根据式（2－1）来分析判断，即

$$t_s = t_{w1} + \Delta t + \delta t \qquad (2-1)$$

式中 t_{w1}——冷却水进口温度,℃;

Δt——冷却水温升，即冷却水出口与进口温度的差值,℃;

δt——传热端差，即凝汽器排汽压力下对应的饱和温度与冷却水出口温度的差值,℃。

δt 与凝汽器的传热面积有关，在传热面积一定的情况下 δt 为一定值，δt 过分增大则表明传热变差，可能是冷却管内表面积垢或凝汽器内积存空气影响传热。很显然，Δt 与排入凝汽器的蒸汽量和用来冷凝排汽的冷却水量有关。根据热平衡方程可得式（2－2），即

$$\Delta t=\frac{h_s-h_c}{\dfrac{q_w}{q_s}} \tag{2-2}$$

式中 h_s——汽轮机排汽比焓，kJ/kg;

h_c——排汽凝结水比焓，kJ/kg;

q_w——冷却水流量，kg/s;

q_s——汽轮机排汽量，kg/s。

因为 h_s-h_c 大体为一定值，所以 Δt 主要决定于 q_w/q_s。称 q_w/q_s 为凝汽器冷却倍率，即冷凝 1kg 排汽所用的冷却水量，并以 m 表示。显然，m 越大，Δt 越小，凝汽器可得到较高真空。在设计中，m 值的选取应通过技术经济分析后确定。通常情况下，对直流供水系统，一般在 50～85 之间；对循环供水系统，一般在 40～75 之间。

运行中，凝汽器的真空并不是越高越好。运行中应尽量维持最有利真空（即最佳真空），以保证机组有较好的经济性。最佳真空就是指提高真空后所增加的汽轮机功率与为提高真空使循环水泵多消耗的厂用电之差达到最大时的真空值。

2. 凝汽器的水位监视及调整

凝汽器水位是凝汽器运行中的一个重要参数。水位的正常与否对凝汽器运行的安全性与经济性均有较大的影响。凝汽器水位过高，甚至淹没部分冷却水管，使得凝汽器的有效冷却面积减小、真空降低、过冷度增大、凝汽器的除氧效果变差，造成低压凝结水系统的氧腐蚀。同时，现代大机组均采用大热井的凝汽器，其表面积很大，水位增高，对凝汽器承力部件的工作也是很不利的。凝汽器水位过低，会造成凝结水泵的汽蚀损坏，严重时会造成泵汽蚀而不上水，进而影响整个系统的安全运行。

现代大型汽轮机组，凝汽器水位一般采用自动调整，并且往往同除氧器水位协调控制。图 2－4 所示为除氧器、凝汽器水位联合调整示意图。

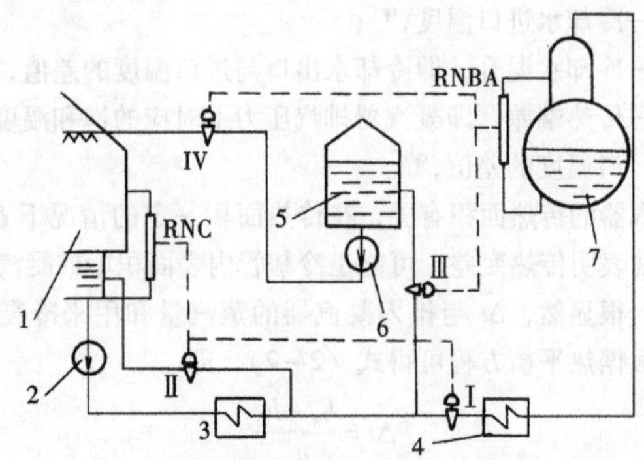

图 2-4　除氧器、凝汽器水位联合调整示意图

1—凝汽器；2—凝结水泵；3—轴封加热器；4—低压加热器；5—补水箱；6—补水泵；7—除氧器

在图 2-4 所示系统中凝汽器水位的调整过程如下：

凝汽器水位偏低时，水位调节器 RNC 作用使调节阀Ⅰ关小，减少了除氧器的上水量，作用的结果使得除氧器的水位降低。此时除氧器水位调节器 RNBA 发生作用，使调节阀Ⅳ开大，增加了凝汽器的补水量，两方面作用的结果使凝汽器水位恢复正常。凝汽器水位升高时，其动作过程相反。

凝汽器水位过低时，水位调节器 RNC 作用使再循环阀Ⅱ在调节阀Ⅰ完全关闭前打开，以保证凝结水泵的最小冷却水流量，并使轴封加热器有足够的冷却水量。

3. 凝结水的品质

由于凝汽器冷却水管胀口不严及水管泄漏等原因，冷却水会漏入凝汽器的汽侧，使凝结水水质变差。凝结水水质不良会导致锅炉受热面结垢，传热恶化，不但影响经济性，还会威胁锅炉设备的安全。此外，凝结水水质不良还会使新蒸汽夹带盐分，在汽轮机通流部分结垢，影响汽轮机运行的经济性和安全性。因此，机组运行中必须严格监视凝结水的品质。

亚临界压力机组的凝结水水质要求硬度为 0，含氧量不超过 30μg/L，电导率不超过 0.3μS/cm。

运行中，若凝结水水质不合格，但硬度又不很高，则可能是由于管板胀口不严有轻微的泄漏所致。这时如停运凝汽器，也不易找出泄漏处。有些电厂针对这种情况采用的应急措施是在循环水泵入口处向水中加锯木屑。木屑进入水室中，在泄漏处受到真空的吸引会堵塞针孔，使硬度能暂时维持在合格的范围内。

如果发生铜管因材质缺陷开裂腐蚀、铜管因振动而损坏、铜管被叶片击伤、凝汽器内安装的抽气管破裂、蒸汽将铜管吹破等情况，则都会造成冷却水大量漏入凝结水中。这时必须停运凝汽器或半侧投运凝汽器进行判断找漏，将发生泄漏的铜管用紫铜塞堵死，但被堵的管数不得大于总管数的10%，否则应作更换凝汽器铜管的检修安排。

五、凝汽器的胶球清洗

循环水通过凝汽器铜管时，水中杂质会在其内壁沉淀结垢。为了保证凝汽器铜管内壁的清洁，以往采用的方法是停机或降低机组出力来进行清洗。现在，国内外普遍采用的方法是在运行中用胶球连续清洗凝汽器铜管，收到了较好的效果。

1. 胶球清洗的基本原理

一般采用直径比铜管内径大1～2mm的胶球来进行清洗。胶球被循环水带进铜管后，被压缩变形和铜管内壁进行全周摩擦，这样胶球在循环水压力作用下流经铜管时，就把铜管内壁擦洗了一遍。利用胶球清洗凝汽器的主要原理是破坏了脏物在铜管内壁积聚黏附的条件，从而起到预防结垢和达到清洗的目的。胶球一般采用圆形橡胶球，橡胶球的孔隙大小均匀，孔与孔之间相通，长期泡在水中不变形、不变质，其湿态视密度略大于循环水。对球的硬度和耐磨性也有一定要求。普通胶球用于保持管子清洁，表面带金刚砂的胶球用于清除冷却管内壁的硬垢，特殊的涂塑胶球适用于钛管清洗。

2. 凝汽器胶球清洗系统

凝汽器胶球清洗系统的主要设备有胶球泵、装球室、分配器、收球网及专用阀门等。

投入系统循环的胶球数量可按式（2-3）求得，即

$$X = 20\% X_T / Z \tag{2-3}$$

式中 X——胶球数；

X_T——铜管数；

Z——凝汽器流程数。

图2-5所示为胶球清洗系统。胶球装入装球室中，从胶球泵来的压力水流过装球室把胶球带至分配器，然后送入凝汽器循环水管。凝汽器出口循环水管上装有收球网，起着收集胶球的作用。收集起来的胶球在一部分水流的夹带下陆续进入胶球泵，再次进入装球室。至此，胶球完成了一次清洗任务。根据机组容量的大小、胶球通道的长短及冷却水流速的不

同，胶球在系统中循环一周的时间为10～30s。

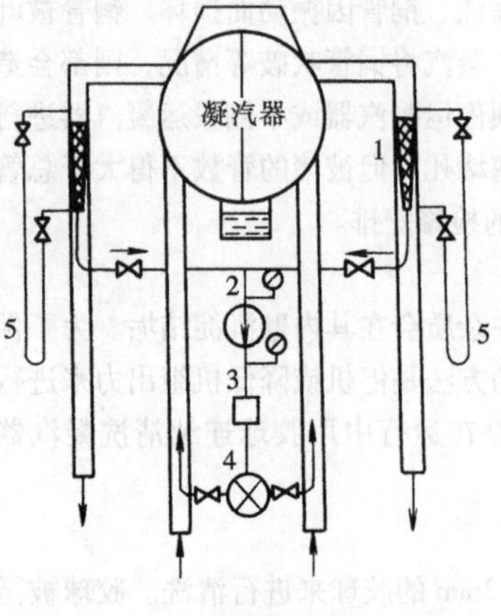

分配器两侧的阀门，以及胶球泵进口两侧的阀门，用于凝汽器中甲、乙侧轮流清洗切换之用；差压计监视收球网的清洁状况；胶球泵进、出口压力表用于监视胶球泵与系统的运行情况。

图2-5　凝汽器胶球清洗系统

1—收球网；2—胶球泵；3—装球室；4—分配器；5—差压计

漩涡式二次滤网主要应用在直流供水系统中，也可应用于有机物、漂浮物较多的循环水供水系统。它的作用是进一步清除由一次滤网漏入的杂物，以增强铜管热交换强度，提高胶球回收率。运行中必须定期对积存在二次滤网芯外边的杂物进行清洗，否则由于杂物的附着会增大循环水的阻力。

漩涡式二次滤网的清洗方法是把圆形蝶阀旋转至与网芯相切的位置，此时循环水的流通截面积减小，流速增大，较高速度的水流直接冲刷网芯，并利用水流通过网芯的漩涡对网芯进行清洗，由于离心力的作用，比较重的杂物被甩到靠近外壁的地方，在水流的夹带下通过上部排污管排出。采用圆形蝶阀的目的就是在清洗时，可以用水从两个不同的方向对网芯进行清洗。

采用活动式收球网，可在胶球清洗系统未投入时，将活动滤网转动到与水流方向相平行的位置，这样既可以使水流冲洗黏附在网面上的细小杂物，又可以减少收球网对循环水的阻力。

二次滤网和活动收球网应使用不锈钢板制造。

3. 影响胶球回收率的因素

胶球回收率是指在正常投球量下，胶球清洗系统正常运行30min，收球15min，收回的胶球数与投入运行的胶球数的百分比。它是胶球清洗的一个关键问题，胶球清洗效果的好坏与清洗时真正参与循环的胶球数量有直接关系。

根据已有的运行经验，为提高胶球回收率必须注意做好以下几方面的工作。

（1）对循环水加强机械过滤，防止杂物堵塞铜管。

（2）对不合理的凝汽器的水室结构进行合理的改造。

（3）回收滤网内壁要光滑、无毛刺、不卡球，而且应安装在循环水管的垂直管段上。

（4）通过试验确定合理的循环水流速，原因是与水密度相近的胶球是依靠一定的水流速度才能通过铜管的。

4. 胶球清洗的注意事项

（1）为了确保胶球清洗效果，清洗时间应根据运行中的水质情况和污染物种类来确定。其原则是：在间隔时间内，管内不形成坚实的污垢附着物或藻类物质。有的发电厂每天清洗一次，每次 15～30min；也有的发电厂每周清洗一次，每次 0.5h。

（2）定期检查胶球的磨损情况，当胶球的直径减小时，应更换新球。

（3）如果收球网前后压差过大，应进行反冲洗，以保证胶球的正常循环。

（4）运行中若发现胶球的循环速度下降，应检查胶球输送装置及系统的工作情况，发现问题及时处理。

第二节　抽气设备

一、抽气设备的功能与分类

抽气设备是汽轮机组主要辅助设备——凝汽设备的重要组成部分，其主要任务是在机组启动时，需要用它把汽、水管道和一些设备中的空气抽走，并在凝汽器汽侧建立一定真空，以加快启动速度，避免汽水冲击；正常运行中，需要用抽气设备及时地抽出凝汽器及真空系统中的不凝结气体，以维持凝汽器的真空。此外，低压轴封处的蒸汽、空气混合物也需要及时地抽到轴封加热器中，以确保轴封的正常工作。

汽轮机组的抽气设备，根据其工作原理的不同，可分为射流式抽气器和容积式真空泵两大类。

射流式抽气器由喷嘴、混合室和扩压管组成。根据其工作介质的不同，射流式抽气器又分为射汽式抽气器和射水式抽气器两种。

1. 射汽式抽气器

射汽式抽气器是以高压蒸汽为工质，利用蒸汽的喷射速度来建立抽吸作用的。根据其结构和用途的不同，可分为启动抽气器和主抽气器两种。

启动抽气器的主要任务是在汽轮机启动前和启动过程中抽出汽轮机本体和凝汽器内的大量空气，迅速建立必要的真空，以便汽轮机进行启动。

启动抽气器通常都是单级且不带冷却器。为缩短抽真空时间，一般启动抽气器抽气容量较大，但因效率较低且不能回收混合物中的热量和凝结水，所以经济性较差。

主抽气器的主要任务是在汽轮机正常运行中，将凝汽器内的不凝结气体抽出，以保持凝汽器的真空。主抽气器通常采用中间冷却的多级形式，大部分蒸汽在中间冷却器中冷却，可以回收工质和热量，因而经济性较高。

2. 射水式抽气器

射水式抽气器是以压力水为工质，利用压力水的速度建立抽吸作用的。射水抽气器根据其喉部长度的不同，可分为长喉和短喉两种。喉管长度为直径的6~8倍的称为短喉式；喉管长度为直径的15~40倍的称为长喉式。长期的运行实践表明：长喉式射水抽气器的引射效率高，噪声小，振动也小。

射水式抽气器在混合室入口处装设有止回阀，是为了防止水泵出现故障时水和空气进入凝汽器的。有些电厂是采用U形水封管代替止回阀的。

3. 射汽式抽气器与射水式抽气器的比较

从系统上讲，射汽式抽气器的系统复杂，经济性差，在滑参数启动时还需要另外设置汽源，变负荷时需要不断地调整工作蒸汽的参数。而射水式抽气器的系统简单，耗能少，设备价格低，运行、维护简单方便。其缺点是需配置专用的水泵、水箱和补水管道，耗水量大，占地面积也较大。

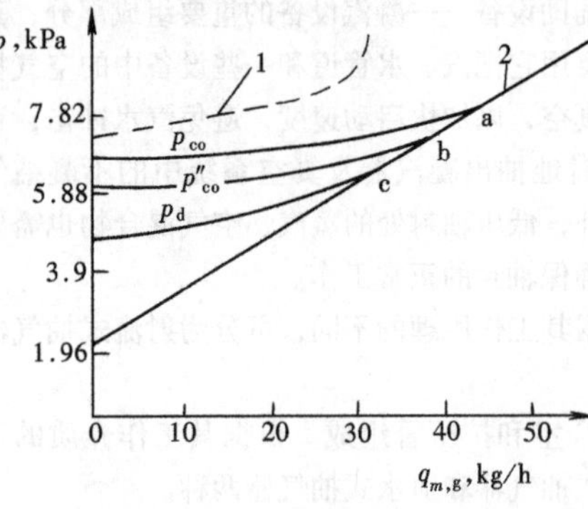

图2-6 射流式抽气器特性曲线

p_{co}—凝汽器喉部压力；p''_{co}—凝汽器空气抽出口压力；p_d—射水式抽气器吸入室压力

1—使用射汽式抽气器时凝汽器喉部的压力曲线；

2—使用射水式抽气器吸干空气时的特性曲线

图2-6所示为射流式抽气器特性曲线，从运行特性上看，实线位置2比虚线1的位置低，说明在抽吸同样空气量时，射水抽气器的效果好，可维持较高真空。从图2-6上还可以看出，射水式抽气器特性曲线无明显拐点，说明抽气负荷增大时，射水式抽气器的工作更稳定。

随着汽轮机初参数和单机容量的提高，若仍把新汽节流到1.6~1.8MPa，供射汽式抽气器使用，就显得复杂且不合理。而且大功率单元制机组均采用滑参数启动，在启动之前需另有汽源供抽气器。因此高参数、大容量机组已很少采用射汽式抽气器。

二、射汽式抽气器的运行

下面从启停、维护和事故处理几个方面来叙述射汽式抽气器的运行操作。

1. 射汽式抽气器的启停与维护

设有启动抽气器的机组，应在主抽气器启动之前投入启动抽气器。投入启动抽气器时，应先开启抽气器与凝汽器连通的空气阀门，然后略开蒸汽阀门，暖管约5min，即可调整抽气压力到正常，投入启动抽气器。启动抽气器停止时，应先缓慢关闭空气阀门，然后再全关蒸汽阀门。

主抽气的投入步骤：首先向冷却器内投入冷却水并调整凝结水再循环门开度，使通过冷却器的水量达到额定值，然后开启蒸汽阀门，监视吸入室压力应达到其额定空载值，接着开空气阀门。先投冷却水的目的是防止冷却器铜管过热，胀口松弛泄漏；最后开空气阀门是防止主抽气器工作前，空气大量漏入真空系统。对于两级串联的主抽气器，应先投入第二级抽气器，然后再投入前一级抽气器。

正常运行中，要经常检查抽气冷却器的首、末级疏水水位应不过高，还应经常监视喷嘴前后的蒸汽压力。负荷改变时，注意及时调整工作蒸汽压力。

2. 射汽式抽气器的事故处理

（1）蒸汽喷嘴堵塞。当蒸汽品质不良，使喷嘴口内积垢造成通汽截面缩小或未装蒸汽滤网，异物堵塞喷嘴口，都会使抽气器的工作效率降低，造成真空下降。此时可按操作规程，用蒸汽阀门来调节蒸汽压力冲洗喷嘴，无效时应停运检查处理。为防止堵塞，一般在喷嘴的入口蒸汽管道上装有滤网。发现滤网前后压差增大时，应及时清理。

（2）冷却器内水量不足，由排气口冒出大量白色蒸汽。这种现象多发生在启动过程中或低负荷运行中，可开大凝结水再循环门，增大冷却水量。

（3）冷却器水位过高。由于疏水调整不当或冷却器内铜管破裂，都会使冷却器内水位过高。水位过高，首先会减小冷却面积，使混合物温度升高，降低下一级抽气器的效率，如继续升高，将会使抽气器无法正常工作，此时应启动备用抽气器，尽快修复发生故障的抽气器。

三、射水式抽气器的运行

下面从射水式抽气器的启停维护和事故处理几个方面分别叙述。

1. 射水式抽气器的启停与维护

射水式抽气器启动时，首先要启动射水泵。一般在机组启动前，先分别对两台射水泵进行检查、启动试验和联动试验，然后保留一台运行。建立水循环之后，可开启抽气器与凝汽器连通的空气门，在建立一定的真空后，再关闭真空破坏门。射水式抽气器停止时，应先关空气门，再关射水泵出口门，待出口门关闭后方可停泵，以防止泵出口管内的水在忽然停泵时发生“水锤”现象，损坏泵出口门及叶轮。如果在停机时停止抽气系统，则应在真空到零前，先打开真空破坏门，防止真空到零后，凝汽器超压引起大气安全门动作。

正常运行中，应注意监视射水泵的运行状况。发生射水泵故障时，应及时切换备用抽气器。运行中还要注意监视抽气器的入口水压和吸入室压力、射水池水位和工作水温，以保证射水式抽气器的正常工作。

2. 射水式抽气器的事故处理

（1）水池水温高。射水式抽气器多采用闭式循环，由于汽、气混合物的加热和水泵运转的摩擦发热，会造成水温升高。发现水温高时，应增加补充冷水，使热水由溢流管排出，以稳定水源。

（2）抽气器喷嘴的进水口被冲蚀。这是进入抽气器的工作水不清洁或含有砂粒所引起的一种机械损伤。为此在检修时，应检查喷嘴的冲蚀情况，以防运行中效率降低。

（3）射水系统结垢。系统中工作水在长期工作下温度会有所升高，在喷嘴出口、混合室、喉管、扩压管等处的壁面结垢，占据部分流道，应定期予以清除。这一点在水质较差时，应引起足够重视。

四、容积式真空泵的运行

电厂中使用的容积式真空泵一般有液环式和离心式两种。液环泵在运行时，叶轮与工作液体之间会形成可变工作腔。在吸入侧的工作腔，空腔容积逐渐增大，吸入空气；在排出侧的工作腔，空腔容积逐渐减小，把空气压缩，送到排出口排出，在吸入室建立真空。离心式真空泵是利用叶轮旋转的离心力，在把工作水甩出的同时夹带空气来建立真空的。容积式真空泵与射水式抽气器相比，优点是经济性高，耗电少，运行费用低。缺点是转动部分容易磨损汽蚀，且需电动机拖动，系统及运行均比较复杂。尤其是液环式真空泵只有在吸入压力高于 0.0192MPa 时，才能稳定工作。液环式真空泵一般均串联一个大气式喷射器，才能完成主抽气器的功能。

1. 液环式真空泵的运行

图2-7所示为液环式真空泵的工作原理示意图。液环式真空泵的叶轮与泵体存在偏心，两端由侧盖封住，侧盖端面上开有吸气窗口和排气窗口，分别与泵的入口与出口相通，当泵内有适量工作液体时，由于叶轮旋转，液体向四周甩出，在泵体内部与叶轮之间形成一个旋转液环，液环内表面与轮毂表面及侧盖端面之间形成了月牙形的工作空腔，叶轮上的叶片又把空腔分成若干不相通、容积不等的封闭小室。在叶轮前半转，月牙型空腔逐渐增大，气体被吸入；在后半转，月牙形空腔逐渐减小，气体被压缩，然后经排气窗口排出。液环式真空泵工作时，工作液体除传递能量外，还起密封工作腔和冷却气体的作用。因此，要求被抽吸的气体不溶解于工作液体，也不与工作液体起化学反应。

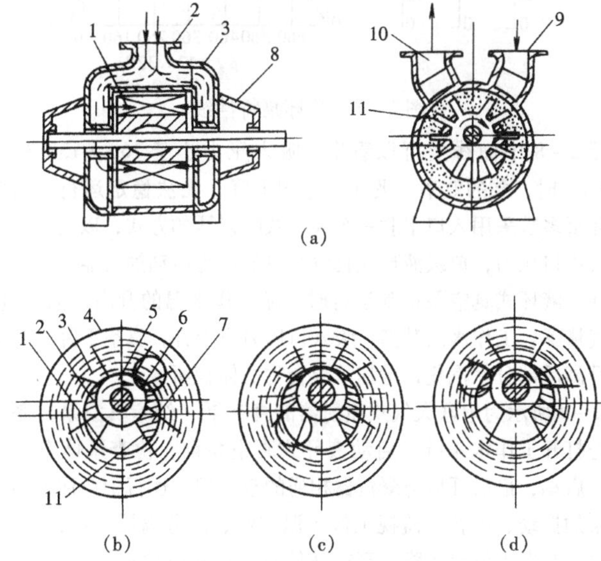

图2-7 液环式真空泵的工作原理示意图

(a) 结构简图；(b) 吸气位置；(c) 压缩位置；(d) 排汽位置

1—月牙形空腔；2—排气窗口；3—液环；4—泵体；5—叶轮；6—叶片间的小室；7—吸气窗口；8—侧封盖；9—入口；10—出口；11—叶片

液环泵的性能指标包括容量、功率、抽气量，汽、气混合物量及吸入压力。这些参数组成的相互关系曲线称为液环式真空泵的特性线，如图2-8所示。图2-8中效率曲线有一个明显的极值，前半段随功率的增大，吸入口压力下降，效率上升；后半段随功率的增大，吸入口压力下降，效率也下降。这是因为吸入口压力下降后，气体密度减小，吸气量下降的缘故。抽气量曲线呈平抛曲线，也是吸入口压力降低后，造成抽气量下降的缘故。

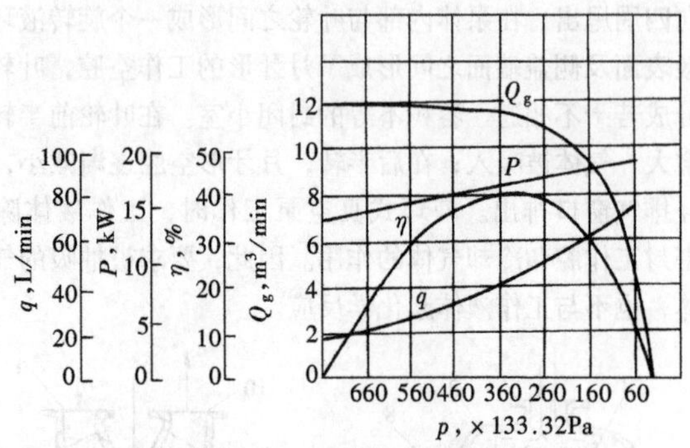

图2-8　液环泵特性线

从图2-8中曲线上可以看出，吸入压力小于160×133.32Pa（即0.021MPa）时，泵的效率、吸气量急剧下降，无法稳定运行。因此，电站用液环泵多数采用入口串联一个大气式喷射器的方式，以增加液环式真空泵的吸入口压力，单级液环式真空泵只能作为启动抽气器。

此外，液环式真空泵正常运行时，随工作水温的升高，抽气量下降。相同抽气量下，工作水温升高，吸入口压力也上升，真空下降，其原因也是水温升高后部分水汽化，增加了混合物的体积所致。

图2-9所示为串联大气式喷射器的真空泵（纳希真空泵）系统。启动前，先打开工作水系统，启动液环式真空泵前，检查泵体有一定工作水，然后启动，最后开启与凝汽器相通的空气门。运行中要注意检查液环式真空泵的振动、声音，监视工作水温和汽、水分离器水位，定期补水。液环式真空泵发生效率下降、真空降低时，首先应检查水温，如水温高，应及时换水，增加冷却器中的冷却水流量。然后检查分离器水位，分离器水位过低会使液环泵内流量过小，传递能量和冷却气体能力下降，密封性变差，液环式真空泵的工作情况恶化。而水位过高又会淹没排水管，使液环式真空泵内充满液体，不能形成空腔，从而造成液环式真空泵工作失灵，因此运行中要经常检查分离器溢流管畅通。

2. 离心式真空泵的运行

离心式真空泵的工作原理为：工作水从专用水箱经过吸入管进入泵的

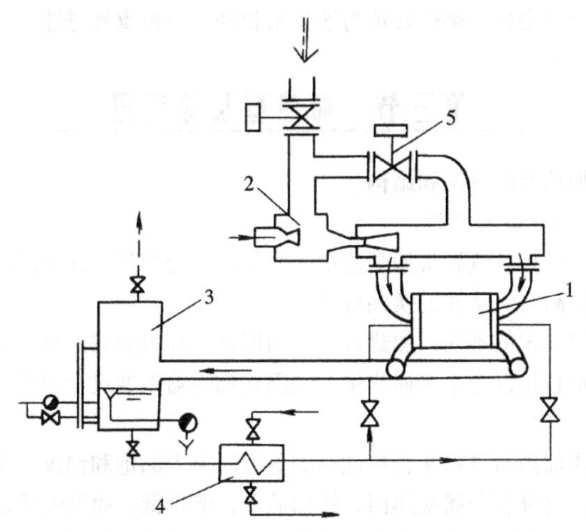

图 2-9　纳希真空泵系统

1—液环泵；2—大气式喷射器；3—汽、水分离器；
4—工作水冷却器；5—旁通阀

中心，然后从一个固定喷嘴喷出，进入不停旋转着的工作轮的叶片槽道中。叶片把水流分成许多断续的小股水柱。这些水柱类似于一些小活塞，将吸气口处汽、气混合物夹带在小活塞之间带入聚水锥筒，然后经扩散管压缩排入水箱。工作水循环使用，空气自水箱析出。

图 2-10 所示为离心式真空泵的典型特性曲线。由图 2-10 可看出，在抽吸一定空气量时，工作水温越高，吸入口压力越高，所能形成的真空就越低，这也是因为水温高，部分水汽化，造成吸入口压力升高。因此，运行中必须加强对工作水温的监视。离心式

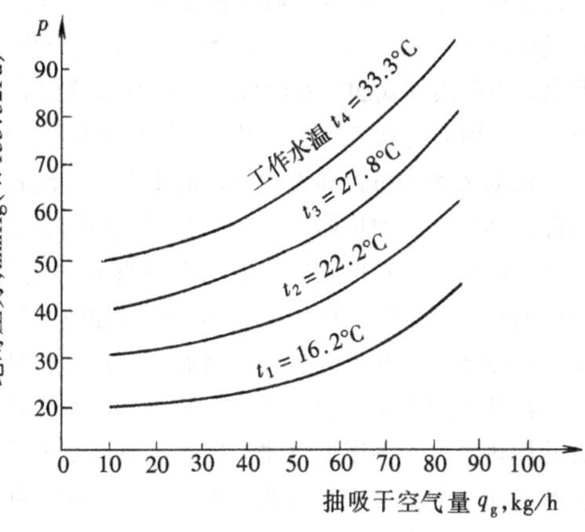

图 2-10　离心式真空泵的典型特性曲线

真空泵的启停维护、事故处理与液环泵相同，不再重复进述。

第三节　加热器及除氧器

一、加热器的分类和结构

（一）加热器的分类

加热器是指从汽轮机的某些中间级抽出部分蒸汽来加热凝结水或锅炉给水，以提高热经济性的换热设备。

按传热方式的不同，加热器可分为混合式和表面式两种。混合式加热器通过汽水直接混合来传递热量；表面式加热器则通过金属受热面来实现热量传递。

混合式加热器可将水直接加热到蒸汽压力下的饱和温度，无端差，热经济性高，它没有金属受热面，结构简单，造价低，而且便于汇集不同温度的汽水，并能除去水中含有的气体。但是，混合式加热器也有其缺点：每台加热器的出口必须配置升压水泵，有的水泵还需要在高温下工作。这不仅增加了设备和投资，还使系统复杂化；而且当汽轮机变工况运行时，升压泵的入口还容易发生汽蚀。如果单独由混合式加热器组成回热系统投入实际运行，其厂用电量将大大增加，经济性反而降低。因此，火力发电厂一般只将其作为除氧器。

表面式加热器由于金属受热面存在热阻，给水不可能加热到对应压力下的饱和温度，不可避免地存在着端差，因此，与混合式加热器相比，其热经济性低，金属耗量大，造价高，而且还要增加与之相配套的疏水装置。但是，由于表面式加热器组成的回热系统比混合式的回热系统简单，且运行可靠，因而得到了广泛应用。常用的表面式加热器为管壳式加热器。

根据水侧的布置和流动方向的不同，表面式加热器可分为立式和卧式两种，其中立式加热器又可分为顺置式与倒置式。卧式加热器内给水沿水平方向流动，立式加热器内给水沿垂直方向流动；立式加热器便于检修，占地面积小，可使厂房布置紧凑。卧式加热器传热效果好，结构上便于布置蒸汽冷却段和疏水冷却段，因而在现代大容量机组上得到了广泛应用。

在整个回热系统中，按给水压力分，一般将除氧器之后经给水泵升压后的加热器称为高压加热器，这些加热器要承受很高的给水压力；而将除氧器之前仅受凝结水泵较低压力的加热器称为低压加热器；此外还有回收主汽门、调节汽门门杆溢汽及轴封漏汽来加热凝结水的加热器，称为轴封加热器。

为了提高回热效率，更有效地利用抽汽的过热度，加强对疏水的冷却，高参数大容量机组的高压加热器，甚至部分低压加热器又把传热面分为蒸汽冷却段、凝结段和疏水冷却段三部分。蒸汽冷却段又称为内置式蒸汽冷却器，它利用蒸汽的过热度，在蒸汽状态不变的条件下加热给水，以减小加热器内的换热端差，提高热效率。疏水冷却段又称为内置式疏水冷却器，它利用刚进入加热器的低温水来冷却疏水，既可以减少本级抽汽量，又防止了本级疏水在通往下一级加热器的管道内发生汽化，排挤下一级抽汽，增加冷源损失。随着加热器容量的发展，还有的机组将蒸汽冷却段或疏水冷却段布置于该级加热器壳体之外，形成单独的热交换器，称为外置式蒸汽冷却器或外置式疏水冷却器。

加热器按传热面配置方式，又可以分为一段式、两段式和三段式加热器。

（二）加热器的结构及特点

1. 低压加热器的结构及特点

卧式U形管加热器的受热面一般由黄铜管或钢管组成。目前，大型机组多采用不锈钢管。加热器的管子胀接在管板上，管系固定在半圆形导向隔板的骨架和加强筋上，圆筒形外壳由钢板焊接而成。图2－11所示为东方锅炉股份有限公司生产的DR－600－4卧式U形管低压加热器结构图。它由进水口、出水口、进汽口、水室、壳体、管板、管系、导向隔板、疏水入口、疏水出口、抽气口、水侧放气口、水侧放水口、汽侧放水口、电接点信号管接口、就地水位计接口、备用口等组成。汽室的筒体部分由钢

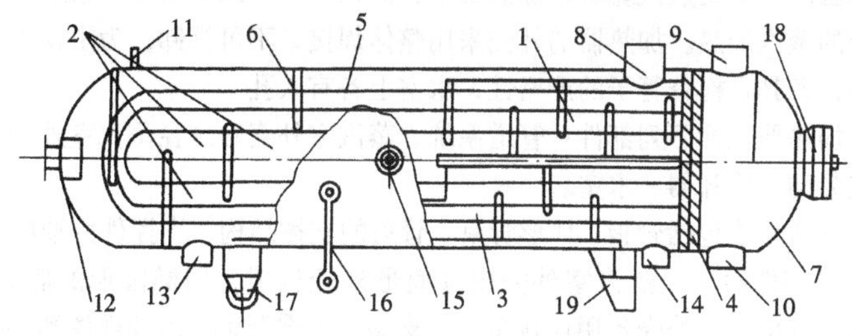

图2－11 卧式U形管低压加热器结构图

1—蒸汽冷却段；2—凝结段；3—疏水冷却段；4—管板；5—管系；6—导向隔板；7—水室；8—蒸汽进口；9—水侧出口；10—水侧入口；11—汽侧排空门；12—上级疏水进口；13—事故疏水口；14—疏水出口；15—空气抽出口；16—就地水位计；17—滑动支架；18—检修人孔；19—固定支架

板卷制焊接而成，球形封头部分由钢板冲压而成。管系胀接在钢制管板上，胀管长度一般为管板厚度的80%，U形管系固定在半圆形导向隔板的骨架及十字形加强筋上。隔板的作用是引导蒸汽沿流程作S形流动，以提高传热效果并防止管系振动，水室内也有挡板，将其分离成3个腔，使主凝结水在管子中经过双流程。采用U形管结构，能自补偿热膨胀，便于布置、检修及堵漏。

汽轮机抽汽从进汽管进入壳体内，在蒸汽进口正对管系处装有挡汽板，以分散汽流流速，减小冲击力，使蒸汽入口处的管系不致受到严重的冲刷和侵蚀。在有内置式蒸汽冷却器的加热器中，蒸汽先经过过热段，再进入凝结段，并沿导向隔板形成的流向，横向掠过管系，把热量传给凝结水，蒸汽则被冷却而凝结成疏水，汇集在壳体下部，从疏水排出口排出去。在有内置式疏水冷却器的加热器中，专门设有疏水冷却段，对疏水进行冷却后再排出去。

随蒸汽一起进入壳体内的还有少量不凝结的气体，因为这些气体聚集起来形成空气层就会恶化传热效果，所以在壳体上设有抽空气管。

自后一级加热器来的疏水引入口的位置，不高于正常的疏水水位。为了使疏水平稳地引入，防止翻腾，减少热量损失，在其引入加热器内的一段管子上开有许多小孔，小孔的直径为引入管道直径的1/10～1/5。

2. 高压加热器的结构及特点

图2－12所示UPG系列高压加热器结构图，该加热器是表面卧式双流程加热器。U形管形成受热面，布置成双管束，用管板固定，做成两个换热区。一个是蒸汽疏水来加热给水，而在第二个加热器中，给水被即将冷凝的蒸汽加热。加热器的外壳采用整体焊接，不可拆卸，为了检查水侧内部，尤其是检查管子的严密性，水室上备有人孔。

加热器包括下列部件：管道系统、蒸汽室外壳和装在蒸汽室外壳中的蒸汽凝结水冷却器、水室。

管道系统包括管板、U形管束、管束的支撑结构，支撑件由轴向（或纵向）部件组成。蒸汽室外壳由圆筒形外壳构成，用椭圆形的底封闭，焊接在管板上，外壳备用连接短管、支座、支撑管束的内部部件和导入上一级加热器来的疏水管路。在管束支撑结构的下部装入了一台卧式凝结水（疏水）冷却器，它包括外壳及支撑板，外管来的水经U形管的下半部从其中通过，导流板迫使水平的蒸汽凝结水流经管子外侧，其流向与管子中水的流向相反，水室包括一个焊在管板上的半球形盖，还有连接水管的管接头，人孔短管，带有人孔的内水室装在水室的进水口处。

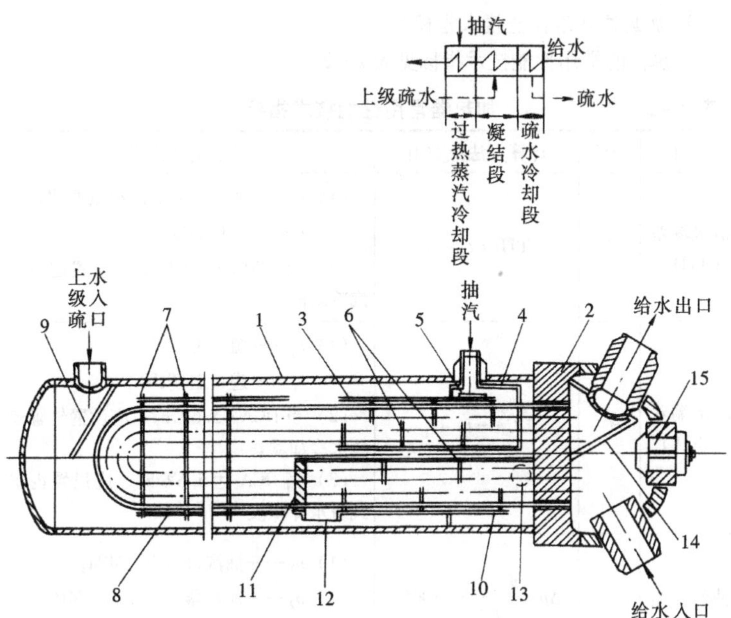

图 2-12　UPG 系列高压加热器结构图

（带内置式过热蒸汽冷却段和疏水冷却段）

1—筒体；2—管板；3—过热段包壳；4—过热段外包壳；5—不锈钢防冲板；6—导流板；7—支撑板；8—拉杆；9—防冲板；10—疏水段包壳；11—疏水段端板；12—疏水段入口；13—疏水出口；14—水室分隔板；15—人孔

加热器设计中没有考虑水流量的调整和限制，U 形管中 1～3m/s 的水速由协同工作系统的调整来实现。加热器内外两管束间水量的分配由这两管束中 U 形管的相互联系所确定；加热蒸汽流量由当时存在于加热器中的热交换状态所决定。蒸汽凝结水量在疏水口得到控制，在任何运行方式下都保证凝结水位在冷却区之上。

启动时，气体主要是空气和在加热器运行期间的残余蒸汽被吸收到为数不多的开孔管子中，这些管子位于管束中间，吸气管接到一个装置上，此装置内的压力借助于孔板或除氧器的作用，低于加热器内部压力。

上一级加热器的蒸汽凝结水可以导入下一级加热器，在此情况下，凝结水进入位于加热器外壳内的穿孔胀管，在膨胀管外凝结水从蒸汽中分离出来，凝结水在通过节流阀时存在能量损失。

3. 加热器常用性能技术指标

加热器的常用性能技术指标见表2－2。

表2－2　加热器常用性能技术指标

项目	单位	计算方法或数值	性能指标说明
给水端差（TTD）	℃	$TTD=t_s-t_2$	（1）t_s——抽汽压力下饱和温度，℃； t_2——出口温度，℃。 （2）当TTD≤1.1℃时，应设置过热蒸汽冷却段
疏水端差（DCA）	℃	$DCA=t_d-t_1$	（1）t_d——疏水温度，℃； t_1——进口温度，℃。 （2）当DCA＜5.6℃时，应设置外置式疏水冷却器。 （3）当DCA达5.6℃时，应设置内置式疏水冷却段
抽汽压损	%	$\Delta p=\frac{p_1-p_2}{p_2}\times100\%$	（1）p_1——抽汽口压力，MPa； p_2——加热器进口压力，MPa。 （2）一般情况Δp为5%～8%
投运率	%	$\Delta h=\frac{h_1-h_2}{h_1}\times100\%$	（1）h_1——机组运行小时数，h； h_2——加热器事故检修小时数，h。 （2）高压加热器的年投运率应不小于85%
堵管率	%	$\Delta n=\frac{n_1}{n_2}\times100\%$	（1）n_1——被堵的传热管根数； n_2——总传热管根数。 （2）当堵管率达15%时，会使TTD明显上升，给水阻力大幅度增加，应换管或加热器
高压加热器退出运行		对于国产200和300MW机组，热耗率分别增加2.60%和4.60%	锅炉燃烧部分受热面在不正常工况下运行，过热器超温，设备故障率上升
高压加热器端差变化		端差降低1℃，使机组热耗率减少约0.06%	对于大型机组

二、加热器的运行

（一）加热器的保护装置与疏水装置

由于流经高压加热器的给水压力远高于汽侧压力，当高压加热器管束破裂时，高压给水会迅速进入汽侧，从抽汽管道流进汽轮机中，造成严重的水冲击事故。因此，为了在事故情况下迅速、可靠地切断高压加热器供水，同时又要保证不间断锅炉的供水，因而设置了高压加热器的自动旁路系统。目前，电厂高压加热器采用的保护装置主要有水压液动控制系统和电动控制系统两种。

图 2－13 所示为较为常用的高压加热器水侧自动保护旁路系统示意，图示为正常运行状态。当加热器发生故障时，水位升高接通电信号，电磁阀吸合，泄掉出、入口联成阀 A 室水压，联成阀 B 室的水压，推动活塞，带动阀门迅速关闭，切断高压加热器的供水，同时打开旁路实现不间断地向锅炉供水。这种出入口及旁通共用一个阀瓣的阀门称为联成阀。

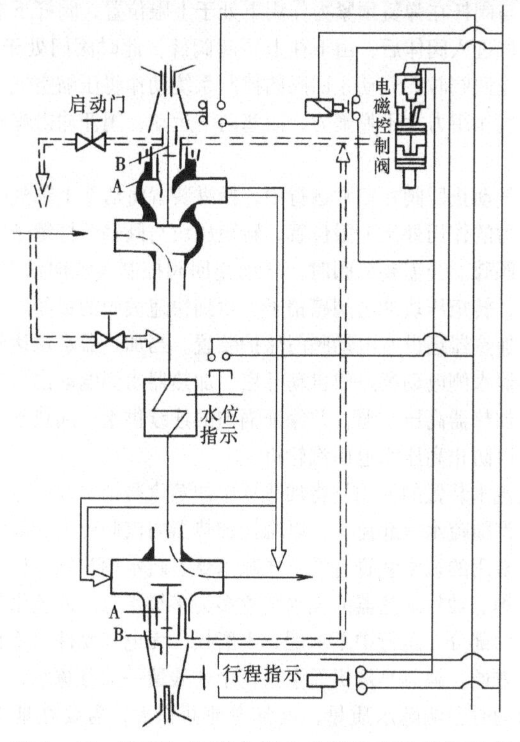

图 2－13　高压加热器水侧自动保护旁路系统示意

这种高压加热器水侧保护又称为水压液动旁路保护装置，其缺点是控制水路及元件需长期承受给水的高温高压，运行可靠性较差，因此也有将联成阀活塞外置的。就是在联成阀阀杆上方另装设一个活塞，控制水由低温低压的凝结水供给。这种高压加热器系统投入前，其出、入口联成阀阀瓣均在关闭状态，旁路处在开启状态。先用灌水门向高压加热器水侧灌水排空，然后打开启动门，泄掉联成阀活塞上部B室水压，这样入口联成阀受A室水压的作用向上移动打开；同时，旁路被关闭，高压加热器过水后，出口联成阀受到高压水流作用也被顶开。

为了防止机组突然甩负荷时，汽轮机内压力突然降低，各加热器或抽汽管道中的蒸汽倒流进入汽轮机引起超速；以及防止加热器管系泄漏时，水从抽汽管道进入汽轮机内发生水冲击事故，在汽轮机抽汽管道上均装有能够快速关闭的止回阀，也即加热器的汽侧保护。

升降式气动排汽止回阀在正常运行中，其控制系统切断它活塞上部的供气，活塞与阀杆在弹簧预紧力作用下处于上限位置，阀杆下端与阀碟是脱开的，蒸汽进入阀体后，由下往上顶起阀碟，此时阀门处于开启状态。当需要关闭止回阀时，气动止回阀的控制系统动作将压缩空气通入活塞上部，压缩空气作用力大于弹簧力，活塞向下运动，阀杆冲击蝶阀，达到关闭目的。

扑板式气动止回阀在正常运行中，操纵装置将活塞上部气路切断，活塞由于弹簧力的作用处于上限位置，转矩压块与阀碟螺杆销子脱开，蒸汽作用力顶开阀碟。当需要关阀时，气动止回阀控制系统向活塞上部供气，克服弹簧力，转矩压块冲击阀碟销子，达到快速关阀的目的。

此外，加热器还设有电动阀门保护装置。当加热器水位达到保护动作值时，加热器水侧电动旁路门自动开启，加热器水侧电动出入口门自动关闭，以切断加热器高压水源，并保证锅炉的连续供水；加热器抽汽电动门自动关闭，以防止高压水返回汽轮机。

加热器疏水装置的作用是将加热器中的蒸汽凝结水及时排走，同时又不让加热蒸汽随疏水一起流出，以维持加热器内汽侧压力和凝结水位。火力发电厂中常用的疏水装置有浮子式疏水器、疏水调节阀，U形水封管和多级水封管等。轴封加热器的疏水装置多为多级水封。此疏水装置的优点是无机械传动部分，运行中不卡涩、不磨损，无电气元件，不耗电，结构简单，维护方便。缺点是停机后水封管中要残留一部分疏水，会造成金属锈蚀，再启动时影响疏水质量，设备占地面积大，需要在地下挖深坑布置，通常只有在两容器压差不大时才采用。

（二）低压加热器的投停

1. 低压加热器的投运

低压加热器投运前，应先做全面检查，确认各部正常，关闭水侧放水门，然后缓慢开启水侧入口门向加热器水侧灌水，并开启水侧排空门排尽加热器水侧空气，见排空门冒水后可关闭排空门，打开出口门，关闭旁路门（并确证低压加热器汽侧无水位，没有内漏现象），投入加热器水侧运行。低压加热器汽侧的投入一般采用随机启动方式，由于抽汽参数随负荷变化，因而可使管板和管系均匀加热，相应的金属的热应力也就减小了。在投入汽侧前，先缓慢开启汽侧空气门，并注意凝汽器真空不应有明显变化。一般在机组冲转前即可开启低压加热器进汽电动门及止回阀，开启各加热器疏水门，投入疏水自动控制使低压加热器具备随机启动条件。投入过程要注意监视调整疏水水位。这种方式经济性较好，但疏水不易控制。机组运行中要投入低压加热器时，投水侧要注意防止断水和水侧集空气及检查有无内漏；投汽侧时要注意真空变化、管道疏水、暖管、暖加热器、疏水水位等。

2. 低压加热器的运行维护

加热器运行中要注意监视以下参数：加热器进、出口水温，加热器汽侧压力、温度，被加热水的流量，疏水水位，加热器的端差等。

加热器运行中应保持正常疏水水位。水位过高会淹没受热面，影响换热，同时这些凝结的饱和水，在机组负荷突降时，由于抽汽压力的下降会使一部分饱和水汽化，变为湿饱和蒸汽，于是夹带着小水珠的湿饱和蒸汽就有可能倒流入汽轮机内，使叶片受到冲蚀，严重时还会导致机组水冲击。水位过低或无水位运行，蒸汽将通过疏水管流入下一级，排挤下一级的抽汽，造成整个机组回热经济性下降，同时高速汽流冲刷疏水管还会加速管道的损坏。发生这种现象后，在相邻的两个加热器中，汽侧压力低的加热器出口水温比正常时高，这时应检查疏水调整门是否正常，以便及时处理。为防止蒸汽从空气管进入下一级加热器，在空气管上均装有适当的节流垫。

加热器受热面结垢后，将直接影响传热效果。结垢的原因往往是凝汽器铜管泄漏，循环水进入凝结水侧，使凝结水硬度增加，而排污或化学处理又不彻底，使蒸汽品质和凝结水品质下降，造成加热器结垢。因此，运行中必须监视凝结水的硬度。

加热器内积存空气，同样会影响传热效果，因为这些空气会在管束表面形成气膜，使热阻增大，严重地阻碍了加热器的热传导，降低了加热器的换热效率。特别是工作压力低于 1 个绝对大气压的加热器，由于管道、阀门等不严密处，可能漏入空气，应通过真空系统水压试验找出泄漏处，并予以消除。另外加热器长期停运也容易积聚大量的空气。

加热器运行中还要注意监视其端差。加热器的端差是指加热器出口水温与本级加热器工作蒸汽压力所对应的饱和温度的差值，差值越小说明加热器的工作情况就越好。运行中发现加热器端差增大时，可以从以下几个方面分析：

（1）加热器受热面结垢，使传热恶化。

（2）加热器内积聚空气，增大了传热热阻。

（3）水位过高，淹没了部分管束，减少了换热面积。

（4）抽汽门或止回阀未全开或卡涩，造成抽汽量不足，抽汽压力低。

（5）旁路门漏水或水室隔板不严使水短路。

3. 低压加热器的停运

（1）正常运行中停运低压加热器一般按如下步骤操作：

关闭低压加热器空气门后，逐渐关闭进汽电动门，关闭抽汽止回阀，停运中继泵，关闭疏水门，开启低压加热器旁路门，关闭其进、出口水门，开启抽汽止回阀前、后疏水门。

运行中停运低压加热器还应注意以下两点：

1）如果停运的低压加热器处于饱和湿蒸汽区，将有可能使抽汽口处汽缸积聚疏水，造成后级动叶的水冲蚀甚至损坏。

2）如果停运的低压加热器处于高压轴封溢汽的回收点，则加热器停运后，轴封漏汽将进入低压缸，会对低压缸的运行工况造成影响。

另外，无论运行中停止个别高压加热器还是低压加热器，均会使给水温度降低，严重时会造成高压直流锅炉水冷壁超温，汽包炉过热，汽温升高。加热器的停运还会影响机组的出力。若不减小汽轮机的进汽量，则相应加热器抽汽口以及后各级的通汽量将增大，特别是末级隔板和动叶的受力情况将有较大的增加，严重时会造成末级叶片的损坏。因此，各汽轮机制造厂家对回热系统停运后的汽轮机组的带负荷情况均有明确的限制，机组运行中必须按其要求严格控制负荷，以确保机组的安全运行。

（2）低压加热器紧急故障停运。

低压加热器发生满水现象时，除发出水位高信号外，还会使端差增大，出口水温降低，严重时汽侧压力摆动或升高，并有可能造成抽汽管道和加热器本体冲击、振动，发生上述现象时，应立即紧急切除加热器运行。迅速关闭其进汽电动门、抽汽止回阀，空气门，大开事故疏水门或放水门，开启水侧旁路门，关闭其水侧出、入口门，关闭与其相邻的加热器的疏水门和空气门。

（三）高压加热器的投停

高压加热器可以随机投运，也可以在一定负荷下热态投运。因为在随机投运中，负荷低，高压加热器疏水无法送入除氧器回收，疏水水位调整困难，而直排疏水又造成大量的汽水和热量的损失，因此大型机组一般在启动中达到一定负荷时才投入高压加热器。

1. 投入高压加热器水侧的步骤

（1）检查关闭加热器的水侧放水门，如采用液动三通阀的给水旁路系统时，应开启三通阀强制手轮，全开高压加热器注水一次门，稍开注水二次门，向高压加热器内部注水。同时控制温升率在规定范围内，一般情况下，应控制在1.87℃/min之内，最高不超过3.7℃/min（《火力发电厂高压加热器运行维护守则》规定的温升率为≤5℃/min）。

（2）高压加热器水侧空气排尽后，关闭高压加热器水侧排空门。

（3）高压加热器水侧达到给水压力后，关闭高压加热器注水门，检查高压加热器内部水侧压力不下降，汽侧水位不上涨。

（4）开启高压加热器进、出水门，关闭高压加热器水侧旁路门，注意高压加热器后给水流量及压力变化。采用三通阀的系统，高压加热器入口联成阀应自动开启。

（5）投入高压加热器保护开关。

2. 投入高压加热器汽侧的步骤

（1）在达到规定负荷后，准备按抽汽压力由低压到高压逐台投入高压加热器。开启抽汽管道的疏水，开启抽汽管道止回阀，稍开高压加热器进汽电动门（或旁路门）进行暖管15min，注意进汽管道无冲击。

（2）待汽侧空气排尽后，关闭汽侧空气节流板旁路门。

（3）暖管结束后，关闭抽汽管道疏水门。

（4）按抽汽压力由低到高的顺序依次逐渐打开进汽门，注意给水温升率不大于规程规定值；调节高压加热器水位正常。

（5）冲洗高压加热器水位计。

（6）解除高压加热器保护开关，校验加热器水位正常后投入高压加热器保护开关，抽汽止回阀水控电磁阀投入自动。

（7）高压加热器水质合格后，回收高压加热器疏水到除氧器。

（8）大开各高压加热器进汽门，关闭旁路门，调节水位正常。

3. 高压加热器运行中的维护

（1）高压加热器正常运行中，要保持水位正常，严禁无水位和高水位运行，水位自动调节装置应正常。高压加热器无水位运行时，蒸汽通过疏水管进入下一级高压加热器，从而减少了下一级的抽汽量，影响回热经济性。而且，由于疏水的两相流动使疏水调节阀、疏水管发生严重的冲蚀，直接影响了高压加热器的安全运行。高压加热器无水位运行时，蒸汽带着被凝结的水珠流经加热器管束尾部，造成该部位管束的冲刷，尤其是对有疏水冷却器的高压加热器，无水位运行将使管束侵蚀成孔洞，从而发生泄漏现象。高压加热器水位过高，一方面使管束换热面积减小，给水温度下降，影响回热经济性；另一方面容易造成保护动作，而且一旦保护失灵，汽轮机将有进水的可能。因此，在高压加热器运行中严禁无水位或高水位运行，对高压加热器水位要进行严密监视。

（2）高压加热器汽侧排空门在高压加热器运行当中应一直保持全开，将汽侧空气排至除氧器。因为空气聚集在换热面上，不仅影响着高压加热器的传热效果，同时还会引起高压加热器的腐蚀。

（3）定期记录高压加热器的出入口温度和抽汽压力。如发现给水温度降低，应及时查明原因。比如检查高压加热器水位是否过高，汽侧排空门是否误关，高压加热器旁路门（三通门）是否不严，出入口门是否未全开，高压加热器进汽门、抽汽止回阀是否未全开等。对给水温度降低这一情况可以根据汽轮机抽汽口压力与加热器汽侧压力之差的变化来分析。如果发现两者的压力差增加，则说明进汽被节流；如汽侧压力等于或高于抽汽压力，则说明水位过高。

（4）要注意发电机组负荷与高压加热器疏水自动调节阀的开度关系。当负荷未变，调节阀开度增加时，高压加热器管束可能出现泄漏，这时要立即确证高压加热器是否内漏，如泄漏，应立即停止高压加热器运行。

（5）对高压加热器的保护、自动调节装置要进行定期试验，保证其动作可靠。

（6）要定期对高压加热器的水侧、汽侧安全门进行校验，同时如有可能应进行定期活动试验。

（7）对通过高压加热器的水质，应严格定期化验。

（8）要严密监视高压加热器的运行状况，以下情况视为高压加热器超负荷运行：汽轮机汽耗量过大，给水流量大于设计值，抽汽量增加；单个高压加热器的汽侧停运，使后一级加热器入口温度降低，抽汽量增加，过负荷。

4. 高压加热器的停运

高压加热器的停运可分为随机停运、带负荷停运和事故停运。具备随机滑参数停运条件的高压加热器，应随机组的停运而停运加热器。当需要带负荷停运时，应严格控制温降率，具体操作步骤如下：

（1）按规定减部分负荷。

（2）切除高压加热器保护。

（3）按抽汽压力由高压到低压逐台关闭高压加热器进汽门。调整疏水水位，控制温降率在规定范围内。通常应控制在1.87℃/min之内（《火力发电厂高压加热器运行维护守则》规定的温降率为≤2℃/min）。待高压加热器出水温度稳定后，再停下一台高压加热器，关闭高压加热器到除氧器的疏水门，切换给水走液动旁路。

（4）稍开抽汽止回阀前、后疏水门。高压加热器汽侧隔离后，开启高压加热器汽侧排地沟门。

（5）如需停止高压加热器水侧，应先开启电动旁路门，再关闭高压加热器进、出口水门。

（6）抽汽止回阀保护打至“手动”，确认止回阀关闭后，打至“解除”位置。

5. 高压加热器的事故解列

（1）高压加热器事故解列的条件：

1）汽水管道及阀门爆破，危及人身及设备安全时。

2）任一加热器水位升高，经处理无效时，或任一电接点水位计，石英玻璃管水位计满水，保护不动作。

3）任一高压加热器电接点水位计和石英玻璃管水位计同时失灵，无法监视水位时。

4）明显听到高压加热器内部有爆炸声，高压加热器水位急剧上升。

（2）高压加热器事故解列的步骤如下：

1）关闭有关高压加热器进汽门及止回阀，并就地检查在关闭位置。

2）将高压加热器保护打到“手动”位置，开启高压加热器旁路电动门，关闭高压加热器进、出口电动门，必要时手摇电动门直至关严。

3）开启高压加热器至危及疏水的电动门。

4）关闭高压加热器至除氧器疏水门，待高压加热器内部压力泄压到0.49MPa以下时，开启高压加热器汽侧放水门。

5）其他操作按正常停高压加热器进行操作。

6）若判定高压加热器泄漏（如发生高压加热器水位升高，给水温度降低，汽侧压力升高，疏水调整门自动大开，高压加热器出口给水压力下降，加热器及抽汽管道冲击等现象），应先检查保护装置是否动作，未动作时，应开启高压加热器水侧旁路门（或高加三通阀），停止高压加热器水侧运行，同时停止高压加热器汽侧运行。

6. 高压加热器停运后的保护

高压加热器停运后的保护，主要是防止管束锈蚀氧化，因此，防腐措施主要是保证管束与空气隔绝。不同的机组高压加热器停运后有不同的保护方法，下面列举几例。

部分国产200MW和300MW汽轮发电机组，其高压加热器停运后的保护措施有：

(1) 停运时间在60h以内，可将水侧充满水。

(2) 停运时间在两周以内，其水侧应充满含50～100mg/L联胺的凝结水，汽侧充满蒸汽或氨水。

(3) 停运时间超过两周以上，其汽侧、水侧均应充氮气，氮气压力在0.05MPa左右。当压力小于0.02MPa时，应及时补充氮气，且纯度应不低于99.5%。

华能大连电厂350MW汽轮发电机组的高压加热器，如果停运时间较短，水侧可用适当浓度的联胺水进行保养，而汽侧采用低温辅助蒸汽进行密封保养。

对于BBC公司生产的500MW汽轮发电机组，其高压加热器停运后的保养有干法保护和湿法保护两种。汽轮机组停运时间不超过两周时不需要专门的措施，只需要在湿热的条件下切断高温汽源，水侧自行干燥。

三、除氧器的运行

锅炉给水除氧是由除氧器来实现和完成的。除氧器是回热系统中的一个混合式加热器，是用汽轮机的抽汽来加热需除氧的锅炉给水的。其作用有两方面：一是提高给水品质，除去给水中的溶氧和其他气体，防止设备腐蚀；二是提高给水温度，并汇集排汽、余汽、疏水、回水等，以减少汽水损失。

（一）给水除氧方式及溶解氧量标准

1. 给水除氧方式

由于给水中溶有气体，其对电厂的安全、经济运行危害极大，所以，在给水进入高压加热器和锅炉之前必须将它除掉。而氧对设备的危害最为严重，除气主要是除氧，所以将这种除气装置称为除氧器。除氧方法有加热式除氧（物理除氧）和化学除氧两种。

(1) 加热式除氧。加热式除氧是利用气体在水中溶解的性质进行除氧的。其优点是能将水中溶解的各种气体全部除掉，还能起到一级加热器的作用。目前，加热式除氧在各类电厂中得到了广泛应用。

在液面上作用有环境压力的自然水中，溶有大气中的各种气体成分。大气是由氧、氢、氮、二氧化碳等气体组成的混合气体，而环境压力是由各种气体的分压力组成的。当水与气体之间处于平衡状态时，对于一定的温度，水中溶解的各种气体量可分别按式（2-4）计算得出，即

$$b = K\frac{p'}{p} \tag{2-4}$$

式中 b——某气体在水中的溶解量，mg/L；

K——该气体的质量溶解度系数，它随气体的种类和温度而定，mg/L；

p'——水面上某种气体的分压力，Pa；

p——混合气体的总压力，Pa。

由式（2-4）可知，单位体积水中溶有某种气体量的多少，与水面上该气体的分压力成正比。

另外，气体在水中的溶解量还与水温有关，在一定压力下提高水的温度，则水中溶解的气量逐渐减少，当水温度升至该压力下的饱和温度时，则水中的溶气量为零。图2-14所示为氧气在水中溶解量与温度和压力的关系曲线。

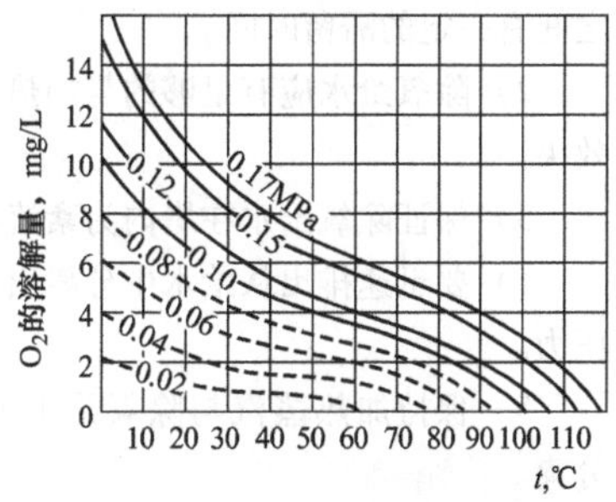

图2-14 氧气在水中溶解量与温度和压力的关系曲线

在环境压力为0.098MPa下，水温在20℃时的溶气量为6mg/L，水温在80℃时溶气量降为2mg/L，当水温升至100℃时，则水中的溶气量为零。

根据上述理论可以推知：若使水面上氧气的分压力等于零，则水中的溶解氧气量也应等于零。若将水加热到沸点，即相应压力下的饱和温度时，则水将产生汽化。在水面上蒸汽的分压力将会不断升高，气体的分压力将会相对减小，最后使液面上的蒸汽压力趋于全压力，而气体的分压力将趋于零，也就是说液面上完全是水蒸气的压力作用，于是氧气和其他气体就会从水中完全分离出来。热力除氧器就是根据这一原理制成的一种除气设备。

另外，气体从水中分离出来的过程，并不是瞬时内能完成的，而要有一定的持续时间。表2-3为0.098MPa下水被加热至沸腾温度后持续时间与含氧量的关系。

表2-3　0.098MPa下水被加热至沸腾温度后持续时间与含氧量的关系

持续时间（min）	0	5	10	20	30	45	60
含氧量（mg/L）	1.08	0.1	0.056	0.017	0.006	0.003	0

将水加热至沸点以后仍含有氧的现象叫过饱和。由表2-3可以看出，需要持续沸腾60min才能将氧全部除净，因为气体从水中逸出要受到水的表面张力和粘滞力的阻碍，因而在短时间内是不能达到完全除氧的。

从以上分析可以看出，要保证热力除氧的除氧效果，必须具备下列条件：

1）除氧给水必须加热到对应压力下的饱和温度，并在除氧塔和水箱之间有一定的滞留时间。

2）除氧给水应有足够的与加热蒸汽接触的面积，以保证良好的加热效果。

3）保证除氧给水在塔内为紊流状态，以增加气体的扩散速度。

4）要迅速排出从给水中分离出来的气体，以降低除氧器内气体的分压力。

5）保持加热蒸汽与除氧给水逆向流动，使除氧给水中的气体加速分离。

（2）化学除氧。化学除氧是利用化学药剂进行除氧的。常用的化学除氧，是用亚硫酸钠处理，亚硫酸钠与水中的氧发生化学反应变成硫酸钠盐。当亚硫酸钠的加入量很恰当时，则给水中的含氧量可以降低到零。这种方法除氧的缺点是：炉水中增加了硫酸盐，使炉水中的全固形物增加，从而使排污量增加。同时，化学除氧不能除去其他气体，且化学药剂价格昂贵，故电厂很少采用。

此外，还有一种真空除氧，它是利用凝汽器对凝结水和低温补充水进行预除氧，用来降低凝结水、补充水的溶氧，是火力发电厂广泛采用的一种辅助除氧方式。

2. 溶解氧量标准

当水与某种气体或空气接触时，就会有一部分气体溶解到水中。水中溶解某种气体量的多少，与该气体在水面上的压力成正比，与水的温度成反比。电厂中给水是封闭循环的，其含气的来源有：开口疏水箱内的疏水表面直接与大气接触而溶入气体；由于汽轮机的真空系统不严密，空气漏入凝汽器内；凝结水在凝汽器内存在过冷却度；往给水系统内补充化学水时带入溶解气体。

给水中溶解的气体，有一些是活动性很强的气体，如氧气和二氧化碳，对热力设备的管道、省煤器及锅炉本体内部表面、热交换设备等部位起腐蚀破坏作用，降低了设备的使用寿命。如给水中溶解氧气超过0.03mg/L时，给水管道和省煤器在短时期内会出现穿孔的点状腐蚀。

根据GB 12145—2016《火力发电机组及蒸汽动力设备水汽质量标准》中的规定，给水、凝结水的溶氧量与给水pH值见表2－4。

表2－4　　电厂用水溶解氧与pH值标准

炉型	锅炉过热蒸汽压力（MPa）	给水溶解氧（μg/L）	给水pH值（25℃）	凝结水溶解氧（μg/L）
汽包炉	3.8～5.8	≤15	8.8～9.3[①]	≤50
	5.9～12.6	≤7	8.8～9.3（有铜给水系统）或9.2～9.6（无铜给水系统）	≤50
	12.7～15.6	≤7		≤40
	>15.6	≤7		≤30
直流炉	5.9～18.3	≤7		
	>18.3	≤7		<20[②]

① 凝汽器管为铜管和其他换热器管为钢管的机组，给水pH值宜为9.1～9.4，并控制凝结水铜含量小于2μg/L。无凝结水精除盐装置、无铜给水系统的直接空冷机组，给水pH值应大于9.4。

② 用中性加氧处理的机组，给水pH值宜为7.0～8.0（无铜给水系统），溶解氧宜为50～250μg/L。

给水中所溶气体在热交换设备中是不凝结的，当蒸汽被凝结而气体被析出后，会在热交换设备的水管与蒸汽之间形成一层气膜，妨碍导热过程的正常进行，影响传热效果。因此，给水中溶解气体是影响电厂安全经济运行的主要因素之一。

（二）除氧器的分类

除氧器根据其工作压力的不同，可分为真空式（工作压力小于0.0588MPa）、大气式（工作压力为0.1177MPa）和高压式（工作压力为

0.343MPa 以上）三种。

真空式除氧器即工作压力为负压状态的除氧器，水中逸出气体靠抽气器或真空泵抽出。发电厂一般很少采用单独的真空式除氧器，而多采用维持凝汽器凝结水在饱和温度状态的方式，利用凝汽器进行真空除氧。

在现代高参数火力发电厂中，普遍采用了高压除氧器，其工作压力一般在 0.6MPa 左右，与前面两种类型的除氧器相比较有着显著的优点：

（1）采用高压除氧器可以减少高压加热器的数目，节约了金属耗量和投资。

（2）高压机组的给水温度一般在 230～270℃，当高压加热器因事故停运时，可使进入锅炉的给水温度变化幅度减小，从而减小对锅炉运行的影响。

（3）较高的饱和水温还可促进气体自水中离析，降低气体的溶解度，使除氧效果提高。

（4）可以防止除氧器发生自生沸腾现象。自生沸腾是指过量较高压力疏水进入除氧器时，其热量足以使除氧器给水不需抽汽加热即可达到沸腾，这种情况使除氧器内压力升高，排汽量增大，内部汽水流动工况受到破坏，除氧效果恶化。而在高压除氧器中，因为设计工作压力就比较高，使发生自生沸腾的可能性较小。

但是高压除氧器有一个显著的缺点，就是给水泵长期工作于高温条件下，泵的入口易发生汽蚀。为尽量减少和避免汽蚀，就必须把除氧器布置在机房内较高的平台，使系统复杂化。

根据水在除氧器内流动形式的不同，除氧器可有不同的结构形式，主要有淋水盘式、喷雾式、填料式、喷雾填料式和膜式等。纯喷雾式效果不佳，也较少采用。淋水盘式多用于中、低压机组。现代高参数大容量机组多采用除氧效果好、容量大的喷雾填料式或喷雾淋水盘式除氧器。最近，旋膜式除氧器在大机组上也取得了良好的运行效果。

（三）除氧器的运行

热力除氧器的加热蒸汽都是来自汽轮机的抽汽，另外也利用回收的高压加热器疏水、门杆溢汽等作为热源。此外，还应配备备用汽源以备机组启停及甩负荷时的用汽。

图 2－15 所示为除氧器的典型汽水系统。其加热汽源有抽汽、门杆漏汽、高压加热器疏水和汽封溢汽，并备有辅助汽源。主凝结水自除氧头上部进入，除氧后进入除氧水箱。水箱中设有再沸腾管保持其饱和温度，系统中设除氧循环泵，启动前，可使除氧水箱中的水循环加热。除氧头及除

氧水箱均设有安全阀，防止除氧器超压。除氧水箱上还接有给水泵的再循环管，它的作用是防止给水泵在启停和低负荷时水流量过小不足以冷却泵体而引发的给水泵汽化和设备损坏。

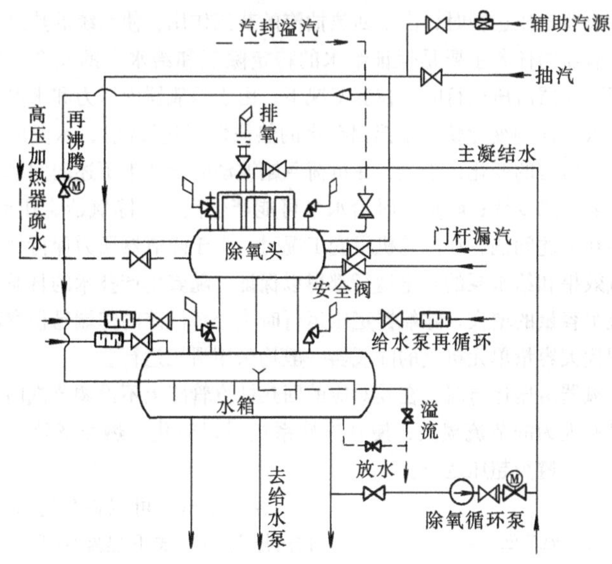

图 2－15　除氧器的典型汽水系统

在发电厂中，除氧器在热力系统中的连接原则是要使汽轮机在任何负荷下维持除氧器内的压力稳定，以保证除氧效果。也就是说，在低负荷时，可采用高压抽汽；正常时，用低一级的抽汽。

除氧器的运行根据其压力是否随汽轮机组的负荷变化而变化，分为定压运行和滑压运行两种方式。除氧器的这两种运行方式各有特点，现分析如下。

定压运行除氧器在汽轮机组变工况时，其压力是维持稳定的，在此压力下，将水加热到相应的饱和温度，即可达到除氧的目的。由于其压力、温度不变，所以在运行中只要调整除氧器给水箱中水位稳定，即可保证给水泵不汽蚀，能可靠地向锅炉供水。除氧器在热力系统中，相当于一级特殊的加热器，其所用回热抽汽的压力随汽轮机组的运行工况不同而变化，为维持所有工况下除氧器均定压运行，供除氧器的抽汽压力应高于除氧器的工作压力（一般高 0.2 ~ 0.3MPa），并通过专门装设的压力调整阀来节流调整。在汽轮机负荷降低到该级抽汽压力已不能满足除氧器定压运行要求时，还需切换至高一级的抽汽，同时停止运行原级抽汽。这样的方式不但使系统复杂化，而且由于节流损失的存在使系统的热经济性降低。

除氧器定压运行时，由于回热抽汽的节流作用，使系统的热经济性下降。除氧器的任务主要是保证给水的稳定除氧和给水泵的安全、可靠运行，当除氧器滑压运行时，在变工况下，由于除氧器内压力和水温变化速度不一致（压力变化快，水温因存水的热惯性变化较慢），水温的变化总是滞后于压力的变化，于是，在负荷急剧波动时会产生下述的问题：升负荷时除氧效果变坏；降负荷时给水泵可能产生汽蚀。除氧器定压运行时，则不存在上述问题，在汽轮机组变工况时，由于除氧器压力保持稳定，可使除氧效果和给水泵的安全运行都得以保证。随着生产技术的日益完善和单元机组容量的增大，除氧器定压运行时热经济性差的弊端已很突出。因此，现代大容量单元机组的除氧器一般均采用滑压运行。

除氧器滑压运行时，在其对应的回热抽汽管路上不设调节汽门，回热抽汽没有人为的节流损失，使其连接系统得以简化，热经济效益得以提高，同时可避免超压运行。

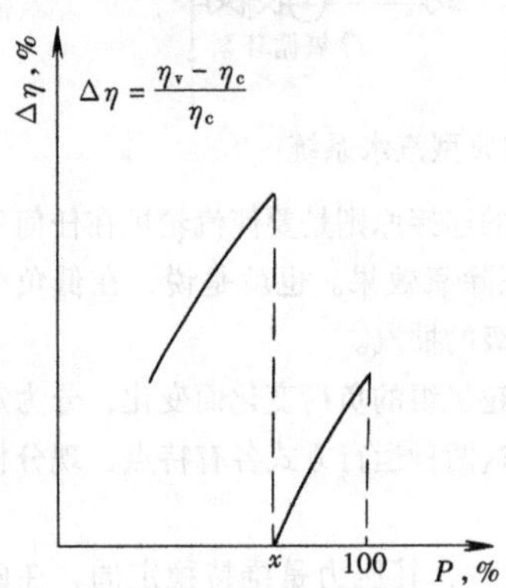

图 2 – 16　除氧器两种运行方式下的热经济性比较

经过分析，可以做出除氧器定压和滑压两种方式下热经济性的比较曲线，如图 2 – 16 所示。由图 2 – 16 看出：当机组负荷从 100% 开始下降时，抽汽压力随之降低，定压运行除氧器节流损失相应减小，两种运行方式下的效率差 $\Delta\eta$ 变小，曲线随机组负荷的降低而下降。当机组负荷继续下降，该级抽汽压力已不能满足定压运行要求而需切换至高一级抽汽时（图示 x 处为 70% 负荷），由于原级抽汽的停运，改为较高压力级的抽汽，使节流损失增大，所以回热系统的热经济效益下降更为显著，图 2 – 16 上示出了这时 $\Delta\eta$ 的突然增大。以后的曲线下降则是这种影响的密度逐渐减小所致。可以看出，除氧器滑压运行的热经济性更突出地表现在低负荷时。我国 600MW 机组的设计表明，除氧器采用滑压运行，在额定负荷时，可提高热效率 0.12%，70% 以下负荷时，可以提高热效率 0.3% ~0.5%。

综上所述，除氧器滑压运行时有如下优点：

(1) 除氧器滑压运行可以提高机组的热经济性，在机组低负荷时，这种效果尤为明显。因为除氧器滑压运行，可以减少除氧器加热蒸汽的节流损失。

(2) 热力系统简化，设备投资降低。

(3) 汽轮机抽汽点的分配更趋于合理，提高了机组的热效率，其焓升的提高对防止除氧器自生沸腾也是有利的。

除氧器滑压运行时，还必须解决的问题有两个：一是在机组增负荷时，除氧效果变差的问题；二是在机组降负荷时，给水泵安全过渡问题。

1. 除氧器的运行监视

除氧器在运行中，由于机组负荷、蒸汽压力、进水温度、水箱水位的变化，都会影响除氧效果。因此，除氧器在正常运行中应主要监视其给水溶氧量、压力、温度和水位。

(1) 除氧器的给水溶氧量。运行中应定期化验给水溶氧量是否在正常范围内。除氧器内部结构是否良好，一、二次蒸汽配比是否适当，是降低溶氧量的先决条件。为保证除氧效果，还应特别注意排气门的开度，开度过小，会影响除氧器内的蒸汽流速，减慢对水的加热，更主要的是对气体排出不利；而开度过大不仅会增大汽水热量损失，还可能造成排气带水，除氧头振动。排气门开度应通过调整试验确定。当除氧器给水含氧量增大时，应及时投入再沸腾装置。

(2) 除氧器的压力和温度。除氧器的压力和温度是正常运行中监视的主要指标。当除氧器内压力突然升高时，水温会暂时低于对应的饱和温度，导致水中溶解氧量增加。压力升高过多时，会引起安全门动作，严重时会导致除氧器爆裂损坏。而压力突然降低时，会导致给水泵入口压力降低，造成给水泵汽化。在压力降低情况下，水温会暂时高于对应的饱和温度，水中溶氧量会减少，但要注意这种情况下容易引起自生沸腾。因此，应防止压力突变，压力自动调节装置必须投入，且动作灵敏、可靠。

(3) 除氧器水位。除氧器水位的稳定是保证给水泵安全运行的重要条件。水位过高将引起溢流管大量跑水，若溢流不及，还会造成除氧头振动，抽汽管道冲击甚至汽轮机水冲击；水位过低而又补水不及时，会引起给水泵入口压力降低而汽化，影响锅炉上水甚至被迫停炉。此外，水位的变化必然导致压力的变化，在运行中必须加强监督，以确保人身和设备的安全。水位自动装置也必须投入，且灵敏可靠。

(4) 除氧器的进水温度。每台除氧器都有一定的允许热负荷，因此，进水量受到限制，当进水温度发生较大变化（如低压加热器停运）时，应控制进水量，否则将影响除氧器压力和温度的稳定。

2. 除氧器的停运

在机组减负荷过程中，应注意维持除氧器压力、温度、进水流量与负荷相适应，并使除氧器水位在正常范围内。当机组负荷降至某一规定值时，应切换至备用汽源供除氧器用汽。当除氧器用备用汽源时，内部压力应小于0.196MPa，并保持压力稳定。

紧急停机时，应立即关闭除氧器进汽阀，视水位情况关闭进水门，使除氧器处于停运状态。若主机停运后给水泵暂不停运，除氧器必须维持运行。

第四节　冷却设备与系统

一、火力发电厂的供水系统

火力发电厂在电力生产过程中需要大量的冷却用水。冷却用水主要包括冷却汽轮机排汽的冷却水、发电机冷却系统的冷却水、汽轮发电机组润滑油的冷却水、辅助机械轴承的冷却水等。由水源、取水设备、供水设备和管路组成的系统称为火力发电厂的供水系统。按地理条件和水源水量的多少，可分为以下两种形式的供水系统。

1. 直流供水系统

直流供水系统也叫开式供水系统。它是以江河、湖泊或海洋为水源，供水直接由水源引入，经凝汽器等设备吸热后再返回水源的系统。其又可分为：岸边水泵房直流供水系统、中继泵直流供水系统和水泵置于机房内的直流供水系统。

2. 循环供水系统

冷却水经凝汽器等设备吸热后再进入冷却设备（如冷却塔或喷水池等）冷却，被冷却后的水由循环水泵再次送入凝汽器，如此反复循环使用，这种系统称为循环供水系统，也叫闭式供水系统。循环供水系统根据冷却设备的不同又可分为冷却水池、喷水池和冷却塔三种类型的循环供水系统。

二、冷却塔及其各种性能

（一）冷却塔的分类

冷却塔是一种经过气、液两相直接（或间接）接触，进行热和质的传递，从而把水冷却的特殊设备。它将携带废热的冷却水在塔内与空气进行热交换，使水的废热传输给空气并散入大气，冷却后的水通过再循环的方法使用。水与空气直接接触的称为湿式（蒸发式）冷却塔，水或汽与空气间接接触（不发生质传递）的称为干式冷却塔。

冷却塔可以按下列各种方式分类：

（1）按空气与热水接触的方式可分为湿式（水气直接接触式）、干式（水气间接接触式）和干湿式。

（2）按通风方式可分为自然通风、机械通风和辅助通风。

（3）按淋水填料方式可分为点滴式、薄膜式、点滴薄膜式和喷水式。

（4）按热水和空气的流动方向可分为逆流式、横流式和混流式。

（5）按材质结构可分为钢筋混凝土结构冷却塔（现浇、预制）和复合材料结构冷却塔（钢筋混凝土玻璃钢结构、钢架镶板结构、玻璃钢结构）。

下面就着重对火力发电厂中广泛应用的湿式自然通风冷却塔、湿式机械通风冷却塔和湿式辅助通风风筒式冷却塔分别作如下介绍。

1. 自然通风冷却塔

自然通风冷却塔又可分为开放式和风筒式两种。风筒式冷却塔下部装有配水系统和淋水装置，其按水流与气流的方向还可分为逆流冷却塔和横流冷却塔。由于开放式冷却塔存在冷却效果差、淋水密度小、占地面积大等缺点，因此不适合大型火力发电机组使用，故在此不作介绍。

风筒式冷却塔设有一个像烟囱一样高大的风筒，靠塔内外空气密度差造成的通风抽力使空气流经塔内冷却水，其冷却效果较为稳定。塔内外空气密度差越小，通风抽力就越小，对水的冷却越不利，所以在高温、高湿地区一般不宜采用此类型的冷却塔。

逆流冷却塔的淋水填料安装在进风口上部，风筒壳体以内。横流冷却塔的淋水填料安装在壳体外缘，沿着塔底形成环形。淋水填料有点滴式、薄膜式和点滴薄膜式三种，可根据不同塔型及冷却要求进行选用。

2. 机械通风冷却塔

机械通风冷却塔的风筒一般比较低，塔内空气流动不是靠塔内外空气密度差产生的抽力，而是靠通风机形成的，所以具有冷却效果好，运行稳定的特点。机械通风冷却塔所采用的风机有鼓风机和抽风机两种，因而就形成了鼓风式冷却塔和抽风式冷却塔两种型式。

鼓风式冷却塔的风机安装在冷却塔下部地面上，主要用于小型冷却塔或水对风机有侵蚀性的冷却塔中。大、中型机械通风冷却塔主要采用轴流式抽风机，抽风机以5~7m/s的速度向上排送空气。

机械通风冷却塔按水流和气流的方向不同也可分为逆流塔和横流塔。

3. 辅助通风风筒式冷却塔

辅助通风风筒式冷却塔具有自然通风和机械通风两种冷却塔的优点。

这种塔的塔身仍为双曲线型风筒，但尺寸较小，塔高降低约一半，塔的直径缩小1/3。与单一的风筒式冷却塔相比，由于塔底周围安装有若干大型通风机辅助通风，塔的通风调节性能较好，降低了风筒高度，节省了投资，同时提高了冷却效果，减少了占地面积。与机械通风冷却塔相比，其耗能要少，因一年之中约有一半时间可用自然通风方式运行。另外，塔的风筒还是较高的，出塔雾汽团可以排放到较高的空间，回流也可基本消除。这种冷却塔的主要特点是：在夏季气象条件不利的情况下，可以开启风机运行；在气温较低或机组出力较小时，可以单纯采用自然通风冷却。目前，这种塔在欧洲各国已有采用，多建筑在土地较少，靠近市区的地方。

辅助通风风筒式冷却塔也分逆流式和横流式两种。

（二）冷却塔的组成

火电厂常用的湿式冷却塔由以下几部分组成。

1. 淋水填料

淋水填料是淋水装置中水、气、热交换的核心部分，是保证冷却塔冷却效率和经济运行的关键。故淋水填料需具有热力特性好、通风阻力小、计算出塔水温低的基本技术性能，其作用是将热水溅散成水滴或形成水膜，以增加水和空气的接触面积和接触时间，即增加水和空气的热交换程度。水的冷却过程主要在淋水填料中进行。

淋水填料是由不同材料、不同断面形式、不同尺寸和排列方式的构件所组成的。一般可将淋水填料分为点滴式、薄膜式、点滴薄膜式及软体式等几种类型。

2. 配水系统

配水系统的作用是将热水经竖井升至配水高程，并通过主配水槽或配水池均匀地溅散到整个淋水填料上。配水分布性能的优劣，将直接影响空气分配的均匀性及填料发挥冷却作用的能力。配水不均匀，将降低冷却效果。

目前常用的配水系统有以下几种型式：槽式、管式、管槽式、池式及旋转播水式配水系统等。

3. 通风设备

通风设备的作用是利用通风机械在冷却塔中产生较高的空气流速和稳定的空气流量，以提高冷却效率，保证要求的冷却效果。

机械通风冷却塔所用的风机基本上是轴流式风机，其特点是通风量大、风压较小、能耗低、耐水滴和雾汽侵蚀。

4. 通风筒

通风筒的作用是创造良好的空气动力条件，减小通风阻力，将湿热空气排入大气，减少湿热空气的回流。

机械通风冷却塔的通风筒又称出风筒。风筒式自然通风冷却塔的通风筒起通风和把湿热空气送往高空的作用。

5. 空气分配装置

空气分配装置的作用是利用进风口、百叶窗和导风板装置，引导空气均匀分布于冷却塔的整个断面上。

在逆流式冷却塔中，空气分配装置包括进风口和导风装置两部分；在横流式冷却塔中，仅有进风口。

6. 除水器

除水器应具有除水效率高、通风阻力小的技术性能，还应有耐腐蚀、抗老化的基本性能。它的作用是将冷却塔气流中携带的水滴与空气分离并回收，减少循环水被空气带走的损失，满足环保的要求。

除水器通常是按惯性撞击分离的原理设计的，一般由倾斜布置的板条或波形、弧形叶板组成。

7. 塔体

塔体是冷却塔的外部围护结构。逆流、横流自然通风冷却塔的塔体由风筒、上下刚性环、斜支柱及环基构成。大、中型冷却塔，特别是风筒式冷却塔，塔体大多是钢筋混凝土结构。中、小型机械通风冷却塔，一般用型钢作构架，用石棉水泥波纹板、玻璃钢或塑料板作围护。

8. 集水池

集水池设于冷水塔下部，它是用来汇集淋水填料落下的冷却水，并由水泵使之循环。通常集水池具有储存和调节流量的作用。

以上各部件的不同组合就组成了各种类型的冷却塔。

（三）冷却塔的调整试验

冷却塔的试验工作，根据试验的目的和要求不同，分为验收试验、性能试验和调整试验三类。前两种试验主要是针对新建或改建的冷却塔进行验收，以及为获得某种型式冷却塔的性能特性而进行的。在运行实践中，为使冷却塔在高效的状态下工作，经常要做冷却塔的调整试验，现将这种试验的步骤及方法简述如下。

1. 试验目的

对于运行中的冷却塔，通过试验了解其配水、配风的情况，掌握其运行的基本参数，找出影响冷却塔经济运行的原因所在，以便根据实际情况，采取相应的措施，调整改善其配水、配风的关系，以及进行一些小的设备改进工作，以达到提高冷却塔经济运行的目的。

2. 试验前的准备工作

为使试验工作能顺利地进行下去，在其试验之前需做好充分的准备工作。试验前的准备工作一般包括以下内容：

（1）试验前须对冷却塔和供水系统进行调查研究，在此基础上，根据试验的目的和要求，确定测试项目，编写试验大纲。

试验大纲应包括以下内容：

1）试验的目的和要求。

2）冷却塔工艺简图和循环水系统图，说明被测试冷却塔的设计参数、淋水填料、配水系统及除水器等的型式及布置。机械通风冷却塔的风机型号、电动机功率、循环水泵型号、容量、功率等。

3）试验依据的标准及规范等。

4）测试项目、测点布置、测试方法和测试仪表；需要加工制作的设备和器具。

5）试验条件和试验工况。

6）试验工作进度计划。

7）试验组织及分工，试验人员数量及安排。

8）安全操作规定。

（2）试验前应对冷却塔及其系统进行全面的检查及消缺工作，以保证其设备和系统处于良好的运行状态。

（3）试验前测试仪表均应进行校验和标定。

（4）选定测点，加工及安装所需的部件和试验设备。

（5）设置测试平台及气象亭，架设临时电源。

（6）准备好试验所需的记录表格。

（7）培训试验人员，使之熟悉各自的测试项目和所用的仪表。

（8）进行预试验，以确定设备和测试仪器是否处于正常工作状态，并使测试人员熟悉试验程序。

3. 试验参数的测定

冷却塔调整试验的测定参数，根据调整的内容和要求来确定。一般需测定的参数如下（根据不同的试验要求可取舍）：

（1）环境气象参数有大气干球温度、湿球温度、大气压力、大气风速和风向。

（2）进塔空气的干、湿球温度。

（3）进塔水温。

（4）出塔水温。

（5）冷却水量。

（6）机械通风冷却塔风机叶片的安装角，电动机的功率、转速。

（7）槽式或池式配水系统中的水位。

（8）管式配水系统溅水喷嘴的水压。

（9）其他一些特殊的参数。

4. 试验的条件及要求

为使试验的结果具有代表性，试验应在稳定的气候条件及正常的运行状况下进行。在气候条件较差的情况下，如：雨天或大气风速大于4m/s时，不应进行测试工作。

试验应在白天进行，以保证试验的安全性和测量的准确性。

测定工作应在冷却塔的各项参数调整稳定后进行。每一工况的测试持续时间：自然通风冷却塔不小于1h；机械通风冷却塔不小于0.5h。每一工况内各参数每次测量的时间间隔应相等。冷却塔各项参数的测量次数见表2-5。

表2-5　冷却塔各项参数的测量次数

序号	参数名称	符号	测量次数
1	大气风速和风向	v_0	6
2	大气干、湿球温度	θ_1、τ_1	6
3	大气压力	p_0	2
4	进塔空气干、湿球温度	θ_1、τ_1	6
5	进塔水温	t_1	6
6	出塔水温	t_2	6
7	冷却水量	W	6
8	进塔空气量	G	2*
9	出塔空气干、湿球温度	θ_2、τ_2	2*
10	补充水量和补充水温	Q_b、t_b	2
11	排污水量和排污水温	Q_{b1}、t_{b1}	2
12	风机电动机功率	P	2

* 有条件时可进行连续测量，求累计平均值。

5. 试验结果及分析报告

冷却塔测试工作结束后，根据测试结果应写出试验分析报告。其内容一般应包括以下几个方面：

（1）试验任务的依据，试验目的与要求。

（2）冷却塔的试验参数及概况；运行厂有关主辅机设备及循环水概况；冷却塔平面图、断面图和循环水系统图。

（3）测试项目、测试方法、测点布置及所用仪表及精度。

（4）试验范围及试验工况。

（5）资料整理及计算方法。

（6）实测数据汇总表，整理出公式和曲线。

（7）试验结果及评价分析。

（8）存在的问题及建议。

（9）参加试验的单位及人员，测试时间。

6. 冷却塔的特性曲线

通常要通过冷却塔的调整试验做出冷却塔的操作曲线，以指导现场的经济运行。冷却塔的操作曲线一般形状见图 2－17。图 2－17（a）表示在某一气象参数 τ_1、φ_1（一般取设计气象参数）下淋水密度 q、水温差 Δt 与冷却水温 t_2 的关系曲线；图 2－17（b）表示不同的外界气象参数湿球温度 τ_1 及相对湿度 φ_1 对冷却水温 t_2 的修正曲线。

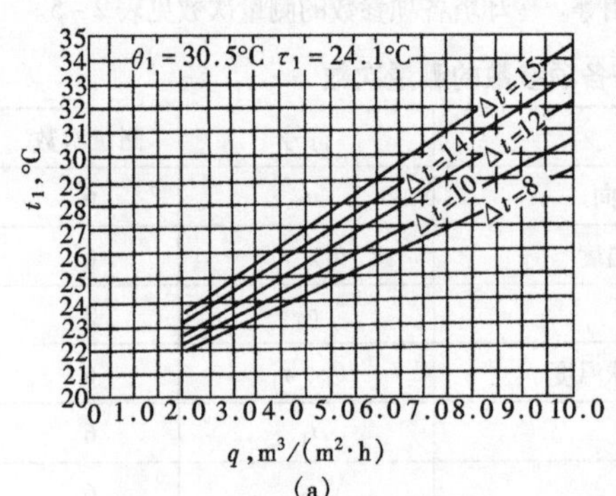

（a）

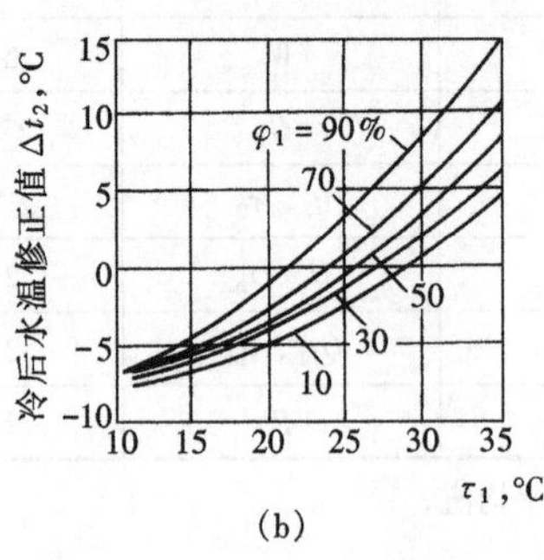

（b）

图 2－17　冷却塔操作曲线
（a）$t_2=f(q,\ \Delta t)$ 关系曲线；
（b）τ_1、φ_1 对 t_2 的修正曲线

运行中的冷却塔，在其设计工况下，均有一组标准的操作曲线，冷却塔各参数在此范围内运行是经济的。通过调整试验所做的操作曲线，若偏离上述标准曲线发生畸变，均认为是不正常现象，应通过调整运行工况，使其恢复到正常范围。在某一热负荷工况下，若冷却水出口温度 t_2 过高，说明气水比偏小，此时应通过增大风量

的办法来调节；若调节风量的手段已使用到极限，仍不能使 t_2 恢复到正常值，说明塔的冷却效率降低，此时应查找原因进行分析，通过检修或改进使其恢复到正常运行状态。若由于冷却塔过负荷而使曲线发生畸变，则须通过减少负荷的方法，使其运行参数恢复正常。

三、冷却塔的运行维护与防冻

在火力发电厂中，冷却塔属于重要辅助设备之一。若冷却塔在运行中发生故障，直接威胁着汽轮机组的安全运行，严重时会迫使机组事故停运。同时由于冷却塔工作的特殊环境，在寒冷的季节里，须采取各种措施，防止冷却塔结冰。可见运行人员不仅需要认真做好冷却塔的运行维护工作，而且还应做好防冻措施。

（一）冷却塔的运行维护

冷却塔在最佳状态下工作，可以节省燃料多发电。电厂热效率的提高与冷却塔出口温度的降低成正比。冷却水温度每降低1℃，中压机组热效率可提高0.47%，高压机组热效率可提高0.35%。此外，在大、中型企业中，需要的循环水量很大，循环水泵的耗电量较大，尤其是电厂，其耗电量占发电量的0.7%～1.5%。若能采用合理的冷却塔运行方式，循环水泵节电潜力是较大的；反之，若运行和维护不当，造成的损失也是巨大的。例如，某电厂的冷却塔投产后，由于运行维护不当，运行没有多久，就发生喷嘴结垢堵塞、喷嘴脱落、溅水碟移位不对中、水槽泥沙淤积、水槽满水外溢、淋水填料严重脱落、结垢等。其结果造成冷却塔效率下降。夏季出塔水温高达38℃，真空（表压）不到80kPa，迫使机组降负荷运行。

冷却塔使用年限的长短，与冷却塔的运行、维修、管理的好坏有很大关系。一般大修期限为10年，如果冷却塔运行管理、维护得当，就可以延长大修年限，提高冷却塔使用寿命。这方面的经济效益也是相当可观的。据相关资料介绍，在冷却塔使用三四十年的过程中，总大修费用甚至可超过其基建费用。在我国寒冷地区，大修期限要短些，一般在10～15年；非受冻地区要长些，大约15～20年。

1. 冷却塔的日常运行工作

（1）根据生产负荷、气象条件和各塔设备状态，编制经济合理的运行方式。

（2）合理调整、分配各并列运行冷却塔的水负荷，使冷却后综合水温最低（除冬季运行外），合理调整冷却塔内各水槽的水位，使淋水密度分布均匀合理。不允许配水槽水位过高直接外溢。同塔内各配水槽水位差不大于10%~15%，同类型冷却塔的出口水温差不超过1℃。

（3）定时观测记录各冷却塔运行参数，一般每2h一次，记录内容包括气象条件、汽轮机运行情况、冷却塔运行工况及有关记事等。

（4）经常观测各冷却塔集水池和循环水沟的水位，使不同部分水位差值不大于15%。及时调整补充水量，以保证循环水泵正常工作，避免池水外溢。发现循环水沟过滤网前后水位差达100mm时，即表示滤网已堵塞，应立即清扫过滤网。

（5）正确地实施经济合理的排污方案；观测冷却设备污脏情况、水质情况；经常检查、保持排污系统的正常工作，并做好有关记录。

（6）根据冬季气象条件、生产负荷和冷却设备状态，编制冷却塔群的冬季运行方案和越冬防冻措施。

（7）合理地调整正确地实施冬季运行方案和防冻措施。其中包括：合理操作冷却塔冬季停运；投入防冻专用配水装置；定时测温并勤于调整挡风板；及时清除有害的挂冰，对停运的设备放空存水或循环水，并采取保护防冻措施等。

（8）观察冷却塔集水池和循环水沟等设备渗漏情况。冷却塔停运时，可从水位变化加以判断；冷却塔运行时，可从补给水量和水位变化来加以判断；必要时，应组织检查。

（9）定时分析冷却塔热力特性的变化及其原因，分析冷却塔运行的经济效益。

（10）经常巡回检查、记录冷却塔和循环水系统的缺陷，及时汇报并处理。

（11）对机械通风冷却塔的风机等旋转设备，在运行中应加强监视，特别是机械摩擦声、叶片摆动、电动机温升、变速箱和轴承油位变化以及油泵运行情况等。

（12）在寒冷冬季，应防止运行中出现凝结水过冷。根据气象条件和负荷情况，经过计算和试验确定冬季运行循环水量后，方可决定停运循环水泵台数和冷却塔座数。当然要有应急措施。

2. 冷却塔的日常维护工作

冷却塔的日常维护工作也极为重要，它对设备经济性、安全性和能否延长使用寿命有着直接的影响。具体的维护工作内容有：

（1）定期清除配水槽内的青苔、泥垢和杂物。至少每年春秋季各清扫一次。经常检查和消除配水槽的泄漏、断裂、破损等缺陷。

（2）经常或定期检查和校正喷溅装置，使喷嘴喷出的水流能垂直对准溅水碟中心，对中率至少达90%以上。喷嘴和溅水碟如有堵塞或损坏，应及时清理或更换。陶瓷喷嘴、溅水碟内积有水垢而影响性能时，应在化学车间指导下，用10%~20%的盐酸溶液清洗。

(3) 因地制宜调整水力分配措施。如有必要可部分改变喷嘴直径，调整配水槽标高，装设配水槽调节阀门等，以达到全塔配水均匀。

(4) 淋水填料必须经常保持完整良好，淋水板及其支承梁局部破损、塌落时，应及时修补、配齐或更新。

(5) 保持循环水沟滤网的完整清洁，污脏堵塞时，要及时清理，锈蚀损坏时，要及时修理或更新。

(6) 保持淋水填料清洁，污脏堵塞时，要及时清理，锈蚀损坏时，要及时修理或更新，并采用必要措施恢复原来状态。

(7) 注意保持塔区周围的通风条件和环境卫生。在冷却塔周围15m以内不应有影响冷却塔通风的障碍物。塔区地面标高应保持低于冷却塔池顶20cm，防止泥水和其他杂物随风吹入和雨水进入冷却塔集水池。

(8) 集水池应接装水位尺，要有刻度标出最高和最低水位。每年要检查一次集水池、水沟底部污脏情况，淤泥杂物积存厚度超过20~30cm时，应安排彻底清理。

(9) 及时完成循环水沟、压力管道和检查井盖板、闸门以及排污系统等设施的维护工作。对阀门及其他传动装置应定期加油保养，保持其开关灵活；除冬季外，每月宜对冷却系统各阀门旋转2~3圈（两个方向），防止锈死卡涩。

(10) 在寒冷地区，秋季应认真做好防冻准备工作。冬季认真采取有关防冻措施。

(11) 应定期会同有关单位组织检查对木制淋水装置、配水槽等的腐蚀速度，以便必要时进行木材防腐处理。

(12) 应会同有关单位定期组织检查金属结构和金属管架的锈蚀速度，以便必要时采取金属阻锈措施。

(13) 按有关要求对冷却塔、回水沟等构筑物及时组织沉物观测。

(14) 对旋转滤网、清污机、捞草机等机械设备应定时上油，加强维护。

(15) 应保证机械通风冷却塔的转动设备运行正常，提高维护技术和维护工艺水平。遇有缺陷，应争取做到不停塔安全、及时地消除和处理。

（16）每年夏季之前，冷却塔还需进行以下两方面的工作：

1）清理工作。把冷却塔内水沟、水槽、水池、淋水填料、喷嘴等处的污物、泥沙清理干净。保证流水，空气畅通无阻。

2）修复和补充工作。淋水填料、喷溅装置、配水管槽、旋转设备、润滑油系统等有损坏和遗缺时，都应予以修复和补充，以保证夏季的安全经济运行。

（二）冷却塔的防冻措施

从经济运行的角度出发，冷却塔出水温度低些好，这样可使汽轮机保持较高真空值，从而提高循环的热经济性。但在冬季，若冷却塔出水温度过低，有可能会造成冷却塔集水池结冰，影响冷却塔的安全运行。因此需要采取措施，使冷却塔出水温度保持一定的数值，这是冷却塔运行调整的重要任务之一。

在实践中，人们积累了大量防止冷却塔结冰损坏的经验，现简单介绍一些行之有效的方法如下，并结合各种措施简单叙述冷却水温的调整方法。

1. 采用热水旁路的方法

风筒式自然通风逆流冷却塔宜采用热水旁路的方法。在通常运行期间，冷却塔内的全部循环水都分布在淋水填料上，然而在某些运行工况下，需将部分（或全部）热水经旁路直接送进冷却塔的集水池内，以提高池水平均温度水平。这种方法称为热水旁路调节法。

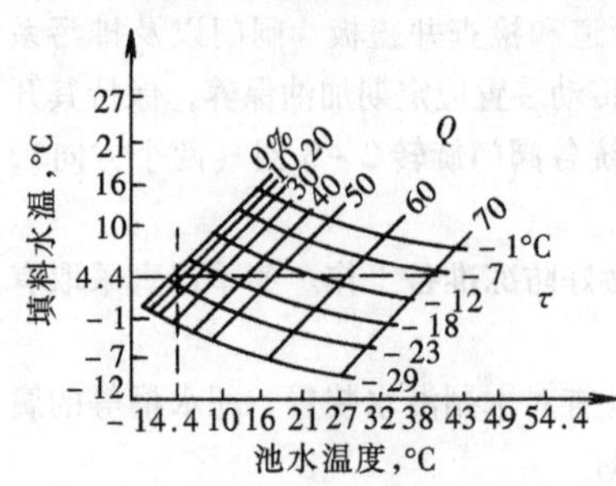

图 2-18　采用旁路系统时的冷却塔热力特性

Q—旁路水量；τ—湿球温度

用旁路系统调节冷却塔出水温度，其依据如图 2-18 所示。根据大气湿球温度变化而调节旁路系统的水量，使淋水填料冷却后的水温和池水温度最低不低于“结冰点”的温度，以防止冷却塔结冰。在满足这个条件的前提下，尽量减小旁路系统的水量，以提高循环系统的热经济性。

由图 2-18 可以看出，在大气湿球温度一定的条件下，增加旁路系统的流量，池水温度随之升高，经填料冷却后的水温随之降低。当旁路流量大于 30% 时，淋水填料结冰的危险程度增大，此时只要大气湿球温度低

于 -17.7℃，就会造成淋水填料的结冰损坏。

2. 采用防冰环的方法

所谓防冰环就是在冷却塔配水系统的外围加了一个环形钢管，钢管下部开了圆孔喷洒热水，喷洒热水的总量应按进塔总水量的 20% ~40% 考虑。它安装在冷却塔的进风口位置，作为防止结冰的措施。

运用“防冰环”防冰的原理：防冰环喷洒的热水预热了进入冷却塔的空气，相当于改变了淋水填料运行的大气环境；在冷却塔进风口处形成水帘，增加了空气的流动阻力，实际上限制了冷却塔的进风量。在图 2 -19 所示中，给出了使用防冰环的调节原理，由图 2 -19 看出，只要将进入防冰环、旁路系统及淋水填料三部分的水量调整适当，便可以使冷却塔在较宽范围内无冰运行。

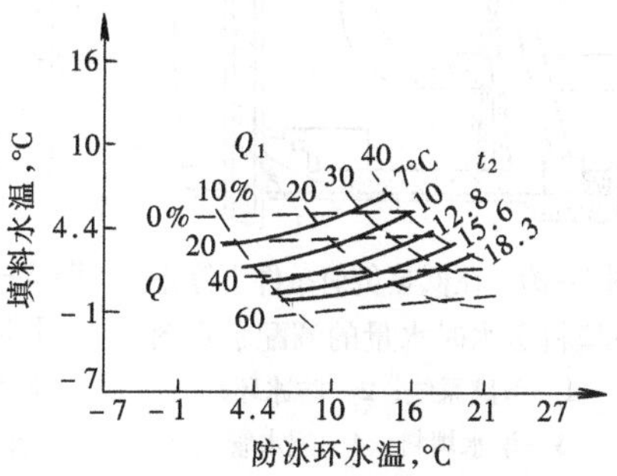

图 2 -19　在 100% 热负荷并使用旁路系统的条件下，采用防冰环的冷却塔热力特性曲线（热负荷 100%；湿球温度为 -12℃；相对湿度为 55%）

Q—旁路水量；Q_1—防冰环水量；

t_2—池水温度

当淋水填料上分配水量过少的情况下，仍会造成该区域结冰，这对于中、小负荷的工况是极为不利的，但这种系统本身提供了一种消除上述影响的有利运行方式，如图 2 -20 所示。在这种方式下，热水不再送入淋水填料，而是全部引到防冰环和旁路系统中去。此时冷却水热量的散发，是靠防冰环的热水降落到水池过程中放热和水池本身蒸发放热及与冷空气对流放热来实现的。图 2 -21 所示热水不进入淋水填料条件下防冰环和旁路系统的热力特性曲线表明，即使在热负荷为设计值的 10% ~30%，仍可保证冷却塔池水不结冰。

3. 采用淋水填料分区运行的方式

控制冷却塔填料结冰的一个有效的辅助手段是将淋水填料分区运行。所谓淋水填料的分区运行是在中、小负荷或冬季运行的情况下，热水不再送至塔中央的填料，而是只引入塔外围的填料，形成所谓的干填料区和湿填料区。这样做的目的是增加外围的配水水量，形成高密度的环形降水区，使空气进入冷却塔的流动阻力增大，从而控制进入冷却塔的冷却空气

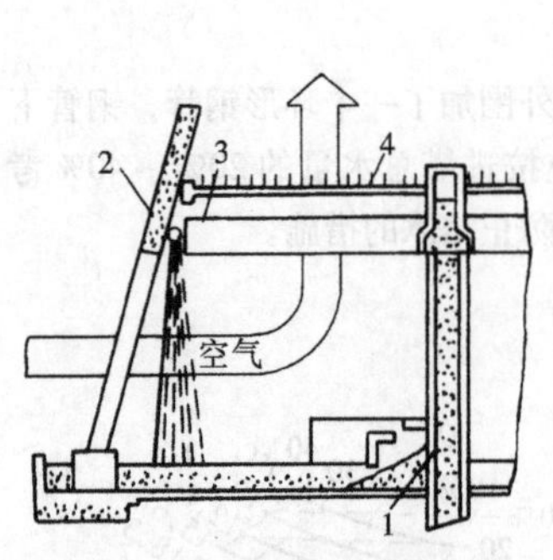

图2－20　在低热负荷条件下停止向填料送水时水量的调配示意图

1—旁路系统；2—防冰环；3—淋水填料；4—配水管

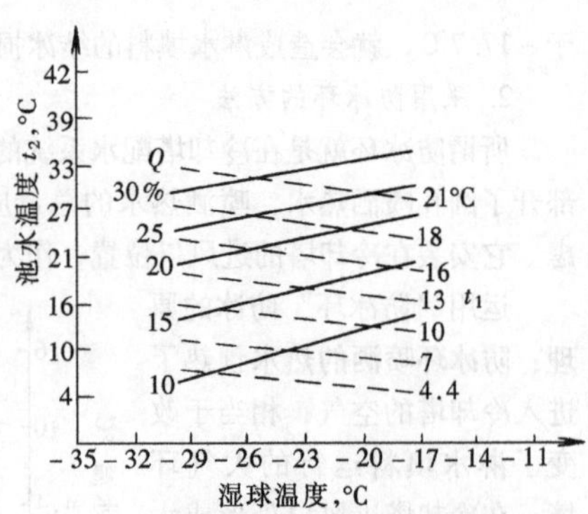

图2－21　热水不进入淋水填料条件下防冰环和旁路系统的热力特性曲线（旁路水量70%；防冰环水量30%；淋水填料水量0）

Q—热负荷；t_1—防冰环水温

量，同时冷却塔用以进行质交换的传热面积也大大减小，以达到防冰的目的。

淋水填料分区运行的防冰方式一般不单独使用。它与热水旁路系统及防冰环系统联合使用，组成现代冷却塔的联合防冰系统。对于电厂冷却系统运行而言，总是希望冷却塔池水温度保持在最佳值，以使循环热效率得以提高。为兼顾冷却塔的防冰及经济运行，冷却塔的出水温度控制在15～24℃之间被认为是合适的。在现代联合防冰系统中，只要合理调配三个系统的水量，在一个宽的热负荷和气象条件下，均可满足上述要求。

4. 悬挂挡风板的方法

可在风筒式自然通风冷却塔的进风口悬挂挡风板。

在冷却塔的进风口悬挂挡风板的作用：一是改善了进风口处的保温条件，使该区域的水流不受寒风侵袭；二是减少了进入塔内的空气量，使进风口处易结冰的区域得以改善。因此，它可消除进风口处挂冰现象。

挡风板的悬挂需随气象条件和热负荷的变化进行及时调整，以便达到防冰与经济运行的目的。根据实践经验，挡风板悬挂及调整的依据是：淋水装置处的气温应控制在0℃以上，池水温度在10～15℃以上，并且不出现大量的结冰现象。

5. 减少运行的塔数

当同一循环冷却水系统中冷却塔的数量较多时，可减少运行的塔数。

已停止运行的塔的集水池应保持一定量的热水循环或采取其他保温措施。对于机械通风冷却塔可采取减小风机叶片安装角，采用变速电机驱动风机，或改变风机运行台数等措施减少进入冷却塔的冷风，也可选用允许倒转的风机设备，当冬季塔内填料结冰时，可倒转风机融冰；风机减速器有润滑油循环系统时，应有对润滑油加热的设施。

6. 确定冷却塔冬季运行方案

根据当地气候条件、机组热负荷情况和冷却塔防冰系统的情况，确定冬季冷却工况调节曲线，如图2－22所示。在实际运行中，根据机组负荷的大小及气象湿球温度来确定进塔总水量和各防冰系统的水量分配，保证池水温度和填料水温高于“结冰点”，并使系统在最佳工况下运行。目前，根据国内电厂的运行经验，冷却塔池水温度不低于10℃为好，而国外试验得出池水最低温度为4.4℃，若低于此温度就会结冰。

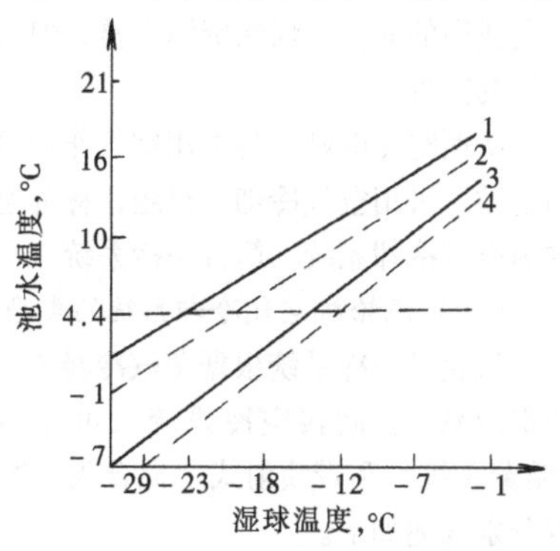

图2－22　冷却塔冬季运行负荷调节
1—热负荷为100%，水量为100%；2—热负荷为100%，水量为82%；3—热负荷为50%，水量为100%；4—热负荷为50%，水量为82%

7. 冷却塔冬季停运的保护措施

(1) 冷却塔在冬季运行期间，不宜以频繁启、停的方式进行“调峰”。

(2) 冷却塔在冬季停运时，宜选在气温相对较高的时间进行操作。

(3) 因机组停运而需停塔时，停塔与停机宜同时操作，或先停塔后停机。

(4) 冷却塔在冬季停运后，应将室外供水管道放空或投入循环热水装置。

(5) 冷却塔的集水池和循环水沟在冰冻季节应作温水循环的保护措施。

四、汽轮机的空气冷却系统

随着工农业生产的不断发展，人民生活水平的提高，各方面所需要的水量和电量都在不断增大。因此，对火力发电厂日益增大的耗水量必将难以满足。此外，环境保护方面对冷却水的排放也提出了更为严格的要求，这就迫使火力发电厂和核电站寻找新的冷却介质，以解决水源不足的难题。空冷电站就是在这样的条件下发展起来的。电厂空冷技术的提出经历了容量由小到大，技术由不成熟到成熟，应用地区由炎热的南方到寒冷的北方，由不受重视到感到需要的过程，其发展远景越来越广阔。到1990年，世界上最大的单机容量已达665MW（马廷巴电站，直接空冷）、686MW（肯达尔电站，间接空冷）。可见，随着水资源的日益缺乏及环保要求的不断提高，电站空冷技术将广泛地应用于我国的火力发电厂中。尤其是我国的北方，煤炭资源丰富，但水资源贫乏，故发展空冷机组更具有广阔的前景。

所谓空冷电站，是指用空气作为冷源直接或间接来冷凝汽轮机组排汽的电站。采用空气冷却的机组，称为空冷机组。能完成这一任务的系统，称为空气冷却系统，简称空冷系统。

（一）汽轮机空气冷却系统的类型

汽轮机空冷系统根据蒸汽冷凝方式的不同，可分为直接空冷系统和间接空冷系统。间接空冷系统又可分为带表面式凝汽器的间接空冷系统（哈蒙系统）和带喷射式（混合式）凝汽器的间接空冷系统（海勒系统），现分别简述如下。

1. 直接空冷系统

直接空冷凝汽器通常由钢制翅片管散热器配以大直径的轴流风机构成。直接空冷系统的原理是汽轮机的排汽通过排汽管道进入配汽联箱，由配汽联箱分配到不同的翅片管散热器中，当排汽流经翅片管内部时，大量的冷空气被轴流风机送入并吹过翅片管散热器，将排汽的热量带走，从而使蒸汽凝结成水，凝结水进入凝结水箱，最后由凝结水泵送入凝结水系统中。即直接空冷系统是把汽轮机排汽直接通过空冷凝汽器进行冷凝、回收利用的。

直接空冷系统的优点是设备少、系统简单、基建投资较少、占地少、空气量调节灵活。该系统一般与高背压汽轮机配套。缺点是运行时粗大的排汽管道密封困难、维持排汽管内的真空困难、启动时形成真空需要的时间较长。

2. 间接空冷系统

（1）带喷射式（混合式）凝汽器的间接空冷系统（海勒系统）。采用海勒系统的空冷系统由喷射式凝汽器、冷却水循环系统、装有散热器的冷却塔及与之有关的泵、水轮发电机组、阀门、管道等设备构成。其原理是汽轮机的排汽进入喷射式冷凝器内直接与喷射出的冷却水接触，排汽冷凝成凝结水并与冷却水混合，混合后的水除约2%的水量用凝结水泵送回凝结水系统外，其余的水用冷却循环泵送至冷却塔下部的冷却部件，由空气进行冷却，然后又回到喷射式凝汽器，形成循环。由此可见，间接空冷系统的换热与常规的闭式湿冷系统类似，为两次换热：蒸汽与冷却水之间的换热、冷却水与空气之间的换热。

海勒空冷系统的优点是以微正压的低压水系统运行，较易掌握，经济性较好。缺点是系统庞大，工艺复杂，设备多，冷却水循环泵的泵坑较深，自动控制要求较高，全铝制散热器的防冻性能差。

(2) 带表面式凝汽器的间接空冷系统（哈蒙系统）。具有表面式凝汽器的间接空冷系统由常规的湿冷汽轮机所采用的表面式凝汽器、循环水泵、自然通风塔、散热器、百叶窗、地下储水箱、高位膨胀水箱、充水泵和补水泵等组成。其原理是汽轮机的排汽进入表面式凝汽器内，在凝汽器内的冷却过程与水冷却系统相同，所不同的是冷却水在凝汽器与空冷塔之间进行闭式循环，循环中将排汽的热量从凝汽器中带出，在空冷塔中又传给空气，即用空气来冷却循环水。

带表面式凝汽器的间接空冷系统是哈蒙公司在购买匈牙利海勒系统专利后，经研究改进的间接空冷系统，它与海勒系统的主要不同是采用了表面式凝汽器和钢管钢鳍片散热器。其优点是节约厂用电、系统简单、设备少、操作方便、增加了空冷设备运行的可靠性。冷却水系统与汽水系统分开，两者水质可按各自要求控制，冷却水量可根据季节要求来调整，在高寒地区，冷却水系统中可充入防冻液防冻。缺点是空冷塔占地大、基建投资多、系统中需要进行两次换热，且都属于表面式换热，使全厂热效率有所降低。可见，上述两种间接空冷系统都是把冷凝汽轮机排汽所用的冷却水通过空冷塔加以冷却、循环使用的。

（二）汽轮机空气冷却系统的运行

空气冷却系统的运行和维护的目的是为确保汽轮机组和冷却系统设备的安全经济运行，但由于空冷系统其设备及系统上的特殊性，使得它在启动、运行、停运等方面有一些特殊的要求，现结合海勒空冷系统简述如下。

1. 空冷系统的启动

空冷系统的启动是指该系统从停运到运行状态的转变过程。

(1) 启动可分为两大步骤：

1）启动循环泵、水轮机，将系统压力调整在正常范围内，建立冷却水系统的正常循环。

2）根据气候及循环水温情况逐步投运扇形散热器接带负荷，直至扇形段全部投入。

(2) 启动过程中的注意事项如下：

1）在整个过程中应保证空冷系统的总压力在正常范围内，不致因超压造成设备及系统的泄漏。

2）扇形散热段的充水有一定的要求。扇形段充水一般在发电机并网之后进行，夏季也可以在并网之前，但当环境大气温度低于5℃时，必须在并网之后，循环水温达到35℃时才能进行。否则稍有不慎将造成扇形散热器大面积的冻坏。夏季由于气温高，冷却效果差，冷却水温高，真空值偏低，在扇形段充水时会造成真空的部分降低，有可能造成机组低真空保护动作而停机，这点应引起足够的重视。

2. 运行参数的调整

(1) 系统总压力的调整。空冷系统是一个密闭的微正压循环系统，运行过程中应保持系统总压力在200~220kPa范围内，以保证冷却三角顶部压力略高于大气压力，避免空气进入，维持水循环的正常运行。系统总压力的调节，是靠开关节流阀或水轮机的导叶开度而实现的。

(2) 扇形段出水温度的调整。扇形段出水温度的高低直接影响空冷系统的安全经济运行。夏季应尽量调低扇形段的出水温度，以提高机组运行的经济性。冬季扇形段出水温度的调整应从兼顾系统运行的经济性和防止设备冻坏两方面来考虑。冬季从防冻角度出发，调整该段温度在20~25℃之间，严格控制不低于20℃。其出水温度的调节是靠调节百叶窗的开度，从而调整进入空冷塔的空气量来实现的。

(3) 凝汽器水位的调整。对喷射式凝汽器来说，控制凝汽器水位在正常范围内尤其重要。凝汽器水位过高，会危及汽轮机组的安全运行；凝汽器水位过低，有可能造成循环水泵不上水，使空冷系统断水。空冷系统水循环的中断对系统的安全运行是极为不利的。在冬季运行时，由于断水有可能会造成扇形散热面大面积的冻坏。所以，喷射式凝汽器规定有高低限水位。当水位越限时，应故障停机，以确保设备和系统的安全。凝汽器的水位调整是靠一套自动装置来实现的，它作用于补、排水阀的开关及紧急放水阀的开启。

(4) 负荷与运行工况的调整。由于空冷机组的排汽压力高，不能不考虑末级叶片的脱流、倒流现象，以及由此产生的末级叶片振动、末级叶片动应力增大造成叶片的损坏等问题。汽轮机制造厂家均给出空冷机组运行工况限制曲线如图2－23所示。实际运行中，负荷与运行工况的调整，可根据相应机组的工况限制曲线来进行。

实际运行中，应将机组的工况调在安全区或过渡区内。限制区只允许短时运行，并相应的有一些参数的限制。机组进入危险区工况时，经调整无效时应紧急停机。具体限制参数以汽轮机制造厂规定为准。

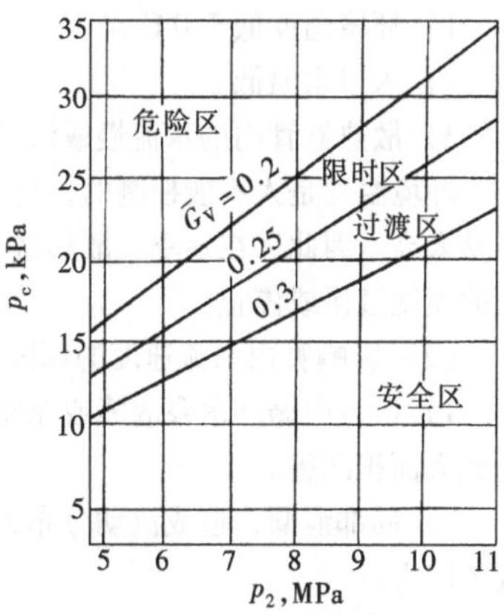

图2－23　空冷200MW机组工况限制曲线

p_c—凝汽器背压；p_2—汽轮机调节级压力；$\overline{G}_V$—汽轮机调速汽门开度

3. 空冷系统的停运

空冷系统的停运有正常停运、故障停运和紧急停运三种。根据空冷系统设备及汽轮机情况有部分停运和全部停运之分。正常停运的步骤：随汽轮机负荷下降，塔出水温度降至25℃以下时，逐渐关闭各扇形段的百叶窗，控制塔出口水温不低于25℃。环境温度低于5℃时，控制塔出口水温不低于35℃。在维持上述温度下，直至全关百叶窗，然后将停运扇形段的水排尽。

冬季空冷系统停运后，对空冷塔内下列设备应加强检查，保证汽水不再进入散热器，防止冻坏设备：

（1）各扇形段百叶窗应全部关闭严密。

（2）在各扇形段停运时间内必须使散热器内的水全部放尽，排空门应不见水。

（3）储水箱水位控制在最高水位以内。

（4）凝汽器补水阀应关闭严密。

（5）塔内应设置采暖设备，保证阀门室内不出现结冰现象。

（三）汽轮机空冷系统的防冻

空冷机组的运行与气候条件密切相关。在冬季运行的工况下，冷却塔内散热器的水动力工况不良时，易发生结冰现象。散热器管道会因水结冰膨胀而损坏，严重时影响冷却系统的安全运行，造成空冷机组的事故停运。另外，散热器的修复技术难度高，工作量大，时间也长。可见散热器结冰损坏造成的损失是很大的，空冷机组运行中防冻问题也就显得十分重要了。

1. 防冻的理论

（1）散热器结冰损坏的条件。

1）环境温度低于0℃。

2）入口水温低。

3）散热器管内的水流慢或流动停止。

环境温度是人不能控制的，且为保证机组运行的经济性，入口水温也不易太高。因此，在冬季，散热器的防冻问题归根到底是要防止其管内水流的速度过慢或停止。

（2）影响管内水流速度的原因。

1）运行中循环水泵故障或系统严重泄漏，此时如排水不及时，容易造成大面积冻害。

2）局部泄漏，造成流动分布失常，水的蒸发造成局部环境温降，易发生冻害。

3）凝汽器水位过低，系统混入空气形成气塞。

4）排水时空气管进气不畅，原因是空气管内水结冰。

5）充水时空气管出气不畅，原因是排水不净造成管内有冰堵，系统残液凝结造成空气管通流面积降低甚至完全堵死。

6）连续冲排、排冲，系统内排水不净造成冰堵。

经验表明：散热器内水流中断后，其温度下降的速度，与大气环境温度、循环水进入散热器内时的温度以及空气进入冷却塔内的量有关，并且环境温度及进入冷却塔的空气量对散热器冻结的影响比改变进塔水温的影响要大得多。据此分析，可得出空冷系统的防冻措施。

2. 空冷系统防冻的技术措施

空冷系统的防冻工作，贯穿于其运行、启动、停止及事故处理的全过程。在各种不同的状态下，防冻的技术要求也不同，现分述如下：

（1）空冷系统运行中的防冻。正常运行中，防冻工作的要点是采取措施防止循环水的中断，合理调配进入冷却塔内的空气量，可从以下几方面来进行：

1）从电气、机械、控制系统着手，加强对水轮机及节流阀的维护工作，保证水轮机、节流阀能可靠地运行以及节流阀在需要时能可靠地自动投入。

2）空冷系统的自动调节系统应能保证在各种状态下正确反映系统的运行状况，并做出相应的反应。在事故状态下，应能快速地将散热器内的水放掉。

3）扇形段散热器系统中各阀门应灵活、动作可靠，对其设备及控制系统应定期进行检查及试验。

4）每个扇形段顶部的压力，应能方便地进行监视，以便能及早发现个别段工作的异常情况（如流动是否正常、是否泄漏或系统是否混入空气等），便于故障的消除。

5）百叶窗及其控制系统应保证机构完好，无卡涩，操作灵活，在任何状态下均能保证其达到全关状态。经验表明：调节百叶窗开度是正常运行中控制散热器水温的主要手段。

6）运行中应对凝汽器水位、空冷系统总压力、各扇形段的出口水温进行认真的监视和调整，保证其在正常范围内；对电源等系统应进行认真的检查和维护，保证其供电的可靠性。

7）各冷却柱回水应加装温度报警装置，监视回水温度。回水温度过低，立即报警，必要时本段排水查明原因。

8）在回水总管和扇形段回水管上加装断流保护装置，当流量降低到极限值时立即报警并采取相应保护措施。

9）空冷系统及其机组的保护装置须可靠地投入。

（2）启动和停运时的防冻。启动时，扇形段充水过程中，其设备及连接管道要吸收大量的热量，同时由于散热器表面积很大，充水时使水温下降很快，掌握不好会使水温降到“危险点”，即“冰点”工况。充水时，为避免使散热器各部件不致产生过大的热应力，要求水温不能太高。综合以上两方面的要求，散热器内注水应采用低温、大流量、快速充水的方法。寒冷地区使用的空冷塔在设计时应考虑加装启动时用的预热装置，用以预热散热器。加设预热装置是防冻的有效办法之一。

1）预热主要方案。

a. 管外热风预热。在散热器外侧吹热风。

b. 管内热风预热。充水之前向散热器内吹热风，达到预定温度后开始充水。

c. 预热器预热。在散热器外侧加设预热散热器，靠自然对流加热散热器。

d. 暖风机预热。在散热器外侧加设暖风机，靠暖风加热散热器。

2）预热所需热量来自途径。

a. 直接用循环水加热空气。

b. 由锅炉空气预热器引来热风，与空气混合达到适当温度，必要时予以过滤。

c. 引来汽轮机抽汽加热空气。

散热器注水时，还应将对应段的百叶窗全部关闭。

停运时的防冻主要是考虑扇形段的排水问题，排水时，应将百叶窗全部关闭，选择排水温度为20～25℃。排水温度过高，散热器产生的内应力较大；排水温度过低，易形成局部水塞，造成水排不尽的后果。

（3）事故状态下的防冻。当空冷系统发生事故时，自动控制系统应能快速反应关闭全部百叶窗，同时用快速放水阀将散热器内的水放尽。若自动控制系统也同时故障时，应人为尽可能快速地进行操作，使损失减小到最低限度。

可见，空冷散热器在冬季运行，冻结危险是个不容忽视的问题。运行中防止冻害主要在于防止出现流动停滞，因此要对测点采取相应措施，监视散热器运行。综合考虑，空冷系统最低温度的调节应兼顾安全与经济两个方面，取过低的冷却水温是不合适的。根据国内外的资料和运行经验，冷却水温不低于20℃时，一般能满足防冻的要求。此外，在环境温度较低时进行充排水，应对散热器进行预热，预热方式有很多种，可根据电厂的具体情况做出选择。考虑价格因素，加装防风毡布是个价廉而且有效的措施，这样可以大大减少预热量，从而节省预热设备投资和运行费。

（四）空冷电厂及其系统的特点

当电厂采用空冷系统后，对整个发电厂的生产工艺流程有着重大的影响。

1. 空冷电厂的特点

（1）改变厂址选择条件。空冷电厂全厂耗水量按设计装机容量计算为0.3～0.33m^3/（GW·s），因而厂址的选择基本上不受水源的限制。空冷电厂可建在缺水的坑口或靠近电力负荷中心处。

（2）空冷设备地位重要。空冷电厂所需的散热器体积庞大，价格昂贵（相当于电站锅炉价格，甚至超出锅炉），已成为电厂的主设备之一。

（3）节约用水。与常规湿冷系统相比，电厂循环水补水量减少95%以上，是火力发电厂节水量最多的一项技术。同时，缩小了电厂水源地建设的规模，降低了水源工程投资费用。

（4）减轻对环境的污染。由于空冷塔没有逸出水雾气团，不发生淋水噪声，减轻了对环境的污染。

（5）采用直接空冷系统时，可大幅度地减小发电厂的占地面积。直接空冷系统不仅可以取消湿冷系统的大型湿冷塔、水泵房，深埋地下管线等占地面积，还可在空冷凝汽器装置平台下面布置电气变压器，充分利用主厂房A列外侧空间。

（6）空冷装置需要较大的施工组装场地和较复杂的调试措施。在寒冷的冬季，必须有完备的防冻措施。

（7）空冷电厂因没有雾气团目标暴露，适合用于地下发电厂。

（8）空冷电厂的全厂热效率稍低，发电标准煤耗率也大。

2. 发电厂三种空冷系统的共同点

（1）空冷系统的传热学特点是热介质温度较低、温差小、特大散热量的空气冷却热交换。

（2）空冷系统属于密闭式循环冷却系统，它对水质的要求很严格。如混合式间接空冷系统要求的水质为高纯度的除盐水。

（3）空冷系统需配置高、中背压的空冷汽轮机。

（4）空冷系统的冷却性能受环境（气温、风向、风速）影响很大，导致汽轮机背压变幅增大，汽轮机设计背压比湿冷机组提高许多，运行背压范围也大。

（5）空冷系统的自动化程度比湿冷系统有大幅度提高。

（6）空冷系统的基建投资和年运行费用都高于湿冷系统。因此空冷系统的采用受到了一定条件的限制。

3. 发电厂三种空冷系统工艺的特征

（1）火力发电厂冷端换热。

1）海勒空冷系统的换热有两次：第一次在喷射式凝汽器里进行蒸汽的冷凝，属混合式换热；第二次在空冷塔内进行冷却水的冷却，属表面式换热。

2）哈蒙空冷系统的换热也有两次：第一次在表面式凝汽器里进行蒸汽的冷凝，属表面式换热；第二次在空冷塔内进行冷却水的冷却，也属表面式换热。

3）直接空冷系统的换热仅有一次，即在空冷凝汽器内进行蒸汽的冷凝，属表面式换热。

（2）主管道内流动的介质。

1）海勒空冷系统：输送呈中性的高纯度除盐水。

2）哈蒙空冷系统：输送呈碱性的高纯度除盐水。

3）直接空冷系统：输送饱和蒸汽。

（3）工艺系统的真空容积。

1）海勒空冷系统：真空容积小。

2）哈蒙空冷系统：真空容积较小。

3）直接空冷系统：真空容积大，约为间接空冷系统的30倍。

（4）空冷散热器排出空气。

1）海勒空冷系统与哈蒙空冷系统：空气以微正压方式排出。在充水时，散热器内空气靠水压顶至排空气系统，然后排入大气。

2）直接空冷系统：依靠抽气器将负压区域空气抽出。启动时，由一级抽气器工作，抽出空气及不凝结的气体；正常运行时，由二级抽气器维持一定真空。

（5）出口介质温度的控制与防冻。

1）海勒空冷系统与哈蒙空冷系统：依靠塔上百叶窗开度，调节进塔空气量；空冷塔自身设有旁路，投运时使冷却水先走旁路，待水温升高后，再进入散热器去冷却；也可以改变投入的散热器段数进行调节。

2）直接空冷系统：靠改变风机投运台数来调节进入空冷凝汽器的空气量；由多层百叶窗开闭进行热风循环，调节冷却空气进口温度。

（6）凝结水处理。

1）海勒空冷系统：不论单机容量大小，均要设置凝结水精处理装置。

2）哈蒙空冷系统与直接空冷系统：都必须设置凝结水除铁装置。

（7）变工况运行。

1）海勒空冷系统：正常运行时，必须维持两台泵同时运行，但在有一台泵故障的特殊情况下，为使汽轮机组不停机，可在短时间内单泵运行。

2）哈蒙空冷系统：设置可调速的循环水泵来适应热负荷、环境温度的变化，实现变工况运行。

3）直接空冷系统：可随时调节风机运行台数与转速。

4. 三种空冷系统的主设备特征

（1）冷凝设备。

1）海勒空冷系统：水冷型喷射式凝汽器。它一般布置在主厂房内汽轮机尾部的下方。

2）哈蒙空冷系统：水冷型表面式凝汽器。它一般布置在主厂房内汽轮机尾部的下方。

3）直接空冷系统：空冷凝汽器。它一般布置在主厂房外侧，紧靠汽机房的室外露天的具有一定高度的平台上。小型空冷凝汽器可布置于汽机房屋顶上具有一定高度的高架平台上。

（2）冷却设备。

1）海勒空冷系统：自然通风的冷却塔。在塔底外侧四周装有全铝制散热器。冷却三角竖直布置。

2）哈蒙空冷系统：自然通风的冷却塔。在塔内装有全钢制散热器。冷却三角锥形（与水平略成倾角）布置。

3）直接空冷系统：冷却设备与冷凝设备合为一体。直接空冷的空冷装置必须采用机械通风。该装置配以人字形布置的全钢制散热器。

（3）输送设备。

1）海勒空冷系统：用冷却水循环泵与水轮机作为输送机械。该冷却水循环泵不同于常规湿冷电厂的循环水泵，具有大型凝结水泵的性能，消耗功率大，泵坑较深。

2）哈蒙空冷系统：用循环水泵作为输送机械。该泵可用带有液力偶合器的调速水泵。该泵消耗功率小，泵坑较浅。

3）直接空冷系统：用抽气器使大直径排汽管内形成一定负压，使汽水流动，不需设循环泵。

（4）通风设备。

1）海勒空冷系统与哈蒙空冷系统：用双曲线型自然通风冷却塔的高大通风筒内外空气的密度差形成的抽力使空气流通。

2）直接空冷系统：用鼓风式轴流冷却风机群从散热器下部鼓风，使空气流通。

（5）管道系统。

1）海勒空冷系统与哈蒙空冷系统：管道都选用低压焊接钢管。该管道系统为地下布置。在大直径薄壁管的外侧设许多加固肋圈，以增加其刚度。

2）直接空冷系统：选用低压焊接钢管。该管道系统设计为地上布置。在特大直径薄壁管外侧设许多加固肋圈，以增加其刚度，在弯管内侧设有导向叶片，使汽流转弯时能均匀流过。该管道内侧为负压，与阀门的连接必须用焊接，并经严密检查验收合格，以确保整个管道系统的严密性。

第五节　发电机的氢、油、水系统

在发电机运行中，当电流通过线圈时，由线圈本身电阻所产生的损耗叫铜损；由铁芯中磁场变化所产生的损耗叫铁损；由通风和轴承部分的摩擦所引起的损耗叫机械损耗。这三种损耗最终将都转化为热能，使发电机的定子和转子等部件发热，如不及时把这些热量排走，将会使发电机绝缘材料因超温而老化和损坏，严重影响着发电机组的正常运行，因此，为保证发电机各部件在允许的温度范围内，必须设置发电机的冷却设备。目前大型汽轮发电机组的冷却介质亦由原来的空气向氢气、水及油的方向发展。

现代大容量汽轮发电机的冷却介质和冷却方式多为组合型，主要有全氢冷、全氢内冷、水氢氢、水水氢、水水空、空内冷等六种。

一、发电机氢气控制系统

发电机氢气控制系统的作用是置换发电机内气体，有控制地向发电机内输送氢气，保持机内氢气压力稳定，监视机内氢气纯度和液体泄漏，干燥机内氢气等。

（一）氢气控制系统的组成

氢气控制系统主要由气体控制站、氢气干燥器（机）、仪表盘、液位信号器、抽真空管路及定子水系统连接管路组成。

1. 气体控制站

气体控制站的作用是补充或排出机内氢气，进行发电机气体的置换，确保发电机和氢气系统管路不超压等。

（1）补氢管路由氢气滤网、补氢流量计、手动补氢回路、电磁阀自动及远方人工控制补氢回路和机械减压阀补氢回路组成。为运行中补氢提供灵活多样的补氢手段。

（2）中间气体和空气补入管路用于发电机风压检漏试验、空冷试运、发电机检修以及发电机气体置换。其中空气补入管路还装有干燥器，以除去空气中的尘土、水分及油污。

（3）安全阀是在机内及氢管路内氢压过高时起泄压作用的。

（4）发电机底部和顶部排污阀是为了保持机内氢气纯度和气体置换时排气而设置的。

2. 仪表盘

仪表盘主要是用来向运行人员指示机内气体压力、气体纯度等参数，并在气体参数超限时发出报警信号。

3. 氢气干燥器（机）

氢气干燥器（机）是用来除去发电机内氢气中所含的水分而设置的，它利用发电机风扇的压头，使部分氢气通过干燥器（机）进行循环干燥。

4. 液位信号器

液位信号器是为监视发电机机壳内有无油水而设置的。当发电机内油水泄漏时，液位信号器就发出信号报警提醒运行人员。

（二）氢气的置换

氢气的置换是指发电机内从空气状态换成氢气状态（充氢）或从氢气状态转换成空气状态（排氢），它通常采用两种方法，即中间介质置换法和抽真空置换法。

1. 中间介质置换法

中间介质置换法是先将中间气体 CO_2（或 N_2）从发电机壳下部管路引入，以排除机壳及气体管道内的空气，当机壳内含量达到规定要求时，即可充入氢气排出中间气体，最后置换成氢气。排氢过程与上述充氢过程相似，在使用中间介质法时，应注意气体采样点要正确，化验分析结果要准确。气体的充入和排放顺序及使用管路要正确。

2. 抽真空置换法

抽真空置换法应在发电机静止停运的条件下进行。首先将机内空气抽出，当机内真空度达到 90% ~95% 时，可以开始充入氢气。然后取样分析，当氢气纯度不合格时，可以再次抽真空，再次充入氢气，直到氢气纯度合格为止。采用抽真空法时，应特别注意密封油压的调整，防止发电机进油。

（三）氢气控制系统的正常维护

对氢气控制系统应做好以下主要维护工作：

（1）发电机检修后要进行风压试验，检查发电机氢气系统的严密性合格后才可以充氢。

（2）运行人员应经常检查充氢发电机的内部氢压，发现氢压下降时，应及时补充，以保持正常氢压；若发现氢压过高时，应查明原因，采取相应措施并排氢降压。运行中还应定期分析氢压下降速率，若严密性不合格时，应查明原因处理。

（3）运行人员应监视和记录发电机内氢气纯度，当氢气纯度低于 96%，含氧量大于 2% 时，应进行排污。同时应加强对氢气干燥器（机）的检查，保持其正常运行，以除去氢中水分。当氢中含水量大于 $25g/m^3$ 时，应查找原因并进行排污。若发现干燥器（机）失效或故障，应及时联系处理。

（4）氢气系统的备用 CO_2 和压缩空气气源要经常保持充足完好，以备事故情况下排氢或倒换冷却方式使用。

(5) 运行中对氢气系统的操作要动作轻缓，避免猛烈碰撞，运行人员不得穿带钉子的鞋和能产生强静电的服装，以免产生火花造成氢气爆炸。充、排氢时，应均匀缓慢地打开设备上的阀门使气体缓慢地充入和放出。禁止剧烈的排送，以防因气流高速摩擦而引起的高热点自燃。

(6) 发电机内氢气压力任何时候都应不低于大气压力，以免空气漏入氢气系统。

(7) 运行中要经常检查发电机油水继电器，若发现水量较大时，要查明原因及时排水，同时还应检查氢气系统周围不得有明火作业，若须动用明火要办理动火工作票，并做好防爆措施。

二、氢冷发电机的密封油控制系统

(一) 密封油系统的工作要求和特点

为了防止发电机氢气向外泄漏或漏入空气，发电机氢冷系统应保持密封，特别是发电机两端大轴穿出机壳处必须采用可靠的轴密封装置。目前，氢冷发电机多采用油密封装置，即密封瓦，瓦内通有一定压力（高于机内氢压）的密封油，密封油除起密封作用外，还对密封装置起润滑和冷却作用。因此密封油系统的运行，必须使密封、润滑和冷却三个作用同时实现。由于密封瓦的结构不同，因此密封油系统的供油方式也有多种形式，但归纳起来可分为两种形式：单回路供油系统和双回路供油系统。大型氢冷发电机常用双流环式密封瓦。

1. 单回路供油系统

单回路供油系统即向密封瓦单路供油，系统一般设置交、直流密封油泵、射油器，有些系统还有高位阻尼油箱共四个油源。为了保证油质和油温，密封油系统中还有滤网和冷油器等设备。另外，为保证密封油系统供油的可靠性，有些机组还从润滑油冷油器前或后向密封油系统提供备用油源。当密封油系统供油发生故障，密封油压降到仅比氢压高 0.025MPa 左右时，备用油源管路上的止回阀在备用油与密封油压力差的作用下自动打开，备用油源向密封油系统供油。

2. 双回路供油系统

双回路供油系统即向密封瓦双路供油，在密封瓦内形成双环流供油型式。即有空侧和氢侧分别独立的两路油。其油路系统是在单回路供油的基础上，增加一路氢侧供油。即增加一台氢侧密封油泵、氢侧密封油箱、滤网和冷油器等设备。

单回路供油系统由于只有一路油源，使得密封油被发电机内氢气污染的油量较大，因而需要与汽轮机油系统分开，并配置专门的油除气净化设备。同时油也将气体带入发电机内，使氢气污染而增加发电机的氢气排污，因而增加发电机的氢气损耗。为了减轻净化设备的负荷并减少氢气的损耗，采用双环流供油系统。

双回路供油系统具有两路油源：一路供向密封瓦空气侧的空侧油，一路供向密封瓦氢气侧的氢侧油。其中空侧油中混有空气，氢侧油中混有氢气。两个油流在密封瓦中各自成为一个独立的油循环系统，空、氢侧油压通过油系统中的平衡阀作用而保持一致。从而使得在密封瓦中区（两个循环油路的接触处）油的交换量最小。因此，可以认为双回路供油系统被油吸收而损耗的氢气几乎为零（氢侧油吸收氢气至饱和后将不再吸收氢气）。空侧油因不与氢气接触则不会对氢气造成污染。但双回路供油系统较为复杂，对平衡阀、差压阀等关键部件的动作精度及可靠性要求较高。

图2－24所示为密封瓦双回路供油系统，运行中油压对氢压的跟踪主要依靠平衡阀和差压阀来实现，下面以氢压下降为例简述其跟踪过程。

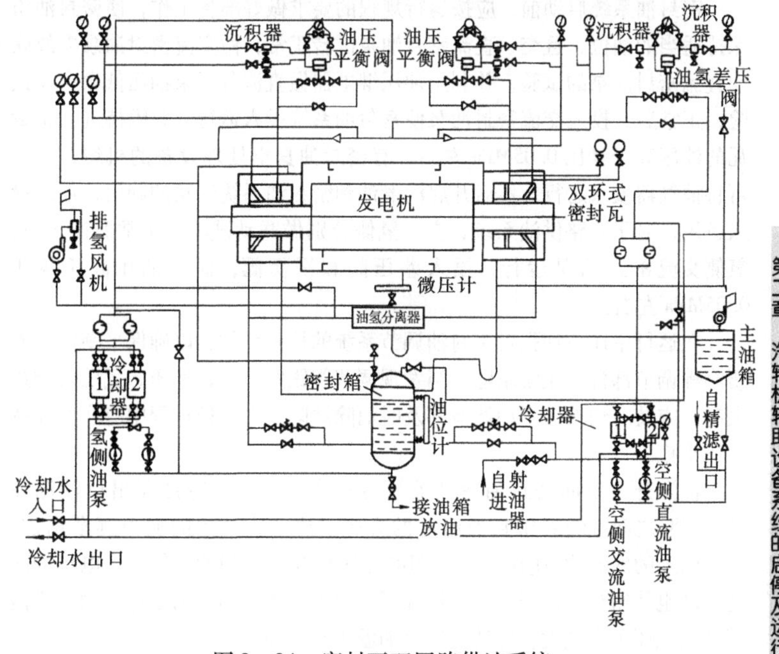

图2－24　密封瓦双回路供油系统

当氢压下降时，作用在油氢差压阀上部的氢压随之下降，油氢差压阀在下部油压的作用下，带动阀体上移，关小去空侧油回路的供油门，使空侧供油量减小，空侧油压下降，起到油压跟踪氢压的作用。由于差压阀活塞上加有配重块，故油氢压力在维持到规定的差压时，就不再变化，趋于稳定。空侧油压下降，使得作用于平衡阀上部的空侧油压下降，平衡阀在下部氢侧油压的作用下，带动阀体上移，使氢侧密封油压力在平衡阀的作用下下降，由于平衡阀活塞上未装配重块，故氢侧油压能基本保持和空侧油压一致。氢压升高时，动作过程与上述步骤相反，这里不再叙述。

（二）密封油系统的运行维护

为保证氢冷发电机内氢气不致大量泄漏，在机内开始充氢前就必须向密封瓦不间断地供油，且密封油压要高于发电机内部氢压 0.05MPa 左右，短时间最低亦应维持 0.02MPa 的压差。否则压差过小会使密封瓦间隙的油流出现断续现象，造成油膜破坏，氢气将由油流的中断处漏出，不仅漏氢处易着火，而且氢气漏入空侧回油管路容易发生爆炸。此外，若氢压降至零后，室内空气将可能漏入发电机，威胁发电机安全。

密封油系统启动前，应按运行规程的要求做好准备工作，使密封油箱保持适当的油位，且交、直流密封油泵试转正常，做交流密封油泵事故联动直流密封油泵的试验，并利用油压继电器做直流备用泵油压低自启动试验，正常后，投入交流密封油泵使密封油系统投入运行，并维持进入密封瓦的油压高于氢压 0.05MPa 左右，有密封油真空处理设备的机组，这时可将抽气器投入运行，然后开启润滑油到密封油系统管路的阀门，使之投入备用；对于双路供油系统，空、氢侧分别做联动试验，正常后投入空、氢侧交流密封油泵运行，投入差压阀和平衡阀，保持油压高于氢压 0.05MPa 左右。

在运行中还应加强对密封油调节系统的检查维护，以确保平衡阀、差压阀等调节部件的正常跟踪。当发现调节阀跟踪不上，油压、氢压偏差过大时，应及时切换为手动调节并及时消除缺陷。在切换过程中应注意保持油压平稳。

油温升高后向密封油冷油器通冷却水，并保持冷油器出口油温在 33～37℃之间。随着密封油温度的升高，油吸收气体的能力逐渐增加，50℃以上的回油约可吸收 8% 容积的氢气和 10% 容积的空气。发电机的高速转动也使密封油由于搅拌而增强了吸收气体的能力。为了保持发电机内部的氢气压力和纯度，冷油器出口油温不宜过高。

运行中备用直流密封油泵联动，说明密封油系统可能出现故障，应迅速检查密封油压力、交流密封油泵情况、密封瓦温度，并尽量使油压维持正常，待查明联动原因确证可以停止被联动油泵后，方可将其停止。

正常运行中，因某种原因需要切换密封油系统的运行方式时，应填写操作票，并在监护人的监护下进行。

密封油系统中断不能恢复时，为防止设备的损坏，应立即停止机组的运行，同时进行排氢。

运行中，运行人员应监视至密封油装置的供油压力、中间回油压力、供油温度、回油温度、回油油流情况以及密封瓦温度，定时检查油泵冷油器的运行情况；有真空处理设备的机组还要检查真空泵和抽气器的工作情况和监视真空油箱的真空度、氢气分离箱和补油箱的油位。双回路供油系统中还应加强对氢侧油箱油位的监视，以防油箱满油而造成发电机进油或油箱油位低而造成漏氢和氢侧油泵工作不正常断油。运行中应保持适当的供油压力，油压过高时油量大，带入发电机的空气和水分多，吸走的氢气也多，容易污染氢气，增大耗氢量；油压过低，则油流断续，氢气易泄漏。当密封油漏入发电机的情况严重且调整无效或其他原因造成密封装置损坏，影响发电机安全时，应停机处理。

运行中还应保持主油箱排油烟机的连续运行并定时对油烟中的氢气含量进行化验，当排油烟机故障时，应采取措施，防止发生氢爆。对密封油系统中的排烟设备要经常检查，使其处于良好的运行状态，以防油系统积氢。

运行中要防止密封油进入发电机内部，当漏进油量较大时，会被发电机风扇吹到线包上，不及时清理，会损坏绝缘。此外，大量的向发电机内进油会导致汽轮机主油箱油位下降。因此，运行中应定期从发电机底部排放管或油水液位信号器处检查是否有油。

三、氢冷发电机冷却水系统

氢冷发电机的冷却水系统主要是用来向发电机的定子绕组和引出线不间断地供水。此系统常简称为定子冷却水系统。

（一）定子冷却水系统的工作要求及特点

定子冷却水系统必须具有很高的工作可靠性，能确保长期稳定运行。冷却水不仅不能含有机械杂质，而且对其电导率及硬度等都有严格的要求，一般要求20℃时的电导率对开式水系统，不大于5μS/cm；对定子绕组采用独立密闭循环的水系统，为1.5μS/cm，pH值为6.5~8，硬度不大于2μg/L，水中含氧量尽可能少。否则，将会影响发电机的安全运行。

发电机定子冷却水系统由水箱、水泵、冷却器、滤网、离子交换器、电导率计等组成。由于对水质要求严格，因而对水冷却系统的组成部件也有特殊要求，即整个水系统的管道、阀门、水箱等必须采取防锈措施，如采用不锈钢材料制作。如为降低成本而仍然采用普通碳钢时，其内壁必须衬有聚三氟氯乙烯的塑料膜。为保证水质稳定，在供水站还装有离子交换器以提高系统中水的水质。另外还装有两只电导率计，一只用来监视进入发电机定子绕组冷却水的电导率，另一只用来监视离子交换器出水电导率，以便判断树脂是否需要再生，电导率计在水质超限时可以发出信号。

定子水系统中配有两台定子泵，正常运行时一台运行，一台备用。为有效地防止空气漏入水中，在水箱上部空间充以一定压力的氢气。水箱上部充氢压力值通过一台减压器得以保证。排除水箱中水位、温度（包括环境温度）对水箱内氢气压力的影响后，如果这一压力出现持续上升的趋势，则说明有漏氢现象。首先要检查补氢门或补氢旁路门泄漏或减压器失调等情况，其次检查定子绕组或引线是否有破损，氢气是否从破损处漏入水中。切断补氢管路的气源，观察压力变化情况，便可判断氢气泄漏至水箱的原因。

水箱中氢压高时，接点式压力表可以发出报警信号。减压阀上有安全阀，氢压过高时，安全阀开启释放压力。水箱上还装有补水电磁阀和液位信号器，液位计和油封箱上的液位计一样，外壳为透明有机玻璃制成或外带磁翻版液位计，便于人工观察液位，同时还可发出报警信号。水位低时，可手动或自动打开补水电磁阀向水箱补水。补水和系统初始充水的水质与含氧量要符合要求。

（二）定子冷却水系统的运行维护

1. 系统的启动与停止

机组在启动通水前，水系统必须进行冲洗，对于检修后的机组，首先应打开水箱人孔门进行检查，确定水箱内没有机械杂物及其他脏污时，方可按下述步骤进行冲洗。

（1）水箱冲洗。开启水箱补水旁路门向水箱加水，然后开启水箱放水门，冲洗水箱。合格后向水箱加水，同时投入水箱自动补水门，并经试验确定其补水功能正常。

（2）水系统冲洗。水系统冲洗前，必须先将发电机的定子冷却水进水门关闭严密，然后开启定子泵进水门，启动水泵，向系统充水，检查管道有无泄漏，并注意水箱水位。此后开启定子进水门前放水门，进行放水冲洗。如发电机引出母线为水冷导线，此时也可进行冲洗。冲洗半小时后，即可化验水箱及定子和转子进水门前放水门处的水质，必要时可拆开水冷却器出口滤网，清除滤网上的赃物。当水质合格后，关闭各放水门，即可向发电机定子通水循环。

(3) 发电机通水循环后，应做下列检查及操作：

1) 检查水系统管道、发电机定子绕组端部的塑料进水管、发电机机壳下部等处有无漏水现象。

2) 进行定子泵互联试验，正常后投入联锁。

3) 投入发电机的检漏计及发电机定子绕组温度自动巡回检测仪。

如上述情况良好，则定子水系统即可投入正常运行。

停机后，若计划停机时间较短，可保持定子水系统正常运行；若停机时间较长或水系统有检修工作，则应放尽系统存水，并将定子泵电机停电，冬季时，定子水系统停运后要注意防冻。

2. 系统的正常维护

(1) 发电机运行中要严格控制定子水压力，保持水压低于氢压。这样，即使线圈水路发生破损，也只能是氢气漏入水中，而水不会漏入机内。

(2) 运行中要定期对定子水的水质进行化验，以确定冷却水的电导率，所含杂质的种类和含量，以便分析处理，并进行适当的排污。

(3) 定期对定子水系统和发电机下油水继电器处积水情况进行检查，若有泄漏，要及时处理。

(4) 要加强对定子水流量、压力、水温等参数的检查和调整。

(5) 发电机并网前，应将发电机断水保护投入。

(6) 发电机并网后根据回水温度的变化，可投入水冷却器，以维持发电机进水温度不超过40℃，不低于15℃。

(7) 当在同样的进水压力下冷却水量有所减少时，可判断有堵塞现象，应及时调节、维持流量正常，待有机会停机时，进行发电机内部的反冲洗。其冲洗步骤为：在发电机外部进、出水管之间，备有专用反冲洗临时管，该专用管将发电机进水改为出水，出水变成进水。当专用管接通后，即可启动定子泵，向发电机定子绕组通水循环，运行12～24h后停止，倒为正常运行方式，正冲洗。如此反复并定期清理滤网，直到定子水流量显示正常，冲洗结束。结束后恢复原来运行系统。冲洗时，对水压与水流的要求与运行时相同。

四、双水内冷发电机

由于水比氢的冷却性能优越，水内冷比氢冷电机在结构和运行维护方面较简单，且水内冷电机尚有定子、转子运行温度低、尺寸小和便于运输等优点，故大型发电机采用水内冷方式具有一定优越性。水冷电机的冷却组合方式有：水水氢（定子和转子绕组水内冷，铁芯氢冷）、水水空（定子和转子绕组水内冷，铁芯空冷）及全水冷（定子、转子绕组及铁芯都为水冷）等三种。

实际上“双水内冷”汽轮发电机除了水水空冷却方式外，还应有水水氢冷却方式。下面讨论的双水内冷汽轮发电机仅指水水空冷发电机。

1. 双水内冷汽轮发电机的特点

（1）定子绕组和转子绕组温度低，绝缘寿命长，电机的超负载能力大。

（2）由于线圈温度低，导线与绝缘层间相对位移极少，转子平衡稳定。水冷转子绕组温度低，导线无局部过热点，线圈区间以及线圈与转子铁芯之间的温度小，这样就避免了铜导线匝间因启动、停机时热胀冷缩不一致而引起相对位移，并影响转子平衡。我国制造的水冷转子，运行中极少发生匝间短路。水内冷转子平衡可以长期保持稳定。

（3）尺寸小、用料少、质量轻。水冷定子绕组导体的电流密度可以成倍提高，线圈横断面高阔比值比气体表面冷却的线圈高阔比值小。这样定子槽较浅，定子铁芯外圈尺寸相应减少，降低了硅钢片用量。由于提高了电流密度，转子尺寸较小，减小了转子锻件的尺寸和质量，定子铁芯是用空气冷却，与氢冷相比，端盖、机座不需要防爆与严格密封，端盖与转轴的密封要求大大降低。空气冷却器安装在电机外部，结构简单，用钢量减少。因此，水、水、空型汽轮发电机的质量和外形尺寸相应减小，便于运输。

（4）双水内冷型发电机冷却介质单一，配套设备较少，运行、维护、检修较简便。水、水、空冷发电机仅需水系统配套设备，无需供氢和二氧化碳系统以及密封油系统等配套设备，而且输送水介质所需要的动力很小，电站运行时，维护和检修较方便。

（5）双水内冷型发电机内部充满空气，无爆炸及燃爆的危险，无需净化及氢气检漏等工序，因而投运及检修和启、停方便，节约时间。

（6）水冷定子槽型较浅，瞬变电抗较小，有利于系统的稳定。

（7）双水内冷型发电机的通风摩擦损耗较大，但采取适当措施后，效率可接近氢冷发电机水平。定子和转子绕组的温度较低，定子、转子绕组损耗可减少，机内仅有铁芯用空气冷却，所需要的风压较低，风量较小，因而总的通风损耗降低，但是在气隙中转子的摩擦损耗较大，使电机的效率下降，仅能接近氢冷水平。减少通风摩擦损耗，提高效率，需要进一步采取措施，如尽量减小转子表面粗糙度，在定子内圈装光滑的绝缘筒或在气隙抽真空等。

(8) 端部压圈等结构件局部温升较高，双水内冷发电机定子铁芯的温度不高，但由于定子线负荷高，端部漏磁严重，所产生的损耗较大，再加以空气冷却的效果差，所以端部压圈、压指的局部温升较高，需要采取电磁屏蔽及加强端部结构件的冷却等措施。

(9) 制造工艺与空冷电机相似，比较简单。只是水冷线圈的水接头焊接及装配相应的水冷部件等在工艺上较严格。此外，还必须增加水密封检验工序，以确保电机质量。水冷部件需要用质量好、性能可靠的材料制造。

2. 双水内冷发电机的冷却水系统

图 2-25 所示为双水内冷汽轮发电机的主要供水系统。

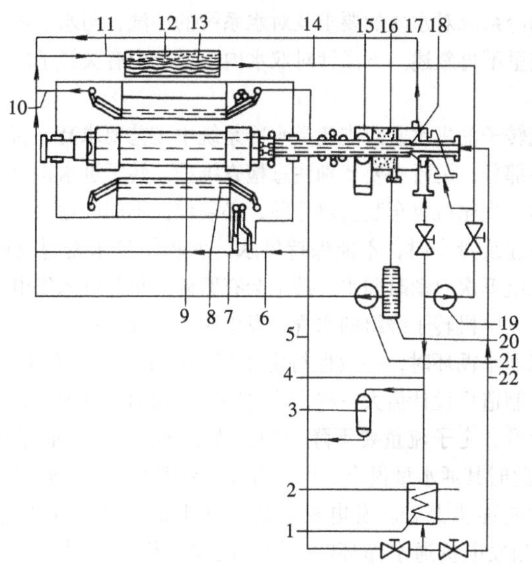

图 2-25 双水内冷汽轮发电机供水系统

1—一次冷却水；2—主要水冷却器；3—离子交换器；4—水泵的出水；5—定子绕组的进水；6—主电流引线的进水；7—主电流引线的出水；8—水冷定子绕组；9—水冷转子绕组；10—定子绕组出水；11—储水器的回水；12—储水器；13—充满保护气；14—水泵进水；15—座式轴承；16—进出水结构；17—转子绕组出水；18—水泵；19—静止时用水泵；20—漏水储集器；21—泄水泵；22—转子绕组进水

正常运行时，冷却水经安装在轴末端的同轴水泵升压后，供给定子绕组、引出线和转子绕组进行冷却。其中定子绕组、引线冷却后的水回到储水器中，转子冷却后的水经进、出水结构回到储水器，然后循环使用。安装在该系统中的离子交换器用来对循环水进行再生净化。静止时，水泵是用来在启动过程中对系统进行通水以润滑或冷却转子进出水部件的。

泄水泵是用来回收进出水结构漏出的少量冷却水。为了减少腐蚀作用，在储水箱中充满保护气体，以隔绝空气。该系统具有以下特点：

（1）采用与转子同轴的水泵，动力自给，安全可靠。

（2）采用非接触密封，无接触磨损，维护工作量小。

（3）由于漏水回收而无冷却水消耗，或者消耗极少。

3. 双水内冷系统的运行维护

双水内冷系统对水质的要求及对水系统的冲洗，与水、氢、氢冷却方式相同，这里不再叙述。下面针对双水内冷系统中有关转子冷却的问题进行叙述。

发电机转子的进水密封支座是水冷系统中工艺要求高，密封性能要求严格的重要部分，运行中要特别注意检查维护。转子进水密封支座的冷却水源要可靠，汽轮机盘车装置停运前，必须保证不间断地供水。如果汽轮发电机组在连续盘车时，不能保持供水，就将使进水密封支座的垫料磨损，导致机组下次启动时漏水，甚至会有磨碎的垫料进入发电机转子绕组中去，堵塞发电机转子绕组的水管，发生断水事故。

发电机通水循环时，一般保持定子绕组进水压力为0.19～0.29MPa，水流量应比制造厂设计值大一些，这是因为机组启动升速过程中，随着转子流量的上升，定子流量要下降一些，转子进水压力一般保持在0.19～0.59MPa，此时其通水量很小，只有当机组启动升速时，转子离心力增加后，流量才能逐步上升。发电机端部压圈上的冷却水压力应为0.19～0.29MPa，当发电机通水循环时，即可向发电机水冷引线通水。但应注意，一般不能用回水门调节冷却水量。

（1）发电机通水循环后，应做下列检查及操作：

1）检查水系统管道，发电机机壳下部等处有无漏水现象。

2）检查转子进水的密封情况，进水密封支座垫料处应有少量滴水，如滴水过大，可适当降低转子进水压力。

3）转子出水支座处不应有大量甩水现象。

4）投入发电机的油水继电器、发电机定子绕组温度自动巡回检测仪。

（2）双水内冷发电机在启动过程中应注意以下两点：

1）在冲转和升速过程中，转子进水压力会随流量增大而逐渐降低，因此升速时，需随时予以调整。保持转子水压及通水流量在设计值。

2）机组升速时，应特别注意转子进水密封支座的工作情况（无过热或大量漏水现象），并随时调整进水密封垫料压盖松紧程度。对于转子低转速时转轴进出水处可能出现的渗漏现象，若不严重可不做处理，因转速升高后，其渗漏会随离心力加大而减小，但升速时应加强对该部位的监视。

转子的反冲洗方法是先向转子通水，使转子绕组内充满水，然后关闭进水门，开启转子进水门后的放水门，同时开启转子出水支座上盖，用压缩空气（其压力应高于0.49MPa）在转子出水孔处分别进行反冲洗，观察转子放水门处的水流情况。按上述方法反复进行几次，然后根据放水门处水质的化验结果，确定冲洗效果。

五、空冷发电机及运行

汽轮发电机的空气冷却方式（也即空冷发电机）有开放式通风和密封式通风两种。对于小容量的发电机，常采用开放式通风冷却方式，即将空气直接由室内或室外送入发电机，空气流过发电机的绕组和铁芯吸热后再排至室外。这种冷却方式的特点是：空气夹带灰尘容易使绕组脏污，发电机着火后空气仍能不断进入，不容易控制火势和不容易进行灭火工作。故一般不采用这种冷却方式。现较普遍采用的是密封式通风冷却方式。

用空气冷却的发电机，在密封式系统中，对空气本身的冷却是由空气冷却器来完成的。系统中的空气比较清洁，当发电机着火时也不会有新空气进入，容易灭火。进入发电机的空气温度应控制在20～40℃之间，温度太低会使绕组结露，损坏绝缘。空气冷却器的冷却水一般用循环水，为保证夏季不使空气温度超过最高允许温度，还应备有较低温度的工业水源。冷却水在空气冷却器的管内通过，空气在冷却水管外的管群间流动。为了提高冷却效果，在冷却水管的外皮上装有网状散热器。运行中为了补充冷却系统向外漏出的空气和防止外界脏污空气进入系统，必须设置空气过滤器，使空气过滤后才允许补进系统中。下面就发电机空气冷却室的结构作一简单介绍。

图2－26所示为发电机空气冷却系统。图中“＋”表示正压区，“－”表示负压区。

发电机空气冷却系统中各部分压力并不一致。标有字母B的区域内，因发电机的风轮作用而压力较高，有一些空气要经过冷却系统这一部分不严密的地方泄漏出去。相反，在冷却空气C区内，特别是A区内，由于发电机风轮的作用从这里抽出空气而造成空气量减少，压力降低，于是，

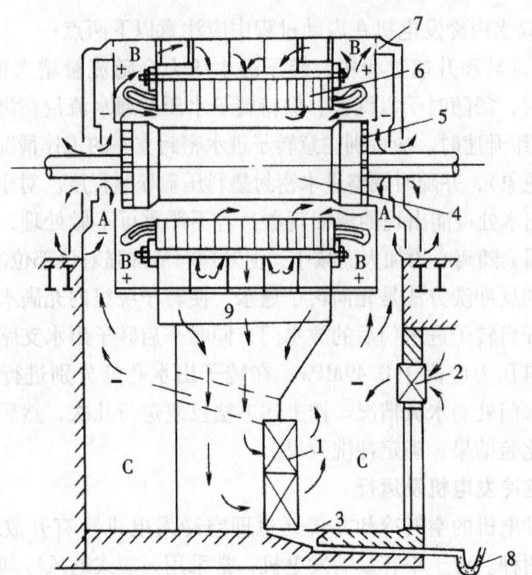

图 2-26　发电机空气冷却系统

1—空气冷却器；2—空气过滤器；3—空气冷却间排水口；4—发电机转子；5—发电机风轮；6—发电机定子；7—空气密封器；8—密封 U 形管；9—热空气排出室

外界空气便经冷却系统的过滤器自动的补充进来。

从外界漏入发电机内的空气中含有较多灰尘，长期连续运行，仍能脏污发电机。为了避免这种情况的发生，空气冷却系统必须保持严密。为防止外界空气从发电机两端轴封漏入，在发电机两端盖上设置了空气密封器，只允许发电机内的清洁空气从端盖的轴孔与轴之间漏出，阻止外界空气流入发电机。

为了排出空气冷却室内的积水，在冷却室下部装有带水封的排水管。

此种密封式通风冷却系统的优点是没有笨重的过滤器；发电机比较清洁；由于没有外界空气的流入而容易灭火。缺点是通风损耗大，为发电机机械损耗的 35% ~50%；需要装设比较笨重的空气冷却器，给安装与检修带来许多不便；运行时需要大量的冷却水。

从 20 世纪 80 年代末期开始，由于对节能和环保方面要求的日益提高，火电设备的发展也趋向于高效化和低污染化，汽轮发电机的发展趋势也不再是为单纯提高单机容量，实现大容量化了，而是转向中小容量的产品，以满足燃气 - 蒸汽联合循环电站的日益增长的需求，这样在当今世界采用空气冷却的中小容量汽轮发电机的市场需求便十分旺盛。

对于空冷发电机，开发成败的关键就是通风冷却系统的优化，就是要以最经济的风量来有效地把发电机内部的热量散发出去，就要对风路布置、风道、风口的结构尺寸、风扇的参数等进行优化设计，采用最先进的技术，把风量控制到最低限度，同时使风阻减小，使风耗降低，从而提高发电机的效率。目前主要是采用了转子副槽通风冷却和逆向通风系统。我国虽然也自行研制出了最大容量为176MV·A的空冷发电机，但从数量和容量上还满足不了市场的需求。有关厂家正在开发最大容量为300MV·A的产品，预计不久的将来，空冷发电机的应用将会越来越广泛。

第六节 汽轮机调节保安系统

汽轮机调节保安系统是保证汽轮机安全可靠、稳定运行的重要组成部分。目前大部分机组采用新型的高压抗燃油数字电液控制系统（Digtal Electro－Hydraulic Control，DEH 或 D－EHC）。DEH 与传统的机械液压调节相比，极大地简化了液压控制回路，不仅转速控制范围大、调整方便、响应快、迟缓小和能够实现机组自启停等多种复杂控制，而且提高了工作的可靠性，简化了系统的维护和维修。

一、概述

调节保安系统是高压抗燃油数字电液控制系统（DEH）的执行机构，它接受 DEH 发出的指令，完成挂闸、驱动阀门及遮断机组等任务。

东方汽轮机有限公司的汽轮机调节保安系统按照其组成可划分为低压保安系统和高压抗燃油系统两大部分。高压抗燃油系统由液压伺服系统、高压遮断系统和抗燃油供油系统三大部分组成，调节保安系统图见图 2－27。

（一）DEH 系统的主要组成

1. 液压控制部分

（1）供油系统指 EH 油系统。为机组提供高压抗燃油，并驱动伺服系统、高压抗燃油遮断系统。

（2）伺服系统。接受 DEH 控制系统传送来的控制信号，控制汽轮机主汽门及调节汽门的开度。

（3）高、低压遮断系统。主要用于当危及汽轮机本体安全的情况出现时，迅速关闭汽轮机的所有进汽阀门，保证汽轮机安全停机。

2. 电气控制部分

电气控制部分组成结构见图 2－28。

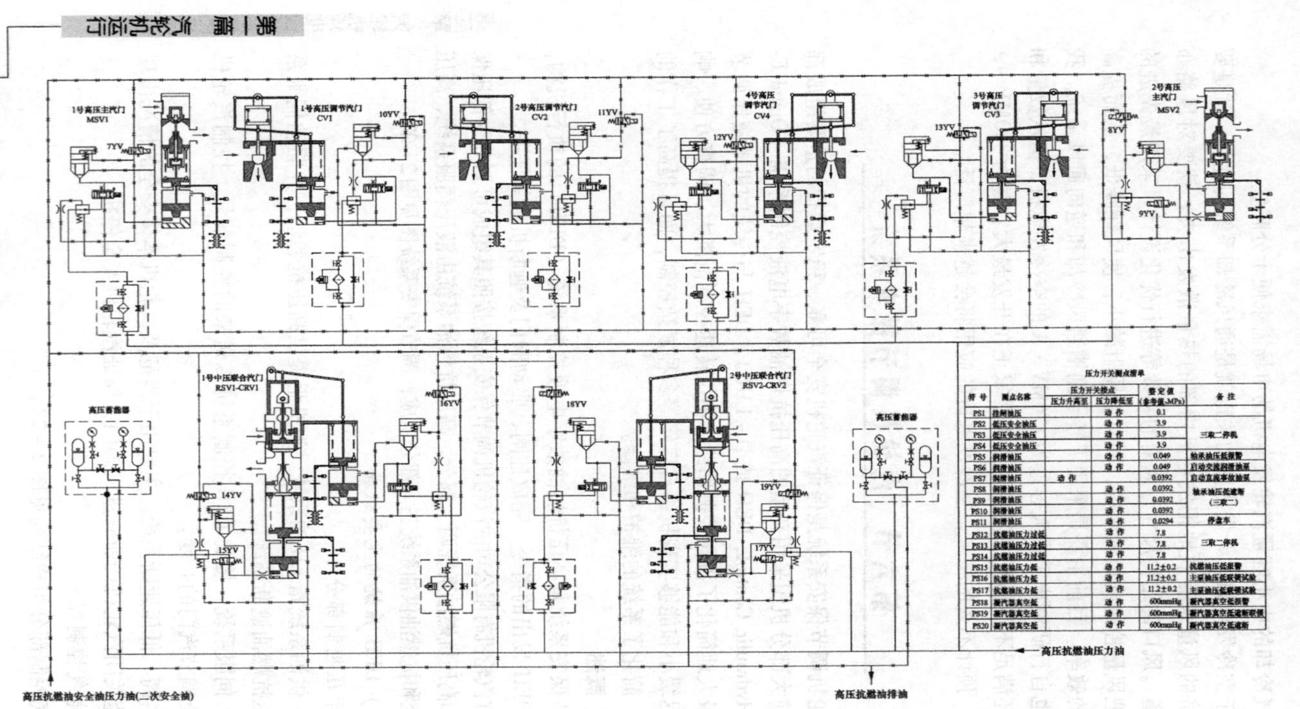

符 号	测点名称	压力开关接点		整定值(参考值,MPa)	备 注
		压力升高至	压力降低至		
PS1	挂闸油压		动 作	0.1	
PS2	低压安全油压		动 作	3.9	三取二停机
PS3	低压安全油压		动 作	3.9	
PS4	低压安全油压		动 作	3.9	
PS5	润滑油压		动 作	0.049	轴承油压低报警
PS6	润滑油压		动 作	0.049	启动交流润滑油泵
PS7	润滑油压	动 作		0.0392	启动直流事故油泵
PS8	润滑油压		动 作	0.0392	轴承油压低遮断(三取二)
PS9	润滑油压		动 作	0.0392	
PS10	润滑油压		动 作	0.0392	
PS11	润滑油压		动 作	0.0294	停盘车
PS12	抗燃油压力过低		动 作	7.8	三取二停机
PS13	抗燃油压力过低		动 作	7.8	
PS14	抗燃油压力过低		动 作	7.8	
PS15	抗燃油压力低		动 作	11.2±0.2	抗燃油压低报警
PS16	抗燃油压力低		动 作	11.2±0.2	主泵油压低联锁试验
PS17	抗燃油压力低		动 作	11.2±0.2	主泵油压低联锁试验
PS18	凝汽器真空低		动 作	600mmHg	凝汽器真空低报警
PS19	凝汽器真空低		动 作	600mmHg	凝汽器真空低遮断联锁
PS20	凝汽器真空低		动 作	600mmHg	凝汽器真空低遮断

图2-27　调节保安系统图

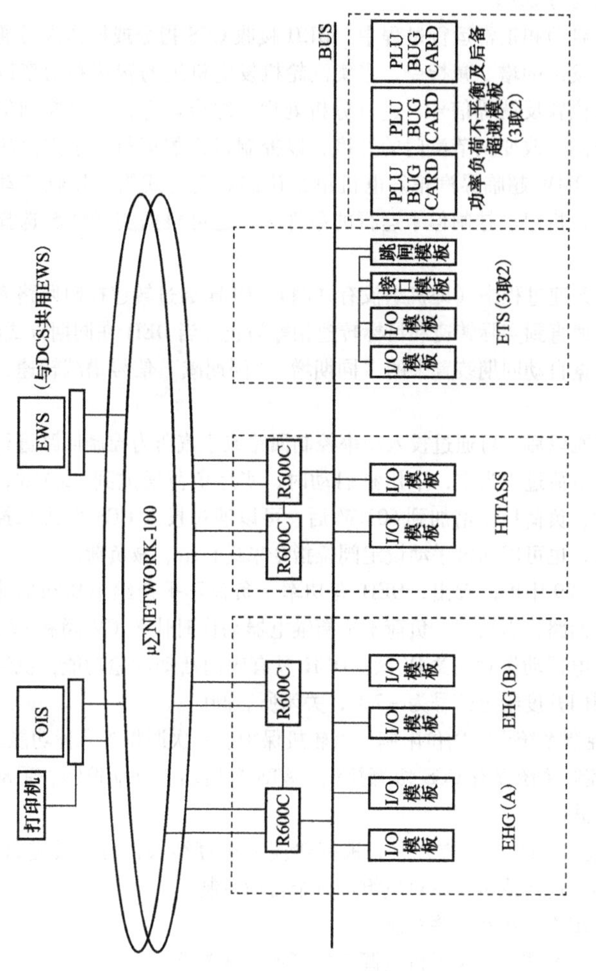

图2－28 电气控制部分组成结构图

（二）DEH 控制系统原理

DEH 控制系统原理见图 2－29。

DEH 控制系统的主要目的是控制汽轮发电机组的转速和功率，从而满足电厂供电的要求。

机组在启动和正常运行过程中，DEH 接收 CCS 指令或操作人员通过人机接口所发出的增、减指令，采集汽轮机发电机组的转速和功率以及调节汽门的位置反馈等信号，进行分析处理，综合运算，输出控制信号到电液伺服阀，改变调节汽门的开度，以控制机组的运行。东方汽轮机有限公司 600MW 超临界汽轮发电机组默认的启动方式为中压缸启动方式，但是，在机组已挂闸但未运行的条件下，也可根据实际情况选择高压缸启动。

机组在升速过程中（即机组没有并网），DEH 通过转速控制回路来控制机组升转速直到实际转速和目标转速相等为止。当 DEH 在同期方式时，实际转速根据自动同期装置来的“同期增”“同期减”信号增减转速，直到并网为止。

机组并网以后，可通过投入功率控制回路或主汽压力控制回路进行升负荷，当升负荷过程当中，中压缸启动时，实际负荷增加到 120MW，高压缸启动时，负荷指令增加到 60MW 后，可以通过投入 CCS 方式来控制负荷增、减，也可以通过手动设定阀位指令来进行增、减负荷。

从图 2－29 中可以看出，DEH 有功率－负荷不平衡继电器和加速度继电器动作回路，当功率－负荷不平衡继电器动作时快关 CV 阀和 IV 阀，当加速度继电器动作时快关 IV 阀；DEH 具有阀门活动试验功能，机组跳闸时，置阀门开度给定信号为－2%，关闭所有阀门。

DEH 控制系统设有阀位限制、汽轮机保护、一次调频等多种功能。

DEH 控制系统设有 CCS 协调控制、ATS 自启动、自动控制、手动控制等运行方式。

DEH 进入 ATS 控制方式时，根据热应力计算结果，自动设定目标，选择合适的升速率或负荷率对机组进行全自动控制。

（三）DEH 系统的主要功能

调节保安系统主要满足机组调整的下列基本要求：

（1）汽轮机挂闸；

（2）适应高、中压缸联合启动的要求；

（3）适应中压缸启动的要求；

（4）具有超速限制功能；

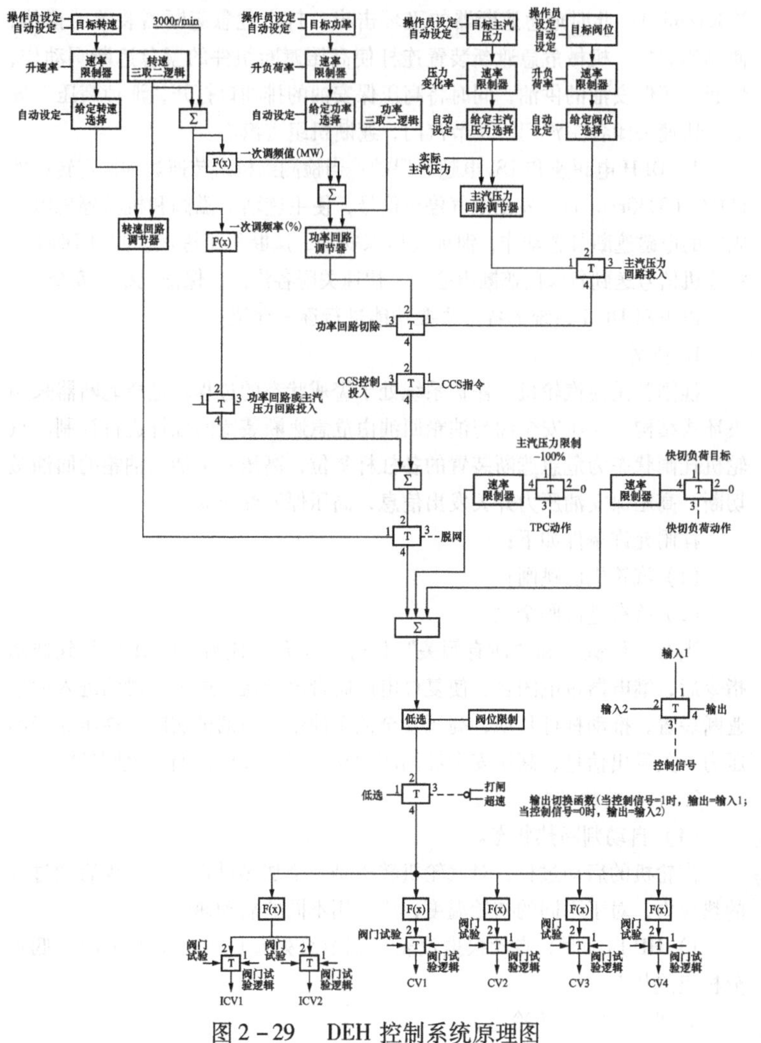

图 2-29　DEH 控制系统原理图

(5) 需要时，能够快速、可靠地遮断汽轮机进汽；

(6) 适应阀门活动试验的要求；

(7) 具有超速保护功能；

(8) 负荷控制功能。

1) 机械式超速保护：动作转速为额定转速的 110% ~ 111%（3300 ~

3330r/min)，此时危急遮断器的飞环击出，打击危急遮断器装置的撑钩，使撑钩脱扣，机械危急遮断装置连杆使高压遮断组件的紧急遮断阀动作，切断高压保安油的供油，同时将高压保安油的排油口打开，泄掉高压保安油。快速关闭各主汽门、调节汽门，遮断机组进汽。

2）DEH 电超速和 TSI 电超速保护：当检测到机组转速达到额定转速的 111%（3330r/min），发出电气停机信号，使主遮断电磁阀和机械停机电磁阀中的电磁遮断装置动作，泄掉高压保安油，遮断机组进汽。同时 DEH 又将停机信号送到各阀门遮断电磁阀，快速关闭各汽门，保证机组的安全。

以下对 DEH 系统的各个主要功能进行逐一介绍。

1. 挂闸

挂闸就是使汽轮机的保护系统处于警戒状态的过程。危急遮断器采用飞环式结构。高压安全油与油箱回油由危急遮断装置的杠杆进行控制。汽轮机挂闸状态为危急遮断装置的各杠杆复位，高压安全油与油箱的回油被切断，高压保安油压力开关发出信息，高压保安油建立。

挂闸允许条件如下：

(1) 汽轮机已跳闸；

(2) 所有进汽阀全关。

当有“停机”和“所有阀关”信号，即允许挂闸。DEH 接收到挂闸指令后，继电器带电闭合，使复位电磁阀带电导通，透平润滑油进入危急遮断装置，推动杠杆移动，高压安全油至油箱的回油被切断，高压保安油压力开关发出信息，高压安全油油压建立，同时高压遮断电磁阀带电。

2. 启动前的控制

(1) 自动判断热状态。

汽轮机的启动过程，对汽轮机转子是一个加热过程。为减少启动过程的热应力，对于不同的初始温度，应采用不同的启动曲线。

1）HP 启动时，自动根据汽轮机调节级处高压内缸壁温 T 的高低划分机组热状态。

a. $T<320℃$，为冷态；

b. $320℃\leqslant T<420℃$，为温态；

c. $420℃\leqslant T<445℃$，为热态；

d. $445℃\leqslant T$，为极热态。

2）IP 启动时，自动根据中压内缸壁温 T 的高低划分机组热状态。

a. $T<305℃$，为冷态；

b. $305℃\leqslant T<420℃$，为温态；

c. 420℃ ≤ T < 490℃，为热态；

d. 490℃ ≤ T，为极热态。

注：启动状态具体温度限值以主机启动运行说明书为准。

（2）高压调节汽门阀壳预暖。汽轮机冲转前，可以选择对高压调节汽门阀壳预暖。当高压调节汽门阀壳预暖功能投入时，右侧高压主汽门微开，可同时对所有高压调节汽门阀壳进行预暖。

（3）选择启动方式。

汽轮机启动方式有两种：中压缸启动、高中压缸联合启动。

部分厂家的 DEH 默认的启动方式为中压缸启动，在机组已挂闸但未运行前也可通过操作员站选择高压缸启动方式。

3. 转速控制

在汽轮发电机组并网前，DEH 为转速闭环无差调节系统。其设定点为给定转速。给定转速与实际转速之差，经 PID 调节器运算后，通过伺服系统控制油动机开度，使实际转速跟随给定转速变化。机组并网前，当 DEH 接收到同期装置发来的“同期投入”信号时，根据同期装置的“同期增”“同期减”信号自动调整汽机转速。当同期条件均满足时，油开关才可合闸。

4. 负荷控制

（1）并网带初负荷。

当同期条件均满足时，油开关合闸，DEH 立即增加给定值，使发电机带上 5% 的初负荷，以避免出现逆功率。

（2）升负荷。

在汽轮发电机组并网后，DEH 为实现一次调频，调节系统配有转速反馈。在试验或带基本负荷时，也可投入负荷控制或主蒸汽压力控制。在负荷控制投入时，目标和给定值均以 MW 形式表示。在主蒸汽压力控制投入时，目标和给定值均以 MPa 表示。在此两反馈均切除时，目标和给定值以额定压力下总流量的百分比形式表示。

在设定目标后，给定值自动以设定的负荷率向目标值逼近，随之发电机负荷逐渐增大。在升负荷过程中，通常需对汽轮机进行暖机，以减少热应力。

（3）负荷控制方式。

1）主蒸汽压力控制。主蒸汽压力控制器是一个 PI 调节器，它比较设定值与主蒸汽压力，经过计算输出指令控制 CV 阀和 IV 阀。

主蒸汽压力控制与负荷控制不能同时投入，应先切除一个，另一个才能投入。在主蒸汽压力控制投入时，设定点以 MPa 形式表示。采用 PID 无差调节，稳态时实际主蒸汽压力等于设定的值。

2）负荷控制。负荷控制器是一个 PI 调节器，用于比较设定值与实际功率，经过计算后输出指令控制 CV 阀和 IV 阀。

负荷控制与主蒸汽压力控制不能同时投入，应先切除一个，另一个才能投入。在负荷控制投入时，设定点以电负荷形式表示。采用 PID 无差调节，稳态时实际负荷等于设定值。

3）一次调频。汽轮发电机组在并网运行时，为保证供电品质对电网频率的要求，通常应投入一次调频功能。当机组转速在死区范围内时，频率调整给定为零，一次调频不动作。当转速在死区范围以外时，一次调频动作，频率调整给定按不等率随转速变化而变化。

通常为使机组承担合理的一次调频量，设置 DEH 的不等率及死区与液压调节系统的不等率及迟缓率相一致。不等率在 4% ~5% 内可调，设为 4.5% 。转速在死区范围内调频不动作，死区范围为 3000 ± 死区值（死区值出厂预设为 2）。

4）CCS 控制。CCS 控制模式下，汽轮机的阀门总指令受锅炉控制系统控制。

在 CCS 方式下，DEH 的目标等于 CCS 给定，且切除负荷控制、主蒸汽压力控制。CCS 给定信号与目标及总阀位给定的对应关系为 4 ~20mA 对应 0 ~100% 。CCS 给定信号代表作总的阀位给定。

5）主蒸汽压力限制。在锅炉系统出现某种故障不能维持主蒸汽压力时，可通过关小调节汽门开度减少蒸汽流量的方法使主蒸汽压力恢复正常。

在主蒸汽压力限制方式投入期间，若主蒸汽压力低于设置的限制值，则主蒸汽压力限制动作。动作时，设定点在刚动作时的基础上，以每秒 1% 的变化率减小。同时目标和设定点即等于总的阀位参考量，也跟随着减小。若主蒸汽压力回升到限制值之上，则停止减设定点。若主蒸汽压力一直不回升，总阀位参考值降到一定值时，停止减。在主蒸汽压力限制动作时，自动切除负荷控制、主蒸汽压力控制，退出 CCS 方式。

（4）负荷限制。

1）高负荷限制。汽轮发电机组由于某种原因，在一段时间内不希望负荷带得太高时，操作员可在逻辑设定范围内设置高负荷限制值，使 DEH 设定点始终小于此限制对应的值。

2）低负荷限制。汽轮发电机组由于某种原因，在一段时间内不希望负荷带得太低时，操作员可在逻辑设定范围内设置低负荷限制值，使 DEH 设定点始终大于此限制对应的值。

（5）阀位限制。汽轮发电机组由于某种原因，在一段时间内，不希望阀门开得太大时，操作员可在0~120%内设置阀位限制值。DEH总的阀位给定值为负荷参考量与此限制值之间较小的值。为防止阀位跳变，阀位限制值加有变化率限制，变化率为每秒1%。

5. 超速保护

（1）超速限制。为避免汽轮机因转速太高离心应力太大而被迫使汽轮机打闸的方法称为超速限制。

1）甩负荷。由于大容量汽轮机的转子时间常数较小，汽缸的容积时间常数较大。在发生甩负荷时，汽轮机的转速飞升很快，若仅靠系统的转速反馈作用，最高转速有可能超过110%，而发生汽轮机遮断。为此必须设置一套甩负荷超速限制逻辑。

在机组甩负荷大于或等于15%额定负荷时，DEH加速度继电器动作，迅速关闭中压调节汽门，同时使目标转速及给定转速改为3000r/min，一段时间后，调节汽门恢复由伺服阀控制，最终使汽轮机转速稳定在3000r/min，以便事故消除后能迅速并网。

当机组甩负荷大于或等于40%额定负荷时，DEH功率－负荷不平衡继电器动作，迅速关闭高压调节汽门和中压调节汽门，同时使目标转速及给定转速改为3000r/min，一段时间后，高压调节汽门和中压调节汽门恢复由伺服阀控制，最终使汽轮机转速稳定在3000r/min，以便事故消除后能迅速并网。

2）加速度限制。当汽轮机转速大于3060r/min、加速度大于49（r/min）/s时，加速度限制回路动作，快速关闭中压调节汽门，抑制汽轮机的转速飞升。

3）功率－负荷不平衡。当甩负荷情况发生时，这个回路用来避免汽轮机超速。当汽轮机功率（用再热汽压力表征）与汽轮机负荷（用发电机负荷表征）不平衡时，会导致汽轮机超速。当再热汽压力与发电机负荷之间的偏差超过设定值时，功率－负荷不平衡继电器动作，快速关闭高压和中压调节汽门，抑制汽轮机的超速。

4）103%超速。因汽轮机若出现超速，对其寿命影响较大。除对汽轮机进行超速试验时，转速需超过103%额定转速外，其他任何时候均不允许超过103%额定转速（因网频最高到51Hz，即102%）。超速试验开关在正常位置时，一旦转速超过103%，则迅速动作超速限制电磁阀，关闭高中压调节汽门，油动机保持全关，转速低于103%额定转速时，超速限制电磁阀失电，调节汽门恢复由伺服阀控制。

注：若机组做超速试验，则103%超速限制功能失效。

（2）超速保护。若汽轮机的转速太高，由于离心应力的作用，会损坏汽轮机。虽然为防止汽轮机超速，DEH系统中配上了超速限制功能，但万一转速限制不住，超过预定转速则立即打闸，迅速关闭所有主汽门、调节汽门。

为了安全可靠，系统中设置了以下多道超速保护：

1）DEH电气超速保护110%；

2）危急遮断飞环机械超速保护110%~112%。

另外，DEH还配有操作员手打停机、由紧急停机柜ETS来打闸信号。

6. 在线试验

（1）喷油试验。喷油试验的目的是活动飞环，防止出现卡涩，确保危急遮断器飞环在机组一旦出现超速，达110%~112%额定转速时能迅速飞出，遮断汽轮机，保证机组安全。因此试验是将油喷到飞环中增大离心力，使之飞出。但飞环因喷油试验飞出不应打闸。因此，增加了试验用隔离电磁阀。

喷油试验允许条件：喷油试验按钮在试验位；转速在2985~3015r/min内。

（2）超速试验。在汽轮机首次安装或大修后，必须验证超速保护的动作准确性。对每一路超速保护都应进行试验验证。

做超速试验时，将DEH的目标转速设置为3360r/min，慢慢提升汽轮机转速，到达被试验的一路超速保护的动作转速时，此路超速保护动作，遮断汽轮机。因此，超速试验也叫提升转速试验。DEH可自动记录汽轮机遮断转速以及最高转速。

1）DEH电气超速试验。在DEH操作画上选择“电气超速试验”，将目标设为3310r/min，机组由3000r/min开始以速率300r/min^{2}升速到108%额定转速，然后速率变为100r/min^2，转速缓慢上升。当转速到达3300r/min时，DEH发出打闸指令遮断汽轮机，关闭各个主汽门和调节汽门。

2）机械超速试验。在DEH操作画上选择“机械超速试验”，DEH将目标转速设置为3360r/min，机组由3000r/min开始以速率300r/min^{2}升速到108%额定转速，然后速率变为100r/min^2，转速缓慢上升到飞环动作转速，遮断汽机。飞环动作转速在110%~111%之间满足要求。

超速试验转速上升曲线见图2-30。

（3）阀门活动试验。为确保阀门活动灵活，需定期对阀门进行活动试验，以防止卡涩。为减小试验过程中负荷的变动，建议投入负荷控制。

阀门活动试验包括高压主汽门活动试验、中压主汽门活动试验（带中压调节汽门一起活动）、高压调节汽门活动试验。

（4）高压遮断电磁阀试验。在高压遮断集成块上有4个高压遮断电磁阀及各自的试验位置开关，高压遮断电磁阀应分别做试验，确保做试验时始终有三个遮断电磁阀常带电。

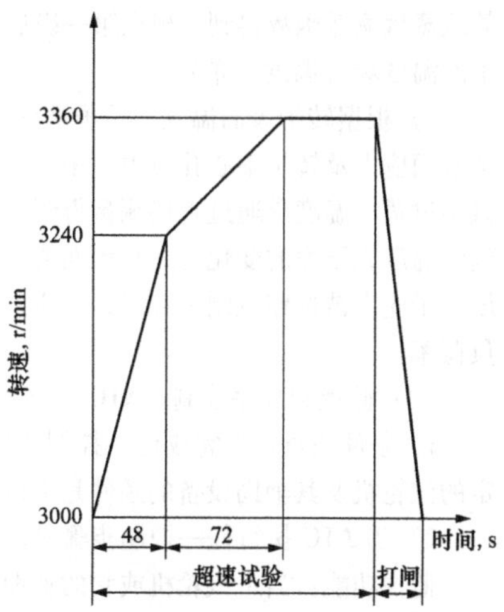

图2－30　超速试验转速上升曲线

（5）阀门严密性试验。汽轮机启机后并网之前，应进行主汽门和调节汽门的严密性试验。即在额定真空时，当高、中压主汽门或高、中压调节汽门关闭以后，汽轮机转速应迅速下降至转速 n 以下，n 可按下式进行计算，即

$$n = p/p_0 \times 1000 \quad \text{r/min}$$

式中　p——当前主蒸汽压力，应不低于50%额定主蒸汽压力；

p_0——额定主蒸汽压力。

试验开始后，DEH按照上式计算出一个可接受转速，然后计算从当前转速下降到可接受转速所经过的时间。运行人员根据汽机转速是否达到可接受转速来判断主汽门或调节汽门的关闭是否严密。

7. ATR 热应力控制

（1）自动启动系统功能。

1）被控制的汽轮机：600MW 带一级中间再热汽轮机。

2）控制目标：DEH、AVR 与辅助设备。

3）控制功能：转子应力计算、监视和控制电厂设备状态。

（2）转子应力计算。对高压转子来说，计算高压第一级后应力，对中压转子来说，计算再热蒸汽入口处的应力，在这两处，应力最大。高压转子应力计算如下。

1）根据主蒸汽流量、主蒸汽温度及修正蒸汽流量（根据无负荷时的汽轮机转速计算得出）计算出第一级后的蒸汽温度。转子表面的传热系

数从蒸汽流量函数得到。根据第一级后蒸汽温度及传热系数，计算得到转子的温度场（温度分布）。

2）根据转子表面温度、转子平均温度、转子中心孔温度计算得到转子表面应力及转子中心孔应力。中压转子应力计算方法与高压转子相同，只不过蒸汽温度是通过直接测量得到。由于热应力有滞后效应，因此根据蒸汽温度或压力的变化得到其预期值，使用预期值进行控制。当高压和中压转子应力被选作控制参数时，以应力水平不超限来选择合适的升速率或负荷率。

（3）监视和顺序控制。ATC 有下列两个检查功能：

1）条件检查：当完成任一控制步骤要转到下一控制步骤前，检查规定的汽轮机及其辅助设备的条件是否得到满足；

2）当 ATC 执行任一控制步骤时，连续检查规定的条件。

监视功能：当主汽轮机或它的辅助设备不满足要求的条件时，相关的不满足项显示在操作员站上，以提示运行人员。

8. ETS 功能

装置集成 ETS 装置，用于实现下列危急情况下的紧急遮断汽机功能：

（1）汽轮机电超速保护停机（三取二）；

（2）轴向位移大保护停机（二取一）；

（3）排汽装置真空低保护；

（4）润滑油压低保护动作；

（5）EH 油压低保护动作；

（6）高中压胀差超限动作；

（7）低压胀差超限动作；

（8）背压超限动作；

（9）高压旁路阀故障（高压缸启动中）动作；

（10）高压/低压旁路阀故障动作；

（11）发电机定子冷却水出口温度过高动作；

（12）发电机定子冷却水出口压力过低动作；

（13）大轴振动大动作；

（14）主控室手动停机；

（15）电气故障；

（16）锅炉 MFT 故障；

（17）DEH 跳闸停机；

注：不同汽轮机厂家对 ETS 中紧急遮断汽轮机功能规定略有不同，

应根据厂家说明为准，设置汽轮机主保护清单。

二、液压伺服系统

液压伺服系统主要由油动机、阀门操纵座以及电液伺服阀、LVDT 等组成。主要实现控制各阀门的开度、作用阀门快关等功能。

下面以东方汽轮机有限公司 600MW 超临界机组为例，介绍 DEH 控制中液压伺服系统。

东方汽轮机有限公司 600MW 超临界机组共设置有四个主汽调节汽门油动机、两个主汽门油动机、两个中压主汽门油动机、两个中压调节汽门油动机。其中高压、中压调节汽门及右侧高压主汽门油动机由电液伺服阀实现连续控制，左侧高压主汽门油动机、双侧中压主汽门油动机由电磁阀实现二位控制。

（一）系统功能介绍

1. 控制阀门的开度

在机组启动工况下，当机组挂闸，高压保安油建立后，DEH 自动判断机组的热状态根据需要可完成阀门预暖。预暖开始时，DEH 首先控制右侧高压主汽门油动机的电液伺服阀，使高压油进入油缸下腔室，使活塞上行并在活塞端面形成与弹簧相适应的负载力。由于位移传感器（LVDT）的拉杆和活塞连接，活塞移动便由 LVDT 产生位置信号，该信号经解调器反馈到伺服放大器的输入端，直到阀位指令相平衡时活塞停止运动。此时蒸汽阀门已经开到了所需要的开度，完成了电信号 - 液压力 - 机械位移的转换过程。DEH 控制右侧主汽门的开度，使蒸汽进入主汽门并达到高压调节汽门前，完成阀门预暖。然后 DEH 发出开主汽门指令，并送出阀位指令信号分别控制右侧主汽门油动机的电液伺服阀及左侧主汽门和中压主汽门油动机的进油电磁阀使主汽门门全开。再控制各调节汽门油动机的电液伺服阀使调节汽门开启（调节汽门油动机的电液伺服阀的控制原理与右侧高压主汽门油动机相同），随着阀位指令信号变化，各调节汽门油动机不断地调节蒸汽门的开度。

2. 实现阀门快关

系统所有的蒸汽阀门均设置了阀门操纵座，阀门的关闭由操纵座弹簧紧力来保证。机组正常工作时，各油动机集成块上安置的卸载阀阀芯将负载压力油、回油和安全油分开。停机时，保护系统动作，高压安全油压被卸掉，卸载阀在油动机活塞下腔室的油压作用下打开，油缸下腔室通过卸载阀与油缸上腔室相连，油动机活塞下腔室一部分油回到油缸上腔室，另一部分油通过单向阀回油箱。阀门在操纵座弹簧紧力作用下迅速关闭。

（二）油动机

1. 油动机的组成

油动机由油缸、位移传感器和一个控制块相连而成。

油动机按其动作类型可以分为两类，即连续控制型和开关控制型。东方汽轮机有限公司600MW超临界机组系统中高压调节汽门油动机、右侧高压主汽门油动机和中压调节汽门油动机属于连续控制型油动机，其中在控制块上装有伺服阀、关断阀、卸载阀、遮断电磁阀和单向阀及测压接头等；而左侧高压主汽门油动机、中压主汽门油动机属开关控制型油动机，在控制块上则装有遮断电磁阀、关断阀、卸载阀、试验电磁阀和单向阀及测压接头等。

东方汽轮机有限公司600MW超临界机组所有油动机均采用单侧进油式油动机。这种油动机由于是依靠弹簧力关闭阀门，所以可以保证在失去动力源压力油的情况下仍能关闭阀门。而油动机的开启只是靠压力油作用，即只用于使机组加减负荷或升降转速，速度可以慢一些，单位时间的用油量较小。虽然在相同几何尺寸及油压的条件下单侧进油式油动机较双侧进油式油动机的时间常数大，且提升力也较双侧进油式油动机小，但是因为油动机下部采用了托盘式操纵座及高抗燃油压（系统工作油压可达14MPa），使在紧急关闭情况下油量可以迅速顺畅地排出，故能做到油动机结构比较小，关闭速度也很快。

当油动机快速关闭时，为使汽阀阀蝶与阀座的冲击应力在许可范围内，在油动机的底部还设有液压缓冲装置。

2. 连续控制型油动机的工作原理

主汽调节汽门油动机、右侧高压主汽门油动机和中压调节汽门油动机属于连续控制型油动机，其工作原理基本相同，现以主汽调节汽门油动机为例加以说明。图2-31所示为东方汽轮机有限公司600MW超临界机组1号主汽调节汽门。

当遮断电磁阀失电时，遮断电磁阀排油口关闭，卸载阀上腔作用了高压安全油压，卸载阀关闭；同时关断阀在保安油的作用下开启，压力油经关断阀到伺服阀前。油动机工作准备就绪。

（1）伺服阀接受DEH来的信号控制油缸活塞下腔室的油量。当需要开大阀门时，伺服阀将压力油引入活塞下腔室，油压力克服弹簧力和蒸汽力作用使阀门开大，LVDT将其行程信号反馈至DEH。当需要关小阀门时，伺服阀将活塞下腔室接通排油，在弹簧力的蒸汽力的作用下将阀门关小，LVDT将其行程信号反馈至DEH。当阀门开大或关小到需要的位置

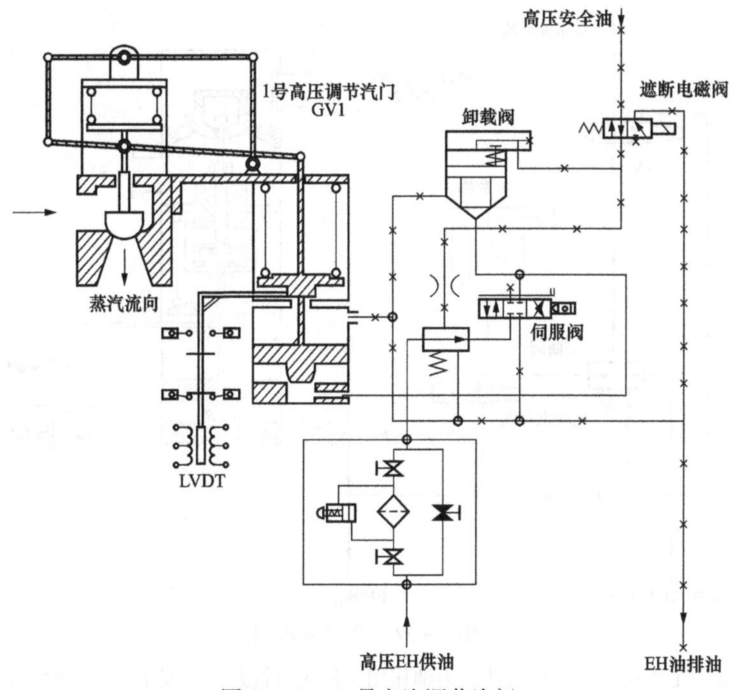

图 2 – 31　1 号主汽调节汽门

时，DEH 将其指令和 LVDT 反馈信号综合计算后使伺服阀回到电气零位，遮断其进油口或排油口，使阀门停止在指定位置上。伺服阀具有机械零位偏置，当伺服阀失去控制电源时，能保证油动机关闭。

（2）油动机备有卸载阀供遮断状况时快速关闭油动机用当卸载阀打开时，安全油压泄掉，油动机活塞下腔室接通排油管，在弹簧力的作用下快速关闭油动机，同时伺服阀将与活塞下腔室相连的排油口也打开接通排油，作为油动机快关的辅助手段。

（3）油动机备有供甩负荷或遮断状况时应用的关断阀，其作用在于快速切断油动机进油，避免系统油压因油动机快关的瞬态耗油而下降。

3. 开关控制型油动机的工作原理

2 号主汽门油动机、中压主汽门油动机都采用二位开关控制方式控制阀门开关。由限位开关指示阀门的全开、全关及试验位置。其工作原理基本相同，现以 2 号主汽门油动机为例加以说明。图 2 – 32 所示为 2 号主汽门。

遮断电磁阀失电，安全油压使卸载阀关闭，同时关断阀开启，油动机

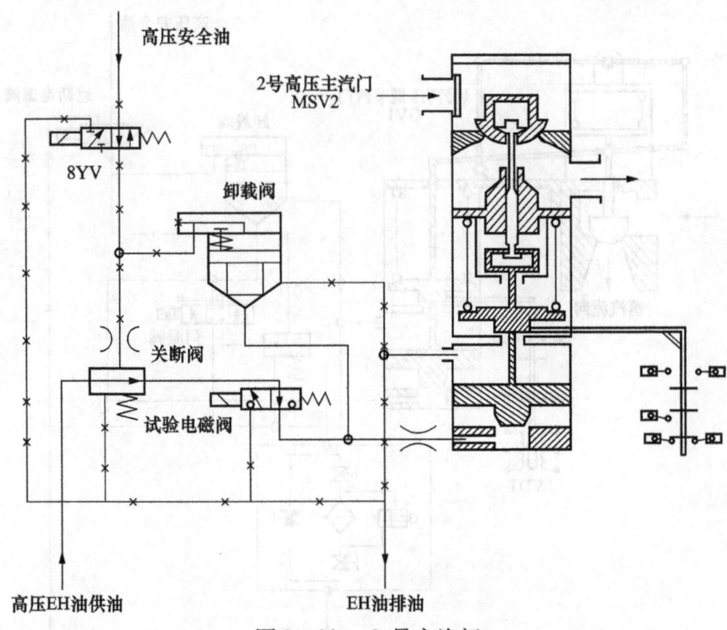

图 2－32　2 号主汽门

准备工作就绪。油动机在压力油作用下使阀门打开。当安全油失压时，卸载阀在活塞下腔室油压作用下打开，油动机活塞下腔室与回油相通，阀门操纵座在弹簧紧力的作用下迅速关闭主汽门。当阀门进行活动试验时，试验电磁阀带电，将油动机活塞下的油压经节流孔与回油相通，阀门活动试验速度由节流孔来控制，当单个阀门需做快关试验时，只需使遮断电磁阀带电，油动机和阀门在操纵座弹簧紧力作用下迅速关闭。关断阀、卸载阀的功能与调节汽门油动机相同。

（三）电液伺服阀

1. 伺服阀结构及工作原理

东方汽轮机有限公司 600MW 超临界机组采用的是一个由扭矩马达、两级液压放大及机械反馈所组成的双喷嘴式伺服阀。伺服阀的第一级液压放大是双喷嘴挡板系统；第二级放大是滑阀系统。双喷嘴式电液伺服阀（即电液转换阀）的结构见图 2－33。它主要由控制线圈、永久磁钢、可动衔铁、弹簧管、挡板、喷嘴、断流滑阀、反馈杆、固定节流孔、滤油器、外壳等主要零部件组成，这种力反馈式电液转换器一般具有线性度好、工作稳定、动态性能优良等优点。

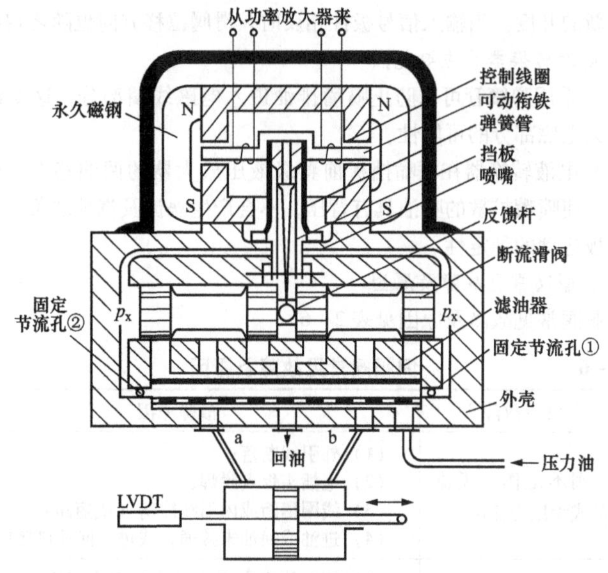

图 2－33　双喷嘴式电液转换阀的结构

在扭矩马达中，左右两块永久磁铁形成两个磁极，可动衔铁和挡油板在弹簧管支撑下置于其中。高压油进入转换器后分成两股油路：一路经过滤油器到左右端的固定节流孔及断流滑阀两端的容室，从喷嘴与挡板间的控制间隙中流出。在稳态工况下，两侧的喷嘴挡板间隙是相等的，因此排油面积也相等，作用在断流滑阀两端的油压也相等，使断流滑阀保持在中间位置，遮断了进出执行机构油动机的油口；另一路高压油作为移动油动机活塞的动力油，由断流滑阀控制。DEH 送来的电气信号（即阀位信号）输入控制线圈、在永久磁钢磁场的作用下，产生偏转扭矩，使可动衔铁带动弹簧管及挡板偏转，改变了喷嘴与挡板之间的间隙。间隙减小的一侧油压升高，间隙增大的一侧油压降低。在此压差的作用下，断流滑阀移动，打开了油动机通高压油及回油的两个控制口，使油动机活塞移动，控制调节汽门的开度。当可动衔铁、弹簧管及挡板偏转时，弹簧管发生弹性变形，反馈杆发生挠曲。待断流滑阀在两端油压差作用下产生位移时，就使反馈簧片产生反作用力矩，它与弹簧管、可动衔铁吸动力等的反力矩一起，与输入电流产生的主动力矩相比较，直到总力矩的代数和等于零，即油动机达到一个新的平衡位置，这一位置与输入的电流量 ΔI 成正比，此时可动衔铁和挡油板及滑阀均回复到中间位置。一个调节过程结束，油动机便也稳定在新的开度。当输入信号极性相反时，滑阀位移方向也随之相反。

2. 电液转换器的主要优点

（1）采用弹簧管可以防止喷嘴排油进入电磁线圈部分，这就消除了油液污染电磁部分的可能性。

（2）电液转换器在喷嘴挡板前置级液压放大器的回油路上，加装了节流孔，使喷嘴扩散的喷油具有背压，不会产生涡流及汽蚀现象，从而提高了挡板运动的稳定性。

3. 伺服阀常见故障及原因

伺服阀常见故障及原因见表 2－6。

表 2－6　　伺服阀常见故障及原因

序号	常见故障	故障原因
1	阀不工作（无流量或无压力输出）	（1）外引线断落； （2）电插头焊点脱焊； （3）线圈霉断或内引线断落（或短路）； （4）进油或回油未接通，或进、回油口接反
2	阀输出流量或压力过大或不可控制	（1）阀安装座表面不平或底面密封圈未安装妥，使阀壳体变形，阀芯卡死； （2）阀控制级堵塞； （3）阀芯被脏物或锈块卡住
3	阀反应迟钝、响应降低、零偏增大	（1）系统供油压力低； （2）阀内部油液太脏； （3）调零机械或力矩马达（力马达）部分零件、组件松动
4	阀输出流量或压力（或执行机构速度）不能连续控制	（1）系统反馈断开； （2）系统出现正反馈； （3）系统的间隙、摩擦或其他非线性因素； （4）阀的分辨率变差、滞环增大； （5）油液太脏
5	系统出现抖动或振动（频率较高）	（1）系统开环增益太大； （2）油液太脏或油液混入大量空气； （3）系统接地干扰； （4）伺服放大器电源滤波不良； （5）伺服放大器噪声变大； （6）阀线圈绝缘变差； （7）阀外引线碰到地面； （8）电插头绝缘变差； （9）阀控制级时堵时通

续表

序号	常见故障	故障原因
6	系统变慢（频率较低）	（1）油液太脏； （2）系统极限环振荡； （3）执行机构摩擦大； （4）阀零位不稳（阀内部螺钉或机构松动、外调零机构未锁紧或控制级中有污物）； （5）阀分辨率变差
7	外部漏油	（1）安装座表面粗糙度过大； （2）安装座表面有污物； （3）底面密封圈未装妥或漏装； （4）底面密封圈破裂或老化； （5）弹簧管破裂

三、高压抗燃油系统

（一）系统介绍

随着机组的容量的增大、参数的提高，汽轮机的主汽门及调节汽门均向大型化发展，迫切要求增大开启主汽门及调节汽门的驱动力以及提高高压控制部件的动态灵敏性。如果发生液压油系统内漏外泄、油质不合格等情况，将会导致调节系统的运行不稳定，严重时还有可能造成对机组负荷或转速的影响、发生火灾等，这将影响到机组的安全经济运行。因此，采用具有高品质、良好抗燃性能的液压油以及减小各液压部件间的动、静间隙等方法来保证整个机组的安全运行。

EH 供油系统的功能是提供高压抗燃油，并由它来驱动伺服执行机构，该执行机构响应从 DEH 控制器来的电指令信号，以调节汽轮机各蒸汽阀开度。东方汽轮机有限公司 600MW 超临界机组采用高压抗燃油是一种三芳基磷酸脂化学合成油，密度略大于水，它具有良好的抗燃性能和流体稳定性，明火试验不闪光温度高于 538℃。此种油略具有毒性，常温下黏度略大于汽轮机透平油。

东方汽轮机有限公司 600MW 超临界机组电液控制的供油系统由安装在座架上的不锈钢油箱、有关的管道、蓄压器、控制件、两台 EH 油泵、两台 EH 油循环泵、滤油器以及热交换器等组成。一台 EH 油泵投运时，另一套即可作为备用，如果需要即可自动投入。当汽轮机正常运行时，一台 EH 油泵足以满足系统所需的用油量，如果在控制系统调节时间较长（如甩负荷）、部分蓄压器损坏等原因导致 EH 系统油压降低的情况下，第二套油泵（备用油泵）可以立即投入，以保证机组 EH 油系统压力正常。

系统工作时由电动机驱动高压柱塞泵，油泵将油箱中的抗燃油吸入，供出的抗燃油经过 EH 控制块、滤油器、止回阀和安全溢流阀，进入高压集管和蓄能器，建立（14.2 ±0.2）MPa 的压力油直接供给各执行机构以及高压遮断系统的执行机构，各执行机构的回油通过压力回油管先经过回油滤油器然后回至油箱。安全溢流阀是防止 EH 系统油压过高而设置的，当油泵上的调压阀失灵等原因发生油系统超压时，溢流阀将动作以维持系统油压。高压母管上的压力开关 PSC4 能对油压偏离正常值时提供报警信号并提供备用泵自动启动的开关信号，压力开关 PSC1、PSC2、PSC3 是送出遮断停机信号（三取二逻辑）。泵出口的压力开关 PSC5、PSC6 和 20YV、21YV 用于主油泵联动试验。油箱内装有温度开关及压力开关，用于油箱油温过高及油位报警和加热器及泵的联锁控制。油位指示器安放在油箱的侧面。

为了维持正常的抗燃油温度及油质，系统除了正常的回油冷却以外，还装设了一套独立的自循环冷却及自净化系统，以确保在系统非正常运行情况下工作时，油温及油质能保证在正常范围内。另外，有的厂家的 EH 油系统还设置回油油路的蓄能器，但东方汽轮机有限公司 600MW 机组不设置。

（二）系统组成及系统设备

高压抗燃油供油系统如图 2－34 所示。该供油系统主要由 EH 油箱、EH 油泵、蓄能器、过滤器、抗燃油再生装置、冷油器等组成。

1. EH 油箱

油箱是 EH 油系统的重要设备之一，东方汽轮机有限公司 600MW 超临界机组 EH 油箱容量为 $1.4m^3$，可以保证系统装油量为 1000kg，可以满足汽轮机及两台 50% 容量给水泵汽轮机的正常用油。由于抗燃油有一定的腐蚀性，油箱全部采用不锈钢板焊接而成，采用密封结构，设有人孔板、底部泄放阀供以后维修、清洗油箱用。油箱上部设有空气滤清器、干燥器、磁性滤油器等，空气滤清器和干燥器用来保证供油系统呼吸时对空气有足够的过滤精度以保证系统的清洁度，磁性滤油器用以吸附油箱中游离的铁磁性微粒。另外，油箱底部还装设有两组电加热器。

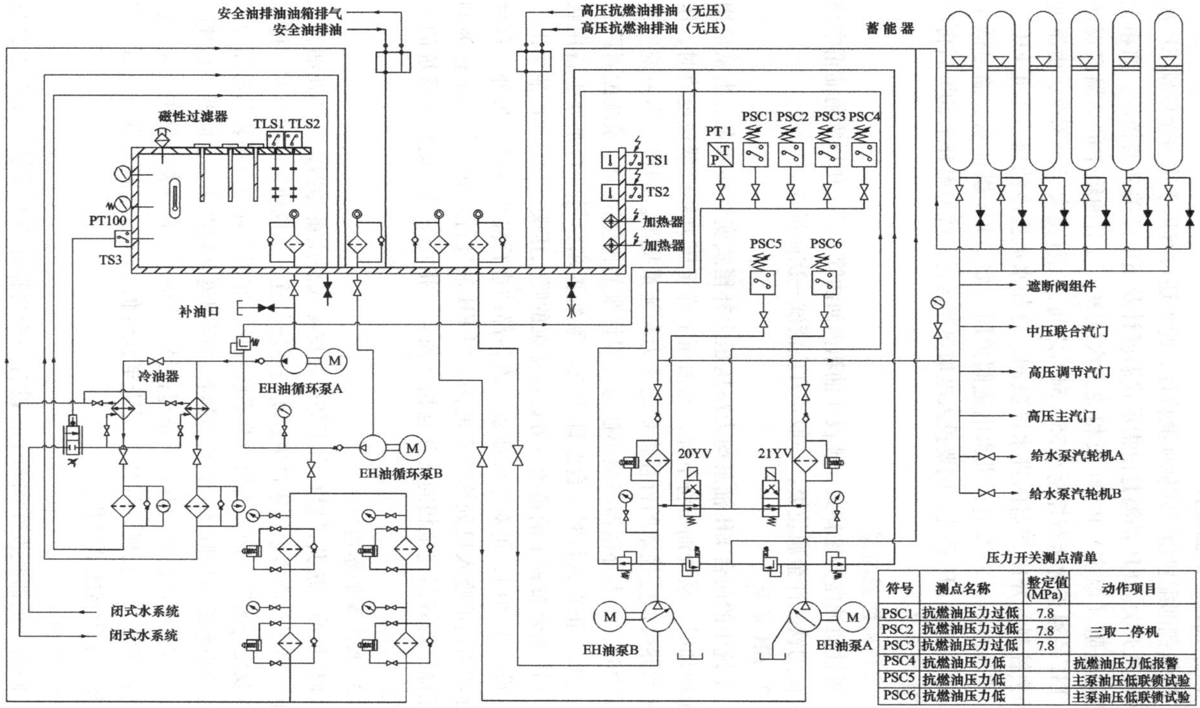

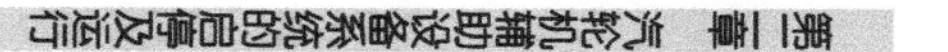

压力开关测点清单

符号	测点名称	整定值(MPa)	动作项目
PSC1	抗燃油压力过低	7.8	三取二停机
PSC2	抗燃油压力过低	7.8	
PSC3	抗燃油压力过低	7.8	
PSC4	抗燃油压力低		抗燃油压力低报警
PSC5	抗燃油压力低		主泵油压低联锁试验
PSC6	抗燃油压力低		主泵油压低联锁试验

图 2－34　高压抗燃油供油系统

(1) 油位、油温监控。

油箱侧部配置指示式就地液位计，此外还设有用于报警及联锁 EH 油泵的液位开关。EH 油温是由指示式温度计及温度开关来监控的。油箱上配置铂电阻（温度）Pt100 及相关二次仪表，可对油箱中的油温实现遥测。EH 油温正常运行控制在 35～54℃之间，当油温大于 54℃时，由温度开关去控制打开冷却器的进水电磁阀，冷却水流经冷油器，降低 EH 油温；当油温小于 35℃时，进水电磁阀关闭。如果 EH 供油系统油温低于 10℃时要启动 EH 系统，则要投入电加热器运行，待油温升至 20℃后再启动 EH 油系统。

(2) 磁性滤油器。

磁性滤油器为磁棒式，装设在油箱内回油管下部，用以吸附油箱中部分游离的铁磁性金属垃圾。一般每月应清洗一次磁组件。

2. EH 油泵

系统中的两台 EH 油泵均为高压压力补偿式变量柱塞泵。当系统用油量增加时，系统油压将下降，当油压下降至压力补偿器设定值时，压力补偿器会调整柱塞的行程将系统压力和流量提高。同样，当系统用油量减少时，压力补偿器将减小柱塞行程使泵的排量减少。系统配置两台 EH 油泵，正常运行时一台泵即可满足系统要求，另一台泵处于备用状态。EH 油泵布置于油箱的下方以保证泵的吸入压头。每台 EH 油泵出入口均设有手动门，可对单台油泵支路各部件进行隔离维修。另外，每台泵在油箱内的吸入口处均装有滤网，对 EH 油进行过滤。每台泵输油到高压油管的管路完全相同，并且相互独立、相互备用，提高了系统的可靠性。

3. 高压蓄能器组件

EH 供油系统共设置 6 组丁基橡胶皮囊式高压蓄能器，安装在油箱底座上。高压蓄能器组件通过集成块与系统相连，集成块包括隔离阀、排放阀以及压力表等，压力表指示为系统油压。它用来补充系统瞬间增加的耗油及减小系统油压脉动。在机组运行时可用隔离阀将任一蓄能器与系统隔离，一方面可以使蓄能器在线修理；另一方面可以检查蓄能器预充氮气压力是否正常，若发现氮气压力下降至允许值以下，则需要重新充氮。图 2－35所示为蓄能器结构图。

4. 冷油器

两台冷油器装设在油箱上，设有一个自循环冷却系统（主要由循环泵和温控水阀组成）。冷却器用于冷却调节和保安部套回油，温度调节是

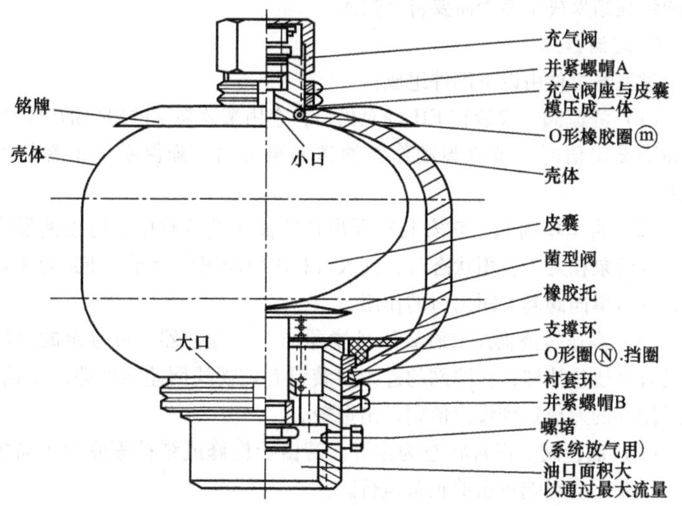

图2－35　典型的高压蓄能器

靠温度开关TS3控制冷油器冷却水进水阀（即温控阀）来实现的。系统中的温控阀可根据油箱油温设定值来调整冷却水进水量的大小，以保证在正常工况下工作时，油箱油温能控制在正常的工作范围之内。正常运行时只需要投一台冷油器即可，也可两台并列运行。

5. 抗燃油再生装置

抗燃油再生装置是一种用来储存吸附剂和使抗燃油得到再生的精滤器装置（使EH油保持中性、去除水分等）。

抗燃油再生装置由硅藻土滤器和精密滤器（波纹纤维滤器）组成，硅藻土滤器可以降低EH油中酸值、水和氯的含量；精密滤器可以除去来自硅藻土和油系统来的杂质、颗粒等。两者呈串联布置于独立的滤油管路中，可方便地对其进行投运或停运操作。每个滤器上均装有一个压力表和压差指示器，压力表指示装置的工作压力，当压差指示器动作时，表示该滤器需要更换了。

硅藻土滤器和波纹纤维滤器均为可调换式滤芯，只要关闭相应的阀门，打开滤油器盖即可调换滤芯。

抗燃油再生装置是保证液压系统油质合格必不可少的部分，当油液的清洁度、含水量和酸值不符合要求时，应启用液压油再生装置来改善油质。在新机组投运的第一个月，此装置每周应连续运行8h，以后可根据油的化验结果决定是否需要将其投入。

6. 过滤器组件

过滤器组件由以下部件组成：

(1) 溢流阀。安装在 EH 油泵出口，它用来监视泵的出口油压，当油压高于设定值时，溢流阀动作将油送回至油箱，确保系统正常的工作压力。

(2) 直角单向阀。它安装在泵出口侧高压油管路中，防止油发生倒流，备用泵在处于备用状态时，其入口和出口阀保持全开以使其处于热备用，这时单向阀起关闭出口的作用。

(3) 高压过滤器及监测高压过滤器的差压发信器。每台泵的出口均装设有高压过滤器，在滤网的进出口装设有监视滤网差压的差压发信器，一旦滤网的差压达到设定值则发出报警。

(4) 截止阀。正常状态为全开。若由于检修或维护等原因手动关闭其中一路不会影响机组的正常运行。

7. 回油过滤器

EH 油供油装置的回油过滤器内装有精密过滤器，为避免当过滤器堵塞时过滤器被油压压变形，回油过滤器中装有过载单向阀，当回油过滤器进出口间压差大于设定值时，单向阀动作，将过滤器短路。

EH 油供油装置有两个回油过滤器，一个串连在有压回油路；另一个安装在循环回路，在需要时启动系统，过滤油箱中的油液。

8. 油加热器

油加热器由安装在油箱底部的两只管式加热器组成。当油温低于设定值时，启动加热器给 EH 油加热，此时，循环泵同时（自动）启动，以保证 EH 油受热均匀。当 EH 油被加热设定温度时，温度开关自动切断加热回路，以避免因人为因素而造成油温过高。

9. 循环泵组

东方汽轮机有限公司 600MW 超临界机组设有自成体系的滤油、冷油系统和循环泵组系统，在油温过高或油清洁度不高时，可启动 EH 油循环泵组系统对 EH 油进行冷却和过滤。

10. 高压滤油器组件

为了保证伺服阀、电磁阀用油的油质，在每一个油动机进油口前均装有滤油器组件。滤油器组件主要由滤网、截止阀、差压发信器和油路块等组成。正常工作时，滤网前后的两个截止阀均处于全开状态，旁路油路上的截止阀处于全关状态。当差压发信器发信时，表明该滤油器组件需要更换滤芯。

在正常工作条件下，一般要求至少6个月应更换1次滤芯。

（三）系统联锁保护

1. 备用EH油泵的联动

若在正常运行中A（B）EH油泵在运行，B（A）EH油泵投入自动备用，EH油压力控制为（14.2±0.2）MPa。此时，若发生A（B）EH油泵电气故障跳闸或油压降低至（11.2±0.2）MPa，那么备用泵B（A）EH油泵将自启动，同时发出报警。

2. 部分压力开关设定值

（1）EH油压过低跳机整定值：由压力开关PSC12、PSC13、PSC14（三选二）设定，设定值为（7.6±0.2）MPa（降）。

（2）EH油压低报警及备用EH油泵自启动整定值：分别由压力开关PSC15、PSC16、PSC17设定，设定值为（11.2±0.2）MPa（降）。

（四）系统监视与维护

（1）下列项目在正常运行中每天检查一次。

1）确认油箱油位略高于低报警油位30～50mm，油箱油位不得太高，否则遮断时将引起溢流；

2）确认油温在35～54℃之间；

3）确认供油压力在10.7～11.7MPa之间；

4）确认所有泵出口滤油器压差小于0.5MPa；

5）检查空气滤清器的直观机械指示器是否触发，触发则需更换；

6）检查系统有无泄漏、不正常的噪声及振动；

7）确认循环系统压力小于1MPa；

8）确认再生装置的每个滤油器压差小于0.138MPa。

（2）每周将备用泵与运行泵切换1次，过程如下：

1）将备用泵控制开关置于“投入”位置并按下启动按钮；

2）确认备用泵出口压力在10.7～11.7MPa之间；

3）确定备用泵电动机电流正常；

4）将运行泵置于“切除”位置，当其停止后，将其置于“投入”状态。

（3）每月清洗一次3只集磁组件。将集磁组件从油箱顶部拆下，注意不得碰撞及振动，当集磁组件拆下后要保证外部颗粒不能进入油箱，但不得用尼龙等密封材料来密封其螺纹。用干净的、不起毛及含亚麻的布将集磁组件擦干净后，再重新装入油箱。

（4）每月对抗燃油采样、检验1次。油样品应做颗粒含量分析，样品分析实验室应提供干净的采样瓶，其清洁度要求为10μm及以上的颗粒含量小于1.5个/mL。

（5）每6个月应检查1次蓄能器冲氮压力，其程序如下：

1）关闭被检查蓄能器的隔离阀；

2）开启被检查蓄能器的排放阀；

3）拆下被检蓄能器顶部安全阀和二次阀盖；

4）将充气组件的手轮反时针拧到头，注意此时不得连接充气软管；

5）将充气组件连接到蓄能器顶部阀座上；

6）确认充气组件的排放阀已关；

7）顺时针旋转充气组件的手轮，直到可读出氮气压力；

8）确认充气组件上压力表读数正确；

9）如果需要充气，则将充气软管接上，将其充到要求压力；

10）反时针将充气组件手轮旋转到头；

11）拆下充气组件；

12）重新装上二次阀盖和安全阀；

13）关闭蓄能器排放阀，缓慢开启蓄能器隔离阀。

（五）高压抗燃油

1. 高压抗燃油特性

抗燃油是EH油系统的工作介质，油质是否合格对系统能否正常工作有重大的影响，故在系统安装及运行中应对其给予特别关注。东方汽轮机有限公司600MW超临界机组采用高压抗燃油是三芳基磷酸脂化学合成油，其正常工作温度为20～60℃。鉴于抗燃油的特殊理化性能，系统中所有密封圈材料均为氟橡胶，金属材料尽量选用不锈钢。高压抗燃油特性参数见表2－7。

表2－7　高压抗燃油特性参数

序号	控制项目	单位	控制标准
1	运行温度	℃	32～54
2	运动黏度	mm^2/s	
3	含氧量	%	<100
4	含水量	%	0.1
5	酸　值	mgKOH/g	<0.2
6	油质清洁度	mg/L	NAS 5级或MOOG 2级

2. 高压抗燃油运行参数

（1）运行温度。运行温度过高或过低都是不允许的。温度过低会造成油的黏度升高，容易使 EH 油泵电机过载；运行温度过高，易使油产生沉淀及产生凝胶。故油的运行温度正常应控制在 30～54℃之间。

（2）油质清洁度。由于系统工作压力高达 14. 2MPa，其零部件间隙都很小，所以对油质清洁度有较高要求。油质清洁度为 NAS5 级或 MOOG2 级。

NAS1638 标准见表 2－8。

表 2－8　每毫升溶液油品洁净分级标准（NAS1638 标准）

等级	5～15μm	15～25μm	25～50μm	5～100μm	＞100μm
NAS5 级	8000	1425	253	45	8
NAS6 级	16000	2850	506	90	16

MOOG 标准见表 2－9。

表 2－9　每毫升溶液颗粒度分级标准（MOOG 标准）

等级	5～10μm	10～25μm	25～50μm	5～100μm	＞100μm
2 级	9700	2600	380	56	5
3 级	24000	5360	780	110	11

（3）含氯量。含氯量过高会对系统零件造成腐蚀，进而污染油质。含氯量要求小于 100mg/L。

（4）含水量。因为含水量过高会使油产生水解现象，所以要严格控制水质。水量要求小于 0. 1％。

（5）酸值。酸值增加会使油的腐蚀性加大，同时，含水量及酸值增加均会使油的电阻率下降，加剧伺服阀的腐蚀。

3. 高压抗燃油的采样检验

（1）油系统冲洗完成后应立即采样检验；

（2）油系统冲洗完成后 1 个月内，每两周采样检验 1 次；

（3）正常运行中每 3 个月采样检验 1 次；

（4）如果发现运行参数中任一参数超标，都应立即采取措施。

4. 其他注意事项

（1）由于不同生产厂家生产的抗燃油的成分有所差异，故不允许将两个厂家生产的抗燃油混合使用；

(2) 对于桶中储存的抗燃油，建议其储存期不超过一年，且存放期间应定期对其进行采样检验，采样后立即将其密封，防止空气及杂质进入；

(3) 装载抗燃油的桶内部一般都涂有一层防腐层，故载运输过程中应特别小心，以避免损坏防腐层；

(4) 对每一次采样结果都应仔细保管，作为抗燃油的历史依据；

(5) 在对系统进行维修时，如有油泄漏，应立即用锯末将其混合并作为固体垃圾处理。

四、机组跳闸保安系统

(一) 低压保安系统

低压保安系统由危急遮断器、危急遮断装置、危急遮断装置连杆、手动停机机构、复位试验阀组、机械停机电磁铁（3YV）和导油环等组成，见图2-36。

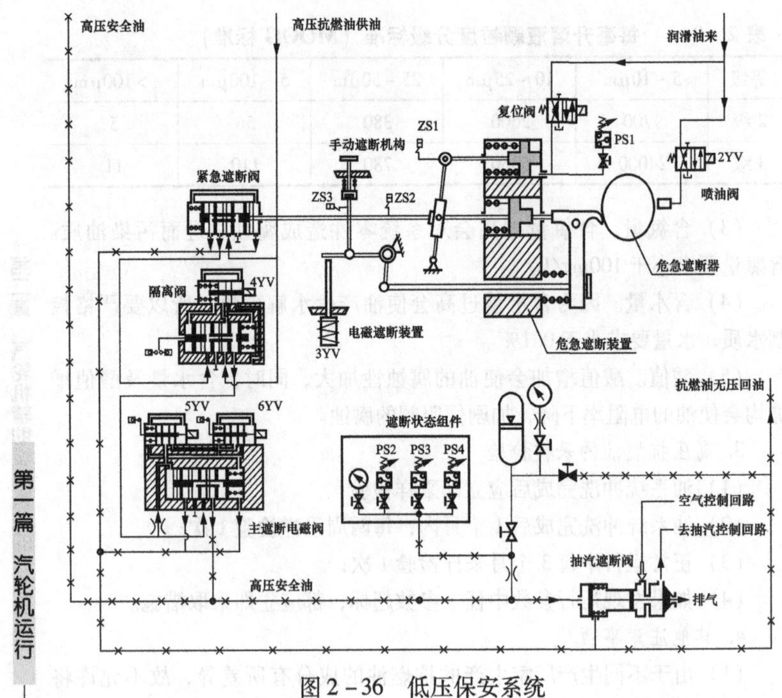

图2-36 低压保安系统

润滑油分两路进入低压保安系统，一路经复位电磁阀（1YV）进入危急遮断装置活塞腔室，接受复位电磁阀组1YV的控制；另一路经喷油电磁阀（2YV），从导油环进入危急遮断器腔室，接受喷油电磁阀2YV的控制。手动停机机构、机械停机电磁铁、高压遮断组件中的紧急遮断阀通过危急遮断装置连杆与危急遮断器装置相连，高压保安油通过高压遮断组件与油源上高压抗燃油压力油出油管及无压排油管相连。

系统主要完成以下功能：

1. 挂闸

在复位试验电磁阀组中设置有复位电磁阀（1YV），机械遮断机构的行程开关ZS1、ZS2供挂闸状态判断用。挂闸程序如下：按下挂闸按钮（设在DEH操作盘上），复位试验阀组中的复位电磁阀（1YV）带电动作，将润滑油引入危急遮断装置活塞侧腔室，活塞上行到上止点，使危急遮断装置的撑钩复位，通过危急遮断装置连杆的杠杆将高压遮断组件的紧急遮断阀复位，接通高压保安油进油的同时将高压保安油的排油口封住，建立高压保安油。当高压压力开关组件中的三取二压力开关检测到高压保安油已建立后，向DEH发出信号，使复位电磁阀失电，危急遮断器装置活塞回到下止点，DEH检测行程开关ZS1的动合触点由断开转换为闭合，再由闭合转为断开，ZS2的动合触点由闭合转换为断开，DEH判断挂闸程序完成。

2. 遮断

从可靠性角度考虑，低压保安系统设置有电气、机械及手动三种冗余的遮断手段。

（1）电气遮断。该功能由机械停机电磁铁和高压遮断组件来完成。低压保安系统设置的电气遮断本身就是冗余的，一旦接受电气停机信号，ETS使机械停机电磁铁3YV带电，同时使高压遮断组件中的主遮断电磁阀5YV、6YV失电。机械停机电磁铁3YV通过危急遮断装置连杆的杠杆使危急遮断装置的撑钩脱扣，危急遮断装置连杆使紧急遮断阀动作，切断高压保安油的进油并将高压保安油的排油口打开，泄掉高压保安油，快速关闭各主汽门、调节汽门，遮断机组进汽。而高压遮断组件中的主遮断电磁阀失电，直接泄掉高压保安油，快速关闭各阀门。因此，在危急遮断器装置的撑钩脱扣后，即使高压遮断组件中的紧急遮断阀拒动，系统仍能遮断所有调节汽门、主汽门，以确保机组安全。

（2）机械超速保护。机械超速保护由危急遮断器、危急遮断装置、高压遮断组件和危急遮断装置连杆组成。动作转速为额定转速的110%～

111%（3300～3330r/min）。当机组转速达到危急遮断器设定值时，危急遮断器的飞环击出，打击危急遮断装置的撑钩，使撑钩脱扣，通过危急遮断装置使高压遮断组件中的紧急遮断阀动作，切断高压保安油的进油并泄掉高压保安油，快速关闭各进汽门，遮断机组进汽。

(3) 手动停机。低压保安系统在机头设有手动停机机构供紧急停机用。手拉停机机构连杆通过危急遮断装置连杆使危急遮断装置的撑钩脱扣，通过危急遮断装置使高压遮断组件中的紧急遮断阀动作，切断高压保安油的进油并泄掉高压保安油，快速关闭各进汽门，遮断机组进汽。

（二）高压遮断系统

高压遮断系统由能实现在线试验的主遮断电磁阀、隔离阀及紧急遮断阀组成。高压遮断系统见图2－37。高压抗燃油经相互串连的紧急遮断阀（ETV）、机械跳闸隔离阀（MIV）、主遮断电磁阀（MTV）后形成安全油。当机组挂闸后，危急遮断装置的撑钩复位；紧急遮断阀复位；主遮断电磁阀（5YV、6YV）带电，安全油油压便开始建立，各汽阀的操纵座复位，汽阀具备开启条件。当跳闸系统动作时，安全油压失去，各主汽门和调节汽门均在弹簧力的作用下快速关闭。

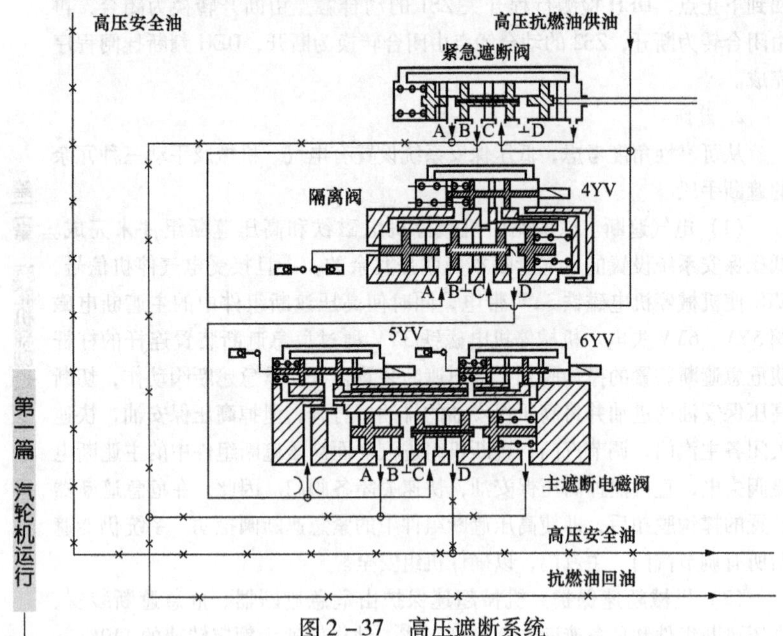

图2－37　高压遮断系统

高压安全油受紧急遮断阀（ETV）、机械跳闸隔离阀（MIV）、主遮断电磁阀（MTV）的控制，可完成机组遮断、危急遮断器喷油试验等功能。另外，安全油还控制一只抽汽遮断阀。当机组安全油压建立后，抽汽遮断阀打开通往各抽汽止回阀的仪用空气通路，空气压力克服使抽汽止回阀关闭的弹簧力，可使止回阀正常开启。当安全油压失去时，抽汽遮断阀将仪用气通路切断，抽汽止回阀便可以快速关闭。

高压遮断系统的工作原理如下：

机组在正常运行状态时，高压抗燃油分为两路进入遮断系统：一路进往紧急遮断（ETV）；另一路进往机械跳闸隔离阀（MIV）。当高压遮断系统各部套均在正常位置时，压力油从紧急遮断阀（ETV）的油口C入，从油口B出，再从机械跳闸隔离阀（MIV）的油口A入，从油口D出，再经由主遮断电磁阀（MTV）的油口C和油口D，形成安全油。机械跳闸隔离阀（MIV）的作用是在需要时（如做充油试验等）可以把紧急遮断阀（ETV）与安全油系统隔离。根据DEH来的机械跳闸隔离阀（MIV）隔离信号，其上部的电磁阀（4YV）带电动作，其小阀芯左移，将油口C进入的压力油导向机械跳闸隔离阀（MIV）的左端油室，阀芯在油压的作用下克服其右端弹簧力而向右移动，阀芯上的凸肩使接受来自紧急遮断阀（ETV）压力油的油口A和油口B相通（油口B实际并不存在，该油口在出厂时就已被堵死，即该四通阀用作三通阀），从而隔离了紧急遮断阀（ETV）的信号。同时，机械跳闸隔离阀（MIV）的油口C和油口D相通，高压油便通过油口C和油口D直接进入下一级的主遮断电磁阀（MTV）。这样，就使紧急遮断阀（ETV）的状态不再影响安全油压。

机组跳主遮断电磁阀（MTV）是由一个主阀和两个电磁阀（5YV、6YV）组成。主阀的动作是受电磁阀的控制的，且只有在两个电磁阀同时动作时才能动作主阀。这样的设计是为了提高系统的可靠性，避免单只电磁阀的误动而引起汽轮机跳闸，同时，也便于机组在正常运行中可对这两个电磁阀分别进行活动试验，以保证其在必要时能正确动作。在遮断系统复位状态时，两只电磁阀均励磁，压力油经一节流孔进入主阀芯左侧。当两只电磁阀均失电时，两只小阀芯均向右移，从而使主阀芯左端油室与排油口相通，主阀芯在弹簧力的作用下左移，使主遮断电磁阀（MTV）的压力油进油口C与被堵死的油口B相通，同时使安全油出油口D与泄油口A相通，于是安全油被泄掉，使各主汽门、调节汽门油动机动作，快关各汽门，遮断机组进汽，以确保机组安全。

（三）系统部套

1. 危急遮断器

用来防止汽轮机严重超速的保护装置即危急保安（遮断）器，或称超速保安器。危急遮断器是重要的超速保护装置之一。汽轮机正常工作的转速为3000r/min，但在甩负荷时可能因调节系统动态特性不佳不能维持机组空转，或者因其他缺陷未能完全切断进入汽轮机的蒸汽来源，以致引起机组严重超速，使转子部件承受额外的离心力，造成汽轮机损坏事故。

现阶段大型汽轮机均装设有机组超速保护的危急遮断器，危急遮断器根据其撞击子的型式不同，主要可分为飞锤式和飞环式两种。

（1）飞锤式危急遮断器。飞锤式危急遮断器安装在主轴前端，其核心为飞锤，飞锤的重心与轴心偏离一定距离，飞锤由弹簧压住。飞锤式危急遮断器结构见图2－38。

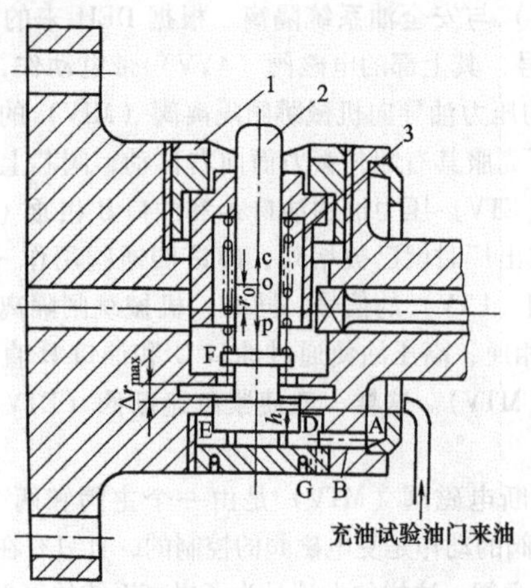

图2－38 飞锤式危急遮断器结构

1—调整螺帽；2—飞锤；3—压弹簧

汽轮机在正常转速工作时，飞锤的离心力不足以克服弹簧的预紧力，飞锤仍保持在原来位置。当机组转速飞升到额定转速的110%～111%（3300～3330r/min）时，飞锤的离心力大于弹簧的预紧力，使飞锤迅速击出，撞击在保安装置的跳闸装置上，实现紧急停机。

（2）飞环式危急遮断器。东方汽轮机有限公司600MW超临界机组采用的是飞环式危急遮断器，它安装在机组大轴机头端的控制小轴上，与转子一起旋转，其结构见图2-39、图2-40。

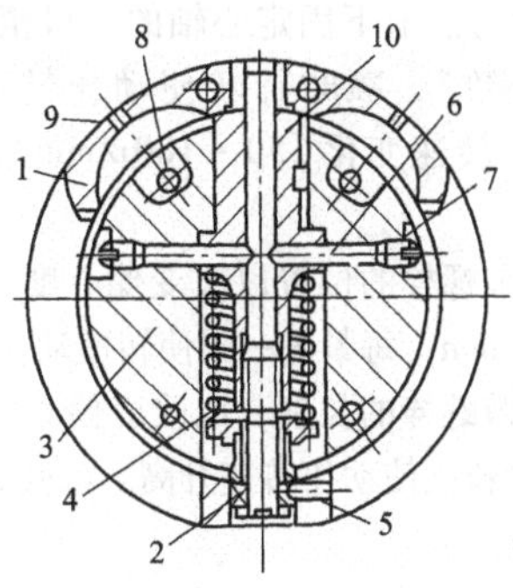

图2-39　飞环式危急遮断器结构

1—飞环；2—调整螺帽；3—主轴；4—弹簧；5、7—螺钉；6—圆柱销；8—孔口；9—泄油孔口；10—套筒

图2-40　飞环式危急遮断器

飞环式危急遮断器工作原理与飞锤式危急遮断器相同，当汽轮机的转速达到额定转速的110%～111%（3300～3330r/min）时，由于偏心飞环产生的离心力正比于转速的平方，此时危急遮断器的飞环的离心力大到克服弹簧对飞环作用力，飞环迅速击出，打击危急遮断装置的撑钩，使撑钩脱扣。通过危急遮断装置连杆使高压遮断组件的紧急遮断阀（ETV）动作，泄掉高压保安油，从而使各主汽门、调节汽门迅速关闭。为提高可靠性，防止危急遮断器的飞环卡涩，运行时借助机械跳闸隔离阀（MIV）、复位试验阀组，可完成机组的喷油试验以及提升转速试验。调整危急遮断器的飞环弹簧的预紧力可改变其动作转速。

针对飞环式危急遮断器，它的动作转速的调整有以下几种方法：

1）改变弹簧预紧力。取下固定心轴的开口销，用专用工具转动心轴（半圈或半圈的倍数），顺时针转使动作转速升高；反之，降低（每改变半圈约使动作转速变化 150～180r/min）。调整完毕后装复开口销。

2）调整心轴内调节螺栓的位置以改变偏心度。螺栓每退出一圈，能使转速动作提高约 15r/min，每紧进一圈使转速动作降低约 15r/min。

3）改变心轴内调节螺栓的长度，以改变偏心度。缩短螺栓长度使动作转速降低，增长螺栓长度使动作转速升高。改变其全部长度能使动作转速变化（30～40r/min）。

危急遮断器是汽轮机非常重要的保安装置，要进行定期试验，以保证机组在危急状况下危急遮断器的动作迅速可靠。一般情况下，试验分为升速试验和注油试验。

升速试验是在汽轮机安装、大修后或调节系统检修后，以及长时间运行或长时间停运后再启动时进行。试验时提高汽轮机转速，实际检验危急保安器的动作转速。试验应接连进行 2～3 次，每次动作转速之差应在允许范围内。当动作转速不符合要求时，可通过调整危急遮断器的弹簧压紧螺栓来改变弹簧紧力。

注油试验是在汽轮机正常运行时将油注入危急保安器的飞锤的下部或飞环的超速试验进油室，使飞锤（飞环）克服弹簧紧力而动作危急保安系统。进行注油试验时使被试验的危急遮断器的油路与机组高压安全油系统隔离，不致使机组跳闸。注油试验一般要求机组每运行 2000h 进行 1 次，其目的是检查飞锤或飞环是否可以灵活动作。但是该试验不能检验其动作转速，也不能检验跳闸系统的其他环节的灵活性，故不能代替升速试验。

2. 复位试验阀组

在掉闸状态下，根据运行人员的指令使复位试验阀组的复位电磁阀 1YV 带电动作，将润滑油引入危急遮断装置活塞侧腔室，活塞上行到上止点，通过危急遮断装置的连杆使危急遮断装置的撑钩复位。

在飞环喷油试验情况下，使喷油电磁阀 2YV 带电动作，将润滑油从导油环注入危急遮断器腔室，危急遮断器飞环被压出。

3. 手动停机机构

为机组提供紧急状态下人为遮断机组的手段。运行人员在机组紧急状态下，手拉停机机构，通过机械遮断机构的连杆使危急遮断装置的撑钩脱扣。并导致遮断隔离阀组的紧急遮断阀动作，泄掉高压保安油，快速关闭各进汽门，遮断机组进汽。

4. 危急遮断装置连杆机构

危急遮断装置连杆机构由连杆系及行程开关ZS1、ZS2、ZS3组成。通过连杆系将手动停机机构、危急遮断装置、机械停机电磁铁、机组紧急遮断阀相互连接，并完成上述部套之间力及位移的可靠传递。行程开关ZS1、ZS2指示危急遮断器装置是否复位，行程开关ZS3在手动停机机构或机械停机电磁铁动作时，向DEH送出信号，使高压遮断组件上的遮断电磁阀失电，遮断汽轮机进汽。

5. 机械停机电磁铁

为机组提供紧急状态下遮断机组的手段。各种停机电气信号都被送到机械停机电磁铁上使其动作，带动危急遮断装置连杆使危急遮断装置的撑钩脱扣。并导致高压遮断组件的紧急遮断阀动作，泄掉高压保安油，快速关闭各进汽门，遮断机组进汽。

6. 高压遮断组件

高压遮断组件主要由4个电磁阀、2个压力开关、3只节流孔、高压压力开关组件及一个集成块组成。正常情况下，4只电磁阀全部带电，这将建立起高压安全油，条件是遮断隔离阀组的机械遮断阀已关闭；各油动机卸荷阀处于关闭状态，当需要遮断汽轮机时，4只电磁阀全部失电，卸掉高压安全油，快关各阀门。

高压压力开关组件由3个压力开关及一些附件组成。监视高压安全油压，其作用：当机组挂闸时，压力开关组件发出高压安全油建立与否的信号给DEH，作为DEH判断挂闸是否成功的一个条件。当高压安全油失去时，压力开关组件发出高压安全油失去信号给DEH，作为DEH判断是否跳闸的一个条件。

7. 低润滑油压遮断器

低润滑油压遮断器由8只压力开关、3只压力变送器、3个节流孔和3个试验电磁阀及附件组成。

（1）压力开关PSA1检测油涡轮的驱动油压，当油压降低至1.205MPa时启动交流辅助油泵（TOP）。

（2）压力开关PSA2检测主油泵的进油压力，当油压降至0.07MPa时启动吸入油泵（MSP）。

（3）压力开关PSA3检测润滑油母管油压，当油压降低至0.105MPa时启动直流事故油泵（EOP）。

(4) 压力开关 PSA4 检测润滑油母管油压，当油压降低至 0.115MPa 时发出润滑油压低报警。

(5) 压力开关 PSA5 检测润滑油母管油压，当油压降低至 0.07MPa 时停止盘车。

(6) 压力开关 PSA6 ~ PSA8 检测润滑油母管油压，当油压降低至 0.0392MPa 时延时发信号送至 ETS，经三取二逻辑处理后遮断汽轮机。

(7) 压力变送器 Pt1 ~ Pt3 分别检测主油泵出口油压、润滑油压及升压泵出油压力。3 个节流孔和 3 个电磁阀可分别实现交流辅助油泵（TOP）、启动吸入油泵（MSP）、直流润滑油泵在线试验。

8. 低冷凝真空遮断器

当背压升至 0.065MPa 时，压力开关 PSB1、PSB2、PSB3 经三取二逻辑处理后遮断汽轮机。

压力变送器 Pt4 ~ Pt5 分别检测排汽装置内的压力，与汽轮机背压保护曲线比较，当排汽装置内的压力超过曲线规定值时，通过改变负荷使排汽装置内的压力回到安全范围内或停机。

9. 安全油蓄能器组件

为了防止高压安全油的波动，特别是在危急遮断器喷油试验时，为防止隔离阀动作引起的高压安全油的瞬间跌落，在高压安全油路上还配有蓄能器。

五、系统联锁及保护

1. 机械超速保护

当汽轮机转速达到 110% ~ 111% 额定转速时，偏心飞环式机械危急遮断器动作，通过机械跳闸阀泄去 ETS 油，关闭高压主汽门和高压调节汽门，开启通风阀；关闭中压主汽门和中压调节汽门，开启紧急排放阀；关闭各级抽汽止回阀和高压排汽止回阀，停机。

2. 就地手动打闸

就地打闸手柄位于汽轮机前箱。操作时，逆时针旋转 90°后拉出，通过机械跳闸阀动作泄去 ETS 油，关闭高压主汽门和高压调节汽门，开启通风阀；关闭中压主汽门和中压调节汽门，开启紧急排放阀；关闭各级抽汽止回阀和高压排汽止回阀，停机。

3. 远方手动打闸

集控室 DEH 盘装设两个远方打闸按钮。需远方打闸操作时，同时按下两按钮，则机械跳闸电磁阀和主跳闸电磁阀 A、B 均动作，关闭高压主汽门和高压调节汽门，开启通风阀；关闭中压主汽门和中压调节汽门，开启紧急排放阀；关闭各级抽气止回阀和高压排汽止回阀，停机。

4. 电气跳闸保护

机组的各种跳闸信号最终通过主遮断电磁阀和机械停机电磁铁来作用机组跳闸，使各汽门以及抽汽继动阀迅速关闭。

当机组发生跳闸以后，机械停机电磁阀（3YV）会自动复位，而主遮断电磁阀的两只小电磁阀5YV 和6YV 则由于“安全油压力低”信号的存在而一直处于跳闸状态，直到有复位指令时该闭锁才解除。

六、调节保安系统试验

（一）阀门调整试验

在 DEH 装置各回路检查调整完成以及 EH 油系统油洗循环结束后，应进行 DEH 与各阀门的调整，以确定 DEH 的控制信号与阀门行程的对应关系。用一电压量发生器模拟输出阀位指令，控制阀门行程。分别在预启阀开启而主汽门将开未开点以及汽阀全开点调整 LVDT 的反馈量，使指令信号与阀门行程的对应关系符合设计要求。

另外，还有阀门的快关试验。要求所有的油动机从全开到全关的快关时间小于 15s；从打闸到油动机的全关时间小于 0.5s。

（二）汽轮机打闸试验

在以下操作条件下，应保证各油动机可以迅速关闭：

（1）各阀门处于全开状态下，手拉机头手动停机机构，所有油动机应迅速关闭；

（2）各阀门处于全开状态下，手打集控室停机按钮，所有油动机应迅速关闭；

（3）各阀门处于全开状态下，由汽轮机 ETS 系统给 DEH 送一停机信号，所有油动机应迅速关闭。

此三项试验，在汽轮机定速至 3000r/min 时，也必须做一次（阀门状态不要求）。

（三）汽门严密性试验

（1）机组定速在 3000r/min 时，关闭高、中压主汽门，经过一段时间后，机组转速应低于（$p/p_0 \times 1000$）r/min（其中 p 代表实际进汽压力；p_0 代表额定蒸汽压力）。

（2）机组定速在 3000r/min 时，关闭高、中压调节汽门，经过一段时间后，机组转速应低于（$p/p_0 \times 1000$）r/min。

（四）喷油试验

喷油试验是在机组正常运行时及做提升转速试验前，将低压透平油注入危急遮断器飞环腔室，依靠油的离心力将飞环压出的试验，其目的是活动飞环，以防飞环可能出现卡涩。在不停机的情况下，通过给高压遮断组件的隔离阀带电，使进入主遮断的安全油由紧急遮断阀提供转换成由隔离阀提供，以避免飞环压出引起停机，此时高压遮断组件的主遮断电磁阀处于警戒状态。

喷油试验程序如下：

确认机组满足喷油试验条件，当机组定速在3000r/min时，点击DEH操作画面上“喷油试验”，在操作端点击“试验”，选择执行。此时高压遮断组件的隔离阀4YV带电，使进入主遮断的安全油由紧急遮断阀提供转换成由隔离阀提供，隔离阀上设置的行程开关ZS4的常开触点闭合、ZS5的常闭触点断开，并发信至DEH。DEH检测到该信号后，使复位试验阀组中的喷油电磁阀2YV带电，透平油被注入危急遮断器飞环腔室，危急遮断器飞环击出，打击危急遮断装置的撑钩，使危急遮断器撑钩脱扣，行程开关ZS2常开触点由断开转为闭合。DEH检测到上述信号使复位试验阀组的喷油电磁阀2YV失电。当飞环复位后，使复位电磁阀1YV带电，使危急遮断装置的撑钩复位。在检测到机械遮断机构上设置的行程开关ZS1的常开触点闭合、ZS2的常开触点断开的信号后，使复位电磁阀1YV失电。当ZS1的常开触点断开时可使高压遮断组件的隔离阀4YV失电。点击DEH操作画面上“喷油试验”，在操作端点击“切除”，选择执行。飞环喷油试验完成。

（五）升速试验

提升转速试验主要是为了检验危急遮断器的动作转速是否准确，确保其在设定条件下准确动作，危急遮断器的正确动作转速应在3300～3330r/min之间。

1. 提升转速试验的步骤

（1）在做提升转速试验的所有条件具备后，将ETS超速保护线解除。

（2）点击DEH操作画面上“机械超速试验”，在操作端点击“试验”，选择执行。DEH自动将电气保护值由原来的3300r/min改为3330r/min。

（3）按下“试验”按钮后，DEH将转速目标值设为3330r/min，将升速率设置为10～15（r/min）/s，使机组升速到危急遮断器动作，各主汽门、调节汽门迅速关闭。记录其动作转速，连续3次试验并合格。

2. 提升转速试验的注意事项

（1）机组在进行提升转速试验之前，应在规定的新汽参数和中压缸进汽参数下，带20%额定负荷连续运行3～4h，为了使转子金属温度达到FATT以上以满足制造厂对转子温度要求的规定。在带20%额定负荷之前危急遮断器应作飞环喷油试验。

（2）提升转速试验时，蒸汽参数规定如下：新汽压力不得高于5～6MPa；新汽温度在350～400℃以上。排汽装置真空应为0.0147MPa，排汽温度应在80℃以下，否则应投入排汽缸的冷却喷水装置，以保持上述温度。

（3）一、二级旁路应同时开启，保持中压缸进汽参数：压力为0.1～0.2MPa、温度不低于300～350℃。

（4）在做提升转速试验之前，必须先做打闸停机试验，以确认打闸停机系统动作可靠。

（5）提升转速试验前应修改电气超速保护目标值为3300r/min，试验完后应注意恢复。

（6）试验过程中，轴承进油温度应保持在40～45℃之间。

（7）提升转速试验必须由经过培训的、熟悉机组操作人员进行操作，由熟悉机组调速系统功能的工程师进行指挥和监护。要有一名运行人员站在打闸停机手柄旁边，做好随时打闸停机的准备，集控室的停机按钮也要有专人负责操作，随时准备打闸停机。

（8）提升转速试验过程中，必须由专人严密监视机组的振动情况，并与指挥人保持密切联系，若振动增大，未查明原因之前，不得继续做提升转速试验，振动异常应立即打闸停机。

（9）提升试验前不得再做喷油试验。

（10）每次提升转速在3200r/min以上的高速区停留时间不得超过1min。

（11）当转速提升到3330r/min危急遮断器仍不动作时，打闸停机，在查明原因并采取正确处理措施之后，才能继续做提升转速试验。

（12）提升转速试验过程的转速监视，由与TSI电气超速保护数字转速表相当精度的数字转速表显示，其他的数字转速表仅供参考。

（13）提升转速试验的全过程应控制在30min以内完成。

3. 禁止做提升转速试验的情况

（1）机组经长期运行后准备停机，其健康状况不明时，严禁做提升转速试验。

（2）严禁在大修之前做提升转速试验。

（3）禁止在额定参数或接近额定参数下做提升转速试验。如一定要在高参数下做提升转速试验时，应投入 DEH 的阀位限制功能和高负荷限制功能。

（4）调节保安系统、调节汽门、主汽门或抽汽止回阀有卡涩现象。

（5）各调速汽门、主汽门或抽汽止回阀严密性不合格。

（6）轴承振动超过规定值或机组有其他异常情况。

4. 应做提升转速试验的情况

（1）汽轮机安装完毕，首次启动时。

（2）机组经过大修后，首次启动时。

（3）危急遮断器解体复装以后。

（4）在前箱内作过任何影响危急遮断器动作转速整定值的检修以后。

（5）停机一个月以上，再次启动时。

（6）做甩负荷试验之前。

（六）甩负荷试验

1. 甩负荷试验的目的

（1）测定控制系统在机组突然甩负荷时的动态特性，它包括：

1）甩负荷后的最高动态飞升值，该值应小于超速保护装置动作值。

2）甩负荷后的转速过渡过程，该过程应是衰减的，其转速振荡数次后，趋于稳定，并在 3000r/min 左右空转运行。

（2）测定控制系统中主要环节在甩负荷时的动态过程。

（3）检查汽轮机和各配套设备对甩负荷的适应能力及相互动作的时间关系。为改善机组动态品质，分析设备性能提供数据。

2. 试验前需具备的条件

（1）具有强有力的领导指挥机构；具有经主管部门审批的，各方共同制定的，完整的试验大纲；应有各有关专业人员参加并设置可靠的通信联络设施；测试设备齐全、可靠、完好；运行、操作及工作人员应训练有素，岗位责任明确。

（2）调节、保安系统用油（抗燃油、透平油）油质完全符合要求。

（3）汽轮机抽汽回热系统，蒸汽旁路系统等工作正常，保护联锁可靠。尤其是抽汽止回阀动作正常。

（4）控制系统工作正常。

（5）汽轮机所有电气、热工保护试验合格。

（6）现场手动遮断、远方遥控遮断装置灵活、可靠。

（7）整台机组（包括机、炉、电及辅助设备）满足甩负荷试验要求。

（8）机组旁路系统设备正常。

（9）临时加装的“甩负荷按钮”等启动装置（便于程序控制录波器、发电机出口开关、母线开关等）准备就绪，试验合格。

3. 试验前必须完成的主要试验

（1）阀门活动试验。

（2）DEH、TSI、ETS甩负荷前必须完成的检查。

（3）检查高压抗燃油系统供油装置的两台EH油泵互相切换正常，油压正常，油位正常，油温为35～54℃，高压蓄能器充氮压力正常。

（4）提升转速试验合格。其中包括危急遮断器动作整定值符合要求，其值为110%～111%额定转速；电超速保护整定值符合要求，其值为110%额定转速。

（5）各主汽门、调节汽门在掉闸时的总关闭时间测定完毕且符合要求。

（6）各主汽门、调节汽门严密性试验符合要求。

（7）空负荷试验、带负荷试验、DEH控制系统及汽轮机主、辅机运转正常；操作灵活正常。各主要监视仪表指示正确，主、辅机设备无缺陷。

4. 试验方法

在机组分别带50%、100%额定负荷时做甩负荷试验。用“甩负荷”按钮使发电机出口开关跳闸，发电机脱网，进行转速过渡过程录波。试验步骤可分为试验前、试验进行和试验后三方面工作。

（1）试验前。

1）应对系统中用于防卡涩的活动试验装置进行操作，以防试验中发生拒动。

2）应对测试仪器、仪表进行检查，保证完好可靠。

3）应将妨碍试验的一些联锁解除。

4）应调整运行工况，保证在额定的蒸汽参数、额定真空和规定的负荷点上运行，并在稳定后全面记录转速、压力、位移（行程）等重要参数；应保证指挥系统联络畅通。

（2）进行试验。

1）由总指挥根据各分项负责人的汇报，下令甩负荷。

2）在甩负荷前约1s录波器必须启动。

3）应严密监视机组转速飞升情况，若转速达到3330r/min时，应立即打闸停机。

4）应严密监视机组各主汽门、调节汽门和抽汽止回阀动作情况，如有异常应立即采取措施。

5）应严密监视机组轴承振动情况，以确保机组安全。

6）转速、压力、位移等重要参数应有记录值，必须记录试验过程中的最大（最小）值。

（3）试验后。

1）转速稳定后全面记录一次转速、压力、位移（行程）值。

2）对第一、二次试验，机组在额定转速，由总指挥决定机组何时并网。

3）试验结束后，必须恢复机组正常运行状态，恢复为试验而解除的各种联锁。

4）整理录波图及记录，及时提供出试验报告。

5. 安全措施

（1）甩负荷试验前规定的项目必须逐项落实，试验数据合格。

（2）机组在提升转速试验中的一切安全措施，在甩负荷试验中均适用。

（3）甩负荷后，运行人员应密切监视机组状态，并进行相应的操作。

（4）甩负荷后处理操作必须迅速、准确。汽轮机甩额定负荷后，空负荷运行时间不宜超过30min。

（5）有专人监视制造厂提供的数字转速表；甩负荷后，当转速达到表上刻线（3330r/min）时，应迅速、果断地打闸停机，打闸后若转速上升或不下降，应立即采取关闭电动截止阀，各抽汽止回阀，破坏真空等应急措施。

（6）由于甩负荷后机组转速飞升率（加速度）很高，有可能扩大轴承振动，因此有关防止轴承振动的措施必须严格执行。试验时必须有专人监视各轴承振动值，一旦有异常出现则必须迅速打闸，防止事故发生或扩大。

（7）甩负荷后若出现高压调节汽门油动机或中压调节汽门油动机未

关，恢复时高压调节汽门油动机或中压调节汽门油动机未开造成汽轮机单缸进汽，应打闸停机。

(8) 汽轮机空转和负荷变化时应监视高、中、低压胀差值，若有异常应及时采取措施。

(9) 甩负荷后还应注意蒸汽旁路系统，除氧器、排汽装置水位、抽汽回热系统、汽轮机及抽汽管道疏水、高压缸排汽温升、推力轴承金属温度、汽缸金属温度等情况，如有异常应采取措施。

(七) 正常运行试验周期

(1) 每天进行1次阀门活动试验。

(2) 每周进行1次高压遮断组件活动试验。

(3) 每周进行1次高压抗燃油主、辅泵切换试验。

(4) 每半年做1次危急遮断器喷油试验。

(5) 每年整定1次低润滑油压遮断器以及排汽装置低真空遮断器压力开关设定值。

(6) 每年校验1次系统中所用的测量仪表（如传感器、压力表、压力开关等）。

第七节　润滑油系统

一、汽轮机润滑油系统

(一) 概述

汽轮发电机组是高速运转的大型机械，其支持轴承和推力轴承需要大量的油来润滑和冷却，因此汽轮机必须配有供油系统用于保证上述装置的正常工作。供油的任何中断，即使是短时间的中断，都将会引起严重的设备损坏。

润滑油系统和调节油系统为两个各自独立的系统，润滑油的工作介质采用ISO VG32透平油。

对于高参数的大容量机组，由于蒸汽参数高，单机容量大，故对油动机开启蒸汽阀门的提升力要求也就大。调节油系统与润滑油系统分开并采用抗燃油以后，就可以提高调节系统的油压，从而使油动机的结构尺寸变小，耗油量减少，油动机活塞的惯性和动作过程中的摩擦变小，从而改善调节系统的工作性能，但由于抗燃油价格昂贵，且具有轻微毒性，而润滑油系统需要很大油量，两个系统独立运行，润滑油采用普通的透平油就可以满足要求。

润滑油系统的主要任务是向汽轮发电机组的各轴承（包括支撑轴承和推力轴承）、盘车装置提供合格的润滑、冷却油。在汽轮机组静止状态，投入顶轴油，在各个轴颈底部建立油膜，托起轴颈，使盘车顺利盘动转子；机组正常运行时，润滑油在轴承中要形成稳定的油膜，以维持转子的良好旋转；同时由于转子的热传导、表面摩擦及油涡流会产生相当大的热量，所以需要一部分润滑油来进行换热。另外，润滑油还为低压调节保安油系统、顶轴油系统、发电机密封油系统提供稳定可靠的油源。

（二）系统布置特点

供油系统按设备与管道布置方式的不同，可分为集装供油系统和分散供油系统两类。

1. 集装供油系统

集装供油系统将交流辅助油泵、交流启动油泵和直流事故油泵集中布置在油箱顶上，且油管路采用套装管路（系统回油管道作为外管，其他供油管安装在回油管内部）。

这种系统的主要优点是油泵集中布置，便于检查维护及现场设备管理；套装油管可以防止压力油管跑油、发生火灾事故而造成损失；缺点是套装油管检修困难。

2. 分散供油系统

分散供油系统各设备分别安装在各自的基础上，管路分散安装。这种系统的缺点是占地面积大；压力油管外漏，容易发生漏油着火事故。因此，在现代大机组中已很少采用这种供油系统。

（三）系统流程

润滑油系统主要由主油泵（MOP）、交流润滑油泵（BOP）、集装油箱、直流事故油泵（EOP）、交流启动油泵（MSP）、交流辅助油泵（TOP）、冷油器、切换阀、排烟装置、顶轴装置、油氢分离器、电加热器、低润滑油压遮断器、单舌止逆阀、套装油管路、回油管路、油位指示器及连接管道、监视仪表等设备构成。

图2-41所示为东方汽轮机有限公司600MW超临界机组汽机润滑油系统流程。汽轮机润滑油系统采用了主机转子驱动的离心式主油泵系统。在正常运行中，主油泵的高压排油（1.55MPa）流至主油箱去驱动油箱内的油涡轮增压泵，增压泵从油箱中吸取润滑油升压后供给主油泵，主油泵高压排油在油涡轮做功后压力降低，作为润滑油进入冷油器，换热后以一定的油温供给汽轮机各轴承、盘车装置、顶轴油系统、密封油系统等用户。

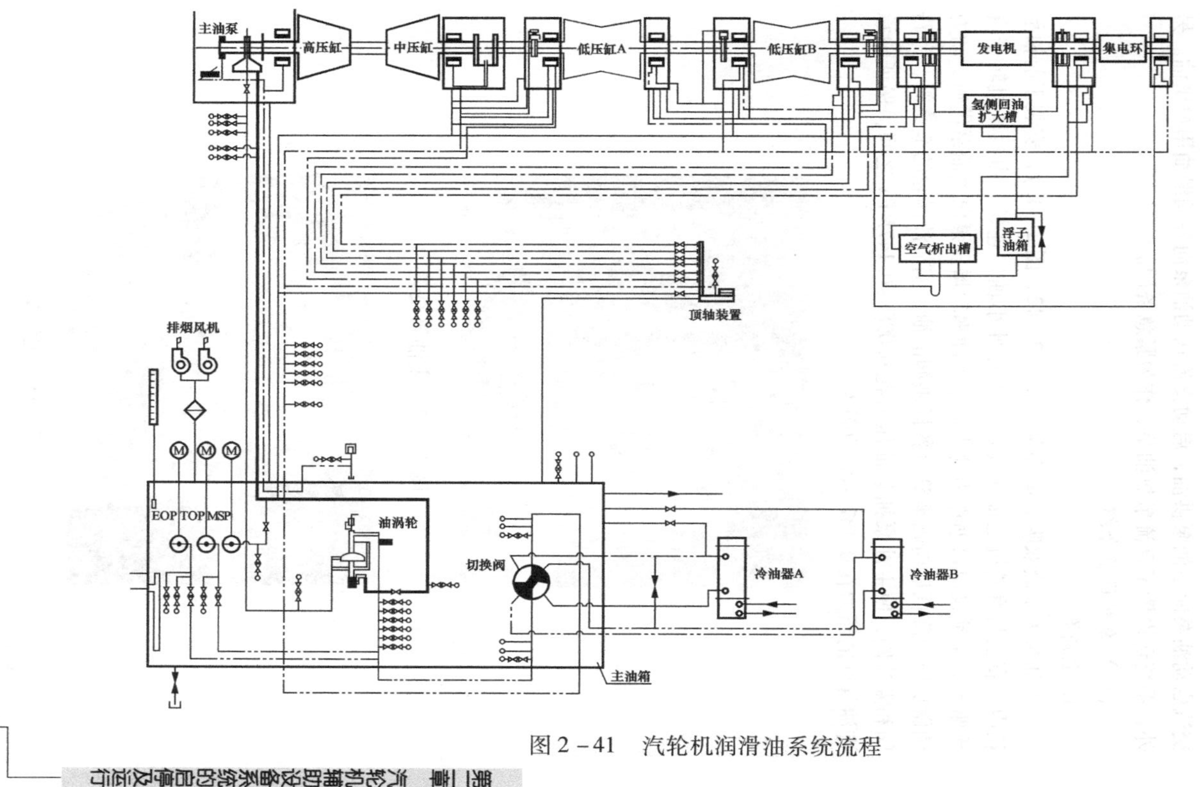

图2-41　汽轮机润滑油系统流程

在启动时，当汽轮机的转速达到约90%额定转速前，主油泵的排油压力较低，无法驱动升压泵，主油泵入口油量不足，为安全起见，应启动交流启动油泵向主油泵供油，启动交流辅助油泵向各润滑油用户供油。另外，系统还设置了直流事故油泵，作为紧急备用。

（四）系统设备介绍

1. 主油泵

主油泵为单级双吸式离心泵（见图2－42、图2－43），安装于前轴承箱内，直接与汽轮机主轴（高压转子延伸小轴）连接，由汽轮机转子直接驱动。主油泵出口油作为动力油驱动油涡轮增压泵向主油泵供油，动力油做功压力降低后向轴承等设备提供润滑油。调节油涡轮的节流阀、旁路阀和溢流阀，使主油泵抽吸油压力在0.098～0.147MPa之间，保证轴承进油管处的压力在0.137～0.176MPa。

图2－42　主油泵泵壳

图2－43　主油泵

第一篇　汽轮机运行

2. 集装油箱

随着机组容量的增大，油系统中用油量随之增加，油箱的容积也越来越大。为了使油系统设备布置紧凑，安装、运行、维护方便，油箱采用集装方式。将油系统中的大量设备如交流辅助油泵、直流事故油泵、交流启动油泵、油涡轮增压泵、油烟分离装置、切换阀、油位指示器和电加热器等集中在一起，布置在油箱内，方便运行、监视，简化油站布置，便于防火，增加了机组供油系统运行的安全可靠性。油箱容量最大运行容积为 50.5m^3，运行容积 41.6m^3，油箱容量的大小，满足在当厂用交流电失电的同时冷油器断冷却水的情况下，仍能保证机组安全惰走停机，此时，润滑油箱中的油温不超过 75℃，并保证安全的循环倍率。

集装油箱（见图 2－44）是由钢板、工字钢等型材焊制而成的矩形容器，为了承受油箱自重和油箱内油及设备的重量，底部焊有支持板，外侧面和外端面焊有加强肋板，盖板内侧面也焊有工字钢以加强钢度，保证箱盖上的设备正常运行。油箱顶部四周设有手扶栏杆。

油箱装有一台交流启动油泵、一台交流辅助油泵、一台直流事故油泵、油箱的油位高度可以使 3 台油泵吸入口浸入油面下并具有足够

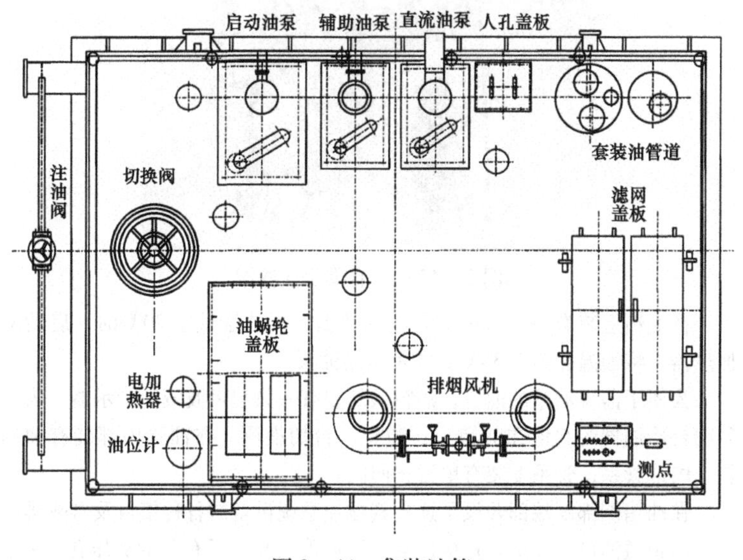

图 2－44　集装油箱

深度，保证油泵足够的吸入高度，防止油泵汽蚀。紧靠直流事故油泵右侧有一人孔盖板，盖板下、油箱内壁上设有人梯，便于检修人员维修设备。人孔盖板右侧油箱顶部是套装油管接口，此套装油管路分两路：一路为去前轴承箱套装油管路、另一路为去后轴承箱及电动机轴承套装油管路，避免了套管中各管的相互扭曲，使得油流通畅，油阻损失小。

套装油管接口前是滤网盖板，盖板下的油箱内装有活动式滤网（见图2-45），滤网可以定期抽出清洗、更换。经回油管排回油箱的油从油箱顶部套装油管回油口流回油箱，在油箱内经箱壁、挡板、内管消能后，流向滤网，这样可使回油造成的扰动较小，由回油携带的空气、杂质经过较长的回油路程，能充分地从油中分离出来，保证油质具有优良的品质。在油箱顶部装有一套油烟分离装置，包括两台全容量、互为备用的交流电动机驱动的抽油烟机和一套油烟分离器，两者合为一体，排烟口朝上，用来抽出油箱内的烟气，对油烟进行分离，油流则沿油烟分离器内部管壁返回到油箱。

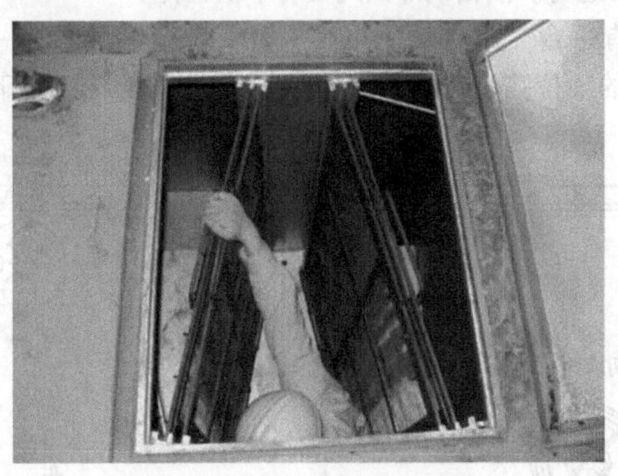

图2-45　主油箱回油滤网

在油箱上装有一套（6 支）电加热器，当油温低于20℃时，启动电加热器，将油温加热至35℃，才可启动油泵。

为便于监视油箱的油位在油箱顶部装有一只超声波液位指示器。为控制两台冷油器的起停在油箱上还装有一台切换阀。在油箱内部装有油涡轮、内部管系，管系上装有单舌止回阀。

在油箱侧部及端部开设了连接其他油系统设备的各种接口及事故排污口、油箱溢油口、冲洗装置接口等。油箱盖上开设了有关的测压孔，用来连接其上的控制仪表柜上的各接口。仪表柜安装于现场，监视并控制油系统及各设备运行情况。油箱盖上的人孔盖板为推拉式，以方便维修人员进入油箱检修。

3. 冷油器

润滑油要从轴承摩擦和转子传导中吸收大量的热量。为保持油温合适，需用冷油器来带走油中的这些热量。油系统中设有两台100%管式冷油器，设计为一台运行、一台备用。根据汽轮发电机组在设计冷却水温度（38℃）、面积余量为5%情况下的最大负荷设计。油路为并联，用一个特殊的切换阀进行切换，因而可在不停机的情况下对其中一个冷油器进行清理。

冷油器以闭式水作为冷却介质，带走润滑油的热量，保证进入轴承的油温为40～46℃（冷油器出口油温为45℃）。

冷油器一般有板式和管式两种：

东方汽轮机有限公司600MW超临界机组采用的管式冷油器，是电力系统中普遍使用的一种油冷却设备，利用该设备可使具有一定温差的两种液体介质实现热交换，从而达到降低油温，保证润滑油系统正常运行的目的（见图2－46）。

图2－46　管式冷油器示意（立式）

冷油器按安装形式，分为立式和卧式两种；按冷却管形式分为光管式和强化传热管式两种。需根据不同的场合、使用性能等要求进行正确选用。

东方汽轮机有限公司600MW超临界机组的管式冷油器采用闭式水冷却，润滑油油温由安装在冷却水回水母管的调节阀进行调整。

板式冷油器（见图2－47）采用换热波纹板叠装于上下导杆之间构成主换热元件。导杆一端和固定压紧板采用螺栓连接，另一端穿过活动压紧板开槽口。压紧板四周采用压紧螺杆和螺母把压紧板和换热波纹板压紧固定。采用纯逆流换热，左侧为热流体，右侧为冷流体。两两换热波纹板之间构成流体介质通道层，换热波纹板一侧是冷流体，另一侧是热流体，构成冷热流体的换热通道层交错布置。

板式冷油器的特点为：传热效率高；使用安全可靠；结构紧凑、占地小、易维护；阻力损失少；热损失小；冷却水量小；经济性高；冷却片（冷却容量）增减方便；有利于低温热源的利用。

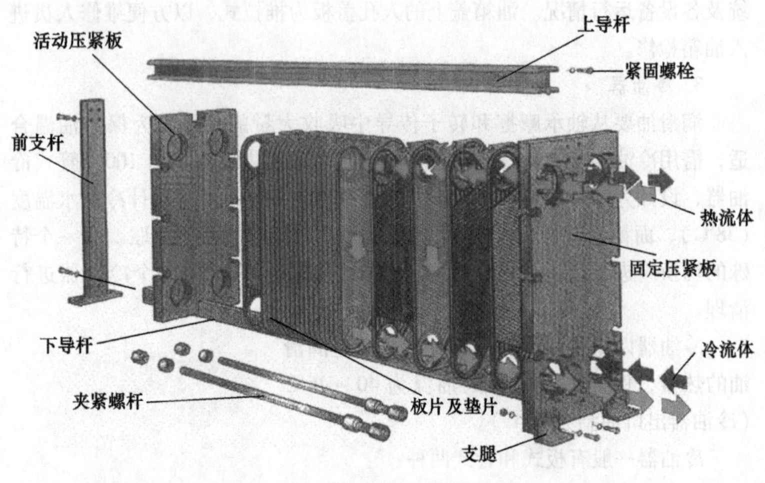

图 2－47　板式冷油器结构原理

4. 排烟装置

汽轮机润滑油系统在运行中会形成一定油气，主要聚积在轴承箱、前箱、回油管道和主油箱油面以上的空间，如果油气积聚过多，将使轴承箱等内部压力升高，油烟渗过挡油环外溢。因此，系统中设有两台排烟装置，安装在集装油箱盖上，它将排烟风机与油烟分离器合为一体。该装置使汽轮机的回油系统及各轴承箱回油腔室内形成微负压，以保证回油通畅，并对系统中产生的油烟混合物进行分离，将烟气排出，将油滴送回油箱，减少对环境的污染；同时为了防止各轴承箱腔室内负压过高使汽轮机轴封漏汽窜入轴承箱内造成油中进水，在排烟装置上设计了一套风门，用以控制排烟量，使主油箱内的负压维持在－0.5kPa。

5. 切换阀

切换阀为筒状板式结构，安装于集装油箱之内。因冷油器选用100%备用容量，故采用切换阀作为两台冷油器之间的切换设备，它具有操作简便，不会由于误动作，造成润滑油系统断油的特点。当运行着的冷油器结垢较严重，使冷油器出口油温偏高时，可以通过切换阀切换工作位置，投入另一台冷油器；当冷油器的进、出口冷却水温超过设计值，而冷油器的出口油温超过最高允许温度时，还可通过高速切换阀的工作位置，使两台冷油器同时投运，满足系统供油要求。

切换阀由阀体、阀芯、压紧扳手、手柄、密封架、止动块等零部件组成。切换阀的使用说明见图 2 - 48；切换阀的外形见图 2 - 49。

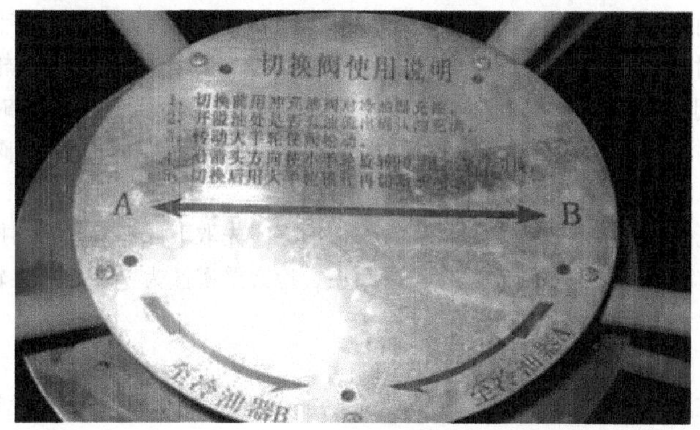

图 2 - 48　切换阀的使用说明

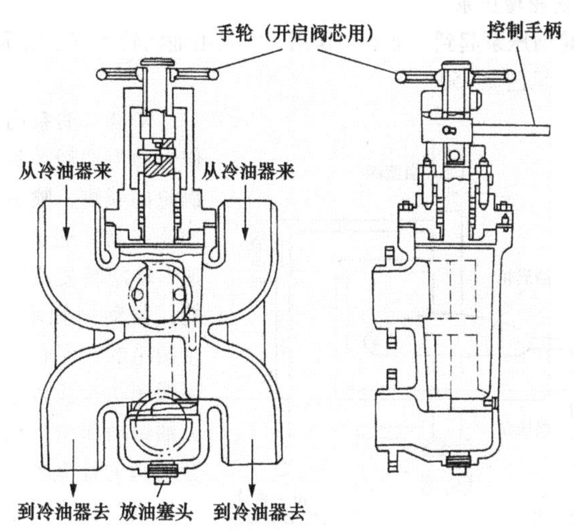

图 2 - 49　切换阀的外形图

润滑油从切换阀下部入口进入，由下部两侧出来，经冷油器冷却后，进入切换阀上部两侧，由切换阀上部出口进入轴承润滑油供油母管，阀芯所处的位置决定了相应的冷油器投入状况，切换阀换向前，必须先开启安装在冷油器回油管道上连通管道的注油阀将备用冷油器充满油（防止在切换过程中，润滑油带气使轴承断油），转动大手轮使阀松动，然后沿箭头指示方向转动小手轮90°进行切换操作，在切换阀内，密封架上设置了止动块，用以限制阀芯的转动，当小手轮扳不动时，表明切换阀已处于切换后的工作位置，此时应用大手轮锁住切换阀，使阀芯、小手轮不能随意转动，当需要两台冷油器同时投入工作时，应将小手轮扳到阀体的中间位置，这样，润滑油可经阀芯分别进入两台冷油器。

壳体下端有一螺塞为放油孔，解体前，应先取下此螺塞，将切换阀内存油放净。切换阀的维护应以清除污垢，检查严密性为主。拆下手轮，压紧扳手和密封架即可进行检修及维护。

6. 电加热器

在集装油箱中分散布置了6支个电加热器，总功率为90kW，单支电压为220V AC。油系统启动前，若油温低于20℃，则投入电加热器，待油温升至37℃时退出。

7. 油涡轮增压泵

油涡轮增压泵起到注油器的作用，它是由油涡轮和离心增压泵组成的复合装置（见图2-50）。

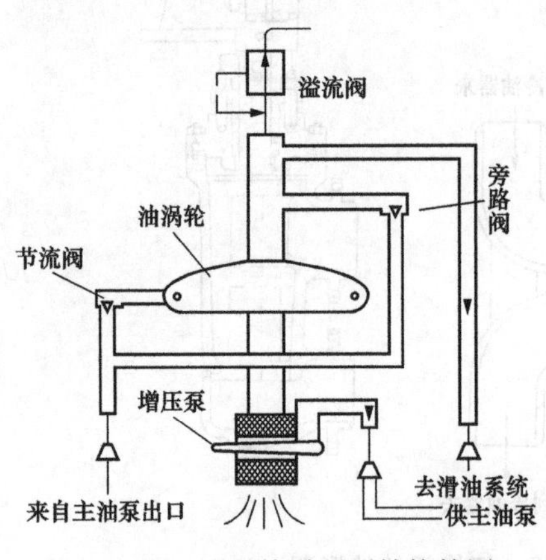

图2-50　油涡轮增压泵结构简图

来自主油泵出口高压油作为动力油经节流阀供到油涡轮的喷嘴，喷嘴后的高速油流在动叶通道中转向、降速，动能转变成叶轮的机械能，驱动同轴增压泵旋转，主油箱的油经过滤网由增压泵增压供至主油泵入口。动力油做功压力降低后与来自旁路阀的补充油混合，向轴承等设备提供润滑油。节流阀主要控制油涡轮的驱动功率，开度增加，驱动功率上升，叶轮转速升高，增压泵出口的油压上升。旁路阀和溢流阀用来调整润滑油系统油量和油压，当油涡轮的排油不能满足润滑油系统所要求的流量时，通过旁路阀直接向系统供油；溢流阀控制最后的润滑油压。机组首次冲转到3000r/min后，须对上述3个阀门进行配合调整，使主油泵抽吸油压力在 0.098 ~ 0.147MPa 之间，保证轴承进油管处的压力为 0.137 ~ 0.176MPa，即保证有足够的压力油进入油涡轮，以保证主油泵进口所需的油压，又能保证有足够的油量向润滑油系统供油。

8. 交流启动油泵、交流辅助油泵、直流事故油泵

交、直流油泵均为立式离心泵，驱动电动机安装于主油箱顶部，通过挠性联轴器与泵轴相连。电动机支座上的推力轴承承受全部液动推力和转子质量。油泵浸没在最低油位线以下，使油泵随时处于可启动状态。

东方汽轮机有限公司 600MW 超临界机组交、直流油泵均采用成都泵类研究所的立式离心泵，主要由机座、轴承室、连接管、蜗壳、轴、叶轮等部件组成。泵的推力轴承和导向轴承的润滑油来自该泵出口，不能无油启动。工作油位距泵座底面的距离在 0.88m 以内，启动后立即松开回油铜管外端的液压管接头，检查铜管内是否有油回至轴承室内润滑轴承；试转时要保持泵出口有一定压力（可采取适当部分堵塞出口），以免轴承缺油。

交流电动机采用全压启动、鼠笼式转子、全封闭风扇自冷、正齿联轴器、滚动轴承、防爆型异步电动机。

交流辅助油泵在汽轮机组启动、停机及事故工况时向系统提供润滑油。在机组盘车、冲转前必须投入运行，建立正常油压。当机组升到 90% 额定转速，主油泵已能满足润滑油系统的全部供油需求，交流辅助油泵便可退出运行。正常处于“自动”位置，当主油泵出口油压低于 1.205MPa 或润滑油油压低于 0.115MPa 时，交流辅助油泵自动投入运行。它能向润滑油系统提供全部需油量。

交流启动油泵用于机组启动过程中，机组转速低于 90% 额定转速，油涡轮无法正常工作，也无法向主油泵正常供油时，向主油泵入口提供油源。泵的结构同交流辅助油泵。直流事故油泵（EOP）在机组事故工况、系统供油装置无法满足需要或交流电源失去的情况下使用，提供保证机组顺利停机需要的润滑油。当润滑油压力低于 0.105MPa 时，自动联启直流事故油泵。

9. 套装油管路

套装油管路是将高压油管路布置在低压回油管内，供油回油组合式油管路。该管路将各种压力油从集装油箱输往轴承箱及其他用油设备和系统；将轴承回油及其他用油设备和系统的排油输回到集装油箱的通道。套装油管路为一根大管内套若干根小管道的结构，小管道输送高压油、润滑

油、主油泵吸入油，大、小管道之间的空间作为回油管道。这样，既能防止高压油泄漏，增加机组运行的安全性，又能减少管道所占的空间，使管道布置简单、整齐。缺点是检修不便。

套装油管路分为两路：一路为去前轴承箱的套装油管路，另一路为去后轴承箱及电动机轴承的套装油管路。另外，顶轴油管也采用套管结构，各顶轴油管从润滑油母管进到各轴承箱。套装油管路主要由管道接头、套管、弯管组、分叉套管、接圈等零部件组成，在制造厂内将其分段做好，然后运到现场组装而成。

套装油管路中的小管道采用不交叉的排置形式，增加了套装油管的安全可靠性，保证了套装油管路的制造质量，并且利于安装。该套装油管路在进轴承的各母管上设置有临时滤网冲洗装置，该装置仅用于进行管道冲洗时过滤管道中的杂质；在机组正常工作情况下，必须拆掉其中的滤网以利于油的流动。本套装油管路从各轴承接出少量回油至窥视管中，以便于对各轴承回油油温和油质进行监测。套装油管路中的回油管的内表面和供油管的外表面涂有防腐涂料，防止这些表面锈蚀。所有这些措施不仅提高了油管路的清洁度，而且防止了出现回油腔室堵油现象。

10. 回油管道

该系统有 2 根回油母管，前轴承箱润滑油回油、后轴承箱润滑油回油各经一根 $\phi670\times10$mm 和 $\phi610\times10$mm 的回油母管回到油箱污油区。顶轴装置的泄油回到油箱。回油管朝油箱方向有一个逐步下降的坡度，斜度不小于 1°，使管内回油呈半充满状态，以利于各轴承箱内的油烟通过油面上的空间流到油箱，再经过排烟装置分离后，由风机排入大气。发电机轴承回油经过油氢分离后，接入回油母管。回油流回油箱污油区后，经过滤网过滤后，进入净油区。在净油区设有超声波油位指示器，以观察油箱油位的变化。如果油位在没有泄漏的情况下下降到最低油位，表明滤网不通畅，应立即清洗滤网。

（五）系统运行监视与调整

1. 启动运行工况

系统启动前，应确认系统中油质满足启动运行清洁度要求，油箱油位在最高油位。当油箱内油温低于 20℃时，关闭冷油器的冷却水，加热油温到 35℃，启动辅助油泵（TOP），开启排烟风机，强制润滑油系统进行循环，待油温达到 38℃后，开启冷油器冷却水阀，冷油器投入运行，启动顶轴装置油泵，将各轴承的轴颈顶起高度调整到设计要求，即可投入盘车装置，机组油系统具备启机条件，启机时启动启动油泵（MSP），当机组冲转转速达到2000r/min时，可切除顶轴装置。

电厂也可根据自己运行经验修订切除顶轴装置的转速。在机组升速期间，启动油泵、辅助油泵应正常工作，供机组润滑油。机组到达3000r/min定速稳定后可停运启动油泵、辅助油泵。首次启动或润滑油压、主油泵供油压力达不到要求时，需要调整油涡轮的节流阀、旁通阀和溢油阀，使其达到系统要求。

油涡轮的设定和调整如下：

随着汽轮机转速上升到其额定值，在整个油系统的油压也随之改变，具体过程如下：运行油压将是盘车油泵的排出口油压，直到主油泵开始供油，油压上升。该油压由油泵特性决定，不能做调整。轴承主管道油压（停机态），在前轴承箱处应在98kPa以上。随着汽轮机转速上升，主油泵开始产生油流，该轴承主管道油压将逐渐增加。主油泵入口油压（停机态）在汽轮机前轴承箱应近似为176kPa（表压力），随着汽轮机主轴转速上升，主油泵开始产生油流，供油泵将与主油泵油流相匹配，这就会造成其输出油压低。这种降低将持续到升压泵开始和供油泵共同供油，并最终由升压泵取代。油泵系统的动作应在整个汽轮机主轴转速上升到额定转速的过程中受到监控，直到系统的最终调整完成。监控方法就是通过观察汽轮机前轴承相处的3只压力表来进行。如果发现有异常情况发生，在对每个阀的效用做如下了解后，可决定必要的调整措施：

（1）油涡轮喷嘴节流阀可以直接增大或减小主油泵抽吸压力，并在一个较小的范围内相应增大或减小轴承主管道油压，例如：如果油涡轮喷嘴节流阀打开使主油泵的抽吸压力增加，将会有更多的油从增压涡轮进入轴承润滑主管道，在一定程度上增大轴承主管道压力。

（2）旁通阀可以直接增大或减小轴承主管道油压，并在一个较小的程度上减小或增大主油泵抽吸压力，这就是说，如果旁通阀打开使轴承主管道油压上升，这代表增压透平元件背压的上升，从而使增压透平减慢，使主油泵吸入口油压微低。

（3）轴承润滑主管道溢油阀上有一套弹簧调整器，以设置足够大的排放流量，当溢油阀后无阻力时溢油阀管道排放25%～50%的满流量，此流量值即为溢流阀的最大排放量。溢流阀打开使排放量增加时轴承主管道油压在一定程度上下降，反之，轴承主管道油压的改变也会在某种程度上改变溢流阀的排放量。虽然溢流阀流量的调整会影响轴承润滑主管道油压，但主要目的不是调整油压。一旦在额定转速下运行阀设定最终完成后，它就会自动补偿轴承主管道油压的变化。

2. 正常运行工况

当机组正常运行时，系统中所有高压油均由位于前轴承箱内的主油泵提供。主油泵出来的高压油作为油涡轮的动力油源。油涡轮吸油取自于油箱，油涡轮为主油泵提供油源，并且向机组各轴承及盘车装置和氢密封系统供油，作润滑、冷却、密封用。在机组正常运行时，需根据润滑油母管油温，调整冷油器的水量，控制轴承进油温度于规定值内。

机组停运前，需要启动辅助油泵（TOP）和启动油泵（MSP）投入运行。

3. 停机工况

当机组正常或事故（打闸或跳闸）停机时，需在汽轮机转速下降到2850r/min之前，启动辅助油泵，当汽轮机转速下降到2000r/min时，启动顶轴装置。如辅助油泵一旦失效，应联动事故油泵保证安全停机。停盘车后方能停顶轴装置和辅助油泵。

4. 汽轮机首次启动或润滑油系统检修后的项目整定

汽轮机首次启动或润滑油系统检修后应对以下项目进行整定，且应在汽轮机达到额定转速前完成，否则有可能因油压低造成汽轮机跳闸：

（1）调节油涡轮的流量节流阀来改变增压泵的抽吸能力，从而保证主油泵的进油稳定在一定压力，但同时会反向影响轴承润滑油的母管压力。如增压泵供油压力增加，则轴承润滑油母管压力降低。

（2）调节油涡轮的旁路阀可改变润滑油压力，如开大则压力增加，但增压泵会因驱动力下降而引起排油压力降低。

（3）轴承润滑油供油母管上装设了泄压阀，超压时通过泄掉多余的油量以维持油压的稳定，一般排放量为满载流量的25%～50%。

为保证设备的安全运行，润滑油油温必须保持在一定范围内。进入轴承油温应维持在38～49℃，若油温太低，黏度会很大，润滑效果不好；若回油温度太高，由于氧化速度加快，油质会恶化。轴承回油温度要限制在60～70℃，这样轴承内油温就不会超过75℃。

合适的回油温度就可通过调节进油量来获得，为能够调整，各轴承进油管径有所不同，且管路上设有可加可取的节流孔板。

为保证设备的安全运行，润滑油油压必须保持在一定范围内。进入轴承油压应维持在0.137～0.176MPa。这个油压保证了轴承上部油压高于大气压，以形成连续油膜。如果油压太高，油会从轴承两端高速甩出，变成细小油雾。

每个轴承的进油支管上均配有一个粗滤网、一块流量孔板，轴承回油支管配有一个回油窥视窗和回油温度表，通过回油窥视窗可观察回油品质、流量和油中含水量等运行指标，机组检修时或个别轴承进油压力低时应考虑清洗粗滤网。

5. 润滑油温

该系统采用 ISO - VG32 汽轮机油，机组轴承要求其进油油温为 40 ~ 50℃，轴承回油的正常温度应小于 70℃。正常运行中要根据润滑油母管油温调整冷油器冷却水量，保证轴承进口油温。

二、汽轮机顶轴油系统

（一）概述

顶轴装置是汽轮机组的一个重要装置。它在汽轮发电机组盘车、启动、停机过程中起顶起转子的作用。汽轮发电机组的椭圆轴承（3、4、5、6、7、8 号）均设有高压顶轴油囊，顶轴装置所提供的高压油在转子和轴承油囊之间形成静压油膜，强行将转子顶起，避免汽轮机低转速过程中轴颈和轴瓦之间的干摩擦，减少盘车力矩，对转子和轴承的保护起着重要作用；在汽轮发电机组停机转速下降过程中，防止低速碾瓦。运行时顶轴油囊的压力代表该点轴承的油膜压力，是监视轴系标高变化、轴承载荷分配的重要参数之一。

（二）系统流程

顶轴油系统流程见图 2 - 51，顶轴油泵油源来自冷油器后的润滑油，压力约为 0.176MPa，可以有效防止油泵吸空气蚀。吸油经过一台 32μm 自动反冲洗过滤装置进行粗滤，然后再经过 25μm 的双筒过滤器进入顶轴油泵的吸油口，经油泵升压后，油泵出口的油压力为 16.0MPa，压力油经过单筒高压过滤器进入分流器，经单向阀、节流阀，最后进入各轴承。通过调整节流阀可控制进入各轴承的油量及油压，使轴颈的顶起高度在合理的范围内（理论计算，轴颈顶起油压 12 ~ 16MPa，顶起高度大于 0.02mm）。泵出口油压由溢流阀调定。

系统采用两级吸油过滤器，有效保证了系统的清洁度。油泵采用进口的恒压变量柱塞泵，该泵具有高效率、低发热、低噪声，高压下连续运转、性能可靠、无外漏、容积效率高等诸多优点。同时在电动机和泵之间配置了高精度的连接过渡架及带补偿的联轴器，降低了整个油泵电机组的振动、噪声，保证系统整体性能的优良、可靠。

为控制两台泵的运行、切换和防止泵吸空损坏，在油泵的进出口管路上装有压力开关，当油泵入口油压不大于 0.03MPa 时，油泵入口处压力开关接通（ON），表示吸入滤网堵塞；当泵的出口管路油压不大于 7MPa

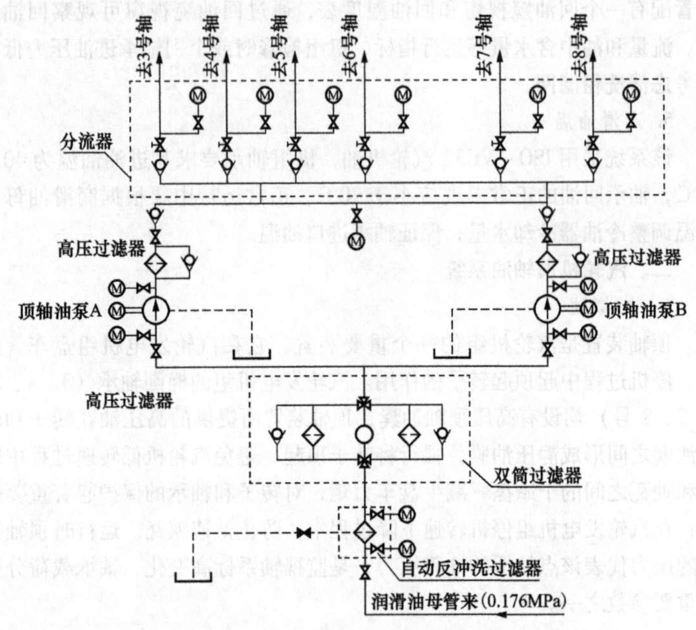

图 2－51　顶轴油系统流程

时，出口管路上压力开关接通（ON），应启动备用顶轴油泵。

在顶轴装置的前部是仪表盘。在仪表盘上安装有顶轴装置系统图中的所有压力表和泵前后的压力开关。在现场实际操作时，方便、简捷，观察和记录数据一目了然。在自动反冲洗过滤装置前后各设一压力表，以监测其差压大小，视情况对其清洗。

（三）系统设备介绍

顶轴装置主要由电动机、高压油泵、自动反冲洗过滤器、双筒过滤器、压力开关、溢流阀、单向阀和节流阀等部套及不锈钢管、附件组成，装置采用集装式结构，便于现场安装和维护。顶轴装置布置见图 2－52。

1. 顶轴油泵

顶轴油系统采用两台顶轴油泵，一运一备，型式为变量柱塞泵。

柱塞泵（见图 2－53）通过柱塞在缸体往复运动完成吸油排油升压的过程。变量柱塞泵是在转速不变的情况下，通过改变斜盘与传动轴的夹角使柱塞的轴向移动距离发生变化，从而改变排量，同时电动机负载也会随

图 2－52　顶轴装置布置图

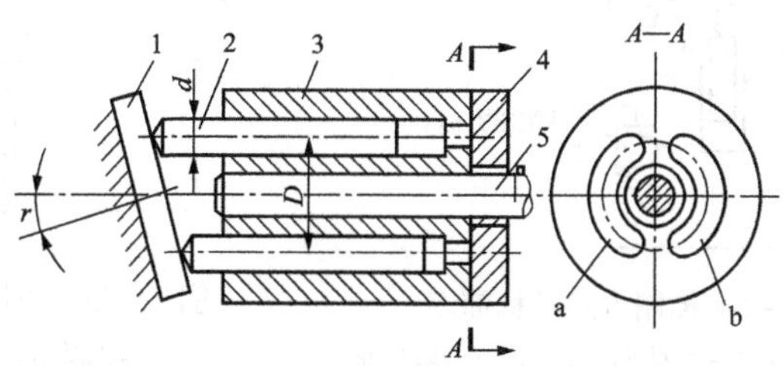

图 2－53　变量柱塞泵结构原理

1—斜盘；2—柱塞；3—缸体；4—配油盘；5—传动轴

着斜盘的斜度而改变，达到省电的目的。

变量柱塞泵的工作原理见图 2－53，变量柱塞泵的变量是通过改变泵腔工作容积来实现的，改变斜盘法线对缸体回转轴心的夹角 γ，即改变各柱塞腔的工作容积，当 γ 角最大时，柱塞腔的工作容积最大，实现全排量供油，当 γ 角为 0 时，柱塞腔的工作容积为 0，这时液压泵不供油。如果 γ 角为负值，则液压泵反向供油。改变 γ 角的方式有多种，每种方式都有各自的控制特点。

如图 2－54 所示，斜盘操纵臂和变量柱塞在复位弹簧的作用下停留在原位，这时斜盘倾角 γ 最大，液压泵全排量供油。当系统压力略高于顺序阀的设定压力时，打开顺序阀，同时使换向阀换向，系统压力油进入柱塞缸，变量柱塞克服复位弹簧的作用力，改变斜盘倾角 γ，液压泵实现变量供油。如果系统压力再度增高，变量柱塞缸内的压力也再增高，使 γ 角接近 0（有一部分泄漏，γ 角不能为 0），液压泵即保持一定压力，但不对系统供油，这就是液压泵在压力状态下的卸载（因为 $N = p \times Q$，当 $Q \to 0$ 时，$N \to 0$）。在系统压力降低后，变量柱塞立即恢复原始状态。图中换向阀主要是为系统大量用油时，提高变量柱塞复位的响应速度而设计的。这种控制为恒压变量控制，其特性如图 2－55 所示。

图 2－55 中 A—B 为全排量供油段，B—C 为变量段，C 为压力状态下卸载点，也称为待用压力。变量段的压力范围（$p_B \sim p_C$）很小，适用于多个执行器能同时工作，压力在使用压力的 90% 以内都需要全排量供油的系统。变量泵与标准定量泵的主要区别是输出功率不同，变量泵的输出功率随负载的变化而变化，而定量泵的输出功率相对恒定，在小流量动作情况下，变量泵的输出功率很低，而定量泵的输出功率基本恒定。

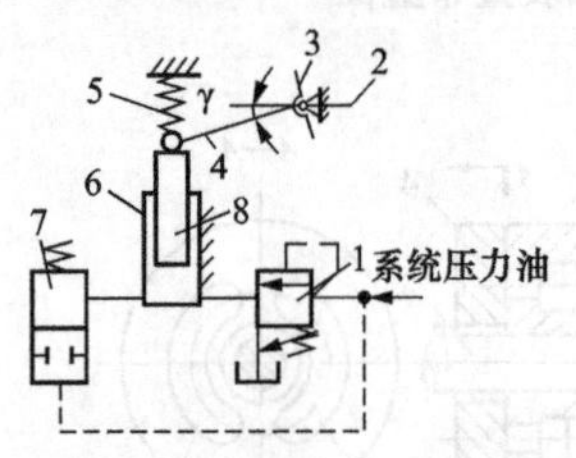

图 2－54 控制方式结构简图

1—顺序阀；2—缸体回转轴心；3—液压泵斜盘；4—斜盘操纵臂；5—复位弹簧；6—变量柱塞缸；7—换向阀；8—变量柱塞

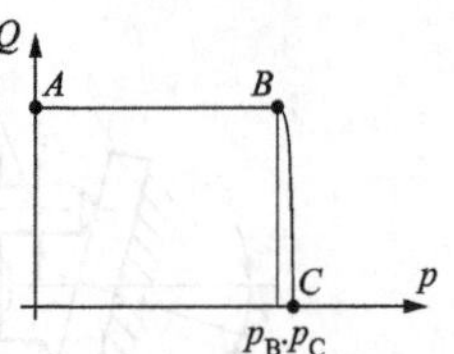

图 2－55 恒压变量控制特性

2. 自动反冲洗过滤装置

自动反冲洗过滤装置由缸体和过滤元件两部分组成（见图 2－56），过滤元件由集成旁通阀、滤网、网架、排污机构等部分组成，垂直置于缸体内。该装置采用一种新型的反冲洗机构，利用润滑油系统自身的液压能驱动排污机构，连续自动地冲洗掉积存在滤网上的污物，保持滤芯通流面积恒定。另外还具有工作过程不影响系统内部的压力、流量和温度，过滤精度高，滤油量大、压损低，无须专人操作，维护量少等优点，且具有集成旁通阀安全系统，不会因为装置本身故障造成供油不足。

装置结构：排污机构由油电动机和排污泵组成，油流驱动油电动机连续运转，带动排污泵的两个叶片 A、B 反向冲洗滤网。套筒用于保护滤网，同时确保油流向下流动，使冲洗掉的污物沉积到缸体底部。滤芯顶盖上均布六个安全阀，组成集成旁通阀，当过滤元件出现故障，压力损失达到集成旁通阀开启压差时，集成旁通阀打开补充供油量，保证系统供油。网架用于支撑滤网，同时与排污泵叶片 A、B 构成楔形空间，将网架周向等分为若干个冲洗扇面。底架用于支承排污机构，同时控制其运转方向。

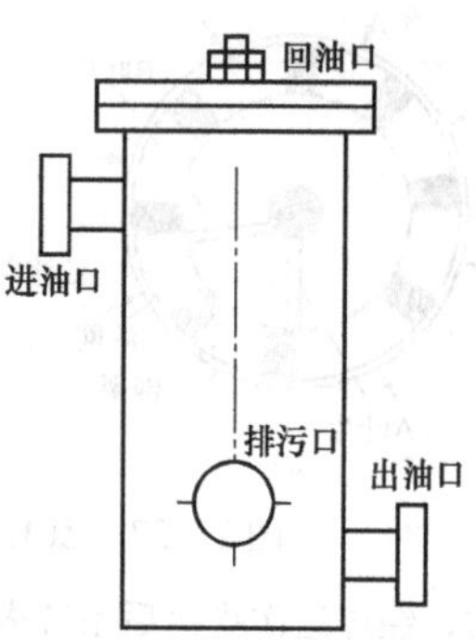

图 2－56　ZCL－1B 自动反冲洗过滤装置

自动反冲洗的工作原理（见图 2－57）：全部油流从滤网外部向内部径向地通过，过滤后的油从缸体下部的出油口输出，同时少量油（约占额定流量 3%）驱动油电动机后从缸体顶部回油口回到主油箱，构成排污机构工作回路，驱动油电动机连续运转。随着油液的连续通过，杂质沉积在滤网表面，油电动机驱动排污泵的两个叶片 A、B 交替运转，形成高压脉冲油流，由网内向外反向冲洗滤网表面沉积物，污物随油流向下沉积到缸体底部积污室内，定期排放（一般在检修期间排放）冲洗过程是以顺时针方向逐个扇面周期性进行的，整个圆周面冲洗一次约需 7.5～10s。包括三个阶段：叶片 A 静止，叶片 B 朝 A 迅速合拢，形成反向冲洗脉冲，如图 2－57（a）所示；冲洗脉冲达到峰值，一个扇面冲洗完毕，如图 2－57（b）所示；叶片 B 静止，叶片 A 缓慢地转过一个角度，叶片 A 与网架形成楔形空间再次充满油，如图 2－57（c）所示。然后重复图 2－57（a）的过程，进行下一冲洗循环。

装置启动：确认润滑油系统已经启动，先全开回油阀，略开进油阀进行注油排空，当缸体充满油，过滤元件即进入正常工作（监听有卡嗒、卡嗒声）。打开出油阀，全开进油阀。排污机构工作频率的调整：调整回油阀，保证出油压力和回油压差在排污机构正常工作压力 0.08～0.20MPa 之间（最好为 0.12～0.18MPa），监听排污频率在 50～100 次/min（最好为 60～70 次/min）。

定期排污：大修后一周需要进行一次排污，以后每个月进行一次排

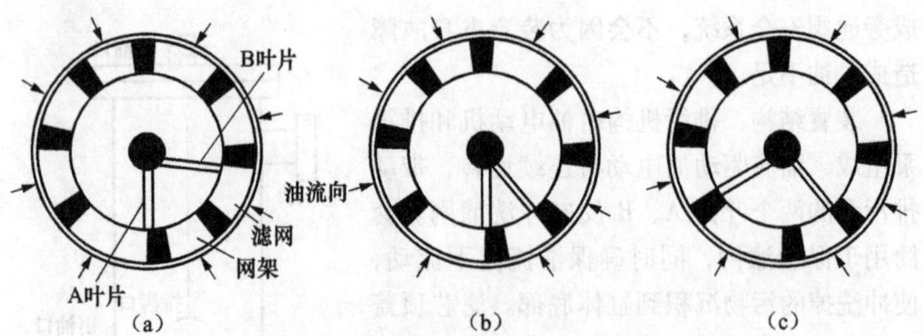

图2-57　ZCL-1B自动反冲洗过滤装置冲洗过程

污，经过这次排污后系统内油质基本干净，故只需半年后再进行排污。实际使用中当进油压力和出油压力之差大于或等于0.035MPa时应进行排污。排污时应将装置退出运行，卸下排污口堵板，清除积污室内的污物，不必将过滤元件取出。

（四）顶轴装置的运行

（1）汽轮机启动时，汽轮机盘车暖机之前，必须启动交流润滑油泵，到润滑油工作正常后，投入顶轴装置，启动盘车装置，直至汽轮机转速升高盘车装置自动脱扣后停顶轴装置。

（2）汽轮机停机时，汽轮机转速降至2000r/min时，必须启动顶轴油泵，投入顶轴装置，防止低速碾瓦。

（五）使用维护

（1）双筒过滤器的使用和维护：顶轴装置在调试期间及运过程中，应注意双筒过滤器的压差发信器发出的信号，若压差发信器发出压差大报警信号，说明滤网滤芯堵塞，必须立即切换至备用侧滤筒，切换时先将过滤器的充油阀门旋向备用筒，打开备用筒的放气阀门，待气放净后，旋紧放气阀门，再将切换阀旋至备用侧，既完成了双筒过滤器的切换。切换后应更换滤芯备用。

（2）顶轴油系统在使用中发现反冲洗滤油器进出口压差不小于0.08MPa时，说明反冲洗滤油器已严重堵塞，应在系统停止工作时清理下方的排污口，打开上盖，将滤油器内存的油抽净，对反冲洗装置进行清洗、维修。

（3）顶轴装置要经常检查管道的严密性，保持良好的密封，油泵及滤油器经常充油按钮、开关等元件应保持干燥，接触良好，以保证可以随时迅速投入工作。

（4）顶轴装置及油管路经拆检维修后，首次启动时应按要求进行调试。

（5）工作油清洁度应满足机组运行要求 NAS7 级精度以上。

（6）定期检查、校正压力表、压力开关。定期检查各部分密封件性能是否良好，发现问题及时排除。

三、润滑油净化系统

（一）概述

汽轮机运行中，由于轴封漏汽、轴瓦摩擦，润滑油温度升高等原因导致油质劣化，使润滑油的性能和油膜力发生变化，造成各润滑部分不能很好润滑，导致轴瓦钨金熔化损坏。因此，保证润滑油系统正常工作，是机组安全运行的保障。润滑油系统除了合理地配置设备和系统的流程连接之外，还需配置润滑油净化设备，确保润滑油的油质符合使用要求。

（二）系统流程

润滑油净化系统的作用是将汽轮机主油箱、润滑油储油箱内以及来自油罐车的润滑油进行过滤、净化处理，使润滑油的油质达到使用要求。正常运行时，储油箱可以向主机润滑油箱补油；在事故或检修时主机润滑油箱可把润滑油倒到储油箱。

汽轮机主油箱、润滑油储油箱分别设有事故放油管道，排油至主厂房外的事故放油池。

（三）系统设备介绍

润滑油净化系统主要由储油箱、润滑油输送泵。净化系统不设置固定的油净化装置，采用移动滤油机净化。

1. 移动滤油机

移动滤油机主要是除去润滑油中水分、杂质。

主机油箱、储油箱均配置与移动滤油机的接口管道。每个油箱都可单独与移动滤油机构成油箱与滤油机的循环油净化系统。

2. 储油箱

储油箱正常储存洁净、合格的润滑油，可随时向主机油箱补油。也可作为主油箱检修时的储油箱。储油箱顶部和底部各设一个润滑油充油口，作为系统补油管道接口。储油箱设有两个带阻火器的呼吸阀、油箱溢流管、底部放油管、事故放油及两个取样接口。

3. 润滑油输送泵

东方汽轮机有限公司 600MW 超临界机组的润滑油输送泵采用普通的卧式螺杆泵，适用于输送各种有润滑性、温度不高于 80℃、黏度为 $5\times10^{-6}\sim1.5\times10^{-3}m^2/S$ 的液体；不适合输送有腐蚀型的、含有硬质颗粒或纤维的、高度挥发或闪点低的液体，如汽油、苯或酸、碱、盐等溶液。具有性能稳定、安全可靠、密封性能好、自吸性良好、启泵不需注油的特点。因输送介质为润滑油，故日常无须另加润滑液。

该泵主要由泵体、齿轮、安全阀（动作压力0.45MPa）、单列向心球轴承、轴承座、弹性联轴器、填料密封装置等部件组成。

四、汽轮机润滑油质量指标

汽轮机润滑油的质量有很多指标，主要有黏度、酸价、酸碱性反应、抗乳化度和闪点等5个指标。此外，透明程度、凝固点温度和机械杂质等也是判别油质的标准。ISO VG32润滑油性能见表2-10。

1. 润滑油黏度和黏度指标

黏度是表征液体流动性能的指标。黏度大，油就稠，不易流动；黏度小，油就稀，容易流动。黏度以恩氏作为测量单位，常用的汽轮机黏度为恩氏2.9~4.3。黏度对于轴承润滑性能影响很大，黏度过大轴承容易发热，过小会使油膜破坏。油质恶化时，油的黏度会增大。

2. 润滑油酸价和酸碱性反应

酸价表示油中含酸分的多少。它以每克油中用多少毫克的氢氧化钾才能中和来计算。新汽轮机油的酸价应每克油不大于0.04mgKOH。油质恶化时，酸价迅速上升。

酸碱性反应是指油呈酸性还是碱性。良好的汽轮机油应呈中性。

3. 抗乳化度和闪点

抗乳化度是指油和水分离的能力，它用分离所需的时间来表示。良好的汽轮机油抗乳化度不大于8min，油中含有机酸时，抗乳化度就恶化增大。

闪点是指在常压下，随着油温升高，油表面上蒸发出来的油气增多，当油气和空气的混合物与明火接触而发生短促闪光时的油温称为油的闪点。闪点可在开口或闭口的仪器中测定，闭口闪点通常较开口闪点高20~40℃。

燃点是油面上的油气和空气的混合物遇到明火能着火燃烧并持续5s以上的最低温度。汽轮机油的温度很高，因此闪点不能太低，良好的汽轮机油闪点应不低于180℃，油质劣化时，闪点会下降。

4. 汽轮机油添加剂

汽轮机油在炼制过程中加有一些添加剂，以使其具备一定的品质。例如，抗氧化剂使汽轮机油不易老化；抗乳化剂使油中水分容易聚成水珠而沉淀下来；防锈剂使油中的水分不易接触到铁而生锈。汽轮机油的消泡能力对汽轮机的正常运行也十分重要，汽轮机油的消泡性能衰退时泡沫大增，在油箱油面上漂浮起厚达数百毫米的泡沫层，泡沫层与油界面不清，使油箱油位指示虚假升高。正常泡沫层厚度不应大于50mm，必要时可在运行中加入消泡剂。

表2-10　　ISO VG32润滑油性能

序号	项　目	单位	质量标准	备 注
1	运动黏度	mm^2/s	28.8～35.2	40℃
2	黏度指数		≥95	
3	密度	kg/m^3	≤880	15℃
4	开口闪点	℃	≥190	
5	凝点	℃	≤-6	
6	苯胺点	℃	≥95	
7	不溶解介质不能检出	%	<0.005	
8	通流性能，500mL油量流经1.2μm精度的滤网时间	s	<500	
9	含水量	%	0.025	
10	铜片腐蚀试验	合格	ASMTM-D130	
11	锈蚀试验	合格	ASTM-D665	
12	抗氧化试验	合格	ASTM-D943	
13	油—水破乳化试验	合格	ASTM-D1401	
14	起泡特性试验	合格	ASTM-D892	

提示　第一～七节内容适用于初、中级工、高级工、技师、高级技师使用。

第三章

汽轮机的启动

汽轮机的启动过程是将转子由静止或盘车状态加速至额定转速，并接带负荷至正常运行的过程。汽轮机在冷态启动时，转子、汽缸的温度等于室温（约25℃），而在正常运行中转子、汽缸的温度很高，如国产300MW亚临界汽轮机在满负荷时调节级处的金属温度为510℃左右，600MW超临界汽轮机在满负荷时调节级处的金属温度为540℃左右。这就是说，在整个启动过程中，调节级处的金属温度要升高约485℃或515℃。相反，停机时，汽轮机的金属温度要从一个很高的水平降至一个很低的水平。因此，从传热学观点来看，汽轮机的启停过程是一个不稳定的加热过程和冷却过程。

汽轮机启动时，由于各金属部件均受剧烈的加热，使得启动速度受到了以下一些因素的制约：汽轮机零部件的热应力和热疲劳、转子和汽缸的胀差、各主要部件的热变形及机组振动等。所谓合理启动，就是寻求合理的加热方式，使启动过程中机组各部分的热应力、热变形、转子和汽缸的胀差以及振动值等均维持在允许范围内，尽快把机组的金属温度均匀地提升到工作温度，进入正常的运行状态。

汽缸和转子的热应力、热变形、转子与汽缸的胀差均与蒸汽的温升率有关。在汽轮机启停过程中，有效地控制蒸汽的温升率，就能使金属部件的热应力、热变形、胀差等维持在其允许范围内。

汽轮机的启停应以转子的寿命分配方案所确定的寿命损耗率、寿命管理曲线作为依据，按分配给每次启动的寿命损耗，确定部件允许的最大热应力，然后确定部件允许的温升率。但是根据转子寿命所确定的温升率（温降率）只能满足热应力的要求，不一定能满足热变形和胀差的要求。因此，机组启停速度要综合考虑各方面的因素，通过试验确定最佳的温升率。

在一般情况下，规定主蒸汽温升率不应大于2℃/min；在换热系数较小的情况下，可以加快到3～4℃/min，对于一些采用无中心孔转子的机组，由于转子没有内表面，转子应力降低，温升率即使选得稍大一些，也不会增加转子的寿命损耗。

除了温升率（温降率）以外，影响汽轮机热应力、热变形和胀差的因素还很多。例如：汽缸和转子结构不合理、滑销系统有缺陷、管道阻碍汽缸的膨胀以及汽缸保温不良等。因此，在启停过程中除了主要监控蒸汽的温升（降）率外，还应当监视汽缸内外壁温差、法兰内外壁温差、上下缸温差、汽缸的绝对膨胀、转子和汽缸的胀差、轴及轴承振动等。上述监视指标，只要有一个超过允许值，都可能会引起设备的损坏。

在汽轮机启停过程中，锅炉蒸汽参数应尽可能地密切配合汽轮机的要求，使汽温呈线性变化，以保证满足汽轮机寿命损耗所要求的温升率。

汽轮机的合理启动方式，就是汽轮机的合理加热方式。合理的加热方式就是在汽轮机各金属部件温度差，转子与汽缸的相对膨胀差在允许范围之内，不发生异常振动，不引起摩擦和过大的热应力的条件下，以尽可能短的时间完成汽轮机启动的方式。

第一节　汽轮机组启动前的检查与试验

在启动前做好一切准备工作，是安全启动、缩短启动时间的必要条件。经验证明，启动前准备不周和对设备系统检查不够在启动中往往会遇到意想不到的困难，不仅会造成启动时间的延长，甚至会引起设备严重损坏的事故。准备工作包括组织工作准备和设备系统检查两个方面。组织工作准备包括启动方案的制定，启动操作程序的编制，运行人员的分工，与锅炉、电气、热工的联系配合，以及启动中所需的表报记录、数据采集、专用仪表（如测温仪、振动表、挠度表等）、工具（如听针、阀门扳手、电筒）等的准备。

运行人员应熟知汽轮机全部设备，包括汽轮机本体、调节系统、凝汽设备、加热器、除氧器、各种水泵等的构造和工作原理；熟知汽、水、油系统，并能根据需要正确切换各个系统；熟知每个阀门的位置、仪表的用途、各种保护及自动装置的逻辑和作用；熟练掌握汽轮机组设备的启停和正常运行操作；能根据规程要求，正确、迅速地处理所发生的各种事故等。

组织工作准备的主要任务就是使各种设备处于准备启动的状态，达到随时可以投入运行的条件。设备系统检查大致包括以下内容。

一、启动前的准备与检查

1. 汽轮机本体及辅助设备、系统的检查

启动前应对设备进行全面检查，对在停运中因消除缺陷和设备改动过的地方尤其应仔细检查，确证检修工作已全部结束，保证汽轮机各重要部件正常、安全，设备完好无缺，并应弄清改进设备的性能。在进行本体状况检查时，应注意汽缸膨胀、相对胀差、轴向位移及汽缸各点金属温度均正常。

油系统等应完好，不应有漏油的地方，油箱油位应正常，油箱及冷油器的放油门应关闭并加封。冷油器出入油门应开启，进水门开启，出水调整门关闭，交、直流润滑油泵入口门开启，出口门关闭。启动前对各个系统都要进行详细的检查，电动门和各辅助设备都要经过认真试验，保证性能良好后置于备用状态。应检查调节系统和调节汽门的外部状况，螺丝、销子、防松螺帽应装配齐全、完好。

启动前应准备好的设备与系统，主要有：①辅机冷却水系统；②抗燃油及润滑油系统；③凝结水系统；④加热器及除氧器；⑤主蒸汽、再热蒸汽、汽轮机本体、疏水及抽汽系统；⑥辅助蒸汽及轴封汽系统；⑦高、低压旁路系统；⑧热工保护；⑨汽动给水泵油、汽、水等系统；⑩发电机氢、油、水系统及凝汽系统等。上述各设备及系统均应符合运行规程要求的启动条件。

2. 控制和测量仪表的检查

汽轮机启动前，应检查主再热蒸汽参数、转子弯曲度、转子轴向位移、汽缸膨胀、胀差以及汽缸金属温度等主要仪表必须完好、准确；汽轮机启动前，还应记录汽缸的膨胀、胀差、轴向位移，上下缸温度等原始数值。检查各有关保护在投入状态；检查中央信号完好，警铃、喇叭声响正常。

3. 汽水系统各阀门位置的检查

应逐步按蒸汽、凝结水、给水、压缩空气、辅机冷却水等系统进行检查，系统中的阀门、设备应完好。电动门配电盘带电，并进行电动阀门操作试验正常。汽水系统各阀门位置应符合启动前规程规定的要求。特别应注意汽轮机本体、蒸汽管道和抽汽管道上的排大气疏水门和防腐蚀门应开启，带有检查门的设备，门后的排大气疏水门应先关闭；其他在启动时影响真空的阀门以及汽水可能倒流回汽缸的阀门均应关闭。蒸汽系统的电动主汽门应预先进行手动和电动开关检查，然后关好。自动主汽门、调汽门应在关闭位置，危急遮断器应在脱扣状态。汽缸、蒸汽管道、高温管道及其阀门的保温应良好。

4. 禁止机组启动的情况

（1）影响机组启动的系统和设备检修工作未结束、工作票未终结，或经试验及试运不合格。

（2）机组主要参数无法正常监视。

（3）机组主要保护不能正常投入。

（4）机组主要联锁试验不合格。

（5）机组主要附属系统设备安全保护性阀门、装置动作失常或未经整定。

（6）水压试验不合格。

（7）控制气源异常。

（8）主要的辅助设备工作异常。

（9）计算机控制系统不能投入或运行不正常。

（10）汽轮机调速系统不能维持空负荷运行，机组甩负荷后不能控制转速在危急遮断器动作转速以下。

（11）任一主汽门、调节汽门、抽汽止回阀卡涩或关闭不严。

（12）汽轮机大轴晃动度偏离原始值20μm或偏心度大于76μm。

（13）盘车时有清楚的金属摩擦声或盘车电流明显增大或大幅摆动。

（14）高压启动油泵、交流润滑油泵、直流事故油泵，润滑油系统、EH油系统任一发生故障。

（15）油质不合格、润滑油或者EH油温低于厂家启动规定值、回油温度高于厂家启动规定值，润滑油箱油位或者EH油箱油位低于厂家规定值。

（16）主要调节及控制系统（除氧器水位、压力自动调节、旁路子系统保护及自动调节、给水泵控制系统、凝汽器水位调节等）失灵。

（17）汽轮机进水。

（18）机组保温不完善。

（19）汽水品质不符合要求。

（20）危急保安器超速试验不合格。

（21）胀差不在厂家规定汽轮机运行的正常范围。

（22）发电机风压试验不合格。

（23）高中压缸上下温差大于厂家规定值。

（24）发电机－变压器变组主保护无法投入。

（25）发电机－变压器组绝缘检测不合格。

（26）发电机－变压器组主保护动作或后备保护动作，已确认非线路、系统故障，且未查明原因。

（27）发电机自动励磁调节器故障，不能正常投入运行。

（28）发电机自动准同期装置故障，不能实现自动准同期并网。

二、启动前的试验工作

汽轮机启动前，除应对启动时需投入的设备及系统进行全面检查外，为保证机组总体启动工作的顺利进行，还应进行一些必要的试验工作，主要包括：①调速系统静态特性试验；②保安系统试验；③主机保护试验；④旁路系统试验；⑤加热器及除氧器试验；⑥电液调节系统试验；⑦泵及电动门、热工自动保护装置试验。

1. 调速系统静态特性试验

调速系统静态特性试验也称静态调整试验，它是在发电机组静止时进行的试验，是用模拟的方法测取调速部套静态相关特性，初步确定调节系统静态特性，从而创造安全、可靠的启动条件。

汽轮机在静止状态下，启动高压调速油泵，油压、油温接近于正常运行工况，油质合格，对调节系统进行检查，以测取绘制各部套之间的关系曲线，并与制造厂设计曲线相比较，如偏离较大，应进行重新调整与处理，以保证汽轮机整体启动试运行的顺利进行。

对于采用高速离心调速器为敏感元件的调节系统，一般应测取同步器行程与挂闸油压、中间滑阀行程、各自动主汽门行程、各油动机行程之间的关系，以及油动机行程与调节汽门开度的关系。

对于全液压调节系统，在进行静态试验前，应临时加接油源，以建立一次油压，经整定后，测取同步器在不同行程的一次油压与二次油压的关系、二次油压与各油动机行程的关系以及其他类似装置（启动阀、功率限制器等）的行程与调节汽门油动机行程的关系。

抽汽式供热汽轮机应在调压器的压力敏感元件内用接入油压表校验台等办法建立油压，进行调压器的静态整定，再与调节部套一起做各油动机的静态调试，测取调压器的压力、调压器行程，同步器行程以及各油动机行程之间的关系。

电液调节系统应测取控制系统的模拟量输出与调节汽门油动机行程关系特性。

2. 保安系统试验

保安系统试验包括超速试验、主汽门和调速汽门严密性试验、汽阀油动机关闭时间测定试验和甩负荷试验。这里只介绍汽阀油动机关闭时间测定的试验，其他三个的试验详见第八章中的有关内容。

汽轮机挂闸后，测取同步器、启动阀或其他有关装置行程与主汽门开度的关系。进行远方打闸模拟保安系统隔离试验，测取主汽门、调节汽门的关闭时间，其中主汽门油动机需全开，调节汽门油动机应处于额定负荷位置，关闭时间是从发出跳闸指令至油动机关闭的全过程时间。汽门油动机总关闭时间的规定见表3-1。

表3-1　　汽门油动机总关闭时间的规定　　s

机组额定功率（MW）	调节汽门	主汽门	机组额定功率（MW）	调节汽门	主汽门
≤100	<0.5	<1.0	200~600（包括600）	<0.4	<0.3
100~200（包括200）	<0.5	<0.4	>600	<0.3	<0.3

由于此关闭时间是在汽门上无蒸汽的情况下测定的，考虑蒸汽作用力的影响，需要用有蒸汽条件下的试验结果加以修正。

3. 加热器及除氧器试验

加热器及除氧器的水位调节装置工作正常，溢流装置及高、低水位报警信号动作可靠，就地和远方水位计指示一致。除氧器蒸汽压力调整装置工作正常，能稳定地维持除氧器压力在要求范围内，安全门动作正确可靠，排汽畅通，运行过程无汽水冲击现象和显著振动现象。

除以上试验项目外，还应进行主机保护试验、旁路系统试验、电液调节系统试验、泵及电动门、热工自动保护装置试验等等，具体试验过程详见第八章。

以上所有试验均合格后，检查关闭主汽门、调节汽门；检查投入机组相关的保护、仪表。机组恢复到启动前的状态，准备启动。

三、辅助设备系统的投入

1. 启动密封油系统，发电机充氢

氢冷发电机一般在检修或较长时间的停机后需进行此项工作。大机组充氢一般采用中间介质置换方法，通常用CO_2气体作为中间介质，以避免氢气与空气直接混合形成可爆气体。首先启动密封油系统，进行密封油系统的自动调试和发电机严密性试验，然后向发电机内充入纯度为85%以上的CO_2，再用氢气将CO_2置换出，直至氢气纯度达96%以上，充氢工作结束。

2. 启动润滑油泵，投入盘车

检查油箱油位符合要求，油位计灵活，并与控制室指示一致，在启动油泵前，油箱底部彻底放水一次，排出沉淀物。检查排油烟机具备启动条件后，启动排油烟机。检查润滑油泵具备启动条件后，启动交流润滑油泵，进行油循环。检查润滑油压及各轴承回油油流情况，并确认润滑油系统和调节系统无漏油。

试验润滑油泵低油压自启动装置，试验方法视不同系统而异。如用低油压继电器压力油管泄油的方法时，首先关闭继电器来油门，停止交流润滑油泵运行，缓慢打开油压继电器放油门，当油压降至低Ⅰ值时，交流润滑油泵应联动；当油压降至低Ⅱ值时，直流润滑油泵应联动。试验正常后，保持交流润滑油泵运行。

为了保证在轴瓦中建立正常的油膜以及维持轴承工作的稳定，汽轮机启动时，油温不能过低。一般盘车时应不低于25～30℃，中速时应达到35～45℃。当油温过低时，应通过润滑油加热装置或事先开启高压调速油泵，进行油循环，来提升油温。

油循环合格后，可投入盘车运行。对具有顶轴油泵的汽轮机应先启动顶轴油泵，确认大轴已顶起后，投入盘车。并应检查汽轮机内部及各转动装置有无摩擦和异声。对双水内冷发电机，在投入盘车前必须先投入水冷系统，防止转子进水密封件被磨损。

3. 投入循环水系统和冷却水系统

检查循环水泵的联动装置和信号指示等正常，对岸边泵房还应检查回转滤网等设备。应根据循环水泵的不同型式，使用不同的启动操作方法：轴流泵应开阀启动；离心泵应闭阀启动等，防止因启动时负荷过大而损坏设备。循环水泵启动后，检查系统无泄漏，将系统各段分别排空后投入正常运行。岸边泵房离厂区较远时，启动循环水泵前要先灌水排空，防止大流速的空气经过凝汽器铜管时，产生振动而损坏设备。

对于辅机冷却水系统采用闭式水或者闭式水和开式水相结合的形式，注意投入闭式水系统的同时，还应投入闭式水冷却装置，保证机组各辅助系统冷却水压力正常。同时各冷却水子系统内管道排尽空气，保证达到各设备要求冷却效果。

4. 凝结水系统和发电机冷却系统

凝汽器汽侧充水，检查试验凝结水泵，有的机组还有凝结水升压泵等运转及联动正常后，保持一台凝结水泵运行，进行凝结水系统的冲洗，水质合格后，向除氧器上水，并调整凝结水再循环水量，以保证抽气器（射汽式）和轴封加热器的冷却水流量。凝结水泵启动后，可向真空阀及其他用水设备供水。

如凝结水水质不合格，应继续进行冲洗。此时除氧器上水依靠从除盐水箱来的上水泵，通过升压补至除氧器，维持除氧器水位。这是为了保证锅炉上水的水质合格，促使锅炉在整个机组启动过程中，炉水和蒸汽品质尽快合格，在尽可能短的时间里达到汽轮机冲转的汽水品质，从而缩短机组启动时间。

对水内冷以及双水内冷的发电机，应向其冷却水系统灌水，并进行系统冲洗，水质合格后，启动水冷泵且试验正常后，保持一台泵运行向发电机供水。

5. 投入轴封系统后启动空气抽出设备

投入轴封系统就是使汽轮机动静处密封，防止空气进入汽轮机，也防止汽轮机内的蒸汽漏出。大多数汽轮机采用自密封系统，即汽轮机高、中压缸自身漏汽作为低压缸轴封供汽。但机组启动前无汽缸漏汽，因此多数机组采用辅助蒸汽提供此时的轴封供汽，也有的电厂设计有启动锅炉，在机组启动初期做为辅助蒸汽使用。

轴封系统投入，汽封建立压力，再启动抽空气设备。目前，凝汽器抽气设备主要有射汽抽气器、射水抽气器和真空泵等几种类型。目前大型机组多采用真空泵进行负压系统抽空气。启动真空泵时，应检查泵系统各轴承油位正常，投入冷却水，然后启动真空泵检查各部件运转正常并进行联动试验后，保留一台泵运行，缓慢开启该泵空气门，机组负压系统开始抽真空。

汽轮机转子冲动时，真空一般应在60～70kPa之间。这主要是考虑真空过低，冲转可能引起排汽缸大气安全门动作；真空过高，一方面延长了建立真空的时间；另一方面使得汽轮机进汽量减小，对暖机不利，同时转速也不易控制。

6. 投入除氧器加热，启动给水泵，锅炉上水

除氧器水位正常后，开启辅助汽源至除氧器供汽门，投入除氧器加热，并按定压运行方式运行。检查给水泵，具备启动条件后进行低油压试验，锅炉具备上水条件后，开启再循环门，启动给水泵，检查各部运转正常，开启出口门向锅炉上水冲洗，准备点火启动。

第二节 汽轮机的启动方式

汽轮机的启动方式很多，归纳起来大致有以下四种方法。

一、按新蒸汽参数分类

1. 额定参数启动

额定参数启动是指从汽轮机冲转到发电机并网至带到要求负荷，汽轮

机主汽门前的蒸汽参数始终保持额定值的启动。额定参数启动汽轮机，使用的新蒸汽压力和温度都相当高，蒸汽与汽轮机金属部件的温差很大，而大机组启动中又不允许有过大的温升率，为了设备的安全，只能将蒸汽的进汽量控制得很小，但即使如此，新蒸汽管道、阀门以及汽轮机的金属部件仍将产生很大的热应力和热变形，使转子和汽缸的胀差增大。因此，采用额定参数启动的汽轮机，必将延长暖机和带负荷的时间。另外，额定参数下启动汽轮机时，锅炉需要将蒸汽参数提高到额定值才能冲转，可见，延长了总的启动时间。同时，在提高参数的过程中，将消耗大量的燃料、蒸汽和厂用电，降低了电厂的经济效益。由于存在上述缺点，大容量汽轮机几乎不采用额定参数启动方式。目前，仅用于母管制机组的启动。

2. *滑参数启动*

滑参数启动是指汽轮机主汽门前蒸汽参数随机组的转速和负荷的增加而逐渐升高，直到启动结束，参数达到额定值的启动。在此启动方式中，汽轮机暖管、暖机与锅炉升压、升温过程同时进行，与额定参数启动方式比较，可提前并网带负荷，但定速时缸温不高，需在低负荷下进行暖机。

滑参数启动又可分为真空法和压力法两种方式。真空法滑参数启动一般用于冷态启动，是指锅炉点火前，锅炉到汽轮机蒸汽管道上所有的阀门都开启，汽轮机抽真空一直到锅炉汽包或汽水分离器，锅炉点火产生一定蒸汽后，转子即被自动冲动，此后汽轮机升速和接带负荷全部由锅炉靠参数来控制调整。用该方式启动可以对机组进行低温冲洗，有利于对蒸汽流道的积盐进行冲洗，还有利于避免汽轮机热冲击。但由于大型锅炉的迟缓度较大，满足不了汽轮机启动中的某些特殊要求，如快速通过临界转速等。还由于系统疏水困难，易发生蒸汽带水，严重时还会发生水冲击事故；蒸汽过热度低，会造成汽轮机末几级叶片因水蚀而损伤等。此外，由于启动时整个系统较大，建立真空也需要较长的时间且较难建立真空。现在大型机组较少采用真空法滑参数启动。

压力法滑参数启动是指冲转时汽轮机主汽门前已具有了一定压力和温度的蒸汽，冲转和升速是由汽轮机调节汽门（或自动主汽门）控制进汽来实现的，在冲转、升速、带初负荷过程中锅炉维持一定的压力，汽温按一定规律升高，到初负荷后，锅炉汽温、汽压一起升高，滑参数接带大负荷。滑参数压力法启动参数一般为3.0～5.0MPa、300～350℃，在此参数下汽轮机能够完成定速及超速试验、并网接带初负荷。这种方式在冲转升速过程中，汽轮机侧留有一定的调整余地，便于采取控制手段，在冲转前能有效排除过热器和再热器中积水及管道疏水，有利于安全启动。此外，对使用汽缸加热装置的机组，可提供便利的汽源。因此，目前，大多数高参数、大容量的汽轮发电机组均采用滑参数压力法启动。

此外，一些国外机组，还采用中参数启动，启动前采用盘车预热的方法提高高压缸温度，启动时主蒸汽参数较高，可达 4 ~ 6MPa、300 ~ 500℃。这一中参数启动方式便于用计算机控制程序。

3. 滑压启动

滑压启动主要应用于机组“两班制”运行的热态启动中。它是保持锅炉停备时的剩余压力，锅炉点火后通过汽轮机的旁路系统将电动主汽门前的蒸汽温度提升至汽轮机金属温度的匹配温度（450 ~ 500℃）后，逐渐开大调节汽门进行升速、并列和带负荷，最后调节汽门全开后，由锅炉提升参数至额定出力的启动。

二、按冲转时进汽方式分类

1. 高、中压缸联合启动

高中压缸启动时，蒸汽同时进入高压缸和中压缸冲动转子，这种启动方式可使合缸机组分缸处均匀加热，减少热应力，并能缩短启动时间。但因高压缸排汽温度低，造成再热蒸汽温度低，中压缸升温慢，有可能出现中压缸转子温度尚未超过 FATT（脆性转变温度：指在不同的温度下对金属材料进行冲击试验，脆性断口占试验断口 5% 时的温度，用 FATT 表示）时，机组已定速，限制了启动速度。我国中间再热机组通常采用滑参数压力法、高中压缸同时进汽的启动方式。

2. 中压缸启动

中压缸启动冲动转子时，高压缸不进汽，而是中压缸进汽，待转速升到 2000 ~ 2500r/min 或机组带 10% ~ 15% 负荷（根据机组核算工况而定）后，切换成高、中压缸同时进汽。在高压缸进汽前，利用蒸汽倒流经过高压缸，预热高压缸。预热方法有回流法与抽真空法两种。这种方式启动过程中热应力小，缩短了冲转至带负荷的启动时间。启动初期，仅中压缸进汽且汽量较大，有利于中压缸均匀加热和中压转子度过低温脆性转变温度，能减小升速过程的摩擦鼓风损失，降低排汽温度。但冲转参数要选择合理，以保证高压缸开始进汽时高压缸没有大的热冲击。为防止高压缸鼓风摩擦发热，高压缸内必须抽真空或通汽冷却，用控制高压缸内真空度或高压缸冷却汽量的方法控制高压缸温升率。这种启动方式可克服中压缸温升大大滞后于高压缸温升的问题，提高启动速度。

3. 高压缸启动为主、中压缸启动为辅

冷态时，为高、中压缸进汽，主汽门启动；热态时（带旁路），可用中压缸进汽启动。主要用在引进型（美国西屋电力公司技术）300MW 汽轮机上。

此外，还有的机组采用高压缸启动。

三、按汽轮机金属温度分类

1. 冷态启动

汽轮机汽缸金属温度（高压内缸上半内壁温度）在 150℃以下时的启动，称为冷态启动。这种方式在启动升速过程中，必须安排一定时间的中速暖机，以便高、中压转子度过低温脆性转变温度并防止加热不均，引起过大的热应力和胀差。

2. 温态启动

汽轮机汽缸金属温度在 150～300℃之间启动时，称为温态启动。

3. 热态启动

汽轮机汽缸金属温度在 300℃以上启动时，称为热态启动。热态启动又可分为热态（300～400℃）和极热态（400℃以上）两种。

当机组在温态或热态状态下启动时，冲转前要注意上下缸温差和大轴晃度要符合规定值，冲转后除应在低速下进行全面检查外，无须中速暖机，应直接尽快升速到额定值（或缸温相应的负荷数值）。

有的国家是按停机后的时间划分汽轮机的启动方式的，即停机一周及以上为冷态；停机 48h 为温态；停机 8h 为热态；停机 2h 为极热态。

四、按控制进汽的阀门分类

1. 调节汽门启动

调节汽门启动时，电动主汽门和自动主汽门全部开启，进入汽轮机的蒸汽由调节汽门控制。这种启动方式易于控制进汽流量，但由于大部分高压机组为了避免节流损失都采用喷嘴调节，因而冲转过程中依次开启的调节汽门只局限于进汽区较小的弧段，造成加热的不均匀，而产生热应力。因此，现代大型机组绝大部分同时具有节流调节和喷嘴调节的功能。在启动中采用节流调节，启动后再切换为喷嘴调节。

2. 自动主汽门或电动主汽门的旁路门启动

启动前，调节汽门大开，进入汽轮机的蒸汽流量由自动主汽门或电动主汽门的旁路门来控制。这种启动方式不仅便于控制升温速度，而且能全面进汽，汽轮机受热均匀，对具有高压以上参数的机组十分有利。但由于需要进行阀切换（冲转到一定转速后，将蒸汽流量控制机构由自动主汽门或电动主汽门的旁路切换为调速汽门），因而对控制系统和操作的要求都比较高。另外，用自动主汽门冲转的缺点是易造成自动主汽门的冲刷而产生泄漏，因此对自动主汽门的材质提出了更高的要求。用电动主汽门的旁路门冲转可以避免对自动主汽门的冲刷，但其系统复杂、设备投资增加、操作不灵活。

机组的启动过程包括启动前的准备，锅炉点火前、后的工作，冲转、升速暖机，并列接带负荷等几个阶段，在下面的章节中将分别介绍。

第三节　冷态滑参数启动

中间再热机组均采用机炉单元制配置方式，启动时锅炉与汽轮机协同启动，机、炉的启动操作密切地联系在一起，采用滑参数启动，一方面可以充分衔接机炉的启动过程，缩短启动时间，另一方面可以减小汽轮机进汽与金属的温差，减小热冲击。因此，多数中间再热机组启动都采用滑参数启动方式。

一、滑参数启动的特点

滑参数启动与额定参数启动相比有以下的特点：

（1）额定参数启动时，锅炉点火升压至蒸汽参数到额定值，一般需要2~5h，达到额定参数后方可进汽暖管，而后汽轮机冲转，并要分阶段暖机，以减小热冲击。而采用滑参数启动时，锅炉点火后，就可以用低参数蒸汽预热汽轮机和锅炉间的管道，锅炉压力、温度升至一定值后，汽轮机就可以冲转、升速、接带负荷。随着锅炉参数的提高，机组负荷不断增加，直至带到额定负荷。这样大大缩短了机组的启动时间，提高了机组的机动性。

（2）滑参数启动用较低参数的蒸汽加热管道和汽轮机金属，加热温差小，金属内温度梯度也小，使热应力减小；另外，由于低参数蒸汽在启动时，体积流量大，流速高，放热系数也就大，即滑参数启动可以在较小的热冲击下得到较大的金属加热速度，从而改善了机组加热的条件。

（3）滑参数启动时，体积流量大，可较方便地控制和调节汽轮机的转速和负荷，且不致造成金属温差超限。

（4）随着蒸汽参数的提高和机组容量的增大，额定参数启动时，工质和热量的损失相当可观。而滑参数启动时，锅炉基本不对空排汽，几乎所有的蒸汽及其热能都用于暖管和启动暖机上，大大减少了工质损失，提高了电厂运行的经济性。

（5）滑参数启动升速和接带负荷时，可做到调节汽门全开全周进汽，使汽轮机加热均匀，缓和了高温区金属部件的温差热应力。

(6) 滑参数启动时，通过汽轮机的蒸汽流量大，可有效地冷却低压段，使排汽温度不致升高，有利于排汽缸的正常工作。

(7) 滑参数启动可事先做好系统的准备工作，使启动操作大为简化，各项限额指标也容易控制，从而减小了启动中发生事故的可能性，为机组的自动化和程序启动创造了条件。

总之，滑参数启动时，蒸汽参数的变化与金属温升是相适应的，反应了机组启动时金属加热的固有规律，能较好地满足安全性和经济性两方面的要求。

二、冲转参数的选择

冷态滑参数启动，冲转参数的选择原则：冲转后，进入汽轮机汽缸的蒸汽流量能满足汽轮机顺利通过临界转速到达全速。为了使金属整个部件加热均匀，增大蒸汽的容积流量，进汽压力应适当低一些。温度应有足够的过热度，并与金属温度相匹配，以防止热冲击。

虽然采用滑参数进行冷态启动时，汽轮机零部件中所产生的热应力比额定参数启动要小，但启动中不稳定传热过程还是相当复杂的。蒸汽进入汽缸与汽缸内壁和转子表面接触，将热量首先传给接触部位，汽缸外壁和转子中心只有经过一段时间的传热过程才能随着内壁和转子表面的温升而升温。因此在整个启动的非稳态过程中，汽缸内外壁之间和转子的半径方向上出现了温差，其结果使金属产生热应力和热变形。以汽缸受热为例，冷态启动时，一定压力的过热蒸汽，接触冷的汽缸内壁，主要以凝结放热的形式将热量传给金属，蒸汽在金属壁上凝结成水，放出汽化潜热。这时由于凝结放热系数很高，所以加热开始的瞬间，汽缸内壁（主要是调节级前的蒸汽室）很快升到汽轮机内的蒸汽压力下的饱和温度。这时的传热温差可以大致看作是该蒸汽的饱和温度之差。启动时所选择的蒸汽压力越高，这一温差就越大，这将使金属升温速度过快而产生过大的热冲击。在蒸汽开始凝结后，金属表面形成一层水膜，水膜会使放热系数减小，使金属壁继续加热得以缓和。

蒸汽的凝结放热阶段结束后，随着暖机的进行，蒸汽以对流的方式向金属放热，蒸汽对流放热的系数要比凝结放热的系数小得多，在一般的蒸汽流速范围内，流速相同时，高压蒸汽和湿蒸汽的放热系数较大，低压微过热蒸汽的放热系数较小。放热系数大，则表示单位时间内传给金属单位面积的热量大，因而接触表面的温升速度大，引起汽缸内外壁的温差就大，反之则传给金属表面的热量就小，引起的汽缸内外壁温差就小。因此，冷态启动时，采用低压微过热蒸汽冲动汽轮机将更有利于汽轮机金属部件的加热。

另外，进行汽轮机的启动操作时，希望蒸汽压力能满足通过临界转速，到达全速的要求，满足这一要求，在汽轮机启动过程中，就不必要求锅炉进行调整，也不需要调整旁路系统，可以简化操作。

综合上述分析，结合机组实际性能可制定出各机组的冲转参数压力、温度及过热度。如国产 N300 - 165/550/550 汽轮机（配直流锅炉）推荐的冷态冲转参数：主蒸汽压力为 0.98 ~ 1.47MPa，主蒸汽温度为 250 ~ 300℃，再热蒸汽温度在 200℃以上，过热度不低于 50℃等；国产超临界 NZK600 - 24.2/566/566 汽轮机推荐的冷态冲转参数：主蒸汽压力为 8.73MPa，主蒸汽温度为 360℃，再热蒸汽温度为 320℃。

此外，对于双管道，蒸汽温度差一般不应大于 17℃；对高中压合缸机组，主、再热蒸汽温差一般不大于 28℃，短时可达 42℃，但最大不得大于 80℃。

有些再热机组对冷态启动时中压缸前的再热蒸汽的湿度没有要求，主要考虑再热汽压力低，一般是负压，好像容易保证过热度。事实上，由于Ⅰ、Ⅱ级旁路减压阀开度不一致，如Ⅱ级旁路开得小，或为了避免再热系统有漏空气现象，而影响真空，往往使再热蒸汽建立正压。在相同的温度下，压力提高后，过热度减小了，甚至带水。所以，启动过程中，还应注意再热蒸汽的过热度，因为中压缸一旦进水，轴向推力就增大，将导致机组振动等异常情况的发生而被迫停机。

凝汽式汽轮机启动时，都必须建立必要的真空。因为凝汽器的真空对启动过程有很大的影响。启动中维持一定的真空，可使汽缸内气体密度减小，转子转动时与气体摩擦鼓风损失也减小，另外，一方面汽缸内保持一定的真空，可以增大进汽做功的能力，减少汽耗量，并使低压缸排汽温度降低。此外，冲动转子的瞬间大量的蒸汽进入汽轮机内（蒸汽量比低速暖机时还多），真空将有不同程度的降低。如果启动时真空太低，冲转时很可能使凝汽器内产生正压，甚至引起排大气安全门动作或排汽室温度过高，使凝汽器铜管急剧膨胀，造成胀口松弛，导致凝汽器漏水。启动时，真空也不需要太高，在冲转条件都具备时，若真空过高，则为等待形成高真空而延长启动时间。冷态启动暖机过程中，真空也不易过高，保持较低的真空可以使进入汽轮机的蒸汽流量相对增加，有利于机组的加热，缩短启动时间，一般要求冲转时的真空为 70kPa 左右。

三、启动前的准备

和任何工作一样，准备工作完善与否可以直接影响到这项工作本身的进程和结果。汽轮机启动前的准备工作也是安全启动和缩短启动时间的重要保证，准备工作完成后应使各种设备处于备用状态，以便随时可以投入运行。这就要求启动前要对各个系统进行全面而详细的检查，发现设备缺陷及时给予处理，对电动阀门进行手动和电动开关试验，验证其极限开关的功能。主要的转动设备应提前试转并进行联动试验。总之，启动前的准备工作就是要尽量消除设备投入运行时发生故障的可能性，全部热控设备试验正常，并按规定投入；锅炉及电气设备具备启动条件，投入辅助设备及系统，如各冷却水系统、凝结水系统、除氧器加热等，提高润滑油温到规定值，测量大轴的挠度应正常，完成各种保护试验，投入相关保护等。

四、锅炉点火前的工作

（1）启动循环水泵，投入循环水及冷却水系统。

（2）油循环及试验。油系统设备检查正常，油箱油位在上限，油位计灵活，安装或大修后的油系统冲洗应在轴承入口处加装临时滤网，用交流润滑油泵冲洗合格后恢复系统。

启动排烟风机，油箱维持一定负压，启动交流润滑油泵向系统充油，检查油泵出口油压、各轴承回油正常；启动直流润滑油泵，检查出口油压正常，停泵。向冷油器注油，注意主油箱油位下降较多时，应适当补油。投入直流润滑油泵联动开关。

润滑油温的提升是靠油的循环来实现的，所以应该先启动润滑油泵，启动润滑油泵时因为系统中有大量空气，所以开润滑油泵出口门时一定要缓慢逐步开启，否则将引起油系统管道的振动，严重时会在法兰垫处发生损坏，造成漏油事故。冬季润滑油温低，黏度大，如果油泵出口门全开，可能使电机过负荷，应该根据电流的大小控制出口门的开度。

当油温达到规定范围时，可做调节系统静态试验，有不正常的现象应设法消除。

调节保安系统试验完毕后，可向冷油器通水，调整油温在规定范围，为启动盘车创造条件。

（3）密封油系统投入（发电机充氢时投入）。

（4）抗燃油系统投入。抗燃油箱加油至上限，系统检查完好，启动一台抗燃油泵循环。一般该系统中有蓄能器，以供各油动机紧急动作时所需的应急用油量和备用泵投运时瞬间供油之用。当蓄能器油位达到上限时，“蓄能器油位高”信号发；开充气阀将蓄能器压力提高到上限，关闭充气阀，2h 后蓄能器油压和油位不应有明显下降，正常后将蓄能器内的压力降到规定值；蓄能器油位下降到规定值时，液动截止阀关闭，油位不再下降，其中压力不低于规定值；投入备用泵联动开关，做事故按钮和低油压试验应正常，最后将蓄能器油位稳定在规定位置，恢复液动截止阀。

（5）投入盘车装置。先检查顶轴油泵入口来自润滑油系统的总门及安全装置的排油门，确认油泵充满了油，排净了空气再启动顶轴油泵，各轴承的顶起高度按顶轴装置的规定值检查。空负荷试验盘车电动机转向正确后停止，将离合器操作手柄推向啮合位置；启动盘车，记录盘车电流，进行听音检查，测大轴偏心率不大于规定值，检查各轴瓦金属温度应正常。

（6）投入发电机定子冷却水系统。

（7）投入高压启动油泵。

（8）进行旁路系统试验。

（9）投入凝结水系统，并进行凝汽器冲洗，合格后进行低压加热器管路冲洗。合格后再进行除氧器、低压加热器联合冲洗，冲洗路线是：凝汽器→轴封加热器→低压加热器→除氧器→凝汽器→放水。

（10）投入除氧器加热。

（11）给水泵充水暖泵。当锅炉具备点火条件后启动抽气器，开启凝汽器空气门抽真空，稍开高、低压轴封进汽调节门，保持一定供汽压力（辅助汽源站供）。通知锅炉点火时，旁路处于备用状态，除氧器水温、水位正常，真空达到27kPa以上，疏水系统符合启动条件。

高压自动主汽门前疏水门，高压缸排汽止回阀前、后疏水门全开，中联门前疏水门，高、中压导汽管、汽室各段抽汽止回阀前疏水门全开。

五、锅炉点火后的工作

（1）DEH（汽轮机数字电液调节系统）操作盘检查正常。

（2）ETS（汽轮机危急遮断装置）盘面检查正常。

（3）TSI（汽轮机安全监视装置）系统和报警指示检查正常。

（4）锅炉起压后的操作（投入汽轮机汽封系统）。

1）检查辅汽至轴封供汽电动门，疏水门在开启位置。

2）开启轴加冷却器、水封筒注水门，待溢流管有水流出后，关闭注水门。

3）检查轴加风机出口门开启，启动一台轴加风机运行，正常后开启其入口门，将另一台投入自动。

4）检查轴封减温水系统正常，将轴封减温水投自动。

5）开启轴封溢流站旁路门，开启辅汽至轴封阀门站总门，轴封母管暖管疏水。

6）暖管10min后，关闭轴封溢流站旁路门，送汽封，调整压力、温度正常，并密切监视盘车运行情况。

7）开启给水泵汽轮机轴封供汽总门，给水泵汽轮机轴封母管暖管备用。根据锅炉需要，调整旁路系统运行，确认低压旁路三级减温喷水阀和水幕保护阀应自动开启。

（5）冲洗与暖管。

冲洗回路：凝汽器→轴封加热器→低压加热器→除氧器→高压加热器旁路→给水操作台→排入地沟。冲洗合格后投入高压加热器水侧。

暖管和疏水与锅炉点火、升压应同时进行。为了充分暖管并达到冲转参数，需要旁路系统的配合，暖管蒸汽从旁路装置排出。开启旁路时要注意凝汽器真空。暖管疏水过程中要严密监视汽轮机上、下缸温差。

当蒸汽进入冷管路时，必然会急剧凝结，先凝结成水。如果凝结水不能及时地从疏水管排出，有高速汽流从管中流过时，便会发生水冲击，引起管道振动，如果这些水由蒸汽带入汽轮机将会发生水冲击，使轴向推力增大，可能引起推力瓦烧坏，产生动静摩擦。另外，通过疏水可提高蒸汽的温度。

暖管过程中的疏水通过疏水扩容器送往凝汽器，加上旁路系统的排汽，这时凝汽器已带上了热负荷，因此必须保证循环水泵、凝结水泵和抽汽设备的可靠运行。如果这些设备发生故障而影响真空时，应立即停止旁路系统，关闭送往凝汽器的所有疏水阀门，开启排大气疏水。为了将排汽室温度维持在60~70℃范围内，可投入排汽缸喷水装置。

主蒸汽暖管时，汽封系统也应暖管。主汽门和调节汽门在主汽管道暖管时应关闭。

暖管一会儿后，可向汽轮机轴封送汽，调整轴封压力和低压轴封供汽温度，并密切监视盘车运行情况。

六、冲转、升速和暖机

（一）冲转前的准备

1. 冲转应具备条件

（1）在冲转前连续盘车时间必须在4h以上。

（2）启动前，转子偏心度不得超过0.0762mm（全幅）。盘车电流正常，缸内及轴封处无摩擦异声。

（3）TSI监测系统指示正确。

（4）汽轮机本体疏水，主、再热蒸汽管道及各抽汽管道等疏水畅通。

（5）各轴承温度及回油温度测点指示正常，各轴承油流畅通。

(6) 调节级后蒸汽温度、压力测点指示正常，高中压上、下缸各温度指示正常。

(7) 高中压缸上下壁温差小于或等于42℃。

(8) 机组有关参数符合下列要求：

1) 轴向位移在正常范围。

2) 胀差在正常范围。

3) 汽轮机背压小于或等于20kPa且大于阻塞背压。

4) 润滑油系统油压为0.098~0.118MPa。

5) 润滑油温为38~49℃。

6) 抗燃油压为13.5~14.5MPa，抗燃油温为37~54℃。

7) 密封油系统油压为0.085MPa。

8) 发电机内氢压大于280kPa，氢气纯度大于或等于99%。

9) 发电机定冷水系统正常，进水流量大于48t/h，进水压力至少低于氢压0.035MPa。

10) 蒸汽品质指标达到冲转标准（见表3-2）。

表3-2　　蒸汽品质指标

项目	单位	控制指标
电导率	μS/cm	≤1.0
二氧化硅	μg/kg	≤60
铁	μg/kg	≤50
铜	μg/kg	≤15
钠	μg/kg	≤20

(9) 汽轮机热工保护投入正常。

2. 冲转蒸汽参数（下列数据为某300MW机组中压缸启动时的数据）

主蒸汽压力：2.94~3.43MPa

主蒸汽温度：330~350℃

再热蒸汽压力：0.686~0.784MPa

再热蒸汽温度：300~330℃

下面介绍如何确定冲转蒸汽参数：

(1) 主蒸汽压力为3.45MPa。

(2) 冲转蒸汽温度选择。选择原则是尽量使主蒸汽、再热蒸汽在经过高压调节级或中压第一级作功后蒸汽温度与金属温度相匹配。

1）主蒸汽温度选择：根据冲转前当时高压调节级后金属温度与蒸汽温差确定高压调节级后蒸汽温度，再根据图由主蒸汽压力和调节级后蒸汽温度确定主蒸汽温度。

例如：某600MW机组的主蒸汽温度选择数据见表3－3。

表3－3　　主蒸汽温度选择数据

计　算　步　骤	计算依据	计算结果（℃）
冲转前经过高压缸预暖后调节级后金属温度	测得	50
根据金属与蒸汽温差	t（取定）	90
调节级后蒸汽温度	t＋调节级后金属温度	240
主蒸汽温度		320

2）再热蒸汽温度选择：根据冲转前当时中压第一级后金属温度与蒸汽温差确定中压第一级后蒸汽温度，再根据中压第一级温降（约37℃）来确定再热蒸汽温度。

例如：某600MW机组的再热蒸汽温度选择数据见表3－4。

表3－4　　再热蒸汽温度选择数据

计算步骤	计算依据	计算结果（℃）
冲转前中压第一级后金属温度	测得	50
根据	t（取定）	150
中压第一级后蒸汽温度	t＋中压第一级后金属温度	200
再热蒸汽温度	中压第一级后蒸汽温度＋中压第一级后温降（37℃）	237

（3）确定启动过程中蒸汽温度变化率。在ATC没有投入控制情况下，采用转子寿命损耗曲线选择合理金属温度变化率（相当于蒸汽温度变化率）对保证机组安全运行是必要的。

1）主蒸汽温度变化率选择。由运行人员在启动前先设定机组应达到的某一稳定运行目标负荷，计算出高压调节级后温度，并与冲转前当时高压调节级后金属温度比较，确定出高压缸金属温度变化量（简称金属温度变化量），再根据高压转子寿命损耗曲线选取高压调节级后金属温度变化率（相当于主蒸汽温度变化率）。

例如：某600MW机组的主蒸汽温度变化率选择数据见表3-5。

表3-5　　主蒸汽温度变化率选择数据

计算步骤	计算依据	计算结果
在某一稳定运行目标负荷高压调节级后蒸汽温度	设目标负荷为50%ECR，主蒸汽压力为10.79MPa，采用单阀进汽。得出调节级蒸汽温度537℃-调节级后温降37℃	500℃
冲转前高压调节级后金属温度	测定	150℃
金属温度变化量	调节级后蒸汽温度-调节级后金属温度	350℃
主蒸汽温度变化率	根据汽轮机厂家提供数据和图表，取正常损耗	57℃/h

2）再热蒸汽温度变化率选择。各工况下中压第一级后蒸汽温度是由中压进汽温度减去额定工况下中压第一级温降得到，并与冲转前当时中压第一级金属温度比较确定出中压缸金属温度变化量，再根据中压转子寿命损耗曲线选取中压第一级金属温度变化率（相当于再热蒸汽温度变化率）。

例如：某600MW机组的再热蒸汽温度变化率选择数据见表3-6。

表3-6　　再热蒸汽温度变化率选择数据

计算步骤	计算依据	计算结果
冲转前中压第一级后金属温度	测得	50℃
中压第一级后蒸汽温度	(537-37)℃	500℃
金属温度变化量	第一级后蒸汽温度-中压第一级后金属温度	450℃
再热蒸汽温度变化率	根据汽轮机厂家提供数据和图表，取正常损耗	84℃/h

3. 冲转前检查

(1) 检查高、中、低压段汽轮机本体和蒸汽管道疏水门开启。

(2) 机组各系统全面检查正常后，做好汽缸绝对膨胀，高中压缸及低压缸胀差，轴向位移，大轴偏心度（测取后退出偏心度表），盘车电流，高中压缸各点金属温度、温差，各轴承瓦温及回油温度，高压主汽门阀壳内外壁温度，中压联合汽门阀壳内外壁温度，主、再热蒸汽参数的记录。

4. 冲转时注意事项

(1) 检查汽轮机润滑油系统工作正常。

(2) 检查发电机密封油系统和氢气系统工作正常。

(3) 检查定子冷却水系统运行正常。

(4) 检查排汽缸喷水系统投入自动。

(5) 检查汽轮机主保护投入。

(6) 汽轮机转速大于3r/min，若盘车装置未自动脱扣，应打闸停机，查明故障原因，排除故障后方可重新冲转；在转速达到600r/min之前转子偏心度应稳定并且小于0.076mm。

(7) 在整个升速期间包括通过临界转速时，当任一轴振超过0.254mm或轴承振动突然增加0.05mm时，应立即打闸停机，严禁强行通过临界转速或降速暖机。

(8) 汽轮机冲转后在轴系一阶临界转速前，任一轴承出现0.04mm振动或任一轴承处轴振超过0.12mm不应降速暖机，应立即打闸停机查找原因。

(9) 检查润滑油温在38~49℃范围内，冷却水调整门投自动。

(10) 检查汽轮机排汽背压小于或等于20kPa，空冷风机运转正常。

(11) 监听机组的声音，检查轴承油流。

(12) 当转速达到额定转速的一半时，检查滑环上的碳刷是否有跳动、卡涩或接触不良的现象，如有应设法消除。

(13) 汽轮机冲转至发电机并网期间，维持蒸汽压力稳定，蒸汽温度视暖机要求以0.3~0.8℃/min速度上升，在冲转过程中过热、再热蒸汽温度均不得下降。

5. 控制系统状态检查及确认

(1) 汽轮机状态（TURBINE STATUS）：跳闸（TRIP）。

(2) 主开关状态（BKR STATUS）：断开（OFF）。

(3) 厂用电（HOUSE LOAD）：发电机功率指示为0。

(4) 阀门控制模式（VALVE MODE）：单阀（SIN）。

(5) 汽轮机自启动（TURBINE AUTO START）：保持（HOLD）。

(6) 快速甩负荷未触发（RB1、RB2、RB3 指示未亮）。

(7) 主汽门/调节汽门切换完成（TV/GV XFER CLCDPLETED）指示未亮。

(8) 功率控制闭环（MW LOOP）：OUT（未投入）。

(9) 调节级汽室压力控制闭环（IMP LOOP）：OUT（未投入）。

(10) 一次调频控制闭环（SPEED LOOP）：OUT（未投入）。

(11) 锅炉自动控制（BOILER AUTO CONTROL）：指示未亮。

(12) 阀门位置限制（VALVE POS LIMIT）：120%。

(13) 高负荷限制（HIGH LOAD LIMIT）：300MW。

(14) 低负荷限制（LOW LOAD LIMIT）：0MW。

(15) 主汽压力限制（TPR LIMIT）：OUT（未投入）。

(16) DEH 的"高/中压温度（HP/IP TEMP）"画面显示的各个汽缸的金属温度正常。

(17) DEH 的"超速试验（OVERSPEED TEST）"画面显示未进行试验。

(18) DEH 的"伺服阀状态（SERVO STATUS）"画面显示为正常（NORMAL），无报警（ALARM）信号。

(19) DEH 的"汽轮机轴系监视系统（TSI）"画面显示各个参数在正常范围内。

(20) DEH 的"阀门试验（VALVE TEST）"和"阀门校核（VALVE CALIBRATION）"画面显示不在试验状态。

(21) DEH 画面显示的各个阀位棒状图及百分数指示均为关闭或0%。

(二) 冲转、升速、并网和带初始负荷（采用 HIP 启动）

1. 挂闸

(1) 点击 DEH 中"自动控制（AUTO CONTROL）"画面的"汽轮机挂闸（LATCH TURBINE）"按钮，就地检查确认危急跳闸系统已挂闸，跳闸杆处于正常位，隔膜阀已经关闭，上部润滑油压力为0.7MPa。

(2) 点击"自动控制（AUTO CONTROL）"画面的"复位 ETS（RESET ETS）"按钮，画面显示"汽轮机状态"为"复位（RESET）"，检查 ETS 无报警信号，中压主汽门（RSV）全开。

(3) 当操作员接到值长可以冲转的命令后，点击"自动控制（AUTO CONTROL）"画面的"RUN"按钮；检查中压主汽门（RSV）全开，高压调节汽门（GV）全开，高压主汽门（TV）和中压调节汽门（IV）处于关闭状态，检查汽轮机转速无上升现象。

2. 冲转到暖机转速

（1）点击“自动控制（AUTO CONTROL）”画面的“目标值（TARGET）”按钮，打开操作面板，设定目标转速为600r/min。

（2）点击“自动控制（AUTO CONTROL）”画面的“升速率（ACC RATE）”按钮，打开操作面板，设定升速率为100r/min^2。

（3）点击“自动控制（AUTO CONTROL）”画面的“进行/保持”按钮，按“进行（GO）”经确认后，汽轮机开始升速，检查中压调节汽门（IV）开启控制转速。

（4）当汽轮机转速大于3r/min，检查盘车装置自动脱开，停止盘车电动机运行。

（5）当汽轮机转速大于800r/min，停止顶轴油泵运行，投入备用。

（6）汽轮机升速到600r/min后，控制室打闸进行汽轮机就地无蒸汽运转全面检查。

检查内容：

1）确认高、中压各汽门关闭，转速下降。

2）低压缸喷水门打开进行喷水减温。

3）检查各参数、表计指示正确。

4）润滑油温、冷油器出口油温维持在40~45℃，冷却水门投自动。

5）检查汽轮机排汽背压小于20kPa，空冷风机运转正常。

6）用听针测听机组内部声音正常。

（7）低速检查结束后，机组重新挂闸，设定目标转速为2450r/min，升速率为100r/min^2，按“进行（GO）”键，汽轮机转速开始上升直至2450r/min中速暖机转速。

当转速到达2450r/min，并且中压主汽门前的蒸汽温度达到260℃时，开始进行中速暖机计时；在中速暖机期间，控制主汽温度在365℃以下，蒸汽参数符合冲转要求；锅炉维持蒸汽参数稳定运行，汽温升温速率控制在0.3~0.8℃/min范围内，汽温不得有下降趋势。一般情况下，暖机时间最短不许少于1h。中速暖机时应检查以下内容：检查汽轮机排汽缸温度正常；检查汽轮机胀差在规定范围内；检查缸体膨胀有明显增长趋势；检查转子表面和中心温差有下降趋势；检查上下缸温差小于42℃；检查轴向位移正常；检查无漏氢现象；检查发电机冷却水水压、流量，检漏计等均正常；检查氢压、氢温、密封油压、氢油压差等均正常。

暖机过程中应加强凝结水水质化验，水质不合格时加强排放，不得回收到除氧器，精处理具备投运条件时应尽快投入。

当暖机满足以下条件时，暖机结束。暖机结束条件：暖机时间满足根据高压调节级金属温度和中压隔板套金属温度在转子加热时间确定曲线要求时间；高压调节级温度、中压隔板套金属温度大于116℃；上下缸温差小于42℃；汽缸膨胀显示值达到7.0mm，左右膨胀一致，膨胀曲线无明显卡涩及跳动现象。

3. 升速

(1) 点击“自动控制（AUTO CONTROL)”画面的“目标值（TARGET)”按钮，打开操作面板，设定目标转速为2900r/min；

(2) 点击“自动控制（AUTO CONTROL)”画面的“升速率（ACC RATE)”按钮，打开操作面板，设升速率为200r/min^2；

(3) 点击“自动控制（AUTO CONTROL)”画面的“进行/保持”按钮，按“进行（GO)”经确认后，汽轮机开始升速，检查高压主汽门、中压调节汽门开启控制转速；

(4) 当转速达2900r/min后，点击“自动控制（AUTO CONTROL)”画面的“主汽门/调节汽门（TV/GV)”按钮，进行阀切换。

升速过程中的注意事项：

1) 蒸汽室内壁温度大于主蒸汽压力下的饱和温度；

2) TV/GV阀切换过程中，注意观察高压主汽门渐开和高压调节汽门渐关，转速稳定在2885~2915r/min之间，切换结束后高压主汽门全开，高压调节汽门和中压调节汽门一起控制汽轮机转速；

3) 在升速期间应密切注意监视汽轮机振动、胀差、轴向位移变化情况；

4) 检查润滑油温在38~49℃范围内，冷却水调整门投自动；

5) 检查空冷系统排汽背压小于20kPa，空冷风机运转正常。

4. 定速

(1) 点击“自动控制（AUTO CONTROL)”画面的“目标值（TARGET)”按钮，打开操作面板，设定目标转速为3000r/min，按“进行/保持”按钮，按“进行”经确认后，汽轮机开始自动以50r/min^{2}升速率升速至3000r/min；

(2) 停止交流润滑油泵和高压启动油泵运行，检查并确认交流润滑油泵、高压启动油泵、直流油泵投入联锁备用状态。

定速操作时应注意：

1）汽轮机升速达3000r/min稳定后，检查主油泵进、出口油压正常；

2）注意检查润滑油压及隔膜阀上部油压无波动；

3）检查发电机转动部件无异声，振动不超规定值；

4）检查轴承油流温度和轴瓦温度，轴承回油流畅；

5）检查发电机氢、水、油系统运行正常，各参数显示正常；

6）检查高低压旁路站运行正常；

7）检查排汽装置压力小于20kPa，空冷风机运转正常；

8）检查各油温、油压正常。

七、并网和升负荷

（一）并网

并网前的准备工作：发电机－变压器组由冷备用转热备用。当机组转速达到3000r/min时，合发电机－变压器母线侧隔离开关。送上发电机－变压器组开关操作直流电源。

起励前的准备工作：升速过程，检查发电机定子、转子、定子端部的冷却水进口压力和流量正常。汽轮机冲转后，转速升1500r/min时，应检查发电机各转动部分无卡涩、摩擦现象，发电机声音、振动正常，滑环及整流子碳刷完好，不跳跃。发电机无漏水现象。将高压厂变A/B改热备用。

发电机启动、升压：当转速达到3000r/min时，启励升发电机电压（自动方式发电机电压直接升至额定值。大、小修后或新机组启动时用手动方式励磁，启励后电压至18kV，然后手动缓慢升电压至额定）。当电压达到额定值时，应核对空载励磁电流、励磁电压正常并记录，投热工保护压板。采用自动准同期方式并列发电机。

并列操作：发电机与系统并列必须满足下列条件：待并发电机电压与系统电压近似相等；待并发电机周波与系统周波相等；待并发电机相位与系统相位相同；待并发电机相序与系统相序一致。

同期并列注意事项：大修后或同期回路有过工作发电机并列前必须由继电保护班校对其相序的正确性；并列时发电机定子电流应无冲击；并列后为防止功率进相，应“先升无功，后升有功”，保持迟相运行；并列后增长发电机有功功率时应按值长命令执行。定子电流应均匀缓慢增长；并列前查汽轮机调速系统能维持空负荷运行。

发电机并网：检查汽轮机转速3000r/min；发电机－变压器组保护投停正确；检查系统电压正常。选择励磁调节器的通道，将励磁调节器投“自动”。调整发电机电压，使其略高于额定电压。调整发电机电压、转速，使得发电机电压、频率、相角符合并网条件。在DEH接收到“同期请求”信号后，在DEH画面中选择“自动同期”。检查DEH允许同期并网，按下“自动同步”按钮，视指示灯亮，由自动同步装置自动调节同步转速，此时操作人员无法改变目标值。投入发电机同期装置，检查“自动同步”灯灭，发电机已并入系统，DEH以阀位自动控制方式，使机组自动带初负荷（一般机组为额定负荷的3%左右）。

机组并网后的检查与操作：

（1）机组并网后，自动带上初始负荷，根据“最小负荷保持时间曲线”确定初负荷暖机时间。在DCS画面上全面检查各设备的指示状态、有无异常报警，特别是设备冷却介质参数。

（2）检查确认高压缸排汽止回阀开启。

（3）确认高压缸排汽止回阀开启后再关闭高压缸排汽通风阀。

（4）投入低压加热器汽侧。

（5）根据四段抽汽压力开启四段抽汽供除氧器电动门。

（6）投入氢冷器及冷却水自动，检查氢冷却器出口温度正常。

（7）检查定子冷却水系统运行正常，冷却水投自动。

（8）检查空冷风机运行正常，排汽装置背压20kPa。

（9）视情况停运两台/一台水环真空泵。

（10）加强凝结水冲洗，并由值长通知化学加强水质化验。

（11）调整汽轮机旁路，稳定压力、汽温。

（12）初负荷保持时，应尽可能地稳定汽温汽压。

初负荷暖机的目的是为了均匀汽轮机升速过程中金属部件内部产生的温差，减少热应力。在此期间，应检查各运行参数是否正常，各辅助设备运行是否正常；控制主蒸汽温升率小于0.8℃/min、再热蒸汽温升率小于1.5℃/min，主蒸汽压力保持不变。

（二）升负荷

1. 负荷升至30MW

在DEH画面上，设定目标负荷30MW，升负荷率3MW/min，确认输入正确后，按“进行”键。

增投油枪，调整风量，满足负荷要求。

当负荷达到30MW时，维持主汽压力4.2MPa、主蒸汽温度度370℃、再热汽温280℃。

当负荷达到30MW时，检查汽轮机高压侧疏水门自动关闭。

机组升负荷时应注意：凝结水水质指标达规定的指标要求（见表

3－7），合格并回收后，才可进行升负荷操作。

表 3－7　　　凝结水水质指标

颜　色	硬　度（μmol/L）	铁（μg/L）	二氧化硅（μg/L）	铜（μg/L）
无色透明	≤10	≤80	≤80	≤30

注意空冷风机运行情况，维持背压小于 20kPa，当背压接近报警值时，应注意空冷风机按自动控制启动，否则应手动启动。

2. 负荷升至 60MW

在 LCD 画面上，设定目标负荷 60MW，升负荷率 3MW/min，确认输入正确后，按“进行”键；在锅炉升温及带负荷过程中，严格控制受热面壁温，防止超温。

当负荷达到 45MW 时，检查确认高、低压旁路自动关闭。

当负荷达到 60MW 时，检查确认汽轮机中压侧疏水门自动关闭。

当负荷达到 60MW 时，汽包水位稳定且水位在（0±50）mm 的情况下，将锅炉给水由旁路调整门切换为主给水电动门供水，由给水泵液联控制汽包水位。切换步骤为：缓慢、间断开启主给水电动门，逐渐关小给水旁路调节门，锅炉给水由给水旁路调节切为给水泵转数调节（即由勺管调节），待给水旁路调整门关完后关闭给水旁路调整门前后电动门。注意水位和给水流量的变化，稳定给水母管压力。

切换注意事项如下：维持机组负荷稳定；手动调整勺管开度，维持给水泵出口压力高于汽包压力约 1.0MPa；在切换过程中注意监视给水流量和汽包水位，减温水量的控制。

根据汽温情况，开启过热器一、二级减温水总门、气动截止门、电动截止门，开启再热器事故喷水电动总门、电动截止门。顺控启动 A、B 一次风机，调整一次风母管压力 9.0～10kPa，并投自动。启动一台密封风机，正常后另一台投联锁。辅助风门投入自动，二次风箱与炉膛差压为 400Pa。确定煤层点火条件满足：MFT 继电器已复位；汽包水位正常；二次风温合适；一次风压合适。当风量大于 30%，确认待投入磨煤机、给煤机启动条件满足，启动第一套制粉系统。启动正常后，进行相应的燃烧调整，视情况投入磨的通风量及风温自动；投入对应燃料风挡板自动。

3. 负荷升至 90MW

在 DEH 画面上，设定目标负荷 90MW，升负荷率 3MW/min，确认输入正确后，按“进行”键。

检查空冷排汽装置及空冷系统运行正常，排汽背压小于20kPa。

负荷至30%，检查给水流量、主汽流量稳定，显示正常，给水三冲量满足自动投入条件时，给水由单冲量自动切为三冲量控制方式。

根据负荷情况启动第二套制粉系统。

根据压力投运高压加热器汽侧。

4. 负荷升至120 MW

在DEH画面上，设定目标负荷120MW，升负荷率3MW/min，确认输入正确后，按“进行”键。

当负荷在35%时，根据情况投入过热器减温水系统，并保持升温率1.5℃/min；锅炉洗硅，稳定汽压、汽温、负荷，当硅量达到3.3mg/L以下，方可继续升压。洗硅方法：开大锅炉连排，加强锅炉补水，并加强定排。不同压力下炉水含硅量标准见表3-8。

表3-8　　不同压力下炉水含硅量标准

压力（MPa）	9.8	11.8	14.7	16.7	17.6
SiO_2（mg/L）	3.3	1.28	0.5	0.3	0.2

升负荷至120MW时，启动第二台给水泵，注意保持除氧器水位、汽包水位正常。

5. 负荷升至150MW

在DEH画面上，设定目标负荷150MW，升负荷率3MW/min，确认输入正确后，按“进行”键。

当负荷达140MW时，启动第三套制粉系统；视情况投入三台给煤机自动；根据燃烧情况逐步退出部分运行油枪，置为备用。

在负荷为50%时，第一层燃尽风挡板投入自动，使其根据负荷自动调节。

负荷达到150MW时，进行汽轮机单/顺阀控制方式切换（在机组投产及大修后的六个月内，机组的阀门控制必须为单阀控制）。

发电机负荷增加到150MW（具体负荷待定）时，将厂用电倒至本机高压厂用变压器带。

6. 负荷升至200MW

在DEH画面上，设定目标负荷200MW，升负荷率3MW/min，确认输入正确后，按“进行”键。

检查汽轮机轴封供汽自动切换为自密封方式。根据四段抽汽压力将辅汽汽源切换为四段抽汽。

再热汽温在530℃以上时，投入燃烧器摆角自动或再热蒸汽事故喷水自动，维持再热蒸汽温度正常；当所有油枪退出运行时，投入电除尘器、脱硫装置。

7. 负荷升至230MW

在DEH画面上，设定目标负荷230MW，升负荷率3MW/min，确认输入正确后，按“进行”键。

对系统全面检查，设定负荷上限为100%，负荷下限为70%，负荷变化率为3.0MW/min，主汽压力为16.67MPa，具备自动投入条件后，单元机组投协调控制系统；机组具备投AGC条件，根据中调调度指令投AGC。

8. 负荷升至330MW

在DEH画面上，设定目标负荷330MW，升负荷率3MW/min，确认输入正确后，按“进行”键。

当负荷升至75%，第一层燃尽风挡板全开，可投入第二层燃尽风挡板自动，使其自动根据负荷开启；负荷升至80%，启动第四套制粉系统；锅炉吹灰系统汽源正常，投入压力调整门自动；负荷稳定后，对受热面、空气预热器进行全面吹灰一次。

机组运行正常后，全面检查一次。

机组冬季特殊启动方式规定：当冬季环境温度低于+3℃时，机组启动应采用冬季特殊启动方式；机组冬季启动时，尽量在白天室外温度高时启动；锅炉点火前，汽轮机送汽封、抽真空；当排汽装置压力达到30kPa时，开启汽轮机侧至排汽装置和扩容器所有疏水；当排汽装置压力达到30kPa时，缓慢开启低旁；在排汽装置开始进汽到进汽流量达到150t/h的时间不允许超过30min。

上述启动过程中，一般在50%负荷及以前状态都是暖机，即使在50%负荷以后，负荷的变化对整个机组的影响仍很大。在加负荷过程中，需要注意的问题很多，且随机组设备系统特性不同而不同。一般地说，加负荷时注意以下问题：

负荷变化直接影响汽缸转子金属的温度，加负荷的速率应加以限制。国产300MW汽轮机考虑到汽缸和转子的实际情况，规定加负荷速率为每15min升20~30MW，并要对机组金属温升、温差及胀差等严加监视。引进型300MW汽轮机加负荷速率一般为2~3MW/min，由于该型汽轮机汽缸及法兰采用薄型结构，取消了蒸汽加热装置，且反动式机组具有较大的平衡鼓需预热，汽缸外部及法兰的加热完全靠通流部分的热量向外传递，所以整个启动过程的暖机时间反而比国产机组长，但只要严格按照规定的参数和时间进行启动暖机，该型机组在缸胀、胀差、金属温度等方面一般不会出现不正常情况。引进型300MW机组冷态启动蒸汽参数的控制见表3-9。引进型300MW汽轮机启动暖机过程中应加强对发电机氢密封油系统监视，以免引起密封瓦碰擦，进而发生剧烈振动。一般情况下，密封油的温度维持近高限，空氢侧密封油压差维持低限值较好。另外，加负荷过程中还应经常检查和监视调节系统工作正常、稳定，调门控制油压或指令、油动机开度与当时负荷相对应，调节保安系统各部分油压均正常。

表3-9 引进型300MW机组启动中负荷与蒸汽参数的匹配

负荷（MW）	15	30	60	105	150	240
主蒸汽压力（MPa）	4.12	4.9	6.7	9.31	11.96	16.56
主蒸汽温度（℃）	320	330	380	450	538	538
再热蒸汽温度（℃）		280	325	400	490	538

随着负荷的增加，机组轴向推力也增大，增负荷时要加强对推力轴瓦温度和轴向位移变化的检查。有时负荷的变化还能影响机组振动，所以负荷增加时，还应加强对机组振动和声音的检查，尤其是推力轴瓦温度的检查。因满负荷时轴向推力最大，若有异常，必须跟踪监视到满负荷。

负荷增加时，排汽装置水位、除氧器水位、轴封汽压力、油温、氢温、内冷水温、加热器水位都容易变化，这些参数大部分有自动控制，但仍要加强监视检查。

随着负荷的增加，应注意真空的变化，及时调节循环水流量。

汽轮机如果是第一次启动，或是大修后启动，或经过任何影响危急遮断器动作整定值的检修工作后首次启动，达到额定转速以后，都要进行空负荷试验。空负荷试验，包括汽轮机保护装置试验、阀门活动试验、真空严密性试验和汽轮机超速试验（或先进行充油试验）。

ABB的超临界600MW汽轮机规定，汽轮机转子温度达到450℃以上，方可进行超速试验。有的机组规定带7%～10%负荷运行3～4h再解列进行试验，也是为了加热转子。有的机组规定汽轮机必须带至少25%负荷并在此负荷下运行3h，然后解列进行。在定速后应对危急保安器进行油压跳闸试验，确保其工作正常。做超速试验时应注意：

(1) 必须有一名运行人员站在手动跳闸按钮前，做好在非常情况下立即手动停机的准备。

(2) 机组带上7%～10%负荷稳定运行3～4h以上。

(3) 严密监视机组转速及振动，超过极限值应立即手动停机。

(4) 严禁在额定参数下或接近额定蒸汽参数做超速试验。

(5) 在做超速试验的暖机期间，应保持稳定的负荷，稳定的主、再热蒸汽温度，稳定的主蒸汽压力，稳定的背压。

八、启动中的控制指标和注意事项

1. 启动中的控制指标

为了保证汽轮机启动的顺利进行，防止由于加热不均使金属部件产生过大的热应力、热变形以及由此而引起的动静部分摩擦，应按制造厂规定控制好各项指标。

(1) 冷态滑参数启动过程中，限制加负荷的主要因素是胀差正值的增大，而影响胀差的主要因素就是蒸汽的升温速度。蒸汽升温速度越快，不仅转子内的温差大，而且转子与汽缸的温差也越大，其相对胀差也越大。所以，一般限制主蒸汽的温升率为1～1.5℃/min，再热蒸汽的温升率为2～2.5℃/min。

(2) 汽轮机启动时，金属中应力的大小是由其内、外壁温差决定的，而此温差又与金属的升温速度有关，因此控制金属升温率是控制热应力的最基本手段。对于具体的机组，各部件的几何尺寸是固定的，温升率越高，则其内外壁温差越大。若根据材料的允许应力就可以求得与其相对应的允许温差。因此制造厂家在规程中规定的各种允许温差都是以允许应力为基础的。允许温差又与金属温升速度有一定关系。所以控制金属的升温速度不仅可以调整转子和汽缸的胀差，而且可以控制零部件中的启动热应力。因为汽缸几何尺寸形状十分复杂，各部位的温升速度未必均匀，所以各机组针对具体结构规定出汽缸的温升速度，其目的都是为了使金属应力不超过强度允许值。如国产200MW机组规定温升速度为3～4℃/min；300MW机组规定温升速度为1.5℃/min；600MW机组规定温升速度为0.3～0.8℃/min。因为冲转时再热汽温往往低于主汽温，所以通常中压缸的温升速率要比高压缸稍大些。如国产200MW机组低速暖机中压缸的温升速度允许达到5～7℃/min；300MW机组低速暖机中压缸的温升速度允许达到1.5～2℃/min。

(3) 上、下缸温差的大小影响汽缸的上拱变形（弯曲），由于上下缸温差所引起的变形度，近似地可以用式（3-1）估算，即

$$f = \frac{\Delta t L^2}{\beta D} \tag{3-1}$$

式中　β——汽缸材料的线膨胀系数，1/℃；

Δt——上下汽缸温差，℃；

L——支撑点之间的汽缸长度，mm；

D——沿汽缸长度的平均直径，mm。

用式（3－1）可以按温差确定各汽缸的弯曲值，而制造厂规定的允许上、下汽缸温差则是根据动静之间的最小径向间隙所决定的允许弯曲值而计算出来的。如国产200MW机组上下缸温差规定值：高压内缸为35℃，高压外缸及中压缸为50℃。300MW机组中也规定高、中压外缸上、下壁允许温差为50℃，高压内缸上、下温差为35℃，对高压内缸要求更严格的原因是高压内缸径向间隙的变化还要受到高压缸拱背变形的影响。

（4）双层汽缸的采用虽然使汽缸法兰宽度比单缸高压汽轮机的法兰有所减少，但随着蒸汽参数的提高，法兰宽度还相当大而且厚度也加大了，即使采用滑参数进行启动并设有法兰加热装置，但若法兰宽度温差过大也会使汽缸变形，造成法兰结合面漏汽。因此，法兰宽度温差仍然是启动过程中主要控制的指标之一。如国产200MW机组规定法兰宽度（内外壁）温差不得超过100℃，而某300MW机组规定高、中压法兰上、下温差应小于15℃；左右温差小于10℃；法兰内外壁温差不大于80℃。

（5）在汽轮机升速和低负荷阶段，调节汽门的节流作用很大，阀门后的蒸汽容易成为过热蒸汽。冲转后蒸汽主要在前几级做功，为了防止前几级落入湿蒸汽区，改善叶栅工作条件，同时也防止启动时锅炉操作不当，蒸汽进入饱和区，使放热系数增大，造成热冲击和蒸汽带水进入汽轮机造成水冲击，启动时应保证蒸汽过热度不小于50℃。

（6）汽缸与转子的相对胀差在制造厂规定范围以内。

2. 汽轮机滑参数启动中注意事项

对于冷态启动来说，汽轮机升速及并网带负荷是一个比较长的阶段。在这个阶段中，汽轮机的各参数都在发生变化，这种变化反映了汽轮机的状态，是运行人员在启动过程中要求严格监视和密切注意的，主要有以下几个方面：蒸汽压力、蒸汽温度、各缸膨胀、胀差、轴向位移、上下缸温差、转子热应力的变化趋势、润滑油温等。

（1）在冷态启动中，汽轮机的膨胀和胀差比热态启动更为重要，运行人员应加以监视和注意。

大型汽轮机组在高、中、低压缸的左右两侧都装有汽缸膨胀测点。在升速过程中，运行人员应通过这些膨胀监视点来监视汽缸的膨胀。如ABB的超临界600MW汽轮机的高、中及两个低压转子都有胀差显示。由于ABB的超临界600MW汽轮机采用了焊接转子、圆筒套箍式内缸等一系列措施，致使汽缸与转子的膨胀或冷却速度差别不大。在冷态启动中，往往在送汽封、抽真空阶段，汽缸已经开始膨胀，汽轮机冲转以后，随着转子的加热，汽缸的膨胀也比较快。所以，在整个冷态启动过程中，汽轮机的胀差基本上不成问题，这也是ABB的汽轮机的特点之一。当然，还有许多机组在冷态启动过程中存在汽缸膨胀缓慢，远远滞后于转子，胀差较大，较难控制的问题。因此，为控制好胀差，可根据机组情况采取下列措施：选择适当的冲转参数；制定适当的升温、升压曲线；及时投入汽缸、法兰加热装置，控制各部金属温差在规定范围内；控制升速速度及定速暖机时间；带负荷后应根据汽缸温度掌握升负荷速度；冲转、暖机时及时调整真空；轴封供汽使用适当；随机投入低压加热器，及早投入高压加热器等。

汽轮机滑参数启动中，在冲转和并网后的加负荷过程中金属加热比较剧烈，特别是低负荷阶段，汽缸与转子之间容易出现较大的温差和胀差。启动过程中出现较大胀差时，应停止升温、升压，并在该负荷下进行暖机，必要时采取其他措施来减小胀差值。

（2）在启动过程中，要注意检查机组振动情况。在一阶临界转速以下，汽轮机振动不应超过0.03mm，通过临界转速时，振动不超过0.1mm，否则应立即打闸停机，严禁硬闯临界转速和降速暖机。此时运行人员必须处理果断，防止大轴弯曲和通流部分损坏事故的发生。

（3）汽轮机冷态启动是一个加热的过程，汽轮机各点温度都随着启动的速度变化而变化，所以，运行人员必须严格监视启动过程中各点的温度。

1）高、中压转子温度。如ABB设计的高、中压转子都有一个温度探针，可以通过这两个温度了解到高、中压转子的温度变化情况，并可以了解到热应力的变化趋势。

2）高、中压缸的上、下缸温差，汽缸内外壁温差，法兰内外壁温差等。

3）各轴承的轴承金属温度。汽轮机轴承金属温度反映了轴承油膜工作的稳定性。在启动过程中，运行人员应监视轴承的金属温度，一旦出现轴承温度异常升高，应立即查找原因。一般情况下，轴承磨损、汽轮机严重进水、轴向位移增大或汽轮机强烈振动等原因，均会引起汽轮机轴承温度的突然升高。

4）汽轮机的热应力。超临界的汽轮机一般都配有一套热应力的控制装置，它不仅用于控制汽轮机启动的速度变化率，还在整个过程中，控制负荷的变化率。在正常运行中，热应力控制装置通过控制负荷的变化速度来保证汽轮机的安全性，保证汽轮机转子的寿命。热应力控制装置还具有保护功能，在汽轮机启动和正常运行中，无论是高压转子还是中压转子，一旦热应力超过转子所允许的应力水平，它就会参与机组控制，用于改变转速或负荷变化率的方式降低相应转子的应力，如热应力仍不能得到有效控制时，热应力控制装置将会发出报警信号，热应力达到一定值时，它会立即动作停止汽轮机，以保证汽轮机转子的安全。

（4）在启动和升速过程中，应按规定的曲线控制蒸汽温度的变化，偏离时应及时调整。当汽温在10mim内下降50℃及以上时，应打闸停机。

（5）在升负荷过程中，应监视发电机氢、油、水系统工作情况正常，调整发电机进口风温在40℃左右，密封油控制站的油氢差压阀、油压平衡阀应动作灵活，维持密封油压高于氢压0.03～0.05MPa。

第四节　热态启动

区别于冷态启动，启动前汽缸金属温度高于150℃时，统称为热态启动。这时高、中压转子的中心孔温度已达到脆性转变温度以上，因此在升速过程中就不必暖机，只要检查和操作能跟上，应尽快达到对应于该温度水平的冷态启动工况。但由于汽轮机热态启动时金属各部件均存在一定的温差，从而造成动静间隙的变化，给启动带来一定的困难。汽轮机组的一些大事故，如大轴弯曲、动静摩擦等，往往是在热态启动中操作不当而引起的。汽轮机的上下缸温差和转子的径向温差也是妨碍汽轮机热态启动的主要因素，可见，只有掌握了热态启动的一般规律，再严格按照规程进行检查和操作，才能使汽轮机安全、顺利地启动。

一、热态启动原则

汽轮机热态启动时，必须遵循下列原则。

1. 上、下缸温差在允许范围内

由于汽缸结构、保温、外部环境条件等因素的影响，造成汽轮机停机后，上、下缸温差在一定时间内由小向大发展。汽轮机启动时，上、下缸温差超限的危害在于改变了汽轮机的径向间隙，造成轴封和汽封片与转子接触并发生摩擦。严重时甚至会造成转子局部受热引起大轴弯曲。一般规定上下缸温差不超过50℃，双层缸内缸上下金属温差不超过35℃。减小上下缸温差的重要措施是选用良好的保温材料，有的机组还设置了下缸加热装置。

2. 转子弯曲不超过允许值

汽轮机转子由于自身质量的原因，转子静止时存在一定的弹性弯曲，这种弯曲特性随汽轮机启动、升速，转子刚性加强而消失。但当汽轮机转子由于径向温差的存在，将引起弹性热弯曲。该弯曲值超过一定值时，转子质心与转子中心偏离，将成为汽轮机启动、升速过程中的激振源，并随转速升高振幅增大，结果可能引起汽轮机内部径向动静摩擦，进一步导致大轴弯曲，因此汽轮机启动时转子弯曲度不允许超过原始值0.03mm。下面具体分析转子发生弯曲的情况。

如果静止的转子上下出现温差时，与汽缸的热翘曲一样，转子也会上拱。如果不考虑转子上叶轮对翘曲的影响，假设转子两端的汽封和轴颈的直径都相同，长度L也相同，该部分的温度梯度和自重忽略不计。

图3－1所示为转子热翘曲示意图。在转子中间部分上下温差Δt的作用下，转子的L段弯曲成半径为R的圆弧，则转子中部中点相对于L两端面中心线X_1-X_1的翘曲值Δ最大，且可按式（3－2）近似地估算，即

$$\Delta = \frac{L^2}{gR} = \frac{L^2\Delta t\beta}{gd}\text{mm} \qquad (3-2)$$

$$R = \frac{d}{\Delta t\beta}$$

式中　R——转子中间部分几何中心线翘曲的曲率半径，mm；

d——转子中部直径，mm；

β——材料膨胀系数，1/℃；

L——转子中间部分长度，mm；

Δt——转子上下温差，℃。

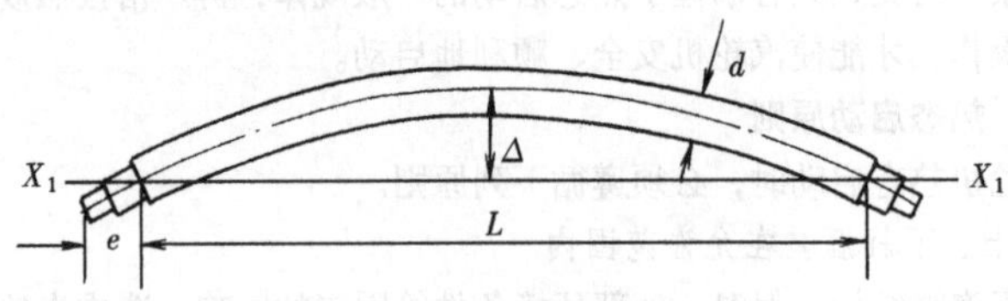

图3－1　转子热翘曲示意图

大轴的晃动度是监视转子弯曲的一个指标，通常是将百分表插在外伸的轴颈、对轮或窜轴表、胀差表发送器处轴的圆盘上进行测量。图3－2

所示为晃动值测量示意图，用百分表测得的转子晃动值 y_a 与用式（3-2）估算的转子的最大弯曲值有如下关系，即

$$\Delta = 0.25\frac{L}{l}y_a \tag{3-3}$$

式中 l——百分表与轴承之间的距离。

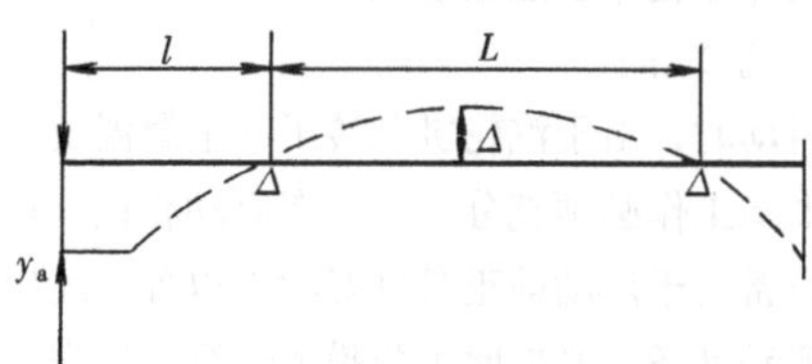

图 3-2 晃动值测量示意图

因为转子的弹性弯曲使转子质心偏离了转子的回转中心线，如果偏心度达到 0.1mm，在 3000r/min 时产生的离心力约等于转子的质量大小。所以转子若在弯曲下启动，中速以下就可能发生振动，造成动静摩擦。如果处理不当就会造成大轴永久性弯曲。因此，对大轴的晃动度要给予足够的重视。特别是在热态启动前，必须仔细检查。若检查出晃动值超过了允许值，可以通过连续盘车来消除。如果大轴晃动度有增大趋势，并有金属摩擦声，应采用手动盘车 180°的方法检查。具体步骤是：先手动盘车 360°，测量并记录大轴晃动值及晃动最大值的部位，然后把转子停放在晃动表指示的位置，即转子温度较高的一侧处于下缸，而温度较低的一侧处于上缸，在上、下缸温差和空气对流的影响下，缩小转子两侧径向温差使转子暂时性弯曲得以消除。当晃动值减小到初始最大晃动值的 1/2 时，马上投入连续盘车，继续检查，如果晃动值还大于允许值，则重复以上手动盘车过程，再次消除暂时性弯曲，直到投入连续盘车。

3. *启动参数的匹配*

汽轮机热态启动时，各部件的金属温度都很高，为提高冲转蒸汽参数，在汽轮机启动冲转前应投入旁路系统运行，确保汽轮机进汽时不会引起金属部件产生冷却过程。所以通常热态启动要求主、再热蒸汽温度高于汽缸金属温度 50～100℃。否则，一旦发生冷却过程，转子表面受冷，就会产生较大的热应力，并且和机械拉应力叠加，会出现危险工况，从转子寿命考虑，又增加了一次疲劳寿命损耗；另外，转子冷却快于汽缸，会产生负胀差，严重时将引起动静摩擦。

经验表明，主蒸汽温度较易满足要求，同时由于冲转时，主汽门、调

节汽门的节流作用会使汽轮机内部接触汽温下降，因此主蒸汽温度应取上限值。而再热蒸汽温度由于提升速度慢，且中压缸多为全周进汽，故再热蒸汽温度可取下限。

此外，润滑油温应不低于35~40℃，胀差也应在允许范围内等。

二、热态启动操作程序及注意事项

1. 启动前的准备工作

汽轮机热态启动时，由于汽轮机和转子的金属温度较高，启动过程时间短，启动前的准备工作必须充分。与冷态启动相比，热态启动除了必须检查确认各系统设备处于启动前正常良好状态以外，还应对给水泵、磨煤机等做好充分的启动准备，必要时可先投入运行，以满足汽轮机冲转、并网后快速带负荷的要求，做到调节级出口蒸汽参数与转子金属温度相匹配。另外，启动前准备工作中，要杜绝一切可能使冷汽、冷水进入汽轮机的误操作，防止机组受冷变形。

2. 旁路系统的投入

再热机组热态启动时，汽轮机对冲转参数的要求很高，如果仅仅依靠开大主蒸汽管疏水阀的办法提高蒸汽温度，一则延长了汽轮机等待冲转蒸汽参数的时间，二则大量主蒸汽疏水排放造成补水不及，因而要提前投入旁路系统，来迅速提高主、再热蒸汽的温度。

3. 投入轴封供汽、抽真空

启动过程中，轴封是受热冲击最严重的部件之一，特别是热态启动时，汽封处的转子温度很高，一般只比调节级处汽缸金属温度低30~50℃，因此，热态启动时，轴封供汽温度一定要与汽封金属温度匹配，不能用低温蒸汽供给，以免轴封段转子受冷，产生热变形，严重时会使动静间隙消失，产生动静摩擦。此外，热态启动应先向轴封送汽后再抽真空。在向轴封送汽前，应检查确认轴封汽母管疏水门开足，疏水排尽后再向轴封送汽。

4. 主、再热蒸汽管道疏水、暖管

虽然旁路系统投入运行后，汽轮机能获得冲转所需的蒸汽参数，但主蒸汽管道的疏水仍不可少，特别是为了提高主、再热蒸汽管道死区蒸汽参数，必须充分疏水。另外，应明确主蒸汽管道的暖管、疏水不仅仅是冷态启动才需要，热态启动也是必须的，只不过热态启动的暖管疏水不但是为了提高主蒸汽管的金属温度，防止水冲击，而且更主要是为了防止冲转蒸汽温度大幅度变化，造成汽轮机的热冲击。

5. 启动过程

汽轮机具备热态启动条件后，冲动汽轮机转子，除在500r/min左右短时停留，对汽轮机进行听音检查外，应迅速以200～300r/min²的升速率将转速提升到额定转速，之后立即将机组并入电网，并迅速以每分钟（3%～5%）P_n的升负荷率，尽快地将汽轮机负荷提高到目标值即启动曲线所对应的负荷点，确认汽轮机下缸温度不再下降，以减少汽缸及转子的冷却。启动中要加强对蒸汽参数、负胀差的监视，防止动静间隙消失而损坏设备。其他操作与冷态启动操作相同。

6. 加强振动监视

机组热态启动时，因启动时间短，应严格监视振动，如果突然发生较大的振动，必须立即打闸停机，转入盘车状态，绝对不允许降速暖机或等待观望拖延时间以至扩大事故。只有消除引起振动的原因后，才允许重新启动汽轮机。

7. 热态启动真空监视

热态启动真空应保持得高一些，因为主蒸汽和再热蒸汽管道疏水通过扩容器排至凝汽器，真空高可以使疏水迅速排出，有利于提高蒸汽温度。特别是当锅炉内余压较高时凝汽器真空应维持得高一些，这样旁路投入后，不至使凝汽器真空下降过多。但真空也不能太高，以防止主汽门、调节汽门严密性较差时，因漏汽使汽缸冷却。

8. 冷油器出口油温监视

冷油器出口油温不得低于38℃，如果油温过低而升速又快，可能因油膜不稳而引起振动。

第五节 中压缸启动

一、中压缸启动的意义

随着机组容量的增大，大型中间再热汽轮机组采用了多种启动方式来满足机组快速启动的要求，相当数量的机组采用了中压缸启动。大型中间再热汽轮机组在冲转前倒暖高压缸，但启动初期高压缸不进汽，由中压缸进汽冲转，机组带到一定负荷后，再切换到常规高、中压缸联合进汽方式，直到机组带满负荷，这种启动方式称为中压缸启动。切换进汽方式时的负荷又称为切换负荷。有些机组不是在带负荷后切换启动方式，而只是在机组暖机后，即切换成常规高、中压缸联合进汽方式，这种方式也称为中压缸启动方式，其目的是满足机组快速启动的要求。

汽轮机采用中压缸启动方式具有以下意义：

(1) 缩短启动时间。由于汽轮机冲转前对高压缸进行倒暖，这样，在启动初期启动速度不受高压缸热应力和胀差的限制；另外，由于高压缸不进汽做功，在同样的工况下，进入中压缸的蒸汽流量增大，暖机更充分迅速，从而缩短了整个启动过程的持续时间。

(2) 汽缸加热均匀。中压缸启动时，高中压缸加热均匀，温升合理，汽缸易于胀出，胀差小。与常规的高中压缸联合启动相比，虽然多一个切换操作，但从整体上可提高启动的安全性和灵活性。

(3) 提前越过脆性转变温度。中压缸启动时，高压缸倒暖，启动初期中压缸进汽量大，这样可使高压转子和中压转子尽早越过脆性转变温度，提高了高转速运转的安全可靠性。

(4) 对特殊工况具有良好的适应性。主要体现在空负荷和极低负荷运行方面。机组启动并网过程中，有时遇到故障等待处理，或在并网前要进行电气试验或其他试验时，就常常遇到要在额定转速下长时间空负荷运行的情况，在采用高、中压联合启动的传统方法时，即使冷态启动，也会带来很多问题，比如高压缸超温。然而采用中压缸启动方式，只要关闭高排止回阀，维持高压缸真空，汽轮机即可安全地长时间空负荷运行。同样采用中压缸进汽方式，只要打开旁路，隔离高压缸，汽轮机就能在很低的负荷下长时间运行。在单机带厂用电的情况下，也可采用该方式运行，这样，一旦事故排除后，就能迅速重新带负荷。

(5) 抑制低压缸尾部温度水平。采用中压缸进汽，启动初期流经低压缸的蒸汽流量较大，这样就能更有效地带走低压缸尾部由于鼓风产生的热量，保持低压尾部温度在较低的水平。

二、中压缸启动系统

中压缸启动方式下，汽轮机主要需要解决高压缸鼓风摩擦作用。调速系统上考虑设有中压缸启动装置（如中压缸启动阀），热力系统上考虑装有高压缸抽真空门和高压缸排汽止回阀加旁路门作为高压缸倒暖门。

冲转时使用中压缸启动阀，保持高压缸调节汽门全关，而开启中压缸调节汽门进行冲转。满足阀切换条件时，切换为高、中压缸联合进汽方式。图 3-3 为中压缸启动汽轮机的系统配置图。其中主要装置的作用如下。

1. 高、低压旁路系统的作用

大型汽轮机的热惯性远远大于锅炉。锅炉的冷却速度较快，这是因为用于热交换的面积很大，在重新启动前还必须进行放水排污。

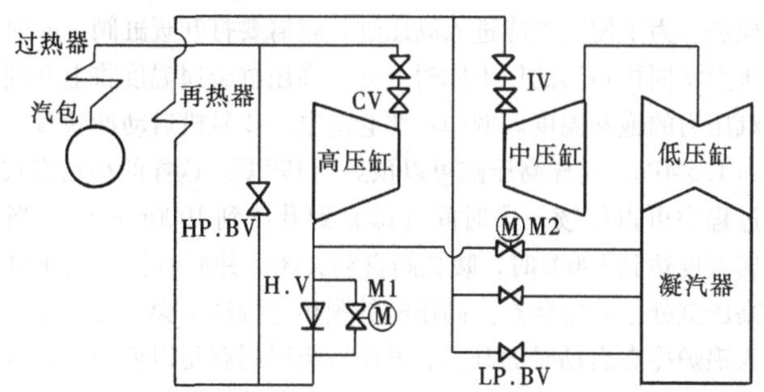

图 3－3　中压缸启动机组的旁路系统图

M1—暖缸阀；M2—高压缸抽真空阀；CV—高压调节汽门；IV—中压调节汽门；HP、BV—高压旁路阀；LP、BV—低压旁路阀；H、V—高压缸排汽止回阀

600MW 汽轮机达到完全冷却大约需要 7 天时间，锅炉的冷却却只需 50h 左右即可，而此时的汽轮机缸温仍在 350℃左右。因此，短时停运后再启动，转子和汽缸仍然处在热态，这时汽轮机在启动期间必须供给温度较高的蒸汽，目的是不致使汽轮机冷却。

采用高、低压旁路系统后，既满足了汽轮机对汽温的要求，又保护了再热器，同时使锅炉的燃烧调整变的相当灵活。

2. 高压缸抽真空阀的作用

高压缸抽真空阀是在汽轮机负荷达到一定水平及完全切断高压缸进汽流量之前，用于对高压缸抽真空，以防止高压缸末级叶片因鼓风摩擦而发热损坏。在冲转及低负荷运行期间，切断高压缸进汽以增加中、低压缸的进汽量，有利于中压缸的加热和低压缸末级叶片的冷却，同时也有利于提高再热蒸汽压力，因为再热汽压力过低将无法保证锅炉的蒸发量，从而无法达到所需要的汽温参数。

3. 暖缸阀的作用及高压缸的预热

暖缸阀（又称高压缸排汽止回阀旁路门）就是在冷态启动时用于加热高压缸的进汽隔离阀。在汽轮机冲转启动的第一阶段，中压缸内的蒸汽压力很低，因此热量的传递也很慢。在这一阶段，中压转子和汽缸的温度上升较慢，因此尽管蒸汽和金属之间有温差，它们都不会产生过高的热应力。汽轮机高压缸的情况则不同，由于再热蒸汽压力已调整到了一定的数值，所以蒸汽一进入汽缸，汽缸内的压力就升高了。所以，高压缸在进汽前必须先经过预热。

在启动的初级阶段，当锅炉出口蒸汽达到一定温度时，就可以进行汽轮机的预热。为了使蒸汽能进入高压缸，就需要打开暖缸阀。此时，高压缸内的压力将同再热器的压力同时上升，高压缸金属温度将上升到相应于再热蒸汽压力的饱和温度。例如：北仑港电厂2号机启动冲转参数为再热蒸汽压力1.5MPa，这样高压缸可以预热到190℃。这样的预热方式在汽轮机冲转过程中可以持续一段时间（即直到升速到1000r/min）。当高压缸内的金属温度达到190℃时，暖缸阀自动关闭，并同时打开高压缸抽真空阀，使高压缸处于真空状态。高压缸的预热过程决不会干扰或延长启动过程，因为锅炉冷态启动时的升温、升压所需时间就足以使高压缸得到充分的预热。一般情况下，当机组汽温、汽压具备冲转条件时，高压缸的预热正好或早已结束。由于高压缸暖缸过程的电动阀控制是自动的，且当机组冲转时高压缸暖缸已经结束，这就产生了中压缸启动的又一优点，即无论是冷态启动还是热态启动，对运行人员的操作程序和步骤总是相同的。

高压缸抽真空系统一般由两路组成：一路从高压缸第一段抽汽管道止回阀前接出；另一路从高压缸排汽止回阀前接出，然后两路汇合后一并进入凝汽器喉部。

高压缸倒暖门一般装在高压缸排汽止回阀旁路上，用于高压缸闷缸时，倒暖高压缸。

中压缸启动方式，开始是在引进的大型机组上采用的，后来在一些已投产的国产机组上进行了试验，并取得了良好的效果。对于一些国产机组，由于设计时没有考虑到采用中压缸启动方式，必须对系统采取一系列的改进后，才能采用中压缸启动方式，具体说来应考虑以下几点：

（1）采用中压缸启动时，由于高压缸采用了倒暖方式，使金属温度水平提高，因此进汽参数及升速过程与高、中压缸联合启动时有所差别。

（2）采用中压缸启动时，应详细核算轴系轴向推力的情况，对于高、中压缸反向布置的机组，中压缸单独进汽时轴向推力比较恶劣的情况是在切换进汽方式之前。

（3）对汽轮机调节系统作适当改进，保证启动时中压缸进汽，而高压缸调节汽门关闭，达到切换负荷时，高压缸调节汽门又能平缓打开。

（4）改进高压缸排汽止回阀的可控制性能，最好采用高压缸排汽止回阀加旁路门，以便安全、灵活、可靠地实现高压缸的倒暖。

（5）改进高压缸抽真空系统，增强高压缸温度的可控性。

三、中压缸启动注意事项

机组启动前的检查及其他工作与前面几节中所介绍的相同。操作中压缸启动阀，关闭高压调节汽门，锅炉点火后，打开倒暖门或挂高压缸排汽止回阀投入高压缸倒暖，达到冲转参数后，可冲动转子，到中速暖机后，关闭高压缸排汽止回阀或倒暖门，高压缸开始隔离，然后用抽真空门调整高压缸金属温升率，机组并网同冷态。升负荷到5%～7%左右时（有的机组是在暖机过程中），进行切换。关闭抽真空门，打开高压缸调节汽门，挂起高压缸排汽止回阀，机组进入联合启动状态。切换时，高压缸金属温度应达到320～340℃，切换时注意主蒸汽温度的匹配，以后操作同机组正常启动。下面分别介绍冷态、热态启动过程和需要说明的几个问题。

1. *冷态启动*

机组冷态启动时，汽缸温度较低，锅炉点火后开始提升参数，待再热器冷段蒸汽温度达到一定数值后（一般比高压内缸温度高出50℃左右），即可打开高压缸排汽止回阀，对高压缸进行倒暖。倒暖时，要注意控制温升速度，不能升温太快，否则转子、汽缸会产生过大的热应力和寿命损耗。在进行倒暖的同时，主蒸汽、再热蒸汽的温度、压力仍按规定的方式升高，待蒸汽参数达到冲转要求时，即可采用中压缸进汽启动。此时，可以恰到好处地将高压缸温度暖至190℃左右。中压缸冲转至中速暖机后，可停止倒暖，同时开大高压缸至凝汽器管道上的真空阀，使高压缸处于真空状态控制其温度水平。暖机结束后，继续升速至额定转速。如果在额定转速下需要延长空转时间（如进行电气试验），那么高压缸由于鼓风，缸温会升高，这时可用真空调节阀将温度控制在适当的水平。同时，由于高压缸不做功，在同样的工况下，进入中、低压缸的蒸汽流量较高、中压缸联合启动时要大，低压缸尾部的冷却要充分一些。当机组具备并网条件后，即可并网接带初负荷。然后根据规定的升负荷方式继续升负荷，升至切换负荷时，即可关闭抽真空门进行进汽方式的切换，即将中压缸进汽方式切换成高、中压缸联合进汽方式。这时，再热蒸汽压力由中压调节汽门控制。高压缸进汽后，应关小高压旁路，切换过程结束时，高压旁路应全关。整个切换过程较短，一般持续3～5min。在切换时，应特别注意高压缸温度的匹配问题，避免产生过大的热冲击。高压缸调节汽门开启的同时，应逐渐关闭高、低压旁路，保持主、再热蒸汽参数稳定。此后的启动过程与常规启动方式相同。

2. *热态启动*

这种启动方式是调峰机组常见的启动方式，启动时汽轮机金属温度很高。在此工况下启动时，可以保持合适的再热蒸汽压力，建立较大的旁路流量，快速提升蒸汽参数。达到规定的启动参数后，在高压缸处于真空的状态下，用中压缸进汽方式来冲动汽轮机，并升速并网、接带负荷，这一过程可按运行人员期望较快的速度进行，而不用考虑高压缸的热应力。中压缸加大进汽量的同时，逐步关闭低压旁路以保持再热器压力的稳定。当负荷带至切换负荷时，即可进行进汽方式的切换，切换过程结束后，可按预定的启动程序来完成随后的启动过程。

需要注意的是，从启动初期直到高压缸切换带负荷结束，锅炉流量要保持稳定，也就是说，在这一过程中，经过旁路的流量要全部转移到汽轮机。

3. 中压缸启动运行中的几个问题及说明

（1）蒸汽冲转参数的选择见表3-10。

表3-10　　蒸汽冲转参数

参　数	300MW 机组	600MW 机组
主蒸汽压力（MPa）	2.94~3.43	5.0~8.73
主蒸汽温度（℃）	330~350	380~400
再热蒸汽压力（MPa）	0.686~0.784	1.54
再热蒸汽温度（℃）	300~330	≤380

300MW以上的机组选择以上冲转参数，是基于以下几点考虑：

1）可保证机组平稳通过临界转速及定速3000r/min的需要。

2）选择再热汽压力为0.686~0.784MPa，进行中压缸进汽冲转带负荷，若维持此再热蒸汽参数，全开中压缸联合汽门，中、低压缸可带最大负荷80MW左右。若在45MW负荷工况切换为高、中压缸联合进汽，切换前保证主汽压力达5.88MPa，再热蒸汽维持不变，切换后机组可带负荷约80~120MW。这样，就可以使机组在定速后，顺利完成并网、切换、升负荷的过程。

3）值得注意的是冲转后应保证主蒸汽温度逐渐滑升。

（2）高压缸的隔离温度。冷态启动时，锅炉点火后即可投高压缸倒暖，即蒸汽依次经过主蒸汽管道，高压旁路和高压缸排汽止回阀进入高压缸，一般情况下，高压缸倒暖温度与再热蒸汽压力下的饱和温度一致，高压缸倒暖温度可加热到170~190℃左右，即当高压缸加热到170~190℃左右时，隔离高压缸。高压缸隔离期间，由鼓风摩擦产生的热量继续加热高压缸，并通过调整抽真空门的开度来控制高压缸的温升率。到5%~7%负荷左右切换前，高压缸温度可加热到300℃左右，相当于机组带负荷20%～30%以上负荷的缸温水平，在此基础上，应保证主蒸汽参数与高压缸缸温的合理匹配，以避免切换后因主蒸汽参数低而使负荷带不上，造成高压缸缸温的大幅度下降，产生较大的热应力。需要指出的是，在高压缸隔离期间，禁止使高压缸缸温升至380℃，否则应立即打闸停机。

（3）切换负荷。切换负荷是指当中、低压缸带负荷至该值时切换为高、中压缸联合进汽的负荷。一般来说，切换负荷越高，越能体现中压缸启动的优越性，但切换负荷的增加又受到旁路容量、轴向推力等因素的限制。

（4）切换时的中压缸温度。为了避免机组在切换前后中压缸温度出现大幅度的波动，切换前中压缸缸温应控制在合理的范围内。如果切换前中压缸温度过高，一方面因切换后允许接带负荷或高压缸缸温水平限制，不能及时升到对应缸温下的负荷点，或再热蒸汽温度降低，将引起中压缸的不必要的冷却；另一方面会因切换前中压缸温升量较大，增加机组冷态启动的寿命消耗。

因此，切换前应使中压缸缸温控制在360℃左右，高压缸缸温控制在300℃左右，选择合适的切换参数，这样，在切换后，既可以使机组负荷增加，又不会引起中压缸温度的降低。

提示 第一节内容适用于初级工、中级工、高级工、技师、高级技师使用。第二～五节内容适用于中级工、高级工、技师、高级技师使用。

第四章

汽轮机的运行调整

第一节　汽轮机运行的调整操作

汽轮机正常运行中的一些重要参数，如蒸汽参数、凝汽器真空、轴向位移、胀差、机组振动、油系统及监视段压力等，对汽轮机的安全、经济运行起着决定性的作用。因此，运行中必须对这些参数认真监视并及时调整，使其保持在规定范围内。

一、主、再蒸汽参数

在汽轮机正常运行中，不可避免地会发生蒸汽参数短暂地偏离额定值的现象。当偏离不大，没有超过允许范围时，不会引起汽轮机部件强度方面的危险性，否则会引起运行可靠性和安全性两个方面的问题。

当初始压力和排汽压力不变时，主蒸汽温度变化使得整个热循环热源温度变化，循环热效率变化。主蒸汽温度升高，机内理想焓降增大，做功能力增强。相反，主蒸汽温度降低时，做功能力降低，效率降低。

在调节汽门全开的情况下，随着初温的升高，通过汽轮机的蒸汽流量减少，调节级叶片可能过负荷。随着温度升高，金属的强度急剧降低。另外，在高温下金属还会发生蠕变现象。所以猛烈的过载和超温对它们都是很危险的，目前，制造厂均规定了温度高限，一般不超过额定汽温5～8℃。

在调节汽门开度一定时，初温降低则流量增大，调节级焓降减少，末级焓降增加，末级容易过负荷；另外，初温降低，则排汽湿度增大，增大了末级叶片的冲蚀损伤；初温降低，还会引起轴向推力的增大。因此初温降低，不仅影响机组运行的经济性，而且威胁机组的安全运行。为保证安全，一般初温低于额定值15～20℃时，应开始减负荷。东方汽轮机有限公司300MW机组要求主蒸汽温度降至510℃开始减负荷，降至450℃时，减负荷到零，继续下降至430℃时，打闸停机；上海汽轮机有限公司300MW机组要求主、再热蒸汽温度升高至552℃～566℃连续运行超过15min，或超过566℃，或者主、再热蒸汽温度下降至430℃，或者主、再热蒸汽温度偏差达42℃以上时，打闸停机。

在调节汽门开度一定时，当初温和背压不变而初压升高时，汽轮机所有各级都要过负荷，其中最末级过负荷最严重，同时初压升高对汽轮机管道及其他承压部件的安全也会造成威胁。初压降低时，不会影响机组的安全性，但机组出力要降低。因此，运行中主蒸汽压力要求按机组规定压力运行，特别是滑压运行机组要严格按照变压运行曲线维持机组运行。

从机组经济性方面来看，当主蒸汽压力、排汽压力不变，而蒸汽温度升高时，蒸汽的比体积相应增大，若调节汽门开度不变，则进汽量相应减少，此时，蒸汽在高压缸的理想比焓降稍有增加，高压缸功率与主蒸汽温度的二次方根成正比，但中、低压缸的功率，因再热蒸汽流量和中、低压缸理想比焓减少而减少，因高压缸功率占全机比例较小（约为1/3），全机功率相应减少。此时，蒸汽在锅炉内的平均吸热温度升高，而使循环热效率相应增加，故机组的热耗率相应降低。若主蒸汽温度降低，则反之。

当主蒸汽温度、排汽压力不变，而主蒸汽压力变化时，将引起汽轮机进汽量、理想比焓降和内效率的变化。主蒸汽压力变化不大时，相对内效率可以认为不变。若调节汽门开度不变，则对于凝汽式机组或调节级为临界工况的机组，其进汽量与主蒸汽压力成正比，故汽轮机功率变化与主蒸汽压力变化成正比。当主蒸汽压力降低时，蒸汽在锅炉内的平均吸热温度相应降低，机组的循环热效率也随之降低，而使其热耗率相应增大。功率随压力降低而减少。若主蒸汽压力升高，则反之。

当主蒸汽参数和排汽压力不变，而再热蒸汽温度升高时，再热蒸汽比体积相应增加，同时中、低压缸内的理想比焓降也相应增加，故中、低压缸功率增大。另外，随着再热蒸汽温升高，低压缸排汽湿度会相应降低，则低压缸效率相应提高。又由于再热蒸汽温度的升高，蒸汽在锅炉内的平均吸热温度必然升高，这使得机组的循环热效率提高，热耗率降低。若再热蒸汽温度降低，则反之。

主蒸汽参数变化，均将引起汽轮机进汽量相应变化，从而使再热蒸汽流量或再热蒸汽流动阻力改变，由此引起再热蒸汽压力的变化。若再热蒸汽温度不变，而再热压力降低且排汽压力未变，则中、低压缸的流量和理想焓降都相应减少，排汽湿度随再热压力降低而有所降低，虽然这可使低压级的相对内效率增大，但综合的结果，汽轮机中、低压缸的功率相应减少。另外，再热蒸汽在锅炉再热器中的平均吸热温度相应降低，且排汽比焓相应增加，从而使机组热耗率相应增大。若再热蒸汽压力升高，则反之。

二、凝汽器真空

凝汽器真空即汽轮机排汽压力，由于蒸汽负荷的变化，凝汽器铜管积垢，真空系统严密性恶化，冷却水温的变化等，其数值可以在很宽的范围内变化，直接影响机组的安全经济运行。主要表现有：

（1）汽轮机排汽压力升高时，主蒸汽的可用焓降减少，排汽温度升高，被循环水带走的热量增多，蒸汽在凝汽器中的冷源损失增大，机组的热效率明显下降。通常对于非再热凝汽式机组凝汽器的真空每降低1%，机组的发电热耗将增加1%；另外，凝汽器真空降低时，机组的出力也将减少，甚至带不上额定负荷。

（2）当凝汽器真空降低时，要维持机组负荷不变，需增加主蒸汽流量，这时末级叶片可能超负荷。对冲动式纯凝汽式机组，真空降低时，要维持负荷不变，则机组的轴向推力将增大，推力瓦块温度升高，严重时可能烧损推力瓦块。

（3）当凝汽器真空降低较多使汽轮机排汽温度升高较多时，将使排汽缸及低压轴承等部件受热膨胀，机组变形不均匀，这将引起机组中心偏移，可能发生振动。

（4）当凝汽器真空降低，排汽温度过高时，可能引起凝汽器铜管的胀口松弛，破坏凝汽器的严密性。

（5）凝汽器真空降低时，将使排汽的体积流量减小，对末级叶片的工作不利。蒸汽的流动速度 v 和蒸汽的体积流量（$q_{m,\mathrm{n}}v_{\mathrm{n}}$）的关系式为

$$v=\frac{q_{m,\mathrm{n}}v_{\mathrm{n}}}{A} \tag{4-1}$$

式中 v——蒸汽流动速度，m/s；

$q_{m,\mathrm{n}}$——蒸汽流量，kg/s；

v_{n}——蒸汽比体积，$\mathrm{m^3/kg}$；

A——叶片通流面积，$\mathrm{m^2}$。

由式（4-1）可知，当凝汽器真空下降，蒸汽的比体积减小时，蒸汽的流速将减小。例如排汽压力 p_{n} 由5kPa升高到10kPa，排汽压力增加1倍时，由于排汽比体积的减小，蒸汽流速大约也要减小1倍，这时蒸汽通过末级叶片时，将会产生脱流及旋涡，同时还会在叶片的某一部位产生较大的激振力，使叶片产生自激振动，即所谓的叶片颤振。这种颤振的频率低，振幅大，极易损坏叶片。

汽轮机在运行中真空降低是经常发生的，真空降低的原因很多，但它往往是由于真空系统的严密性不好或凝汽器的抽气系统故障所致。因此，

运行值班员要定期检查真空系统的严密程度等，及时发现问题加以消除。机组运行中只能允许真空在一定范围内下降，否则必须减负荷，甚至执行紧急停机。如东方汽轮机有限公司 300MW 间接空冷汽轮机规定真空降至 85.3kPa 时，开始减负荷，降至 70.6kPa 时，负荷减至零，降至 68.6kPa 时，执行紧急停机；上海汽轮机有限公司 300MW 直接空冷机组规定真空低于 58kPa 时，开始减负荷，真空低于 27.2kPa 保护动作跳闸，否则手动打闸停机。

凝汽器真空的变化对汽轮机运行的经济性有很大的影响，主要表现在真空的变化引起做功能力的变化。因此，实际运行中必须经常保持凝汽器铜管清洁，保持真空系统严密性合格，在同样的投入下得到较高的真空，提高机组运行经济性。

当主蒸汽压力和温度不变，凝汽器真空升高时，蒸汽在汽轮机内的总焓降增加，排汽温度降低，被循环水带走的热量损失减少，机组运行的经济性提高；但要维持较高的真空，在进入凝汽器的循环水温度相同的情况下，就必须增加循环水量，这时循环水泵就要消耗更多的电量。因此，机组只有维持在凝汽器的经济真空下运行才是最有利的。所谓经济真空，就是通过提高凝汽器真空，使汽轮发电机组多发的电量与循环水泵等多消耗的电量之差达到最大值时凝汽器的真空。另外，真空提高到汽轮机末级喷嘴的蒸汽膨胀能力达到极限（此时的真空值称为极限真空）时，汽轮发电机组的电负荷就不会再增加了。所以凝汽器的真空超过经济真空并不经济，并且还会使汽轮机末几级蒸汽湿度增加，使末几级叶片的湿汽损失增加，加剧了蒸汽对动叶片的冲蚀作用，缩短了叶片的使用寿命。因此，凝汽器的真空升的过高，对汽轮机运行的经济性和安全性也是不利的。

三、监视段压力

在凝汽式汽轮机中，除最后一、二级外，调节级汽室压力和各段抽汽压力均与主蒸汽流量成正比例变化。根据这个原理，在运行中通过监视调节级汽室压力和各段抽汽压力，就可以有效地监督通流部分工作是否正常。因此，通常称各抽汽段和调节级汽室的压力为监视段压力。

在一般情况下，制造厂都根据热力和强度计算结果，给出各台汽轮机在额定负荷下，蒸汽流量和各监视段的压力值，以及允许的最大蒸汽流量和各监视段压力。由于每台机组各有特点，所以即使是同型号的汽轮机在同一负荷下的各监视段压力也不完全相同。因此，对每台机组均应参照制造厂给定的数据，在安装或大修后，通流部分处于正常情况下进行实测，求得负荷、主蒸汽流量和监视段压力的关系，以此作为平时运行监督的标准。

如果在同一负荷（流量）下监视段压力升高，则说明该监视段以后通流面积减少，多数情况下是结了盐垢，有时也会由于某些金属零件碎裂和机械杂物堵塞了通流部分或叶片损坏变形等所致。如果调节级和高压缸各抽汽压力同时升高，则可能是中压联合汽门开度受到限制。因而当某台加热器停运时，若汽轮机的进汽流量不变，将使相应抽汽段的压力升高。

不但要看监视段压力绝对值的升高是否超过规定值，还要监视各段之间的压差是否超过了规定值。如果某段的压差超过了规定值，将会使该段隔板和动叶片的工作应力增大，造成设备的损坏事故。

汽轮机结垢严重（一般中、低压机组监视段压力相对升高 15%，高压及其以上机组相对升高 10%）时，必须进行清除，通常采用下列四种方法进行清除：①汽轮机停机揭缸，用机械方法；②盘车状态下，热水冲洗；③低转速下，热湿蒸汽冲洗；④带负荷湿蒸汽冲洗。

四、轴向位移及轴瓦温度的监视

1. 轴向位移

汽轮机转子的轴向位移，现场习惯称为窜轴。窜轴指标是用来监视推力轴承工作状况的，作用在转子上的轴向推力是由推力轴承来承担的，从而保证机组动静部分之间可靠的轴向间隙。轴向推力过大或轴承自身的工作失常会造成推力瓦块的烧损，使汽轮机发生动静部分碰磨的设备损坏事故。

大容量汽轮机均设有轴向位移指示器（窜轴保护），其作用是监视推力瓦的工作状况，窜轴超过允许极限值时立即动作被迫停机，不使机组发生通流部分严重损坏事故。不同型式的机组窜轴指示器的零位位置是不同的。如国产 300MW 机组是将转子靠向工作瓦块来定零位的，这样轴向位移所指示的正数值中包括推力瓦受力后瓦块的支承座、垫片、瓦架的弹性位移量和事故情况下瓦块的磨损值。轴向位移所指示的正数值大小反映了汽轮机运行时推力盘处轴向位移量。因此窜轴指示器都装在靠近推力瓦处。一般综合式推力瓦推力间隙取 0.4～0.6mm 左右。

汽轮机主蒸汽压力升高、主蒸汽温度低，尤其是汽缸进水会产生巨大的轴向推力。对于高、中压缸对头布置的再热机组来说，由于发生水冲击事故时，瞬间增大的轴向推力是发生在高压缸内，即轴向推力方向与高压缸内汽流方向一致，因此推力瓦的非工作面将承受巨大的轴向作用力，而非工作面瓦块一般承载能力较小，所以这种水冲击事故就更加危险。因此，再热机组要求在非工作面瓦块一侧也能承受与工作瓦块同量的推力。

当再热蒸汽压力升高、温度降低或中压缸进水时，则推力的作用方向与中压缸汽流方向一致，这时推力瓦的工作面将承受巨大的轴向推力。此外，真空低或通流部分结垢时，也会使轴向推力发生较大的变化。

机组运行中，发现窜轴增加时，应对汽轮机进行全面检查，倾听内部声音，测量轴承振动，同时注意监视推力瓦块温度和回油温度的变化，一般规定推力瓦块乌金温度不超过95℃，回油温度不超过75℃，当温度超过允许值时，即使窜轴指示不大，也应减少负荷使之恢复正常。若窜轴指示超过允许值引起保护动作掉闸时，应立即解列发电机停机。当窜轴指示超过允许值，而保护未动作时，要认真检查、判断，当确认指示值正确时，应立即紧急停机。

2. 轴瓦温度

汽轮机轴在轴瓦内高速旋转，引起汽轮机油和轴瓦温度的升高。轴瓦温度过高时，将威胁轴承的安全。东方汽轮机有限公司300MW汽轮机轴瓦乌金温度最高允许值为110℃，超过此值时，应立即执行紧急停机；上海汽轮机有限公司300MW汽轮机可倾瓦最高允许值为113℃，椭圆瓦最高允许值为107℃。运行中通常也采用监视润滑油温升的方法来间接监视轴瓦温度，一般润滑油的温升不得超过10～15℃，但由于油温滞后于金属温度，不能及时反映轴瓦温度的变化，因而只能作为辅助监视。

为了轴瓦正常工作，对轴瓦供油温度作了明确规定，一般轴承进油温度为35～45℃，对于大机组，考虑其油膜工作的稳定性，轴承进油温度应维持在40～45℃。

第二节　汽轮机的日常维护与定期试验

汽轮机带负荷运行是电力生产过程的重要环节之一。在运行中正确执行规程，认真操作、检查、监视及定期试验和调整，是汽轮机运行人员的职责，也是实现汽轮机组具有良好运行水平，提高设备安全性、经济性和可靠性，延长使用寿命的重要途径。

汽轮机运行工作中的日常维护内容有：

（1）通过监盘、定期抄表、巡回检查、定期测振等方式监视有关设备仪表，进行仪表分析，检查运行经济安全情况。

（2）调整有关运行参数和运行方式，贯彻负荷经济分配原则，尽可能地使设备在最佳工况下运行，降低热耗率和厂用电率，提高运行的经济性。

(3) 加强对缺陷设备、故障系统和特殊运行方式下设备的监视，预防事故的发生和扩大，提高设备利用率，保证设备长期安全运行。

(4) 定期进行各种保护试验及辅助设备的正常试验和切换工作。

简而言之，电厂运行工作的主要任务是：保质保量，安全经济，不断向用户或电网提供所要求的电能。

一、汽轮机正常运行时，运行人员应做的工作

(1) 认真监视，精心操作、调整，随时注意各种仪表的指示变化，采取正确的维护措施，认真填写运行日志。

(2) 每小时抄表一次，并进行数据分析，发现仪表指示和正常值有差别时，应立即查明原因，并采取必要的措施。

(3) 定期对机组进行巡回检查，应特别注意推力轴承各瓦块乌金温度、各轴瓦乌金温度及回油温度、油流及振动情况，发电机冷却系统运行情况及严密情况，严防漏油着火等。

(4) 对汽轮机各部进行听音检查，特别是工况变化较大时，更应仔细进行听音。

(5) 运行中应使用同步器增减负荷，不应使用功率限制器代替，更不应在功率限制器发生作用的工况下长期运行，这样做的目的是：①保证机组一次调频能力；②保证机组动态特性，防止超速飞车事故发生。

(6) 运行中应根据设备的具体情况定期检查或联系检修人员清理安装在汽、水、油系统上的滤网。

(7) 及时调整轴封蒸汽压力，防止由于压力过高漏汽串入轴承箱，使油质劣化；同时也要防止由于压力过低，低压缸汽封漏空气，造成凝汽器真空下降。

(8) 运行中要经常保持汽轮机在经济状态下运行，为此应满足如下条件：

1) 注意保持主、再热蒸汽温度在额定值，汽压符合机组变压运行曲线规定值，变动范围不超过允许的范围。

2) 回热系统应运行正常，加热器出口水温应符合设计数值或在规程规定范围之内。

3) 保持凝汽器在最佳真空下运行，定期对照检查汽轮机排汽温度，并及时进行调整。

4) 凝结水过冷度不应超过规定值。

(9) 进行各种定期切换及试验工作。

(10) 定期清扫，保持汽轮发电机组设备的清洁卫生。

二、正常运行中的控制数值

为了保证汽轮机设备的安全经济运行，运行人员除了用各种直观方法对设备的运行情况进行检查和监视外，更主要的是通过各种仪表对设备的运行情况进行监视分析并进行必要的调整，以保持各项数值在允许变化范围内。

运行中应经常监视的参数有汽轮机的负荷、主蒸汽及再热蒸汽的温度和压力、凝汽器真空、汽轮机转速（频率）、锅炉给水温度及转动设备的运转情况。

经常巡视的参数有：调节级室蒸汽压力，各抽汽口的蒸汽压力和温度，主蒸汽流量，各加热器进，出口水温度及其水位，油箱油位，调速油压，润滑油压，氢密封油压和油温，各轴承振动，机组热膨胀和胀差，转子的轴向位移，推力轴承和主轴承的乌金温度，调节汽门开度，低压缸排汽温度，凝结水温度，循环水出入口温度，发电机出入口风温及氢气压力等。

在正常情况下，以上参数之间是有一定的内在关系的，例如：发电机负荷增加，由于主蒸汽参数不变，进入汽轮机的蒸汽流量就要增加，调节汽门的开度也相应增大，调节级室的蒸汽压力和各段抽汽压力成正比例增加（对凝汽式机组而言），各级级前的汽温也有增加，机组的热膨胀也随之增加，如果在运行中发现这些参数间的相应关系失常，则说明机组有问题。如果调节级室和各抽汽口的蒸汽压力比该功率正常情况下对应的压力值高，则说明通流部分有结垢或异物堵塞现象。

由于机型不同，所以在运行维护中必须认真执行各机组运行规程所规定的数值，加强检查、分析、调整、维护，使这些参数维持在允许的变化范围内，保证机组安全经济运行。

三、运行中的巡回检查

巡回检查是了解设备，掌握运行对象、运行情况，发现隐患，保证设备安全运行的重要措施之一。因此，必须认真仔细地做好此项工作。

1. 汽轮机本体的检查

（1）前箱。汽轮机总膨胀指示、回油温度、回油量、振动情况、同步器位置、油动机位置轮转角、调节汽门有无卡涩，油动机齿条工作是否正常和清洁。

（2）轴承。所有轴瓦的回油温度、油量、振动情况、油挡是否漏油。

（3）汽缸。轴封供汽、机组运转声音、相对膨胀、排汽缸振动情况及排汽温度。

（4）发电机、励磁机。出入口风温、冷却水压、各冷却器温度、密封瓦油压及回油温度、回油量、外壳有无漏油，双水内冷发电机轴端进水压力及有无泄漏。

（5）盘车设备。手柄应放在退出工作位置，并确认工作电源正常。

（6）自动主汽门。主汽门位置指示是否正确，冷却水是否畅通。

（7）主表盘。汽、水、油系统各压力和真空指示值、相对胀差、轴向位移指示。

（8）氢气盘。氢压、密封油压、漏氢情况及差压阀、平衡阀工作情况。

2. 一般泵的检查

（1）电动机。电流、联锁投入位置、出口风温、轴承温度、轴承振动、运转声音等无异常、接地线良好、地脚螺栓牢固。

（2）泵。出口压力应正常，盘根不发热和不甩水，运转声音正常，轴瓦冷却水畅通，泄水斗不堵塞，轴承油位正常，油质好，油环带油正常，无漏油，联轴器罩固定良好。

（3）与泵连接的管道保温应完好，支吊架牢固，无泄漏，阀门开度位置正常。

（4）有关仪表齐全、完好、指示正确。

3. 给水泵的检查

除按一般运行泵的检查外，由于给水泵有自己的润滑系统，有的泵还有驱动汽轮机等，因此还需检查下列项目：

（1）给水泵汽轮机各部运转是否正常。

（2）窜轴指示是否正常。

（3）电动给水泵电动机冷风室出入口水门位置及风温是否正常。

（4）冷油器出入口油温和水温情况，油压是否正常。

（5）液力耦合器工作情况。

4. 其他辅助设备的检查

（1）润滑油箱、抗燃油箱、辅助油箱。油位应正常、排烟风机工作应良好。

（2）冷油器。出入口温度应正常，水侧无积气、漏水现象。无漏油，油压大于水压。

（3）密封油及氢系统。发电机风扇前及母管氢压、各油箱油位、真空箱（净油箱）的真空、密封油泵工作状况、油泵出口油压及油温等是否正常，密封冷油器有无泄漏，油滤网、油水继电器、自动补排油装置是否良好，信号是否正确。

(4) 各油泵、滤油机及低位油箱。油位应正常。

(5) 主抽气器及轴封抽气器。工作蒸汽或工作水压力、真空、真空破坏门水封等应正常，使用真空泵设备的应检查回转设备无异常，各部件不过热。

(6) 凝汽器。凝汽器水位、循环水出入口压力和温度、凝结水温度、各截门开关位置。

(7) 高、低压加热器。水位、抽汽压力、截门开关位置、水压止回阀保护水源应投入，水位调整工作状况，管道及法兰无漏水、漏汽。

(8) 轴封冷却器。水位、虹吸井的情况，注水门的位置，排汽口的排汽状态，保证充足的通水量。

(9) 高、中、低压疏水扩容器。阀门开关应正确且无漏汽现象。

(10) 蒸发器。各水位计指示及一、二次汽压调整器工作应正常。

(11) 除氧器。压力、温度、水位是否正常，排汽情况、各截门开关的位置、水位调整器工作情况。此外，管道法兰应无漏水、漏汽，安全门工作应正常。

在巡回检查中如发现异常情况，应仔细研究分析并找出原因，及时予以消除。不能很快消除的要采取措施，防止故障扩大，做好记录并及时汇报。

四、正常运行中的定期试验和辅助设备的切换

为了保证主机安全，必须要求其保护装置及辅助设备安全可靠，避免因保护装置或辅助设备问题造成主机的损坏或停机，所以必须进行以下工作：

(1) 定期活动主汽门和调节汽门。经常带固定负荷的汽轮机，应定期对负荷做较大范围的变动，防止调节汽门门杆卡涩。在有左右两个主汽门的情况下，应定期进行自动主汽门、中压联合汽门的活动试验。

(2) 各回热抽汽管的水（汽）压止回阀、调整抽汽管路上的止回阀和安全门均应按照规程规定定期进行试验校正。当某一止回阀或安全门存在缺陷时，应立即消除或采取相应措施。

(3) 应定期做备用事故油泵及其自启动装置的试验。此外，汽轮机每次启动时或停机前也应进行此项试验。

(4) 每天进行油位计活动试验，定期放出油箱底部积水。定期进行危急保安器充油试验。

(5) 各种自动保护装置，包括音响、灯光信号，在运行中可以试验时均应定期进行试验。

(6) 定期进行高压加热器保护装置试验。高压加热器没有高水位保护或保护不正常时，禁止投入运行。

(7) 定期进行真空系统严密性试验，一般每月进行一次。

(8) 每月定期进行辅助设备切换试验。包括主抽气器、真空泵、凝结水泵、凝升泵、疏水泵、工业水泵等。经常监督备用泵（设备）电动机绝缘状况，防止在紧急启动时电动机损坏而扩大事故。

总之，汽轮机正常运行中日常工作是很多的，运行人员只有加强责任心，认真做好这些工作，才能使汽轮发电机组保质保量、安全经济地向电网供电。

第三节　汽轮机的变压运行

随着电网和单机容量的不断增大，用电峰谷差越来越大，原来承担基本负荷的大容量机组（600MW 以上机组），现在也要承担尖峰负荷。因此，电厂运行所注意的问题不仅仅是效率的高低，还应使机组具有足够的负荷适应能力。在实际运行中，负荷适应能力与机组是否安全可靠运行有着直接关系，因而显得更重要一些。所以为适应电网发展的要求，高参数大容量机组多数采用了变压运行方式。

一、变压运行的概念及分类

变压运行也称滑压运行，是相对于传统的定压运行而言的。所谓定压运行是指在汽轮机负荷工况变化范围内，全蒸汽压力和温度都保持额定值，不予改变的运行。变压运行时，维持汽轮机进汽控制阀全开或在某一开度，保持锅炉汽温在额定的条件下，改变新蒸汽压力，以适应机组工况变化对流量的要求，也就是说变压时，机组负荷随汽轮机进汽压力的改变而变化。变压运行分为以下几类。

1. 纯变压运行

在整个负荷变化范围内，所有调节汽门全开，负荷变化全部由锅炉压力来控制，这种变压运行方式称为纯变压运行。图 4－1 为纯变压运行时机组的负荷与主蒸汽压力的关系曲线。该方式利用锅炉改变汽压来适应机组功率变化存在很大的时滞，不适应电网频率调整的要求，这是它的一个主要缺点。此外，由于纯变压运行时，调节汽门一直完全大开，为了防止结垢卡涩，需要定期手动活动调节汽门，有时会造成调节系统过开，动作时间常数增大，甩负荷时有超速的危险。所以，一般很少采用。

2. 节流变压运行

为了弥补纯变压运行时负荷调整速度缓慢的缺点，可采用节流变压运行方式，即在正常运行情况下，调节汽门不全开，对主蒸汽压力保持5%～15%的节流，如图4-2所示。当负荷突然增加时，汽轮机原未开大的调节汽门迅速全开，以满足陡然加负荷的需要。此后，随着锅炉蒸汽压力的升高，汽轮机调节汽门又重新关小，直到原滑压运行的调节汽门的开度。显然，这种运行方式由于调节汽门经常处于节流状态，存在一定的节流损失，降低了机组的经济性。

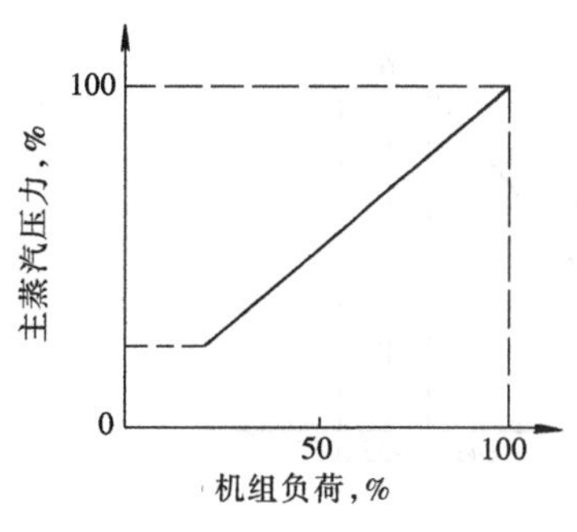

图4-1　纯变压运行曲线

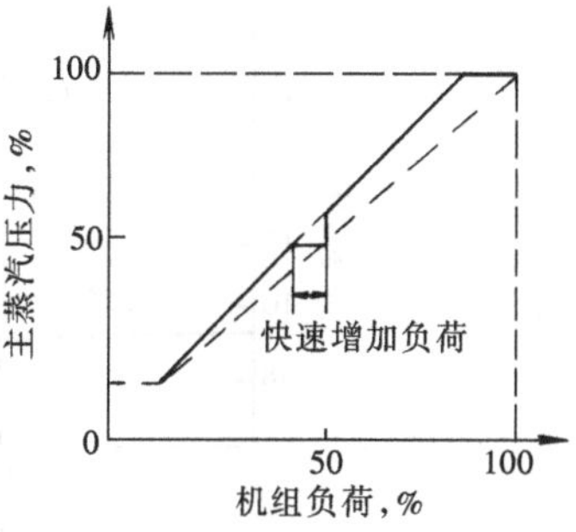

图4-2　节流变压运行曲线

3. 复合变压运行

复合变压运行又称混合变压运行。这是一种变压运行和定压运行相结合的运行方式。下面介绍有实际意义的三种复合变压运行方式。

（1）变-定复合方式，即低负荷时变压运行，高负荷时定压运行。在低负荷时，最后一个（或两个）调节汽门关闭，而其他调节汽门全开，随着负荷逐渐增大，汽压升到额定压力后，维持主蒸汽压力不变，改用开大最后一个（或两个）调节汽门，继续增加负荷。这种运行方式在低负荷时，机组显示出变压运行特性，而在高负荷时，机组又有一定的容量参与调频，是一种比较理想的运行方式。

（2）定-变复合方式，即低负荷时定压运行，高负荷时变压运行。大容量机组多采用变速（汽动或液力耦合器）给水泵，尽管其转速变化范围较宽，但也有最低转速的限制，另外，锅炉在低压力、高温度时，吸热比例发生较大变化，给维持主汽温度带来一定的困难，因而锅炉最低运行压力受到限制。低负荷定压运行，高负荷变压运行，可以满足以上要求，并且在高负荷下具有变压运行的特性。

(3) 定-变-定复合方式，即高负荷和低负荷区时定压运行，中间负荷区变压运行，如图4-3所示。高负荷区时，用调节汽门调节负荷，保持定压（图中为16.7MPa）；中间负荷区时，一个（或两个）调节汽门关闭，处于滑压运行状态；低负荷区时，又维持在一个较低压力（图中为9.255MPa）水平的定压运行。因此，这种方式也称定-滑-定运行方式，它综合了以上两种方式的优点，兼顾了低负荷锅炉的稳定运行和高负荷时的一次调频能力。

下面再来介绍一下纯变压与定-滑-定运行方式的比较。

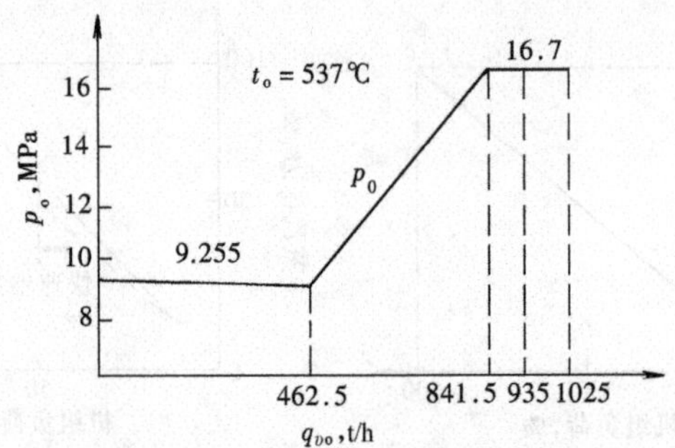

图4-3　某300MW机组复合变压运行曲线

纯变压运行机组由于温度工况稳定，汽轮机的负荷适应性很强，负荷变化率基本上不受汽轮机的限制，全部通过调节锅炉出口蒸汽压力来满足外界负荷的需要。但负荷的变化需要一个调节过程，一般从调节脉冲输入至输出开始变化，约有1min的延缓，显然纯变压运行方式对负荷突然变化的响应性较差，不能满足机组一次调频能力的需要。而定-滑-定方式运行的机组，在大部分的滑压段里，具有纯变压方式的全部优点，同时由于汽轮机调节汽门有10%~15%的调节余度，在电网负荷变化时，瞬间可用调节汽门余度进行负荷调节，以满足机组一次调频能力，锅炉调节结束后，汽轮机调节汽门再恢复到滑压运行开度。但由于该方式大部分负荷情况下，调节汽门未全开，存在节流损失，机组经济性受到影响。一般情况下是最后一个调节汽门未全开或未开，其他调节汽门全开，这样就减小了节流损失，从而提高了运行的经济性。

二、变压运行的经济性能分析

在对变压运行的经济性能分析之前，先简单地介绍一下变压运行的优点。与定压运行相比，变压运行主要有下列优点：

首先，图4-4为定压运行和变压运行时负荷变化与调节级处金属温度变化的关系。从图4－4中可以看出，定压运行方式下，无论采用何种配汽机构，负荷变化时，调节级处金属温度都会发生较大的变化；而在变压运行方式下，负荷变化时调节级处金属温度基本不发生变化，增强了机组负荷的适应性。

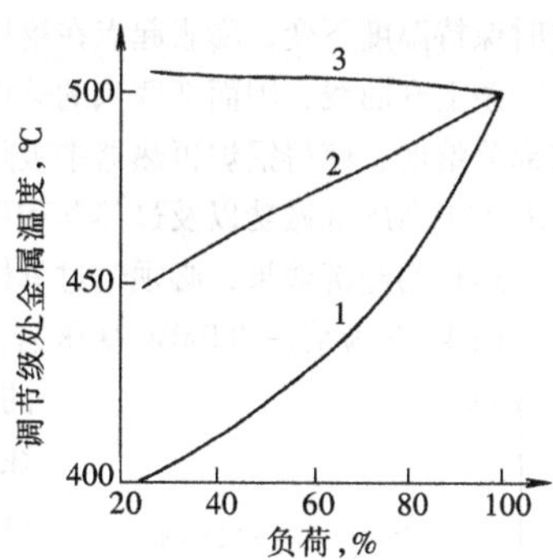

图4－4　各种方式下调节级处金属温度

1—喷嘴调节定压运行方式；

2—节流调节定压运行方式；

3—变压运行全周进汽

其次，低负荷时能保持较高的效率。这是因为变压运行时，主汽压力随机组负荷的减小而降低，而主蒸汽温度保持不变，这时虽然进入汽轮机的质量流量减小，但进入汽轮机的体积流量基本不变，级内的焓降基本不变，因而在低负荷时，可以保持较高的效率。

最后，给水泵耗功减少。变压运行时，如采用变速给水泵，随负荷的降低，给水泵的出口压力降低，给水泵的耗功减少。

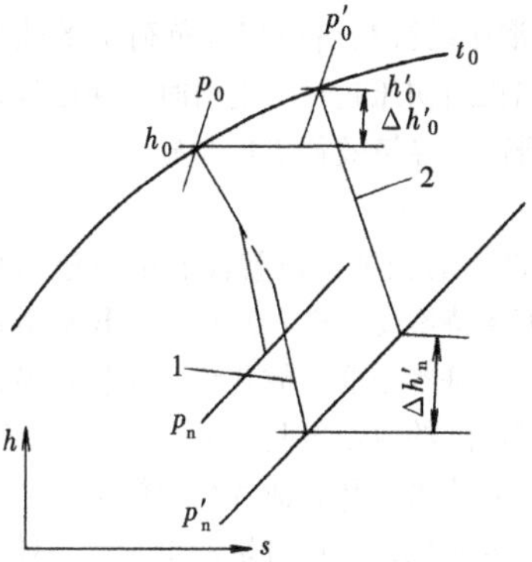

变压运行的采用，既增加了汽轮机对外界负荷变化的适应能力，又提高了机组的经济性。下面就变压运行的经济性能作一简单分析。

1. 变压运行理论热经济性

再热机组变工况时，中压缸进汽参数只取决于蒸汽流量和再热蒸汽温度，与汽轮机运行方式无关，因此讨论变压运行经济性时，只需进行相同流量下高压缸工作过程的比较即可。图4－5为变压运行与定压运行高压缸热力过程线。从图4－5中可以看出，对于定压运行，蒸汽流量降低，使通过汽轮机时的膨胀过程线向熵增一侧移动，排汽焓增加。对于变压运行，由于变工

图4－5　定压运行与变压运行时高压缸热力过程线

p_n—额定工况高压缸排汽压力；

p_n'—变工况高压缸排汽压力

况时保持温度不变，膨胀起点在焓熵图上，沿等温线向右移动，而等温线是一条上升曲线，因而新蒸汽的焓增加了Δh_0。同时排汽焓也增加了，而这部分焓增，使得锅炉再热器中吸热量相应减少。这时，变压运行的经济性取决于高压缸做功以及过热器和再热器中的吸热量的比较。因此，采用变压运行的经济效果，必须通过具体计算才能确定。

图4-6为某一300MW变压运行中间再热机组对于喷嘴配汽定压运行的热经济比较结果。机组初温538℃，在设计工况下滑压运行机组未考虑调节汽门的节流，为此热耗比喷嘴配汽机组约低0.4%。由图4-6可知，初压为12.25MPa的机组采用滑压运行是没有好处的；初压为17.64MPa的机组采用滑压运行时，部分负荷下的热耗率相对于定压喷嘴配汽机组开始是略有增加的。但由于设计工况下滑压运行热耗率低，所以热耗的绝对值仍比喷嘴配汽机组略低，负荷低于50%时，滑压运行机组热耗相对值则趋于下降，才真正显示出热经济性的提高；当初压提高到24.5MPa时，滑压运行在整个部分负荷下的热经济效益则显得非常明显。也就是说，当机组初压超过一定值时，变压运行才能取得经济效益，且随压力的继续升高，经济效益更加明显。

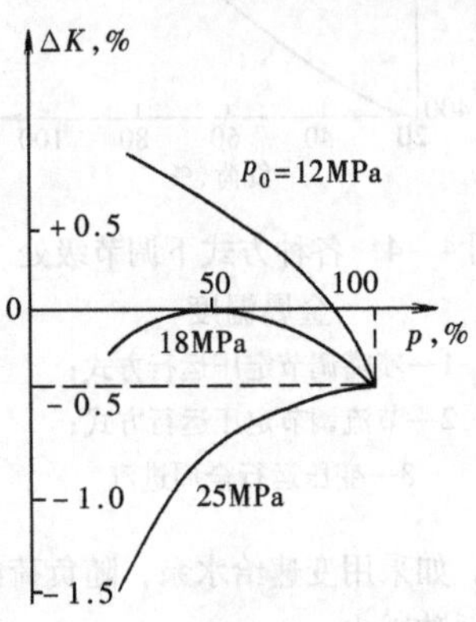

图4-6　中间再热机组变压运行相对于定压喷嘴配汽方式运行的理论热经济性比较

2. 汽轮机内效率

变压运行的汽轮机由于没有部分进汽的调节，也就没有部分进汽损失；另外，由于压力降低，而蒸汽温度保持不变，进入汽轮机体积流量近似不变，这样可以保证各级喷嘴出口速c_1基本不变，故各级速比仍在最佳速比范围之内。所以在部分负荷下，高压缸的效率可基本上保持不变。对于定压喷嘴配汽机组，在工况变化时，调节级以及其他各级理想焓降会发生较大的变化，同时由于级内温度大幅度变化，体积流量发生变化，导致速比变化较大，从而使高压缸内效率大为降低。例如对超临界参数600MW机组，采用不同的运行方式的计算结果表明，在定压喷嘴配汽方式下，负荷由100%降到50%时，调节级效率由75.58%降到45%；而对于滑压运行方式，在负荷做较大变化时，其高压缸内效率保持85.9%大致不变。

3. 给水泵功耗

在大功率机组中，随着蒸汽参数的提高，给水泵功耗占主机的密度也越来越大。例如，300MW 机组驱动给水泵功率为 10 ~ 12MW。特别是对于采用电动给水泵的机组，其功耗占据了厂用电的相当一部分。在定压运行时，锅炉出口压力是不变的，随着负荷的下降，管道及锅炉本体阻力成平方比减小，但所减小的阻力占总压力的比例是不大的。而在变压运行时，锅炉出口压力随负荷下降而下降，管道与锅炉本体阻力的减小，在汽侧按直线关系下降，在水侧按平方关系下降，因此与定压运行相比，给水泵节省很多功耗。但需说明的是，只有利用变速给水泵后，才会有此项收益，否则节省的功耗将被给水调节阀的节流所消耗。

三、变压运行中存在的问题及注意事项

（1）变压运行在低负荷时，由于主蒸汽压力低，热循环效率会降低。但变压运行与定压运行相比，热耗率降低是由汽轮机内效率提高和给水泵耗功减少等几方面综合作用的结果。

（2）变压运行在高负荷区运行时，经济性差。当机组在 75% ~ 100% 额定负荷下运行时，原来定压运行中喷嘴调节的节流损失并不大，而采用变压运行后，虽然调节汽门基本全开，节流损失小，但主蒸汽压力降低，因此机组效率比定压运行时低。

（3）变压运行使锅炉的储热能力降低，因此引起机组适应电网负荷变化的能力减弱。这是因为变压运行时，调节汽门基本维持全开，负荷变化完全由锅炉改变主蒸汽压力来调节，调节汽门不再起调节作用；而锅炉改变主蒸汽压力要比瞬间负荷变化滞后一段时间，即汽轮机跟随电网负荷变化的性能较差。

（4）我国早期投产的机组基本上都是按定压运行设计的，相应的给水泵也按定速运行，锅炉自动化水平也较低，而且锅炉水循环、除氧器汽源等问题，也相应是按定压运行来设计的，因此，要广泛地应用变压运行技术，机、炉等方面还需要进行一系列的改进和试验；只有在不断总结经验的基础上，才能进一步掌握和推广变压运行技术。

第四节　汽轮机的热应力、热变形、热膨胀及寿命管理

在汽轮机启动过程中，随着蒸汽温度的逐渐升高，由于金属部件的传热有一定速度，因而蒸汽温升速度大于金属部件的温升速度，使金属部件

产生内外温差，如转子表面与中心孔温差、汽缸壁内外壁温差等。这种温差在启动过程中不断变化，当调节级处蒸汽温度升高到汽轮机满负荷时的温度时，金属内、外壁的温差达到最大值，这一状态称为准稳定状态，此时热应力也达到最大值。此后汽轮机进入准稳态，与蒸汽接触一侧的金属壁温接近蒸汽温度，蒸汽传给金属的换热量等于金属内部的导热量，实现稳定导热，金属部件内外壁温差逐渐减小到最小值，汽轮机进入稳定工作状态。

对于确定的汽轮机，在不稳定传热过程中，金属部件内外壁引起的温差与蒸汽和金属之间单位时间的传热量成正比，即单位时间内蒸汽与金属间的传热量越大，在金属部件内部引起的温差也越大；否则相反。当蒸汽与金属在单位时间内的传热量过大，在金属内部引起的温差会剧烈变化。在不稳定传热阶段，如果保持单位时间内蒸汽与金属间的传热量不变，那么在金属部件内引起的温差也不变。汽轮机在启动过程中，为了便于控制金属部件内的温差，要尽量做到单位时间内蒸汽传给金属的热量等于常数，其数值由金属部件的最大允许温差决定，即由汽轮机的结构、汽缸转子的热应力、热变形及转子与汽缸的胀差等因素来确定。实际上可用蒸汽温度单位时间的变化量（温升率）来间接控制蒸汽与金属间的传热量。另外，还应考虑蒸汽的放热系数，因为放热系数与蒸汽的流动状态、蒸汽的参数、机组的负荷以及轴向位置等有关，在启动过程中，放热系数不是不变的，而是随蒸汽密度的提高而增大。当蒸汽温升率一定时，随着蒸汽参数的提高，对金属的放热也增加，所以启动过程的温升率也不应是固定的。当蒸汽参数较低时，蒸汽放热系数较小。为了使蒸汽对金属的传热量保持不变，温升率可选得大些。当汽轮机带负荷后，蒸汽参数提高，蒸汽的放热系数也变大，如果还保持原来的温升率，就会使蒸汽传给金属的热量变大，使金属部件的温差超过最大允许值，故应采用较小的蒸汽温升率。

一、热应力

金属部件在受到外力作用后，不论这个外力有多小，部件都要发生变形。外力停止后，如果部件仍能恢复到原来的形状和尺寸，则这种变形称为弹性变形。当外力增大到一定程度，假如外力停止后，金属部件不能恢复到以前的形状和尺寸，则这种变形称为塑性变形。通常用屈服极限来表示金属材料抵抗塑性变形的指标。在部件发生塑性变形时，其内部金属晶粒在外力作用下沿一定平面产生了滑移，晶粒间也便产生了相对位移。金属部件在外力作用下变形的同时，其内部各部分晶粒之间也产生了相应的力，称为应力，用σ表示。应力的大小用单位面积上所承受的力来表示。应力的性质决定于受力情况，比如部件受到外力的拉伸作用时，内部产生拉伸应力；受到外力压缩作用时，其内部产生压缩应力。此外，由于受力情况不同，还有扭应力、剪应力和弯曲应力等。

由于温度的变化引起的物体变形称为热变形。如果物体的热变形受到约束，则在物体内就会产生应力，这种应力称为热应力。大型汽轮机工作环境恶劣，再加上体积及尺寸较大，汽轮机本身就承受着较大的机械应力，所以更应避免再发生较大的热应力。另外，还必须考虑在高温、高压下部件材料机械性能下降的情况。蒸汽进入汽缸时，因汽缸结构不同，使汽室及缸壁所受热的情况也较复杂，引起较大热应力，其中以高压缸的调节级和中压缸进汽处为最高。大型汽轮机由于其法兰厚度大于汽缸壁厚，法兰热阻较大，故在法兰上常出现较大温差，产生较大热应力。实践证明，汽缸出现裂纹或损坏大多是由拉应力所造成，所以，快速冷却比快速加热更危险，应严格控制汽缸内外壁温差，使汽缸的热应力控制在规定范围内。

1. 汽轮机冷态启动时的热应力

汽轮机冷态启动过程是对汽轮机转子和汽缸等部件加热的过程，随着机组冲转、暖机、并网和带负荷，金属部件的温度不断升高。对于汽缸来说，随着蒸汽温度的升高，汽缸内壁温度首先升高，内壁温度要高于外壁温度，内壁的热膨胀由于受到外壁的约束而产生压应力，而外壁由于受到内壁热膨胀的影响而产生拉应力。同样，对于转子，当蒸汽温度升高时，外表面首先被加热，使得外表面和中心孔面形成温差，外表面产生压应力，中心孔表面产生拉应力。

2. 汽轮机停机时的热应力

停机过程实际上是汽轮机零、部件冷却的过程，随着蒸汽温度降低和流量的减小，汽缸内壁和转子外表面首先被冷却，而汽缸外壁和转子中心孔面冷却滞后些，致使汽缸内壁温度低于外壁，转子表面温度低于中心孔，与启动相反：汽缸内壁和转子外表面产生拉应力；汽缸外壁和转子中心孔则产生压应力。

3. 汽轮机热态启动时的热应力

汽轮机热态启动时，如果由于旁路系统容量的限制，主蒸汽温度不能升的太高，或由于冲转前暖管不充分，那么冲转时进入调节级处的蒸汽温度可能比该处的金属温度低，使其首先受到冷却，在转子表面和汽缸的内表面产生拉应力。随着转速的升高及接带负荷，该处的蒸汽温度将迅速升高，并高出金属温度，并在随后的过程中保持该趋势直至启动结束。这一阶段，由于蒸汽温度比金属温度高，转子表面及汽缸内壁温度将产生压应力，这样在整个热态启动过程中，汽轮机部件的热应力要经历一个拉—压循环。

4. 负荷变化时的热应力

大型汽轮机负荷在35% ~100%范围内变动时，调节级后汽温变化可达100℃，所以在负荷变化时，转子和汽缸上将产生温差和热应力。降负荷时，蒸汽温度降低，转子表面和汽缸内壁产生拉应力；增负荷时，情况相反。可见，汽轮机经历一个升、降负荷循环，其部件就承受一个压—拉应力循环。对于现代大型汽轮机，降负荷运行一般都采用变压运行方式（复合变压运行），采用这种运行方式，在低负荷期间，汽轮机通流部分温度变化不大，其部件的热应力也不大。

所谓汽轮机的热冲击是指蒸汽与汽缸、转子等部件之间在短时间内进行大量的热交换，金属部件内温差迅速增大，热应力增大，甚至超过材料的屈服极限，严重时，一次大的热冲击就能造成部件的损坏。汽轮机部件受到热冲击时产生的热应力，取决于蒸汽和部件表面的温差、蒸汽的放热系数。造成汽轮机热冲击的主要原因有以下几种：

（1）启动时蒸汽温度与金属温度不匹配。启动时，为了保证汽缸、转子等部件有一定的温升速度，要求蒸汽温度高于金属温度，且两者应匹配，相差太大就会对金属部件产生热冲击。启动时蒸汽与金属温度的匹配是以高压缸调节级处参数来衡量的。总之，汽轮机冷态启动时，由于金属温度较低，要特别注意温度的匹配，避免大的热冲击。

（2）极热态启动造成的热冲击。由于启动时不可能把蒸汽温度提高到额定值或提高蒸汽温度所需时间太长，往往在参数相对较低时即启动。蒸汽经过汽门节流、喷嘴降压后，到调节级汽室时温度比该处金属温度低很多，因而在汽轮机转子和汽缸内产生较大的热应力。由于汽轮机经过一次热态启动过程，转子将经受一次较大的拉—压应力循环，这对汽轮机的安全性是极为不利的，所以应尽量减少极热态启动次数，在极热态启动时，尽可能提高蒸汽温度，加强启动前的暖管，并在启动初期，尽快提高汽轮机负荷，加速蒸汽温度与金属温度的匹配，减轻热冲击。

（3）甩负荷造成的热冲击。汽轮机在稳定工况运行时，如果发生大幅度的甩负荷工况，则由于汽轮机通流部分蒸汽温度的急剧变化，在转子和汽缸上产生很大的热应力。机组负荷越大，甩负荷后引起的热应力越大；但机组甩掉全部负荷所产生的热应力要比甩掉部分负荷时要小。所以，大部分汽轮机厂家对甩负荷带厂用电及甩负荷空转工况要进行严格的时间限制，有的甚至不允许甩负荷带厂用电工况。

二、热变形

汽轮机在启停以及变工况运行时，由于蒸汽对各部件加热（或冷却）的程度不同，使得汽缸、转子在径向和轴向上都会形成温差，从而产生热变形，使通流部分的间隙发生变化而导致摩擦，严重时，可能造成设备的损坏。

1. 上、下缸温差引起的热变形

汽缸上下缸存在温差，将引起汽缸的变形。通常是上缸温度高于下缸温度，因而上缸变形大于下缸变形，引起汽缸向上拱起，发生热翘曲变形，称为猫拱背。汽缸的这种变形使下缸底部径向间隙减小甚至消失，造成动静部分摩擦，尤其当转子存在热弯曲时，摩擦的危险更大。上下缸温差沿轴向也并不一样，其最大值通常在调节级区域内，所以要严格监视上下缸温差，以免造成动静部分摩擦。为了减小上下缸的温差，防止汽缸拱背变形，应改善汽缸的疏水条件，防止疏水在下缸内积存；采用较合理的保温结构和使用效果良好的保温材料，根据情况加厚保温层，并加装挡风板以减少空气对流等。

2. 汽缸法兰内外壁温差引起的热变形

汽缸内外壁存在温差时，除会产生热应力外，还会引起汽缸的热变形。对于大型机组，高、中压缸的水平法兰厚度约为汽缸壁厚的 4 倍。启动时，由于加热条件的不同，法兰温度的升高滞后于汽缸，两者之间产生了温差，温度较低的法兰对汽缸的膨胀形成制约，同时由于法兰的存在使汽缸径向刚度不均匀，水平方向刚度大，垂直方向刚度小，容易变形，以致汽缸的横截面不能保持原有的形状。

当法兰内壁温度高于外壁时，法兰内壁金属伸长较多，法兰外壁金属伸长较少，这时法兰在水平面内产生热变形。法兰的变形使汽缸中间段横截面变为立椭圆，即垂直方向的直径大于水平方向的直径；而汽缸前后两端的横截面变为横椭圆，即水平方向直径大于垂直方向直径。变形的结果，使汽缸中间级两侧的径向间隙变小；汽缸前后两端的上下径向间隙变小。汽缸内外壁温差和法兰内外壁温差也会引起法兰在垂直方向上的变形，当法兰内壁温度高于外壁时，内壁金属膨胀多，增加了法兰结合面的热压应力，如果此热应力超过材料的屈服极限，金属就会产生塑性变形；当法兰内外壁温差趋于零后，结合面又会发生永久性的内张口，这就是运行中法兰结合面漏汽的原因之一。因此在汽轮机启停过程中，必须将汽缸法兰内外壁温差控制在规定范围内。

3. 汽轮机转子的热弯曲

由于上、下汽缸存在着温差，使转子上下部分也存在温差，在此温差的作用下，转子要发生热弯曲。转子表面发生局部的摩擦也会使转子产生热弯曲，严重时可能造成转子永久弯曲。

如果汽轮机转子中心孔存在有液体，在运转过程中也会发生热弯曲。在变工况时，由于转子金属温度的变化，可能导致液体的蒸发或凝结，从而使转子产生局部过冷或过热而引起热弯曲。

转子发生热弯曲后，不仅会使机组产生异常振动，而且还可能造成汽轮机动静部分摩擦。为了防止或减小大轴热弯曲，启动前和停机后，必须正确使用盘车装置。冲转前应盘车足够长时间；停机后，应在转子金属温度降至规定的温度以下方能停盘车。此外，大型机组都应装备转子挠度指示装置，可直接测量大轴弯曲度。

三、热膨胀

1. 汽缸的绝对热膨胀

汽轮机在受热后，其长、宽、高三个方向都要膨胀，其膨胀量除了与几何尺寸和金属材料的线膨胀系数有关外，还与汽轮机通流部分的热力过程以及汽缸各段金属温度的变化值有着直接的关系。汽缸膨胀是以死点为基准，在滑销系统引导下，既满足了汽缸在三个方向的膨胀，同时也保证了汽轮机与发电机转子与定子部分及轴承中心的一致，从而保证机组不致因膨胀不均匀而产生不应有的应力，或使机组发生振动。

汽轮机的横销只允许轴承座和汽缸作横向膨胀；纵销只允许其纵向膨胀。另外，在汽缸和轴承座之间还设有立销，立销只允许汽缸在沿垂直方向膨胀。

汽轮机转子是以推力盘为死点，沿轴向前后膨胀的。当工况变化时，推力盘有时靠工作瓦块，有时靠非工作瓦块，在计算通流部分间隙时，要考虑推力间隙的影响。

启动时，汽缸膨胀的数值取决于汽缸的长度、材质和汽轮机的热力过程。由于汽缸的轴向尺寸大，故汽缸的轴向膨胀成为重要的监视指标。对于大型汽轮机来说，法兰壁比汽缸壁厚得多，因此汽缸的热膨胀往往取决于法兰的温度。在启动时，为了使汽缸得到充分膨胀，通常用法兰加热装置来控制汽缸和法兰的温差在允许范围内。

2. 汽缸与转子的相对膨胀

汽轮机启停和工况变化时，转子和汽缸分别以各自的死点为基准膨胀或收缩。大型汽轮机具有又厚又重的汽缸和法兰，相对来说，汽缸的质量大而接触蒸汽面积小；转子质量小而接触面积大；也就是它们的质面比不同。所谓质面比是指转子或汽缸质量与被加热面积之比；而且由于转子转动时，蒸汽对转子的放热系数比对汽缸的要大，所以质面比小的转子随蒸汽温度的变化膨胀或收缩都更为迅速。在开始加热时，转子膨胀的数值大于汽缸，汽缸与转子间发生的热膨胀差值称为汽轮机相对胀差。若转子轴向膨胀大于汽缸，则称为正胀差；反之称为负胀差。在正常情况下，胀差比较小，但在启停和工况变化时，由于转子和汽缸温度变化的速度不同，可能产生较大的胀差，这就意味着汽轮机动静部分相对间隙发生了较大变化。如果相对胀差超过了规定值，就会使动静间的轴向间隙消失，发生动静摩擦，可能引起机组振动增大，甚至发生掉叶片、大轴弯曲等事故，所以汽轮机启停过程中应严格监视和控制胀差。

为了避免因轴向间隙变化而使动静部分发生摩擦，不仅应对胀差进行严格的监视，而且对于多缸机组，应对各部分胀差对汽轮机的影响有足够的认识，特别要分析清楚汽缸和转子分别是怎样以各自的死点为基准进行有规则的膨胀。影响胀差的主要因素有蒸汽参数的高低、轴端汽封内蒸汽的不同温度、汽缸热膨胀的情况、暖机的时间及真空的大小等。总之，对于不同类型的机组，其膨胀系统可能有些差异，但只要掌握了机组的结构及膨胀原理，就能正确判断汽缸转子的膨胀方向和动静间隙的变化规律，防止通流部分发生碰磨。可见，汽轮机的启停和变工况运行是一个复杂的应力状态过程，必须根据制造厂对设备运行的要求和运行规程进行控制。

目前，一些较先进的大型机组，用转子的热应力作为指导启动运行的主要依据，为使汽缸变形和膨胀不成为启动的关卡，要在结构上采取一些措施，如在引进型300MW 汽轮机的动静部分，采用大轴向间隙设计，允许大胀差运行；采用薄汽缸、高窄形法兰的设计。同时加强了叶栅动静部分的径向密封，以补救由于轴向间隙的放大而增加的级内漏汽损失，即保证了较高的机组效率，也大大缩短了机组的启动时间。

四、汽轮机的寿命管理

汽轮机组的寿命管理是实现汽轮机组运行科学管理的一项重要工作。汽轮机的运行使用寿命控制的主要内容，就是在汽轮机运行启停过程中及工况变动时，控制其蒸汽温度水平、温度变化幅度、变化速率，限制金属部件内的热应力，使机组寿命消耗率不超过要求的技术指标，保证机组在有效使用期内，其部件不致过早地产生变形裂纹，并及时地进行检查处理，防止机组设备发生灾难性的断轴事故。这是火力发电厂汽轮机运行人员可以控制的，应是运行工作及其重要的一方面。

（一）高温金属的材料特性

大型汽轮机的金属材料长期在500℃甚至更高的温度下工作。汽轮机启停或工况变化时，金属材料除了受机械应力作用外，还要承受交变热应力的作用。金属长期在这种高温和应力同时作用下，材料的机械性能（弹性极限、屈服极限、强度极限等）都将发生相当大的变化。

金属材料在高温下长期工作，其组织结构也会发生显著变化，引起力学性能的改变，出现蠕变断裂、应力松弛、热疲劳等现象。金属在高温时所表现出来的性能和室温时的性能有很大差别，所以不能仅用金属材料在室温下的力学性能来评价和选用材料，必须研究和了解金属材料在高温时力学性能的变化。

1. 蠕变

金属在高温下，即使其所受的应力低于金属在该温度点下的屈服点，只要在这样的应力下长期工作，也会发生缓慢、连续的塑性变形，这种现象称为蠕变。

金属材料不同，开始发生蠕变的温度也不同，且蠕变的快慢程度也不相同，如铅、锡等金属，在室温下即会发生蠕变；碳钢在300~500℃左右出现蠕变现象；合金钢约在400℃以上才会出现蠕变现象，并且蠕变温度随合金成分不同而变化。

金属在蠕变过程中，塑性变形不断增长，最终导致在工作应力下的断裂。故在高温下，即使承受的应力不大，金属的寿命也有一定的限度。金属在温度变化频繁的条件下工作，如汽轮机组的启动－运行－停止－再启动的过程中，由于热疲劳的交互作用，也会使蠕变速度加快。

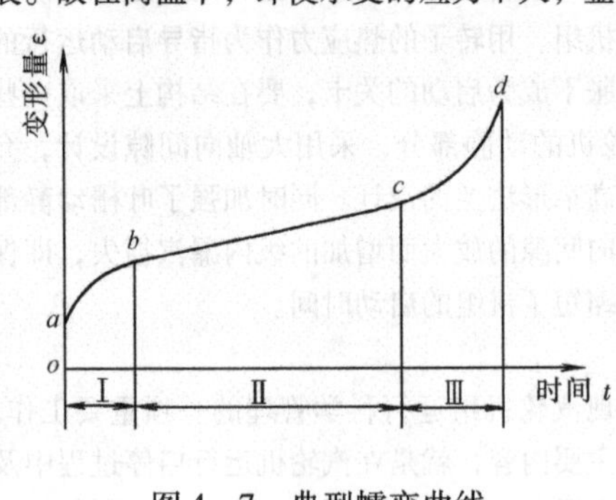

图4－7　典型蠕变曲线

金属的蠕变过程可以用蠕变曲线，即时间与变形量的关系来表示。蠕变曲线可以描述金属在蠕变时的整个变形过程，图4－7为典型的蠕变曲线，从图4－7中可以看出，蠕变过程可分为三个阶段：

oa——开始部分，是加载后所引起的瞬时变形，它不属于蠕变变形。

ab——蠕变第一阶段（Ⅰ），也称蠕变的不稳定阶段，其特点是塑性

变形的增长速度随时间的增长而逐渐减小，直至经过时间 τ_1 后，蠕变速度不再发生变化。

bc——蠕变第二阶段（Ⅱ），也称蠕变的稳定阶段，在这一阶段内，金属材料以恒定的蠕变速度变形，*bc* 近似为直线。时间段 τ_2 的长短即决定了金属在高温下工作的蠕变寿命。

cd——蠕变第三阶段（Ⅲ），或称蠕变最后（失温）阶段，在此阶段蠕变速度增加很快，直至 *d* 点发生断裂。金属部件一般不允许在这一阶段状态下运行，故此阶段持续时间 τ_3 不能计入部件的使用寿命。

不同的金属在不同的条件下得到的蠕变曲线是不同的，但各种蠕变曲线都包括上述三个基本阶段，只是各阶段持续的时间长短不同而已。对于同一种金属材料，影响蠕变曲线最主要的因素就是承受的应力与工作温度。在同一温度水平下，部件承受的应力值越大，蠕变第二阶段持续的时间越短，应力达到一定值后，第二阶段变得不明显。同样，对于同一种金属材料，在同一应力水平作用下，处于不同的温度水平时，蠕变曲线差异很大，材料的蠕变第二阶段持续时间随温度的升高而缩短，超过一定的温度水平后，蠕变速度非常快，以至于蠕变曲线失去实用意义。

蠕变曲线只能表达金属材料在一定温度与压力下的蠕变速度，而在工程实际应用时，往往需要一个蠕变极限，以此作为衡量材料高温蠕变强度的指标。蠕变极限有两种表示方法：一种是在一定工作温度下，引起规定变形速度的应力值，这里所指的变形速度即蠕变第二阶段的变形速度，当温度为 *t*，变形速度为 $1\times10^{-5}\%/h$ 下，相对应的蠕变极限（应力）为 $\sigma^{t}_{1\times10^{-5}}$。另一种是在一定的工作温度下，在规定的时间内，使金属发生一定的总变形量相对应的应力值，后一种方法是常用的表示方法。目前，还有一种观点是：当金属部件内产生了蠕变孔洞时，蠕变损伤达到终点，部件不能继续使用。

汽轮机转子、汽缸、叶片、隔板等部件的蠕变总变形量限制得很严，因为叶片、隔板等部件的微量伸长，都可能发生动静部分的摩擦。所以，在汽轮机中，把蠕变极限定为运行 1×10^5h 以后，引起的总变形量为 0.1% 的应力值。而且蠕变极限也是金属高温强度的主要考核指标之一。

2. 应力松弛

部件在高温和某一初始应力作用下，若维持总变形不变，则随着时间的增加，部件内的应力会逐渐降低，这种现象称为应力松弛。如汽轮机安装时，紧固的汽缸螺栓，其内有较大的初始应力，其变形是弹性变形；在高温下螺栓逐渐发生蠕变，螺栓的总长度不变，弹性变形有一部分转变为塑性变形，螺栓逐渐失去紧固汽缸法兰的作用，产生应力松弛，达到一定程度，汽缸结合面就会漏汽。

松弛的本质与蠕变相同，只是由于外界条件的不同而表现为蠕变或松弛。蠕变是在应力不变的条件下，不断地产生塑性变形的一种现象；松弛则是在总变形不变的条件下，由弹性变形逐渐变为塑性变形的一种现象。松弛现象可视为应力逐渐减小的一种蠕变过程。

3. 热疲劳

在长期的生产实践中，人们发现很多金属零件承受较大的静载荷时并不发生破坏，但当长期承受交变应力时，却往往在最大应力远低于材料的强度极限时就会发生断裂，这种现象就是金属材料的疲劳破坏。当金属部件被反复加热和冷却时，在其内部就会产生交变热应力，在此交变热应力反复作用下，部件遭到破坏的现象，称为热疲劳。交变应力越小，金属材料至产生裂纹或断裂时所经历的应力和应变循环次数越多。一般把部件承受$1\times10^4\sim1\times10^5$次应力和应变循环而产生裂纹或断裂的现象称为低周疲劳；把能承受1×10^7次应力应变循环的作用而不发生破坏的应力称为疲劳强度极限。

热疲劳是指部件在交变热应力的反复作用下最终产生裂纹或破坏的现象。汽轮机在启停或变工况运行时，汽缸、转子等金属部件就会受到因温度变化而产生的交变热应力，经过一定数量的热应力循环，就会出现疲劳裂纹。零部件上的孔、槽等地方，由于应力集中，将显著降低零件的疲劳强度。

4. 热冲击

金属材料受到急剧的加热和冷却时，其内部将产生很大的温差，从而引起很大的冲击热应力，这种现象称为热冲击。热冲击与热疲劳不同，热疲劳承受的热应力远比热冲击小，而且需要在交变应力反复作用下才能使材料破坏。热冲击时，材料承受的热应力很大，有时即使一次热冲击就会使部件损坏。热冲击对部件损伤严重，汽轮机在启停和工况变化时应防止汽缸、转子等部件受到热冲击。

5. 金属的低温脆化

低碳钢和高强度合金钢在某些工作温度下有较高的冲击韧性，即有较好的塑性，但随着工作温度的降低，其冲击韧性将有所降低，当冲击韧性显著下降时的温度称为脆性转变温度（或称 FATT）。这是汽轮发电机组转子材料的重要特性，用它可以估计转子钢材在低温下的脆性性能。钢材的这种脆化特性称为冷脆性。

金属材料冲击试验的断口可分为韧性断口和脆性断口两部分，两部分所占的比例与试验温度有关，温度越高，脆性断口所占百分比越小，金属的低温脆性转变温度就是脆性断口占50%时的温度。金属材料的工作温度低于FATT时，在同样的条件下发生脆性破坏的可能性增大。

影响转子材料脆性转变温度的因素有：

（1）合金元素成分的影响。在钢中加入镍、锰等能形成奥氏体的合金元素，可使脆性转变温度降低。随着含碳、磷元素的增加，脆性转变温度明显升高。磷对钢材冲击值的影响主要是由于溶于铁素体中的磷有严重的偏析现象，含磷多的地方即为脆裂的起始点，所以必须对钢中的含磷量加以严格的限制。

（2）加载速度的影响。缓慢加载可降低脆性转变温度，且使脆性转变温度的范围扩大。相反，如果快速加载（冲击），不仅会使脆性转变温度升高，而且会使脆性转变温度的范围缩小，也就是曲线变陡。因此，对汽轮机受冲击载荷的部件，如转子、叶片等，必须采用韧性较好的材料。

（3）晶粒度的影响。细晶粒钢要比粗晶粒钢具有较高的冲击韧性和较低的脆性转变温度。

（4）热处理的影响。采用不同的热处理方法，可以得到不同的金相组织，因而冲击韧性不同。从提高钢材的冲击韧性而言，最好的热处理方法是进行调质处理。

另外，材料的厚度和缺口（或缺陷）对脆性转变温度也有一定的影响。

鉴于金属材料的上述特性，在汽轮机启动和超速试验时，应通过暖机等措施将转子温度提高至脆性转变温度以上的一定范围，以增加转子承受较大的离心应力和热应力的能力。大功率机组由于转子尺寸大，启动时热应力和离心应力大，中心孔是个薄弱环节，因为在中心孔附近，容易产生夹杂和偏析，加上启动时中心孔面的热应力和离心应力是正向叠加，因而使转子脆断的危险性增大，故要求把中心孔面的应力值限制在一定的范围内（通常为$0.6\sigma_{0.2}$）。

金属材料除了低温脆化特性外（冷脆性），还具有高温脆性特征。一般来说，在高温短时载荷作用下，金属材料的塑性增加；但在高温长时载荷作用下的金属材料冷却后，其塑性却显著降低，缺口敏感性增加，往往呈现脆性断裂现象，金属材料的这种特性，称为热脆性。正是因为转子材料的这种高温脆化现象，使得转子在超高温下工作成为困难。但随着冶金技术水平的提高，一批新型的耐高温转子材料正在被开发使用，如工作温度达593℃的高、中压转子材料，将使用温度上限由350℃提高至450℃的超净化低压转子材料，所有这些都有助于提高汽轮机运行的安全性和经济性。

（二）汽轮机寿命

1. 汽轮机寿命的概念

汽轮机的寿命是指转子从第一次投运开始，直至应力集中处产生第一条通过低倍放大、用肉眼可观察到的微小宏观裂纹（称工程裂纹，约0.5mm长、0.15mm深）所经受的循环次数。

影响汽轮机寿命的因素很多，但总的来说，汽轮机寿命由两部分组成，即受到高温和工作应力的作用而产生的蠕变损耗，以及受到交变应力作用引起的低周疲劳寿命损耗。

2. 材料的高温蠕变对寿命的损耗

汽轮机运行时，汽缸、转子等部件在一定温度下承受一定的应力，其金属材料将产生蠕变。长期的蠕变积累导致裂纹发生。通常用蠕变寿命损耗率 ϕ_c 来表示蠕变对金属材料寿命的损耗，可表示为式（4-2），即

$$\phi_c = \frac{t}{t_a} \tag{4-2}$$

式中 ϕ_c——蠕变的寿命损耗率；

t——运行的累积时间；

t_a——在运行温度和工作应力下，部件材料蠕变断裂时间，在启动过程中，部件金属温度较低，一般不考虑蠕变损耗。

汽轮机运行时，汽缸和转子都有蠕变损伤。目前，大型汽轮机对汽缸的结构进行了一系列的优化设计，如采用波形法兰，以使法兰宽度减小；采用双层缸结构，减小汽缸厚度；取消法兰，采用圆筒形汽缸用环形紧箍将上、下两半汽缸箍在一起等。这些措施使得汽缸承受的应力小于转子承受的应力，故在计算汽轮机寿命时，通常只考虑转子的寿命损耗。

3. 低周疲劳对寿命的损耗

汽轮机的启动、正常运行、停机、再启动，或正常运行中的负荷变动，部件都将经历一个温度循环，在这个温度循环中，转子承受交变应力，每一次循环，将引起部件寿命损耗。这种循环损耗被称为低周疲劳损耗。

材料的低周疲劳特性曲线一般由实验求取，实验的方法有多种，如保持试件恒定应变幅，通过加温试件—保持—降温使其经历热应力循环，从

而求得试件寿命。在一定的温度下，材料承受热应力越大，导致裂纹的产生所需的低周循环次数（N_b）越少，而每次循环引起的疲劳损伤越大。若每次循环疲劳损伤率为 $1/N_i$，则根据线性损伤积累法则，部件总的疲劳损伤率 ϕ_f 为

$$\phi_f = \frac{1}{N_1} + \frac{1}{N_2} + \cdots + \frac{1}{N_n} \tag{4-3}$$

对于每台汽轮机，由于其转子材料及结构尺寸一定，都可根据疲劳曲线制定出其寿命损耗曲线，图 4－8 为典型汽轮机的转子寿命损耗曲线。如果给定金属温度变化幅度和变化率，就可以从其交点查出该次温度变化引起的寿命损耗。从曲线上可以看出，转子温度变化幅度越大，温度变化率越大，在转子内部引起的热应力也越大，损耗转子寿命的百分数也越大。图中的阴影部分为转子中心孔部分应力限制区，主要考虑到转子表面裂纹比较容易发现和处理，而轴孔内膛容易产生裂纹则不易发现，且转子中心孔部位在冶炼过程中易产生缺陷，为此将转子内孔合成应力限制在金属材料屈服极限的 $0.6\sigma_{0.2}$ 以内，将此作为转子内孔的应力限制区，在汽轮机启动及变工况时，要控制好蒸汽温度的变化情况，严防寿命损耗率落入限制区。

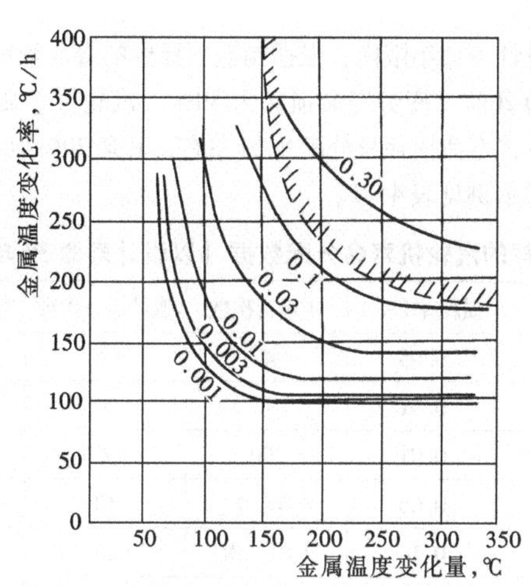

图 4－8　汽轮机转子寿命损耗曲线

注：图中曲线上数值表示每一应变循环寿命消耗率，阴影部分为中心孔应力极限区，运行中不应进入该范围。

第四章　汽轮机的运行调整

4. 转子寿命损伤的累积

高温部件长期运行后老化的机理是很复杂的，通常采用的寿命损伤累积方法认为，部件寿命总损伤率为疲劳损伤率和蠕变损伤率之和，即

$$\phi_M = \phi_f + \phi_c \tag{4-4}$$

如果 ϕ_M 达到100%，则表明部件寿命已经损耗完了，有可能出现裂纹。一般来说，对于一台汽轮机，若考虑其使用寿命为30年，则其蠕变寿命损耗为20%～30%，考虑到机组参加调峰，那么其低周疲劳寿命损耗率累积可达70%，为安全起见，实际设计时，寿命损耗值要小于该值。

以上分析是在正常运行条件下的寿命，实际工作中影响汽轮机寿命的因素很多，如运行方式、制造工艺、材料质量等。如不合理的启动所产生的热冲击、运行中水冲击等事故、蒸汽品质不良，都会加速设备的损坏。

（三）汽轮机寿命管理

为了更好地使用汽轮机，必须对汽轮机的寿命进行有计划的管理，汽轮机的寿命管理项目及具体措施如下。

1. 合理分配和使用汽轮机的寿命

汽轮机的寿命分配一般取决于汽轮机的结构和使用特点、启停次数、启停方式、工况变化、甩负荷带厂用电的次数等。应根据不同机型及其运行方式进行分配。

在汽轮机设计寿命年限内，根据制造厂提供的寿命管理曲线一般分配蠕变寿命损耗为20%，疲劳寿命损耗为80%。汽轮机寿命分配要留有余地，一般情况下，寿命损耗只分配80%左右，其余20%以备突发性事故。汽轮机寿命分配示例见表4－1。

表4－1　推荐的汽轮机寿命分配数据（以设计寿命30年计算）

运行方式	损耗率(%)	年运行次数	累计运行次数	寿命损耗累积(%)
冷态启动	0.05	4	120	6
温态启动	0.01	1	30	0.3
热态启动	0.01	200	6000	60
大修前停机	0.05	3年一次	10	0.5
甩负荷带厂用电	0.10	3年二次	20	2
大幅度变负荷40%	0.005	50	1500	7.5
小幅度变负荷25%	0.00025	约530	约16500	4
Σ				80.3

总之，带基本负荷的汽轮机，每次冷态启动的寿命损耗率可以分配得大一些，一般控制在0.05%/次；调峰机组的寿命损耗率主要消耗在热态启停中，每次启停的寿命损耗率可以分配得小一些，一般为0.01%/次。

2. 汽轮机转子寿命的监测与管理

每台汽轮机应以制造厂提供汽轮机寿命管理曲线为依据，绘制各种工况启动曲线；每台汽轮机应建立并逐步完善转子寿命损耗数据库，根据制造厂提供的寿命管理曲线进行控制，使汽轮机寿命损耗处于受控状态，以便指导运行人员进行开停机操作和运行参数调整及对异常工况的处理。

3. 减少汽轮机转子寿命损耗的原则

（1）启动中预防汽轮机转子脆性损伤的方法：

1）启动时应根据汽缸金属温度水平合理选择冲转蒸汽参数和轴封供汽温度，严格控制金属温升率。

2）一般以中压缸排汽口处金属温度或排汽温度为参考，判断转子金属温度，特别是中压转子中心孔金属温度是否已超过金属低温脆性转变温度（FATT）。

3）汽轮机冷态启动时，有条件的可在盘车状态下进行转子预热，变冷态启动为热态启动。

4）如制造厂允许，可采用冷态中压缸启动方式，以改善汽轮机启动条件。

5）汽轮机超速试验，必须待中压转子末级中心孔金属温度达到FATT以上方可进行，一般规定汽轮发电机组带10%～25%额定负荷稳定暖机至少4h。

（2）运行中减小汽轮机转子寿命损耗的方法：

1）运行中避免短时间内负荷大幅度变动，严格控制转子表面工质温度变化率在最大允许范围内。

2）严格控制汽轮机甩负荷后空转运行时间。

3）防止主、再热蒸汽温度及轴封供汽温度与转子表面金属温度严重不匹配。

4）在汽轮机启动、运行、停机及停机后未完全冷却之前，均应防湿蒸汽、冷气和水进入汽缸。

4. 加强可靠性管理，减少汽轮机寿命损耗

可靠性指标不仅反映了设计、制造、安装水平和质量，是技术改造和技术进步的重要依据，还直接反映了发电厂运行管理及设备维修状况，是现代化汽轮机运行管理的重要内容。汽轮机设备大多是可维修的，其寿命

分配也有很大共性。在汽轮机使用寿命年限内，通过可靠性统计分析，可以找出因运行检修维护不当造成的寿命损耗，从而改善运行操作方法和检修维护方案，逐步由被动检修转变为状态监测和预知性维修，提高设备等效可用系数，减少等效强迫停用率，减少维修费用，延长汽轮机使用寿命，取得更大安全经济效益。

第五节　汽轮机组的调峰技术

随着我国国民经济的高速发展和人民生活水平的提高，在各大电网容量不断扩大的同时，用电结构也发生着不断变化，从而使各大电网的峰谷差日趋增大。在电网的组成上承担尖峰负荷的中、小机组比例相对减少，解决峰谷差的矛盾日益突出。因此电网的调峰问题变得越来越重要。由于我国各大电网的组成结构大多以火电为主，尤其是北方地区，水电所占比例很小，少量的水电机组又多是径流式，不宜弃水调峰，因而需要大容量的火电机组参与调峰运行，已成必然的趋势。

一、电网对汽轮机组调峰的要求

图4－9是较典型的日负荷曲线，通常分为尖峰负荷、中间负荷和基本负荷三个部分。并按此相应地将机组分为尖峰负荷机组、中间负荷机组和基本负荷机组。承担曲线中尖峰负荷部分的机组，年运行时间为500～2000h，通常要求由坝库式水电机组、抽水蓄能机组和燃气轮机组来

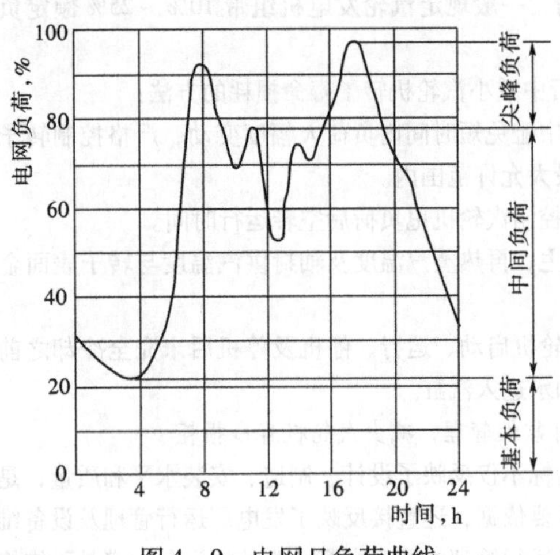

图4－9　电网日负荷曲线

承担。承担曲线中中间负荷部分的机组，年利用率为40%~60%，通常为较大容量的火电机组来承担。承担曲线中基本负荷部分的机组，年运行小时数超过7000h，年负荷率在90%以上，通常为核电机组、高效率火电机组和径流式水电机组等。汽轮机组的调峰问题，主要是针对中间负荷机组。

二、调峰机组的性能要求

中间负荷的调峰运行的机组需具备以下性能：

（1）良好的启动特性。在夜间低谷负荷时间停机6~8h后，于次日早晨应能在60~90min内完成从锅炉点火到汽轮机带满负荷的整个过程，且要求启动损失小，设备可靠性高，寿命损耗小。另外，为减轻运行人员的劳动强度，还要求具有较高的自动化水平。

（2）良好的低负荷运行特性。能在低谷负荷时间内带较低的负荷安全运行，通常要求至少要在不大于50%额定负荷的负荷范围内和在锅炉不投油助燃的情况下稳定运行，有时要求调峰机组能在20%额定负荷工况稳定运行。

（3）快速的变负荷能力。为了适应电网负荷快速变化的需要，要求机组能够承受较高的负荷变化率，通常要求参与调峰运行的机组能以不小于5%/min的速率安全、稳定地升降负荷。

（4）较好的热经济性能。机组在低负荷运行时，必然要降低机组的经济性能，要求参加带中间负荷的调峰机组具有较平缓的热力特性曲线，也就是说在低负荷运行时热效率降低较小。

（5）采用滑压运行方式。采用滑压运行方式进行调峰可以大大改善机组的运行工况，减小热应力，降低机组寿命损耗，同时还可以提高低负荷运行时的经济性。

随着我国各大电网峰谷差迅速增大、火电机组调峰问题日益紧迫，为了适应今后供电形势发展的需要，除了在运行技术、设备改造和提高自动化水平方面采取相应的措施，以提高现有机组的调峰能力外，还应积极地研制新型调峰机组，抓紧对原有机组的完善改造，使其满足调峰性能的要求，从根本上提高国产机组适应负荷变化和周期性运行的能力。

三、机组的调峰运行方法

火电机组的调峰运行方式主要有变负荷调峰运行方式、两班制调峰运行方式、少汽无负荷及停炉不停机运行方式等。下面就这四种调峰运行方式分别进行讨论。

1. 变负荷调峰运行方式

它是指通过改变机组的负荷来适应电网负荷变化的方式，又称为旋转调峰运行方式或负荷跟踪运行方式，也有称为负荷平带。变负荷调峰就是在电网高峰负荷时间，机组在铭牌出力或可能达到的最高负荷下运行；在电网的低谷时间，机组在较低的负荷下运行；当电网负荷变化时，还能以较快的速度来升降负荷，以满足电网的需要。所以，采用变负荷调峰的机组应具备如下技术性能：

（1）能带满设计允许的最大负荷。高峰负荷时，机组应能在设计允许的最大出力工况下安全运行。通常所指的机组最大出力为能力工况（BMCR）。因为通常规定：机组在允许的低参数、高背压和最大补充水量的情况下应能达到铭牌出力。这样机组在正常参数、背压和补充水量的情况下最大出力将会超过铭牌出力。因此，在高峰负荷时间，机组应最大限度地挖掘潜力多带负荷，而不应满足于带到铭牌出力。由于制造工艺上的偏差、安装质量和运行条件的差异，即使同容量、同型号的机组，每台机组所能达到的最大出力也各不相同，科学的办法是通过现场试验来确定每台机组的最大允许出力。

（2）低负荷工况能长期安全运行。电网低谷期间，往往要求参加变负荷调峰运行的机组尽可能降低负荷运行。在汽轮机组降低负荷时，要注意汽水系统的切换操作，如疏水系统、汽封供汽系统、除氧器供汽系统、厂用汽系统的切换操作等。机组长时间低负荷运行时，要注意以下问题：

1）负荷过低会引起低压缸排汽温度的升高，在投入低压缸喷水减温时，应注意喷出的雾水是否会造成低压缸叶片的侵蚀，必要时可对喷水压力及喷射角度进行适当的调整。

2）低负荷时，加热器疏水压差很小，容易发生疏水不畅和设备汽蚀，因此，要采取相应的保护措施，如疏水泵电动机改变频运行，从凝结水系统向加热器充水等，防止疏水管道和设备的汽蚀。

3）对于高中压合缸布置的机组，还应注意主蒸汽和再热蒸汽的温差不能超过制造厂规定的范围。因为锅炉在低负荷运行时，主蒸汽与再热蒸汽的温差将会增大。

4）负荷低时，低压缸长叶片根部将会产生较大的负反动度，造成蒸汽回流和根部出汽边的冲刷，甚至形成不稳定的旋涡使叶片产生颤振。解决这一问题只能改变叶片的结构，如调整叶片的冲角、增加叶片的宽度、减小动静叶片面积比等。

采用变负荷方式调峰运行的机组，一般均采用滑压运行方式，因为滑压运行不但对汽轮机具有降低寿命损耗、改善低负荷运行的经济性、减少切换操作等优点外，同时也有利于锅炉燃烧工况的稳定。

一般来说，火力发电机组低负荷运行，尤其是采用滑压运行方式时，对汽轮机的安全运行不会造成严重的威胁。机组最低负荷的界限，通常取决于锅炉的最低负荷，也就是取决于锅炉燃烧的稳定性和水动力工况的安全性两个方面。近年来，从国外引进的大功率火电机组，一般都能保证在50%额定蒸发量的负荷下不投油稳定燃烧，包括燃烧无烟煤的锅炉都能满足上述的工况，有些进口锅炉不投油最低稳燃负荷还要更低些。

（3）具有能够适应电网负荷变化的变负荷率。现代大功率汽轮机通常都应满足下述变负荷率：从100% ~50%额定负荷，不小于5%/min；从50%到最低负荷，不小于3%/min。上述变负荷率，完全能够满足电网的负荷变化。限制负荷变化率的关键因素，一般来说仍在锅炉。尤其是当采用变压运行方式时，蒸汽温度和汽轮机各部件温度的变化基本稳定不变，负荷变化的快慢对汽轮机的安全和寿命损耗影响甚微。限制机组负荷变化率的重要因素是锅炉汽包上下壁温差和蒸汽的压力变化率等。

2. 两班制调峰运行方式

它是指通过启、停部分机组来进行电网的调峰。即在电网低谷时间将部分机组停运，在次日电网高峰负荷到来之前再投入运行，通常这些机组每天停运6~8h，故称为两班制运行方式。还有一些机组在每星期低峰负荷时间（每周六、日）停运，其他时间运行。可见由于这些机组的频繁启停，其寿命损耗将显著增加。

国外用于两班制调峰运行的机组，在设计中对主机、辅机和热力系统都从结构和启停性能方面作了特殊的考虑，可以适应频繁的启停，而且操作简便、可靠。对于原设计带基本负荷的机组在实行两班制调峰运行时，则除增加寿命损耗外，还会遇到一系列的问题。采用两班制调峰运行的机组，通常设计使用寿命为20年左右。

原设计带基本负荷的机组，进行启停调峰运行时，通常需要注意解决如下问题：

（1）热应力引起的疲劳损伤。两班制运行的机组，停机时，都尽可能保持较高的金属温度，而在启动时进汽温度如不能合理地匹配或在启动过程中金属部件温升过快，都会产生过大的热应力。为了尽可能减少疲劳损伤，需要在运行上注意：①采用合理的停机方式，尽量提高停机时的主蒸汽温度；②选择合理的冲转参数；③采用中压缸进汽启动方式；④采用全周进汽方式启动；⑤加强监测和检查。

(2) 汽缸上下温差过大引起的热变形。汽缸由于结构上的特点，往往在停机后下缸冷却快于上缸，产生过大的上下缸温差，引起汽缸的热变形使径向间隙变小，严重地制约了机组启停的机动性，减小停机后汽缸上下温差的方法除了注意改进汽缸的保温材料和保温工艺外，在运行上可以采取的措施为：①投运汽缸加热装置；②采用定温滑压方式停机；③打闸停机时，及时调整汽封新蒸汽供汽压力，直到真空到零后方可停止汽封供汽；④尽可能缩短停机时的空负荷运行时间；⑤打闸停机时及时关闭门杆漏汽至除氧器的阀门；⑥严格防止停机过程中和停机后汽轮机进水或进冷汽。

(3) 启停过程中出现过大胀差。在机组的启停过程中往往会出现胀差过大的问题，制约了机组调峰的机动性。多数情况是出现过大的负胀差。减小启停过程中胀差过大的方法是除了注意机组滑销系统的检修和维护，保证汽缸胀缩自如外，在运行上可采取的减小机组胀差的措施为：①合理选择启动冲转参数，防止热态启动时转子过度冷却；②合理调节汽封供汽温度，防止转子过度的加热或冷却；③缩短启动时的空负荷运行时间，适当延长低负荷暖机时间；④采用定温滑压停机方式；⑤尽可能地缩短停机时的空负荷运转时间。

(4) 再热蒸汽温度滞后于主蒸汽温度。当机组采用两班制调峰运行时，热态启动往往会遇到再热蒸汽温度上升速度滞后于主蒸汽温度上升速度的问题，为了解决这一问题，除了加大旁路系统容量外，改善管道的散热状态，提高机组热态启动时蒸汽管道系统的温度水平，也是行之有效的措施。

改善汽缸和蒸汽管道的保温质量可以有效地减少停运期间的散热和温降幅度，使机组保持良好的热备用状态，并可显著地减小热态启动时上下缸温差和提高进入中压缸的再热蒸汽温度。

蒸汽管道的单管布置比双管布置散热面积大幅度减小，有利于提高管道的温度水平。

机组热态启动冲转前，必须充分地疏水暖管，尤其是对双管布置的蒸汽管道更要注意通过疏水暖管保持两个蒸汽管道蒸汽温度的一致，防止因汽缸进汽温度的差异带来的不利影响，避免冲转后出现汽温先降后升的现象。

(5) 发电机方面可能出现的问题。在机组采用两班制调峰运行方式时，由于频繁启停将会对发电机带来不利的影响，发电机的频繁启停，使铁芯和绕组发生差动膨胀，会导致端部结构振动，以致造成绝缘磨损、开裂、接头开焊、接地等故障。此外，发电机转子、护环、中心环和转子绕组在每次启停中也同样承受交变应力，在启停过程中通过临界转速时应力还要加大，从而引起疲劳损伤。因此对这些部件必须加强检查监督。

从运行上要注意在低负荷或短时间停机时，要关小或停止冷却水，以保持机组温度，减小温度变化。

3. 少汽无负荷运行方式

它又称调相运行或电动机方式运行，就是在夜间电网低谷时间将机组减负荷到零，但不从电网解列，保持发电机带无功运行，可发出或吸收无功电力并可调节系统电压。同时为冷却由鼓风摩擦产生的热量，向汽轮机供给少量低参数蒸汽。到次日早晨电网负荷升起时转为发电机方式，接带有功负荷运行。

这种调峰运行方式，因为始终维持汽轮机额定转速运行状态，较两班制运行对汽轮机造成的热冲击要小得多，从而有效地降低了机组的寿命损耗。少汽无负荷运行方式，同两班制运行方式一样，可以全容量范围(0～100%)调峰，但比两班制操作简单，可以省去抽真空、冲转、升速、并列等过程。从调相运行方式转入发电运行方式只需要30min左右，且基本上可以避免汽缸上下温差和胀差限制的问题。

由于少汽无负荷运行方式在转入带负荷工况时，没有冲转、升速和并网等阶段，所以调节级汽温在开始带负荷时下降幅度要比两班制开停方式要小得多。

少汽无负荷调峰运行方式，在运行上要注意以下问题：

（1）确定合适的供汽点和冷却蒸汽的参数。冷却蒸汽一般是用邻机的抽汽，由本机相应的抽汽口送入，供汽汽源和送入口可以是一个也可以是多个，一般视机组容量的大小而定。冷却蒸汽参数和送入口的选择主要考虑转子温度的控制和低压缸长叶片以及排汽温度的控制，既要保持负荷转变的机动性，也要考虑锅炉汽温调节的需要，保证低压缸叶片温度和排汽温度不能超限。一般要求汽轮机的排汽温度保持在80℃以内。

在一定的范围内，若冷却汽量小，整个机组温度水平就比较低，随后的加负荷时间就要长一些，而且排汽温度也要升高；若加大冷却汽量，整个机组的金属温度就可维持在较高的水平，可提高加负荷速度，排汽温度也可以降下来，使排汽缸喷水冷却系统少投或不投，以减少末级叶片的侵蚀，也可以减少发电机从电网吸取的功率，但应注意汽轮发电机组不能出现有功负荷，以免在发电机跳闸时引起超速。

（2）尽可能采用滑压减负荷方式。采用滑压减负荷方式，可比额定参数和滑参数减负荷方式能使汽轮机各部件的金属温度保持在较高的水平，更有利于提高加负荷的速度。

（3）转入发电工况时，主蒸汽温度应足够高。这样可使调节级和其他各级的温度不致陡降。

（4）在工况转换操作时及时送上冷却蒸汽。这样做的目的是避免出现无汽状态。在发电工况转为调相工况时，先投冷却蒸汽；而在转为发电工况时，要在带上一定负荷后再切断冷却蒸汽。一般在减负荷到50%左右就可稍开冷却汽汽门进行暖管，并在10%～20%额定负荷时送入冷却蒸汽。注意在任何时刻都不能出现无蒸汽的情况，在切换工况前后要加强对各部金属温度的监视，尽量减少热冲击。一般要求热冲击值不超过50℃。

（5）适当加快初始阶段的升负荷速度。为了减小低负荷初始阶段蒸汽参数不匹配对汽轮机的热冲击，此时应适当地提高升负荷速度，并同时快速提高主蒸汽温度和再热蒸汽温度。通常要求在2～3min的时间内将负荷提到20%～30%的额定负荷。

（6）尽量维持较高的凝汽器真空。对于少汽无负荷运行方式，凝汽器真空除了直接影响排汽温度以外，还对通流部分各级都产生不同程度的影响。随着凝汽器真空的降低，各压力级的温度也将升高，对末级排汽温度影响更大，但对调节级影响很小。根据国内100MW机组试验的结果，每降低0.133kPa（1mmHg）真空，各压力级温度约升高0.5℃，末级排汽温度则能升高1.0℃左右。

因此，在同样的冷却汽量下，提高凝汽器真空，既可维持较低的排汽温度，还能减少从电网吸收的功率，故对安全和经济都是有利的。

（7）保持冷却汽源的参数稳定。如果冷却汽源取自全厂公用汽系统，通常能保持比较稳定的蒸汽参数，但在取自邻机抽汽时，则冷却汽源的参数取决于邻机负荷的变化，当邻机负荷下降时，抽汽压力、温度和抽汽量都随之下降，要注意及时调整以防本机排汽温度急剧升高。不论机组冷却汽源如何，本机都应具有冷却蒸汽温度和流量的自动调节手段。

（8）适当增设温度监测点。少汽无负荷运行工况，由于冷却汽源引入位置和汽源参数的不同，通流部分的流动工况以及温度变化趋势都与正常工况有着较大的差别，尤其是在转换工况时，如果操作不当不仅在调节级处，其他区段也会造成较大的热冲击。另外，低压缸末级喷嘴和动叶顶部也可能会形成较高的温度，因此，在冷却蒸汽进汽段附近和末级喷嘴、动叶顶部应能装设温度测点，以便于运行监督。

(9) 适当改变循环水和凝结水系统。为了降低少汽无负荷工况的电耗，可将两台机组的凝结水和循环水系统各自连接起来，以便合理地选择循环水泵和凝结水泵的运行方式，或另设一台容量较小的循环水泵和凝结水泵，专供少汽无负荷运行方式使用，以减少此种调峰运行方式的耗电量。

另有一种少汽无负荷调峰运行方式是汽轮发电机组低速旋转热备用方式。即在汽轮发电机组减负荷到零以后从电网中解列，并向汽轮机送入少量低参数蒸汽，使汽轮发电机组在低于第一临界转速的较低转速下（通常为600～1000r/min）运行。这样可避免额定转速下少汽无负荷运行方式汽轮机鼓风损失大的问题。

根据有关试验可以看出：母管制电厂可以采用这种调峰热备用方式，而单元机组不宜采用，主要原因是汽轮发电机组低速运转期间维持锅炉低流量运行加大了能源损耗，在经济上是不合算的。

4. 停炉不停机调峰运行方式

停炉不停机调峰运行方式的特点是在两台同参数机组的主蒸汽管路上加装联络管，夜间负荷低谷时停下一台炉，两台汽轮机做低负荷运行，其调峰幅度可达40%，机动性较好，机组从满负荷到50%负荷只需15min。

提示 第一～五节内容适用于初级工、中级工、高级工、技师使用。

第五章

汽轮机的停机

第一节　汽轮机的正常停机

停机过程对机组零部件来说是一个冷却过程，是启动的逆过程，启动过程的基本要求原则上适用于停机，但温降率要小于启动时的温升率。停机包括从带负荷运行状态减去全部负荷、切断汽轮机进汽、解列发电机到转子静止、进入盘车等过程。停机时主要问题是防止由于机组零部件冷却不均匀而产生过大的热应力、热变形和胀差。根据不同的需要，可以选择不同的停机方式。

一、停机的分类

汽轮机停机一般分两类情况，一类是事故停机，即当电网发生故障或单元机组的运行设备发生严重缺陷和损坏时，必须使机组迅速从电网中解列，甩掉所带全部负荷，再根据事故情况决定是否维持空转，准备重新接带负荷，还是停机。事故停机又分为故障停机和紧急停机。另一类为正常停机，即根据电网生产计划安排，有准备地停机。正常停机又分两种形式，第一种为检修停机，机组停机的时间长，在停机过程中要求冷却机、炉至冷态；第二种停机为热备用停机，根据系统负荷的需要以及设备或系统出现一些小缺陷，需要短时间停机处理，待缺陷处理后立即恢复运行，这种情况停机后要求机、炉金属温度保持较高水平以使重新启动时，能按极热态或热态方式进行，以缩短启动时间。

根据停机目的不同可分为两种停机方式：额定参数停机和滑参数停机。额定参数停机采用关小调节汽门的方法，逐渐减小负荷而停机，这时主汽门前的蒸汽参数保持不变。采用这样方法停机，进入汽缸内蒸汽温度的降低靠调节汽门节流来实现，因此不能使汽轮机零部件的温度降到较低水平。为了缩短检修时间，便于检修，目前普遍采用滑参数停机。所谓滑参数停机，就是在停机过程中，调速汽门逐渐开大，随着新蒸汽参数逐渐降低，负荷渐渐减小，直至停机。由于调节汽门全开，以低参数、大流量的蒸汽经过通流部分，不但使零部件受到均匀冷却，而且金属温度可降到较低水平。

1. 额定参数停机

停机过程中，蒸汽的压力和温度保持额定值，用汽轮机调节汽门控制，以较快的速度减负荷停机，这就是额定参数停机。采用这种停机方式汽轮机的冷却作用仅来自于通流部分蒸汽量的减小和蒸汽节流降温，减负荷时间短，停机后汽缸温度可以维持在较高水平。额定参数停机时，由于减负荷速度快，各项操作就显得紧张，因此，在停机前必须做好充分的准备工作，保证停机每一环节顺利进行，防止设备损坏。但是大容量再热汽轮机组减负荷过程中，锅炉始终维持额定参数给运行调整带来很大困难，同时也造成燃料浪费，因而，大容量再热单元机组极少采用这种方式。

2. 滑参数停机

滑参数停机是指在调节汽门全开状态下，借助于锅炉降低蒸汽参数来减小汽轮机负荷和冷却机组的停机方式，它可以使机组停机后汽缸金属温度降低到较低水平，并大大缩短了汽缸冷却时间。

滑参数停机过程中，主、再热蒸汽温度的下降速度是汽轮机各部件能否均匀冷却的先决条件，也是滑参数停机成败与否的关键，因此，滑参数时的降温率要严格控制。与滑参数启动的道理相同，滑参数停机也是采用低参数、大流量的蒸汽冷却汽轮机，一般以调节级处蒸汽温度比该处金属温度低20～50℃为宜。由于滑参数停机时，调节汽门大开，蒸汽全周进入汽轮机，可以使金属部件均匀冷却，而且金属温度可以降低到很低的水平。另外，降温过程中，转子表面受热拉应力和机械拉应力的叠加应力，因此，蒸汽降温率要小于启动时的蒸汽升温率。

根据停机过程中汽缸金属温度水平的不同要求，例如，单元机组为消除某些设备缺陷或两班制调峰停机，滑参数停机也可按滑压的方法，保持调节汽门全开，主、再热蒸汽温度不变，逐渐降低主蒸汽压力，使负荷逐渐下降，这种停机方式称为滑压（变压）停机。它主要是为了在消除缺陷后或调峰要求再次启动时，汽轮机与锅炉的金属温度水平都较高，启动或加负荷的温度变化较小，即使有较大的温升率，汽缸和转子的热应力也不会超过允许值，从而不仅缩短了启动时间，而且增加了机组的灵活性。

滑参数停机时，是在调节汽门全开的情况下，通过蒸汽参数的逐渐降低来减负荷的。这种减负荷方法与额定参数逐渐关小调节汽门来减负荷相比较有以下优点：

（1）在同样的负荷下，蒸汽流量大，而且是全周进汽，因此汽轮机的金属冷却比较均匀，热应力和热变形小。

(2) 可以减少能量和工质（蒸汽和水）的损失。采用滑参数停机，在整个停机过程中，锅炉几乎可以不对空排汽，几乎全部汽水和能量都用于滑停时的发电，同时在停机过程中，汽轮机、锅炉、蒸汽管道及附件所储存的热能，都逐渐被蒸汽吸收，用于发电。

(3) 可以减少厂用电的消耗。滑参数停机后，可以减少锅炉放水、通风以及汽轮机润滑油泵和盘车装置等设备长时间运行的耗电量。机组选用了变速给水泵，随着锅炉参数的降低、负荷减少，给水泵的电耗可以相应得到节省。

(4) 在滑参数停机的过程中，汽轮机通流部分的盐垢，随停机过程可得到清洗。

在滑参数停机的操作方法上，有的电厂习惯于一开始就按照滑参数停机曲线进行滑参数降负荷；另一些发电厂则一开始就先用调节汽门减去一定负荷，并进行必要的设备系统切换，然后再降温、降压、降低负荷，这种方式也被称作复合滑参数停机。

综上所述，由于停机的目的不同，停机后所需要保持的汽缸金属温度水平也不同，在运行操作上也有所不同。若调峰机组夜间或周末低负荷停机、消除设备缺陷的短时间停机以及其他短时间停机后还需要尽快再次启动，都要求停机后汽缸金属温度保持在较高的水平，以便再次启动时能快速启动，通常采用额定参数停机或滑压停机方式；若机组计划检修停机或要求尽快停盘车消除缺陷，则要求停机后汽缸金属温度尽可能低一些，以便汽缸尽快冷却，早日进行检修，缩短检修工期，通常采用滑参数停机。因此，在正常停机操作前，要针对停机目的，合理选择停机方式。

二、停机操作程序

无论用何种方式停机，均要求汽轮机各受热部件能够均匀冷却。额定参数停机时，汽缸温度变化小，易于控制；而滑参数停机时，无论是蒸汽温度变化还是金属温度变化都较大，因而滑参数停机操作要比额定参数停机操作难度大、操作复杂。下面以滑参数停机为例介绍停机操作程序以及注意事项。

1. 停机前的准备工作

停机前的准备工作是机组能否顺利停机的关键。停机前，运行人员首先要对汽轮机组设备系统做一次全面的检查，分析有没有影响正常停机操作的设备缺陷。其次，要根据设备特点和具体运行情况，预想停机过程中可能出现的问题，制定具体措施，做好人员分工，准备好停机记录及操作用具，并做好下列具体准备工作。

(1) 油泵的试转。对停机中需要使用的油泵，必须进行试转，确保其可靠。因为国产机组停机过程中不一定要使用电动调速油泵，所以电动调速油泵一般不进行试验；交流润滑油泵是停机过程中必须使用的，停机前必须进行试转。有些300MW机组同一台润滑油泵两端分别用交直流电动机带动，有些电厂已将两只油泵分开，停机前最好对直流润滑油泵也进行试验，油泵试验后仍将其处于联动备用状态。如果停机过程中没有油泵供润滑油，则不允许将汽轮机停止运行。

(2) 启停辅助蒸汽的准备。在停机过程中，除氧器汽源、轴封汽源都将切换成辅助汽源，应预先准备好，备用蒸汽管应预先暖好，做到需要时即可切换汽源。

(3) 空负荷试验盘车电动机正常。盘车电动机可以空转试验的机组应空转试验盘车电动机，对于这一点，有些电厂不太重视，一旦转子停下盘车电动机不能启动时将会手忙脚乱。

(4) 对机组启停用电动给水泵的热备用状态进行全面检查，并检查其油泵运行应正常。

(5) 氢冷发电机空气侧密封油正常运行时使用汽轮机透平油的机组，停机前还要空负荷试验发电机空侧交直流密封油泵，正常后切换成空侧密封油泵运行，直流密封油泵置联动备用状态。

(6) 检查汽轮机高低压旁路系统投用“自动”备用。有关减温水源正常，减温水隔绝门在全开位置。

(7) 检查各主汽门、调节汽门无卡涩。用活动试验阀对主汽门和调节汽门进行活动试验，确证各汽门无卡涩现象。

2. 机组减负荷

首先降低锅炉主蒸汽压力，保持蒸汽温度不变，将调节汽门接近全开；然后联系锅炉值班员根据规程规定的速率降温。降温时，应使高压缸调节级和中压缸第一级处的蒸汽温度低于该处金属温度20～50℃。此外，由于再热蒸汽温度滞后于主蒸汽温度，所以应等再热蒸汽温度下降后，才可以进行主蒸汽的下一步的降温工作。待金属温度下降速度减缓，蒸汽过热度接近50℃时，就可以0.05～0.1MPa/min的速度降低蒸汽压力。当降低一定负荷后，应停留一段时间，待金属温降速度减慢，温差减小后再按上述方法降温降压，如此重复进行，一直降到低负荷为止。一般每一阶段温降20～40℃，并且应控制主、再热蒸汽温差不宜过大，对于合缸机组，主、再热蒸汽温差要控制在30℃以内。

在实际滑参数停机过程中，各个阶段温度和压力的下降速度是不同的，一般在较高负荷时，压力和温度的下降速度比较缓慢一些，到低负荷时，可以适当地加快降温、降压速度，如国产300MW机组平均降压速度为0.05~0.1MPa/min，平均降温速度为1℃/min；600MW机组平均降压速度控制在0.098MPa/min以下，平均降温速度为1~1.5℃/min；1000MW机组平均降压速度控制在0.03MPa/min，平均降温速度为0.5~1.0℃/min。降温、降压过程中，必须始终保持主、再热蒸汽温度有50℃以上的过热度，并且不能有回升现象，当蒸汽的过热度低于50℃时，应及时投入旁路系统或打开主、再热蒸汽管道上的疏水门，防止蒸汽带水发生水冲击事故。若蒸汽温度在10min内直线下降50℃及以上时，则应立即打闸停机，转入盘车状态。

滑参数停机过程中，严禁进行汽轮机超速试验，因为滑参数停机至发电机解列时，主、再热蒸汽参数已经很低，若进行超速试验就必须采用关小调节汽门的方法来提高蒸汽压力，在危急保安器动作时，由于主汽门和调节汽门的关闭，汽压也会升高，随着压力的升高，蒸汽过热度相应减小，以致有可能使温度低于该压力下的饱和温度，造成蒸汽带水，此时进行超速试验可能使汽轮机进水，这是非常危险的。

在减负荷过程中，应随时进行系统切换和辅助设备的停运。

（1）检查调整凝结水自动调节装置工作情况正常，检查轴封加热器工作情况良好，必要时手动开大再循环门，以保证轴封加热器的通水量。

（2）当除氧器压力降至定压运行压力时，将除氧器汽源切换为外界汽源供给，并转入定压运行。

（3）对于随机停运的加热器系统，应随时检查加热器水位并保持水位调整装置正常。对于定负荷停运的加热器，达到规程、规定的负荷后，应逐步从高压加热器依次停止。

（4）负荷至50%以下时，应相应停止部分半容量回转设备，保持一台设备运行。

（5）负荷降至影响锅炉稳定燃烧时，应及时投入旁路系统，保证锅炉最低稳定燃烧负荷，同时保证汽轮机的进汽品质。对不具备热备用性能的旁路系统，投入时要做好充分的暖管工作。

（6）对于用汽轮机拖动给水泵的机组，负荷降至（30%~50%）额定负荷时，应切换为电动备用给水泵运行或者切为辅助蒸汽汽源。

（7）注意凝汽器真空变化以及低压缸的温度，在低负荷下，由于有鼓风作用，因此，排汽缸温度升高时，应投入低压缸喷水，进行降温。同时严密监视轴封系统自动工作情况，必要时切为手动调整。

3. 解列发电机及转子的惰走

汽轮机降至最低负荷后，迅速减负荷到零，汽轮机打闸，检查自动主汽门、调节汽门、各段抽汽止回阀以及高压缸排汽止回阀关闭，电动主汽门联动关闭，确认汽轮机处于逆功率状态时方可解列发电机，这时汽轮机转速应下降。在降速过程中，由于转子的泊桑效应（回转效应），高、中、低压转子会出现不同程度的正胀差。在打闸隋走阶段，各胀差均有较大的变化，如某台300MW 汽轮机，高压胀差增加0.4~0.6mm，中压胀差增加0.3~0.5mm，低压胀差增加1.5~2.0mm，当真空较高时，中压缸胀差可增加至0.8~1.0mm，低压胀差可增加至2.5~2.8mm，这一数值是十分可观的。特别是紧急停机时，如果考虑不到或来不及调整，往往会造成正胀差超限，甚至出现动静摩擦，因此在正常停机时，停机前一定要注意各胀差值的大小，务必把胀差突增考虑进去，以防止打闸后动静间隙消失。

汽轮发电机组在打闸解列后，转子依靠自己的惯性继续转动的现象称为惰走。但是由于转子在旋转时受到摩擦、鼓风损失的阻力和带动主油泵的机械阻力作用，转速将逐渐降低到零。从打闸停机到转子完全静止的这段时间称为惰走时间，在惰走时间内转速与时间的关系曲线称为惰走曲线。因为各类型机组的惰走曲线各有不同，所以新机组投运一段时间或机组大修停机时，都要绘制惰走曲线，作为汽轮机运行人员分析机组内部是否有缺陷，能否再次启动的重要依据之一。

绘制惰走曲线时，从汽轮机打闸开始，直至转子完全静止，同时在惰走曲线上绘制出真空变化曲线，标出停止真空泵以及破坏真空的时间。图 5－1 所示为汽轮机转子惰走曲线。从图 5－1 中可以看出，惰走曲线大致可分三个阶段：

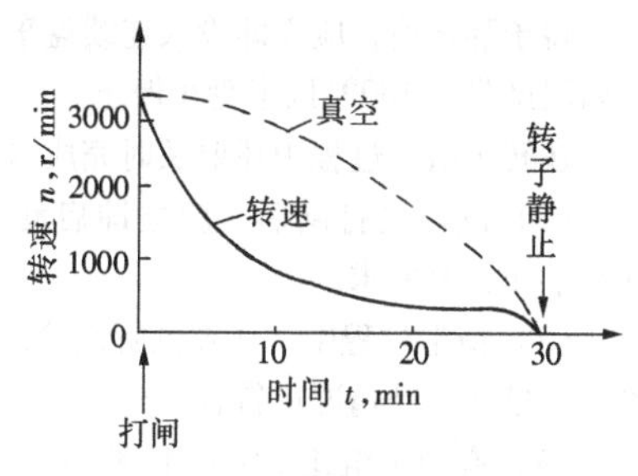

图 5－1　汽轮机转子惰走曲线

第一阶段，也就是刚一打闸后的阶段，这个阶段中转速下降很快，这是因为刚打闸后，汽轮发电机转子在惯性转动中的速度仍很高，鼓风摩擦损失的能量很大，这部分能量损失与转速的三次方成正比。因此，转速从 3000r/min 到 1500r/min 的阶段只需很短的时间。

第二阶段，也即在较低转速情况下，转子的能量损失主要消耗在克服调速器、主油泵、轴承等的摩擦阻力上，这要比摩擦鼓风损失小得多，并且摩擦阻力随转速的降低趋于减小，故这段时间内转速降低缓慢，时间较长。

第三阶段，是转子即将静止的阶段，由于此阶段中油膜已破坏，轴承处阻力迅速增大，故转子转速迅速下降，达到静止。

每次停机都应记录转子惰走的时间，检查惰走情况，绘制出惰走曲线，然后与该发电机组的标准惰走曲线相比较，从中可以发现机组惰走时的问题。

如果转子惰走时间急剧减小，可能是轴瓦已经磨损或机组动静部分发生了轴向或径向摩擦；如果惰走时间增长，则说明可能汽轮机主、再热蒸汽管道阀门不严或抽汽管道阀门不严，使有压力的蒸汽漏入汽缸所致。若发生前一种情况，应立即破坏真空，减少惰走时间，不允许投入连续盘车，可定期翻转转子，以防大轴弯曲；若发生后一种情况，应待停机后及时处理有关阀门漏汽。

在正常停机惰走过程中，不应破坏真空，应采取调整凝汽器真空破坏门而降低真空，使转速到“0”时真空也到“0”，再停止轴封供汽。轴封供汽停止不应过迟或过早。过早，冷空气自轴端进入汽缸，轴封段急剧冷却，造成转子变形，甚至发生动静摩擦；过迟，会使上、下缸温差加大，引起汽缸变形和转子热弯曲。同时，应控制轴封供汽量不宜过大，以避免汽封压力过高，引起排汽室大气安全门动作。

转子静止后，应立即投入连续盘车，并测量转子弯曲度，直至调节级金属温度降至150℃以下盘车停止。

在转子惰走过程中还要及时完成以下工作。

（1）汽轮机打闸后，应立即启动交流润滑油泵，检查其工作正常，润滑油压符合要求。

（2）惰走过程中，仔细倾听汽轮机内部有无金属摩擦声和其他异声，检查各轴瓦振动情况应符合规定。

（3）有的机组还规定在1200r/min左右，启动顶轴油泵，防止汽轮机在低速下发生辗瓦。

（4）转速降至200～400r/min，且没有汽水向凝汽器排放时，可停止真空泵，打开凝汽器真空破坏门，降低真空。真空到零后，应及时停止机组的汽封供汽。

三、滑参数停机应注意的问题

（一）参数控制

必须严格控制蒸汽温降速度，这是滑参数停机成败的关键。若降温速度过快，会出现不允许的负胀差值。控制蒸汽温度的标准是首级蒸汽温度低于首级金属温度。一般机组主、再热蒸汽温降率应控制在1℃/min以下，主蒸汽压降率应控制在0.098MPa/min以下。且主、再热蒸汽温度每下降30℃左右应稳定一段时间后降温。

在启动时汽缸内表面是受热面，它所承受的是压应力，而在停机时汽缸内表面冷却的比外壁快，这时它承受的是拉应力，如图5-2所示。

由图5-2可见，当内壁温度低于外壁温度时，内外壁形成负温差。内壁处的拉应力是外壁处压应力的两倍，汽缸的裂纹多是热拉应力引起的，所以汽缸冷却过快比加热过快更危险。当主蒸汽温度低于高压缸内缸上壁35℃时，应停止降温。

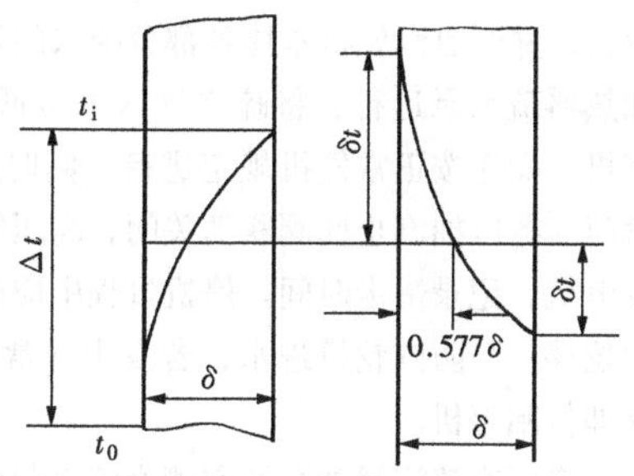

图5-2　厚平壁单向冷却时内壁温度与应力分布示意图

再热蒸汽温度将随主蒸汽温度的降低和锅炉燃料的减少而自然下降。其降温速度比主蒸汽慢，减负荷时应等到再热蒸汽温度接近主蒸汽温度时，再进一步降压，以防止滑参数停机结束时，中压缸温度还较高。

滑参数停机必须保持主、再热蒸汽温度有50℃以上的过热度。当主蒸汽温度下降过大或发生水冲击时，高压缸推力增加，汽轮机转子可能出现负向位移，推力盘向非工作瓦块方向串动，甚至导致中压缸第一级轴向间隙消失。

停机时转子冷却得比汽缸快，法兰冷却的滞后限制了汽缸的收缩，这时可以利用法兰加热装置来加速法兰的冷却。要控制法兰加热联箱的蒸汽温度，使它低于法兰金属温度80~100℃。

（二）主要操作

要确保试验交流润滑油泵、高压启动油泵、顶轴油泵及盘车装置电动机等设备的可靠性。为除氧器、轴端汽封和法兰冷却准备好低温汽源，为投入做好准备。

1. 对于300MW机组

主蒸汽、再热蒸汽温降速度小于1℃/min，主蒸汽压力降速率小于0.098MPa/min。主蒸汽、再热蒸汽过热度大于50℃，参数滑降范围为538～360℃、16.7～5.9MPa。当高压第一级后蒸汽温度低于高压内缸法兰内壁金属温度30℃左右时，应暂停降温，主蒸汽温度每下降20～40℃应稳定10min后再降温。主蒸汽温度达到350℃左右，开启自动主汽门前、再热蒸汽管路、汽缸、各段止回阀前的疏水门。

负荷减到150MW时，稳定20min进行辅机切换，并断开超速限制滑阀保护开关，停止一台给水泵；负荷降到60MW时，停止高压加热器汽侧运行，并开启汽轮机本体各部分疏水门及自动主汽门前疏水门，停止低压加热器疏水泵运行，将疏水导入1号低压加热器；负荷减到“0”，开始停机，操作按正常停机规定进行，同时应注意高/中压自动主汽门、调节汽门、各段抽汽止回阀联动关闭，高压缸排汽止回阀关闭，联系电气解列发电机，记录惰走时间。停机过程中应严密监视汽轮机的振动、胀差和轴向位移，严防汽轮机进水，若发生异常振动时，应紧急停止降温、降压，立即打闸停机。

启动交流润滑油泵及空侧交流密封油泵，投入功率限制器。

机组转速降至规定值以后，开真空破坏门降低真空，控制机组转速下降至“0”，真空降到“0”，停止抽气器运行；转速降至盘车转速前，投入顶轴油泵。

关闭电动主闸阀。转速到“0”，投入连续盘车。记录大轴弯曲值，真空降至“0”，停止轴封供汽，关闭2、3、4号低压加热器进汽门，止回阀前后疏水门开启。

排汽缸温度低于40℃，停止循环水泵运行。

2. 对于600MW机组

在负荷降到300MW时启动电动给水泵，进行汽动给水泵与电动给水泵的切换。此时，可由一台汽动给水泵专供锅炉减温水，以保证足够的减温水量，便于蒸汽温度控制。

机炉协调各参数的变化大致是：

（1）电负荷下降率：1.2MW/min。

（2）主蒸汽压力变化率：0.03MPa。

（3）主蒸汽温度、再热蒸汽温度变化率：0.5～1.0℃/min。

（4）汽轮机首级温度变化率：0.7～1.2℃/min。

四、盘车与辅机停运

当机组转子转速降到零后，应立即启动盘车装置，投入连续盘车。有盘车自动投入装置的机组，应注意检查盘车自动投入是否正常；对装有高压顶轴油装置的机组，投入盘车前应先启动顶轴油泵，确认转子被顶起后，再投入盘车。连续盘车时，顶轴油泵最好同时运行。汽缸内缸的上半内壁金属温度低于150℃时，可以停止盘车运行。

盘车期间润滑油泵要连续运行，并调整冷油器冷却水量，保持油温在35~40℃，保证轴颈冷却效果。当盘车停止8h后，可以停止润滑油泵运行。

在连续盘车过程中，当盘车电流较正常值大、摆动或有异音时，应查明原因及时处理。当汽封摩擦严重时，将转子高点置于最高位置，关闭与汽缸相连通的所有疏水（闷缸措施），保持上下缸温差，监视转子弯曲度，当确认转子弯曲度正常后，进行试投盘车，盘车投入后应连续盘车。当盘车盘不动时，严禁用起重机强行盘车。

停机后因盘车装置故障或其他原因需要暂时停止盘车时，应采取闷缸措施，监视上下缸温差、转子弯曲度的变化，待盘车装置正常后或暂停盘车的因素消除后及时投入连续盘车。

氢冷发电机要维持密封油系统正常运行，主油箱以及隔氢装置的排烟风机必须连续运行，并做好氢系统的运行维护工作。

排汽缸温度低于40℃，且没有汽水向凝汽器排放时，可停止循环水系统和凝结水系统运行，放尽凝汽器及管路存水。

五、停机后的保养和维护

由于我国经济飞速发展，长期以来，电力一直处于供不应求的紧张局面，除检修外，汽轮机长期停用的情况比较少。随着电力、工业的迅猛发展，电网装机容量越来越大，由于种种原因个别机组可能会较长时间的停用，有些老机组也可能遇有较大的技术改造项目而停用。即使是时间不长的停机，如果停机后保养不当，往往造成设备的严重腐蚀。我国300MW机组的设备腐蚀情况十分严重。

（一）常见的设备保养

1. 油系统停机后的保养

机组运行时调速系统和润滑系统的油中难免含有少量的水分，停机后油中的水分将凝聚在油箱底部、油路内和调速保安系统部套上，油系统中的水分必须设法去除。一些机组因油中有水，一般都有专门的放水阀门放掉。但凝聚在油管路内或调速保安系统部套上的水分，如果不及时去除掉，将引起油管路或调速保安部套的锈蚀，机组启动后，必然对安全运行带来严重威胁。为了防止油管路或调速保安部套的锈蚀，停机后应定期启动调速油泵油循环一段时间。通过油循环，用油冲洗油管道及调速保安部套、活动调速系统、投用盘车装置，以去除油管及调速保安部套上的水分，防止锈蚀。有些制造厂说明书明确提出每星期进行一次油箱放水，并进行油循环，连续盘车运行 0.5h 的规定。

2. 一般汽水系统的保养

汽轮机停机后，如果在一周内不启动，又无检修工作时，就应对汽水系统进行如下保养工作：放尽排汽装置热井中存水并开启放水门；隔绝一切可能进入汽轮机内部的汽水；所有抽汽管道、主蒸汽、再热蒸汽及本体疏水门应开启；低压加热器汽水侧存水全部放尽；其他停用设备内部及系统中积水放尽；汽轮机本体与公共母管连接的汽水系统隔绝门泄漏时，应扩大隔绝范围，加装带有尾巴的堵板。

3. 汽轮机停机超过半年的保养

一般地说，汽轮机停用期超过半年，就应采取拆开保养的方法进行保养。在金属表面涂以合适的防锈油脂或喷上银粉等妥善保管，并定期检查保养效果。对排汽装置、冷油器、加热器等设备的钢铁部分最好刷防腐漆，必要时也要进行充氮保养。

4. 冬季的防冻工作

汽轮机在冬季停机应注意执行防冻措施，特别是室外的汽水系统及设备，更应注意。即使是室内设备，在机组停用后也会达到 0℃以下的温度。发生冻结时，设备、阀门、管道内的水在冻结过程中体积强行膨胀，极易胀裂或胀破设备、阀门或管道。

防冻措施应遵循以下几个原则：

（1）在可能发生冻结的地方挂温度表，对温度表的指示值应定期记录。交接班时使值班人员随时了解哪些地方可能发生冻害，以便预先做好防冻措施，并随时检查效果。

（2）设法使可能发生冻害的地方温度保持在 0℃以上，如关闭门窗，加保温材料，甚至加伴热蒸汽及加装暖气以提高环境温度等。

（3）放掉存汽存水，消除冻坏设备的根源。

（4）无法避免温度降到零度以下时，对于无法放水放汽的设备系统，应设法让汽水流动，从而使汽水保持在 0℃以上。这包括定期启动设备，或打开部分阀门使设备系统内的汽水流动。300MW 机组室内室外的设备系统很大，应根据具体情况制定防冻措施，并应严格执行。

5. 汽轮机的热风干燥

有些制造厂规定，停用期超过两周但不超过半年时，应对汽轮机进行热风干燥保护，将汽轮机内（包括抽汽门前后及排汽装置汽侧）存水放光，汽缸温度降到50℃以下，从抽汽口鼓入经过干燥的热风。

根据有关资料介绍，20号碳钢在空气中的腐蚀速度以相对湿度60%分为界点，湿度大于60%时，腐蚀速度直线上升；湿度小于60%时，速度明显放慢；当湿度降至35%时，腐蚀率接近于零。某厂一台350MW机组停用时，用一套风量为4000m^3/h、除水量6kg/h的2台除湿机，温升为20℃的两组加热器设备，对汽轮机进行热风干燥，湿度降到30%，防腐效果良好。

（二）停机后的维护及保养

1. 停机后的维护

（1）停机后盘车运行中应每小时对汽缸和法兰温度、大轴弯曲值、汽缸膨胀、胀差等记录一次。

（2）注意检查监视汽缸上、下缸温差，排汽温度，各加热器、排汽装置及除氧器水位，严禁汽水返至汽缸。

（3）在连续盘车期间，应监视润滑油温、油压、顶轴油压、转子晃度、盘车电流、缸温等变化，定时巡视及抄表。

（4）停机后立即投入盘车。当盘车电流较正常值大、摆动或有异声时，应查明原因及时处理。当汽封摩擦严重时，将转子高点置于最高位置，关闭与汽缸相连通的所有疏水（闷缸措施），保持上下缸温差，监视转子弯曲度，当确认转子弯曲度正常后，进行试投盘车，盘车投入后应连续盘车。当盘车盘不动时，严禁用起重机强行盘车。

（5）停机后因盘车装置故障或其他原因需要暂时停止盘车时，应采取闷缸措施，监视上下缸温差、转子弯曲度的变化，待盘车装置正常后或暂停盘车的因素消除后及时投入连续盘车。

（6）若在连续盘车期间，盘车自停时，“零转速”报警，此时应记录转子静止时间、位置及晃度。

（7）当调节级金属温度小于150℃时，可停止连续盘车及顶轴油泵运行。

停机后内冷水系统运行期间，应保持内冷水温高于机内氢温至少5℃，机内氢压至少高于内冷水压0.035MPa。

（8）当发电机未排氢时，应保持氢压不低于0.06MPa，氢侧回油控制箱排油顺畅，密封油系统运行正常。

(9) 停机期间应加强监视氢侧回油控制箱油位及发电机油水报警仪，严禁密封油进入发电机内。

(10) 停机后发电机氢气系统置换时或发电机内排氢气时，应将补氢总门关严并挂上“禁止操作”牌，防止误开造成事故。

(11) 凡与公用系统连接的蒸汽或水管道截止门关闭后，应挂“禁止操作”牌。

(12) 内冷水系统进行反冲洗时，维持水压在0.2MPa以下。

(13) 若停机时间长，可根据有关规定对设备进行保养，隔绝一切汽水系统，并放尽存水。

2. 停机后的保养

机组停运时间在一周内时，应进行下述保养工作：

(1) 隔绝一切可能进入汽轮机内部的汽水系统。

(2) 停机后，放尽排汽装置、凝结水箱、除氧器内存水。

(3) 对凝结水管道、给水管道、高/低压加热器水侧和汽侧进行放水。

(4) 抽汽管道、主蒸汽管道、再热蒸汽管道、轴封供汽管道等疏水门及其旁路门开启，放尽积水。

3. 机组的防冻

(1) 厂房及辅机室内门窗应关好，且室内应悬挂温度计。

(2) 冬季油泵在启动前，应检查油温不能过低，一般应不低于15～25℃，否则应投入油温电加热装置，以免电动机过流损坏。

(3) 确认各辅机电加热装置自动启停正常。

(4) 通知热工，投入仪表取样管伴热或对取样管进行放水。

(5) 备用中的转机应定期盘动转子灵活，冷却水畅通。备用水泵的放空气门应稍开，以保持水的流动，当水泵解除备用状态时，应将存水放尽。

(6) 若因水压表表管、水流量变送器进口冰冻造成水压指示下降，水流量摆动，运行人员应结合其他相关表计指示进行分析，以防误判断和联锁保护装置误动作。

(7) 长期停用的水容器，应将存水放尽。如定子水冷箱、高/低压加热器、除氧器及排汽装置、凝结水箱等。

(8) 加强检查监视，发现异常情况，及时采取措施。

第二节 汽轮机停机后的强制冷却

随着机组容量的增大、蒸汽参数的不断提高、保温条件改善，使得停机后自然冷却时间越来越长，汽缸温度在停机一天内温降可达4℃/h，而到后期平均温降不足1℃/h。额定参数下停机到允许停止盘车一般需要7天时间，采用滑参数停机也需要4天左右时间，在这段时间内汽轮机处于连续盘车状态，无法对汽轮机的本体及轴承等设备进行检修工作。增加了电厂的能量损耗（盘车、润滑油系统循环等），更重要的是自然冷却大量占用了消缺检修的时间，降低了机组的可用率。在事故抢修情况下尤为突出。一般快速冷却可以使机组由停机到停盘车的时间缩短2~5天，有明显的经济效益，与滑参数停机相比，还有节约厂用电和节油的效益。汽轮机停机后的强制冷却是用蒸汽或空气作为冷却介质，冷却汽轮机汽缸及转子。当前国内已有蒸汽顺流冷却、蒸汽逆流冷却、空气顺流冷却、空气逆流冷却等多种快冷方式，不论是用蒸汽或空气作为冷却介质，采用顺流或逆流冷却方式，只要应用得当，都可以达到预期的效果。

为了机组长期安全运行，对停机后的快速冷却系统及操作有以下几点基本要求：

（1）要正确选择热应力敏感部位，检查和增设监视仪表，制定控制指标，使快冷对停机的寿命消耗没有影响。

（2）快冷系统要因地制宜，尽量利用电厂已有的条件，操作力求简单。

（3）冷却介质的接入和引出处要有合理的设计，防止局部过大的热应力和应力集中，防止运行中积水或零件脱落进入管道设备中。

（4）对于将要采用的快冷方式，应经过必要的试验，并作出分析，加以改进，成熟后将操作步骤、有关技术指标编入运行规程。

（5）停机后快冷要进行专用记录，记录各部分金属温度、膨胀、振动等数据。

（6）统筹选取最佳冷却速度，必须确保热应力敏感部位的长期安全。从目前国内外实践来看，自机组打闸到允许停盘车为止，平均汽缸温度下降率取12~18℃/h为最佳值。用空气冷却系统，更高的降温率需要更多的空气量；用蒸汽冷却系统，则会使机组转速增高。

（7）快冷过程中转子必须处于转动状态，绝对禁止在停止状态下导入冷却介质。

(8) 快冷应该与停机保护一起考虑，特别是用蒸汽作为冷却介质时，冷却后机内湿度大，加剧了停机后的腐蚀。

一、强制快速冷却的方式

(一) 单元大机组冷却方法

归纳单元大机组冷却方法，主要有以下几种：

(1) 用本机自身的蒸汽，降参数冷却。机组冷却效果最为明显，因为蒸汽比热容大，强制对流放热系数也大，引入大量逐渐降温的蒸汽导致了汽轮机的快速冷却。采用这种方法冷却时，必须详细规定并严格控制以下指标：法兰沿宽度的逆温差，蒸汽恒温时的降负荷率，主蒸汽温度和再热蒸汽温度的降温速度，高、中压缸负胀差。到后期时，冷却汽量减小，温度减低，锅炉控制困难，另外，小流量冷却效果不明显，因此，该方法不可能将汽轮机汽缸温度降低到所需的数值（150℃）。一般控制参数至压力为5.0~6.0MPa、温度为300~330℃时，汽缸温度仍有350~400℃，还需采用其他方法继续降温。

(2) 用临机低参数蒸汽来冷却汽轮机。其是在机组停止后，相邻汽轮机的抽汽或辅助汽源再次将机组冲动，维持机组转速在100~200r/min，逐步降温。采用该方法需严格控制冲动条件，全面检查高压缸、中压缸金属温差，大轴晃动度是否正常，用来汽总门控制高压缸金属温降小于1℃/min，该方法用于金属度不超过350℃的后期冷却阶段。

(3) 用空气冷却。用空气冷却汽轮机的方法应用最为广泛，它是用空气流经汽轮机通流部分进行冷却。在进行空气冷却时，其空气量及放热系数都远小于蒸汽，因而热冲击基本没有危害，且容易控制，没有相变换热，用空气冷却停机后的汽轮机比较安全。空气冷却有以下两种不同的进气方式。一种是借助抽气器在凝汽器内建立真空，空气自然流进汽轮机，排向低压缸。冷却方向分为顺流和逆流。顺流时，空气经过主蒸汽管上大气疏水（或炉侧）进入高压缸，排出进入再热器后再进中压缸，排向低压缸；逆流时，空气由高压排汽管道上的空气门或法兰进入高压缸，通过主汽门前后的疏水管道排向凝汽器。此方法冷却，在汽缸金属温度低于300~350℃，机组连续盘车状态下进行。冷却过程中，汽轮机真空维持10~20kPa，通过控制真空达到调整汽缸金属降温速度的目的。一般可以达到8~12℃/h的降温速度，比自然冷却可以缩短30~40h。另一种是采用压缩空气经电加热器加热后送入汽缸，对汽缸通流部分进行冷却，该方式与前者相比，有如下优点：冷却空气可以进行温度控制，满足汽缸壁温各种状态下冷却，例如机组紧急停运后，汽缸温度很高时，可以很快进行冷却；可以随时调整空气温度低于金属温度50℃左右，加大冷空气，冷却速度可达20~30℃/h；可以引入自动控制。同时也有不足的方面：需要进行管道改造和连接、购置专用装置，增加费用。该方式也可以采用顺流和逆流两种进气途径。顺流冷却空气自高温区引入，传热温差大，比逆流冷却有较大的热冲击危险。但由于是全周进气，对转子、汽缸冷却比较均匀，进气区原来都有的金属温度监视测点可加以利用，便于监视和控制冷却速率。逆流冷却虽然进口传热温差小，在汽轮机处于高温阶段冷却时，受热冲击的风险比顺流冷却小，但因不具有顺流冷却的均匀性优点及进气区无现成的金属温度监视测点，因此不便于及时监视及调节。通过理论论证和实践证明认为顺流冷却比较方便，而汽缸的热冲击风险因空气已在阀门及导汽管中吸热，温度已升高，故只要控制得当是完全可以防止的。

快冷系统的空气气源由空气压缩机房用空气压缩机通过管道供给，加热器采用电加热器，管道上可实现并联、串联切换，满足高、低温供气要求，配备调节控制柜，控制各加热器功率的变化。实际运行中一般采用串联方式。来自空气压缩机母管的压缩空气，通过滤网、电加热器后汇集供气联箱，一路由两条管道分别与高压缸排汽止回阀前、高压缸排汽管疏水门前连接，冷却高压缸；另一路与三段抽汽止回阀前疏水相连接，供中压缸冷却；第三路为两条管道分别与左、右法兰加热排汽门前相连，冷却高压外缸法兰。一般高压缸采用逆流冷却，与汽缸温度分配一致，减少了平均传热温差，使冷却更均匀。中压缸一般采用顺流方式。

（二）快冷方式的系统及操作

1. 蒸汽逆流冷却

蒸汽逆流冷却是在汽轮机低转速状态下（约500r/min以下）进行的，冷却介质是蒸汽，冷却汽源由邻机抽汽（蒸汽温度在400℃左右）和除氧器的汽平衡管供给，采用高压缸逆流、中压缸顺流的冷却方式。蒸汽进入汽缸的温度由上述两种汽源根据冷却各阶段的汽缸金属温度进行混合调节。混合后的蒸汽分成三路：

（1）从高压缸排汽止回阀前进入高压缸，一部分逆流经通流部分到高压导管、调节汽门及防腐汽门等排出；另一部分经高压内外缸夹层、外缸调节级处疏水及高压汽封第一段溢汽管到抽汽疏水管排出。

（2）引入法兰螺栓加热系统。

（3）从高压缸排汽止回阀后经锅炉再热器、中压联合汽门顺流进入中压缸，一部分蒸汽经中压通流部分后，从中压缸后部及抽汽管疏水管排出，大部分蒸汽流到低压缸做功后进入凝汽器。

冷却时，选择与汽缸温度相匹配的蒸汽供入轴封，保存凝汽器真空在60kPa左右，全开高、中压调节汽门，中压自动主汽门限制在15～20mm开度内。选择冷却蒸汽的一般原则是冷却蒸汽温度比高压汽缸内缸内上壁温度低80～100℃，应同时投入汽缸、法兰加热装置来冷却外缸和法兰。

一般进行邻机抽汽冷却时，高、中压汽缸的金属温降率为0.3～0.27℃/min。

蒸汽逆流快冷与自然冷却比较见表5－1。

表5－1　　蒸汽逆流快冷与自然冷却比较

冷却方式	蒸汽快冷	自然冷却
汽缸温度（℃）	412降至150	375降至215
冷却时间（h）	15	54
降温冷却速度（℃/h）	17～18	1.36
两种方式同时从275℃降到150℃时间（h）	8.5	50

2. 蒸汽顺流冷却

蒸汽顺流冷却是利用停炉后锅炉的余热，邻机或邻炉的蒸汽，对锅炉底部加热产生少量蒸汽，通过过热器等受热面后，蒸汽具有一定的过热度，进入汽轮机内，在低速下带走汽轮机内部的热量，达到冷却金属部件的目的。因此，蒸汽顺流快速冷却时热力系统基本上没有改动。邻机（炉）来汽接入锅炉底部加热联箱。

快速冷却操作过程和蒸汽逆流基本相同。操作过程中注意事项如下：

（1）保持真空系统运行，维持凝汽器真空在73～80kPa。

（2）保持凝汽器和除氧器水位正常。

（3）严格控制主蒸汽温度和汽缸的温降率不大于30℃/h。

（4）锅炉汽包压力降至2MPa时，开启邻机（炉）汽源，投入炉底加热。

（5）快冷过程中调整并保持汽轮机转速在500r/min以下，当高压缸调节级处内上缸壁温降到规程规定可以停盘车的温度打闸停机，停止冷却。

蒸汽顺流快冷与自然冷却比较见表5－2。

表 5-2　　蒸汽顺流快冷与自然冷却比较

冷却阶段		强迫冷却	自然冷却
冷却开始时缸温（℃）	高压内缸内壁	379.0	195.0
	中压内缸内壁	362.6	187.7
冷却结束时缸温（℃）	高压内缸内壁	195.0	150.0
	中压内缸内壁	187.7	141.5
所用时间（h）		15.17	27.68
冷却速率（℃/h）	高压内缸内壁	12.27	1.63
	中压内缸内壁	11.53	1.67

3. 压缩空气逆流快速冷却

压缩空气逆流快速冷却是从高压缸排汽止回阀前导入经过加热的纯净空气，一般高压缸部分为逆流冷却，空气温度主要考虑与高压缸及高压排汽缸温度匹配，中压缸为顺流冷却，空气导入温度考虑与中压调节汽门温度匹配，并有分路供法兰、螺栓和夹层冷却。流程为由厂内压缩空气站来的压缩空气经过滤器，滤去空气中的水分和油等杂质，进入加热器加热到需要的温度分成三路进入汽缸：

（1）经高压排汽止回阀前→高压通流部分→高压调节汽门→高压疏水导管排出。

（2）去法兰、螺栓和夹层冷却。

（3）经再热器热段→中压调节汽门→中压通流部分→低压缸→排大气安全门。

压缩空气逆流快速冷却可以得到 12～15℃/h 的冷却速度，200～600MW 机组一般需要 30～40m^3/min（标准状态）压缩空气量，加热器功率需 150～250kW。这类系统连接方便，容易实现自动，热冲击风险小，但是，由于高压缸进空气口在高排部分，而汽缸上的金属温度测点大部分在高压缸的前部，对压缩空气的温度控制直观性较差。逆流空气阻力也大，高压排汽止回阀漏气大，经过一个阶段的实践，目前已很少使用这种冷却方式。

4. 压缩空气顺流冷却

压缩空气顺流冷却是目前普遍采用的一种冷却方式，压缩空气经过滤和加热后高压部分经高压导管疏水管进入高压缸，中压缸和法兰、螺栓、夹层的冷却气流流向和逆流冷却基本一致。图 5-3 所示为 300MW 机组压缩空气顺流冷却系统。

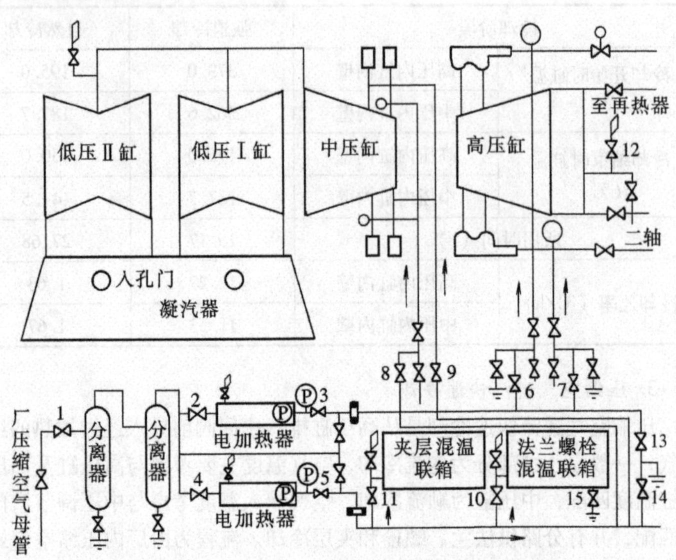

图 5-3 300MW 机组压缩空气顺流冷却系统

用厂压缩空气母管来压缩空气经阀门 1 进入油水分离器，两个电加热器可以根据空气温度的要求串联或并联，空气量和串、并联方式由空气门 2、3、4、5 调整，加热后分成三路进入汽缸：①由阀门 10、11 控制分别进入法兰螺栓混温联箱、夹层混温联箱；②经过阀门 13 和 14 串、并联联络门和阀门 6、7 进入高压调节汽门前导管疏水管，经高压调节汽门进入高压缸，排气门 12 在高排联络管上；③经阀门 8、9 进入中压调节汽门前导管疏水管，经中压调节汽门进入中压缸，排气门安装在进入低压缸的进汽管上。

操作步骤如下：

（1）计划停机时可以采用滑参数停机，降到锅炉最小负荷。

（2）汽轮机打闸停机并启动盘车装置。

（3）破坏真空。

（4）停止轴封供汽。

（5）压缩空气经加热器预热后投入使用。

（6）控制降温率为 12～16℃/h，调整压缩空气的进入蒸汽温度和流量。

(7) 金属温度降到可以停止盘车时，停止向汽缸供汽。

(8) 继续盘车 1～2h，确定金属温度不再回升后停止盘车，冷却结束。

二、快速冷却中的几个问题

1. 快速冷却的安全性评价

快速冷却的安全性评价与开停机的安全性评价相同，主要看金属热应力的大小及各部膨胀（收缩）是否均匀。

在一般的快速冷却过程中只要掌握恰当，机组膨胀及胀差等不会有大的变化，对安全不至于构成威胁。

快速冷却是否安全的关键在于金属热应力的大小。热应力的大小主要取决于金属温度的变化量、变化率以及金属截面的温度梯度。由此引出了快速冷却的控制指标主要为冷却速度和冷却介质与金属表面的温差。

对于汽缸和转子，无论从热应力的大小来看，还是从产生裂纹构成的危险来看，转子都是关键部位，因此，判断快速冷却是否安全应依照转子温度的变化情况来分析。一般机组转子温度无法测量，采用控制汽缸内壁与调整段处介质的温差 Δt，对转子也是安全可行的。

温度变化率也就是冷却速度，根据有关资料计算建议控制在 1℃/min 以内，一般机组冷却速度均控制在 12～18℃/h 的范围之内，转子安全是有保障的。

Δt 可按式 (5-1) 计算选取，即

$$\sigma_{th} = \frac{E\alpha_1\Delta t}{1-\mu} \times \frac{1}{1.5+\frac{3.25}{Bi}-0.5\mu-\frac{1.0}{Bi}} \tag{5-1}$$

$$Bi = \frac{aR}{\lambda} \tag{5-2}$$

式中 σ_{th}——热应力敏感点的应力；

E——材料弹性模量；

α_1——材料线膨胀系数；

Δt——调整段介质温度与转子表面温度差；

μ——泊松比；

Bi——毕渥数；

a——介质放热系数；

R——转子半径；

λ——热导率。

先选取一个Δt，计算σ_{th}，如不超过许用应力，则可以认为所选的Δt是安全的。

2. 投冷却系统时间的选取

停机后投冷却系统的时间，从理论上讲，只要Δt选择适当，停机后任何金属温度水平都可以进行冷却。由汽缸自然冷却曲线可知，停机后金属温度有一个陡降过程，以后才会缓慢下降，金属温度在陡降过程中平均降温速度在10℃/h以上，在此阶段没有必要投入冷却系统。同时，停机初期主蒸汽管道温度高，如果过早引入冷却介质，引起Δt过大，造成主汽管道应力过大也是不合适的。

3. 冷却介质的选择

一般来说，无论是采用压缩空气或蒸汽，只要温度、流量控制得合适，都可以达到快速冷却的目的，以干燥洁净的压缩空气作为冷却介质，有放热系数小、比热小、无相变换热的优点，而且一般电厂都有检修用的空气压缩机，压力为0.8MPa，流量为$20m^3/min$左右，可以满足快冷的需要。

在相同流速、相同管径的条件下，蒸汽冷却的对流放热系数为空气的3倍以上，从传热观点来说，采用蒸汽冷却，冷却速度大于空气冷却，而且不需要增加设备，系统改动也不大。

至于具体采用哪种冷却介质，应该根据电厂的条件来定，但采用空气加热作为冷却介质对机组防腐保护是有益的。

采用压缩空气快速冷却时，机组必须满足的条件为：

（1）机组停机后，进入连续盘车状态。

（2）盘车电流、大轴晃动度符合规定值。

（3）汽缸上下缸、内外壁温差符合要求。

（4）汽缸温度在450℃以下。

4. 顺流冷却和逆流冷却的比较

顺流冷却与逆流冷却各有利弊，顺流冷却可以利用原有的蒸汽管道，而且汽轮机的高温部分处在介质压力较高、流速较大的范围内，冷却速度快，同时可利用原有的金属温度测点，便于监视进汽区的温度。但介质流量和温度控制不当将会引起较大的热冲击。逆流冷却从热应力的角度来说比较合理，因为冷却介质先接触汽缸温度较低的部分，待达到高温部分时，介质已吸收了金属的热量，温度有所升高，热冲击小，但在整个冷却过程中由于无法利用原有的金属温度测点，给操作带来很大的不方便。所以，目前国内电厂快速冷却采用压缩空气加热后顺流冷却，高、中压缸并联分别进气，冷却效果较好，操作也比较方便。

5. 防腐保护

汽轮机停机后，汽缸内部必然充有大量蒸汽，蒸汽与由真空破坏门、排大气疏水及轴封等处进入的空气混合，构成了氧腐蚀的必要条件，对汽轮机金属造成严重的氧腐蚀。由于高、中压缸热容量大，温度高，腐蚀表现集中在低压缸的后部及叶轮、叶片等部位，大修揭缸可以发现，低压部分各部件锈迹斑斑，长此下去，不但直接影响机组的经济性，缩短使用寿命，严重时还会使金属强度降低，诱发掉叶片等事故。国内资料统计表明，1.2%的汽轮机事故是起因于停机腐蚀及腐蚀结垢。

图5－4所示为腐蚀速度与汽缸内相对湿度的关系曲线。当相对湿度小于35%时，不发生腐蚀；当相对湿度超过60%时，腐蚀急剧增加。

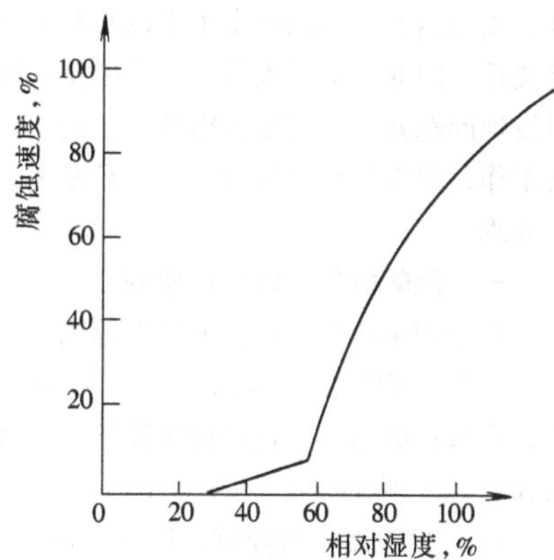

图5－4　腐蚀速度与汽缸内相对湿度的关系曲线

一般机组在停机后排汽缸的相对湿度高达85%以上，属于严重腐蚀范围。

防止腐蚀方法可以概括为化学吸附和通风干燥两种，根据电厂条件一般采用通风干燥，具体方法是金属降到一定温度后向低压缸送入经过加热后的热风，热风在低压缸吸收水分后由真空破坏门排出，一般在运行2～3h后排汽缸湿度由85%降至15%左右，已不构成腐蚀，达到了防腐蚀的目的。

汽轮机快速冷却时，空气在高、中压缸吸热，空气中的水蒸气过热度升高，湿度下降，在低压缸吸收水分后排出。同样可以起到与上述热风干燥法同理的防腐蚀保护作用。

决定除湿干燥效果的因素除快速冷却的风量、风温、湿度外，还须考虑热水井是否有水，抽汽管路疏水是否排净以及与汽、水运行系统连接的阀门是否严密等问题。在冷却过程中，汽缸内相对湿度逐渐降低，空气中水蒸气分压力相应降低。上述各部的积水加快蒸发，制约了湿度的降低，同时，若上述问题存在，整机的冷却过程停止后排汽缸的湿度将会逐渐回升，以致恢复腐蚀条件而失去保护作用。因此，应根据冷却工作的需要在冷却前或冷却中适时地排净凝结水。

第三节　汽轮机的故障停机

汽轮机组脱离正常运行方式和各种工作状态统称为异常或故障；凡正常运行的工况遭到破坏，被迫降低设备出力，减少或停止向外供电，甚至造成设备损坏、人身伤亡时，称为事故。汽轮机设备严重损坏是电力系统恶性事故之一。汽轮机设备一旦发生重大事故，就需要相当长的检修时间才能恢复发电，能否避免严重的设备损坏事故以及减轻设备损坏的严重程度，则与运行人员的技术水平以及对事故的判断和处理方法正确与否有直接关系，因此，运行人员一定要把安全放到首位，要有高度的责任心，及时发现问题并采取有效的措施，做到预防为主。运行人员还应加强运行分析工作，经常做好事故预想，一旦发生设备故障，能够迅速、准确地判断和处理。

一、汽轮机的事故处理原则

在处理事故时，应遵循以下原则：

(1) 机组发生事故时，运行人员必须严守岗位，沉着冷静，抓住重点，采取正确措施，进行处理操作，不要急躁慌乱，顾此失彼，以致发生误操作，使事故扩大。

(2) 机组发生故障时，运行人员一般应按照下列顺序和方法进行工作，消除故障：

1) 根据仪表和机组外部的象征，确定机组或设备确已发生故障。

2) 根据有关表计指示、报警信号及机组状态进行综合分析，迅速查清故障性质、发生地点和损伤范围。

3) 及时向有关领导汇报情况，以便在统一指挥下，迅速处理事故。

4) 迅速解除对人身和设备的威胁，必要时应立即解列故障设备，防止故障蔓延，保证其他未受损害的设备正常运行。

(3) 牢固树立保设备思想。通常在电网容量较大的状况下，个别机组停运不会对电网造成很大的危害；相反，若主设备特别是大容量汽轮机组严重损坏，长期不能修复，对整个电力系统稳定运行的影响则是严重的。因此，在紧急情况下要果断地按照规程、规定打闸停机，切不可存在侥幸心理，硬撑硬顶，造成事故扩大。

(4) 事故一旦发生，往往各种不正常的现象瞬时并发，必须认真分析，抓住起主导作用的主要原因，事故才能得到迅速正确处理。

二、故障停机的条件

紧急故障停机时，机组的金属温度变化不易控制，这对机组的使用寿命影响较大，而且操作紧张，容易顾此失彼，以致损坏设备，因此除非突发严重故障，应尽量避免紧急停机方式。根据故障情况对汽轮机设备及系统可能造成的损坏程度和可能引起的损失大小，可将故障停机分为紧急故障停机和一般故障停机。

1. 紧急故障停机

紧急故障停机是指所发生的异常情况已经严重威胁汽轮机设备及系统的安全运行。

一般在下列情况时，应采取破坏真空，紧急故障停机：

（1）转速升高超过危急保安器动作转速（各机超速试验结果）而未动作。

（2）转子轴向位移超过轴向位移保护动作值而保护未动作。

（3）汽轮机胀差超过规定极限值。

（4）油系统油压或油位下降，超过规定极限值。

（5）任一轴承的回油温度或轴承的乌金温度超过规定值。

（6）汽轮机发生水冲击或蒸汽温度直线下降（10min 内下降 50℃及以上）。

（7）汽轮机内有清晰的金属摩擦声。

（8）汽轮机轴封异常摩擦产生火花或冒烟。

（9）汽轮发电机组突然发生强烈振动或振动突然增大超过规定值。

（10）汽轮机油系统着火或汽轮机周围发生火灾，就地采取措施而不能扑灭以致严重危及机组安全时。

（11）主要管道破裂又无法隔离或加热器、除氧器等压力容器发生爆破。

（12）发电机、励磁机冒烟着火或氢气系统发生爆炸。

2. 一般故障停机

汽轮机一般故障停机是指所发生的异常情况，还不会立即造成汽轮机设备及系统的严重后果时的停机。

一般在下列情况时，应采取不破坏真空的一般故障停机：

（1）主蒸汽或再热蒸汽参数异常变化，超过规定极限值。

（2）凝汽器真空下降到规定值。

（3）高压缸、中压缸、低压缸排汽温度超过规定值。

（4）机组无蒸汽运行超过规定的时间。

（5）汽轮机上、下缸温差超过规定值。

（6）控制油系统或汽轮机配汽机构故障，无法继续运行。

（7）密封油、润滑油、EH油系统漏油严重，无法维持机组运行。

（8）DEH电源失去或工作失常，汽轮机不能控制转速和负荷时。

（9）厂用电源全部失去。

（10）主要辅助设备故障无法维持汽轮机运行时。

（11）机、炉、热控电源全部失去或仪表电源、计算机电源全部失去，不能马上恢复时。

（12）机组主要设备、汽水管道的支吊架发生变形或断裂时。

（13）机组各汽水管道发生泄漏，但可短时维持运行时。

（14）汽轮机隔氢防爆风机排气口或汽轮机主油箱内氢气含量超过1%时，内冷水箱、封闭母线内漏氢达到规定值。

（15）厂用电全部失去。

（16）发电机内部漏水时。

三、紧急故障停机的主要操作步骤

紧急故障停机的步骤通常是：

（1）紧急停机条件之一出现后，具有保护的条件出现后保护应动作，若保护未动或非保护条件出现，要立即在集控室用硬手操或在就地手动打闸，检查确认高、中压主汽门，调速汽门关闭，负荷到零或零值以下后，“程跳逆功率”保护应联跳发电机，否则立即用硬手操按钮解列发电机，开真空破坏门，停止抽真空设备运行，锅炉MFT保护应动作；否则，用硬手操按钮同时按下两个MFT按钮，磨煤机、给煤机、一次风机应立即跳闸，关闭燃油速断阀，关闭过热器、再热器减温水门，锅炉灭火后，炉膛通风吹扫5min，停运送风机和引风机。

（2）立即检查交流润滑油泵联锁启动，如交流油泵启动不成功，立即用硬手操启动直流油泵。

（3）检查厂用电自动切换，否则检查工作电源开关在分闸状态后，立即用硬手操按钮合上备用电源开关。

（4）检查各抽汽止回阀和抽汽电动门、供热抽汽快关阀、工业抽气快关阀、高压排汽止回阀关闭。轴封自动切换为辅助蒸汽运行。

（5）根据需要切换汽动给水泵驱动汽源至辅助蒸汽或启动电动给水泵，调整给水流量，维持汽包水位。

（6）严禁开高压、低压旁路。禁止向凝汽器内排汽、水（如果因冷汽、冷水进入汽轮机停机时，要立即开启汽缸及有关疏水，放掉积水后，严密关闭所有疏水门）。

（7）真空到零，停止轴封供汽。

（8）除氧器汽源切为辅汽汽源供。

（9）拉开发电机出线隔离开关，将厂用电源开关解备。

（10）转子静止前，应倾听机组内部声音，记录惰走时间。

（11）转子静止后，投入盘车（如因机组断油停机，不得强行投盘车）。

（12）其他操作与正常停机相同。

提示 第一～三节内容适用于初级工、中级工、高级工、技师使用。

第六章

汽轮机组的常见事故与处理

发电厂发生事故，尤其是设备严重损坏事故，不但对本企业将造成很大的经济损失，而且会给国民经济和人民生活带来较大的损失。汽轮发电机组连续长期在高温、高压、高转速条件下工作，又与众多辅助设备和复杂的汽、水、油、气等系统有机地联合工作，不可避免地会发生一些故障和事故。如果运行人员对机组的各种事故现象能及时地发现、迅速准确地判断和正确熟练地处理，就可以避免或大大减少事故的损失。本章就汽轮机组的常见事故与处理做以下原则介绍，供有关人员参考。

第一节　蒸汽参数异常

由汽轮机原理可知，当主、再热蒸汽参数变化时，对汽轮机的效率和功率都会产生很大的影响，变化异常时还将会使汽轮机通流部分某些部件的应力、机组的轴向推力等发生变化。

一、主、再热蒸汽压力变化异常

（一）主蒸汽压力变化异常

在其他参数条件不变的情况下，主蒸汽压力升高会引起进入汽轮机的蒸汽流量加大，同时在一定压力提升范围内整机的焓降也会增大，运行的经济性提高。

1. 主蒸汽压力升高对运行的影响

当主蒸汽压力升高超过规定变化范围的限度时，将会直接威胁机组的安全，主要有以下几点：

（1）机组末几级的蒸汽湿度增大，使末几级动叶片的工作条件恶化，水冲刷严重。

（2）使调节级焓降增加，将造成调节级动叶片过负荷。

（3）会引起主蒸汽承压部件（蒸汽管道、阀门室以及法兰螺栓）的应力升高，有可能造成这些部件的变形，以至于损坏部件。即使当时应力低于极限值，但超过正常工作应力时，长期运行也会减少零部件的使用寿命。

2. 主蒸汽压力降低对运行的影响

主蒸汽压力降低对运行的影响主要有：

(1) 在主蒸汽温度不变时，主蒸汽压力降低，整个机组的焓降就减小，运行的经济性降低。

(2) 主蒸汽压力降低后，若调节汽门的开度不变，则汽轮机的进汽量减小，各级叶片的受力将减小，轴向推力也将减小，机组的功率将随流量的减小而减小。对机组的安全性没有影响。

(3) 主蒸汽压力降低后若机组所发功率不减小，甚至仍要发出额定功率，那么必将使全机蒸汽流量超过额定值，这时若各监视段压力超过最大允许值，将使轴向推力过大，这是危险的，不能允许的。

(二) 再热蒸汽压力变化异常

再热蒸汽压力不正常变化时，运行人员应及时查明原因，并作出相应的处理。如再热蒸汽压力升高导致安全门动作时，一般是调节系统方面的故障使中压主汽门误关或高压旁路阀误开，导致泄漏。

针对以上情况分别进行处理：参数变化超限时，可迅速联系恢复，如可迅速减负荷、开高/低压旁路等，但同时应注意重点监视蒸汽温度、振动、轴向位移的变化。任一参数达到极限数值时，应立即执行紧急停机。

二、主、再热蒸汽温度变化异常

1. 主蒸汽温度变化异常

主蒸汽温度是影响通流部分安全运行的主要因素，应加强监视。初温越高，机组的效率也越高，但如果蒸汽温度过高，会加快金属的蠕变速度，缩短设备的使用寿命，甚至损坏设备。

主蒸汽温度降低会使机组的轴向推力增大。短时间内蒸汽温度降低过多，可能使机组发生水冲击，并引起转子振动，可能导致动静摩擦。

2. 再热蒸汽温度变化异常

再热蒸汽温度通常随着主蒸汽温度和负荷的改变而变化，再热蒸汽温度的升高受到中压缸前几级材料温度的限制，因此也要严格控制。

再热蒸汽温度的降低，不仅能引起再热循环效率的降低和低压缸末级叶片湿度和应力的增加，从而降低机组效率，而且在低蒸汽温度下长期运行，还会使汽轮机叶片受到严重的冲刷和腐蚀。

造成蒸汽温度变化异常的主要原因是锅炉控制异常或减温水失控，锅炉吹灰，机组发生 RB（辅机故障减负荷，RUNBACK），锅炉受热面泄漏，主、再热蒸汽压力、抽汽压力、负荷、炉二次风量等参数突然大幅度变化等。

处理方法：主、再热蒸汽温度升高，超过正常允许范围时，应尽快调整恢复。同时应重点监视振动、胀差、轴向位移等的变化，并对机组进行全面检查。超过额定值5~10℃而运行30min仍不能恢复时，应按不破坏真空紧急停机处理。蒸汽温度继续升高且连续运行超过规定时间或蒸汽温度达到极限值时，应紧急停机。

主、再热蒸汽温度降低，可以相应地降低蒸汽压力，保证蒸汽有足够的过热度。同时查找原因，调整恢复，如检查减温水门是否关严或水门本身是否内漏等。若不能维持时，应按相关规程规定蒸汽温度相对应的负荷值减负荷，注意开启有关疏水。蒸汽温度降低至极限值时，按不破坏真空停机处理。如蒸汽温度10min内突降超过50℃或发现有水击象征时，应立即打闸停机。

应该注意在发生异常过程中，应详细记录越限值及越限时间，以便正确处理事故。

三、蒸汽温度、蒸汽压力同时下降的处理

蒸汽温度、蒸汽压力同时下降应按蒸汽温度下降进行处理。新蒸蒸汽压力力降低将使汽耗增加、经济性降低，末级叶片容易过负荷，应联系锅炉处理。单元制机组锅炉的处理方法包括适当减负荷。新蒸汽温度下降时，汽耗要增加，经济性要降低，除末级叶片易过负荷外，其他压力级也可能过负荷，机组轴向推力增加，且末级湿度增大易发生水滴冲蚀。因为蒸汽温度突降是水冲击的征兆，所以蒸汽温度下降比蒸汽压力下降更危险。蒸汽温度、蒸汽压力同时下降时，如果负荷也降低，则对设备安全不构成严重威胁，如蒸汽温度降低，规程明确规定了要减负荷，所以蒸汽温度、蒸汽压力同时下降，按蒸汽温度处理较合理；若不采取减负荷措施，末级叶片过负荷的危险就较大。

第二节　油系统工作失常

油系统工作失常主要表现为主油泵工作失常，油压、油位同时下降，油压、油位不同时下降，辅助油泵故障及油系统着火等几个方面。

一、主油泵工作失常的处理

运行中主油泵有异声，但油系统中油压正常时，应仔细倾听主油泵及各部件的声音，注意油压变化，必要时破坏真空紧急停机。

发现调节油压持续下降时，应立即启动高压油泵，迅速查明原因处理，必要时切换冷油器和滤网。如油压下降到无法维持机组正常运行时，应停机处理。

二、油压、油位同时下降的处理

油压和油位同时下降的一般原因主要有压力油管破裂、法兰处漏油、冷油器铜管破裂、油管道放油门误开等。

针对以上情况，应做如下处理：

(1) 检查高压、低压油管是否破裂漏油，压力油管上的放油门是否误开，如误开，应立即关闭。

(2) 如是冷油器铜管大量泄漏，应迅速退出该泄漏冷油器运行并通知检修人员进行堵漏处理。

(3) 压力油管破裂时，应立即将漏油与高温部件临时隔离，此时主要应重点注意防火，并设法在运行中消除。若危及设备安全或无法在运行中消除时，应进行故障停机；有严重火灾危险时，应按油系统着火紧急停机的要求进行操作。

(4) 如果运行冷油器发生泄漏，应切换至备用冷油器运行。

(5) 若属于系统外漏（包括冷油器泄漏），要注意监视油箱油位，发现下降要及时补油，保持油位，找出泄漏的部位采取措施处理；当运行中无法消除且油位降至极限值且补油又无效或油压下降危及机组安全运行时，应立即破坏真空紧急停机。

三、油压、油位不同时下降的处理

1. 油压正常、油位下降的处理

油压正常、油位下降的原因有油箱事故放油门、放水门或油系统有关放油门、取样门误开或泄漏，或油净化装置抽水工作失常；压力油回油管道、管道接头、阀门漏油；轴承油挡严重漏油及冷油器一般漏油等。

针对以上情况应做如下处理：

(1) 确证油箱油位指示正确。

(2) 找出漏油位置，消除泄漏。

(3) 联系检修加油，恢复油箱油位正常。

(4) 执行防火措施。

(5) 如采取各种措施仍不能消除泄漏，且油箱油位下降较快，无法维持运行时，应立即破坏真空紧急停机。

2. 油压下降、油位不变的处理

油压下降、油位不变应做如下处理：

(1) 检查主油泵工作是否正常，进口油压应不低于0.08MPa；如主油泵工作失常，应按规定设法处理。

（2）检查射油器工作是否正常，油箱、油系统滤网及射油器进口是否堵塞。

（3）检查油箱或机头前箱内压力油管是否漏油，发现漏油应汇报有关人员，进行相应处理。

（4）检查溢油阀是否误动作，主油泵出口疏油门、油管放油门是否误开，并恢复其正常状态。

（5）检查各备用辅助油泵止回阀是否漏油，如漏油影响油压，应关闭该泵出口油门（若有此出口门），解除其联动开关，通知检修处理。

（6）当冷油器有滤网，压差超过 0.06MPa 时，应切换备用冷油器，清洗滤网，无备用冷油器，需隔绝压差超限的滤网清洗。润滑油压下降至 0.05MPa 时，应启动交流润滑油泵；下降至 0.04MPa 时，应启动直流润滑油泵并打闸停机，否则应破坏真空紧急停机。对液压调速系统，调速油压降低可旋转刮片滤油器几圈，并注意调节系统工作是否正常。润滑油压降低应注意轴承油流、油温等，发现异常情况应进行相应处理。

四、辅助油泵故障的处理

调速油泵工作故障应做如下处理：

（1）汽轮机在启动过程中，转速在 2500r/min 以下时，若调速油泵发生故障，应立即启动交流或直流润滑油泵停机。

（2）若转速在 2500r/min 以上时，应立即启动交流或直流润滑油泵，迅速提高汽轮机转速至 3000r/min。

（3）若转速在 2500r/min 以下，调速油泵发生故障，启动交流润滑油泵或直流润滑油泵也发生故障时，应迅速破坏真空紧急停机。

五、油系统着火的处理

油系统着火的原因主要有油系统漏油，流到高温热体，就会引起火灾；设备存在缺陷，安装、检修、维护又不够注意，造成油管丝扣接头断裂或脱落，以及由于法兰紧力不够，法兰质量不良或在运行中发生振动等，均会导致漏油，此时如果附近有未保温或保温不良的高温物体，便会引起油系统着火；由于外部原因将油管击破，漏油到热体上，也会造成火灾。

油系统着火的处理方法如下：

（1）发现油系统着火应迅速采取措施，用泡沫灭火器灭火，并通知消防队，汇报有关领导。

（2）在消防队到来之前，注意尽可能不使火势蔓延到回转部位及电缆等处。

(3) 若火势猛烈不能扑灭，直接威胁机组安全运行时，应立即启动交流润滑油泵或直流润滑油泵，严禁启动高压油泵，破坏真空紧急停机。若润滑油系统着火无法扑灭时，要将交流润滑油泵、直流润滑油泵的自启动开关联锁解除后，降低润滑油压运行，火势特别严重时，经值长同意后可停运润滑油泵。

(4) 油系统着火，危及主油箱时，在紧急停机的同时，应打开油箱事故放油门至事故油池放油。要根据实际情况控制放油速度，使转子静止前，润滑油不致中断。

(5) 氢冷发电机组油系统着火造成密封油系统无法正常工作时，应立即排出发电机内的氢气；当氢压降至 0.05MPa 时，应将发电机内氢气置换成 CO_2，发电机在充氢状态时，严禁将油箱内油放尽。

第三节　水　冲　击

汽轮机水冲击事故是一种恶性事故，如处理不及时，易造成汽轮机本体损坏。汽轮机正常运行中突然发生水冲击，将使高温下工作的蒸汽室、汽缸、转子等金属部件骤然冷却，而产生很大的热应力和热变形，导致汽缸发生拱背变形，从而产生裂纹，并能使汽缸法兰结合面漏汽，胀差负值增大，汽轮机动静部分发生摩擦；转子发生大轴弯曲，同样也会使汽轮机发生动静摩擦，引起机组的强烈振动。水冲击发生时，因蒸汽中携带大量水分，水的速度比蒸汽速度低，将形成水塞汽道现象，使叶轮前后压差增大，导致轴向推力剧增，如果不及时打闸停机，推力轴承将会被烧损，从而使汽轮机因发生剧烈的动静摩擦而损坏。此外，当发生水冲击时，进入汽轮机的水将对高速旋转的动叶起制动作用，特别是在低压长叶片处，水滴对其打击力相当大，严重时将把叶片打弯或打断。可见，发生水冲击时将会导致汽轮机严重损坏。

一、水冲击的现象

汽轮机发生水冲击的现象包括：

(1) 主蒸汽或再热蒸汽温度急剧下降，10min 内下降 50℃ 或 50℃ 以上。

(2) 主汽门和调节汽门的法兰、门杆、轴封等处，汽缸的结合面处均可能冒出白汽或溅出水珠。

(3) 蒸汽管道有水冲击声，机组发生强烈振动。

(4) 负荷下降，汽轮机声音异常突变。

(5) 轴向位移增大，推力瓦乌金温度迅速升高，胀差减小或出现负胀差。

(6) 汽缸上、下缸温差变大，下汽缸温度降低较多。

二、水冲击的原因

汽轮机发生水冲击的原因为：

(1) 锅炉负荷突增、蒸发量过大或蒸发不均引起汽水共腾等。

(2) 锅炉燃烧不稳定、减温器泄漏、旁路减温水误动作或调整不当；运行人员误操作或给水自动调节失灵造成锅炉满水使蒸汽带水。

(3) 汽轮机启动暖管不充分或疏水排泄不畅；主、再热蒸汽管道或锅炉过热器、再热器疏水系统不完善，可能把积水带入汽轮机。

(4) 高、低压加热器水管破裂，加热器满水，保护装置失灵，抽汽止回阀不严，水由抽汽管道返回汽轮机。

(5) 机组启动时汽封供汽系统暖管疏水不充分，汽水混合物被送入轴封。停机时，切换备用汽封汽源时，因备用系统积水未充分排除就送汽封。

(6) 滑参数停机时，由于控制不当，降温过快，使蒸汽温度低于当时汽压下的饱和温度而成为带水的湿蒸汽。

(7) 主、再热蒸汽过热度低时，调节汽门大幅度摆动等。

三、水冲击的处理方法

水冲击事故是汽轮机运行中最危险的事故之一，运行人员必须迅速、准确地判断是否发生水冲击，一般应以新蒸汽温度是否急剧下降为依据，同时应注意检查汽缸上、下缸温差的变化，确认发生汽轮机水冲击事故时，应立即迅速破坏真空紧急停机。具体处理方法如下：

(1) 启动交流或直流润滑油泵，停止抽真空设备运行，破坏真空紧急打闸故障停机。

(2) 开启汽轮机缸体和主、再热蒸汽管道上的所有疏水门，进行充分疏水。

(3) 惰走过程中应仔细倾听汽缸内部声音，测量机组振动；正确记录转子惰走时间及真空数值，盘车后测量转子弯曲数值，盘车电动机电流应在正常范围内且稳定。

(4) 检查并记录推力瓦乌金温度和轴向位移数值。

(5) 注意机组惰走过程中的转动声音和推力轴承工作情况，如惰走时间正常，经过充分疏水，蒸汽温度恢复后，一切参数无异常，可以重新启动机组。但启动升速过程中要仔细倾听汽缸内部是否有异声，并监视机组振动是否增大，如发生异常，应立即停止启动，揭缸检查。若惰走时间明显缩短或汽缸内有异声，推力瓦温度升高，轴向位移、胀差超限时，不经检查禁止机组重新启动。

（6）若因加热器铜（钢）管破裂造成机内进水，应迅速手动关闭抽汽止回阀，同时关闭加热器的抽汽门，对抽汽管要充分进行疏水。

四、水冲击的预防措施

（1）运行中和停机后均应密切监视汽缸金属温度和上下缸温差。

（2）注意监视加热器、除氧器、凝汽器水位，防止满水事故发生。

（3）启动时主/再热蒸汽、轴封系统应充分预暖，疏水应通畅。

（4）定期检查汽封系统的连续疏水，确保不被堵塞，可采用热电偶或其他温度传感器来监视。

（5）在滑参数停机时，蒸汽温度和蒸汽压力应按规定逐渐降低，且保证蒸汽有50℃的过热度。

（6）当高压加热器保护装置故障时，不能投入运行，同时相应抽汽管路上的疏水门要开启。

（7）抽气管上的止回阀在加热器水位高时，应能自动关闭。

第四节　凝汽器真空下降

汽轮机凝汽器真空下降应分急剧下降和缓慢下降两种情况分别讨论。

一、真空下降的原因

1. 真空急剧下降的原因

（1）循环水中断或水量突减，系统阀门误动作。厂用电中断、循环水泵跳闸、循环水管爆破均能导致循环水中断。

（2）抽真空系统工作失常。射汽式抽气器喷嘴堵塞或冷却水满水；射水式抽气器的射水泵故障、射水池水位降低或射水系统破裂，水环真空泵发生气蚀、水位过高、水位过低、水温偏高，都将使抽真空系统工作失常。

（3）凝汽器满水。凝汽器铜管大量泄漏、凝结水泵故障或运行人员维护不当，都可能造成凝汽器水位满水，真空剧降。

（4）轴封供汽中断。汽封压力自动调整装置失灵、供汽汽源中断或汽封系统进水等均可使轴封供汽中断，导致大量的空气进入排汽缸，使凝汽器真空急剧下降。

(5) 真空系统大量漏气。真空系统管道、法兰、阀门等零、部件损坏破裂，引起大量空气漏入凝汽器。

(6) 排汽缸安全门薄膜破损。

(7) 真空破坏阀误开。

2. 真空缓慢下降的原因

真空缓慢下降往往经常发生，但对机组的安全运行威胁较小。由于真空系统庞大、复杂，影响真空的因素较多，所以真空缓慢下降时检查原因比较困难，归纳起来大致有以下几方面的原因：

(1) 真空系统不严密。机组运行中可通过严密性试验来检查真空系统的严密程度。若确认真空系统有漏空点时，应仔细查找，可以用烛焰（氢冷机组应注意防爆）或专用的检漏仪器检漏，并及时消除。机组大、小修后，应对真空系统进行灌水找漏，以确保机组在运行中真空系统严密。

(2) 凝汽器水位较高。当凝汽器水位调节阀失灵或故障又发现处理不及时时，水位便会上升，到一定高度后就会淹没铜管，真空便会缓慢下降。若凝结水硬度增大，则可以判断为凝汽器铜管破裂导致水位升高。另外，若凝结水再循环门关闭不严泄漏或低压加热器铜管泄漏（疏水排凝汽器时），也可造成凝汽器水位升高。

(3) 抽真空系统工作不正常或效率降低。此时可看出凝汽器端差将增大，应检查抽气器的汽压（水压）是否正常，对射汽式抽气器还应注意疏水系统和冷却水系统是否正常，对射水抽气器还应检查水池水温是否正常，有条件时还可试验抽气器的工作效率。检查水环真空泵是否发生气蚀、水温是否偏高，分离器水位是否过低或过高，并及时调整至正常水位，必要时启动备用水环真空泵运行。

(4) 凝汽器入口有杂物、铜管结垢或闭式循环冷却设备异常。凝汽器铜管结垢真空要降低，端差会增大。冷却设备的喷嘴堵塞、泄漏或凉水塔淋水装置、配水槽等部件工作异常，都将造成循环水水温升高，凝汽器真空降低。

(5) 循环水量不足。在汽轮机排汽量不变的情况下，循环水出口温度上升，即进、出口温差增大，说明循环水量不足，应检查循环水泵出口压力、循环水进口水位是否正常，进口滤网有无堵塞。

(6) 轴封压力偏低等。

二、真空下降的处理原则

真空下降要按以下原则进行处理：

(1) 发现真空下降时首先要对照表计，判断指示是否正确。如真空表指示降低，排汽缸温度升高，即可确认为真空下降。在其他参数保持不变的情况下，随着真空的降低，电负荷会自动地减少。

(2) 确认真空下降后应迅速查明原因，根据真空下降原因采取相应的处理措施。

(3) 真空持续下降，应启动备用抽真空设备（抽气器或水环真空泵）。

(4) 在处理过程中，若真空不能维持时，应按规程规定减负荷，直至负荷到零，打闸停机，以免排汽缸温度过高，低压缸大气安全门动作。

三、真空下降的具体处理方法

1. 真空急剧下降的处理

(1) 循环水泵跳闸，应立即关闭其出口门，防止水泵倒转。若非厂用电全停，应立即启动备用泵，如无备用泵，在确证跳闸循环水泵不倒转的情况下，可强启一次跳闸泵。若启动均不成功，应迅速减负荷至剩余循环水允许负荷，如无循环水泵运行应快降负荷到零，打闸停机。

如果循环水泵出口压力、电流大幅度降低，则可能是循环水泵本身故障引起的，此时应迅速启动备用泵，停止故障泵，同时联系检修人员检查处理。

如果是在运行中出口门误关，也会造成真空剧降。其现象是凝汽器入口压力降低，出、入口温差增大。对于混流泵，电流略有增加；对于离心泵，电流减小。这时应立即开启出口门。

进行循环水泵切换时，停用泵出口门未及时关闭，循环水通过停用泵返回冷却塔，凝汽器冷却水量迅速减少，也会造成真空剧降。其现象是凝汽器入口压力降低，出、入口温差增大，停用泵可能发生倒转，此时应迅速关闭停用泵出口门。

(2) 运行水环真空泵如有故障应切换至备用水环真空泵运行。运行抽气器如有故障应启动备用抽气器，停止故障抽气器。对于射水抽气器，在切换过程中，应注意射水池水位的检查，如果是由于射水池水位低造成真空剧降时，可迅速暂时关闭抽气器空气门，以减缓真空下降速度，此时相当于做真空严密性试验的情况，待水位正常，抽气器切换完毕运行正常后再开启抽气器空气门。

(3) 凝汽器满水的处理方法是立即开大水位调整门并启动备用凝结水泵，必要时可将凝结水排入地沟，直到水位恢复正常。

如果是凝汽器铜管泄漏，应停运泄漏的半侧凝汽器，但要注意在打开停运侧凝汽器的水侧人孔时，应防止阀泄漏点过大而再次造成凝汽器真空降低。

如为凝结水泵故障，可及时启动备用泵，保证机组正常运行。

(4) 轴封供汽中断可迅速提高供汽压力，开大轴封调整门的旁路门，开大后汽封供汽门；如轴封汽源来自除氧器汽平衡时，应检查除氧器是否满水。如果满水，要迅速降低水位到正常值。还可切换轴封的备用汽源。

(5) 真空系统大量漏空时，可启动备用抽真空系统。如果系统能够切除故障点，应尽快退出运行后检修。

(6) 任何情况造成的真空下降，一旦达到保护值，应检查保护动作，如保护拒动，应手动打闸停机。

2. 真空缓慢下降的处理

(1) 真空系统不严密漏入空气造成真空下降，运行人员要检查有过什么操作，运行方式有过什么变化等。比如启动过低压加热器，则可能为加热器汽侧放水门未关或抽汽管排地沟的疏水门未关等。另外，可根据检漏仪找到泄漏点后联系检修处理。

(2) 凝汽器水位升高，往往是因为凝结水泵运行不正常或水泵有故障，使水泵负荷下降所致，必要时启动备用泵，将故障泵停下进行检修。若为水位调节阀失灵，可开大调节阀。

(3) 抽真空设备效率下降引起真空降低时，应迅速检查原因并处理，必要时切换至备用抽真空设备运行。

(4) 无论是开式循环还是闭式循环的冷却水系统，凝汽器都有可能因进入杂物而堵塞铜管或由于水质较差铜管结垢，从而使凝汽器入口压力升高，出、入口温差增加。此时可分别停运半侧凝汽器，进行人工清扫。对于凝汽器出口管有虹吸的机组，还应检查虹吸是否被破坏。若冷却设备有异常时，可根据具体情况进行处理。

(5) 循环水量不足时，可采取改变运行循环水泵台数的方法来调整水量，保证机组正常运行。

总之，真空系统漏入空气引起真空下降的情况是各种各样的，要针对不同的情况采取相应的方法进行处理。

第五节　轴向位移增大

一、轴向位移增大的原因

轴向位移增大的主要原因有：

(1) 负荷或蒸汽流量突然有较大变化。

(2) 通流部分损坏。

(3) 叶片结垢严重。

(4) 凝汽器真空下降。

(5) 蒸汽参数下降，汽轮机通流部分过负荷。

(6) 推力轴承损坏。

(7) 汽轮机发生水冲击。

(8) 汽轮机单缸进汽。

(9) 主、再热蒸汽压力不匹配。

(10) 加热器故障切除。

(11) 若为抽汽供热机组，抽汽工况突然有很大的变化。

二、轴向位移增大的现象

轴向位移增大的现象有：

(1) 轴向位移异常增大或减小，可能发出报警。

(2) 推力瓦金属温度明显升高，回油温度也升高，可能发出报警。

(3) 伴有机组振动或其他异常现象。

(4) 调节级压力及监视段压力升高。

(5) 胀差指示相应变化。

三、轴向位移增大的处理方法

轴向位移增大的具体处理方法为：

(1) 发现轴向位移增大时，应检查推力瓦块乌金温度、推力轴承回油温度并参考胀差表。倾听机组内部声音，测量轴承振动。同时检查相关参数是否有异常，以便确认轴向位移是否增大。

(2) 当轴向位移达到报警值时，应首先采取减负荷措施，使其下降到正常值并汇报有关领导。同时检查监视段压力、一级抽汽压力、高压缸排汽压力均不应高于规定值。

(3) 当推力轴承回油温度异常升高，相邻推力瓦块乌金温度超过规程规定值时，应故障停机。

(4) 当轴向位移增大至报警值以上而采取措施无效，并且机组有不正常的噪声和振动时，应迅速破坏真空，紧急停机。

(5) 若是汽轮机发生水冲击引起轴向位移增大或推力轴承损坏，应迅速破坏真空紧急停机。

(6) 若是蒸汽参数不合格引起轴向位移增大，应立即要求锅炉调整，恢复正常参数。

(7) 轴向位移达到正或负向极限值时，轴向位移保护装置应动作；若保护未动作，应紧急打闸停机。

此外，机组启动冲转前必须投入轴向位移保护。

第六节　机组异常振动

汽轮发电机组运行的可靠性在很大程度上可以认为取决于机组的振动状态。可见机组的振动是表征汽轮发电机组稳定运行的最重要的标志之一。

汽轮发电机组的大部分事故，尤其是比较严重的设备损坏事故，都在一定程度上表现出某种异常振动。国内外发生的严重毁机事故，大部分是由于机组的振动所造成的，并且在事故过程中都表现出强烈的振动。如果运行人员能够根据振动的特征，及时地对机组发生振动的原因作出正确的判断和恰当的处理，就能够有效地防止事故的进一步扩大，从而避免或减少事故所造成的危害。相反，如果对机组在运行中发生的异常振动判断不清或处理不当等，就会导致事故的扩大，以致造成意想不到的严重后果。因此，对汽轮发电机组在运行中发生的异常振动现象，必须认真、谨慎地对待。总之，作为汽轮发电机组的运行人员，尤其是大功率、高参数机组的人员，系统地掌握有关振动的知识是非常必要的。

一、振动的危害

汽轮发电机组振动过大的危害主要表现在对设备和人身两个方面。对设备的危害主要表现为以下几个方面。

1. 动静部分摩擦

随着机组容量和参数的提高，为提高效率，汽轮机通流部分间隙，尤其是径向间隙要求较小，再加上热膨胀和热变形的影响，通流间隙在运行中还会进一步减小。因此，在机组振动过大时，就会发生动静部分摩擦，如果处理不当，还会引起大轴弯曲、设备损坏等重大事故。发电机的过大振动，还会引起风挡等动、静部件的摩擦损伤。

2. 加速一些零、部件的磨损

机组过大的振动将会加速蜗轮、蜗杆、活动式联轴器、轴瓦、发电机转子滑环、励磁机整流子、发电机密封瓦以及滑销系统的磨损，不但会降低这些零部件的使用寿命，而且还会诱发其他的故障，如滑销系统的磨损会引起机组膨胀受阻等。

3. 损坏基础和周围的建筑物

振动过大会造成基础裂纹、二次灌浆松裂等事件，有时机组的振动还会传递到附近的建筑物上或引起共振，造成建筑物的损坏。

4. 直接或间接造成设备事故

机组振动过大，有时会引起危急保安器和其他保护设备的误动作，造成不必要的停机事故；过大的振动还会造成铁芯片间和绕组绝缘损坏，造成接地或短路，对于水冷的发电机组，还会由于振动，引起水管的断裂漏水事故。

5. 造成紧固件断裂和松脱

振动造成轴承座地脚螺栓断裂和一些零、部件的松动以致脱落，并进一步加大振动，从而引起恶性循环，以致造成设备严重损坏事故。

6. 造成一些部件疲劳损坏

振动过大造成疲劳损坏的部件主要表现为轴瓦和发电机密封瓦乌金的脱胎或碎裂，过大的振动还会通过大轴传到叶轮、叶片，并加速这些零部件的疲劳损坏。

7. 降低机组的经济性

过大的振动，特别是大轴振动，能造成汽封等通流部分间隙的增大，使漏汽损失增加，显然会降低机组运行的经济性。而汽封和通流部分的径向间隙，在很大程度上取决于机组的振动状态。

汽轮发电机组发生振动对人的危害也是显而易见的。过大的机械振动和由振动引发的噪声会给运行人员的健康带来不利的影响，在一般情况下，将会引起工作人员显著的疲劳感觉，降低工作效率。从承受振动和冲击的角度出发，人体作为一个简化的机械系统，在某些频率范围，将会使一些器官产生谐振效应，从而造成损伤。因此，过大的振动对现场人员的危害是不容忽视的。

从振动对设备和人体的危害来看，不仅在额定转速，在启动过程中任何转速，尤其是临界转速，均会带来严重的损害。强烈的振动或共振状态，即使在很短的时间内，也会由于过高的交变应力而造成设备损坏。因此，要求汽轮发电机组不仅在额定转速下尽可能降低振动的幅值，而且在整个启动过程中，包括临界转速下，都应控制在允许的范围内，并且尽可能要求达到理想的状态。

二、大容量机组振动的特征

现代高参数、大容量汽轮发电机组是一个由几千个零部件组成、结构复杂而又在高温、高转速下运转的动力机械。从力学的角度来说，它还是一个极其复杂、多自由度的力学系统。随着机组容量的日益增大、蒸汽参数的逐步提高，支承和膨胀系统变得更加复杂，通流部分和支承系统各部件的热膨胀、热变形及动静间隙的变化都可能会引起机组的异常振动，从而也就更加增大了机组振动的复杂性和危险性。

大容量汽轮发电机组的振动，通常表现出以下几个方面的特征。

1. 临界转速降低，轴系临界转速分布复杂

大型再热汽轮机通常都有高、中、低压转子，多个排汽口和低压转子，加上发电机和励磁机转子，就有6~7个转子，分别由联轴器连接在一起，形成一个多支点的相对来说细而长的轴系。每根转子的临界转速，包括发电机转子尤其是水冷的转子的一阶和二阶临界转速，均在额定工作转速以下。再加上基础框架和轴承座等可能具有较低的自振频率，这样在工作转速下，轴系就具有很多个临界转速和共振转速，以致在启动中，需要通过多个临界转速，易诱发共振。

2. 轴系的平衡工作更加复杂

大功率汽轮发电机组轴系及连接支承系统的复杂性，每个转子的不平衡所引起的轴承和轴颈的振动又互相影响，再加上运行工况对支承状态的影响，致使转子质量不平衡所造成的机组振动问题更加突出，同时也给轴系的平衡工作增加了困难。

3. 容易出现不稳定的振动现象

随着机组容量的增加，轴径尺寸不断增大，轴瓦的压比逐渐降低，同时转子的临界转速也在降低，轴瓦工作不稳定的因素变得越来越多，因此，极易产生不稳定的振动。不稳定振动的类型主要有：

(1) 由于大容量汽轮发电机组支承系统复杂，当运行工况或状态变化时，每个轴承的热膨胀和变形量不同，使轴承的标高发生变化，将引起各轴承载荷的重新分配，部分轴承载荷增大，部分轴承载荷减小，而轻载的轴承则容易产生不稳定的自激振动。

(2) 随着转子临界转速的降低，有的转子的一阶临界转速接近或低于额定转速的1/2以下，从而容易激发轴瓦的油膜自激振荡。因轴瓦油膜自激振荡而引起的机组强烈振动的事例，曾多次发生过。

(3) 大容量汽轮机随着机组进汽参数的提高，高压转子的单位面积蒸汽通流量增加，这样，转子径向流量偏差所引起的不平衡力矩也随之增加，这也会引起轴瓦的自激振荡（又称间隙振荡）。

(4) 大容量汽轮机动静间隙较小，尤其是径向间隙，热变形较大，容易引起动静摩擦，最终导致摩擦自激振荡。

4. 容易发生轴系扭振

随着汽轮发电机组单机容量的增加，功率密度也相对增大，轴系长度加长和轴截面积相对下降，因此整个轴系就不能再视为一个转动的刚体，而应视为一个两端自由的弹性体，并且具有各种低频的轴系扭转振动的固有频率，在机组的运行中不但会产生轴系的横向振动，同时还会产生扭转振动。

由于电网容量也在不断增大，电力系统结构也变得更加复杂，电力系统的扰动与轴系机械系统耦合也将会导致轴系的扭转振动，造成轴系扭疲劳寿命损耗。

三、机组发生振动的现象及原因

汽轮发电机组的振动按激振能源的不同可分为强迫振动和自激振动两类。其中强迫振动现象是比较普遍的，它是由于外界的激励而引起的振动。振动的主要特征是振动的主频率和转子的转速一致，振动的波形多是正弦波。自激振动是由于振动系统内在的某种机制而激发的持续性振动，如轴瓦油膜振荡、间隙自激、摩擦涡动等。其振动的主要特征是振动的主频率和转子的转速不符而与其临界转速基本一致，振动的波形比较紊乱并含有低频谐波。

可见只要通过测量机组振动的频率和波形，就能够区分上述两类不同性质的振动。

（一）强迫振动

引起汽轮发电机组强迫振动的原因及主要特征如下。

1. 转子质量不平衡或叶片断落

由于转子质量不平衡所引起的主要特征是振动频率和转子转速相一致。振动波形为正弦波，在不考虑临界转速和转子挠曲影响的情况下，其振幅的大小与转速的平方成正比。

对于挠性转子，因叶片断落等原因而造成的转子不平衡，在工作转速下的振动变化可能不够明显，但在临界转速附近则表现得非常突出。

2. 汽轮发电机组转子中心不正或联轴器松动

转子中心不正是指相邻转轴的同心度和倾斜度超标。由于转子中心不正所产生的振动主频率是转速的两倍频，但也有转速的同频分量，其振幅的大小与负荷、不对正程度有关。

对于活动式联轴器，如果中心连接不正或联轴器本身有缺陷（如吃力不均、齿牙有磨损等），在机组并列或解列以及负荷变化的过程中，振动会产生突变现象，但与运行时间长短无关。

3. 汽轮机滑销系统卡涩，膨胀受阻，膨胀不均

当汽轮机膨胀受阻时，将会引起各轴承之间的标高变化。导致转子中心破坏，同时还会改变轴承座与台板之间的接触状态，从而减弱轴承座的支承刚度，有时还会引起动、静摩擦，造成转子新的不平衡。

这类振动通常表现为振幅随着负荷的增加而增大，但随运行时间延长，振动有减小的趋势。振动的频率和转速一致，波形近似为正弦波。当遇到此类情况时，可适当延长暖机时间，减少负荷变化速度，以改善机组的振动情况。

4. 电磁干扰力引起的振动

电磁干扰力引起的振动主要是由于发电机转子与定子之间磁场分布不均造成的。转子与定子之间空气间隙不均匀造成的磁通不均匀分布、转子匝间短路等均会引起机组振动。这类振动的主要特点是转子在某一频率振动时，将引起定子的倍频振动。

5. 支承刚度不足、连接件螺栓松动和共振

因为有阻尼的强迫振动的振幅与激振力、动力放大系数成正比，与支承刚度成反比。所以在动力放大系数不变时，即使激振力的大小不变，当支承刚度降低时，振动也会增大。且刚度下降又会使振动系统的共振频率降低，动力放大系数也随之发生变化，这样就有可能使系统的振动频率因更加接近工作转速而发生共振。

振动系统的支承刚度不足所引起的振动，其特点与转子质量不平衡所产生的振动相似，但有时会出现高次谐波。

支承刚度下降通常是由于轴承座与台板、轴承座与汽缸、台板与基础之间的连接松动造成的。通常基础、台板及轴承座振动的差值不应大于3~5μm，如果振动差值过大，则说明连接刚度不足。另外，振动增大主要表现在刚度降低的方向上，即表现为垂直方向振动的增大。

6. 轴瓦松动或轴承工作不正常

轴瓦因安装时紧力不足或经受长期的振动后，会产生在洼窝中松动的现象。这不仅造成轴承振动（尤其是轴振动）的增加，同时还伴有较高的噪声。其振动与噪声的频率两者相符，且为转速的高倍频，这是轴瓦系统受转子激振力中非基频量而引起的共振（即高次谐波共振）。通常在轴承座垂直和水平两个方向测得的高频分量较大，但由于系统刚度的不同会有所差异。

7. 热不平衡

有不少汽轮发电机组的振动随着转子的受热状态发生变化，即转子的

温度升高时，振动增大。其原因是转子沿横截面方向受到了不均匀的加热和冷却，使膨胀不均匀，转子产生了沿圆周方向的不规则变形。造成转子幅向不规则热变形的原因主要有以下几点：

（1）转子材质残余应力过大。受热后在一定的温度下，由于应力释放使大轴产生弯曲变形。

（2）转子材质横断面上纤维组织不一。当转子温度升高后，由于膨胀不均匀，造成大轴热弯曲，而当转子冷却后，往往又会自然变直。

（3）转子套装件失去紧力或紧力不足。如发电机套箍、汽轮机叶轮等与大轴产生温差时，就可能松动。这时，由于套装件与大轴的间隙不均匀使大轴受热不均产生热弯曲。

（4）转子套装件之间的膨胀间隙不均匀且间隙不足时，转子受热膨胀就会出现很大的轴向力，从而使大轴产生热弯曲。

（5）转子中心孔进油或进水。当转子中心孔和旋转中心不重合时，油膜在圆周方向分布不均匀，使转子在圆周方向受热不均，从而造成大轴热弯曲。

（6）发电机转子线包匝间短路、通风孔堵塞、线包在径向不对称热膨胀等，都会使转子产生热不平衡。

（7）转轴局部摩擦。汽轮发电机组的动静摩擦是现场经常遇到的问题。转子在高速运转中，由于或多或少地存在着质量不平衡，而不平衡质量产生的离心力又必然会造成转子弯曲变形，所以一旦发生动静摩擦，总是首先发生在挠曲凸面的局部。这种转子局部摩擦受热膨胀，使转子产生热弯曲。局部动静摩擦引起的转子热弯曲，在不同的转速下，有着不同的表现形式。

轻微的摩擦，振动的幅值通常在20～40μm的范围内波动，并与原始振动和运行工况有关。减小原始振动，可减小碰磨的概率，减小振动幅值变化的速率。改善运行工况，通常能够控制碰磨的发展或避开摩擦。但当摩擦严重时（如转轴严重偏离中心位置），振动会很快增大，相位变化也较小，运行人员很难控制振动的发展，甚至在较短的时间内引起机组掉闸或被迫打闸停机。

因为动静摩擦而被迫停机时，受转子热弯曲的影响，所以临界转速的振动会明显增大。这种热弯曲通常可以通过连续盘车后消失，如处理不当，有可能会造成大轴永久弯曲。

8. 转子出现裂纹

当转子出现裂纹时，该裂纹就可能从转子的表面向纵深扩展，最终结果将带来灾难性的损坏。从过去的这类事故中发现，机组振动增大是裂纹扩展的重要特征。发生这种情况的最主要的特征是随着金属表面温度的下降，振动增大。在裂纹扩展的最初阶段，当温度突然下降时，振幅增大的典型值是0.025～0.05mm。随着裂纹的扩展（约在几周内），即使减少温度降低的幅度，振动也仍继续增大。在振动波形中包含有运行转速的两次或三次谐波分量。

9. 随机振动

当汽轮发电机组的转子受到不规则冲击时，将会产生随机振动，即振动的频率、振幅都在不断地发生不规则的变化。在振动的波形上找不到相同的形状，其间既包含冲击强迫振动又包含自由振动。机组运行中发生的随机振动主要有以下4种情况：

（1）停机后再启动时，振动幅值和相位都发生较大的变化，其原因通常是：

1）平衡重块移动，转子上或中心孔内有活动的零件。

2）套装件紧力不足。

（2）在振动增加的同时有明显的冲击声，这时应注意检查转子的零部件，如动叶片及其连接件等是否飞脱。

（3）运行中振动增大，但在1～2h后又恢复正常或维持在稍大于以前的振动水平上，这时应注意检查汽封磨损情况和转子受热部件是否有可能与水接触。

（4）如在运行中振幅变化很大，在振幅变化的一个周期内，相位变化360°，这时应注意检查转轴与密封材料、整流子之间的磨损情况，这类现象多发生在励磁机上。

（二）自激振动

自激振动又称为负阻尼振动，也就是说由振动本身运动所产生的阻尼力非但不阻止运动，反而将进一步加剧这种振动。因此一旦有一个初始振动，不需要外界向振动系统输送能量，振动即能保持下去。这种振动与外界激励无关，完全是自己激励自己，故称为自激振动。

根据激发自激振动的外界扰动力的性质不同，又表现为不同的自激振动形式：

1. 轴瓦自激振荡

由于汽轮发电机组轴承总是有载荷的，转轴也不可能绝对平衡，故转轴中心不能和轴承中心重合，转轴中心也不可能静止地停留在一点上。但油膜具有产生垂直于切向失稳力的本质并没有改变，同样会驱动转子做涡动运动。当阻尼力大于切向失稳分力时，涡动是收敛的，轴颈中心会很快恢复到原有的平衡位置；当切向分力大于阻尼力时，涡动是扩散的，因此是不稳定的。当切向分力和阻尼力相等时，介于以上两种情况之间，涡动轨迹是一封闭曲线。

常见的轴瓦自激振动主要有以下两种：

（1）半速涡动。当转子第一临界转速高于 1/2 工作转速时所发生的轴瓦自激振动，其振动频率约等于工作转速相应频率之半，故称为半速涡动。涡动是旋转的一种特殊形式，即转轴不但围绕其轴线旋转，而且轴线本身还在轴瓦中进行回转。这种现象又称为“进动”或“弓状回旋”。

半速涡动的产生机理为：当轴颈在充满润滑油的圆筒轴承中以固定的角速度旋转时，因受外界干扰，使轴颈中心偏离中心位置，油膜间隙通道不再是等截面的，并使流经轴承间隙最小截面和最大截面流量产生偏差。这时为了容纳这个差额，油量增多的一侧就要推动轴颈向油量减少的一侧移动。移动的方向是垂直于偏心距的，从而迫使轴颈中心绕着平衡位置发生涡动。由于轴承两端存在漏流，减小了最大和最小间隙截面流量的差额，故要求轴颈涡动让出的空间减小，这样涡动速度就有所降低，略低于当时的转速之半。这种涡动旋转方式，在汽轮发电机组中是比较常见的。

当转子的临界转速高于 1/2 工作转速时，在升速过程中，这种半速涡动不可能与转子的第一临界转速发生共振，因此涡动的振幅始终是不大的，这时半速涡动对机组安全一般不会造成严重威胁。

（2）油膜振荡。当汽轮发电机转速高于两倍转子第一临界转速时发生的轴瓦自激振动通常称为油膜振荡。只有转子第一临界转速低于 1/2 工作转速时，才会发生油膜振荡现象。

当转速升高到某一转速后，转轴会突然发生涡动运动。转轴开始产生涡动的转速称为失稳转速。转子在失稳转速以前，转动是平稳的，一旦达到失稳转速，随即发生半速涡动。以后继续升速，涡动速度也随之增加并总是保持着约等于转速之半的比例关系，当继续升速达到第一临界转速时，半速涡动就会被更剧烈的临界转速的共振所掩盖，越过第一临界转速后又重表现为半速涡动。当转速升高到两倍于第一临界转速时，由于半涡动的涡动速度正好与转子的第一临界转速相重合，此时的半速涡动将被共振放大，从而表现为剧烈的振动，这就是油膜振荡。最典型的油膜振荡现象发生在汽轮发电机组的启动升速中。转轴的第一临界转速越低，其支持轴承在工作转速范围内发生油膜振荡的可能性就越大。油膜振荡的振幅比半速涡动要大得多，转轴跳动非常剧烈，而且往往不仅仅是一个轴承或相邻的轴承，而是整个机组的所有轴承都会出现剧烈的振动，在机组附近还可以听到“咚咚”的撞击声。可见油膜振荡的危害性是非常大的。

油膜振荡一旦发生之后，振动的主频率就始终保持着等于临界转速的涡动速度，而不再随转速的升高而升高，这一现象称为油膜振荡的惯性效应。因此，遇到油膜振荡发生时，无法通过快速提高转速的办法来消除。

转轴失稳转速（即产生半速涡动时的转速）的大小决定于该转子和支持轴承的特性与工作条件。只要这些因素不变，失稳转速就是一个定值。轴颈的载荷不同时，失稳转速是不同的。图 6-1（a）表示轻载情况，此时失稳转速在第一临界转速 ω_{k1} 之前；图 6-1（b）表示中载情况，此时失稳转速在第一临界转速 ω_{k1} 之后；图 6-1（c）表示重载情况，因为在稍高于两倍临界转速 $2\omega_{k1}$ 时，转速还没有失稳，所以就没有油膜振荡。直到比两倍临界转速 $2\omega_{k1}$ 因为高出许多时，转轴才失稳并直接表现为油膜振荡而不经过半速涡动。油膜振荡的另一个特性是升速时发生油膜振荡的转速比降速时油膜振荡消失的转速要高些。

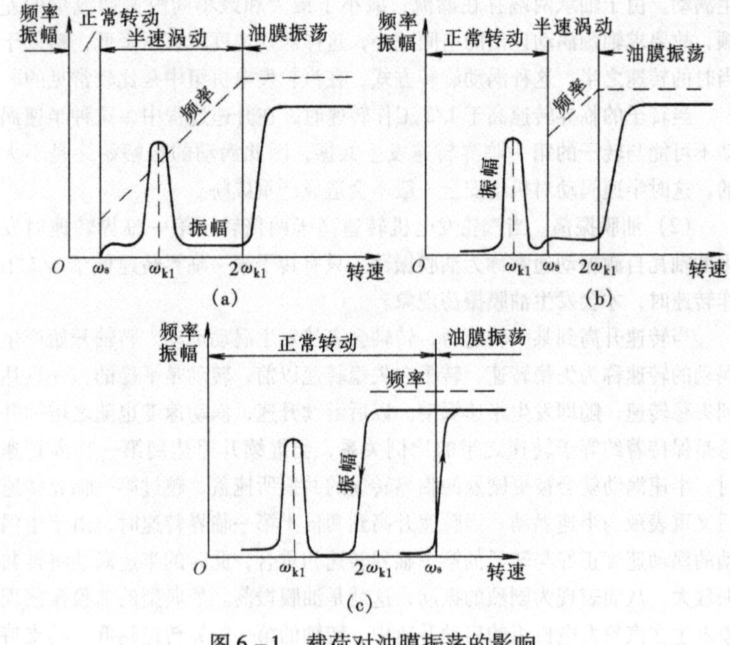

图 6-1　载荷对油膜振荡的影响

（a）轻载情况；（b）中载情况；（c）重载情况

2. 摩擦自激振动

由动、静部分摩擦所产生的自激振动有两种表现形式：一种是摩擦涡动，另一种是摩擦抖动。干摩擦抖动只在很低的转速时发生，对机组的危害一般不大。

当动、静摩擦只是接触到叶轮、叶片（包括围带、铆钉头等）等转子的外围部件而没有接触到大轴本身时，不会使转子造成热弯曲从而形成强迫振动，但会造成自激振动。这种摩擦自激振荡又称为摩擦涡动。

与油膜自激振动一样，摩擦涡动的振动频率也等于转轴的第一临界转速，振动的波形也同样会出现低频谐波。其唯一的不同就是涡动方向和转动方向相反，即振动的相位是沿着与转动方向的反向移动的。

一般来说，因为汽轮机轴功率很大，转速很高，一旦动、静部分发生摩擦，其接触部分将会很快地磨掉而脱离接触，所以不会引起强烈的振动，运行一般也不易发现。但在外界干扰很强，摩擦接触面不能很快脱开时，也会带来严重的后果。

3. 间隙激振

间隙激振又称为汽流激振，一般只发生在大容量汽轮机高压转子上。当转子由于受到外扰产生一个径向位移时，改变了叶片四周间隙的均匀性，间隙小的一侧漏汽量小，作用在叶片上的作用力就大；反之，间隙大的一侧因漏汽量大，作用于该侧叶片上的力就小。当两侧作用力的差值大于阻力时，就能够使转子中心绕汽封中心作与转轴转动方向一致的涡动，这种涡动产生的离心力又使偏移扩散，加剧涡动，如此周而复始，形成自激振动。这种自激振动的频系、波形、振幅、相位都与油膜自激振动的特点相似。这种自激振动最突出的特点是与机组的负荷有关，即在某一负荷时振动突然发生，而把负荷减到某一值时，振动便突然消失。这类自激振荡不但会使轴承产生强烈的振动，同时还会使轴瓦回油温度升高。

另外，由于转轴截面具有不对称刚性，如 3000r/min 的发电机都是双极的，没有开槽的大齿面的刚度显然要大于嵌放线圈的开槽部分，这样转轴处于不同位置时，静挠度大小也不同，刚性大的部分挠度小，刚性小的部分挠度就大，通常称为双重挠度。当转速为临界转速的一半时，由双重挠度产生的激振力的频率恰好与第一临界转速重合，从而引起共振，这个转速通常称为副临界转速。这样转子虽然没有产生上述的涡动，但同样会产生两倍于转速的激振力，在振动波形上将会出现两倍于转速的谐波。周期变化的弹性力是通过抗弯刚度这样一个参数变化形成的，故又称参数自激振动。

在现场最常遇到的是油膜自激振荡，应熟悉油膜自激振荡的特点并能及时作出正确的判断。油膜自激振荡的特点是振动的主频率约等于第一临界转速，而且总是出现于两倍第一临界转速之后，振动波形有明显的低频分量，轴承的顶轴油压发生剧烈摆动，轴承能听到撞击声音等。因此，当机组遇到突然的强烈振动时，只有在确定了是什么原因造成的后，才能采取相应的措施。

四、机组振动参数的规定

振动标准分为限定轴承座振动和转轴振动两类。早期，以限定轴承座振动为主，后来随着不接触测量技术的完善与普及，人们发现转轴振动信号更能直接反映转子的工作状态和振动故障。因此，大型机组更趋向于限制转轴振动或同时限制轴承座和转轴的振动。目前，常用的国内外标准有：

（1）国际标准化组织（ISO）的标准 ISO 10816《机械振动　在非旋转部件上的测量和评价》、ISO 7919《非往复式机器的机械振动　在旋转轴上的测量和评价》。

（2）国家标准 GB/T 6075《机械振动　在非旋转部件上测量评价机器的振动》、GB/T 11348《机械振动　在旋转轴上测量评价机器的振动》。

中国标准具体振动参数的规定介绍如下：

原电力部在 1980 年颁布的《电力工业技术管理法规》中规定，正常运行的汽轮机的各轴承座，在水平、垂直和轴向的振动至少应达到表6－1中的合格水平。

表 6－1　　汽轮机振动限值表

汽轮机转速（r/min）	振动双振幅值（mm）	
	良好	合格
1500	0.05 及以下	0.07 及以下
3000	0.025 及以下	0.05 及以下

GB/T 6075.2—2012《机械振动 在非旋转部件上测量评价机器的振动 第 2 部分：50MW 以上，额定转速 1500r/min、1800r/min、3000r/min、3600r/min 陆地安装的汽轮机和发电机》要求测量轴承振动时，应在汽轮机每个主轴承上两个互相垂直的径向进行，如图 6－2 所示。在每个轴承盖或者轴承座处测量到的最大振动量值，按照由经验建立的四个评价区域进行评价，区域边界值由表 6－2 给出，这些边界值适用于在稳态工况额

定工作转速下所有轴承的径向振动测量和推力轴承的轴向振动测量。区域边界值是根据制造厂和用户提供的有代表性的数据制定的。

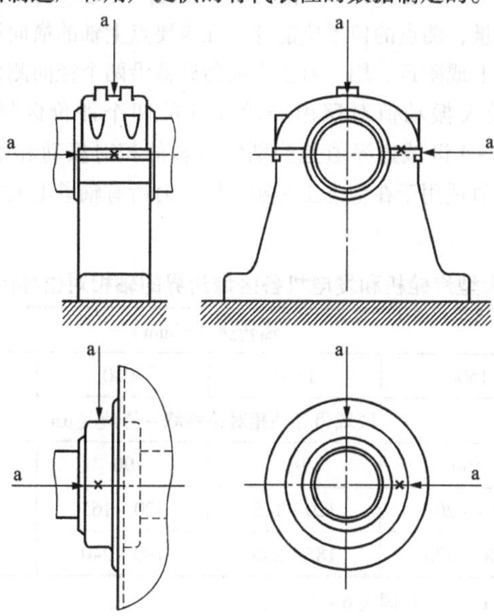

图6-2　轴承盖或轴承座上典型测点和方向

a—测量方向

表6-2　大型汽轮机和发电机轴承箱或轴承座振动速度区域边界的推荐值

<table>
<tr><td rowspan="3">区域边界</td><td colspan="2">轴转速（r/min）</td></tr>
<tr><td>1500 或 1800</td><td>3000 或 3600</td></tr>
<tr><td colspan="2">区域边界振动速度均方根值（mm/s）</td></tr>
<tr><td>A/B</td><td>2.8</td><td>3.8</td></tr>
<tr><td>B/C</td><td>5.3</td><td>7.5</td></tr>
<tr><td>C/D</td><td>8.5</td><td>11.8</td></tr>
</table>

注　区域A：新投产的机器，振动通常在此区域内。

区域B：振动在此区域内的机器，通常认为可以不受限制地长期运行。

区域C：通常认为振动在此区域内的机组，不适宜长期连续运行，该机器可在这种状态下运行有限时间，直到有合适时机采取补救措施为止。

区域D：振动在该区域通常被认为振动剧烈，足以引起机器损坏。

GB/T 11348.2—2012《机械振动 在旋转轴上测量评价机器的振动 第

2 部分：功率大于 50MW，额定工作转速 1500r/min、1800r/min、3000 r/min、3600r/min 陆地安装的汽轮机和发电机》规定可使用接触式或非接触式传感器测量，测点的位置应能评价在重要点上轴的横向运动，通常要求在每个轴承上或附近，用一对正交的传感器沿两个径向测量。在每个轴承处测得的最大振动值对照由经验建立的四个评价区域进行评价，表 6－3和表 6－4 区域边界值是分别针对轴的相对振动和绝对振动给出的，这些边界值适用于在稳态工况额定转速时所有轴承上或靠近轴承处的径向振动测量。

表 6－3　大型汽轮机和发电机各区域边界的轴相对位移的推荐值

区域边界	轴转速（r/min）			
	1500	1800	3000	3600
	区域边界轴相对位移峰－峰值（μm）			
A/B	100	95	90	80
B/C	120～200	120～185	120～165	120～150
C/D	200～320	185～290	180～240	180～220

注　区域 A、B、C、D 同表 6－2。

表 6－4　大型汽轮机和发电机各区域边界的轴绝对位移的推荐值

区域边界	轴转速（r/min）			
	1500	1800	3000	3600
	区域边界轴绝对位移峰－峰值（μm）			
A/B	120	110	100	90
B/C	170～240	160～220	150～200	145～180
C/D	265～385	265～350	250～300	245～270

注　区域 A、B、C、D 同表 6－2。

GB/T 6075.3—2011《机械振动 在非旋转部件上测量评价机器的振动 第 3 部分：额定功率大于 15kW 额定转速在 120r/min 至 15000r/min 之间的在现场测量的工业机器》规定了振动量值的限值，该限值是按照轴承允许承受的动载荷及振动通过支承结构与基础传至周围环境的允许值确定的。在每一轴承或基座上测量到的最大振动量值，对照经验建立的支承种类评价区域进行评价。表6-5和表6-6中给出的评价区域界限是基于两个正交径向方向安装的传感器测得的最大宽频带速度值和位移值，因此适用此表时应采用每一测量面的两个传感器所测得的较大值，表6-5和表6-6中的准则适用于所有轴承的径向振动和推力轴承的轴向振动。

表6-5　振动烈度区域分类 第1组机器：额定功率大于300kW且小于50MW的大型机器；转轴高度$H \geqslant 315$mm的电动机

支承类型	区域边界	位移均方根值（μm）	速度均方根值（mm/s）
刚性	A/B	29	2.3
	B/C	57	4.5
	C/D	90	7.1
柔性	A/B	45	3.5
	B/C	90	7.1
	C/D	140	11.0

注　区域A、B、C、D同表6-2。

表6-6　振动烈度区域分类 第2组机器：额定功率大于15kW且小于300kW的中型机器；转轴高度160mm$\leqslant H <$315mm的电动机

支承类型	区域边界	位移均方根值（μm）	速度均方根值（mm/s）
刚性	A/B	22	1.4
	B/C	45	2.8
	C/D	71	4.5
柔性	A/B	37	2.3
	B/C	71	4.5
	C/D	113	7.1

注　区域A、B、C、D同表6-2。

五、机组异常振动的处理方法

（1）运行中机组突然发生强烈振动或清楚地听到机内有金属摩擦声时，应立即破坏真空紧急停机。

（2）汽轮机振动超过正常值时，应及时检查或调整润滑油压、油温，或进行减负荷，使其恢复正常。振动过大超过规定极限值时，应紧急停机。

（3）机组发生异常振动时，还应检查负荷、调节汽门开度、汽缸膨胀情况、机组内部声音，了解发电机、励磁机工作情况，蒸汽参数，如真空、胀差、轴向位移、汽缸金属温度等是否发生了变化。

（4）在加、减负荷中出现异常振动时，应恢复原负荷。

（5）机组在启动升速中若出现异常振动且振动超出规定值，应立即打闸停机，并进行连续盘车，待查明原因，消除缺陷后再进行启动；再次启动时，应特别注意监视各轴承振动。

（6）引起振动的原因较多，值班人员发现振动增大时，要及时汇报，并对振动增大的各种运行参数进行记录，以便查明原因加以消除。

六、防止机组异常振动的措施

1. 运行方面

（1）机组应有可靠的振动监测、保护系统，且正常投入，便于及时监视，对照分析。

（2）大轴晃动度、上下缸温差，胀差和蒸汽温度任何一项不符合规定时，严禁启动机组。

（3）启动升速时，应迅速、平稳地通过临界转速。中速以下，汽轮机的任一轴承振动达到 0.03mm 以上或任一轴承处轴振动超过 0.12mm 时，不应降速暖机，应立即打闸停机查找原因。

（4）运行中突然发生振动时的常见原因是转子平衡恶化和油膜振荡。如因掉叶片或转子部件损坏，动、静磨损引起热弯曲而导致振动，应立即停机。如发生轻微的油膜失稳，则无须立即停机，应首先减负荷，提高油温，若振动仍不见减小再停机。

（5）运行中的润滑油温不应有大幅度的变化，尤其不能偏低。

（6）不允许机组在轴承振动不合格的情况下长期运行。

2. 检修方面

在现场为了防止和消除油膜振荡，可以采取以下几项检修措施：

（1）增加轴承比压。增加轴承比压就是增加在轴瓦单位垂直投影面积上的轴承载荷，从而提高轴承工作的稳定性。增加轴承比压最方便的办法是调整联轴器中心。但这种方法的缺点是调整幅度有限，且只适用于刚性和半挠性联轴器附近的轴瓦。在现场应用最多的方法是缩短轴瓦长度，即降低长颈比。国产 200MW 和 300MW 汽轮发电机组发生的油膜振荡，都是通过改变轴瓦的长颈比来消除的。

（2）降低润滑油的黏度。润滑油的黏度越大，油分子间的凝聚力也越大，轴颈旋转时所带动的油分子也越多，油膜厚度就越大，稳定性也越差。因此，降低润滑油的黏度对油膜的稳定性是有利的。电厂中为降低润滑油黏度，可以改变汽轮机润滑油的牌号，如30号换成22号。当然最简单易行的办法是提高轴瓦进油温度。

（3）减小轴瓦顶部间隙，扩大两侧间隙，这就是增加轴承的椭圆度。经验证明，这一措施，对改善轴承工作的稳定性，效果是显著的。

（4）增大上瓦的乌金宽度，以便形成油膜，增加轴瓦稳定性。

（5）换用稳定性好的轴瓦，如使用可倾瓦。这种瓦块可以绕支点摆动，每个瓦块只形成收敛油楔，因而不会产生失稳分力。此外，用椭圆瓦代替三油楔瓦，也能消除油膜自激振荡。

（6）充分平衡同相的不平衡分量。因为发生油膜振荡时，转轴在轴瓦内呈弓状涡动，两端轴承振动的相位相同，若将转轴原有不平衡同相分量尽量减少，即可大大降低第一临界转速下的共振放大能力，使油膜振荡的振幅减小。

预防和消除摩擦自激振动、间隙自激振动以及其他原因引起的半速涡动的措施，与消除油膜自激振荡所采取的措施基本上相类似，其基本原则都是围绕提高轴瓦的工作稳定性和减小转轴对轴承的扰动力两个方面来采取措施的。但最简便、有效的办法，还是针对引起自激振动的主要原因，采取相应的措施。例如：消除摩擦自激振动最有效的办法就是避免在运行中发生动、静摩擦；消除间隙自激振动最有效的办法就是保持转子和汽缸的同心度，合理地调整动、静间隙。此外，还可以在动叶片复环的固定齿封中间加装导流片，从而对间隙中汽体圆周运动起阻尼作用并减少涡流。改变调节汽门的投入顺序或关闭引起振动的调节汽门，从而改变蒸汽对转子圆周方向的作用力，通常对消除或改善间隙自激振动也会产生明显的效果。

消除转子截面不对称刚度引起的参数自激振动的方法，对于发电机，可以在大齿上开一定数量和深度的横槽，使转子成为等刚度的。

第七节　发电机组负荷突增或突减

汽轮发电机组在运行中，电负荷突增或突减，将造成轴向推力的急剧变化，严重时将造成推力瓦烧损或通流部分磨损。其中电负荷突减到零发电机与系统解列的现象称为汽轮发电机组甩负荷事故，其危害极大。

一、发电机－变压器组故障，机组与系统解列但调速系统正常

1. 原因

电气部分（发电机或电网）故障，引起发电机主断路器跳闸，甩去全部负荷，调节系统动态特性合格，控制转速在危急保安器动作转速以下，危急保安器未动作（注：有的机组发电机油断路器跳闸后将联动关闭自动主汽门，这样即使危急保安器未动作，汽轮机也跳闸）。

2. 象征

（1）电负荷指示为零。

（2）机组转速升高后又下降并稳定在某一数值。该数值决定于调节系统速度变动率的大小和甩负荷前机组所带负荷相应的同步器位置。

（3）高、中压调节汽门关后又开启至空转位置。

（4）汽轮机运行声音突变，并变轻。

（5）一、二级旁路开启。

（6）各段抽汽止回阀关闭并发出“关闭”信号报警。

（7）发电机逆功率、零功率保护动作。

3. 处理

（1）判断事故原因，检查保护动作项目。

（2）确证汽轮机本体无故障，用同步器调整转速至3000r/min。

（3）及时调整轴封供汽，维持凝汽器真空；关小凝结水至除氧器进水调整门，开启凝结水再循环，保证凝汽器水位，开启排汽缸喷水装置。

（4）开启汽轮机本体、主再热蒸汽管道冷热段及各级抽汽疏水门，充分疏水。

（5）对抽汽轮机组，关闭调节抽汽的电动门，解除调压器。

（6）检查机组蒸汽参数、轴向位移、膨胀、胀差、振动及汽缸各部温度或温差等运行参数无异常。

（7）检查支持瓦及推力瓦的乌金温度和回油温度。

（8）如机组各部均正常，具备并网条件时，应联系电气，迅速并列带负荷。

（9）机组甩负荷恢复过程中，蒸汽温度应尽量提高，机组不宜在较低蒸汽温度下运行，同时带负荷要快。其他正常操作按机组运行规程进行。

二、发电机跳闸且调速系统失常

发电机跳闸、调速系统异常可分以下几种情况讨论。

（一）发电机解列，调速系统不能控制转速，危急保安器动作

1. 原因

电气部分故障，机组甩去全部负荷，汽轮机调节系统动态特性不好，造成转速升高过多，致使危急保安器动作。

2. 象征

（1）电负荷到零，主蒸汽压力升高。

（2）机组声音突变；高、中压主汽门、调节汽门关闭；各段抽汽止回阀关闭，并发出信号。

（3）机组转速上升到危急保安器动作转速后又下降，危急保安器动作并发出信号。

（4）旁路系统自动投入（故障后如真空低，应立即停运旁路）。

3. 处理

（1）启动高压油泵，转速降至3050r/min时，迅速摇同步器至空负荷位置。判断事故原因，确认汽轮机本体无故障后重新挂闸，开启自动主汽门，控制转速在3000r/min。

（2）汇报有关领导，调节系统正常后方可重新并列带负荷。

（3）确证可以并网时，应迅速并列带负荷，如短时间内不能恢复，应立即故障停机。

（二）发电机解列，调速系统不能控制转速而超速，危急保安器不动作

1. 原因

电气部分故障，机组甩去全部负荷，而汽轮机调节系统不能控制转速，造成转速迅速升高并超过危急保安器动作转速，可保安器又拒动。

2. 象征

（1）电负荷到零，汽轮机转速上升到3300～3360r/min，机组声音异常。

（2）主油泵出口油压迅速升高。

（3）机组振动明显增大。

（4）一次油压升高。

3. 处理

（1）立即手打危急保安器按钮，破坏真空紧急故障停机。自动主汽门、调节汽门应迅速关闭并发出信号。

（2）启动辅助润滑油泵。

（3）将同步器摇至空负荷位置。

（4）对抽汽轮机组，关闭调整抽汽电动门，解除调压阀。

（5）完成其他停机操作。

（6）查明并消除造成严重超速的原因后，做超速试验，危急保安器动作转速合格后，机组方可并列带负荷。

（三）机组甩负荷至零，发电机未解列

1. 原因

由于汽轮机保护装置或调节系统误动作，引起汽轮机进汽中断，负荷甩到零，而发电机未解列。

2. 象征

（1）电负荷到零，转速仍为3000r/min。

（2）自动主汽门、调节汽门及各段抽汽止回阀关闭，并发出信号。

（3）主油压保持不变。

（4）排汽缸温度逐步升高。

（5）汽轮机某些保护信号发出报警。

3. 处理

（1）迅速检查机组报警信号，核对报警指示仪表的数值，同时全面检查机组情况，若确为设备发生故障致使保护动作，应立即解列发电机，故障停机。

（2）如检查机组本体及有关参数都正常，确证为保护误动或调节系统误动时，可将保护开关退出，重新挂闸，迅速恢复机组负荷，同时联系热工查明保护误动原因，尽快设法消除后投入保护。

（3）事故处理及原因分析应迅速、准确，因为发电机未解列，汽轮机在3000r/min下无蒸汽运行时间，不得超过有关规定，否则应手动解列发电机，故障停机。

（4）机组跳闸原因未查明或缺陷未消除前，不允许汽轮机挂闸启动。

（5）汇报领导，在缺陷消除后的整个启动、并列、带负荷过程中，应严格监视汽轮机各部情况，并根据需要进行有关试验和调整。

三、机组负荷突增、突降的原因及处理

1. 原因

（1）汽轮机控制系统异常或调节汽门动作失常。

（2）高、低压旁路误动或抽汽突然停运。

（3）电网频率异常变化或锅炉运行失常。

2. 处理

（1）负荷突增或突降应对照有关表计分析原因，超负荷时，应将其降至额定值及以下，分析确认汽轮机本体无异常。

（2）若是由于锅炉异常变化引起负荷骤变，要相应地调整汽轮机的进汽量，以稳定蒸汽参数；若为电网系统异常引起，应尽可能适应负荷要求，但应防止超负荷运行。

（3）若控制系统失常时，应立即切为手动控制。

（4）调节汽门脱落时，应根据允许流量带负荷。

（5）如果调节汽门卡涩时，不得强行增减负荷。

第八节　转动机械故障

汽轮机转动机械主要有给水泵、循环水泵、开式冷却水泵、闭式冷却水泵、凝结水泵、水环真空泵（射水泵）、定子冷却水泵、工业水泵、疏水泵等，它们发生故障，都将直接影响汽轮机的安全、经济运行。

这些汽轮机设备的泵中除了给水泵、循环水泵、凝结水泵以外一般均输送纯净的水或含机械杂质不多的水，且温度不高，总扬程也不高，一般均为离心泵，所以综合叙述。

当泵运行中故障时可能会出现的现象有：①泵出口打不出水；②泵出口压力偏低或摆动；③泵内有异声；④泵机械密封漏水；⑤泵轴承温度高；⑥泵轴承振动大；⑦泵驱动电动机温度高；⑧水泵反转；⑨发生气蚀。

这些故障大体上可以分为两类：吸水故障和性能故障。

一、吸水故障

1. 原因

（1）启动前泵内排空或灌水不足。

（2）吸水管或仪表管漏气。

（3）吸水管阻力太大。

（4）泵入口压力过低或入口水箱水位偏低。

2. 处理方法

（1）停泵，将泵内空气排尽或灌满水。

（2）检查吸入管和仪表，并消除漏气处或堵住漏气部分。

（3）清洗或更换吸水管。

（4）提高泵入口水箱水位。

二、性能故障

1. 原因

（1）启动时未关闭压力管道上的阀门。

（2）填料压的太紧。

（3）泵体转动部分发生摩擦。

（4）泵内吸入杂物。

（5）轴承损坏或磨损。

（6）泵轴弯曲。

（7）输水管阻力太大。

（8）水泵反转。

（9）叶轮堵塞。

（10）入口滤网堵塞，止回阀卡涩或出口门开度过小。

（11）泵驱动电动机缺相运行。

2. 处理

（1）关闭阀门，重新启动。

（2）调整填料。

（3）检查水泵各转动部件，并加以修理。

（4）拆卸清理杂物。

（5）更换损坏的轴承。

（6）解体水泵进行直轴处理。

（7）加大管径。

（8）检查电动机接线。

（9）清洗叶轮。

（10）清理入口滤网，修理更换止回阀或适当开大出口门。

（11）通知维护处理或更换电动机。

给水泵、循环水泵、凝结水泵故障的原因及处理方法详见第十一章~十四章。

第九节　辅机设备故障

一、加热器故障

加热器是火力发电厂热力系统中的主要设备之一，其工作性能的好坏，直接影响整个机组的安全、经济运行。加热器受热面结垢、漏水是其运行中的主要故障之一，原因是蒸汽品质不合格或加热器内水质较差使管子受腐蚀或浸蚀；管束隔板安装不正确而引起加热器本体振动；管子本身质量不良以及安装工艺差，运行方式不当产生过大热应力等造成。泄漏严重时，不但影响本级加热器的安全运行，而且有可能沿抽汽管道返回到汽轮机中，造成汽轮机组水冲击。

当加热器在运行中发生下列情况之一时，应紧急停运故障加热器：

(1) 加热器的汽水管道、阀门、水位计等发生泄漏，危及人身设备安全。

(2) 加热器满水，水位高处理无效，存在汽轮机进水风险。

(3) 加热器水位达保护动作数值，而保护拒动。

(4) 加热器超压运行，安全阀拒动。

(5) 加热器的就地水位计及远传水位计均失灵，无法监视。

高压加热器退出运行时，给水温度会下降，造成锅炉燃料量增加，减温水量增加；低压加热器退出运行后，使得进入除氧器的凝结水温度下降，影响除氧效果，致使给水中的含氧量大幅增加；除氧器热负荷大，容易使水侧过负荷，造成除氧器及管道振动大。

加热器退出运行后汽轮机负荷增加、监视段压力升高，各监视段压差升高，汽轮机的轴向推力增加，汽轮机叶片容易过负荷。因此，加热器退出运行时，应按照汽轮机规程或厂家说明书负荷限制要求限制汽轮机的负荷。

二、除氧器的常见故障

除氧器是回热系统中的重要设备之一，它的运行状况好坏，直接关系到系统的安全、经济运行，甚至会威胁到机组的安全运行。现将除氧器运行中常见异常现象的发生原因及处理方法叙述如下。

（一）排气带水

除氧器运行中，如果操作不当，就会发生排气带水现象。淋水盘式除氧器发生这种现象主要是因为进水量太大，在淋水盘、配水槽中击溅造成的。喷雾填料式除氧器主要是因为喷雾层加热不充足，不能将水加热到饱和温度；另外，除氧头内汽流速度太快，排气增大也会使排气带水，除氧头振动。因此，在运行中必须注意调整好进水量和排气门开度。

（二）除氧器的振动

1. 振动原因

除氧器在运行中不正常的振动会危及设备及系统的安全。

振动原因大致有如下几点：

(1) 负荷过大，淋水盘溢流阻塞汽流通道，产生水冲击，引起振动。

（2）排气带水，塔内汽流速度太快，引起振动。

（3）喷雾层内压力波动，引起水流速度波动，造成进水管摆动，引起振动。

（4）除氧器内部故障，如喷嘴脱落、淋水盘偏斜，使水流成为柱状落下，引起水冲击，造成振动。

（5）除氧器外部管道振动，引起除氧器振动。

（6）除氧器满水，汽水流互相冲击，引起振动。

（7）除氧器内突然进入大量低温水，使蒸汽骤然凝结，蒸汽压力剧烈波动，造成汽水冲击。

（8）并列除氧器操作太快。

（9）除氧器压降过快，发生汽水共腾。

2. 振动消除方法

除氧器的振动可针对不同的原因采取如下方法予以消除：

（1）判明为内部故障后，应停运处理。

（2）负荷过大时，应降低除氧器负荷，并列运行的除氧器，应进行除氧器间负荷的重新分配；单元制运行的除氧器，则需调匀除氧器进水，不致使其波动过大，甚至降低机组的负荷，以使除氧器不致过负荷。

（3）满水或排气带水时，应采取调低除氧器水位、关小排气门的方法来调整。

（三）除氧水中溶解氧不合格

1. 原因

除氧器出水溶解氧不合格的主要原因有：

（1）主凝结水温度低，含氧量过高。

（2）除氧水量过大，超过除氧器的设计值。

（3）除氧器的排气门开度过小。

（4）加热蒸汽压力不足。

（5）除氧器内部损坏，如喷嘴损坏等。

（6）除氧器水位超过规定范围。

2. 处理方法

除氧水中溶解氧不合格的处理方法有：

（1）调整低压加热器抽汽量，提高主凝结水温度及降低其含氧量。

（2）改善补水方式，缓慢补水，减小除氧器进水量。

（3）适当调整排气门开度，增大排气量。

（4）投入再沸腾装置。

（5）检修除氧器内部损坏部件。

（6）调整除氧器水位在正常范围内。

（四）除氧器满水

除氧器满水会引起除氧器振动的发生，严重时通过抽汽管返回汽轮机中，造成汽轮机的水冲击损坏。满水的原因大致有以下几点：

（1）水位自动调整装置异常，调整门失控大开，造成除氧器满水。

（2）运行中给水泵突然跳闸，水位调整跟不上。

（3）水位测点异常，给运行人员以假象，造成误判断。

现在汽轮机组一般均装有除氧器水位高自动保护装置，当水位异常升高时，自动打开除氧器溢流水门，并发出报警信号，以便运行人员及时发现，并根据具体情况采取相应的措施。如自动改手动、校对水位表、启动备用给水泵等。

（五）除氧器超压

除氧器超压会造成除氧器的严重损坏。对除氧器的超压保护装置应进行定期的检查、试验工作，以确保其动作的灵活性、可靠性。造成除氧器超压的原因大致有如下几点：

（1）汽轮机组过负荷，造成回热抽汽压力升高。

（2）除氧器的进水调整不当，突然减小，甚至中断。

（3）进入除氧器的热源过多，如汽封漏汽及主汽门门杆溢汽不正常地增大，高压加热器疏水量过大或高压加热器疏水器故障使一部分加热器用的抽汽进入除氧器等。

（4）除氧器备用汽源（再热器冷却）调节门误开或关闭不严。

现代大型单元机组的除氧器超压保护一般设置双重保护。当除氧器内压力升高达到安全阀的开启压力时，安全阀将打开，排掉过量的蒸汽，使除氧器压力回到正常值，如压力继续升高，超压自动保护装置将动作，打开超压保护阀排汽，关闭进汽电动截止门，同时发出声光报警信号，提醒运行人员注意，并采取相应的调整措施。运行中调整除氧器上水均衡是保证除氧器不超压的有效措施。

第十节　压力管道泄漏故障

一、给水管道故障的原因及处理方法

1. 给水管道故障的原因

（1）给水管道冲击、振动。

（2）给水管道法兰、焊口破裂，大量泄漏。

（3）给水管道补偿不好，管道膨胀受阻，造成管道撕裂。

（4）给水管道中启、停泵及开关出口阀门较快，造成水锤，使管道变形甚至破裂等。

2. 给水管道故障的处理方法

（1）给水管道中有空气时，应设法排除。

（2）若凝结水管道破裂，应设法减小泄漏或隔绝故障点，维持机组运行，如故障点无法隔绝且影响机组正常运行时，应申请停机。

（3）若主给水管道爆破，应破坏真空，紧急停机。

（4）若循环水管道破裂，应设法减小泄漏，维持机组运行，但应注意监视真空、水压、油温等的变化，但危急设备、人身及机组时，应紧急停机。

二、蒸汽、给水管道冲击的原因、判断及处理方法

1. 蒸汽、给水管道冲击的原因

（1）管道投入前暖管疏水不充分。

（2）管道投入或开关泵的出口门时，操作太快。

（3）管道投入时，空气未排尽。

（4）运行蒸汽管道中有凝结水，未及时疏泄出去。

（5）管道支吊架严重损坏等。

2. 判断方法

蒸汽、给水管道冲击的判断较容易，主要表现为有明显的冲击振动声、有噪声、有晃动等。

3. 处理方法

（1）蒸汽管道发生冲击时，应立即关小甚至关闭该管道供汽门，直到冲击减小或消失，开启有关疏水门，充分疏水，再次投入时，要充分暖管。

（2）当蒸汽或给水管道冲击已发展到汽轮机水冲击，应按水冲击的规定处理。

（3）当管道冲击振动危及设备安全时，应适当减负荷，必要时隔绝该管道。

（4）给水管道有空气时，应及时排出管道系统内的空气。

提示　第一～三节、第五～七节内容适用于中级工、高级工、技师，第四、九、十节内容适用于初级工、中级工、高级工、技师，第八节适用于初级工、中级工、高级工、技师、高级技师。

第七章

汽轮机典型事故的原因分析与预防

第一节　通流部分动、静摩擦事故

随着汽轮机参数的不断提高和单机容量的日益增大，汽轮机汽缸数目增多，又多为多层缸，且滑销系统结构较为复杂，同时为了减少汽轮机的漏汽损失，要求通流部分的动静间隙应尽可能地缩小，而启、停及变负荷过程中汽轮机动、静部件加热膨胀、冷却收缩的膨胀关系也就更加复杂，隔板、叶轮等部件的压差和工作应力在逐渐地提高，因此大型汽轮机的动、静摩擦问题就表现得越来越突出起来。国内外大型汽轮机的动、静摩擦事故都发生得比较频繁，对于运行人员来说，必须予以高度重视，防止大型汽轮机动、静摩擦事故的发生。

一、通流部分动、静摩擦的现象

通流部分动、静摩擦事故发生在汽缸内，无法直接观察，因而只能根据事故的现象进行判断。一般有下列几种：

（1）机组振动增大，甚至发生强烈振动。

（2）汽缸内部有清晰的金属摩擦声音。

（3）前后汽封处可能产生火花。

（4）若是推力轴承损坏，则推力瓦温度将升高，轴向位移指示值可能超标并发出报警信号甚至保护动作。

（5）有大轴挠度指示表计的机组，指示值将增大或超限。

（6）机组在启动、停机和变工况运行时，汽缸上、下温差急速增加或胀差超过正负极限，并伴随监视段压力上升。

（7）停机过程中转子惰走时间明显缩短，甚至盘车装置启动不了。

二、通流部分动、静摩擦的原因

造成汽轮机动、静摩擦事故的原因是多方面的，归纳起来主要有以下几种：

（1）动静部件加热或冷却不均匀。由于汽轮机相对于转子来说汽缸质量比较大，而受热面比较小，即转子和汽缸的质面比相差较大。在启动过程中转子加热和膨胀的速度要比汽缸快，这样就产生了膨胀差值，通常称为胀差，如果胀差超过了轴向的动静间隙，就会在轴向产生动、静摩擦。另外，由于上、下汽缸散热和保温条件等因素的不同，上、下汽缸也将会产生温差；汽缸法兰内外受热条件不同也会产生温差，这些温差均会使汽缸变形，从而改变动、静部分的间隙分配。当间隙变化值大于动、静间隙时，就会产生动、静摩擦。此外，汽轮机的汽缸通过滑销系统会使汽缸和转子保持同心，但如果在机组启停或运行中滑销系统工作失常或者汽缸变形，都会导致汽缸和转子偏心而造成动、静摩擦。

（2）动、静间隙调整不当。在汽轮机启停和运转过程中，汽缸热应力和热变形以及各受力部件的机械变形，必然会引起动、静间隙的变化。因此就要求全面地考虑各种因素的影响，制定出合理的动静间隙。在安装和检修过程中进行认真的检查和调整，如果动、静间隙调整不当，自然就会引起动、静摩擦。

（3）汽缸法兰加热装置使用不当。合理地使用汽缸和法兰加热装置可以减小胀差，避免动、静部分摩擦，如果加热过度就会使法兰外壁温度高于内壁，使汽缸产生危险的变形，而且破坏了胀差的分布规律。经验证明，即使从胀差表中所看到的胀差指示没有超过允许值，也会产生严重的动、静摩擦。此外，若左右法兰加热不均匀等，也可能会产生动、静摩擦。

（4）受力部件机械变形超过允许值。通流部分的受力部件如隔板叶轮等由于设计刚度不足或在异常工况（如提高出力）下运行，使工作应力增加都会使这些部件产生过大的变形，从而造成严重的动、静摩擦事故。这类情况在一些大容量机组上曾多次发生过。

（5）推力瓦或支承轴瓦损坏。由于汽轮机发生水冲击、蒸汽品质不良等，使转子轴向推力猛增，推力瓦过负荷或油系统故障，机组润滑油中断，造成推力瓦或支承轴瓦烧损，转子随之产生大量的轴向或幅向位移，从而产生动、静摩擦。

（6）转子套装部件松动产生位移。当转子套装部件松动位移超过规定轴向间隙时，显然要造成动、静摩擦。

（7）机组的强烈振动和汽封套的严重变形。由于转轴的强烈振动，轴振动的振幅超出幅向动、静间隙时将产生动、静摩擦。汽封套变形损坏同样会使汽轮机幅向动、静间隙变小产生动、静摩擦。

(8) 在转子挠曲（或大轴已发生永久弯曲）及汽缸严重变形的情况下强行盘车。

(9) 通流部分部件破损或硬质杂物进入通流部分。

(10) 运行人员操作不当，引起转子与汽缸膨胀差超过极限值，使轴向间隙消失。

三、防止通流部分动、静摩擦的技术措施

为了防止汽轮机动、静部分发生摩擦事故，应针对前面分析的原因，采取相对应的技术措施，归纳起来主要应做好以下几点：

(1) 运行人员应根据机组的结构特征，认真分析转子和汽缸的膨胀特点和变化规律，制定有效的防范措施，并应熟练地掌握调整和控制胀差的方法。

(2) 认真检查调整通流部分间隙，根据机组的实际情况和检查结果，分析鉴定动、静间隙的合理性，必要时对规定值做适当的修改，使之适应正常运行需要，同时要求机组具备对胀差调整的必要设备手段，如汽封温度的调整手段。高、中压前汽封应有高温汽源，以便在机组突然甩负荷时及时投入以防止产生过大的负胀差。

(3) 加强启动、停机和变工况时对胀差的监视，注意对胀差的控制和调整。

在启停过程中注意保持参数和负荷要平稳，适当地控制汽封温度和排汽温度。合理地使用法兰、夹层加热装置，根据机组不同的特点选择投入法兰、夹层加热装置的时机，一般在出现一定的正胀差以后才投入法兰、夹层加热装置，而且在启动过程中，注意勿使法兰外壁温度高于内壁，不要出现负的胀差；同样在停机过程中，如投法兰加热装置冷却法兰，也应注意控制法兰外壁温度不低于内壁温度，保持胀差不要反向。

在停机打闸后应注意胀差的变化，即充分考虑转子的回转效应和由于叶片鼓风摩擦使胀差增大的裕量。

在热态启动时，注意冲转的蒸汽参数。保证蒸汽有足够的过热度和足够的高于汽缸内壁温度的温差。通常蒸汽温度要高于上缸内壁温度50～100℃。对再热机组来说，根据系统暖管条件不同，对中压缸进汽温度要求也不同，通常再热蒸汽温度高于中压上缸温度30～50℃，有条件时再热蒸汽温度还可以更高一些。

(4) 在机组启停过程中严格控制上、下汽缸温差和法兰内、外壁温差不得超限，以防止汽缸变形造成动、静摩擦。

(5) 注意监视转子的挠曲度，运行人员在启动前和启动过程中应严格监视转子挠度指示不得超限。100MW以上的机组没有挠度指示装置的应设法增加大轴挠度指示表计。机组检修时一定要测量大轴的弯曲情况并做好记录。

(6) 严格控制蒸汽参数的变化，以防止发生水冲击损坏推力瓦。主蒸汽温度突降是水冲击的主要象征，在汽轮机滑参数启、停过程中往往由于金属温度低而在发生水冲击时看不到汽封、法兰冒白汽。故当主蒸汽温度直线下降50℃（在10min内）时，应立即打闸。而不要看到冒白汽或汽轮机振动以后再停机，这时往往已经造成了设备损坏。另外，推力瓦的监测和保护装置必须齐全，并及时地投入运行。包括汽轮机并列以前和解列以后（尤其是对为冷却汽缸继续滑停的机组）。

当主蒸汽温度较低时，如遇调节汽门大幅度地摆动或其他原因使主蒸汽压力突然升高，也会引起一定程度的水冲击，运行人员应注意严密监视，如发生水击的象征，应立即打闸停机。

(7) 加强对叶片的安全监督，防止叶片及其连接件的断落。对新装机组最好能在安装前或大修时用平尺检查隔板的变形情况，并做好记录，以防止因隔板变形引起动、静摩擦。

(8) 停机后应按规程规定投入连续盘车，如因汽缸上、下缸温差过大等原因造成动、静摩擦，使盘车不能正常投入或手动也不能盘车时，不可强行盘车（如用行车等）。待其自然冷却，摩擦消失后，方可投入连续盘车。一般来讲，只要汽缸不进水，大轴是不会产生永久弯曲的。另外，如发现盘车电流较正常值增大或明显地随转速摆动或伴随不正常的声响，也应停止盘车，分析原因，待异常现象消除以后再投入盘车。

(9) 严格控制机组振动，振动超限的机组不允许长期运行，要求机组在工作转速和临界转速振动都不应过大。100MW以上的机组应创造条件直接监督机组的轴系振动。

(10) 机组运行中控制监视段压力，不得超过规定值，以防止隔板等通流部分过负荷、轴向推力过大以及通流部分部件破损等情况发生。

(11) 避免汽轮机在空负荷或低负荷下长期运转，防止汽轮机低真空运行，真空低于停机值，必须紧急故障停机。

四、典型事故案例

某厂配备哈尔滨汽轮机厂有限责任公司生产的超高压、冲动、三缸、两排汽、供热抽汽凝汽式汽轮机。汽轮机本体由高、中、低压缸三部分组成，共有32级。高、中、低压缸轴端汽封的最外圈为接触式汽封；其他轴端汽封和隔板汽封均采用梳齿式，这些汽封的间隙均为椭圆间隙。在高压排汽止回阀前安装了高压缸排汽通风管道。由于气动高压排汽通风阀返厂检修，在高压排汽通风阀预留位置临时安装了两道手动门和一个短节，以便在高压排汽通风阀回厂后进行安装。

某日，1 号机组跳闸，EST 显示跳闸首出为“DEH 故障”。跳闸前机组负荷为 180MW，蒸发量为 540t/h，汽轮机侧主蒸汽压力为 12.2MPa，主蒸汽温度为 537℃，再热蒸汽温度为 531℃。机组跳闸后，锅炉灭火，厂用电系统自投正常。开启高压油泵，倒轴封汽源为辅助联箱，开高压缸排汽止回阀前疏水门。跳闸之后，为尽快恢复带负荷，在不到 3h 内汽轮机共进行了 9 次冲转。第 1 ~ 8 次冲转均由于高压排汽温度高保护动作跳机，第 9 次由于轴振大保护动作跳机。

第 1 次启动，是在锅炉没有点着火的情况挂闸冲车的。汽缸温度从 481.2℃下降到 460.9℃，主蒸汽温度从 534.7℃下降到 444.6℃。从第 7 次开始，主蒸汽温度已低于汽缸温度。冲转参数中，再热蒸汽压力最高达 2.47MPa。多次启动使得高压缸上、下缸温差发生较大的反复变化，导致动静间隙变形，引起摩擦。

该事故的根本原因是没有对极热态启动对汽轮机操作的风险引起足够重视，忽视反措相关规定，在参数已呈现明显异常时仍侥幸操作。极热态启动要求远高于其他温度下启动，在几次没有成功后，应果断停止启动，投入盘车并有足够时间（4h）让转子与汽缸应力释放，稳定锅炉蒸汽参数，详细检查各项监视参数后再进行启动。

第二节　汽轮机进水、进冷汽事故

高参数汽轮机，尤其是大型再热机组，由于进水或进冷汽将可能引起推力瓦烧损、动静摩擦、大轴弯曲、部件裂纹、结合面变形泄漏等设备损坏的事故。国内外大型汽轮机的设备损坏事故有很多都与汽轮机进水或进冷汽有着直接或间接的关系。为此，设计和运行部门必须引起高度重视。

一、汽轮机进水、进冷汽的危害

1. 叶片的损伤和断裂

水进入汽轮机通流部分，使动叶片，特别是较长的叶片受到水冲击而损伤或断裂。

2. 动、静部分碰磨

水或冷汽进入汽轮机，使机组发生强烈振动，汽缸变形，相对膨胀急剧变化，导致动、静部分轴向和径向碰磨。径向碰磨严重时会产生大轴弯曲事故。

3. 引起金属裂纹

机组在启停时如常出现进水或进冷汽，金属在频繁交变的低热应力下，会出现裂纹。如由于受到汽封供汽系统来的水或冷蒸汽的反复急剧冷却，汽封处转子表面就会出现裂纹并不断扩大。

4. 使阀门或汽缸的结合面漏汽

由于阀门和汽缸受到急剧冷却，使金属产生永久性变形，导致配合不严密而漏汽。

5. 推力瓦烧毁

由于水的密度比蒸汽密度大得多，在喷嘴内不能获得与蒸汽同样的加速度，出喷嘴时的绝对速度比蒸汽小得多，使得相对速度的进汽角远大于蒸汽相对速度进汽角，不能按正确的方向进入动叶通道，而打到动叶进口边的背弧上，这除了对动叶产生制动力外，还产生一个轴向力，使汽轮机轴向推力增大；另外，水不能顺利通过动叶道，又使动叶通道的压降增大，也使轴向推力增大。在实际中，轴向推力甚至可增大到正常情况的10倍，轴向推力过大会使推力轴承超载，导致乌金烧毁。

对于中间再热机组，如果主蒸汽温度急剧下降，汽轮机高压缸发生水冲击，将使得负轴向推力增大，严重时，会使转子的总推力方向改变，由推力轴承的非工作瓦块承载，而非工作瓦块的承载能力比工作瓦块小，轴承球面和瓦枕接触面也很小，此时若不及时停机，不仅引起转子向前窜动，而且还会烧坏推力瓦，导致汽轮机动、静间隙消失，发生碰磨。

二、汽轮机进水、进冷汽的原因

从大量汽轮机发生进水、进冷汽事故的事例来看，热力系统设计不合理，设备存在缺陷以及运行人员的误操作均有可能造成汽轮机进水、进冷汽事故。具体有以下几个方面的原因。

1. 来自锅炉和主/再热蒸汽系统

由于误操作或自动调节装置失灵，使蒸汽温度、汽包水位失去控制或由于锅炉发生汽水共腾等都有可能使水或冷汽进入汽轮机。主蒸汽流量突然增加，滑参数启动和停机过程中参数控制不好等都有可能使蒸汽带水。再热蒸汽管道中，减温水门不严或误操作，也有可能使减温水进入汽轮机。此外，若主、再热蒸汽管道及锅炉过热器疏水系统不完善，还有可能将积水带入汽轮机。

2. 来自抽汽系统

当加热器运行中发生故障，例如管束泄漏、水位调节装置失灵、疏水系统故障、抽汽止回阀不严等都有可能使加热器的积水进入汽轮机，除氧器满水也可能使水进入汽轮机。在过去发生的汽轮机进水事故中，抽汽系统故障占的比例最大，尤其是汽轮机长叶片的水冲击事故，绝大部分是由于抽汽系统故障造成的。

3. 来自轴封系统

汽轮机启动时，轴封系统暖管或疏水不充分，在轴封送汽时，水将随蒸汽带入汽封，尤其是甩负荷时，需要迅速投入轴封高温汽源，如果这时暖管疏水不充分，将积水带入轴封，高温的大轴表面将受到不均匀的剧冷冲击，对大轴的危害十分严重。

4. 来自凝汽器

由于凝汽器满水，使水进入汽轮机的事例曾多次发生。汽轮机正常运行中，凝汽器的水位要严格监视，因为当水位升高后，凝汽器的真空将会受到严重影响，所以在机组正常运行中，凝汽器内的水一般是不会倒灌入汽缸的。但停机后，则往往忽视对凝汽器水位的监视，如果进入凝汽器的补水门等关闭不严，就会发生凝汽器满水并灌入汽缸的事故。

5. 来自汽轮机本身的疏水系统

从疏水系统向汽缸返水，多数是设计方面的原因造成的。比如把不同压力的疏水接到一个联箱上，而且疏水管的尺寸又偏小，这样压力大的疏水，就有可能从压力低的管道返回汽缸。此外，疏水管路直径和节流孔板选择不当或在运行中堵塞，会使积水返回汽缸。级内疏水开孔不当，也有可能使汽缸积水。

6. DEH 或一次测温元件故障

DEH 故障或者一次测温元件故障时，在出现冷水、冷汽时无法及时迅速关闭相应阀门，从而造成冷水、冷汽进入汽轮机。

显然，除了上述几种原因可能引起汽缸进水，由于不同机组的热力系统不同，还会有其他水源进入汽轮机的可能。所以运行人员要根据具体情况具体分析，并制定相应的防范措施。

三、防止汽轮机进水、进冷汽的技术措施

在防止汽轮机进水方面，早在 1985 年美国就颁布了《防止水对发电用汽轮机造成损坏的导则》国家标准，从设备、系统的设计、运行、检测、试验及维护等方面提出了全面的防止进水措施。我国的 DL/T 834—2003《火力发电厂汽轮机防进水和冷蒸汽导则》规定了防止水和冷蒸汽对汽轮机造成损坏，提高运行安全、可靠性所涉及的设备和系统的设计、安装、监测、试验及运行维护的技术要求。

1. 有关设备和汽水系统应满足的技术要求

（1）主蒸汽系统除汽轮机电动主汽门前疏水管外，在其他的管段口也应装设内径不小于25mm的疏水管，并装设排水至地沟的检查管。

（2）主蒸汽管道的旁路系统和凝疏管，除主要用以排汽外，还能起到良好的疏水作用，因此旁路和凝疏管路布置应从蒸汽管道的最低水平管路的底部引出并尽可能接近汽轮机。

（3）接到疏水扩容器的疏水应按压力等级分别接到高、中、低压疏水联箱上；汽轮机本体疏水应单独接入扩容器或联箱，不得接入其他疏水。疏水管按压力等级由高到低的顺序成45°斜切连接，压力高的疏水远离疏水扩容器。疏水扩容器通往凝汽器的连接管道应足够大。

（4）所有抽汽管道必须装设足够大的疏水管，各止回阀和截止阀前后的疏水管不要连接在一起，应单独接到通往凝汽器的疏水联箱上；凝汽器上所有疏水连接管均应安装在热井最高水位以上。抽汽止回阀在加热器满水时应能自动关闭。

（5）在抽汽管上应有两个温度测点，一个装在加热器附近，另一个装在抽汽口附近，以便根据此两个温度指示判断加热器工作是否正常。

（6）汽封供汽管应尽量缩短，在汽封调节器前后和汽封供汽联箱上都要装设疏水管。在接到低压加热器的轴封漏汽管上必须装设有止回阀。

（7）加热器和除氧器应有可靠的多重保护防止水位升高返回汽轮机，并有提示运行人员注意的报警系统。

（8）再热器冷段管应设置疏水罐，并设置高、低水位自动疏水装置。再热蒸汽减温水除调节汽门外，还应装设动力操纵的截止阀，当再热器内蒸汽停止流动时，调节汽门和截止阀应能迅速自动关闭；汽轮机甩负荷时，减温水门应能自动关闭，且滞后于主汽门和调节汽门关闭的时间要尽可能缩短。

（9）汽轮机应装设防进水监测装置，并可靠投入，应有足够数量和可靠的汽缸金属温度测量元件和参数显示，并应定期进行校验。

2. 运行维护方面应做到的事项

（1）加强运行监督，严防发生水冲击现象，一旦发生汽轮机水冲击的象征，应果断地采取紧急事故停机措施。经验证明，对于汽轮机水冲击事故，运行人员所采取的处理措施是否及时得当，对设备的损坏程度会有很大的不同。

（2）运行中应加强主、再热蒸汽温度的变化，发现异常时，应及时进行调整，超过规定值时，应执行紧停规定。如运行中蒸汽温度急剧下降50℃时，或蒸汽温度在10min内上升或下降50℃，以及来汽管道阀门、主汽门、调节汽门冒白汽时，应立即打闸停机。

（3）在机组启动前，应全开主、再热蒸汽管道疏水门，特别是热态启动前，主蒸汽和再热蒸汽要充分暖管，并保证疏水畅通。

（4）注意监督汽缸的金属温度变化和加热器、凝汽器的水位，即使在停机以后也不能忽视。对水位进行监视，当发现有进水危险时，要及时查明原因，注意切断可能引起汽缸进水的水源。

（5）在汽轮机滑参数停机、启动过程中，蒸汽温度、蒸汽压力都要严格按照运行规程规定进行升或降，保证必要的蒸汽过热度。

（6）高压加热器水位调整和保护装置要定期进行检查试验，保证其工作性能符合设计要求，高压加热器保护不能满足运行要求时，禁止高压加热器投入运行。

（7）在锅炉熄火后，蒸汽参数得不到可靠保证的情况下，一般不应向汽轮机供汽。如因特殊要求（如快速冷却汽缸等），应事先制定必要的技术措施。

（8）定期检查加热器管束，一旦发现泄漏情况，应立即切断水源与汽轮机隔离，并及时检修处理。

（9）加强除氧器水位监督，定期检查水位调节装置及溢流放水门自动良好，杜绝发生满水事故。

（10）汽封系统应能满足机组各种状态启动供汽要求，正常运行中要检查各个连续疏水情况正常。

（11）运行人员应该明确：在汽轮机低转速下进水，对设备的威胁要比在额定转速下或带负荷运行状态时要大得多。因为在低转速下一旦发生动、静摩擦，容易造成大轴弯曲事故。另外，在汽轮机带负荷的情况下进水时，因蒸汽流量较大，汽流可以使进入的水均匀分布，从而使因温差引起的变形小一些，进水一旦排除后又保持有一定的流量，有利于汽缸变形的及早恢复。所以，在汽轮机低转速下运行时，尤其要注意监督汽轮机进水的可能性。

（12）在停机时若不出现上下缸温差大，可不开启汽缸疏水，以防疏水系统的水及冷汽返回汽缸，极热态开机可在冲转前开启5min后关闭。

（13）给水泵汽轮机应做好与汽轮机一样的防范措施。

四、典型事故案例

（1）某500MW超临界机组，汽轮机为进口超临界、一次中间再热、单轴、四缸、四排汽、凝汽式汽轮机。在温态启动中，抽真空时中压缸上缸外壁温度为349℃，下缸外壁温度为322.5℃，点火后发现上、下缸温差缓慢增加由32℃上升到37℃，启动制粉系统后温差继续增加，同时下缸温度开始下降，上、下缸温差最大达到254℃，中压外缸下壁温度最低下降至81℃，中压缸进汽断面金属温度降低至300℃。后中压缸外缸温度开始回升，听轴封和汽缸内声音无异常。后采取中压缸冲车的方法于10h后消除上、下缸温差。后查明本次中压缸温差大的原因是三段抽汽管道疏水管堵塞，导致积水，同时三段抽汽后的各段抽汽管道联络管截流孔堵塞或抽汽管道存在大量积水导致产生严重水阻。当再热器压力扰动时通过二段和三段抽汽联络管提供的动力积水通过三段抽汽管道进入中压外缸，导致从中压缸下部第三段抽汽口返入冷汽、冷水。

（2）某国产300MW汽轮机组，因发电机主油断路器跳闸停机，在机组启动恢复、锅炉升压过程中，由于2号高压旁路喷水阀不严使喷水漏入再热器冷段管道，经高压缸排汽止回阀进入高压缸，致使汽缸温度突然下降，上、下缸温差增大，引起汽缸变形，产生动、静摩擦，盘车中断。被迫停止机组启动，采用0.5h盘180°的方法直轴，6h后才投入连续盘车。由于高压缸的受冷变形，致使汽缸结合面产生漏汽。

第三节　汽轮机大轴弯曲事故

汽轮机大轴弯曲事故是汽轮发电机组恶性事故中最为突出的，必须引起足够的重视。特别是高压大容量汽轮机由于缸体结构复杂，使得汽缸的热膨胀和热变形变得复杂，增大了汽轮机大轴弯曲的危险性。在所发生的大轴弯曲事故中，大多数机组是在停机（滑停）或启动（特别是热态启动）过程中发生了汽缸进水，多数在机组一阶临界转速以下发生振动大，现场领导和有关人员执行规程不严，强行升速闯临界，甚至强行多次启动造成，且大都发生在高压转子前汽封处。

一、汽轮机大轴弯曲的原因

引起汽轮机大轴弯曲的原因是多方面的，但在运行现场，主要有以下几种情况：

（1）由于通流部分动、静摩擦，转子局部过热，引起大轴热弯曲；弯曲又加剧摩擦，处理不当可能造成永久弯曲。因为其一方面显著降低了该部位屈服极限，另一方面受热局部的热膨胀受制于周围材料而产生很大压应力。当应力超过该部位屈服极限时，发生塑性变形。当转子温度均匀后，该部位呈现凹面永久性弯曲。

（2）大轴在发生摩擦时，因局部摩擦过热向外膨胀，使转子产生热弯曲，摩擦的部分处于弯曲的凸面，当转子转速低于第一临界转速时，转子的弯曲变形与由于大轴弯曲的不平衡离心力基本一致，所以往往产生越磨越弯、越弯越磨的恶性循环，以致使大轴产生永久弯曲。当转子转速大于第一临界转速时，大轴弯曲方向与转子不平衡离心力的方向趋于相反，故有使摩擦面自动脱离接触的趋向，高转速时引起大轴弯曲的危害比低转速时要小得多。

（3）汽缸进冷汽、冷水。停机后在汽缸温度较高时，因某种原因（如凝汽器满水、再热器减温水或其他公用系统冷却水阀门等不严）使冷汽、冷水进入汽缸，汽缸和转子将由于上、下缸温差过大，法兰内、外壁温差过大等，使汽缸、转子产生很大的热变形或拱背弯曲，导致轴端和隔板汽封径向间隙消失，造成转子径向表面与汽封齿摩擦，甚至中断盘车，加速大轴弯曲，严重时将造成永久弯曲。

据有关资料介绍，当转子的温差达到150～200℃时，就会造成大轴弯曲，而且转子金属温度越高越易造成大轴弯曲。

启动及运行过程中，操作不当造成汽轮机进水，也可能会引起大轴永久性弯曲。

（4）转子原材料存在过大的内应力。在较高的工作温度下经过一段时间的运行后，内应力逐渐得到释放，使转子产生弯曲变形。

（5）运行人员在机组启动或运行中由于未严格执行规程规定的启动条件、紧急停机规定等，硬撑、硬顶也会造成大轴弯曲。

（6）设计制造、安装等方面存在缺陷，给大轴弯曲事故留下隐患。对套装转子，紧配合的套装件在热套过程中偏斜、蹩劲也会造成大轴弯曲。

（7）转子自身的动不平衡。汽轮机转子动平衡质量不高或转子质量平衡定位不完善，造成转子在升速时，产生异常振动，可能引起动、静摩擦。

（8）机组热态启动前，大轴晃度值超过规定值，对应的偏心距也大。当转速升高时，不平衡离心力增大，将会引起机组更为显著的振动。如不及时停机，弯曲了的转子必然加剧与汽封的摩擦。

（9）机组发生异常振动，振动值大大超过规定值，又未立即停运。

二、防止汽轮机大轴弯曲事故发生的技术措施

为防止汽轮机组大轴弯曲事故发生，应认真贯彻《防止电力生产事故的二十五项重点要求》（国能安全〔2014〕161号）等有关规定，还应结合本厂设备的实际情况，把各项措施要求，落实到现场运行规程和运行管理、检修管理、设备管理中，在此就相关技术措施强调以下几点。

1. 认真做好每台机组的基础技术工作

（1）每台机组必须备有机组安装和大修的资料以及大轴原始弯曲的最大晃动值（双振幅）、最大弯曲点的轴向位置及圆周方向的位置；机组正常启动过程中的波德图和实测轴系临界转速；盘车电流和正常摆动值，以及相应的油温和顶轴油压等重要数据，并要求有关人员熟悉掌握。

（2）运行规程中必须编制各机不同状态下的启动曲线、停机（包括破坏真空紧急停机）惰走曲线以及相应的真空和顶轴油泵的开启时间。

（3）机组启停要有专门的记录。停机后仍要认真监视、定时记录各金属温度、大轴弯曲度、盘车电流、汽缸膨胀、胀差等，直到机组下次热态启动或汽缸金属温度低于150℃为止。

2. 设备系统方面的技术措施

（1）汽缸应有良好的保温，下缸下部应有挡风板，保证机组停机后上下缸温差不超35℃，最大不超50℃。

（2）机组在设计制造时，要保证做到机组结构合理、通流部分膨胀畅通、动静间隙特别是轴封间隙要合适。安装和大修中，必须考虑热状态变化的条件，应按要求合理地调整动、静间隙，不能随意变化，保证在正常运行中即经济又不会发生动、静摩擦。在联轴器找中心后，要保证大轴晃度值小于0.05mm。

（3）主、再热蒸汽管道及汽轮机本体必须要有完善的疏水装置且布置合理，保证疏水畅通，不返汽、不互相排挤。

（4）汽轮机各重要监视参数（如胀差、膨胀、轴或轴承振动、轴向位移、汽缸壁温等）的设置测点与测量表计齐全、可靠，工作正常；大轴弯曲指示准确。

3. 运行方面的技术措施

汽轮机运行中一旦确认存在设备缺陷且可能造成大轴弯曲时，必须停机予以消除。在机组正常运行中还应采取如下防范措施：

（1）分管运行的领导、专业技术人员和运行主岗人员应掌握各机组的技术资料及确切数据，如大轴晃度表测量安装位置，大轴晃度原始值，机组轴系各轴承正常运行和启动过程的原有振动值，通流部分径向、轴向

间隙值等，使指挥者和操作者都做到心中有数。

（2）运行人员必须严格按照规程操作，杜绝任何疏忽大意。原因是大部分的弯轴事故都与运行操作有密切的关系。

（3）每次启动前必须认真检查大轴的晃动度不超过原始值的0.02mm或不超过规程规定的数值。主蒸汽温度至少高于汽缸最高金属温度50℃，但不超过额定蒸汽温度，蒸汽过热度不低于50℃。冲转前如发生转子弹性热弯曲，应适当加长盘车时间；升速中如发现弹性热弯曲，应加长暖机时间，热弯曲严重或暖机无效时，应停机处理。

（4）上、下缸温差在规定范围内。一般要求高压机、中压外缸上、下缸温差不超过50℃，内缸上、下缸温差不超过35℃。温差或转子晃度超限时，禁止汽轮机冲转。

（5）汽轮机启动前应进行充分连续盘车，一般不少于2～4h（热态启动不少于4h），并避免盘车中断，否则延长盘车时间（一般应按中断时间的10倍再加2～4h进行连续盘车方可冲转）。转子在不转动情况下，禁止向轴封供汽和进行暖机。

（6）热态启动时，应先送汽封后抽真空，且应对机组进行认真全面的检查，保证汽封送汽温度、主蒸汽温度与金属温度相匹配，并充分疏水。

（7）启动过程中要严格控制轴承振动，一阶临界转速（一般为1300r/min）下，不超0.03mm（因为在一阶临界转速以下出现较大的振动，即为明显的动、静摩擦的象征，如果让大轴在更低的转速下继续摩擦显然是很危险的），过临界转速时轴承振动值不超过0.1mm，或者相对轴振动值超过0.26mm，否则立即打闸停机，严禁硬闯临界转速或降速暖机。同时还要注意加强监视高压内缸和外缸上、下缸温差；高压缸左、右法兰的温差在规程规定的范围内，防止上述温差过大造成动、静摩擦。

（8）机组在启、停和变工况运行时，应按规定的曲线控制参数的变化，要加强机组状态的监视，控制各个参数在规定范围内，特别应注意严格控制汽轮机胀差及轴向位移的变化。

（9）机组运行中要求轴承振动不超过0.03mm或相对轴振动不超过0.08mm，超过时应设法消除，当相对轴振动大于0.26mm时，应立即打闸停机；当轴承振动变化±0.015mm或相对轴振动变化±0.05mm时，应查明原因设法消除，当轴承振动突然增加0.05mm时，应立即打闸停机。汽轮机振动保护装置必须投运。运行中发现振动超限而保护拒动时，必须打闸停机。

（10）机组停机后应立即投入盘车，盘车电流过大或有摩擦声时，严禁强行连续盘车，必须先进行180°直轴，待摩擦消失后再投入连续盘车。

（11）因故暂时停止盘车时，应监视转子弯曲度的变化，当转子热弯曲较大时，也应先盘180°直轴，待转子热弯曲消失后再投入连续盘车。

（12）严格做好防止汽轮机进冷汽、冷水的措施。启动过程中应严格按照运行规程及时疏水。正常运行中，主、再热蒸汽温度突降50℃以上或不能维持50℃以上的过热度时，必须立即打闸停机。停机后应注意公用系统的严格隔离，主汽门及调节汽门应保证严密。

三、典型事故案例

（1）某厂一台进口300MW机组，一次大修后的冷态中压缸启动中，升速至1200r/min中速暖机，检查无异常。进行高压缸倒暖和投入高压缸法兰加热系统。由于漏掉了对法兰加热左、右两侧回汽门的检查，左侧法兰回汽门开度很小，右侧门全开，造成高压缸左、右两侧法兰的温差增大，达到100℃，运行监盘人员没有及时发现，直至2号瓦振动增大到0.14mm才打闸停机。解体检查高压转子在高压缸喷嘴和平衡汽封处弯曲0.44mm。

（2）某厂一台国产200MW机组，在一次热态启动时，冲转前大轴晃动度超过原始值0.09mm，汽缸上、下缸温差为80℃。冲转后在低速检查时就发现振动明显增大。当时错误地采取了升速暖机的措施，当升速到1200r/min时，机组发生强烈振动，运行人员没有紧急停机而是降速暖机后又升速到1300r/min时，2号轴承振动达0.12mm，高压前汽封摩擦冒火，前轴承晃动，这时才紧急停机，惰走时间仅2min，转子停止转动后，使用电动和水力盘车都无法盘动转子，23min后，用吊车盘动转子180°，1h后，投入水力盘车，2号轴承处大轴晃动值为0.55mm，连续盘车48h后，2号轴承处大轴晃动值仍为0.5mm，确认大轴发生永久性弯曲。

揭缸检查，发现高压前汽封齿大部分已磨损倾倒，第1~8级动叶片铆钉头和隔板阻汽片在90°的范围内发生了严重摩擦。转子高压端4号汽封稍前的位置最大弯曲度为0.72mm，后来在直轴台架上复测该处最大弯曲度为0.7mm。

造成这次事故的原因主要有两条：

1）在机组不满足热态启动条件、大轴晃动度和上下缸温差严重超限的情况下，错误地启动。

2）低速时发现振动没有紧急停机，反而错误升速，加之中速时强烈振动不立即停机，反而错误采取降速暖机的措施，错上加错。

从中我们应该吸取教训，严格执行有关规定，机组发生强烈振动时，严禁降速暖机，必须采取果断的停机措施，防止事故的发生和扩大。

第四节　汽轮机超速事故

汽轮发电机组是在高转速下工作的精密配合的机械设备，其转速超过危急保安器动作转速，达到额定转速的111%～112%以上，即为超速。汽轮机发生超速时，各转动部件就会超过设计强度（一般是按额定转速的120%进行校核的）而断裂，造成机组强烈振动而损坏设备。严重时可以导致汽轮发电机组飞车，引起机组轴系及叶片断裂，使整台机组甚至报废，是汽轮发电机组设备破坏最大的事故之一，应尽量防止发生。

一、汽轮机超速的原因

汽轮机超速事故的原因除由于汽轮机调节、保安系统故障和设备本身缺陷造成以外，还与运行操作维护有着直接的关系。现按照不同的事故起因和故障环节，分以下几种情况进行简述。

1. 调节系统有缺陷，工作不正常

汽轮机调节系统除了保证机组在额定转速下正常运行外，还要保证在甩掉全负荷时，转速的升高不超过规定值。所以，调节系统是防止汽轮机超速的第一关卡。如果汽轮机甩掉全部负荷以后，不能正常维持机组空载运行，就可能引起超速。汽轮机甩掉负荷后，转速飞升过高的原因主要有：

（1）调节汽门不能正常关闭或漏汽量过大。

（2）调节系统迟缓率过大或部件卡涩。

（3）调节系统速度变动率过大。

（4）调节系统动态特性不良。

（5）调节系统整定不当，如同步器调整范围、配汽轮机构膨胀间隙不符合要求等。

2. 汽轮机超速保护系统故障

（1）危急保安器不动作或动作转速过高。危急保安器的动作转速一般规定在高于额定转速的10%～12%。如果在汽轮机转速升高到危急保安器动作转速时，危急保安器不动作或动作转速过高，将会引起超速事故。造成危急保安器不动作或动作过迟的原因主要有：

1）飞锤或飞环导杆卡涩。

2）弹簧在受力后产生过大的径向变形，以致与孔壁产生摩擦。

3）脱扣间隙过大，撞击子飞出后不能使危急保安器滑阀动作。

（2）危急保安器滑阀卡涩或行程不足，附加保护装置（如电超速保护）定值不当。

（3）自动主汽门和调节汽门卡涩或关闭不到位。

（4）抽汽止回阀关闭不严或拒动。

3. 运行操作调整维护不当

（1）油质管理不善，如汽封漏汽过大造成油中进水或油中有杂质而油净化系统又工作不良时，引起调节保安系统部套卡涩和锈蚀。

（2）运行中同步器调整超过了正常调整范围，这时不但会造成机组甩负荷后飞升转速升高，而且还会使调节部套失去脉动，从而造成卡涩。

（3）蒸汽品质不良，蒸汽带盐，造成主汽门和调节汽门门杆结垢而使阀门卡涩。

（4）超速试验操作不当，转速失控，飞升过快。

4. 电调系统故障

在汽轮机升速过程中，因电调系统故障而导致转速失控。

5. 抽汽或供热系统止回阀不严或拒动

抽汽或供热系统止回阀不严或拒动，造成甩负荷或停机解列后向汽轮机返汽。

二、防止汽轮机超速的技术措施

（1）各超速保护装置均应完好并正常投入且工作正常。

（2）在正常参数下，调节系统应能维持汽轮机在额定转速下运行。

（3）在额定参数下，机组甩去额定负荷后，调节系统应能将机组转速维持在危急保安器动作转速以下。

（4）汽轮机调节系统要有良好的静态和动态特性，速度变动率应不大于5%，迟缓率应小于0.2%。

（5）自动主汽门、再热主汽门、调节汽门、抽汽止回阀等都应能迅速关闭严密，无卡涩。

（6）调节保安系统的定期试验装置应完好、可靠，要按运行规程规定进行试验。

（7）坚持调节系统静态特性试验。汽轮机大修后或为处理调节系统缺陷更换了调节部套后，均应作汽轮机调节系统试验。应进行汽门关闭时间测试，一般要求自动主汽门的关闭时间不大于0.5s，电调机组不大于0.15s。

（8）对新装机组或对机组的调节系统进行技术改造后，应进行调节系统动态特性试验，以保证汽轮机甩负荷后，飞升转速不超过规定值。对于新投产机组必须进行汽轮机甩负荷试验。

(9) 机组安装或大修后、危急保安器解体或调整后、停机一个月以后再次启动时、机组甩负荷试验前都应做超速试验。

提升转速试验时，应注意机组不宜在高转速下停留时间过长，并注意升速平稳，防止转速突然升高。提升转速试验时，应监视附加保安油压，防止误将附加保护动作当做危急保安器动作。

(10) 机组每运行2000h后应进行危急保安器充油试验。但充油试验不合格时，仍需做超速试验。

(11) 按照规定定期进行自动主汽门、调节汽门的活动试验，以及抽汽止回阀的开关试验。当汽水品质不合格时，要适当增加活动次数和活动行程范围。

(12) 运行中发现主汽门、调节汽门卡涩时，要及时消除汽门卡涩。消除前要有防止超速的措施。主汽门卡涩不能立即消除时，要停机处理。

(13) 加强对油质的监督，定期进行油质的分析化验，保证油净化装置正常投入，防止油中进水或杂物造成调节部套卡涩或锈蚀。

(14) 加强对蒸汽品质的监督，防止蒸汽带盐使门杆结垢造成卡涩。

(15) 运行人员要熟悉超速象征（如声音异常、转速指示连续上升、油压升高、振动增大、负荷到零或仅带厂用电等），严格执行紧急停机规定。

(16) 机组长期停运时，应注意做好停机保护的工作，防止汽水或其他腐蚀性物质进入或残留在汽轮机及调节供油系统内，引起汽门或调节部套锈蚀。

(17) 机组大修前后应进行汽门严密性试验，并每年检查一次。试验方法及标准应按制造厂的规定执行。一般情况在单独关闭某一种汽门（主汽门或调节汽门）而另一种汽门全开时，机组转速可降到1000r/min以下为合格。试验时蒸汽参数应尽可能维持额定值。当试验压力低于额定值p时（蒸汽压力应不小于1/2额定压力），要求转速下降到$n' = p'/p \times$ 1000r/min以下为合格，p'为试验时实际主蒸汽压力。

试验时应尽可能维持凝汽器真空正常，并注意轴向推力变化（注意监视轴向位移和推力瓦温度），还应注意避免在临界转速附近长时间停留和监视机组振动。

运行中汽门严密性试验应每年进行一次。

(18) 在汽轮机运行中，注意检查调节汽门开度和负荷的对应关系以及调节汽门后的压力变化情况，若有异常，应及时查找、分析原因。

（19）为防止大量水进入油系统，应加强监视和调整汽封压力不要过高。前箱、轴承箱内的负压也不宜过高，以防止灰尘及汽水进入油系统，一般前箱、轴承箱负压以12～20mm水柱为宜（或轴承室油挡无油及油烟喷出即可）。

（20）采用滑压运行的机组以及在机组滑参数启动过程中，调节汽门要留有裕度，不应开到最大限度，以防同步器超过正常调节范围，发生甩负荷超速。

（21）正常停机时，应先打危急保安器，关闭主汽门和调节汽门，确保发电机有功功率到零，千瓦时表停转或逆转以后，再解列发电机，避免发电机解列后，由于主汽门和调节汽门不能严密关闭造成超速。但也应注意发电机解列至打闸的时间不能拖得过长，因这时属于无蒸汽运行状态，时间过长，会使排汽缸温度升高，胀差增大。

（22）在机组正常启动或停机的过程中，应严格按运行规程要求投入旁路系统，尤其是低压旁路；在机组甩负荷或事故状态下，旁路系统必须开启。机组再次启动时，再热蒸汽压力不得大于制造厂规定的压力值。

（23）汽轮机应有至少两套就地转速表，有各自独立的变送器，并分别装设在沿转子轴向不同的位置上。

（24）数字式电液控制系统（DEH）应设有完善的机组启动逻辑和严格的限制启动条件；对机械液压调节系统的机组，也应有明确的限制条件。同时，汽轮机专业人员必须熟知DEH的控制逻辑、功能及运行操作。

（25）主油泵轴与汽轮机主轴间具有齿型联轴器或类似联轴器的机组，应定期检查联轴器的润滑和磨损情况，其两轴中心标高、左右偏差应严格按照制造厂规定的要求安装。

三、典型事故案例

（1）某厂一台200MW汽轮机组在计划小修前的停机过程中，进行超速试验。

试验开始前，在额定转速下进行手动停机试验，高中压主汽门和调节汽门关闭正常。汽轮机转速正常下降，重新复位，定速后进行1号飞锤动作试验，当机组升速到3228r/min时，汽轮机掉闸，主汽门和调节汽门关闭，但1号飞锤动作指示灯未亮，试验人员误认为1号飞锤动作（实际上是主控司机误读转速为3328r/min后，手打远方停机按钮所致）。

试验人员将机组恢复到3000r/min继续做2号飞锤的动作试验。当转速到3302r/min时，听到汽门动作声响，经检查确认2号飞锤动作。当转速降至3020r/min时，试验负责人认真检查机组的振动，没有发现异常。向总工汇报后继续做2号飞锤试验，当机组提升转速到3340r/min后，转速突然跃升到3456r/min，立即手动危急保安器，主汽门、调节汽门关闭，随即听到一声巨响，机组后部着火，高压后汽封冒出大量蒸汽，两名试验人员被冲倒。随后参加试验的全部人员相继撤回集控室，并开始事故处理和灭火工作。

设备损坏情况：轴系断为13段，7个联轴器的螺栓被切断，5处轴颈断裂（发电机2处，为低压转子两侧叶轮根部和危急保安器小轴腰部），1~7号轴承（除2号轴承外）箱均被击碎飞散，经济损失2510万元左右。

经过检查分析，酿成这次事故的主要原因是该机组轴系稳定性裕度偏低和转速飞升到3500~3600r/min。

引起事故的主要原因：某厂生产的这一型200MW机组，在结构设计上，某些轴承易于油膜失稳，轴系稳定性裕度不足，因而在可能出现的超速范围并不大的情况下，发生了由油膜振荡开始的“突发性”复合大振动，造成轴系严重损坏。

此次事故中引起不正常超速的主要原因是：由于调节系统调速器滑阀的泄油口面积较小，而超速试验滑阀进油口面积较大，进油口面积为泄油口的2.1倍，使调节系统容易进入开环区。另外，超速试验手柄太短，定位不好，操作困难，也是其中的一个原因。

（2）某引进型300MW机组，由于锅炉出现严重爆管，无法维持正常运行，在手打主燃料跳闸（MFT）按钮后，汽轮机发生超速，转速达到4103r/min，后检查原因为发电机跳闸后甩负荷的过程中，联动开高压旁路，低压旁路未投联锁而未能联动开启，而右侧中压调节汽门卡涩，延迟15s后才关闭，造成转速飞升。

第五节　汽轮机叶片损坏事故

汽轮机叶片工作条件严峻，叶片事故在汽轮机事故中占的比例较大，对设备的安全、经济运行有一定影响。长期以来，尽管我国汽轮机制造、运行和有关科研单位为防止叶片损坏做了大量工作并取得不少成绩，但由于设计工艺、测试手段、运行管理不善等因素的影响，叶片损坏事故仍时有发生，即使在一些新设计的或改进设计的叶片上也仍然频繁地出现规律性的叶片损坏事故。汽轮机叶片损坏包括叶片裂纹、断落、水蚀，围带飞脱，拉筋开焊或断裂等。所以进一步采取措施防止叶片损坏，对汽轮机组的安全、经济运行仍具有现实意义。

一、叶片损坏的现象

汽轮机叶片或围带断落飞出时，一般都有较明显的现象，只要运行人员注意检查监督，通常是能够发现的。这些现象具体表现为：

（1）汽轮机内部或凝汽器内部可能产生突然的金属撞击声响，并伴随着机组振动突然增大，有时会很快消失。

（2）机组振动包括振幅和相位均发生明显的变化，有时还会产生瞬间的强烈抖动。这是由于叶片断裂，转子失去平衡或摩擦撞击造成的。但是有时叶片的断落发生在转子的中部，并未引起严重的动静摩擦，在额定转速下也未表现出振动的显著变化，这种断叶片事故，在启停过程中的临界转速附近，振动将会有明显的增加。

（3）叶片损坏较大时，将使通流面积改变，在同一个负荷下蒸汽流量、调节汽门开度、监视段压力等都会发生变化。反动式机组表现尤其突出。

（4）有叶片掉入凝汽器，通常会打坏凝汽器的铜管，使循环水漏入凝结水中，表现为凝结水硬度和电导率突然增大，凝汽器水位升高等。

（5）若为抽汽口部位的叶片断落，则叶片有可能进入抽汽管道，造成止回阀卡涩，或进入加热器使加热器管束损坏，加热器水位升高。

（6）在停机惰走过程中或盘车状态下听到金属摩擦声，惰走时间减少。

（7）转子掉落叶片后，其转子平衡情况及轴向推力将会发生变化，有时会引起推力瓦温度和轴承回油温度的升高。

二、叶片损坏的原因

叶片损坏的原因是多方面的，归纳起来可分为以下几个方面。

1. 机械损伤

造成叶片机械损伤的情况主要有：

（1）外来的机械杂物穿过滤网进入汽轮机，或滤网本身损坏进入汽轮机，造成叶片损伤。

（2）汽缸内部固定零、部件脱落（如阻汽环、导流环、测温套管破裂等），造成叶片严重损伤。

（3）汽轮机因轴瓦（包括推力轴承）损坏，胀差超限，大轴弯曲，以及强烈振动造成动、静摩擦使叶片损伤。此外，还包括在进、出汽道打出微小的缺口或损伤，以致成为叶片疲劳裂纹的起源点，最终导致叶片断落。

2. 水击损伤

由于水击会造成叶片损坏，每次进水都可能造成叶片损坏。对前几级叶片而言，水击不但使叶片应力突然增大，同时使其受到骤然冷却，往往直接引起叶片损坏。对末级叶片来说，由于冲击负荷更大，则更容易因水冲击而损坏。

水击常使叶片进汽侧扭向内弧，而出汽侧扭向背弧，在进、出汽侧产生细微裂纹，形成了叶片振动疲劳断裂的起源地。

水击往往造成拉筋大面积断裂，改变了叶片的连接形式或使叶片组变成单只叶片，一方面降低了叶片的工作强度，另一方面改变了叶片的振动频率，若陷入共振则造成断裂。

3. 腐蚀和锈蚀损伤

叶片的腐蚀损伤常发生在开始进入湿蒸汽的各级，这是因为腐蚀剂需要适度的水分才能发生化学反应，但若水分多到足以将聚集的腐蚀剂冲走，则腐蚀不会发生。所以腐蚀常发生在干湿交替变化，使腐蚀介质易于浓缩的阶段，这些阶段又称为过渡区，受腐蚀介质的影响，将使叶片材料抗振强度急剧下降。

钢质叶片主要是应力腐蚀损伤，这种损伤是由于腐蚀和应力相结合而引发的。另外，蒸汽漏入停止的汽轮机时将会造成叶片的严重锈蚀。

叶片受到侵蚀削弱以后不仅强度减弱而且被侵蚀的缺口孔洞还将产生应力集中现象，侵蚀严重的叶片还会改变叶片的振动频率，使叶片因应力过大或共振造成疲劳断裂。

4. 水蚀损伤

水蚀通常又称水刷，它是蒸汽中分离出来的水滴对叶片作用的一种机械损伤。水蚀一般发生在末几级低压长叶片上以及叶片根部，尤其是末级叶片，因其旋转线速度高，且蒸汽湿度也大，故水蚀表现更为突出。

5. 叶片本身存在缺陷

叶片本身缺陷包括以下几个方面的因素：

（1）振动特性不合格。由于叶片振动频率不合格，所以运行中产生共振，即使扰动不大，叶片在共振状态下也会产生很高的动应力使叶片损坏；如果扰动力很大，则运行几个小时后，就能造成叶片损坏。

（2）设计应力过高或结构不合理。当叶片设计选用应力过高，叶栅结构不合理时，如叶片顶部过薄、扭曲角度大等，致使围带铆钉头应力过大且应力集中，往往运行不久就会发生铆钉头断裂，围带裂纹折断的事故。

（3）材质不良或错用材料。叶片材料机械性能差，金属组织有缺陷或有夹渣、裂纹，叶片经过长期运行后，材料疲劳性能及振动衰减性能变差等将导致叶片损坏。

（4）加工工艺不良。例如表面光洁度不好、留有加工刀痕、扭转叶片的接刀不当、围带铆钉孔或拉筋孔处无倒角（或倒角尺寸位置不合理）等都会导致应力集中，从而引起叶片的损坏。此外，在叶片的连接件施焊过程中，还经常发生材质超温淬硬，使材质的机械和抗振强度下降，或使叶片产生过大的内应力，从而使叶片损坏。

（5）汽轮机超速，造成叶片疲劳断裂。

6. 运行管理不当

由于运行管理不当给叶片造成的危害主要有以下几点：

（1）偏离额定频率运行，使叶片落入共振转速范围内，因共振断裂。

（2）过负荷运行，使叶片的工作应力增大，特别是最后几级叶片，不但蒸汽流量大，而且焓降也随之增加，使其工作应力大大增加，严重超负荷。

（3）进汽参数不符合要求，例如蒸汽压力过高、蒸汽温度偏低、真空过高等都会加剧叶片的水蚀或超负荷。

（4）蒸汽品质不良使叶片结垢，不但会引起腐蚀而且使监视段压力发生变化，造成某些通流级段过负荷。

三、防止叶片断裂事故的措施

为了防止叶片断裂事故，要求检修、运行及技术管理、科学试验等各项工作紧密配合。在运行监督方面要做到如下措施：

（1）加强对蒸汽品质的监督，防止叶片结垢造成叶片腐蚀。

（2）在汽轮机正常运行和启动过程中，要严格保持新蒸汽参数符合要求，保证机组及管路系统疏水畅通，严防抽汽管道积水。

（3）严格控制监视段压力，发现明显的变化时，要及时查明原因进行处理。

（4）电网要保持在额定频率或正常允许的范围内稳定运行。防止频率偏高或偏低，引起某几级叶片陷入共振区。

（5）严防汽轮机超速及保证加热器、凝汽器在正常水位运行，防止发生满水事故，杜绝叶片受到水冲击。

（6）控制汽轮机在规定的参数、负荷下运行，防止低蒸汽温度、低真空。禁止汽轮机过负荷运行，特别要防止在低频率下过负荷。机组提高出力运行时，需经过详细的热力和强度核算并经主管领导批准。

(7) 汽轮机进行低负荷冲洗叶片时，必须按规程严格进行。如规程无明确规定时，必须按事先提出并经有关领导批准的技术措施执行。

(8) 当机组需要在缺少个别级段等特殊工况下运行时，应经过详细的热力和强度核算并限制出力，制定运行措施。

(9) 运行中注意倾听机内声音，认真监督机内的振动情况，发现叶片断落象征且机组振动突然增大时，应立即停机进行检查处理，避免事故扩大。

(10) 停机时间较长的机组，应注意做好停机保养工作，严防水、汽进入汽缸，引起叶片腐蚀。

(11) 不要长时间在仅有一个调节汽门全开的负荷下运行；汽轮机的初终参数超过规定范围时，应相应减负荷。

(12) 在机组大修时，应全面检查通流部分损伤情况，叶片存在的缺陷要及时处理。进行叶片测频，若振动特性不合格时，要进行调频处理。

四、典型事故案例

某发电厂四号机系东方汽轮机有限公司生产的 N200－130/535/535 型汽轮机，末级叶片长度为 680mm。

1977 年 6 月 9 日夜，机组带 110～120MW 负荷运行，1 时 48 分突然发生一声巨响，机组产生强烈振动，随即 3、4 号轴瓦油挡冒烟，低压缸 4 号轴瓦侧汽封冒火花，同时 3、4 号轴承盖向外喷油，运行人员立即手动同步器减负荷停机，但调速系统卡涩，负荷减不下来，1 时 50 分手动打闸停机。在停机惰走过程中振动仍很强烈，直到转速降至 1000r/min，振动才显著减弱。随即投入水力盘车，维持转子转动。

解体检查发现，37 级 30 号叶片（叶高为 680mm，材料为 2Cr13）从根部 136mm 处断裂。该级其余叶片全部被打坏，末级所有叶片均有严重水蚀的痕迹。

分析其原因主要有以下几个方面：

(1) 机组运行不正常，一直在偏离设计工况较大的状况下运行。另外，电网频率长期低于额定值，对叶片断裂均有一定影响。

(2) 正常运行中叶片承受拉应力，水力盘车时，除拉应力外还承受一定的脉冲力，这两种因素的叠加可能使叶片承受过大的热应力而疲劳断裂。

(3) 30 号叶片主要由于材质强度问题，在较大的静拉应力和动拉应力下产生裂纹，再加上水力盘车多次使用，促使裂纹扩展，最终导致疲劳断裂。

目前，对水力盘车已基本上予以否定，设有水力盘车的机组也都停止使用，新制造的汽轮机均不再设水力盘车。

第六节　汽轮机轴瓦损坏事故

汽轮机轴瓦损坏事故（不论是推力瓦还是支持瓦）不仅仅是轴瓦损坏的问题，而且极有可能是导致汽轮发电机组发生动、静摩擦甚至造成大轴弯曲等重大设备损坏事故的根源。

一、汽轮机轴瓦损坏的原因

除了汽轮机发生水冲击或汽轮机平衡活塞失去平衡功能或蒸汽温度下降处理不当，造成蒸汽带水进入汽轮机，或因蒸汽品质不良，叶片结垢等，造成汽轮机轴向推力明显增大，推力轴承过负荷，推力瓦烧损坏以外，导致轴瓦损坏的原因还有以下几个方面。

（1）轴瓦断油或润滑油量偏小。造成汽轮机轴瓦断油的主要原因有：

1）汽轮机运行中，在进行油系统切换时，发生误操作。

2）机组启动定速后，停止高压油泵时，未注意监视油压。当已出现射油器工作失常、主油泵出口止回阀卡涩等情况时，仍然盲目停止高压油泵，使主油泵失压而润滑油泵又未联动，引起断油。

3）油系统积存大量空气未能及时排除，往往会造成轴瓦瞬间断油，烧坏轴瓦。

4）启动、停机过程中润滑油泵工作失常。

5）油箱油位过低，空气漏入射油器，使主油泵断油。

6）厂用电中断，直流油泵不能及时投入时，造成轴瓦断油。

7）供油管道断裂，大量漏油造成轴瓦供油中断。

8）安装或检修时油系统存留棉纱等杂物，造成进油系统堵塞。

9）轴瓦在运行中位移，如轴瓦转动，造成进油孔堵塞。

10）由于系统漏油等原因，润滑油系统油压严重下降，低油压保护未能起到作用或未投入。

11）汽轮机转子接地不良，轴电流击穿油膜。

（2）机组发生强烈振动或长期振动偏大。机组运行中发生强烈振动，油膜破坏会使轴瓦乌金研磨损坏，同时还可能使轴瓦产生位移。机组强烈振动还会使轴瓦乌金发生脱胎、裂纹等，引起轴瓦损坏或工作失常。

（3）轴瓦制造不良或轴承间隙、紧力过大或过小。轴瓦制造不良主要表现为乌金浇铸质量不良。如在浇铸乌金时，瓦胎不挂锡或挂锡质量不良，因而运行中发生轴瓦乌金脱胎、乌金龟裂等问题。

（4）润滑油油压偏低，油温过高，使油膜变薄以致破坏。

（5）油系统进入杂质，润滑油油质不合格，导致轴承油膜破坏。

（6）轴承过载或推力轴承超负荷，盘车时顶轴油压低或大轴未顶起。

二、防止轴瓦损坏的技术措施

在防止轴瓦损坏事故方面应结合本厂设备的实际情况和制造厂的有关说明，严格控制轴瓦运行最高金属温度和润滑油压、油温等参数。在运行管理方面应主要采取如下措施：

（1）油系统进行切换操作时，应在监护人监护下按操作票顺序缓慢进行。操作过程中要注意准备投入的冷油器、滤网等容器内的积存空气排尽，并严密监视润滑油压变化情况。

（2）润滑油系统的阀门应采用明杆门，以便识别开关状态或开启程度，并应有开关方向指示和手轮止动装置。

（3）高、低压备用油泵要定期进行试验。启动前，直流油泵应进行全容量联动试验，以检查熔断器和直流电源的容量是否可靠。交流润滑油泵应有可靠的自投备用电源。

（4）润滑油压应以汽轮机中心线的标高距冷油器最远的轴瓦为准。润滑油压低时应能正确、可靠地联动交、直流润滑油泵。交流润滑油泵电源的接触器，应采取低电压延时释放措施，同时要保证自投装置动作可靠。

（5）机组启动前向油系统供油时，应首先启动低压润滑油泵，并通过压缩线排出调速供油系统积存的空气，然后再启动高压调速油泵。

（6）机组启动定速后，停止高压油泵时，先缓慢关闭其出口门，并注意监视油泵出口和润滑油压的变化情况。发现油压变化异常时，应立即开启高压油泵出口门，查明原因并采取措施。高压油泵出口油压应低于主油泵出口油压。一般要求转速达 2800r/min 以后主油泵应能开始投入工作。

（7）加强对轴瓦的运行监督，汽轮机轴承应装防止轴电流的装置。在轴承润滑油的进出口管路上和轴瓦乌金面上应装温度测点，并保证指示可靠。

（8）油箱油位保持正常。滤网前后油位差超过规定值时，应及时清扫滤网。

（9）润滑油压要保持在设计要求的范围内运行。机组运行中应经常观测润滑油压力、温度及轴承回油量，并保证油净化装置正常工作。

（10）停机时，均应先试验低压润滑油泵，然后停机。在惰走过程中要注意润滑油压的变化，如发现润滑油压低，油压继电器又投不上或低压润滑油泵不上油时，要立即采取措施。如汽轮机转速尚能保持轴瓦供油时，可再次挂闸（事故情况外）使汽轮机恢复到额定转速运行，待查明原因，消除缺陷后再按正常步骤停机。

（11）在机组启停过程中，要合理控制润滑油温。汽轮机正常运行时，一般要求进入轴承的油温保持在35～45℃之间，温升一般不超过10～15℃。润滑油温过高或过低对油膜的稳定均不利。机组启动过程中，转速达到2000r/min以前，轴承的进油温度应接近或达到正常要求。对滑参数启动及热态启动机组，由于其升速较快，冲转前油温应相对高一些，一般要求不低于38℃。在停机过程中，若轴承已磨损或擦伤，则转速低到一定数值时，便会丧失形成油膜的能力，从而产生干摩擦或半干摩擦。此时应采取措施增加降速率并迅速停机。大型轴承停机过程低速烧瓦问题，在国产机组上曾多次发生，据有关资料介绍，大型轴颈400～500mm，轴承球面直径在1m以上时，停机过程中转速在1200～50r/min，特别是在700～200r/min时，易出现轴瓦磨损。故规定在停机过程中转速降到1000r/min左右时，启动顶轴油泵。

（12）在机组启停过程中，应按制造厂规定的转速，停启顶轴油泵（转速在1000r/min左右以下时，顶轴油泵应运行）。

（13）汽轮机运行时，轴封系统应正常工作，以防油中带水。油净化装置应运行正常，油质应符合相关标准。

（14）防止汽轮机发生水冲击和汽轮机通流部分发生动、静摩擦，以防轴向推力过大或转子异常振动，保证轴承振动，尤其是轴振动保持在合格范围以内。

（15）当发现在机组运行中有如下情况之一时，应立即打闸停机：

1）任一轴承回油温度超过75℃或突然连续升高至70℃时。

2）主轴瓦乌金温度超过厂家规定值。

3）回油温度升高，且轴承内冒烟。

4）润滑油泵启动后，油压低于运行规程允许值。

5）盘式密封瓦回油温度超过80℃或乌金温度超过95℃时。

三、典型事故案例

（1）2003年5月31日，某厂国产300MW亚临界汽轮机组处理汽轮机冷油器切换阀手轮密封套漏油缺陷过程中，汽轮机突然跳闸，首出信号

“润滑油压低”，汽轮机交、直流润滑油泵联启，润滑油压回升至 0.11MPa。高中压主汽门、调节汽门、高压排汽止回阀联关。锅炉 MFT，“程跳逆功率”“逆功率保护”未动作。运行人员手启空侧直流油泵，将 6kV 厂用电切至 1 号启动备用变压器带，手动解列发电机，手动启电动给水泵。之后，值班人员发现主油箱油位急剧下降，油压急剧下降，瓦温快速上升至满量程，轴承振动上升至满量程，轴承冒烟。立即进行事故排氢灭火，同时充 CO_2。凝汽器破坏真空，关闭所有通往凝汽器的疏水。转速到零后，停运密封油、润滑油系统。

事故原因分析为检修人员在 2 号汽轮机润滑油冷却器切换阀检修工作时，没有办理工作票手续，也没有与运行人员打招呼，当将润滑油切换阀上边备帽松开后，大量的润滑油从阀杆与轴套之间隙喷出，润滑油压降低到零，断油，造成汽轮机停机、烧瓦。

(2) 1999 年 12 月 4 日，某电厂 300MW 机组负荷为 211MW，主蒸汽流量为 789t/h，主油泵运行由 2 号射油器供润滑油（压力为 187kPa，温度为 40℃），主油箱油位为 42mm/32mm；高压启动油泵、交流、直流润滑油泵备用，1 号抗燃油泵运行，2 号抗燃油泵备用，抗燃油压力为 4.1MPa，机组运行正常。

5 时 50 分，值班员在巡检中发现左侧高压主汽门油动机控制滑阀下部法兰垫呲开，大量油气喷到主蒸汽各处室道上引起冒烟，遂立即报告单元长和司机；5 时 56 分，由于主汽门信号电缆烧坏，主控误发“右高压主汽门关闭”和“左中压主汽门关闭”的信号，锅炉灭火；司机在主控室打闸未掉机，并启动交流润滑油泵，润滑油压由 187kPa 升到 192kPa，通知巡检员就地打闸；5 时 57 分，机头打闸，主控发“电磁遮断阀动作”信号；5 时 58 分，电气值班员检查有功负荷到零，断开发电机主开关解列，司机停止 1、2 号抗燃油泵运行，转速开始下降，当转速下降到2530 ~ 1987r/min 过程中，主控相继发出“润滑油压低 1 值”(68kPa)、“润滑油压低 2 值”（49kPa)、“润滑油压低 3 值”（29kPa）信号，并联动直流润滑油泵，机组轴系振动增大，瓦温升高超限（4、5 号振动超过 172μm，5 ~ 7 号瓦温超过 100℃），开真空破坏门破坏真空。转速下降到 1756r/min 时，“润滑油压低 3 值”“润滑油压低 2 值”“润滑油压低 1 值”信号恢复正常，润滑油压回升至 234kPa，机组轴系振动开始减小，瓦温下降恢复；6 时 9 分，转速降到零，润滑油压为 234kPa，司机停止直流润滑油泵，消防队开始灭火。汽轮机转子惰走时间为 10 分 43 秒（正常为 41 分左右），期间润滑油压低于 29kPa 以下，时间为

31s；6 时 12 分，启动盘车，机械盘车带不动，人力盘车。事故造成发电机两侧轴瓦（6、7 号）乌金烧损，发电机转子下沉 2～3mm，油挡磨损。

发生断油烧瓦的原因是汽轮机打闸、发电机解列，在转速下降的过程中，主油泵不参加工作后，2 号射油器出口止回阀未关，交流油泵供出的油通过 2 号射油器出口止回阀及 2 号射油器返回主油箱，造成润滑油压下降到 29kPa 以下，机组发生断油烧瓦，直流油泵联动后，在供油量剧增的情况下，2 号射油器出口止回阀关闭，油压很快恢复正常。

第七节　油系统着火事故

汽轮机油系统着火，通常是瞬间爆发且火势凶猛不易控制，如不能及时切断油源、热源，火势将迅速蔓延扩大，以致烧毁设备和厂房，甚至危及人身安全，损失极大。

一、油系统着火事故的原因

根据以往汽轮机油系统着火事故的分析可以看出，引起油系统着火的主要原因有：

（1）油系统着火，必须具备两个条件：一是有油漏出；二是附近有未保温或保温不良的高温热体。汽轮机油燃点只有 200℃左右，当其落至表面温度高于 200℃的热体上时，就会立即起火。大型汽轮机组由于工作油压较高，油系统比较复杂，高温蒸汽管道很多，所以就更加剧了着火的危险。

（2）设备的结构有缺陷或检修安装质量不良，如油管由于布置或安装不良，运行中发生振动；油管法兰与某些热体无隔离装置；油动机、阀门、管接头等部件没有紧固好；法兰结合面使用了胶皮垫或塑料垫不能耐高温；法兰垫未放正，螺栓未拧紧等。

（3）发生事故前，常有漏油现象，甚至已冒烟或小火，但未能引起重视，没有采取措施迅速解决。

（4）由于外部原因（如油管被击破，氢系统爆炸）造成油系统大量漏油，引起着火。

（5）发生着火事故时，值班人员慌张，发生误操作，使事故扩大。如打闸停机时，忘了破坏真空，延长了惰走时间；没有停止高压启动油泵，甚至误启动，使高压油大量喷出；忘记打开事故排油门或着火后事故排油门无法开启；汽轮机启停过程中，启动汽动油泵不当造成油泵超速，或由于汽轮机超速使油管超压断裂；着火后，由于消防设备不齐全或消防设备使用不当，以致不能及时控制火势，使火势扩大蔓延。

二、防止油系统着火的技术措施

在防止汽轮机油系统火灾方面，应认真执行 GB 50229—2019《火力发电厂与变电站设计防火规范》，做好以下防范措施：

(1) 油系统的布置应尽量远离高温管道，油管最好能布置在低于高温管道的位置。油管的连接应尽量少用法兰、螺栓，尽可能使用焊接。

(2) 汽轮机油管道要有牢固的支吊架和必要的隔离罩、防爆箱。油系统仪表应尽量减少交叉，以防在运行中发生振动磨损。高压油管的管接头宜按高一级选用，不许采用铸铁或铸铜的阀门。在某些大型机组（引进型 300MW）上将压力油管放在无压力的油管内，油泵、冷油器放在主油箱内，显然对防火很有利。

(3) 汽轮机油系统的安装与检修必须保证质量，阀门、法兰盘、接头的结合面必须认真研刮，做到接触良好，不渗、不漏。管道不应蹩劲。油系统法兰结合面用的垫料，要采用软金属、隔电纸、青壳纸、耐油石棉板等耐油耐热的材料（厚度在 1.5mm 以内），不准在油管路上使用不耐油、不耐热的塑料、胶皮垫和石棉纸垫以及仅耐油不耐热的耐油胶皮垫；垫要放正；法兰螺栓要均匀拧紧；法兰螺栓的数量和质量要符合技术要求；锁母接头只能用软金属（如紫铜）垫圈。

(4) 油系统的阀门、法兰盘及其他可能漏油的部位附近不准有明火，必须明火时要采取有效措施，附近敷设有高温管道或其他热体时，这些热体的保温应牢固、完整，外包铁皮或玻璃丝布涂油漆。压力油管的法兰接头处应有护罩，防止漏油时直接喷射。保温层表面温度一般不应超过 50℃，如有油漏至保温层内，应及时更换保温。此外，还需装设低位油箱，用以收集流入轴承座油槽内的油，疏油管应经常保持畅通。

(5) 运行人员应认真进行巡回检查，注意监视油压、轴承回油温度、轴承油挡处情况是否正常，当调节系统大幅度摆动时，或机组油管道发生振动时，应及时检查油系统管道是否漏油，发现油系统有漏油现象时，必须查明原因，及时修复。漏出的油要及时擦净。运行中发生系统漏油时要加强监视，及时处理。如运行中无法消除，而又可能引起火灾事故时，应采取果断措施，停机处理。

(6) 事故排油门应设两个钢质截止阀，其标志要醒目，油门的操作把手应设在距油箱和密集的油管区间5m以外的地方且应有两个以上的通道可以达到，以防油系统着火后被火焰包围无法操作。为了便于紧急情况下能迅速开启，操作把手不允许上锁，但应挂有明显的“禁止操作”标志牌。

(7) 油系统安装完毕或大修后，应进行超压试验，以便于及早发现问题。

(8) 各发电厂应根据自己的具体设备情况，对汽轮机油系统着火事故的处理做出切合实际的规定。汽轮机在运行中发生油系统着火，如属于设备或法兰结合面损坏喷油起火时，应立即破坏真空停机，同时进行灭火。为了避免汽轮机轴瓦损坏，在破坏真空惰走时间内，应维持润滑油泵运行，但不得开启高压油泵。有防火门的机组应按规定操作防火门。当火势无法控制或危及油箱时，应立即打开事故放油门放油。

(9) 现场应配备足够数量的消防器材，并经常检查，以保证其处于完好备用状态。汽轮机中间层顶部油管较多时，应设置灭火器，以备急用。现场消防水源应保持足够的水压，消防栓和消防带应统一规格，完整好用，禁止挪作他用。厂房内必须有消防通道，并经常保持畅通。现场应建立消防责任制度，有关人员应经过消防训练，熟悉消防器材的使用方法并应定期进行消防演习。

在油箱等管道密集区的上方，最好能装设感烟报警探测装置和消防喷嘴，以便发生油系统着火时，能自动报警并向火源处喷洒灭火剂。

(10) 在汽轮机平台下布置和敷设电缆时，要考虑防火的问题，电缆进入控制室电缆层处和进入开关柜处应采取严密的封闭措施。

对使用弱电选线控制的系统，为了便于迅速处理事故，对部分重要开关可考虑增加强电控制。

(11) 禁止在油管道上进行焊接工作。在拆下的油管上进行焊接时，必须事先将管子冲洗干净。在油区、油管道附近作业时，要认真执行动火操作票和执行危险因素控制卡制度，要有避免明火溅落到油区及油管的措施，并应有可靠的安全措施。

三、典型事故案例

某厂一台国产200MW汽轮机组运行中，高压油动机活塞上压力表管漏油，检修人员用胶皮包住漏点并用铁丝缠紧，交代运行人员10min检查一次。后在检查间隔中突然断开，司机跑到漏油点脱下工作服堵漏，油管断开约4min后，值长下令停机，随即油动机下部着火并发展到机头附近地面的油气爆燃，形成火线，将一人封在火区内，撤出时从10m平台掉落到0m造成死亡，另有一人被烧伤。

第八节 厂用电全停事故

发电厂的厂用电可靠供电，不仅对发电厂的安全运行至关重要，而且对电力系统的安全也有着非常重要的影响。在发电厂发生厂用电全停事故后，特别是大容量发电机组的电厂，将使电网造成甩负荷、低频率、低电压，甚至发生电压崩溃或频率崩溃等，严重时还会造成电力系统瓦解，电网解列。此外，厂用电全停后，还可能造成发电厂内汽轮机转子大轴弯曲、轴瓦损坏、锅炉爆管等主辅设备严重损坏事故等。

由于电力系统事故的危害性很大，因此在发电机组正常运行中应采取各种必要的反事故措施，尽量避免事故的发生。实践证明，发生厂用电全停事故时，如果能正确、及时地进行处理，其事故所造成的损失影响可以明显减小。

一、厂用电全停的现象

厂用电全停的现象有：交流照明灯灭，事故照明灯亮；事故喇叭报警；运行设备突然停止，备用设备不联动，运行设备电流表指示到零；各泵出口压力急剧下降；主、再热蒸汽压力、温度及凝汽器真空下降等。

二、厂用电全停事故的原因

(1) 由于发电厂内部的厂用电、热力系统或其他主要设备的故障处理不当导致机炉全停，全厂出力降为零，造成全厂停电。

(2) 由于发电厂和电力系统间的联络线故障跳闸，使地区负荷很大的发电厂发出的功率远远小于负荷，引起发电厂严重低频率、低电压，此时如果处理不当，可能造成发电机组全停，以致全厂停电。

(3) 发电厂的主要母线发生故障，使大部分发电机组被迫停机，并波及厂用系统的正常供电时，也可能发展为全厂停电。

(4) 发电厂运行人员误操作，致使保护装置的一、二次方式不对应，或者造成某些主要设备，如主变压器、厂用电母线等失电，在某些情况下，可能扩大为全厂停电事故。

可见，厂用电全停事故是发电厂的综合性事故，是多种单一事故互相牵制并发展的结果。

三、厂用电全停的处理方法

厂用电全停事故发生以后，运行值班人员应该在值长的统一指挥下进行事故处理，并应遵循以下基本原则：

（1）尽量限制发电厂内部的事故发展，消除事故根源并解除对人身和设备的威胁。

（2）尽快隔离故障点，倒换系统运行方式，准备恢复厂用电运行。

（3）如果是厂用电电源部分故障，不能尽快恢复时，可立即启动发电厂内的柴油发电机组运行，优先恢复厂内机组保安电源供电。

（4）如果事故发生在发电机组保安电源系统上，且又无法立即恢复时，要求尽快与调度做好联系，准备利用外来电源（如系统联络线送电等）供电。

（5）单元制发电机组厂用电全部中断时，除积极恢复厂用电外，还应立即将单元制发电机组的负荷减至零，将各厂用电动机操作控制开关断开，防止给水泵等电动机倒转。

（6）立即启动直流润滑油泵和直流密封油泵，手打危急保安器紧急停机，同时还应注意检查监视发电机组各参数，是否在安全允许范围内。对机组的真空系统、轴封系统、回热系统、冷却水系统等进行必要的切换操作。

（7）根据蒸汽温度、蒸汽压力、真空、凝汽器水位情况决定汽轮机的运行状态。

（8）如果是电力系统故障引起厂用电失电，应当考虑发电机组与电力系统解列的运行方式，但此时必须有上一级调度的命令方可进行解列操作。

（9）厂用电中断，如长时间不能恢复，汽轮机转子静止，无法进行电动盘车时，要立即手动定期盘车，测量大轴晃动度。当电源恢复后，应在大轴晃动度较小的情况下，投入连续盘车。

提示 第一～八节内容适用于初级工、中级工、高级工、技师、高级技师使用。

第八章

汽轮机及辅机大修后的验收和试运行

汽轮机在大修中，其所属每个设备都要经过解体检修，尽管大修后均要按制造厂家或设备技术规范的要求进行调整，但其性能仍可能发生变化。为了保证大修后的设备投入正式运行后，能长期安全、经济、稳定地发供电，就必须对其进行验收和试运行。试运前，必须对大修后的设备及系统管道进行冲洗，并达到化学要求的标准；试运过程中，检查和考核大修后的设备的性能是否符合制造厂的要求；试运结束，应提出大修试运行的总结，作为设备的原始资料。

第一节　大修后的验收

当汽轮机本体及其附属设备的大修工作即将结束时，为了使汽轮机组总体试运行工作能顺利进行，并为此做好充分的准备，应根据检修工作完成以及设备系统之间的实际情况，进行分段试运行和分部验收。分部试验、试运行及分部验收大体可归纳为以下几个方面：①真空系统严密性试验；②辅助设备系统的验收；③汽轮机油系统循环冲洗；④调速系统的验收；⑤热工自动保护装置的试验；⑥各种阀门的验收及校验。

一、真空系统严密性试验

汽轮机大修后，必须要对凝汽器的汽侧、低压缸的排汽部分以及当空负荷运行时处于真空状态下的辅助设备与管道做严密性试验检查。其中最简便且最实用的检查方法就是灌水找漏法。

灌水前应确保凝汽器内部及相关系统的检修工作结束，凝汽器内部已清理干净，并将处于灌水水面以下的真空表计全部切除。底部是支持弹簧支撑的凝汽器，为了防止弹簧受力过负荷，要加装临时支撑，然后方可开始灌水。引进型机组汽缸与凝汽器间用橡胶或波形管作柔性连接者，灌水应按制造厂规定执行。灌水前最好要加装临时高位水位计以便检查水位高度。

真空系统灌水试验的高度一般应在汽封洼窝以下 100mm 处，灌注用水可用化学处理过的合格水或澄清的生水。各抽汽管道也应灌水。

检查试验方法也可采取加压法，即检修人员将汽轮机端部轴封封住，低压缸大气排汽门门盖固定好后便可开始加压，压力一般不超过 50kPa。

水灌满后，运行人员应联系检修人员共同检查如下部位：所有处于真空状态下的容器、管道、阀门、法兰、接合面、焊缝、堵头和接头等可能泄漏的地方，凝汽器和加热器的水位计，凝结水泵和疏水泵的法兰，与真空系统连接的阀门、疏水器及 U 形水封管的外露部分，凝汽器铜管及其胀口，与凝汽器连接的排汽缸接口的疏水扩容器及其他设备等。若有不严之处，应采取相应措施处理，直到严密不漏为止。

二、辅助设备系统的验收

在电厂生产过程中，各种辅助设备系统，他们的工作直接影响汽轮机的安全性和经济性，因此机组大修后的各辅助设备及系统均要经过试运，以检查其运行情况是否符合设计及运行的要求，试运合格且验收后方可参与总体试运行。

（一）设备系统的冲洗

大修后凝汽器、除氧器及其水箱、加热器以及给水系统管道、凝结水系统管道、冷却水系统管道等都要进行冲洗至水质透明，以消除内部的污垢和杂物，保证设备安全运行，具体冲洗方式应按要求进行，直至水质符合要求为止。

（二）辅助设备系统的验收

汽轮机辅助设备的试运行是分部试运验收的重要组成部分，试运前需对有关设备进行认真检查及试验调整，确认具备下列条件：

(1) 除氧器试运前有关安全门、脉冲安全门及其附件应安装正确，并已经过冷态整定，排汽管的截面积应符合设计要求。安全门动作压力视给水泵汽化的条件，一般应整定为工作压力的 1.1～1.25 倍，回座压力符合制造厂规定。

(2) 各热工自动装置、仪表、远方操作装置经初步通电检查性能良好。

(3) 除氧器、加热器就地水位计应清澈可见并有足够的照明，水位调节器、高低水位报警保护装置传动试验正常。疏放水系统正常。

(4) 管道及有关设备应能自由膨胀，注意除氧器水箱支座及底座应清扫干净，以防阻碍膨胀。

（5）真空系统抽真空前应具备的条件：真空系统严密性检查合格，排大气各阀门均应关闭，密封水系统投入且向各密封阀门供水正常；凝结水泵及循环水泵和有关系统试运完毕，能投入使用；真空泵试运时应注意：泵汽水分离器应满足启动水位，真空泵启动后真空泵入口气动阀应能联开。

各辅助设备试运行后达到验收的要求如下。

1. 除氧器

除氧器的水位调节装置工作正常，溢流装置及高低水位报警信号动作可靠，就地和远方水位计指示一致；蒸汽压力调节装置工作正常，能稳定地维持除氧器压力在要求范围内；安全门动作正确、可靠，排汽畅通；运行过程无汽水冲击现象和明显振动现象；在铭牌出力下正常运行时，除氧水含氧量应符合标准，并能达到铭牌出力。

2. 减温、减压装置

设备运行参数应能达到铭牌规定；安全门的整定值应为铭牌压力的1.1倍加0.1MPa，动作与回座压力应符合要求，流水畅通，减温水调整门关闭后应严密不漏；管道及其有关设备，应能自由膨胀。

3. 热交换器

各台加热器投入前，应分别通过事故放水充分吹扫；各部分操作灵活，无泄漏现象；运行正常后，各部分参数应能达到制造厂的规定；加热器水位稳定，各自动调节保护装置经调试能正常工作，高压加热器水位高保护按要求试验正常；安全门经整定后，其动作压力应为铭牌压力的1.1倍加0.1MPa。

4. 真空系统

真空泵工作时，本身的真空应不低于设计值；在不送轴封汽时，真空系统投入后，系统的真空应不低于同类机组的数值，一般为40kPa左右（适用于当地大气压为760mmHg时）；供轴封蒸汽投入后，系统的真空应能保持正常运行的真空值。

三、汽轮机油系统循环冲洗

汽轮机油系统包括润滑油系统、调节油系统和密封油系统。油系统的清洁程度以及油质的好坏，直接关系到汽轮机的安全。由于其在汽轮机运行中所起的重要作用，决定了其试运工作在整个分步试运中所占的不同地位。可见大修后要认真地进行油系统的冲洗循环。所以为了搞好油系统试运和油循环工作，运行人员必须了解掌握该项工作的主要内容、必须具备的基本条件、工作程序及检查验收标准与方法。

1. 主要工作内容

油箱清理及灌油；各辅助油泵试运行；按照有关规定要求，进行油系统循环冲洗；启动调速油泵进行调速油系统充压试验及严密性检查，并对各油系统油压进行初步调整；配合热工、电气人员进行油系统设备联锁保护装置的试验与整定；油质合格后，恢复系统，重新对系统充入合格的汽轮机油。

2. 试运及冲洗前应具备的条件

油系统设备及管道全部装好并清理干净，系统承压检查无渗漏；准备好油循环所需临时设施，装好冲洗回路，将供油系统中所有过滤器的滤芯、节流孔板等可能限制流量的部件取出；备有足够量符合制造厂要求且油质化验合格的汽轮机油；油系统各油泵及排油烟机电动机空转试运正常；油系统设备及环境应符合消防要求，并备好足够的消防器材；确保事故排油系统符合使用条件。

3. 油循环的一般程序

(1) 通过滤油机向油箱灌油，并检查油箱及油系统有无渗漏现象，同时注意检查油位指示是否与实际油位相符，并调整高低油位信号正确。

(2) 冲洗主油箱、储油箱、油净化装置之间的油管路至清洁。

(3) 在轴承润滑油的入口管不进油的条件下，单独冲洗主油泵的主管路至油质清洁。

(4) 各径向轴承进、出油管路短接，以不使油进入乌金与轴颈的接触面内，推力轴承的推力瓦拆去，进行油循环。

(5) 将前箱内调节保安部套的压力油管与部套断开，直排油箱或其油管短路连接进行冲洗。

(6) 冲洗时可使交、直流润滑油泵同时投运，必要时密封油备用泵也投入冲洗，油净化装置应在油质接近合格时投入循环；各轴承管路采取轮流冲洗的方法，以加大流速和流量；顶轴油管也应参加冲洗。

(7) 当油样经外观检查基本无杂质后，对调节保安油系统进行冲洗并采取措施不使脏物留存在保安部套内。

(8) 油循环过程中，应定期放掉冲洗油，清理油箱、滤网及各轴承座内部，然后灌入合格的汽轮机油。

(9) 油质化验合格后，将全部系统恢复至正常运行状态，在各轴承进油管上加装不低于40号（100目）的临时滤网，其流通面积应不小于管道面积的2~4倍，将各调节保安部套置于脱扣位置，按运行系统进行油循环，冷油器应经常交替循环，并经常将滤网拆下清洗，防止被杂物冲破。

（10）油循环完毕及时拆掉各轴承进油管的临时滤网，恢复各节流孔板。

4. 油循环

油循环应符合下列要求：

（1）管道系统上的仪表采样点除留下必要的油压监视点外，都应隔断。

（2）进入油箱与油系统的循环油应始终用滤油机过滤，循环过程中油箱内滤网应定期清理，循环完毕应再次清理。

（3）冲洗油温应交变进行，高温一般为75℃左右，但不得超过80℃，低温为30℃以下，高、低温各保持1～2h，交替变温时间约1h。

（4）对密封油系统要求密封油泵试运合格；密封瓦处应进行短路循环；冲洗前应做好防止冲洗油漏入发电机内的措施；与润滑油系统相连接的密封油管在发电机轴承冲洗合格后，可使油从发电机到油箱进行反冲洗；冲洗油应不经油氢差压阀和油压平衡阀，走旁路，冲洗完毕应清理油氢分离器、密封油箱和过滤器等。

（5）对高压抗燃油的电液调节系统，油循环时应注意，向抗燃油箱灌油必须经过10μm过滤器；拆除汽门执行机构组件上的有关部件，安装冲洗组件；系统上永久性金属滤网更换为临时冲洗滤网；抗燃油再生装置也应投入循环冲洗；采取措施保证冲洗流量，保持循环油温为54～60℃；每2h清理油箱磁棒一次，及时清理油滤网。

油循环冲洗应达到下列标准：

1）从油箱和冷油器放油点取油样化验，达到油质透明，水分合格。

2）采用下列任一检查方法（GB 10968—1989《汽轮机投运前油系统冲洗技术条件》）确定系统冲洗的清洁度：

a. 颗粒含量重量法。各轴承进油口处加50孔/cm（120目）滤网，在全流量下冲洗2h后，取出滤网，用溶剂汽油清理滤网，然后用150目滤网过滤该汽油，经烘干处理后杂质总质量不超过0.1g/h，且无硬质颗粒，则被检测系统的清洁度视为合格。

b. 颗粒含量测数法。在任意轴承进口处加150目的锥形滤网，再用全流量冲洗循环30min，取出滤网，在洁净的环境中用溶剂汽油冲洗滤网，然后用200目滤网过滤该汽油，收集全部杂质，用不低于放大倍率为10倍并有刻度的放大镜观测，对杂质进行分类计数，其杂质颗粒符合表8－1的要求。

表 8－1　　汽轮机油清洁度要求（GB 10968—1989）

杂质颗粒尺寸（mm）	数量（颗）
>0.25	无
0.13～0.25	≤5

3）抗燃油系统。油循环冲洗工作的清洁程度要求从回油母管的过滤网前取油样 100mL，在试验室中按规定的方法用微分显微镜观测油样中杂质的粒径和数量应符合表 8－2 的 4、5 级标准要求，则系统清洁度为合格。

表 8－2　　油洁净度分级标准（美国 N/As）　粒数/（100mL）

粒径（μm） 等级	5～15	15～25	25～50	50～100	>100
2	1000	178	32	6	1
3	2000	356	63	11	2
4	4000	712	126	22	4
5	8000	1425	253	45	8
6	16000	2850	506	90	16
7	32000	5700	1012	180	32
8	64000	11400	2025	360	64
9	128000	22800	4050	720	128
10	256000	45600	8100	1440	256
11	512000	91200	16200	2880	512
12	1024000	182400	32400	5760	1024

四、调节系统的验收项目

（一）调节系统静态特性试验

调节系统各部件大修后虽已由检修人员经过整定，但为了确保各部套之间的正确关系，机组启动前仍需进行静态特性试验。调节系统静态特性试验包括静止试验、空负荷试验和带负荷试验。

静止试验是在汽轮机静止状态下，启动高压调速油泵，对调速系统进行检查，以测取各部套之间的关系曲线，并与制造厂设计曲线相比较，如偏离较大时，应进行处理，以保证汽轮机总体试运行的顺利进行。具体内容在第三章已作了详细介绍。

调节系统空负荷试验和带负荷试验将在本章第二节中详细介绍。

（二）数字电液调节系统试验

目前国内现有汽轮发电机组，其DEH（数字电液调节系统）分为两类：一类是以国产200MW机组和部分300MW机组以汽轮机油为工质的数字电液调节系统，其主要设备和控制软件由国内自主开发研制，基本满足控制运行的要求；另一类为引进型300MW及以上机组为代表的数字电液调节系统，其工质为高压抗燃油，特点是整体控制水平较高，设备体积小，可实现单阀控制等诸多功能。

在DEH系统投入运行之前，对系统各部分进行全面的模拟试验检测和调试，是确保DEH系统大修后正常工作和安全运行的关键。

1. DEH调节系统的静止试验

（1）静止试验主要测取DEH系统各环节的静态特性，并检查其特性是否满足设计要求。

（2）位置反馈装置的静态特性。线性位移差动变送器的电压和油动机行程的关系。

（3）凸轮特性。DEH输出的信号电压与凸轮环节输出电压之间的关系。

（4）油动机静态特性。阀位指令和油动机行程之间的关系。

（5）伺服系统的静态特性。DEH输出到油动机位移变化的关系，是反映位移传感器（LVDT）特性、凸轮特性和油动机特性的综合特性。

（6）转速回路的静态特性。通过模拟转速变化，测取转速与油动机行程的关系。

2. DEH的功能检查

（1）汽轮机自动调节的功能和精度。模拟不同的启动方式与运行状态，全面检查其调节功能及精度应满足设计要求。

（2）汽轮机启停和运行监控系统的功能。检查监控系统工作正常，具备使用条件。

（3）汽轮机超速保护系统的功能。为了避免机组发生超速，DEH系统一般具有三种保护功能：

1）甩全负荷时，快关调节汽门延迟开启，保持机组空负荷运行。

2）甩负荷保护，当电网发生相间短路或某一相发生接地故障，引起发电机功率突降时，快关中压调节汽门，然后再重新开启，以维持机组正常运行。

3）超速保护，设置有103%和110%两种。103%超速保护动作时，迅速关闭高、中压调节汽门；110%超速保护动作时，迅速关闭高、中压主汽门及调节汽门。

4）汽轮机自动控制（ATC）功能。DEH系统的ATC，包括自启动ATC和带负荷ATC，它的内容是由两个任务级程序及若干子程序组成。运行检查需在热控人员配合下逐项进行，以确定其工作是否正常，是否具备投运条件，重要的是要掌握有关操作系统的功能及使用方法。

3. DEH系统的性能要求

（1）空负荷转速波动量小于或等于±0.1%的额定转速。

（2）功率波动量小于或等于±1MW。

（3）抽汽压力波动量小于或等于±0.05MPa（供热机组）。

（4）抽汽压力变动率小于或等于20%（供热机组）。

（5）速度变动率为3%~6%可调。

（6）甩额定负荷转速飞升（凝汽工况）小于或等于9%的额定转速。

（7）计算机MTBF（故障间隔平均小时）大于或等于2000h。

（8）系统MTBF大于或等于4300h。

五、热控自动保护装置的试验

随着机组容量的增大，汽轮机的自动保护装置越来越完善和可靠，为了确保机组运行中其动作准确，机组启动前一定要进行如下调整试验。

1. 液压保安系统的调整试验

危急遮断器挂闸后，测取同步器、启动阀或其他有关装置行程与主汽门开度的关系；主汽门开度与安全油压、主汽门油动机活塞下油压的关系。手动就地、远方打闸试验模拟保安系统隔离试验；测取主汽门、调节汽门关闭时间，一般要求关闭时间不大于0.5s。对于功率限制器的调整应达到：功率限制器行程与调节汽门油动机行程关系符合设计要求；在退出位置时，应不妨碍调节汽门全开；在投入位置时，应能根据给定值限制负荷，但不应妨碍调节汽门的关闭；操作装置灵活，投入与退出的声光信号应正确。

2. 汽轮机保护试验

大型汽轮机通常都具有以下主要保护，启动前应进行全面试验且应动作正常。

（1）汽轮机超速保护。为了防止汽轮机超速而造成严重事故，各种类型的汽轮机都设置了双套保护装置，即汽轮机制造厂必须配备可靠的机械（又称危急保安器或危急遮断器）超速保护装置和附加超速保护装置。

同时，还必须有可靠的电超速保护装置。此外，对于DEH还设有超速保护控制装置（OPC）。

（2）超速保护均需进行实际试验且全部合格后，方可允许机组长期运行。

（3）轴向位移保护。当轴向位移超出某一规定值时，会发出报警信号；当达到危险值时，保护动作，自动停机。试验时，应注意轴向位移保护的零位要准确，指示方向正确，模拟动作正确可靠。

（4）低油压保护。当润滑油压低于正常要求数值时，应发出声光信号报警；继续降低至某一数值时，自动投入辅助油泵；若油压仍然继续下跌到某数值时应自动停机；当停机后，油压再下降至某数值则停止盘车。调速油压低时，应联动高压启动油泵。抗燃油压低Ⅰ值时，联动备用泵；低Ⅱ值时，停机。低油压试验时，应实际升降油压以检查其压力开关的动作值是否准确，回差应小于5kPa；对于润滑油压来说，还应根据压力开关的标高与轴承中心线的标高不同对动作值进行修正。

（5）低真空保护。当真空下降至某一规定值时发出报警信号，以便采取措施；当真空继续下降至规定极限值时，保护动作，自动停机。该试验只能模拟进行，以检验保护回路是否正常。

（6）机、电、炉大联锁保护。单元机组当汽轮机、锅炉、发电机的任何一个设备故障跳闸时，其他两设备将在规定的时间内相继跳闸，以保护各主要设备的安全。

（7）其他保护。大型机组通常还设有轴承乌金温度高保护、轴承回油温度高保护、高压缸排汽温度高保护、轴承盖振动大保护、轴振动大保护及胀差大报警等。这些保护项目也必须进行联动试验，试验时应采取相应措施，使模拟试验尽量接近实际情况。

3. 抽汽止回阀、高压排汽止回阀联锁试验

抽汽止回阀是联动保护装置。汽轮机跳闸自动主汽门关闭或发电机掉闸后，应能及时联动关闭抽汽止回阀和高压排汽止回阀，以防止机组超速或汽轮机进水事故。

4. 高压加热器水位自动旁路保护

试验过程中，注意当保护动作时，液动给水旁路阀应在3s内迅速打开，入口阀及出口阀应在5s内关闭；其保护动作应不影响锅炉正常供水；抽汽止回阀、抽汽电动阀及事故疏水阀联锁动作正常。应注意检查电动旁路系统动作时间是否符合设计要求。

5. 低压缸喷水装置试验

当排汽缸温度高至60℃时，该装置应自动开始喷水，以降低排汽缸温度。

6. 旁路系统试验

旁路系统在机组启动过程中起参数调整的作用，必须保证旁路系统动作可靠、灵活。

在机组启动前，需对旁路调节系统的静态特性进行试验，在此基础上，对旁路系统的压力调节、温度调节进行模拟试验，并进行旁路系统保护联锁试验。特别要注意旁路装置调节阀及减温阀的执行机构动作应灵活，旁路系统自动投入或切断的时间应符合要求。

首先检查其操作机构动作正常，对气动旁路应检查其压缩空气系统正常，对液动旁路应检查其供油系统运转正常，然后进行旁路系统功能试验：

（1）远操旁路阀、喷水阀应动作灵活、平稳。

（2）进行高、低压旁路系统快速开启试验。

（3）进行凝汽器故障时，低压旁路阀快速关闭功能试验。

（4）进行喷水阀联动调整试验。

六、各种阀门的验收及校验

手动门验收的要求是：操作手轮完整，开关方向明确；操作方便，开关灵活，无卡涩。电动门、调整门的校验是：确认其电源正常且对运行中的系统及设备无影响。检修后的电动门、调整门校验应会同热机、热工（或电气）检修人员进行。校验前应检查确认机械部分转动灵活，电动机转向及阀门动作方向正常。有近控、遥控的电动门及调整门应在专人监视下进行近控、遥控校验，有“停止”按钮的阀门、极限开关、力矩保护正常，阀门开度指示与实际相符，信号显示正确。电动门电动关闭后，预留的手动操作关闭圈数应符合有关规定，校验结束后，应将手动关闭的圈数复归，以防电动复归不了。有联锁的电动门、调整门，经“开”和“关”校验良好后，还需再进行联锁试验，使之动作正常。

第二节　汽轮机总体试运行

一、转动机械的试运行

在火力发电厂的生产过程中，各种转动机械是构成各种系统循环的主要辅助设备，它们工作的好坏直接影响主要设备的安全性和经济性。因此经过大修的各转动机械都必须经过试运，以检查其运行情况是否符合运行的要求，合格后方可参与整体试运行。

1. 分部试运的条件

分部试运前，该转动机械的电动机应经过单独空负荷试运行合格，旋转方向正确，事故按钮试验正常。参与试运的容器、冷却水系统应已冲洗合格；转动机械的有关仪表、信号及音响装置调整完毕；有关联锁保护装置模拟试验动作正常；有关电动、气动、液动阀的部件动作灵活、正确。转动机械部位加好了符合要求的润滑油脂，油位正常；手盘转子检查时，设备内部应无摩擦和卡涩等异常现象。

对于给水泵，油系统的油循环应完毕，油压正常，油质合格。密封系统的冷却水和冲洗水畅通，冷风室不漏风，冷风器不漏水，系统流量正常。具有暖泵系统的高压给水泵试运前必须进行暖泵，暖泵是否充分的标准为泵体上、下温差小于15℃，泵体与给水温差小于20℃。给水泵的自动再循环门动作要灵活、可靠。对于带液压联轴器的给水泵，试运前应做好液压联轴器的静态试验，凸轮转角和勺管行程的对应关系应符合要求。对于汽动给水泵，还要求其保护汽门、调节装置及保安器动作正常。

对于循环水泵，试运前进水侧应清理干净，滤网及清污装置正常，启动抽真空装置试验良好。轴流式水泵的出口阀门开闭灵活，联锁动作正确、可靠，真空破坏阀动作灵活。带橡胶轴瓦的水泵，启动前应先注入清水或肥皂水，待泵正常出水后再停；带有专用润滑水时，其润滑水泵试运正常，滤网前后压差正常。全调节式轴流泵的油系统和压缩空气系统工作应良好。

2. 试运应达到的要求

（1）在试运过程中，泵的出口压力应稳定并能达到额定数值；电动机在空载及满载工况下，电流都不超过额定值。

（2）轴承振动应符合有关规定。

（3）泵的轴承最高温度的规定：使用润滑油的轴承一般为65～75℃；使用润滑脂的轴承一般不超过80℃。

（4）电动机的轴向窜动应不大于0.5mm，电动机的滑动轴承温度一般不能超过80℃，滚动轴承不得超过100℃。

（5）各项联锁装置和自动控制动作正常，转动部分声音正常。

（6）带液压联轴器的给水泵试运中，注意尽量避开在2/3额定转速范围内运行，因为此时泵的传动功率损失达到最大，勺管回油温度也达到最高点。

(7) 各试运的附属转动机械设备应连续运行在4~8h以上；容量在2000kW及以上的电动机可根据厂用电容量情况决定，如启动后情况正常也可缩短试运时间，在总体试运中仍可继续考验。

二、空负荷试运行

汽轮机空负荷试运行是在汽轮机启动后于空转无励磁情况下进行的，以检查调速系统的空载特性及危急保安器装置的可靠性。

汽轮机启动应具备以下条件：各有关公用系统和附属设备系统均已分部试运合格；冷水塔、凝结水处理设备等都处于备用状态；调节系统与自动保护装置经静止试验合格；发电机氢气系统风压试验合格，具备投氢条件，水冷却系统冲洗合格，具备投入条件；排汽缸喷水装置试验合格。此外，启动措施经审批已向运行人员交底，有关的准备工作已经就绪。

空负荷试运行时要进行以下试验：危急保安器充油跳闸试验、自动主汽门及调节汽门的严密性试验、调速系统空负荷试验（其中包括同步器工作范围的测定）等。

1. 危急保安器充油跳闸试验

为了能够使机组在正常运行条件下，检查危急保安器动作是否灵活准确及防止危急保安器卡涩，大型机组都装有充油试验装置。一般规定超速试验合格后方可进行充油试验，以免充油试验影响超速试验的准确性。对大型机组，超速试验应在带一定负荷运行后进行，此时应先做充油试验。

危急保安器充油动作转速应略小于3000r/min，否则无法在正常运行时进行充油试验。复位转速应略高于额定转速，否则在带负荷进行充油试验后，危急保安器无法在正常转速下复位。此外，对于具有全周进汽系统的机组，试验时应在全周进汽状态下进行，以避免喷嘴室产生较大温差和热应力。

2. 自动主汽门和调节汽门的严密性试验

自动主汽门和调节汽门的严密性试验的目的是用来检查自动主汽门及调节汽门的严密性程度。试验的方法有两种：

第一种方法是在额定蒸汽压力、正常真空和汽轮机空转的条件下进行。当自动主汽门（或调节汽门）单独全关而调节汽门（或自动主汽门）全开的情况下，中压机组的最大漏汽量应不致使转子转速降至静止；进汽压力为9MPa及以上的汽轮机，最大漏汽量应不致使转子降速至1000r/min以下。

试验时，当主蒸汽压力偏低但不低于额定主蒸汽压力的50%时，转子转速迅速下降值应进行修正，修正办法在本书第七章中已述。

第二种方法是汽轮机处于连续运行，并做好冲转前的一切准备工作，自动主汽门前主蒸汽管处于额定汽压的状态下，全关主汽门而全开调节汽门，若汽轮机此刻未退出盘车运转，即为主汽门严密性合格。全关调节汽门而全开自动主汽门情况下，若汽轮机虽退出盘车运转，但转速在400～600r/min以下，即为调节汽门严密性合格。

3. 调速系统空负荷试验

调速系统空负荷试验是汽轮机不带负荷，在额定参数及不同同步器位置条件下，用主汽门或其旁路门来改变转速，测取转速感应机构特性曲线、传动放大机构特性曲线、感应机构和传动放大机构的迟缓率、检验同步器的工作范围以及检查汽轮机空负荷运转的特性。

试验是将同步器分别放在上、中、下限三个位置（对应于转速为3150、3000、2850r/min）进行。首先，把同步器放在下限位置，由发令人发出第一个信号，同时做好第一点记录；再逐渐关小主汽门使转速缓慢下降，下降速度要尽量慢一些，一般可以做到转速下降速度不大于10～15r/min。待转速降至第二点时，发第二个信号并记录。依次继续测量其余各点，直到油动机全开。测量各点的转速间隔应保证在油动机全开范围内不少于8个测点。降速试验完毕，再按上述方法逐渐开启主汽门作升速试验。但要注意在一个试验过程中，转速不得反复。

低限位置试验完毕，用同样方法进行同步器在中限及高限位置的试验。做高限位置试验时，应注意在升速时出现超速使危急保安器动作的可能。

试验应做如下记录：转速、调速器行程、油动机行程、同步器行程、冷油器前润滑油压、新蒸汽参数和排汽压力等。然后，根据所测数据，绘出同步器不同位置时调速器特性，传动放大机构特性，主油泵进、出口压差与转速以及主油泵进、出口压差与油动机行程的关系曲线；根据所得曲线求出同步器的高低限位置及调速器本体及传动放大机构的迟缓率。

试验结果应满足如下要求：空负荷时同步器下限的最低控制转速应比额定转速低6%，空负荷时，同步器上限的最高控制转速应比额定转速高6%。在额定转速下，同步器行程由空负荷至满负荷位移所需要的时间，一般不超过50s。机组容量小于或等于100MW时，迟缓率应小于0.4%；对电液型调节系统，迟缓率应小于0.15%；机组容量为100～200MW（包括200MW）时，迟缓率应小于0.2%；对电液型调节系统，迟缓率应小于0.10%；机组容量大于200MW时，迟缓率应小于0.10%；对电液型调节系统，迟缓率应小于0.06%。此外，当主汽门全开时，调节系统应能维持空负荷稳定运行，并能用同步器顺利并网。

三、带负荷试运行

带负荷试运行的目的是为了进一步检查调速系统的工作特性及其稳定性，以及真空系统的严密程度等。

带负荷试运行必须在空负荷试运行正常，调速系统空负荷试验合格，各项自动保护及联锁装置动作正常，发电机空载试验完毕及投氢工作完成后方可进行。在带负荷试运行过程中，应进行如下试验：超速试验、真空系统严密性试验、调速系统带负荷试验，必要时还应进行甩负荷试验。

（一）超速试验

危急保安器是防止汽轮机超速的一种保安装置。为了确保汽轮机运行的安全，大修后必须进行超速试验，以检查危急保安器的动作转速是否在规定范围内和其动作的可靠性。

大型机组，超速试验均应在带25%～30%的负荷运行3～4h后进行。因为在空负荷运行时，汽轮机内的蒸汽压力、温度都比较低，转子中心处的温度尚未被加热到其脆变温度以上；另外，超速试验时，转子应力比额定转速下增加约25%的附加应力，所以在启动后的空负荷运行过程中做超速试验显然是不合适的。

超速试验前，危急保安器油跳闸试验及手动试验应合格，具有全周进汽系统的机组，应切换为全周进汽运行方式。试验时，用同步器缓慢提升转速，当同步器达到高限位置时，改为用提起超速试验销的方法继续缓慢地提升转速，直到危急保安器动作，注意记录动作的转速。若转速达到危急保安器动作转速而未动作时，应立即手动停机。

超速试验的动作转速应为额定转速的108%～110%；每只危急保安器一般进行两次试验，两次动作转速差不应超过0.6%额定转速；脱扣后应能复归，复位转速一般不应低于3030r/min，跳闸与复位信号也应正确。

当危急保安器的动作转速不符合规定时，可通过改变调整套筒的旋入圈数或调整螺栓的旋入圈数来调整。但调整完毕后应再试验，如未达到要求，应再继续调整，直到合格为止。

（二）真空系统严密性试验

真空系统严密性的好坏，直接影响着汽轮机运行的经济性。因为空气量的增加，将使凝汽器中的真空降低，对非再热凝汽式汽轮机，真空每降低1%，汽耗将近似增加1%。所以，大修后的机组必须进行真空系统严密性试验，以确保真空系统的严密。

汽轮发电机组带80%额定负荷时进行该项试验。首先关闭凝汽器与抽气设备间的空气阀门，30s后，开始观察和记录真空下降数值，5min内真空平均下降速度不超过0.40kPa/min为合格，下降总值不大于2kPa。

（三）调速系统带负荷试验

调整系统带负荷试验的目的是测取配汽机构特性曲线，即负荷与油动机行程关系曲线、同步器与油动机行程的关系曲线、油动机与调节汽门开度的关系曲线、调节汽门之间开启的重叠度，并检查调速系统在各种负荷下的稳定情况。

在进行带负荷试验时，汽轮机的进汽及排汽等参数与电网周波等应尽可能稳定并维持额定值，以减少功率的修正工作及修正后的误差。回热系统应提前投入，如果在试验过程投入，会使机组功率减少，由于这时油动机活塞的升程不变，配汽机构特性曲线会出现突变，从而使调速系统的特性线也出现突变，失去真实性。同理，当抽汽压力稍高于除氧器压力时，应立即向除氧器供汽。

1. 凝汽式汽轮机试验方法

试验是从汽轮机带额定负荷开始（也可从空负荷开始），在此负荷下稳定3~5min后，发令人发出第一个信号，并作记录。然后降负荷至第二个测点稳定3~5min后，发第二个信号，并作第二次记录。以后各点的测试均按此法进行，直到负荷到零为止。测点不得少于12点。降负荷试验完毕，再进行升负荷试验，方法与降负荷相同。试验中应记录的参数：电负荷、新蒸汽流量、油动机行程、调节汽门开度、调节汽门门后压力、调节级压力及同步器行程等。

根据以上测试的结果，作出调速系统的静态特性曲线，最后求得调速系统的速度变动率、迟缓率以及同步器的工作范围、各调节汽门的重叠度，并对该系统的静态特性作出全面的评价。

调速系统在试验过程中应能达到如下要求：调速系统应工作稳定；带负荷后，在任何负荷点均能维持稳定运行；用同步器增减负荷或由于电网周波变动引起负荷变化时，油动机应动作平稳，无卡涩、突跳或摆动现象；速度变动率应在3%~6%，一般取4%~5%。背压汽轮机一般为4.5%~6.5%。局部速度变动率的范围见表8-3。

表8－3　局部速度变动率

机组功率范围	机械、液压型调节系统	电液型调节系统
0～90%	最大值无限制；最小值不应小于系统速度变动率的0.4倍	3%～8%
90%～100%	最大值无限制；最小值不应小于系统速度变动率的0.4倍	不大于12%
90%～100%（平均局部速度变动率）	不大于15；最大值不应大于系统速度变动率的3倍（除最后一只调节汽门外）	不大于10%

2. 供热式汽轮机的试验方法

供热式汽轮机除了进行凝汽式工况下带负荷试验外，还应进行调节抽汽的性能试验，测定抽汽压力与抽汽量的关系。

试验时，在投入调压器后，保持电负荷（应能满足最大抽汽量的需要）和调压器手轮位置不变，逐渐降低供热抽汽压力，增加机组的抽汽量，从零直到最大。记录抽汽压力、抽汽量、负荷和调压器行程。然后反方向重复上述试验，求出调压器的压力变动率和迟缓率。

当用户无特殊要求时，调压系统应能达到如下要求：可调整抽汽式汽轮机（抽汽压力大于或等于0.784MPa）及背压汽轮机（背压大于或等于0.98MPa）的压力变动率应小于或等于10%，压力迟缓率应小于或等于1%；抽汽压力小于或等于0.784MPa及背压小于或等于0.98MPa的汽轮机的压力变动率应小于或等于20%，压力迟缓率应小于或等于2%。当供热抽汽压力保持在正常范围内时，机组应能提供给规定的抽汽量。当热负荷在全范围内变化时，机组电负荷的变化应符合制造厂的保证值。

（四）甩负荷试验

甩负荷试验又称动态试验，一般包括常规法（甩电负荷）及测功法（甩汽负荷）两种试验方法。

常规法甩负荷试验就是指汽轮发电机组在并列带负荷的情况下，突然断开发电机的主油断路器与系统解列，以观察机组转速与调速系统各主要部件在过渡过程中的动作情况，从而判断该调速系统的动态稳定性。测功法甩负荷试验是在已知机组转子转动惯量的条件下（已取得该机组的转子实测转动惯量或制造厂提供了设计转动惯量），机组不与电网解列，突然关闭调节汽门，通过测取汽轮发电机组甩负荷后有功功率变化过渡过程曲线，计算瞬时最高转速。

常规法甩负荷试验的目的是直接测取汽轮机调节系统动态特性。从录波记录可以测取转速、调速器滑阀（滑环）、油动机等主要部套相互间的动作关系、动作的迅速性等，为分析设备缺陷，提供改进设备方案的依据。通过该试验，考核机、炉、电各主、辅机设备对甩负荷工况的适应能力。测功法甩负荷试验的目的是间接测取机组甩负荷瞬时最高转速。

1. 常规法甩负荷试验

甩负荷试验中，若稍有操作不当或调速系统工作不良未被发现，均会导致机组发生超速事故。因此试验应在确信调速系统空负荷试验、带负荷试验以及超速试验合格后才能进行。另外，锅炉和电气方面设备运行情况要良好，各类安全门调试动作可靠；甩负荷试验措施得到调度的同意后才可开始。甩负荷过程中，一般应对有关数据进行录波，同时应有专人对各种数据进行记录。

甩负荷试验一般按甩额定负荷的1/2、3/4及全负荷三个等级进行。甩1/2、3/4负荷合格后，才可进行甩全负荷试验。试验开始时，将负荷调整至预定负荷稳定运转一段时间后，开始记录相关参数，然后发出甩负荷命令，解列发电机组运行，同时进行记录，特别要注意将甩负荷前的转速瞬间最高转速和最后稳定转速记录准确，因为这是该试验中计算速度变动率及求出甩负荷特性的依据，也是鉴定调速系统在甩负荷后能否保持不超过危急保安器动作转速的依据。

通过甩负荷试验要求得调速系统各主要部件在动态过程中的相互关系，为便于分析调速系统工作情况，一般需要整理如下数据：

（1）转速、调速器滑环、油动机行程、调节汽门开度及调速油压等起始值、最大（小）值与稳定值。

（2）甩去负荷后的转速、滑环、油动机、调节汽门、自动主汽门、抽汽止回阀及调速油压的动作时滞。

（3）油动机、调节汽门、自动主汽门开始到完全关闭所需的时间，并求出其最大速度及平均速度。

（4）做出甩负荷后转速飞升曲线和调节汽门关闭后转速继续上升的数值。

（5）判断汽轮发电机组是否经得起甩负荷。机组在甩去额定负荷后转速上升，如未引起危急保安器动作即为合格，如转速未超过额定转速的8%~9%为良好。

2. 测功法甩负荷试验

机组在额定参数、回热系统全部投入等正常方式下，直接进行甩100%额定负荷试验，前提是机组不与电网解列，迅速关闭高、中压调节汽门、抽汽止回阀，切断向汽轮机供汽。待确认调节汽门完全关闭后，迅速将同步器（功率给定）置于零位，锅炉迅速降负荷。当确认发电机负荷到零并出现逆功率时，4~6s后，手动打闸或逆功率保护动作关闭主汽门，联跳（或手操）发电机主油断路器，机组与电网解列，拆除临时措施，按运行规程要求恢复正常运行或停机。

试验过程中，若调节汽门油动机未能完全关闭或已关闭，但发电机有功功率不能降到零，禁止发电机与电网解列，以防止超速。

试验主要记录项目有：发电机有功功率，转速，油动机行程，试验起始信号，主、再热蒸汽参数，调节级压力，真空，同步器行程等。

汽轮机各种试验合格后，须带满负荷运行168h。最终其质量应达到如下要求：

（1）有完整的试运技术资料，以作为该机组的原始资料。

（2）空负荷与满负荷整套试运行合格。

提示 第一、二节内容适用于初级工、中级工、高级工使用。

第九章

发电厂的经济指标分析及可靠性管理

第一节　汽轮机运行经济指标

一、发电厂主要热经济指标

（一）凝汽式发电厂的主要热经济指标

为定量评价凝汽式发电厂的热经济性，目前世界各国均用热量法制定了全厂的和汽轮发电机组的热经济指标。它们一般可以分为三类：直接说明热经济性的热效率、能耗率以及说明与产量（P_e 或 W_i）和热经济性有关的单位时间能耗。它们之间可通过反映能量生产关系的功率方程式相联系。

凝汽式发电厂最重要的热经济指标有全厂热效率 η_{cp}、煤耗率 b、汽轮发电机组的绝对电效率 η_e 和热耗率 HR。其中 η_{cp} 与 b、η_e 与 HR 是一一对应的。

1. 热效率

（1）凝汽式汽轮机的绝对内效率 η_i。

对于凝汽式汽轮机，其能量平衡式为

$$Q_0 = W_i + \Delta Q_c \quad \text{kJ/h} \tag{9-1}$$

$$\eta_i = \frac{W_i}{Q_0} = \frac{W_a}{Q_0} \times \frac{W_i}{W_a} = \eta_t \eta_{ri} \tag{9-2}$$

或

$$\eta_i = 1 - \frac{\Delta Q_c}{Q_0} \tag{9-3}$$

式中　Q_0——汽轮机汽耗 D_0 时的热耗，kJ/h；

ΔQ_c——冷源热损失，kJ/h；

W_i——汽轮机汽耗 D_0 时，以热量计的实际内功率，kJ/h；

W_a——汽轮机汽耗 D_0 时，以热量计的理想内功率，kJ/h；

η_t——循环的理想热效率，现代蒸汽动力循环的，$\eta_t = 0.50 \sim 0.54$；

η_{ri}——汽轮机相对内效率，对于现代大型汽轮机，$\eta_{ri} = 0.86 \sim 0.90$。

对于蒸汽动力循环，η_i 称作循环的实际热效率；对于汽轮机实际内功率 W_i 来讲，η_i 称作汽轮机绝对内效率，以区别于汽轮机的相对内效率 η_{ri}。一般简称 η_i 为汽轮机内效率。就其实质而言，η_i 不仅是凝汽式汽轮机的热量利用率，而且还是汽轮机的实际热功转换效率，具有一定质量利用的意义。

式（9－1）～式（9－3）是对流量为 D_0（kg/h）的新蒸汽而言。对于1kg新蒸汽，比热耗为

$$q_0 = \frac{Q_0}{D_0} = w_i + \Delta q_c \quad \text{kJ/kg} \tag{9-4}$$

汽轮机内效率为

$$\eta_i = \frac{w_i}{q_0} = 1 - \frac{\Delta q_c}{q_0} \tag{9-5}$$

式中的比内功 w_i 和冷源损失 Δq_c 分别为 $w_i = \frac{W_i}{D_0}$ kJ/kg；$\Delta q_c = \frac{\Delta Q_c}{D_0}$ kJ/kg。

若扣除给水泵消耗的功率 W_{pu}（kJ/h），则可得汽轮机的净内效率 η_i^n，即

$$\eta_i^n = \frac{W_i - W_{pu}}{Q_0} \tag{9-6}$$

（2）汽轮发电机组的绝对电效率 η_{el}。

$$\eta_{el} = \frac{3600P_{el}}{Q_0} = \eta_i\eta_m\eta_g \tag{9-7}$$

式中 P_{el}——汽耗 D_0 时发电机发出的电功率，kW；

η_m——机械效率；

η_g——发电机效率。

汽轮发电机组是火力发电厂中最主要的热力设备之一，其绝对电效率对电厂的热经济性起着决定性作用。由式（9－7）可以看出，由于 η_m、η_g 的数值均在0.99左右，故汽轮机的内效率 η_i 在 η_{el} 中起主导作用。

（3）管道效率 η_p。

$$\eta_p = \frac{Q_0}{Q_b} \tag{9-8}$$

式中 Q_b——锅炉热负荷，由新蒸汽 D_b、再热蒸汽 D_{rh} 和排污水 D_{bl} 在锅炉内获得的热量组成，kJ/h。

（4）凝汽式电厂热效率 η_{cp}。

它表示了凝汽式电厂热量转换成电能的热效率，可由式（9－9）求

得，即

$$\eta_{cp} = \frac{3600P_{el}}{BQ_1} = \frac{3600P_{el}}{Q_{cp}} = \eta_b\eta_p\eta_i\eta_m\eta_g = \eta_b\eta_p\eta_{el} \qquad (9-9)$$

$$Q_{cp} = BQ_1$$

式中　B——锅炉煤耗，kg/h；

Q_1——煤的低位发热量，kJ/kg；

η_b——锅炉效率；

Q_{cp}——燃料供给电厂的热量，kJ/h。

η_{cp}等于热电转换中各过程热效率的连乘积。

对于燃煤电厂，由于BQ_1既是燃料在锅炉中的供热量，在数值上又近似于燃料的化学能。与电能一样，化学能本身就是其最大做功能力，因此燃煤电厂的η_{cp}，既是全厂的热效率，又是全厂的效率。也就是说，对于燃煤的凝汽式电厂，η_{cp}不仅是能量数量利用指标，而且也是质量利用指标。

η_{cp}是发电的热效率，又称为电厂的毛热效率。除去厂用电容量P_{ap}（kW）的全厂热效率称“供电热效率”或“净热效率”η_{cp}^n，即

$$\eta_{cp}^n = \frac{3600\times(P_{el}-P_{ap})}{BQ_1} = \eta_{cp}(1-\zeta_{ap}) \qquad (9-10)$$

$$\zeta_{ap} = \frac{P_{ap}}{P_{el}}$$

式中　ζ_{ap}——厂用电率。

2. 能耗

生产电功率P_{el}的单位时间能耗有电厂煤耗B、电厂热耗Q_{cp}、汽轮机热耗Q_0和汽轮机汽耗D_0。它们除反映热经济外，还与产量P_e或W_i有关。通过电厂或机组的功率方程式可以有

$$3600P_{el} = BQ_1\eta_b\eta_p\eta_i\eta_m\eta_g = BQ_1\eta_{cp} = Q_{cp}\eta_{cp} \qquad (9-11)$$

$$3600P_{el} = Q_0\eta_i\eta_m\eta_g = Q_0\eta_{el} = D_0w_i\eta_m\eta_g \qquad (9-12)$$

由式（9-11）和式（9-12）可得

$$B = \frac{3600P_{el}}{Q_1\eta_{cp}} \quad \text{kg/h} \qquad (9-13)$$

$$Q_{cp} = \frac{3600P_{el}}{\eta_{cp}} \quad \text{kg/h} \qquad (9-14)$$

$$Q_0 = \frac{3600P_{el}}{\eta_{el}} \quad \text{kg/h} \qquad (9-15)$$

$$D_0 = \frac{3600P_{el}}{w_i\eta_m\eta_g} = \frac{3600P_{el}}{q_0\eta_i\eta_m\eta_g} = \frac{3600P_{el}}{q_0\eta_{el}} \quad \text{kg/h} \tag{9-16}$$

由上可以看出：

（1）能耗指标因与产量有关，故它们只能说明 P_e 为一定时的热经济性。

（2）D_0 与 B、Q_{cp}、Q_0 不同，它虽与 η_m、η_g 有关，但 η_m、η_g 数值均在0.99左右，且变化不大，故 D_0 除决定于 P_e 外，主要决定于 w_i，而不是热效率。

（3）当 q_0 不同时（如给水温度不同时），即使 P_e 一定，D_0 也不能作为热经济指标。

3. 能耗率

能耗率是指单位发电量的能耗。各能耗率的定义表达式为如下：

电厂煤耗率为

$$b = \frac{B}{P_{el}} \quad \text{kg/(kW·h)} \tag{9-17}$$

电厂热耗率为

$$HR_{cp} = \frac{BQ_1}{P_{el}} = bQ_1 \quad \text{kJ/(kW·h)} \tag{9-18}$$

汽轮发电机组热耗率为

$$HR = \frac{Q_0}{P_{el}} \quad \text{kJ/(kW·h)} \tag{9-19}$$

汽轮发电机组汽耗率为

$$SR = \frac{D_0}{P_{el}} \quad \text{kg/(kW·h)} \tag{9-20}$$

各能耗率的表达式，也可通过式（9－21）所示的全厂或机组发1kW·h电的功率方程式得到，即

$$3600 = bQ_1\eta_{cp} = q_{cp}\eta_{cp} = (HR)\eta_{el} = (SR)w_i\eta_m\eta_g \quad \text{kJ/(kW·h)} \tag{9-21}$$

由式（9－21）可得

$$b = \frac{3600}{Q_1\eta_{cp}} \quad \text{kg/(kW·h)} \tag{9-22}$$

$$HR_{cp} = \frac{3600}{\eta_{cp}} \quad \text{kJ/(kW·h)} \tag{9-23}$$

$$HR = \frac{3600}{\eta_{el}} \quad \text{kJ/(kW·h)} \tag{9-24}$$

$$SR = \frac{3600}{w_i \eta_m \eta_g} \quad \text{kJ/(kW·h)} \tag{9-25}$$

由式（9－22）可以看出，煤耗率 b 除与全厂热效率 η_{cp} 有关外，还受实际煤的低位发热量 Q_1 影响。为使煤耗率只与热效率有关，采用了标准煤耗率 b^s 作为通用的热经济指标，而把 b 则相应地称为实际煤耗率。

因为标准煤的 $Q_1 = 29310\text{kJ/kg}$，所以标准煤耗率表达式为

$$b^s = \frac{3600}{29310\eta_{cp}} \approx \frac{0.123}{\eta_{cp}} \quad \text{kg 标准煤/(kW·h)} \tag{9-26}$$

实际煤耗率 b 与标准煤耗率 b^s 的关系为

$$Q_1 b = 29310 b^s \tag{9-27}$$

b^s 又称为发电标准煤耗率，它对应电厂发电热效率 η_{cp}。对应电厂供电热耗率 η_{cp}^n 的标准煤耗率则称为供电标准煤耗率 b_n^s，其表达式为

$$b_n^s = \frac{0.123}{\eta_{cp}^n} = \frac{b^s}{1-\zeta_{ap}} \quad \text{kg/(kW·h)} \tag{9-28}$$

同理，对应 η_{cp} 的 q_{cp} 又称为全厂发电热耗率，而对应 η_{cp}^n 的 q_{cp}^n，则称为全厂供电热耗率。如除去给水泵耗功的机组热耗率 q^n，称为机组净热耗率。

各种能耗率之间的关系，可由能耗率的定义式及功率方程得到，即

$$HR = bQ_1\eta_b\eta_p = q_{cp}\eta_b\eta_p = (SR)q_0 \quad \text{kJ/(kW·h)} \tag{9-29}$$

可见，能耗率与热效率之间是一一对应的，它们是最通用的热经济指标。只有汽耗率 SR 例外，它不直接与热效率有关，主要决定于1kg 新蒸汽在汽轮机里做功量 w_i 与 D_0 一样，SR 不能单独用作热经济指标。只有当 q_0 一定时，SR 才能作为热经济指标。

电厂在运行中，能耗率 HR、b 能全面综合地反映机组和全厂的运行状况，国外早在20世纪70年代就开始用所谓的“耗差分析法”来监控运行。它把对能耗率有影响的关键运行可控参数连续进行监督分析，将参数实际值与基准（设计）值进行比较，由两者差计算出对机组能耗率的影响，从而及时指导运行及检修，使机组能接近最佳状况运行。由于每个可控参数的影响均能反映到能耗率的变化上，所以更有利于运行人员进行综合调整，这比我国目前大部分电厂采用的“运行小指标”方法更为先进。同时，耗差分析法的可控参数基准值还随负荷、环境温度等的变化而变化，因此，这种考核的依据更合理，也更切合实际。

4. 热经济指标间的变化关系

在进行热经济性分析中，常会遇到有关热经济性变化的问题，它涉及到热经济性变化的表示和热经济指标间的变化关系。通常用热经济指标的

绝对或相对变化量来表示热经济性的变化。若用“′”表示变化后数值，对于热效率（以 η_i 为例）则绝对变化量为

$$\Delta\eta_i = \eta'_i - \eta_i \tag{9-30}$$

相对变化量为

$$\delta\eta_i = \frac{\Delta\eta_i}{\eta_i}, \delta\eta'_i = \frac{\Delta\eta_i}{\eta'_i} \tag{9-31}$$

对于能耗率（以 HR 为例）则绝对变化量为

$$\Delta HR = HR - HR' \tag{9-32}$$

相对变化量为

$$\delta HR = \frac{\Delta HR}{HR}, \delta HR' = \frac{\Delta HR}{HR'} \tag{9-33}$$

可见，绝对或相对变化量符号可以是正的，也可以是负的，正号表示热经济性得到了改善，热效率提高，能耗下降；反之，热经济性降低。

在热经济性变化时，热经济指标相对变化量间的关系如下：

（1）某一分热效率的相对变化将引起总热效率产生相同的相对变化，即

$$\delta\eta_i = \delta\eta_{el} = \delta\eta_{cp}, \delta\eta_b = \delta\eta_{cp} \tag{9-34}$$

（2）某一分热效率变化引起机组和全厂的能耗率产生相同的相对变化值，即 $\delta q = \delta b^s$。

（3）分热效率变化不大时，其相对变化近似等于机组和全厂的能耗率相对变化，即

当 $\delta\eta_i \approx \delta\eta'_i$ 时，有

$$\delta\eta_i = \delta\eta'_i = \delta HR = \delta b^s$$

以上关系式在分析热经济性变化时极为有用，也就是当任一热经济指标相对变化时，可直接求出其他与之有关的各热经济指标的相对和绝对变化值。

（二）热电厂的主要热经济指标

凝汽式发电厂的主要热经济指标为全厂热效率、全厂热耗率和标准煤耗率，它们均能表明凝汽式发电厂的能量转换过程的技术完善程度。它们三者相互联系，知道其中一个即可求得其余两个。

热电厂的主要热经济指标，要比凝汽式电厂的复杂得多。其主要原因在于它是利用已在汽轮机中先做了功的部分蒸汽热能来对外供热的，而且电、热两种能量产品的品位不同；若供热参数不同，热能的品位也有所不同；一般热电厂（如 C 型或 CC 型供热式机组）既有对外供热的热电联产，还有热电分产部分。热电厂的热经济指标应能反映热电厂能量转换过

程的技术完善程度，既便于在供热式机组间、热电厂间进行比较，也便于在凝汽式电厂和热电厂间比较，而且要计算简便。可迄今为止尚无满足上述要求的、单一的热电厂用的热经济指标，而只能采用综合指标来进行。具体指标的介绍详见第三篇。

二、汽轮机组运行的效率及热经济指标

（一）汽轮机组运行的效率

汽轮机组在实际运行中，除了存在循环的冷源损失以外，还存在蒸汽流动和膨胀过程中的热力损失、机械损失及电机损失等。可见，蒸汽的理想比焓降 h_t 不可能全部转换为有用机械功（或电能）。通常，采用以下效率来衡量能量转换过程的完善程度。

1. 汽轮机的相对内效率 η_{ri}

汽轮机的相对内效率 η_{ri} 是指蒸汽在汽轮机内做功的有效比焓降 h_i 与理想等熵比焓降 h_t 的比值，如图 9－1 所示，它表示汽轮机中能量转换的完善程度，即

$$\eta_{ri} = \frac{h_0 - h_k}{h_0 - h_{kt}} \tag{9-35}$$

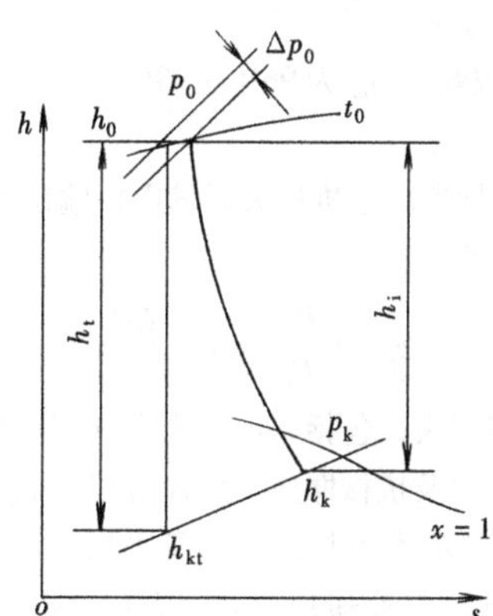

图 9－1　汽轮机热力过程线

无回热抽汽时，汽轮机的内功率为

$$P_i = q_0 h_i = q_0 h_t \eta_{ri} \quad \text{kW} \tag{9-36}$$

有回热抽汽时，汽轮机的内功率为

$$P_i = \sum_{i}^{m} q_i h_i \tag{9-37}$$

式中 q_0——汽轮机进汽流量，kg/s；

h_0——新蒸汽比焓值，kJ/kg；

q_i——汽轮机中各级或各段相应的蒸汽流量，kg/s；

h_i——汽轮机中各级或各段相应的有效比焓降，kJ/kg。

相对内效率 η_{ri} 是衡量整台汽轮机内部构造完善程度的一个重要经济指标，它的大小与汽轮机的设计、制造和运行状况密切相关，从热力学的角度来看，η_{ri} 数值越大，说明蒸汽在汽轮机内部的实际膨胀过程越接近定熵过程。

2. 汽轮机的机械效率 η_m

汽轮机的机械效率 η_m 是指考虑机械损失后汽轮机联轴器端的输出功率（也即轴端功率）P_e 与汽轮机内功率 P_i 的比值，即

$$\eta_m = \frac{P_e}{P_i} = 1 - \frac{\Delta P_m}{P_i} \quad (9-38)$$

式中 ΔP_m——汽轮机的机械损失，包括轴承摩擦损失、带动主油泵和调速系统等消耗的功率，如汽轮机带有齿轮箱，则还应包括其损失，kW。

一般汽轮机的机械效率 η_m 为 96% ~99%。

3. 发电机效率 η_g

发电机效率 η_g 是指考虑电机损失后发电机输出的电功率 P_{el} 与汽轮机轴端功率 P_e 的比值，即

$$\eta_g = \frac{P_{el}}{P_e} = 1 - \frac{\Delta P_g}{P_e} \quad (9-39)$$

式中 ΔP_g——发电机损失，包括发电机中电气方面的励磁、铁芯和线圈发热，以及机械摩擦、鼓风等损失的功率，kW。

发电机效率 η_g 数值的大小与发电机所采用的冷却方式及机组容量有关。一般情况下，采用空气冷却时，η_g =92% ~98%；采用氢气冷却或水冷却时，η_g 在 98% 以上。

（二）汽轮机组运行的热经济指标

1. 汽轮发电机组的汽耗率 SR

汽轮发电机组的汽耗率 SR 是指机组每发出 1kW · h 电能所需要的蒸汽量，即

$$SR = \frac{3600q_0}{P_{el}} = \frac{3600q_0}{P_i\eta_m\eta_g} \ \text{kg/(kW·h)} \quad (9-40)$$

2. 热耗率 HR

热耗率 HR 是指汽轮发电机组每发出 1kW · h 电能所需要的热量，即

$$HR = \frac{Q_0}{P_{el}} = \frac{3600}{\eta_{el}} \quad kg/(kW \cdot h) \tag{9-41}$$

热耗率 HR 是发电厂汽轮发电机组的重要经济指标，它不仅反映出汽轮机结构的完善程度，也是衡量汽轮发电机组热力循环和运行情况的主要经济指标。热耗率越高，则表示越不经济，发电成本也越高。

目前世界各国标准中有关汽轮机热耗率的内容尚不完全一致，但通常可按下列原则进行计算：

(1) 外界加入系统的热量按汽轮机侧的焓值计算，主要内容包括：

1) 主蒸汽与给水热量之差值。

2) 再热蒸汽高、低温侧热量之差值。

3) 当再热器采用喷水减温时的热量变化。

4) 当过热器采用高压加热器前给水进行喷水调温时的热量变化。

5) 汽轮机主要辅助设备使用的新蒸汽量应包括在主蒸汽热量之中。

(2) 在输出功率计算上，以可比的发电机端功率作为输出功率。但当以主蒸汽或某抽汽作为经常运行的汽动给水泵的汽轮机的汽源时，以发电机端功率与给水泵汽轮机功率之和作为输出功率。

(3) 热耗率分为毛热耗率与净热耗率两种。其中毛热耗率 HR_g 是指按上述输出功率为分母所求出的热耗率；净热耗率 HR_n 是指在输出功率中扣除给水泵耗功后所得到的热耗率。

上述各项指标都与热力系统的运行状况有关。汽轮发电机组的各种效率及经济性指标的大致范围见表 9－1 和表 9－2。

表 9－1　　汽轮发电机组的各种效率

参数等级	额定功率（MW）	η_{ri}	η_m	η_g	η_{el}
低参数	0.75～6	0.76～0.82	0.965～0.986	0.930～0.960	<0.27
中参数	12～25	0.82～0.85	0.986～0.990	0.965～0.975	0.29～0.32
高参数	50～100	0.85～0.87	约 0.99	0.980～0.985	0.36～0.39
超高参数	125～200	0.86～0.89	约 0.99	约 0.99	0.418～0.437
亚临界参数	300～600	0.88～0.90	约 0.99	约 0.99	0.438～0.475

表 9-2　　凝汽式汽轮发电机组的热经济指标

参数等级	额定功率（MW）	汽耗率［kg/（kW·h）］	净热耗率［kJ/（kW·h）］
低参数	0.75～6	>4.9	>13333（3185）
中参数	12～25	4.7～4.1	12414～11250（2965～2687）
高参数	50～100	3.9～3.5	10000～9231（2389～2205）
超高参数	125～200	3.1～2.9	8612～8238（2057～1968）
亚临界参数	300～600	3.2～3.0	8219～7829（1963～1870）
超临界参数	600 及以上	<3	<7704（1840）

注　净热耗率括号内数值的单位为 kcal/（kW·h）。

第二节　发电厂可靠性管理

随着电力系统向超高压、远距离、大容量、大机组、高自动化水平方向的发展，组成系统的设备越来越复杂，对人员素质的要求越来越高，影响电力系统可靠性的因素也越来越难以预测。与此同时，现代科学技术的发展使国民经济各部门对电力系统可靠性的要求日益提高，这使得电力系统的安全可靠性问题变得越来越突出，因此，加强电力系统可靠性管理，提高系统运行可靠性是电力企业现代化管理的一项重要内容。

电力系统可靠性管理的任务是从电力系统各个环节、各个方面研究电力系统失去功能的现象，提出定量的评价指标，寻求提高电力系统可靠性的途径和方法，以充分发挥电力系统的经济效益。因此，必须从规划设计、设备制造、基建施工、运行维护、教育培训等各个环节都要做起，都要进行可靠性管理，才能达到预期的目的。

一、发电厂可靠性管理的一般知识

1. 可靠性的定义

可靠性是一个应用较广的名词，一个产品、一个系统、一个生产流程，甚至一个社会实践过程都会存在着不同概念的可靠性问题。在应用科学和工业领域，就一般技术系统而言，可靠性的定义可概括为一个元件或一个系统在规定的条件下和规定的时间内完成预定功能的能力。

在电力系统中，由于电力工业的突出特点是产、供、销过程是连续瞬时完成的，以及电力生产在国民经济中的重要地位，使得电力生产系统成为一个极其庞大、复杂的高科技系统。因此就电力系统本身来说，它的可靠性问题是一个多层次的管理问题，涉及电力设备的、电力网络的、电力系统规划设计中的、基础施工中的、生产运行中的可靠性等各个环节。电力系统的可靠性可定义为电力系统各个环节，完成将符合标准且满足用户数量要求的电力或电量，输送至用户的任务的程度，这种程度以对用户产生不利影响的频率、时间和大小来度量。

作为电力生产系统的中心环节，电力设备的可靠性可定义为发电设备在规定的条件下及在规定的时间内，完成规定功能的能力。其中规定的条件是指发电设备所处的使用条件、维护条件、环境条件和操作条件。规定的时间是指广义的时间，不限于年、月、日等常规时间概念，也可以是与时间成比例的循环次数、距离等。完成规定的功能是指发电设备不发生故障并连续可靠的运行。能力是指具有统计学意义的、用概率和数理统计的方法处理的、可以量化的描述。

2. 发电设备运行可靠性的概念

根据可靠性的理论可以看出，任何一台工业生产设备，从它开始投入使用，即是损坏的开始，从“好”到“坏”是一个过程，“坏”是过程的终止。而对于可修复设备而言，“坏”又是从“坏”到“好”的修复过程的开始。发电设备基本上是可修复设备，一旦发生可靠性下降或故障均可以经过修理而修复，故发电设备在整个有效寿命期内，总是处于“正常—故障—修复—正常”的循环之中，这种运行状况的改变是一个随机过程，符合一定的概率统计规律。发电设备运行可靠性就是对这一随机过程统计规律的定量描述。

发电设备故障的一般规律可由“浴盆曲线”来描述，如图9-2所示。

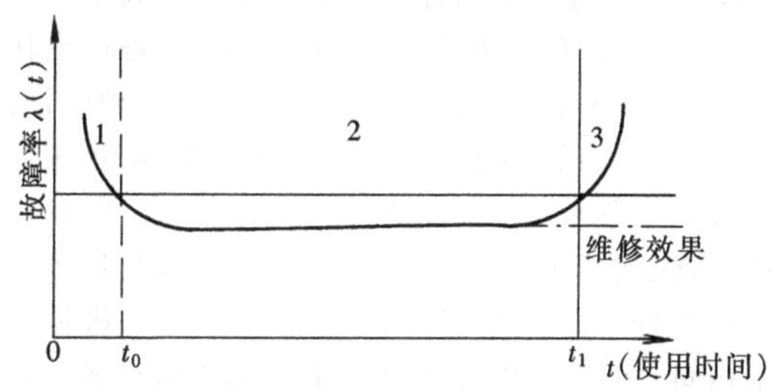

图9-2　设备故障特征曲线

1—早期故障期；2—偶然故障期；3—耗损故障期

（1）早期失效期。这一阶段，失效曲线为递减型。设备投入使用的初期，由于设计、制造、储存、运输等造成的缺陷以及调试、启动不当等人为因素所造成的问题较多，暴露也较快。当这些所谓的先天因素造成的失效或缺陷处理后，运转也就逐渐趋于正常，失效率也就趋于稳定。到 t_0 时失效率曲线已开始变平，这一阶段则称为早期失效期。针对早期失效发生的原因，应尽量设法避免故障，争取失效率低且持续的时间短。

（2）偶然失效期。此阶段失效率曲线为基本恒定型，即 t_0 到 t_1 间的失效率近似为常数，失效主要是由于过载、误操作、意外的天灾以及一些尚不清楚的偶然因素造成。由于失效原因多为偶然，所以称为偶然失效期。偶然失效期也是设备有效工作时期，这段时间称为有效寿命。为了降低偶然失效期的失效率和延长有效寿命，应注意提高发电设备的设计制造质量，精心使用和维护。加大设备的安全系数，可使设备抗过载的能力增大从而使失效率显著降低，但过分加大安全系数将造成浪费，从寿命周期成本的角度看往往是不经济的。

（3）耗损失效期。在此阶段内，失效率是递增型的，其上升较快。发电设备老化、疲劳、磨损、蠕变、腐蚀等耗损是引起失效的主要原因，故称为耗损失效期。针对耗损失效的原因应该注意检查、监控、预测损耗积累效应，提前维修，将失效率维持在较低水平，延长设备使用寿命，如图 9－2 中的点划线所示。需要注意的是：如果维修所需费用很大而超过寿命延长带来的收益时，则应采取报废的措施，更新设备。

实际工作中，设备在规定的使用寿命期内，失效率曲线全部变化过程往往并不表现为完整的“浴盆曲线”，同样的设备在不同的环境中，失效率曲线也不同，图 9－3 即为不同情况下的失效率曲线。有些设备在正式使用前经过严格的筛选检查和调试，其早期失效期几乎可以不出现，如图 9－3（a）所示，$t_0 \approx 0$；有些设备达到耗损期的时间 t_1 也很长，如图 9－3（b）所示。有些设备在整个使用期内失效率一直递增，如图 9－3（c）所示；有些设备 $t_0 \approx 0$，t_1 也很大，所以在全寿命期内失效率几乎不变，如图 9－3（d）所示；也有些设备由于设计制造不良，或由于目前技术水平尚无法避免其早期失效，使用不久失效率就急剧上升，如图 9－3（e）所示。不同的机械设备虽然失效率曲线很不相同，但对于由许多单元组成的机械设备，其故障率曲线基本上仍为“浴盆”状，如图 9－3（f）中虚线所示。值得注意的是每经过一次较大的维修，常会重现早期失效，实际故障率曲线如图

9－3（f）中实线所示。所以，不适当的预防维修，对恒定型的故障率不仅没有改善，反而会使故障率有所升高。

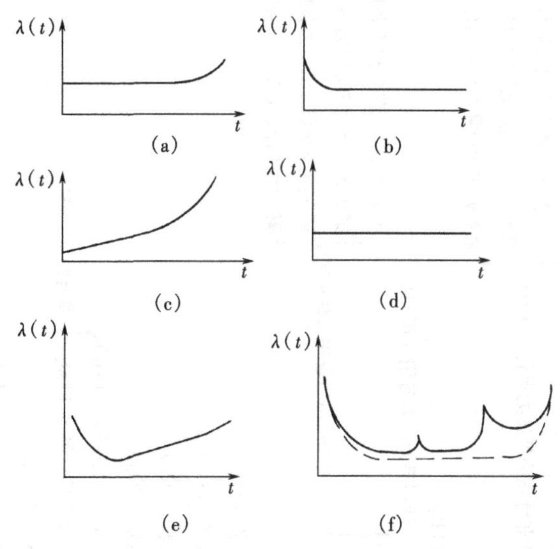

图9－3　各种典型故障率曲线

在一般情况下，设备投运初期，因制造、安装、调试等原因，在短时期内会出现某些故障，由于这些故障非随机因素所致，故在讨论发电设备运行可靠性问题时一般不列为研究对象。与之相同，当设备长期使用后，由于磨损达到无法修复的程度，其故障频繁发生也是不可避免的，可见此时的故障也不是随机因素造成的，所以也不应列入发电设备运行可靠性讨论的范围。发电设备性能基本稳定的时期称为发电设备的有效寿命期，在这一阶段内，设备故障表现为设备运行中的随机故障。发电设备运行可靠性所讨论的问题就是在随机故障期内，完好设备发生随机故障的机理和故障对电厂可靠运行的影响。

二、发电设备状态的定义和划分

（一）机组状态划分

机组状态划分的目的是可以根据机组的运行状态进行可靠性分析和评价，发电机组状态划分如下：

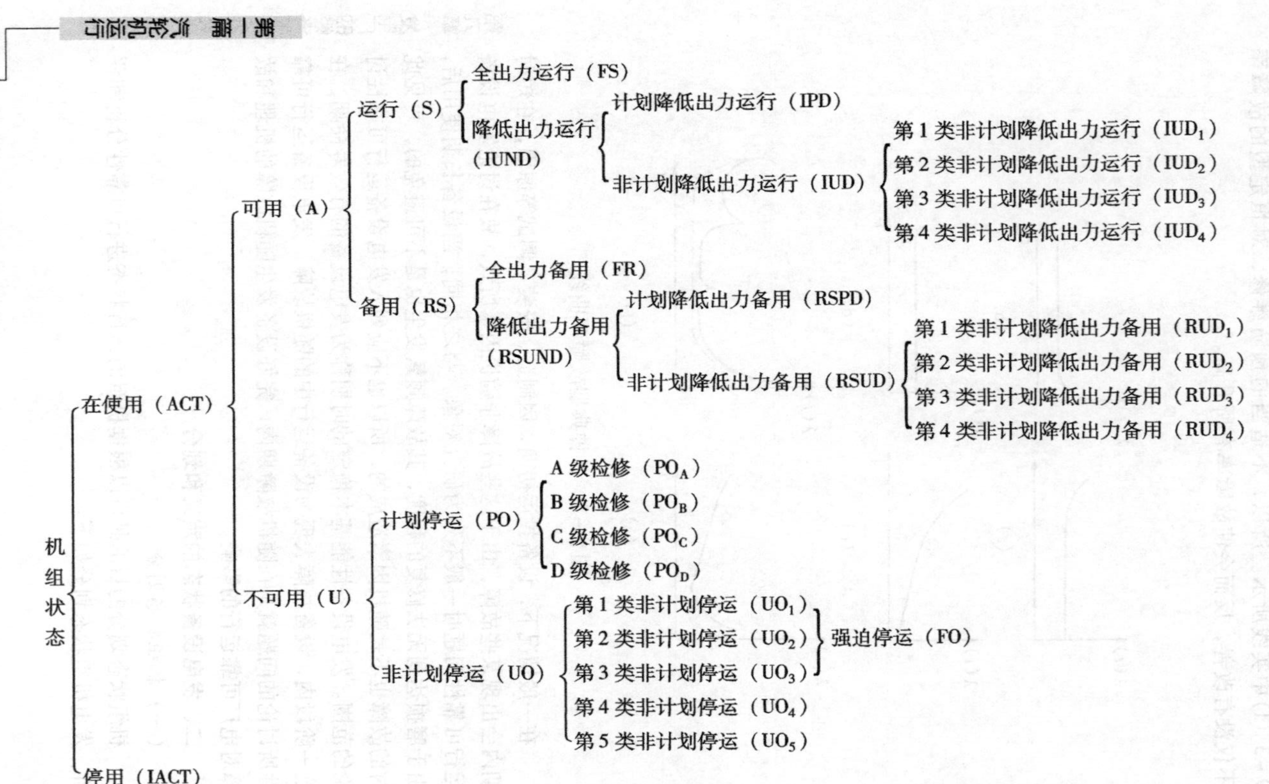
机组状态
在使用（ACT）
可用（A）
运行（S）
全出力运行（FS）
降低出力运行（IUND）
计划降低出力运行（IPD）
非计划降低出力运行（IUD）
第 1 类非计划降低出力运行（IUD_1）
第 2 类非计划降低出力运行（IUD_2）
第 3 类非计划降低出力运行（IUD_3）
第 4 类非计划降低出力运行（IUD_4）
备用（RS）
全出力备用（FR）
降低出力备用（RSUND）
计划降低出力备用（RSPD）
非计划降低出力备用（RSUD）
第 1 类非计划降低出力备用（RUD_1）
第 2 类非计划降低出力备用（RUD_2）
第 3 类非计划降低出力备用（RUD_3）
第 4 类非计划降低出力备用（RUD_4）
不可用（U）
计划停运（PO）
A 级检修（PO_A）
B 级检修（PO_B）
C 级检修（PO_C）
D 级检修（PO_D）
非计划停运（UO）
第 1 类非计划停运（UO_1）
第 2 类非计划停运（UO_2）
第 3 类非计划停运（UO_3）
第 4 类非计划停运（UO_4）
第 5 类非计划停运（UO_5）
强迫停运（FO）
停用（IACT）

（二）辅助设备状态划分

辅助设备的状态划分可以按照上述机组的划分进行，但是根据设备的重要程度还可以把状态划分得更简单些，其分类如下：

- 辅助设备状态
  - 可用（A）
    - 运行（S）
    - 备用（RS）
  - 不可用（U）
    - 计划停运（PO）
      - 大修（PO_1）
      - 小修（PO_2）
      - 定期维修（SM）
    - 非计划停运（UO）

（三）状态定义

在使用（ACT）是指设备处于要进行统计评价的状态。它可分为可用和不可用。

1. 可用状态

可用（A）是指设备处于能够执行预定功能的状态，而不论其是否在运行，也不论其能够提供多少出力。可用状态又可分为运行与备用。

（1）运行（S）。对于机组是指发电机或调相机在电气上处于连接到电气系统工作（包括试运行）的状态，可以是全出力运行、计划或非计划降低出力运行。对于辅助设备是指磨煤机、给水泵、送风机、引风机和高压加热器等，正在全出力或降低出力地为机组工作。

（2）备用（RS）是指设备处于可用但不在运行的状态。对于机组，又有全出力备用、计划及各类非计划降低出力备用之区分。

（3）机组降低出力（UND）是指机组达不到毛最大容量运行或备用的情况（不包括按负荷曲线正常调整出力）。机组降低出力又可分为计划降低出力和非计划降低出力。

1）计划降低出力（PD）是指机组按计划在既定时期内的降低出力。如季节性的降低出力、按月度计划安排的降低出力等。机组处于运行则为计划降低出力运行（IPD），机组处于备用则为计划降低出力备用（RPD）。

2）非计划降低出力（UD）是指机组不能预计的降低出力。机组处于运行则为非计划降低出力运行状态（IUD）；机组处于备用则为非计划降低出力备用状态（RSUD）。按机组降低出力的紧迫程度又可分为以下几类：

a. 第1类非计划降低出力（UD_1）。它是指机组需要立即降低出力者。

b. 第 2 类非计划降低出力（UD_2）。它是指机组虽不需要立即降低出力，但需在 6h 内降低出力者。

c. 第 3 类非计划降低出力（UD_3）。它是指机组可以延至 6h 以后，但需要在 72h 内降低出力者。

d. 第 4 类非计划降低出力（UD_4）。它是指机组可以延至 72h 以后，但需要在下次计划停运前降低出力者。

2. 不可用状态

不可用（U）是指设备不论其由于什么原因处于不能运行或备用的状态。不可用状态又分为计划停运和非计划停运。

（1）计划停运（PO）是指机组或辅助设备处于计划检修期内的状态。对于机组，计划停运可分为 A 级检修（PO_A）、B 级检修（PO_B）、C 级检修（PO_C）、D 级检修（PO_D）四种。对于辅助设备，计划停运又可分为大修（PO_1）、小修（PO_2）和定期维护（SM）三种。

（2）非计划停运（UO）是指设备处于不可用（U）而又不是计划停运（PO）的状态。对于机组，根据停运的紧迫程度可分为以下几类：

1）第 1 类非计划停运（UO_1）。它是指机组需要立即停运或被迫不能按规定立即投入运行的状态（如启动失败等）。

2）第 2 类非计划停运（UO_2）。它是指机组虽不需要立即停运，但需在 6h 以内停运的状态。

3）第 3 类非计划停运（UO_3）。它是指机组可以延至 6h 以后，但需要在 72h 内停运的状态。

4）第 4 类非计划停运（UO_4）。它是指机组可以延至 72h 以后，但需要在下次计划停运前停运的状态。

5）第 5 类非计划停运（UO_5）。它是指计划停运的机组因故超过计划停运期限的延长停运状态。

以上第 1、2、3 类非计划停运状态称为强迫停运（FO）。

（3）停用（IACT）是指机组按国家有关政策，经规定部门批准封存停用或进行长时间改造而停止使用的状态，简称停用状态。机组处于停用状态的时间不参加统计评价。

三、可靠性评价指标体系

DL/T 793.1—2017《发电设备可靠性评价规程》规定的发电设备及主要辅机设备的评价指标共 27 项，发电设备的统计评价范围包括火电、水电、核电、风电、抽水蓄能、燃气轮机和燃气－蒸汽联合循环机组。辅助设备的统计评价范围包括磨煤机、给水泵组、送风机、引风机和高压加热器。27 项评价指标的定义及计算式如下。

1. 计划停运系数（POF）

POF＝(计划停运小时/统计期间小时)×100%＝(POH/PH)×100%

2. 非计划停运系数（UOF）

UOF＝(非计划停运小时/统计期间小时)×100%＝(UOH/PH)×100%

3. 强迫停运系数（FOF）

FOF＝(强迫停运小时/统计期间小时)×100%＝(FOH/PH)×100%

4. 可用系数（AF）

AF＝(可用小时/统计期间小时)×100%＝(AH/PH)×100%

5. 运行系数（SF）

SF＝(运行小时/统计期间小时)×100%＝(SH/PH)×100%

6. 机组降低出力系数（UDF）

UDF＝(降低出力等效停运小时/统计期间小时)×100%
＝(EUNDH/PH)×100%

7. 等效可用系数（EAF）

EAF＝[(可用小时－降低出力等效停运小时)/统计期间小时]×100%
＝[(AH－EUNDH)/PH]×100%

8. 毛容量系数（GCF）

GCF＝[毛实际发电量/(统计期间小时×毛最大容量)]×100%
＝[GAG/(PH×GMC)]×100%

9. 利用系数（UTF）

UTF＝(利用小时/统计期间小时)×100%＝(UTH/PH)×100%

10. 出力系数（OF）

OF＝[毛实际发电量/(运行小时×毛最大容量)×100%
＝[GAG/(SH×GMC)]×100%
＝(利用小时/运行小时)×100%＝(UTH/SH)×100%

11. 强迫停运率（FOR）

FOR＝[强迫停运小时/(强迫停运小时＋运行小时)]×100%
＝[FOH/(FOH＋SH)]×100%

12. 非计划停运率（UOR）

UOR＝[非计划停运小时/(非计划停运小时＋运行小时)]×100%
＝[UOH/(UOH＋SH)]×100%

13. 等效强迫停运率（EFOR）

EFOR＝[(强迫停运小时＋第 1、2、3 类非计划降低出力等效停运小时

之和)/(运行小时 + 强迫停运小时 + 第1、2、3类非计划降低出力备用等效停运小时之和)] ×100%

$= [FOH + (EUDH_1 + EUDH_2 + EUDH_3)]/[SH + FOH + (ERUDH_1 + ERUDH_2 + ERUDH_3)] \times 100\%$

14. 强迫停运发生率 (FOOR)

FOOR = (强迫停运次数/可用小时) ×8760

= (FOT/AH) ×8760(次/a)

15. 暴露率 (EXR)

EXR = (运行小时/可用小时) ×100%

= (SH/AH) ×100%

16. 平均计划停运间隔时间 (MTTPO)

MTTPO = 运行小时/计划停运次数 = SH/POT

17. 平均非计划停运间隔时间 (MTTUO)

MTTUO = 运行小时/非计划停运次数 = SH/UOT

18. 平均计划停运小时 (MPOD)

MPOD = 计划停运小时/计划停运次数 = POH/POT

19. 平均非计划停运小时 (MUOD)

MUOD = 非计划运行小时/非计划停运次数 = UOH/UOT

20. 平均连续可用小时 (CAH)

CAH = 可用小时/(计划停运次数 + 非计划停运次数)

= AH/(POT + UOT)

21. 平均无故障可用小时 (MTBF或MTBFA)

对于机组：MTBF = 可用小时/强迫停运次数 = AH/FOT

对于辅助设备：MTBFA = 运行小时/非计划停运次数 = SH/UOT

22. 启动可靠度 (SR)

SR = [启动成功次数/(启动成功次数 + 启动失败次数)] ×100%

= [SST/(SST + UST)] ×100%

抽水蓄能机组按发电工况和抽水工况分别统计、计算。

23. 平均启动间隔时间 (MTBS)

MTBS = 运行小时/启动成功次数 = SH/SST

24. 辅助设备故障平均修复时间 (MTTR)

MTTR = 累积修复时间/非计划停运次数 = ΣRPH/UOT

25. 辅助设备故障率 (λ)

λ = 日历小时/辅助设备平均无故障可用小时 = CH/MTBFA

26. 辅助设备修复率（μ）

μ = 日历小时/辅助设备故障平均修复时间 = CH/MTBR

27. 检修费用（RC）

一台机组一次检修的费用（包括材料费、设备费、配件费、人工费用等有关各项）。

提示 第一、二节内容适用于高级工、技师、高级技师使用。

第十章

热工仪表和控制系统

第一节 热工检测和仪表

一、热工检测的一般知识

火力发电厂的热工检测通常是指热力生产过程的各种热工参数（压力、温度、水位、流量等）的测量方法。用来测量热工参数的仪表称为热工仪表。

1. 热工检测在生产中的作用

运行人员或自动控制装置要对热力设备进行准确的控制或自动调节，就必须要有能准确可靠反映热力设备运行参数的测量信号。

热工检测的任务就是给运行人员或自动控制装置提供必要的准确、可靠的热力设备运行参数的测量信号。

2. 热工检测仪表的组成

虽然热工各仪表的具体结构、原理各不相同，但热工仪表的测量系统一般都由一次元件（敏感元件）、变送器（中间件）及二次仪表（显示件）三部分组成。

（1）一次元件。一次元件又称传感器或发送器。它的作用是感受被测参数的变化，并将被测参数转换成为一个相应的信号输出。如热电偶、热电阻、差压流量计的孔板或喷嘴等都是一次元件。一次元件是实现热工检测和自动控制的重要环节，所以要求一次元件的输出信号与被测参数之间应具有单值的函数关系，最好是线性关系，以保证仪表刻度均匀和便于读数。此外，还要求一次元件工作稳定、灵敏度高，以保证测量准确。

（2）变送器。变送器的作用是将一次元件输出的信号按一定的关系转换成电量后传送给二次仪表。如温度、压力变送器等。还有靠中间件直接将一次元件的输出信号传送到二次仪表上的，如导线、管道以及光导纤维等部件。

（3）二次仪表。二次仪表的作用是直接显示或记录测量结果。如动圈表、记录仪等。

随着仪表工业的不断发展以及大型机组的投运，热工设备参数已不再是通过显示设备直观地显示给运行人员那么简单，就地设备参数经过变送器等设备的处理送到计算机，通过计算机的进一步处理，能显示参数间的变化关系、变化趋势，以及热力过程中的系统图等。还能实现更加复杂的工程算法，服务于机组的高效稳定运行。

3. 热工检测仪表的分类

（1）按被测参数的种类热工仪表可分为压力表计（变送器）、温度表计（变送器）、流量表计（变送器）、水位计（变送器）、振动表计（变送器）、转速表等几种仪表。

（2）按用途热工仪表可分为标准室使用仪表和工业使用仪表。

（3）按原理热工仪表可分为机械式、数字显示式和化学分析等几种仪表。

4. 热工检测仪表的质量指标

通常用准确度、灵敏度和反应时间三项指标来衡量热工仪表的好坏。

（1）准确度。仪表的准确度是用测量误差来表示的，误差有以下几种：

1）绝对误差。

绝对误差 = 被校表读数 - 标准表读数

2）相对误差。

相对误差 = 绝对误差/仪表量程 ×100%

3）允许误差。

允许误差 = 仪表的最大允许绝对误差/仪表量程 ×100%

4）精度等级。

允许误差去掉百分号以后的绝对值称为仪表的精度等级。各种仪表的刻度盘或面板上都标有精度等级。

（2）灵敏度。

仪表的灵敏度 = 仪表指针的位移量/被测量的变化量

（3）反应时间。反应时间是指从被测量开始变化到仪表反映出这一变化所经历的时间。反应时间越小越好。

二、温度测量仪表

为了测量温度，保证温度量值的统一和准确，需要有一个用来衡量温度的标准尺度，这就是温标。从理论上讲，任何物质随温度变化而变化的性质都可以用来作温标，也可以利用这些性质制成以下各种温度测量仪表。

1. 玻璃管液体温度计

玻璃管液体温度计基本上由装有工作液体的感温包、毛细管和刻度标尺等三部分组成。按其结构形式可分为棒式温度计、内标式温度计和外标式温度计。

2. 压力式温度计

压力式温度计的工作原理是当被测介质温度改变时，感温包中物质的压力便随着发生变化。温度升高，压力增大，反之亦然。压力的变化经毛细管传到弹簧管，其一端固定，而另一端（自由端）因压力变化而产生位移，通过传动机构，带动指针指示出相应的温度变化值。

常用的压力式温度计的型式有气体压力式温度计、液体压力式温度计和低沸点压力式温度计三种。

3. 双金属温度计

双金属温度计是由两种不同热膨胀系数，彼此牢固结合的金属作为敏感元件的温度计。它把绕成螺旋弹簧状的双金属片感温元件，放在保护管内，一端固定在保护管底部（固定端），另一端连接在一细轴上（自由端），轴端装有指针，当温度变化时，感温元件的自由端带动指针一起转动，指针在刻度盘上指示出相应的被测温度。按刻度盘平面与保护管的连接方式双金属温度计有轴向型、径向型、135°角型及盒型四种型式。

4. 热电阻温度计

热电阻温度计的工作原理是根据导体或半导体的电阻值与温度呈一定的函数关系来测量温度的。热电阻测温系统一般由热电阻、连接导线和测量电阻的二次仪表（动圈温度表、数字温度表和温度巡测表）所组成。

工业中热电阻测量温度的范围为－200～850℃。

工业中常用的热电阻规格为Cu50、Cu100、Pt10、Pt100等。

5. 热电偶温度计

热电偶是由两种不同金属导体组成的测温元件。热电偶的测温就是利用这两种金属之间的热电现象来测温的。在两种不同金属导体焊成的闭合回路中，若两焊接点的温度不同时，就会产生热电势，这种由两种金属导体组成的回路就称为热电偶。热电偶的结构型式有普通型和铠装型两种。

热电偶只焊的一端即插入被测介质中的一端称为热端（测量端），另一端不焊而接入测量仪表称为冷端（参考端）。使用热电偶测温时，要求冷端温度稳定，但现场使用时往往办不到，通常采用冷端温度补偿器，保证冷端温度稳定不变。

热电偶测温系统，一般是由热电偶、补偿导线、冷端补偿器、连接导线及二次仪表（热电偶动圈表、热电偶数显表和热电偶巡测表）等组成的，它可以远传、显示和控制生产过程在－269～2800℃温度范围内的液体、气体、蒸汽等介质以及固体表面的温度。

工业中常用的热电偶有镍铬－镍硅热电偶（K型）和镍铬－铜镍热电偶（E型）两种。

6. 温度变送器

温度变送器采用热电偶、热电阻作为测温元件，从测温元件输出信号送到变送器模块，经过稳压滤波、运算放大、非线性校正、V/I转换、恒流及反向保护等电路处理后，转换成与温度呈线性关系的4～20mA电流信号或0～5V/0～10V电压信号，RS485数字型号输出。

以上各种测温仪表的感温元件均同被测物体相接触，总称为接触式温度计。还有一类是非接触式温度计，如辐射高温计，它是利用物体的热辐射强度随温度而变化的性质测温，范围为600～2000℃。随着科学技术的不断发展，新的测温方法也相继出现，如射流测温、激光测温、超声波测温以及涡流测温等。在火力发电厂中，应用最广的主要有热电偶和热电阻测温。

三、压力测量仪表

工业上采用的测压仪表的显示值大多为被测压力与当时、当地大气压力之差，称为表压力，又称计示压力。压力检测是测量垂直而均匀地作用在单位面积上的压力，压力又称压强，单位是帕斯卡（Pa）。现场常用的压力测量仪表分为弹性式压力表、液柱式压力表、活塞式压力表和压力（压差）变送器四种。这里只介绍弹性式压力表与压力（压差）变送器。

1. 弹性式压力表

弹性式压力表由于测压范围宽、结构简单、价格便宜、使用维护方便，获得了广泛的应用。弹性式压力表又可分为弹簧管式（单圈和多圈）、膜片式、膜盒式、波纹管式和板簧式；可以是压力指示表、压力记录表、电接点压力表、压力控制报警器和远方压力表等。下面只简单介绍弹簧管压力表。

弹簧管压力仪表是弹簧管压力表、真空表、压力真空表（联成表）及电接点压力表的统称。

弹簧管压力表是根据弹性元件的变形性能来测量压力的，下面以单圈弹簧管压力表为例来说明其工作原理：当被测压力由取样管进入弧形的弹簧管内时，其密封自由端产生弹性位移（受压力向外扩张，真空时向内收缩），然后通过传动机构放大，再经过扇形齿轮、小齿轮带动指针偏转，指示出压力的大小。

2. 压力变送器

压力（压差）变送器都是将测点取出的压力或差压信号转换为相应的电信号，并对电信号进行远距离传送、测量和显示。随着机组自动化水平的不断提高，压力变送器的应用越来越广泛。按照变换原理，目前压力变送器的种类有电阻式、电容式、电感式、振弦式等。此外，还有一种新型的系列智能变送器，它的特点是可进行远距离双向通信，以便远距离设定和校验；促使变送器与计算机、分散控制系统直接对话；通过程序编制各种参数，使变送器具有自校正、自补偿和自诊断功能，提高变送器的准确度，并且量程调节范围宽，调校简便，由于篇幅所限，在此就不具体介绍了。

四、流量测量仪表

单位时间内通过管道中某一截面的流体体积或质量称为瞬时流量，简称流量；其中以体积表示的，称为体积流量，以符号 q_v 表示；以质量表示的，称为质量流量，以符号 q_m 表示。在某一段时间内所通过的流体体积或质量的总和称为累计流量或流体总量。用来测量流量的仪表统称为流量计。流量计可分为差压式流量计、转子流量计、涡街流量计、容积式流量计、靶式流量计、超声波流量计及流量变送器。其中差压式流量测量仪表是通过测量流体流经节流装置时所产生的静压力差，或测速装置所产生的全压力与静压力之差来测量流量的。它具有结构简单，使用可靠，维护方便以及测量较准确等优点。火力发电厂中蒸汽和水的流量常用差压式流量计来测量。

1. 差压式流量计的工作原理

在流体流动的管道内设置节流装置，流体流经节流装置时，在其前后产生局部收缩，部分位能转化为动能，平均流速增加，静压减小，产生静压差。此压差 Δp 与质量流量 q_m 关系（均速管内）用式（10－1）表示为

$$q_m = A\alpha\sqrt{2\Delta p\rho} \tag{10-1}$$

式中 A——管道截面积，m^2；

α——流量系数；

Δp——所测压差，Pa；

ρ——流体密度，kg/m^3。

对于一定的节流装置，测出其前后压差 Δp，即可求出质量流量 q_m 的大小。

2. 节流装置

节流装置包括节流件、取压装置和前、后测量管段。常用的节流件有孔板、喷嘴和长径喷嘴。

测量水和蒸汽的节流装置常用孔板或喷嘴，目前，国际上已把常用的节流装置标准化，称为标准节流装置，并通过式（10－1）计算确定流量与差压的关系，无需进行单独实验标定。

3. 流量测量系统的组成

流量测量系统一般是由节流装置、流量变送器及流量仪表组成。流量变送器将节流装置来的压差信号经过开方运算以后送到流量仪表，流量仪表根据公式计算求得介质的瞬时流量以及累计流量。必要时引入介质的温度信号和压力信号对流量进行修正。

五、液位测量仪表

液位是指开口容器或密封容器中液体介质液面的高低，两种介质的分界面高度。液位测量仪表可分为直读式、差压式、浮力式和电学式等四种类型。

（1）直读式液位计。它是利用连通管液柱静压平衡原理工作的。液位可从连通管中直接读出，如玻璃板式液位计。也可利用汽、液对光线折射率不同，用双色光柱来显示液位，如双色液位计。

直读式液位计在火力发电厂中用于测量锅炉汽包或水箱的水位，它具有结构简单，工作可靠的特点。

（2）差压式液位计。差压式水位测量是将汽包内的水位信号，通过平衡容器转换为相应的差压信号，经差压变送器和二次仪表，测出水位的高低，它可远传显示和控制水位，故而得到广泛的应用。

（3）浮力式液位计。它是利用液位变化引起液体内浮子或浮筒位置或浮力的变化来测量液位的，它可分为杠杆带浮子式，沉筒式和随动式等类型。

（4）电学式液位计。它是利用浸入液体中的测量元件输出量（电容、电阻、电感）随浸入深度变化而变化的规律进行液位测量的。最常见的为电接点水位计，它在火力发电厂中主要用来测量锅炉汽包水位，也用于加热器、除氧器、蒸发器、凝汽器、直流锅炉启动分离器和双水内冷发电机水箱的水位等的测量。

第二节　热力过程自动调节

一、自动调节的一般知识

机组在运行中，有许多热工参数需要进行调节和控制，热工参数的调节和控制一般有两种方式，即人工调节方式和自动调节方式。运行人员依靠眼睛来观察被调参数的数值及变化情况，经过大脑分析判断，再用手去操作有关调节机构，使被调参数稳定在规定值附近，整个过程从参数的监视、分析判断到操作完全依靠人工进行，这种操作方式称为人工调节方式。随着机组自动化水平的不断发展，采用自动控制装置，即在无人直接参与的条件下，由自动化装置进行调节，这种调节方式称为自动调节方式。在自动调节系统中，测量仪表相当于人的眼睛，调节器相当于人的大脑，执行器相当于人的手。

1. 常用术语

（1）调节对象。被调节的生产设备称为调节对象。如凝汽器等。

（2）调节系统。调节设备和调节对象构成的具有调节功能的统一体称为调节系统。如凝汽水位调节系统。

（3）被调量。调节对象中需要控制和调节的物理量称被调量。如凝汽器水位。

（4）扰动。引起被调量变化的各种因素称为扰动。调节系统由于内部原因引起的扰动称为内部扰动；由于外来因素引起的扰动称为外部扰动。

（5）给定值。希望被调量达到并保持的规定值，称为被调量的给定值。

2. 调节过程的品质指标

（1）稳定性。若调节系统受到扰动后，经过自动调节能达到新的稳定的数值，则称这种调节系统是稳定的调节系统，否则称为不稳定的调节系统。

（2）准确性。调节系统稳定后，被调量的实际值与给定值之间的偏差程度。

（3）快速性。调节过程经历的时间越短越好。

稳、准、快三个指标是相互制约的，稳定性过高，调节过程时间要加长，从而影响快速性；反之，若片面要求快速性，则稳定性下降。因此，在实际生产过程中要根据实际情况综合考虑。一般是首先满足稳定性要求，再兼顾到准确性和快速性。

二、自动调节设备

自动调节设备的常见分类方式有以下两种。

（1）按设备结构形式分类。调节设备按其结构形式可分为基地式和单元组装式两类。基地式仪表是以指示、记录仪表为主体，附加调节机构而组成。单元组装式仪表的各种功能部件自成一个独立的单元，使用时可根据需要组合成各种复杂的自动调节系统。各单元之间采用统一的标准信号，为使用提供方便。

（2）按设备使用的能源分类。调节设备按使用能源可分为电动式、气动式、液动式、电液式等形式。电动调节设备以电能为能源，其特点是动作快、可远距离传送；气动调节设备以压缩空气为能源，适用简单调节系统，多用于防火、防爆场所；液动调节设备是以具有一定压力的液体为能源，其结构简单，推动力大，但设备笨重。电液式调节系统则用于大型机组的调节。

三、单元机组协调控制系统的基本方式

大型火电机组均设计有机组协调控制系统。机组协调控制是将锅炉－汽轮发电机组作为一个整体进行控制的，通过控制回路协调锅炉与汽轮发电机组在自动状态下的工作，给锅炉、汽轮机的自动调节系统发出指令，以适应负荷变化的需要，尽最大可能发挥机组调频、调峰的能力。它直接作用的执行级是锅炉燃烧控制系统和汽轮机控制系统。

单元机组协调控制系统的基本方式有炉跟机、机跟炉和机炉（机组）协调控制等三种控制方式。

1. 炉跟机控制方式

炉跟机控制方式实际上是锅炉跟踪汽轮机的一种控制方式。如图10－1所示，当对机组的负荷要求 P_0 改变时，汽轮机主控制回路首先改变汽轮机负荷指令 P_t，以改变调节汽门的开度，使汽轮机进汽量发生变化，达到改变机组输出功率的目的。然后随着机前压力的变化，通过锅炉主控制回路改变锅炉燃烧率指令 P_b，进而改变锅炉的燃烧率、给水流量，以维持主汽压力，并保持给水流量和蒸汽流量的平衡。

这种控制方式适应负荷最快，但蒸汽压力变化较大。

2. 机跟炉控制方式

机跟炉控制方式实际上是汽轮机跟踪锅炉的一种控制方式。如图10－2所示，当对机组的负荷要求 P_0 改变时，锅炉主控制回路首先改变锅炉燃烧率指令 P_b，通过锅炉的各调节系统改变燃烧率 μ_b、给水流量 w。

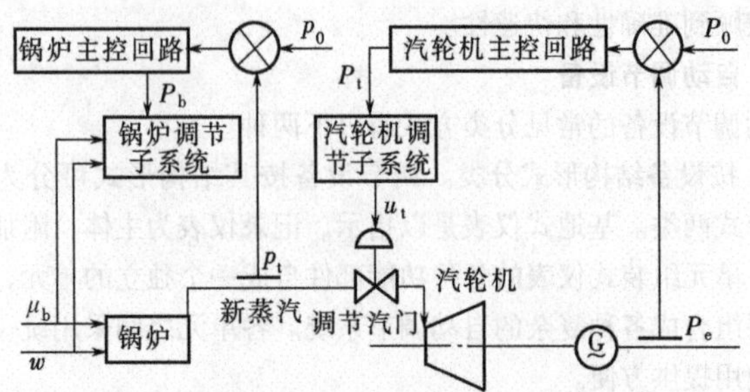

图 10－1 锅炉跟踪汽轮机的控制方式示意图

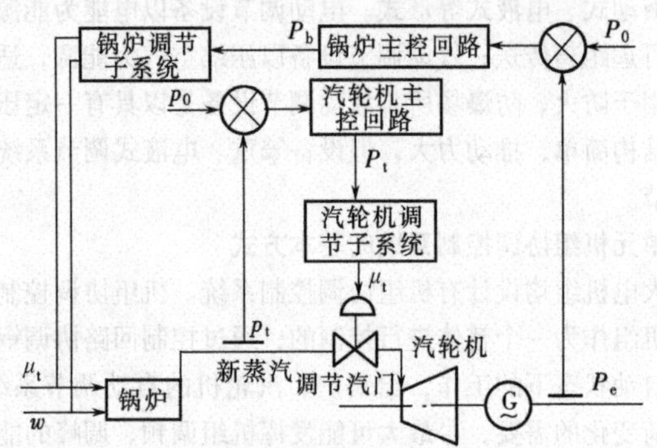

图 10－2 汽轮机跟踪锅炉控制方式示意图

而在锅炉的蒸发量变化引起机前主蒸汽压力发生相应的变化时，汽轮机主控制回路改变汽轮机负荷指令 P_t，从而改变调节汽门的开度 μ_t，使汽轮机的进汽量发生变化，最后使发电机的输出功率 P_e改变，达到指令的要求。

这种控制方式汽压变化很小，但负荷适应能力差。

3. 机炉（机组）协调控制方式

如图 10－3 所示，当机组的负荷要求指令 P_0改变时，通过机炉主控制回路（由炉主控和机主控回路组成）对锅炉调节系统和汽轮机调节系统分别发出燃烧率指令 P_b和汽轮机负荷指令 P_t，并同时改变锅炉的燃烧率和汽轮机的进汽量。为了使主蒸汽压力的变化幅度不致太大，还可根据机前压力 p_t偏离给定值 p_0的程度，适当限制汽轮机调节汽门开度的变化速度和一次变化量，并适当加强锅炉的调节作用。当调节结束时，机组的输出功率 P_e等于负荷指令 P_0，机前压力 p_t等于给定值 p_0。

这种调节方式可以在动态过程中充分利用锅炉的蓄热，使机前压力在允许的范围内变化，机组能较快地适应负荷指令 P_0 的变化；同时机前压力的变化幅度又不大，因而机组的运行工况较稳定。

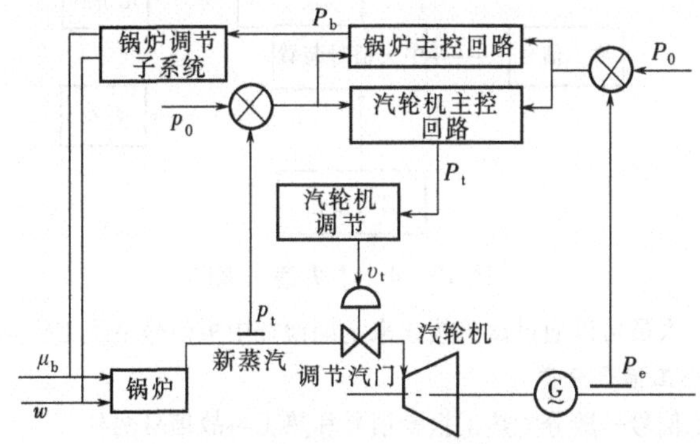

图 10－3　单元机组协调控制方式示意图

机炉协调控制方式综合了炉跟机和机跟炉控制方式的特点，即能保证有良好的负荷跟踪性能，又能保证锅炉运行的稳定性。

四、汽轮机辅助设备的调节系统

汽轮机辅助设备的调节系统有除氧器、高压加热器、低压加热器、凝汽器的压力、温度、水位等自动调节系统。这些自动调节回路简单，一般采用简单的单回路 PID 就可以实现很好地控制了。

第三节　热工信号和保护

一、热工信号

1. 热工信号的作用

热工信号的作用是在有关的热工参数偏离规定范围或出现某些异常情况时发出灯光和音响信号，引起运行人员的注意，以便及时采取相应措施，避免事故发生或事故扩大。

2. 热工信号的实现

大型机组热工信号的实现是由热工中央信号系统来完成的。热工中央信号系统一般是由热工信号、光字牌、音响、试验回路、确认回路及中央信号装置等环节组成的。其结构框图如图 10－4 所示。

当热工信号出现时，通过中央信号装置发出光字牌闪光信号并辅以音响报警。确认按钮的作用是消除音响和闪光，使光字牌变为平光。

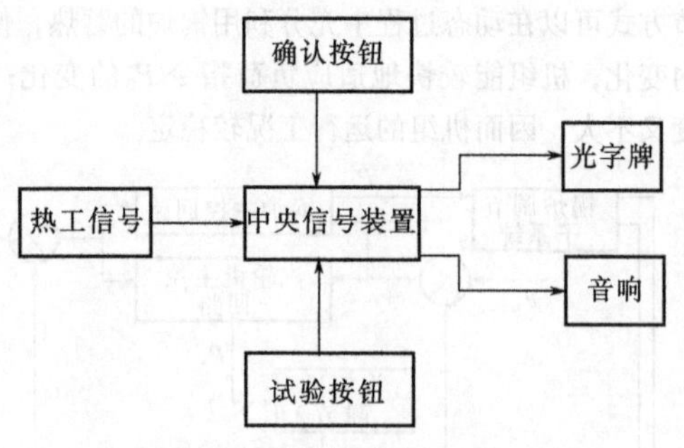

图 10-4　中央信号框图

运行人员可以通过试验按钮来定期检查中央信号系统工作是否正常。

3. 热工信号分类

热工信号一般分为热工报警信号和热工事故信号两种。

（1）热工报警信号。热工报警信号是指在热力设备运行过程中，某些主要运行参数超过允许值（通常称为Ⅰ值）时，它能发出闪光和音响信号，提醒运行人员采取有效措施，使机组运行参数恢复到正常值。

当运行人员发现有闪光和音响的热工报警信号时，可以按确认按钮，此时音响应停止，光字牌由闪光变为平光，但该运行参数仍处于不正常状态。只有当运行参数恢复正常值后，相应的报警信号才消除。

（2）热工事故信号。热工事故信号是指运行参数达到越限值（通常称为Ⅱ值）时，热工信号系统发出的报警信号。

热工事故信号一般也采用闪光和音响信号，但为了和热工报警信号有所区别，音响信号由高音喇叭发出，以便运行人员迅速采取措施，避免事故的进一步扩大。此外，一些重要的电机事故跳闸及阀门的状态参数变化都将发出报警信号，这种信号也叫热工事故信号。

二、热工保护

热工保护功能由专门的保护装置或开关量控制功能组（如 DCS 或 PLC）实现。热工保护的作用是当设备运行工况发生异常或某些参数超越允许值时，根据故障异常的性质和程度，对相应的设备或系统按一定的规律进行自动操作，避免设备损坏和保证人身安全。

保护的动作有：跳主机、跳辅机，打开或关闭一些阀门、挡板，投入或切除某些系统等。热工保护与联锁有着密切的联系，在大机组中它们被设计在一个功能组中共同完成联锁保护功能。火力发电厂中主机、主要辅机及热力系统均设有热工保护。

1. 整个单元机组的保护

单元机组热工保护的特点是将锅炉、汽轮机及发电机等设备视为一个整体来考虑的。单元机组保护的任务是：当单元机组某一部分发生事故时，根据事故情况对单元机组进行紧急单元停机保护、改变机组运行方式的保护和进行局部操作的保护。

（1）发电机跳闸。DL/T 5428—2009《火力发电厂热工保护系统设计规定》第 8. 2. 2 条汽轮机停机保护中与发电机保护动作有关联的第九条和第十条规定：发电机主保护动作和单元机组未设置 FCB 功能时，无论何种原因引起的发电机解列均应实现紧急停机保护。

（2）汽轮机跳闸。汽轮机保护动作后要甩掉全部负荷。因此，不带旁路的锅炉不能继续运行，一般必须停炉。如果设置汽轮机旁路，则锅炉在汽轮机跳闸后仍可运行，所带负荷视旁路容量及汽轮机恢复时间而定。

（3）锅炉跳闸。当发生事故锅炉跳闸后，如果其蓄热系数很大，则尚可维持汽轮机空载运行一段时间，如蓄热系数很小，则必须立即停机。

（4）当单元机组锅炉辅机出力不足时，单元机组保护则自动减负荷。

2. 汽轮机主机保护

汽轮机主机保护也叫汽轮机紧急跳闸系统（ETS），它是紧急停止汽轮机运行的保护。监视和保护项目随机组的参数和容量不同有所差异，目前常采用以下几种保护：

（1）凝汽器低真空保护。凝汽器真空下降将降低汽轮机的出力和经济性。若真空过低，会引起汽轮机振动加大、轴向位移增大等不良后果，严重时，将危及汽轮机的安全运行。因此，应设置凝汽器低真空保护。

真空低保护的动作值通常为 67 ~ 73kPa，当凝汽器真空值低到规定值时，汽轮机保护动作停机。

（2）汽轮机润滑油压低保护。为了使运行中轴瓦能有良好的油膜，应有足够的油量来润滑轴承和冷却轴瓦，润滑油必须保持一定的压力。当运行中润滑油压低时，保护动作启动辅助油泵，以恢复油压，若润滑油压仍不能维持规定值而下降到最低值时，低油压保护动作，紧急停机。

汽轮机的转速、轴向位移、胀差、大轴弯曲、轴振动和轴承振动等都属于汽轮机本体的监视和保护项目。

（3）汽轮机超速保护。汽轮机各转动部件的强度一般是根据额定转速的 115% 进行设计的。运行中，若转速超过这个极限，就会发生严重损坏设备的事故，甚至造成飞车事故。所以一般不允许超过额定转速的 110% ~112%，最大不得超过 115%。当超过汽轮机转速的允许值时，超速保护动作紧急停机。

大型机组一般都有三套保护装置，即危急保安器超速保护装置、附加超速（液调）或超速保护控制（OPC）系统（电调）保护装置和电超速保护装置。

（4）汽轮机轴向位移保护。汽轮机以3000r/min的转速旋转，为了不使机组内部动静部件之间发生摩擦和碰撞，动、静部件之间必须保持适当的轴向间隙，轴向间隙变小，即转子轴向位移变大，会造成动、静部件碰磨而严重损坏，因此大机组都设有轴向位移保护。

汽轮机轴向位移测量是指推力盘相对于推力瓦轴向位移的测量，在汽轮机的推力瓦处汽轮机轴上设有凸缘或利用联轴器的凸缘，把位移传感器放在凸缘的正前方3mm处，传感器固定在轴承座上，当凸缘和传感器的间隙变化时，经过前置器将位移量转换为一个相应的信号送到监视和保护装置。当其信号达Ⅰ值时报警，超过Ⅱ值时保护动作停机。

（5）汽轮机胀差保护。汽轮机运行中因升温膨胀，轴和缸体的伸长不同产生胀差，也会使动、静轴向间隙变小乃至碰磨，造成事故。测量胀差时，是把位移传感器固定在轴承座上，测量轴的凸缘（常利用对轮的凸缘）相对于轴承座的位移。

大型机组高、中和低压缸都分别装有胀差测量传感器，一旦胀差达到允许极限Ⅰ值，发出声光报警信号；当胀差过大，超过其最大允许Ⅱ值，保护动作停机。需要指出的是，有的机组不设胀差保护。

（6）汽轮机轴振动和轴承振动保护。大型机组每个轴瓦都分别装有轴振动和轴承振动传感器，传感器出来的信号经过前置器将信号送到监视和保护装置上，来分别显示汽轮机各瓦的轴振动和轴承振动情况，当其振动值超过其最大允许Ⅱ值时，保护动作紧急停机。

（7）抗燃油（EH）油压低保护。运行中当抗燃油（EH）油压低时，保护动作联动备用抗燃油（EH）油泵，以恢复油压，若油压仍不能维持规定值而下降到最低值时，低油压保护动作，紧急停机。

3. 汽轮机辅机保护

（1）给水泵保护。大型机组的给水泵有电动给水泵和汽动给水泵两种，它们的容量较大，为了保证安全，一般设置的保护停泵项目有：①支持轴承温度高；②推力轴承温度高；③轴承润滑油压低；④冷却器油温高；⑤汽动给水泵超速；⑥轴向位移大；⑦给水泵出口滤网压差大；⑧给水泵出口流量太小等。

（2）旁路系统保护。汽轮机的旁路系统是单元机组热力系统的一个重要组成部分，它在机组启、停和事故中起着调节和保护作用。但为了保证安全，对旁路系统的投入设计了必要的保护联锁条件：

1）在两级串联旁路系统中，对于一级旁路装置（也称高压旁路），当减温水的压力低于规定值或再热器进口蒸汽温度高于规定值时，禁投或切除一级旁路系统。

2）对于二级旁路装置（也称低压旁路），当减温水压力低于规定值或凝汽器真空过低，或旁路出口温度过高时，禁投或切除二级旁路系统。

第四节　分散控制系统

现代大型发电机组分散控制系统（DCS）已是一种标准模式，是监视、控制机组启停和运行的中枢系统，其安全、可靠与否对于保证机组的安全、稳定运行至关重要。机组的安全、经济运行对DCS的依赖性越来越大。

一、分散控制系统的基本概念和特点

1. 计算机控制系统

随着火力发电机组容量的不断增大、参数的不断提高，热力系统变得更加复杂，在运行中必须监视的信息量和用于控制的指令量迅速增加。一些机组的信息量和指令量的总和多达4000～6000个。早期的计算机控制系统是以集中型计算机控制系统出现的。集中型控制系统是把几十个甚至几百个控制回路及数千个过程变量的显示、操作和控制集中在单一计算机上实现的，即在一台计算机上实现过程监视、数据收集、处理、存储、报警、登录以及过程控制，甚至于部分生产调度和工厂管理等。图10－5所示为集中型计算机控制系统结构。

集中型计算机控制系统与常规仪表控制系统相比，具有如下优点：

(1) 控制组态灵活，对控制回路的增减、控制方案的变化、监控画面的修改等，可由软件来实现，一般不需要增减硬件设备。

(2) 控制功能齐全，可以实现各种先进的控制策略，复杂的联锁控制功能等。

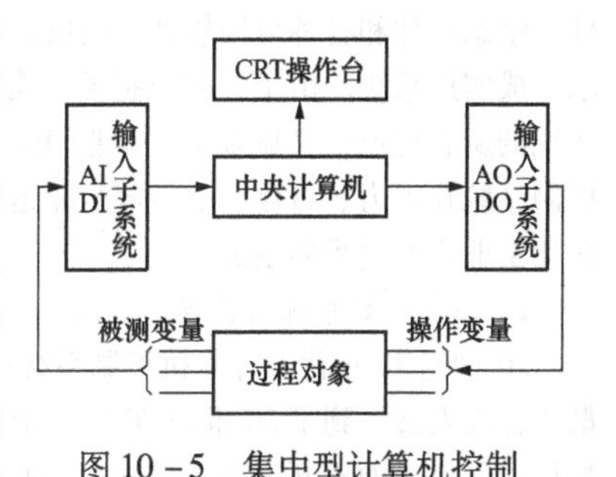

图10－5　集中型计算机控制系统结构

(3) 单一计算机的集中控制和管理，便于信息的分析和综合，容易实现整个大系统的最优控制。

(4) 有良好的人机接口，使大量的模拟仪表盘仅用几台 CRT 显示，改善了操作员的工作环境，可减少操作人员，以提高劳动生产率。

然而，集中型计算机控制系统也存在一个致命的弱点，就是危险集中，单台计算机控制着几十个甚至几百个回路，为机组的所有参数提供显示，一旦计算机发生故障，将导致生产过程全面瘫痪。其次是它处理的信息多，负荷重，实时性差。第三是系统的开发比较困难等。这些缺点影响了集中型计算机系统的应用。

分散控制系统（DCS）是融计算机技术、控制技术、通信技术、CRT 技术为一体，对生产过程进行监视、控制、操作和管理的一种新型控制系统，既具有监视功能（如 DAS），又具有控制功能（如 FSSS、SCS、DEH 等）。分散控制系统的监视功能和各控制功能之间可通过网络或总线进行数据、信息通信，实现信息共享，还可以通过接口与全厂管理计算机联网。分散控制系统通常由集中监视与管理部分、分散控制部分和通信部分等组成。其中集中监视与管理部分是在主控制室内，由运行人员通过 CRT 实现人机对话，达到监视、操作、控制、管理机组的目的。分散控制部分则是由各个控制单元，如分散处理单元（DPU）或过程控制单元（PCU），按工艺流程系统控制几个控制回路或整个子系统，实现控制危险的分散，使系统发生局部故障时，不至于威胁到整个单元机组的安全运行。通信部分是指它与系统中的控制和操作单元相连接，完成对数据信息的传输、转接、存储和处理，达到对信息的操作和管理的目的。

分散控制系统具有几十种甚至上百种的算术、逻辑、控制的运算功能，其软件一般由实时多任务操作系统、数据库管理系统、数据通信软件、组态软件和各种应用软件所组成。其中组态软件工具，可以按用户要求生成实用系统。由于分散控制系统既具有上面介绍的集中型计算机控制系统的所有优点，又克服了“危险集中”的致命弱点，所以计算机分散控制系统在电力、石化、冶金等行业迅速得到了广泛的应用，它已成为现代化工业生产过程的主力。

2. 分散控制系统的特点

20 世纪 70 年代，计算机控制系统逐渐在向管理的集中化和控制的分散化方向发展，到了 20 世纪 70 年代中期，随着微处理器的高速发展，微机性能价格比的不断提高，结合网络通信技术，出现了若干微型计算机通过网络连接而构成的大型计算机系统，使得整个系统的任务可以分散进行，做到了功能的分散，实现了计算机系统的分散化，从而大大降低了系统出现故障的风险。分散化思想的日益成熟、计算机网络技术的发展，推动了分散处理系统的应用，从而也成功地渗透到了工业控制领域。分散控制系统的发展至今已经历了三代。

第三代分散控制系统的基本特点：

（1）采用开放性的系统，产品标准化，应用符合国际有关标准的通信协议，如MAP、Ethernet，系统具有向前发展的兼容性。

（2）通过现场总线使节点工作站的系统智能延伸到现场，使过程控制的智能变送器、执行器和本地控制器之间实现可靠的实时数据通信。

（3）节点工作站使用32位及以上的微处理器，使控制功能更强，能方便和灵活地应用先进控制算法。此外，采用专用的集成电路，使其体积更小，性能更可靠。

（4）操作站采用32位及以上计算机，增强了图形显示功能，采用了多窗口技术和光笔、球标等调出画面，使其操作简单、响应速度快等。大屏幕显示技术的应用进一步改善了人机界面。

（5）过程控制组态采用CAD方法，使操作更直观与方便，而且引入专家系统方法，使控制系统可实现自整定功能等。

（6）与主计算机相连，可构成管理信息系统。

二、火力发电厂对分散控制系统的技术要求

在火力发电厂中，分散控制系统（DCS）应能实现模拟量控制（MCS）、锅炉炉膛安全监控（FSSS）、顺序控制（SCS）和数据采集（DAS）功能。有时也把数字电液控制系统（DEH）、锅炉和汽轮机旁路控制系统（BPC）以及给水泵汽轮机的电液控制系统（MEH）包括在内，组成一体化系统，以满足各种运行工况的要求，来保证机组的安全稳定运行。火力发电厂的DCS通常由数据通信系统、过程控制站、操作员站及工程师站构成。

（一）过程控制站

过程控制站是DCS的一个重要组成部分，它承担着系统的数据采集、模拟量闭环控制、开关量顺序控制、机组辅机联锁及保护等功能。控制站由机柜、电源、控制器、I/O模件等组成。

1. 控制器

控制器是过程控制级中的核心，由CPU、存储器、I/O接口和总线组成。目前，各种DCS均采用了16位以上的微处理器。部分产品采用了准32位或32位微处理器，数据处理能力大大提高，控制周期可缩短到

0.1～0.2s，并且可执行更为复杂的控制算法，如预测控制、模糊控制以及自整定等。一些先进的DCS还为用户提供了在线修改组态的功能，组态应用程序存到具有电池后备的SRAM中。

控制器是DCS中的重要部分，对于承担机组联锁保护和模拟量自动调节功能的控制器必须冗余配置，一旦某个工作的处理器模件发生故障，系统应能以无扰方式，快速切换至与其冗余的控制器模块上，并在操作员站报警。对于有盘装仪表作后备的DCS系统，硬件配置不一定要冗余，但是对于无监视仪表的系统，DAS的硬件配置也必须冗余。在顺序控制系统中，当控制器分散度较高或驱动级的硬件和软件可独立于上一级工作且对重要对象已配置了直接控制驱动级的后备操作器时，控制器可以不冗余配置。

所有控制和保护回路的数字量输入信号的扫描和更新周期应小于100ms；其模拟量输入信号的扫描和更新周期应小于250ms；事件顺序记录（SOE）的输入信号分辨力应达到1ms；对于需要快速处理的控制回路，其数字量输入信号的扫描周期应不大于50ms，模拟量输入信号应不大于150ms。

2. I/O模件

DCS中的I/O模件有开关量输入/输出、模拟量输入/输出和脉冲量输入等几种类型。

（1）开关量输入模件（DI）。它是用来输入各种开关、继电器或电磁阀触点的开、关状态，输入信号可以是直流、交流电压信号或干触点。开关量输入信号在模件内经电平转换、光电隔离并经抖动处理后存入寄存器。DI的数量一般为字节位数8的倍数。事件顺序记录（SOE）所用的开关量输入模件是中断型开关量，要求对开关量跳变时的时间标签的分辨力应达到1ms。

（2）开关量输出模件（DO）。它是用来将CPU输出的开、关状态信号经光电隔离后控制阀门、继电器、报警装置等。

（3）模拟量输入模件（AI）。它主要由信号调理和A/D转换两部分构成。对AI要求的两个重要技术指标是测量精确度和抗干扰能力。

目前，最先进的模拟量输入通道采用带微处理器的智能模板，可对通道的信号类型进行组态，既可定义成输入毫安电流信号，也可定义成输入毫伏电压信号或热电阻信号；可定义成输入，也可定义为输出；还可在线改变测量范围和补偿方式。

（4）模拟量输出模件（AO）。它一般是输出4～20mA或1～5V的直流信号，用来控制各种电动或气动执行机构或调速装置，如各种交流变频调速器。模拟量输出的主要环节是 D/A 转换，其精度一般为 12 位，输出通道一般为 4～8 路。

(5) 脉冲量输入模件（PI)。它用于转速、电量、涡街流量计等对精确度要求较高的计数式仪表信号的采集。

3. 机柜

控制站的机柜均装有多层机架，供安装电源、控制器和各类 I/O 模件用。外壳采用金属材料，柜门与机柜主体等活动部分之间应保证有良好的连接，使其为柜内的电子设备提供完善的电磁屏蔽。为保证电磁屏蔽效果及操作人员的安全，要求机柜可靠接地且接地电阻应小于 4Ω。

为保证机柜内电子设备的散热，柜内要有风扇，以提供强制风冷气流。为防止灰尘进入，在与柜外进行交换时，最好采用正压送风，将柜外低温空气经滤网过滤后压入机柜。此外，机柜还应有温度自动检测装置，当柜内温度超过规定范围时，应能发出报警信号。

（二）数据通信网络

数据通信网络是 DCS 的又一重要组成部分，它与系统中的控制和操作单元相连接，完成对数据信息的传输、转接、存储和处理，达到对信息的操作和管理的目的。通信网络应具有的特点为：①快速的实时响应能力；②极高的可靠性；③适应恶劣的现场环境，具有抗电源、雷击和电磁干扰的能力。

DCS 的数据通信网络的结构一般分为现场总线级、机组级和工厂级三层，每一级均有适合于自己的通信网络。

1. 网络的拓扑结构

所谓拓扑结构是指网络的节点和站实现互联的方式。分散控制系统局部网络常见的拓扑结构有星形、环形和总线/树形。

(1) 星形结构。它是一种集中式控制网络，所有从站来的信息都要集中到主站，由主站将信息转发到从站。优点是各站通信处理负荷较轻；缺点是若中央控制器出现故障，整个网络的通信将全部中断。可见，星形结构的可靠性较差。

(2) 环形结构。网络上的所有节点都通过点对点的链路连接构成封闭的环。网络上的信息是按点至点的方式传输，即从一个节点传到下一个节点，直到目的站。缺点是各点都是先接收再发送，节点的故障会阻塞信息通路。因此，环形结构一般均采用双环结构（即冗余环），保证一个处于热备用状态，冗余环对在线环进行诊断，故障时自动切换。

(3) 总线/树形结构。网络上所有节点都通过硬件接口，直接连接到一条线状传输介质即总线上。任何一个站发送信息都在介质上传播，并能被其他站所接收。因为所有节点共享一条传输链路，所以在某一时刻只有一个站能发送信息。缺点是对介质访问需规定某种控制协议，否则会产生通信数据冲突。

2. 网络的传输介质

传输介质是连接网上站或节点的物理信号通路，用于局域网的介质通常有双绞线、同轴电缆和光纤电缆。

3. 网络的控制方法

在分散控制系统中，通信网络协议大致可以分为两种：一种是广播式；另一种是存储转发式。

4. 通信网络的可靠性要求

在 DCS 系统中，通信网络的安全至关重要，网络上的任一系统或设备发生故障，均不应导致通信网络瘫痪或影响其他网上设备的运行，因此必须采取以下措施：

(1) 数据通信网络必须是冗余的。

(2) 数据通信网络的负载容量，在最繁忙的情况下，不应超过 30% ~ 40%。

(3) 在机组稳定和扰动的工况下，数据总线的通信率应保证运行人员发出的指令在 1s 或更短的时间内被执行。

(4) 网络通信协议应包括循环冗余校验、奇偶校验等，以校验通信误差并采取相应措施，确保系统通信的高度可靠性。

(三) 操作员站

操作员站挂在网络通信线上，其任务是通过 CRT、键盘和打印机，为运行人员对机组的运行工况进行监视和操作提供手段。它的基本功能有：①监视系统内的每一个模拟量和数字量；②显示并确认报警；③显示操作指导；④建立趋势画面并获得趋势信息；⑤打印报表；⑥进行性能计算；⑦自动和手动控制方式选择；⑧调整过程设定值和偏置；⑨控制驱动装置。

操作员站 CRT 画面的切换时间不应超过 2s；数据更新每秒一次；调用任一画面的击键次数，不应多于 3 次。运行人员通过键盘、鼠标等手段发出任何操作指令到被执行完毕的确认信息应在 1s 或更短的时间内被执行。从运行人员发出操作指令到被执行完毕的确认信息在 CRT 上反映出来的时间也应在 2.5 ~ 3s 内。

操作员站一般由处理机系统、存储设备、显示设备、操作设备、打印设备以及支撑和固定这些设备的操作台所构成。

1. 处理机系统

现代的DCS操作员站功能强、速度快、记录的数据量大，对处理机系统也提出了很高的要求。通常DCS操作员站均采用32位处理机，内存量1MB以上，多数达2~4MB。许多DCS采用工业PC机作为操作员站主机系统；有的DCS采用SUN工业站作为主机。

2. 存储设备

由于DCS操作员站要求具有很强的历史数据存储功能，所以，多数DCS均配备了大容量的存储设备，如硬盘、磁带机等，容量可达几十吉比特。

3. 显示设备

CRT是DCS中应用最多、技术最成熟的显示设备，其屏幕尺寸一般为48~53cm（19~21in），图形分辨率为1024×768或1280×1024。近年来，大屏幕显示技术也开始得到了应用。

大屏幕显示从成像原理上可分为液晶式投影和阴极射线管投影两种。前者成像清晰度高，亮度大，但投资大，维护费用高；后者清晰度、亮度均稍差，但投资省，维护费用低。

4. 操作设备

操作设备主要有操作员键盘、鼠标器、触摸屏。运行人员可通过这些设备进行操作控制。

5. 打印设备

DCS操作员站至少要配备3~4台打印机，分别用于报表打印、报警打印和图形拷贝等。

6. 操作台

操作台安装在中央控制室，要求美观大方，便于操作。目前，操作台主要有办公桌式、集成式和双屏操作台三种形式。

（四）工程师站

工程师站是挂在DCS网络上的用于应用系统开发和服务的工作站。它由硬件与软件构成。硬件一般由一台微机系统，包括CRT、键盘和鼠标组成；软件包括系统软件、组态软件和其他支撑软件等。有的DCS系统不设专门的工程师站，利用操作员站做工程师站的工作。

工程师站的主要功能是：

（1）进行应用程序开发，控制系统组态、数据库和画面的编辑和修改。

(2) 使组态数据从工程师站上下载到各分散处理单元和操作员站。当重新组态的数据被确认后，系统应能自动地刷新内存。

(3) 能通过通信总线调出任一已定义的系统显示画面、任一分散处理单元的系统组态信息和运行数据等。

(五) 功能分散原则

DCS 的主要优点之一就是整体系统的可靠性高，因为基本控制功能被分散到一些以微处理器为基础的控制器中，这些控制器可以按功能或系统来划分，任一个控制器出现故障只影响一部分功能。DCS 中的控制器或控制单元一般是多回路控制器，其容量很大，能实现上百个回路的控制。一个控制器承担的回路越多，整体系统的投资就越少，但在运行中一旦发生故障，所影响的控制回路也就越多，越不利于安全运行。此外，控制器所带的负荷越少，运行可靠性就越高。所以，在进行 DCS 系统硬件配备的设计中，不能为了节省投资而使控制器承担过重的负荷，影响系统运行的可靠性。

在电力生产过程中，所有被控制的设备都是同时工作来共同完成一个整体的任务，但是各设备的功能是有分工的，而且其功能的大小也是不相同的。根据各设备功能，合理分成各种局部控制系统，将整个控制系统分散化，是符合实际的。

控制系统分散的基本原则就是提高系统的可靠性，所以，分散化了的各子系统之间应尽量避免交叉。控制器的功能最好按被控制系统划分，这些系统独立性较强，当该系统切为手动时，不应影响其他系统在自动工况下的运行。如在锅炉自动控制系统中，可分为燃烧控制、汽温控制、给水控制等子系统。

(六) DCS 的安全性

DCS 应具有很高的可靠性，才能确保电力生产的安全运行。所以 DCS 必须具备以下几条安全措施：

(1) 整个系统要按被控对象的实际结构和功能要求进行分级分散控制。

(2) 在分散控制系统中，要尽可能地采用冗余配置。一般来说，各级通信网络、交直流供电电源一定要冗余；MCS、SCS、BMS、DEH 的控制器一定要冗余；DAS 的控制器，若用于监视的常规仪表较多，可不冗余，否则最好冗余；I/O 模件可不冗余，若条件允许亦可按 N:1 冗余（N 为工作的模件数）。

(3) 设备出现故障时，应能在线自诊断。

(4) DCS 应具有输出锁定功能，当系统故障或电源消失时，确保执行机构停在故障前位置不动，避免控制过程出现扰动。

(七) 历史数据存储

历史数据存储是为分散控制系统提供大容量的信息存储和检索服务。应能收集、存储及通过 CRT 和打印机追忆多种数据、记录文件、应用文件、过程点属性、操作员事件历史数据、报警信息和数据等。

(八) DCS 的供电、接地及环境要求

1. DCS 的电源配备

(1) 系统电源应设计有可靠的后备手段，如采用 UPS 电源，每台 UPS 负荷不得超过 40%，备用电源的切换时间应小于 5ms，以保证控制器不初始化。系统电源故障应在控制室内设有独立于 DCS 之外的声光报警。

(2) DCS 宜采用隔离变压器供电。系统应设计双回路冗余方式供电。其中一路电源要采用 UPS 供电。

(3) UPS 电源应能保证连续供电 30min，以确保安全停机、停炉的需要。

(4) 采用直流供电方式的重要 I/O 板件，其直流电源应采用冗余配置，其中一路电源故障应有报警信号。

2. DCS 的接地与屏蔽

为保证控制系统能正常、稳定地工作，必须对电厂中的大量干扰信号加以抑制，使 DCS 系统通信传输的各种信号畸变最小，其基本措施除要求控制设备本身提高共模抑制能力和完善滤波外，还应采取相应的、正确的接地布置和屏蔽。

(1) 接地。接地分系统接地、安全接地和信号屏蔽接地。接地总的要求是保证系统与设备一点接地。必须选择正确的接地点，其接地电阻应不大于 5Ω。DCS 系统通常要求有专用接地网，用于电厂时，由于电厂主厂房及四周已设计有良好的接地网络，接地电阻一般不大于 0.5Ω。故无论从安全接地还是从信号接地考虑，都可以共用电厂的总接地网络，所以可不设专用接地网。

(2) 屏蔽。一般对模拟量信号采用屏蔽电缆，对开关量信号采用普通电缆，信号进入 I/O 端子柜后再转入控制柜。对于电缆敷设，应将信号电缆与动力电缆分层敷设。

3. 环境要求

(1) 系统应能在温度为 0~40℃，相对湿度为 10% ~95% (不结露)

的环境中连续运行。

（2）在距离 DCS 设备 1.2m 以外发出的工作频率为 470MHz、功率输出为 5W 的电磁干扰和射频干扰，应不影响系统的正常工作。

（九）现场总线

现场总线是目前国际上过程控制领域的一个热点问题。根据国际电工委员会 IEC 标准和现场总线基金会 FF 的定义：现场总线是指连接智能现场设备和自动化系统的数字式、双向传输、多支结构的通信网络。形象地说，现场总线就是用全数字化、双向多变量的通信方式来代替传统的 4～20mA 单变量单向模拟传输方式。

现场总线的采用有以下特点：

（1）以微处理器为基础的现场仪表能完成各种先进功能，如工程单位转换、报警、补偿及自动控制。

（2）便于工程设计、维护及仪表管理自动化。

（3）提高了检测精确度。

（4）减少了 I/O 装置，提高了可靠性，降低了成本。

第五节　DCS 的故障处理

由于 DCS 是由多种硬件、软件及网络构成的系统，其故障点的分布和故障的分析都是比较复杂的，所以应加强对 DCS 的运行监视、检查和技术管理。

DCS 发生故障的紧急处理原则如下：

（1）应根据机组的具体实际情况，制定出在各种情况下 DCS 失灵后的紧急停机停炉措施。

（2）当全部操作员站故障时（所有上位机“黑屏”或“死机”），若主要后备硬手操及监视仪表可用且暂时能够维持机组正常运行，则转用后备操作方式运行，同时查找排除故障并恢复操作员站运行方式，否则应立即停机停炉。若无可靠的后备操作监视手段，应立即停机、停炉。

（3）当部分操作员站故障时，应由可用操作员站继续承担机组监控任务，此时应停止重大操作，同时迅速排除故障，若故障无法排除，应根据当时运行状况酌情处理。

（4）当系统中的控制器或相应的电源故障时，应按以下原则处理：

1）辅机控制器或相应电源故障时，可切换至后备手动方式运行并迅速处理系统故障，若条件不允许则应将该辅机退出运行。

2）调节回路控制器或相应电源故障时，应将“自动”切换成“手动”维持运行，同时迅速处理系统故障，并根据处理情况采取相应措施。

3）若是机炉保护的控制器故障时，应立即更换或修复控制器模件；若是机、炉保护的电源故障时，则应采取强送措施，此时应做好防止控制器初始化的措施。若恢复失败，应紧急停机停炉。

（5）加强对 DCS 系统的监视检查，特别是发现 CPU、网络、电源等故障时，应及时通知相关人员并迅速做好相应的对策。

可见，由于机组类型、DCS 配置和机组运行方式等的不同，其采取的措施也不尽相同，但其核心思想是保证机组运行的安全。对 DCS 故障处理把握性不大或故障已严重威胁机组安全运行的情况下，决不能以侥幸的心理维持运行，应立即停机、停炉处理。

此外，热控人员在 DCS 系统的维护管理方面也应注意同运行人员一样进行，特别是在机组运行中对工程师站的操作，也应执行类似于工作票的制度，严防非运行人员（或未经运行人员允许）对机组的安全运行有干预行为。运行人员应对 DCS 运行的异常状态，如操作员站显示画面微小的颜色、音响及提示的变化等反应敏捷，并能及时作出正确的判断和采取相应的对策。

提示 第一～五节内容适用于初级工、中级工、高级工、技师使用。

第二篇

水 泵 运 行

第十一章

泵的基础知识

泵是由原动机驱动，将原动机的机械能转换成流体能量的机械，它的工作原理是建立在工程流体力学基础上的，因此也称为流体机械。

泵广泛应用在国民经济的各个领域中，是一般的通用机械。工业、农业、国防和人们的日常生活都离不开它。在火力发电厂中，泵是一种重要的生产设备，它担负着连续不断地输送流体介质的任务。如向锅炉输送给水的给水泵、排出凝汽器中凝结水的凝结水泵、向凝汽器输送冷却水的循环水泵以及输送各处疏水的疏水泵等。随着火力发电厂锅炉、汽轮机组初参数的提高和单机容量的不断增大，为保证火力发电厂安全可靠和经济合理的运行，对水泵的结构、性能和运行调节也提出了更高、更新的要求，因此运行人员熟练掌握泵的有关知识，对火力发电厂的安全生产是十分必要的。

第一节　泵的分类及型号

一、泵的分类

泵因其用途广泛导致结构、型式各不相同。根据泵工作时所产生的流体压力的大小可分为：

（1）低压泵。出口压力在2MPa以下。

（2）中压泵。出口压力在2～6MPa之间。

（3）高压泵。出口压力在6MPa以上。

根据其工作原理的不同，又可分为叶片式泵、容积式泵和其他类型泵三大类。具体分类如下。

1. 叶片式泵

在各类型的泵中，以叶片式泵应用最为广泛。它主要是靠装在主轴上的叶轮的旋转，由叶片对流体做功来提高其能量的。由于应用场合、性能参数、输送介质和使用要求的不同，叶片泵的品种和规格繁多，按照工作位置可分为卧式、立式和斜轴式；按照叶轮的型式、根据液体从叶轮流出方向的不同，叶轮泵又分为轴流式、离心式和混流式三种型式（见图 11 -1）。叶片泵的结构类型如图 11 -2 所示。

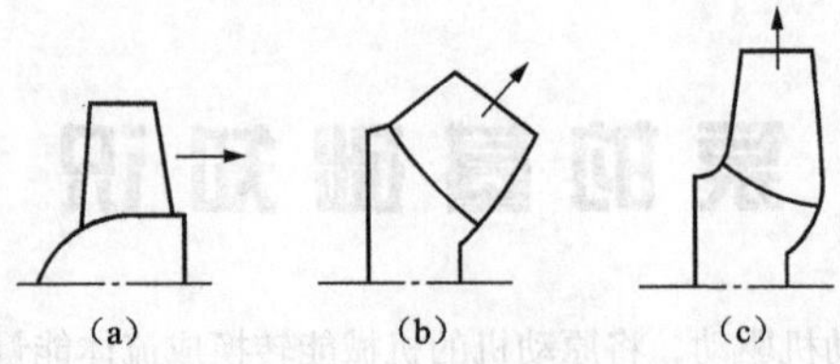

图 11 -1　叶轮的类型

(a) 轴流式；(b) 混流式；(c) 离心式

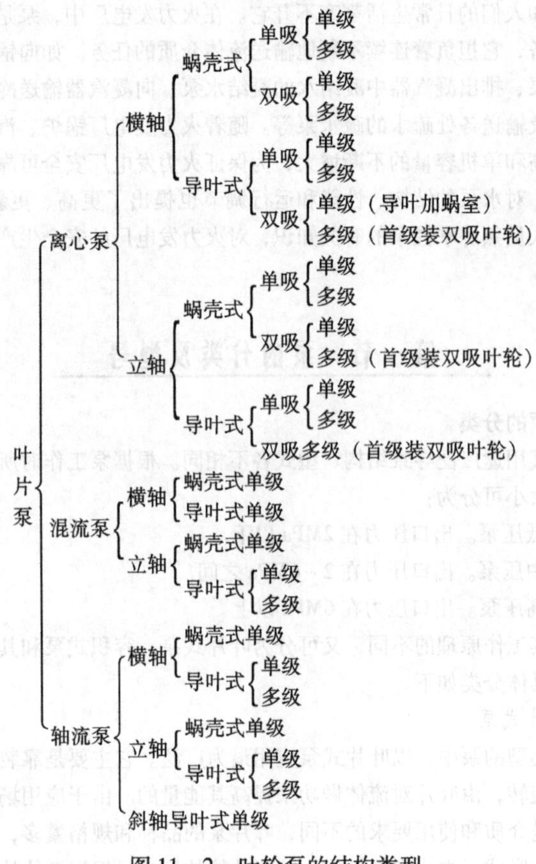

图 11 -2　叶轮泵的结构类型

轴流式泵简称轴流泵。液体在泵内是沿轴向流动的，故称为轴流泵，它是利用叶片转动时产生的升力来输送液体或提高液体能量的，如图 11－3 所示。叶轮 1 安装在圆筒形泵壳 3 内，当叶轮旋转时，液体轴向流入，在叶片叶道内获得能量后，再经导流器 2 轴向流出。轴流式泵适用于大流量、低扬程的场合，如电厂的循环水泵就可采用轴流泵。

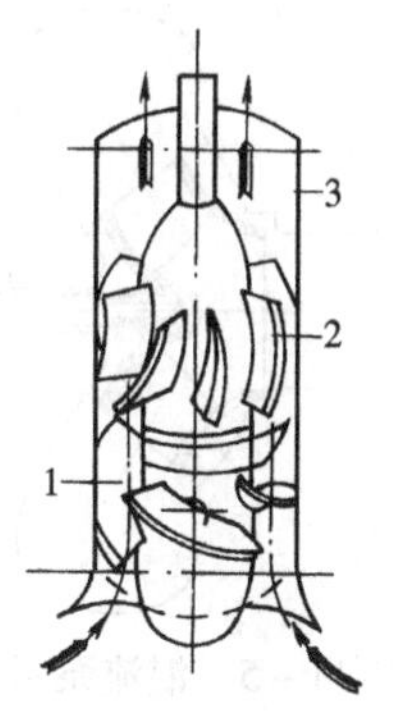

图 11－3　轴流式水泵示意图

1—叶轮；2—导流器；3—泵壳

离心式泵简称离心泵。它是利用叶轮旋转时产生的惯性离心力来输送液体或提高液体能量的。液体在叶轮中的流动方向是垂直于轴向流出的，是径向流动的。图 11－4 所示为离心泵示意图，叶轮装在一个螺旋形的压水室（外壳）内，当叶轮旋转时，液体通过吸入室轴向进入叶轮入口，然后沿叶轮流道径向流出，至压水室经扩散管排出。由于叶轮连续旋转，在叶轮入口处不断形成真空，从而使液体连续不断地由叶轮吸入和排出。

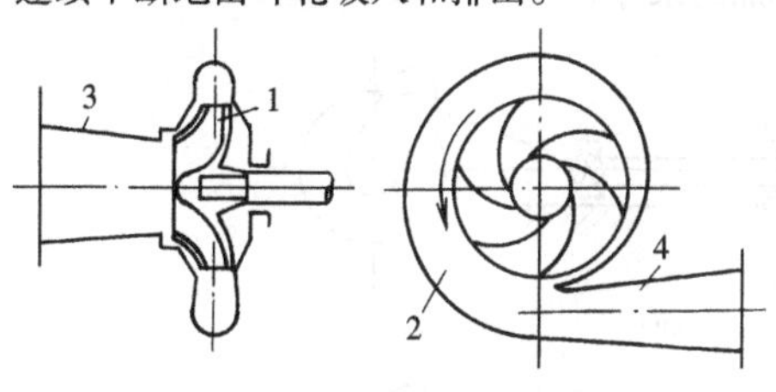

图 11－4　离心泵示意图

1—叶轮；2—压水室；3—吸入室；4—扩散管

可见，离心泵在启动之前必须先充满所输送的液体或排除泵内的空气，否则，当叶轮旋转时，由于空气的密度比液体的小得多，它就会聚集在叶轮的中心，不能形成足够的真空，液体吸不上来，导致泵启动后无法向外界供给液体。

离心泵不仅使用范围广，而且具有转速高、结构紧凑、操作方便、运行可靠、在设计工况下效率高等优点。因此，火力发电厂中大多数的水泵都为离心式水泵。

混流式泵简称混流泵，图 11－5 所示为混流泵示意图。它从结构、性能和原理上看，都是介于轴流式与离心式之间的一种叶片泵，叶轮中的液体从轴向引入向圆锥面方向流出，也就是说液体在介于轴向和径向之间的方向流出叶轮。就其工作原理而言，部分利用了叶型的升力，部分利用了惯性离心力，是介于轴流式与离心式之间的一种类型的泵，但它还是属于大流量、低扬程水泵的范畴，近代大容量机组的循环水泵有不少就采用了该型泵。

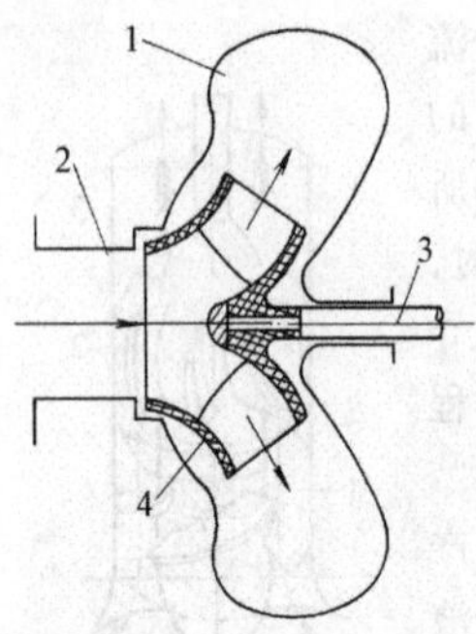

图11－5　混流泵示意图

1—泵壳；2—吸入管；3—轴；4—叶轮

2. 容积式泵

它是利用工作室容积周期性的变化来输送液体的，如往复式泵、回转泵。

往复式泵主要有活塞泵、柱塞泵和隔膜泵三种型式。

活塞泵的工作原理是：由于活塞在泵缸内作往复运动，工作室容积发生周期性变化，引起压力大小发生变化，由此来输送液体并使液体获得能量。柱塞泵与活塞泵的工作原理完全相同，所不同的是由于活塞泵的活塞是盘状的，当产生很高的压力时，会因强度不够而容易损坏，为此采用柱状活塞，所以高压的往复泵都采用柱塞泵。

隔膜式泵主要依靠隔膜片来回鼓动来吸入和排出液体。

图11－6所示为往复式泵示意图，它由于泵腔容积和活塞往复速度有限，限制了流量的使用范围，因此，此类型泵只适用于输送小流量、高压力的各种介质。电厂中常用作加药泵等。

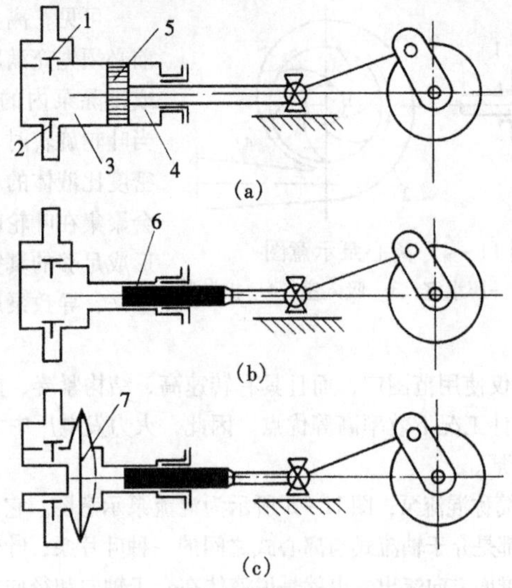

图11－6　往复式泵示意图

(a) 活塞式；(b) 柱塞式；(c) 隔膜式

1—压水阀；2—吸水阀；3—工作室；4—泵缸；5—活塞；6—柱塞；7—隔膜片

回转泵主要有齿轮泵、螺杆泵、滑片泵和水环式真空泵四种型式。

齿轮泵有一对相互啮合的主、从动齿轮，在泵腔内作相反的旋转运动，它依靠齿轮相互啮合过程中所引起的工作容积的改变来输送液体。齿轮旋转时，液体沿吸入管流入，经过齿轮被挤压出去，再经过排出管排出。具体工作原理为：在图 11－7 所示中，齿轮（主动轮）1 固定在主动轴上，轴的一端伸出壳外由原动机驱动，另一个齿轮（从动轮）2 装在另一个轴上。齿轮旋转时，液体沿吸入管 3 进入到吸入空间，沿上下壳壁被两个齿轮分别挤压到排出空间汇合，然后由压出管 4 排出。

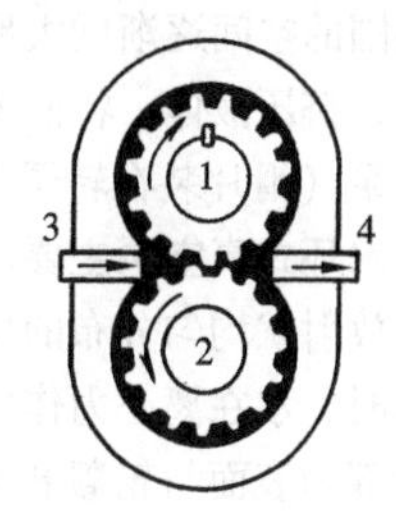

图 11－7　齿轮泵示意图

1—主动轮；2—从动轮；3—吸入管；4—压出管

齿轮泵结构简单、质量轻、造价低、工作可靠，主要适用于输送流量小、压力高的黏性流体，常用于火力发电厂的润滑油系统。

图 11－8 所示为螺杆泵示意图，它的工作原理与齿轮泵基本相似，它依靠 1 对或 3 个螺杆相互啮合，利用工作容积的变化来输送液体。其中一个为主动轴，其余为从动轴，主动螺杆与从动螺杆旋转方向相反，螺纹相互啮合，液体由吸入口进入，沿筒壁被挤推作螺旋线推进并增压至排出口排出。

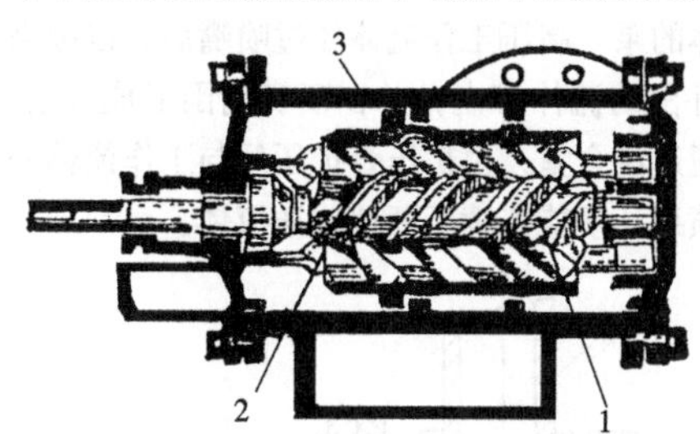

图 11－8　螺杆泵示意图

1—主动螺杆；2—从动螺杆；3—泵壳

螺杆泵的性能与齿轮泵相同，但产生的压力与效率均高于齿轮泵，流量连续均匀，工作安全可靠，无振动和噪声，泵的转速较高。目前，应用较多的是三螺杆泵，它适用于小流量的场合，在火力发电厂中常用在汽轮机油系统中，也可用来输送锅炉的燃料油（如重油、油渣等）。

滑片泵又叫叶片泵、刮片泵、刮板泵。由泵体、内转子、定子、泵盖及滑片组成。转子是具有径向槽的圆柱体，槽内安放滑片，滑片可以在槽内自由滑动。转子偏心地安放在泵体内，当转子由原动机带动旋转时，滑片依靠离心力或弹簧力紧压在泵体的内壁上。在转子前半转，相邻两叶片所包围的空间逐渐增大形成局部真空而吸入液体。而后半转，此空间逐渐减小，挤压液体，将液体压送到排出管中。根据滑片的安装位置分有内装滑片泵（滑片装在转子上）和外装滑片泵（滑片装在泵体上）。

水环式真空泵主要用于抽吸空气，也可以用来输送气体。它有一个叶片呈放射状均匀分布的星形叶轮，偏心地安装在圆形的工作室内。当叶轮旋转时，水在离心力作用下，形成一个相对于叶轮为偏心的封闭水环，水环上部内表面与轮毂相切，另一部分与叶轮一起形成两个月牙形的空气室，右边月牙形部分随叶轮旋转，空气室容积逐渐增大，而压力降低，它和吸入管相连，由此将空气吸入；随着叶轮旋转，气体进入左边月牙形部分，空气室容积逐渐减小，因而气体压力逐渐升高，由此气体从排气管排出。叶轮不断旋转，泵就将空气不断地抽出。

3. 其他类型泵

其他类型的泵主要有射流泵和水击泵两种型式。这里只对常用的喷射泵作一简单介绍。

图 11－9 为喷射泵示意图，其工作原理与前面几种类型泵不同，它是利用工作流体的能量来输送流体的泵。高压工作流体经过喷嘴后，以极高的速度喷出，高速流体将喷嘴外围的流体带走，并在喷嘴周围形成真空，从而吸进被输送的流体；然后通过混合室，由扩压管扩压后与工作流体一起排出。如果工作流体不断的喷射，便能连续不断地输送流体。

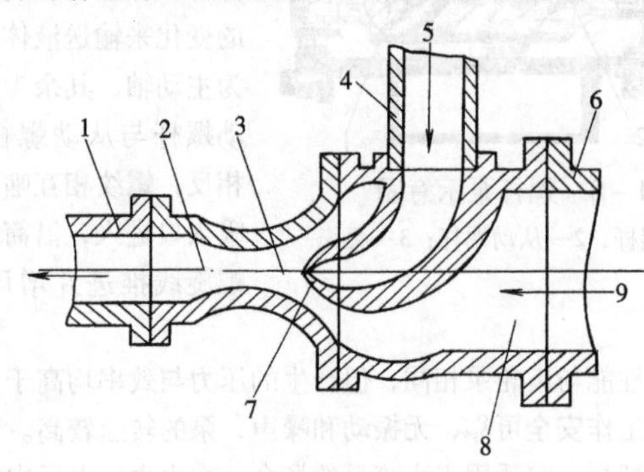

图 11－9　喷射泵示意图

1—排出管；2—扩散室；3—混合室；4—管子；5—工作流体；6—吸入管；7—喷嘴；8—吸入室；9—被抽吸流体

工作流体可以是蒸汽，也可以是水，被输送的可以是液体或空气。在火力发电厂中常作为射水抽气器、射汽抽气器或射油器等使用。

喷射泵的特点是没有运动部件，结构紧凑，工作方便、可靠。但由于工作流体与被输送的流体在混合室内强烈地混合，能量损失很大，所以喷射泵的效率很低，一般为15% ~30%。

二、泵的型号

泵的型号代表泵的结构特点、工作性能和被输送介质的性质等。由于泵的品种繁多，规格不一，因此型号种类也较多。现将常用泵的型号作一简要介绍。

1. 基本型号

目前，我国大多数泵的产品已采用汉语拼音字母来代表泵的名称，下面将常用的基本字母及其代表的名称列于表11-1，以供大家参考。

表11-1　　泵的基本型号及意义

字母	表示的意义	字母	表示的意义
X	单级单吸离心泵	NB	卧式凝结水泵
B	亦称BA、IS型，单级单吸悬臂式离心泵	NL	立式凝结水泵
Sh	单级双吸、水平中开式离心泵	LDTN	立式多级筒袋式凝结水泵
FD	多级低速离心泵	NS	凝结水升压泵
FG	多级高速离心泵	DG	多级分段式锅炉给水泵
D	分段式多级离心泵	ZLQ	立式轴流泵
DN	单吸凝结水泵	CY	齿轮油泵
SN	双吸凝结水泵	PW	供排污水用单级泵

2. 补充型号

除基本型号代表泵的名称外，还有一系列补充型号表示该泵的性能或结构特点。其组成方式见图11-10。

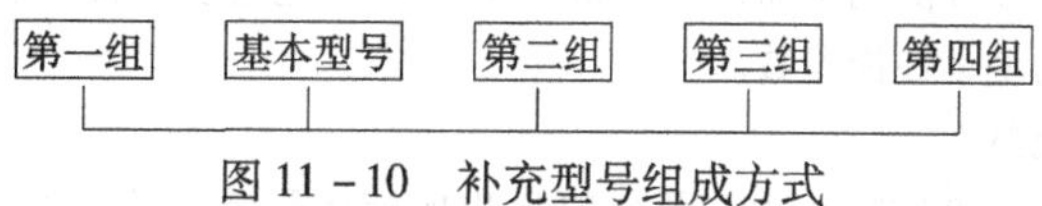

图11-10　补充型号组成方式

第一组——为数字，表示缩小为1/25的泵吸入管直径（mm）或是用英寸表示的吸入管直径（in）。

第二组——为数字，表示缩小为1/10并化为整数的泵的比转速，或代表泵的扬程。

第三组——为数字，表示泵的级数，若为单级泵时就不再表示。

第四组——为字母，表示泵的设计变型。

现举例说明如下：

48Sh22：48 代表吸入管直径为 1200mm；Sh 代表单级双吸离心泵；22 代表泵的比转速为 220。

5DN5 ×2a：5 代表吸入管直径为 125mm；DN 代表单吸凝结水泵；5 代表比转速为 50；2 代表叶轮级数为两级；a 代表原型泵叶轮被车削后的规格。

除以上的表达形式外，电厂常用的给水泵、凝结水泵、凝结水升压泵、循环水泵等还有以下的表达形式：

DG500 -180：DG 代表多级分段式离心锅炉给水泵；500 代表泵的流量为 $500m^3/h$；180 代表泵的扬程为 1800m。

9LDTN -2：9 代表制造厂的排号，有 6、7、8、9、10 等；LDTN 代表立式多级筒袋式凝结水泵；2 代表有 2 级叶轮。

NS300/200：NS 代表凝结水升压泵；300 代表吸入管直径为 300mm；200 代表出口管直径为 200mm。

1000HB2S：1000 代表泵出口管直径为 1000mm；H 代表立式斜流泵（混流泵）；B 代表闭式叶轮（半开式叶轮用 K 表示）；2 代表泵的级数为 2 级，单级时不表示；S 代表叶轮比转速型号（还有 U2、U3、…）。

沅江 48 -35 Ⅱ：沅江代表大型立式、单级、单吸离心水泵；48 代表被缩小到 1/25 的吸入管直径；35 代表泵的比转速为 350；Ⅱ代表修改后的叶轮结构。

第二节　泵的基本性能参数

泵的基本性能参数主要有流量 Q、扬程 H、功率 P、效率 η、转速 n，还有反映汽蚀性能的必需汽蚀余量 $[NPSH]_r$，这些参数表明了泵的性能，故称为泵的基本性能参数。

一、流量

流量是指单位时间内，泵所输送出的流体数量。其数量用体积表示的，称为体积流量，通常用 q_V 表示，单位是 L/s、m^3/s、m^3/h；其数量用质量表示的，称为质量流量，用 q_m 表示，单位是 kg/s 或 t/h。体积流量与质量流量的关系为

$$q_m = \rho q_V \tag{11-1}$$

式中　ρ——输送流体的密度，kg/m^3。

二、扬程

泵的扬程是指单位重量的液体通过泵后所获得的能量，用符号 H 表示，单位为 m，实际情况是指水泵能够扬水的高度。扬程的表达公式为

$$H=\frac{p_2-p_1}{\rho g}+\frac{v_2^2-v_1^2}{2g}+(h_2-h_1) \tag{11-2}$$

式中　$\frac{p_2}{\rho g}$、$\frac{p_1}{\rho g}$——泵出口和入口的压力水头，m；

$\frac{v_2^2}{2g}$、$\frac{v_1^2}{2g}$——泵出口和入口的速度水头，m；

h_2、h_1——泵出口和入口的位置水头，m；

g——自由落体加速度，m/s^2。

由此可见，泵的扬程是指单位质量液体从泵的进口处到出口处所获得的能量的增加值。

三、功率

泵的功率通常是指输入功率，也就是原动机传递到泵轴上的功率，一般称为轴功率，用符号 P 表示，单位为 kW。

泵的轴功率 P 不可能全部被利用来提高液体的能量，其中一部分功率被消耗在各种损失上，只有另一部分功率被有效利用。被有效利用的功率称为有效功率，即泵的输出功率，用 P_e 表示，单位为 kW。它表示单位时间内液体通过泵所获得的能量，计算式为

$$P_e=\frac{\rho g q_V H}{1000}\quad kW \tag{11-3}$$

式中　ρ——介质密度；

g——重力加速度；

q_V——流量；

H——扬程。

原动机的输出功率称为原动机功率，用 P_g 表示，计算式为

$$P_g=\frac{P}{\eta_{tm}}\quad kW \tag{11-4}$$

式中　η_{tm}——传动效率。

由于考虑泵运行过程中可能出现的超负荷情况，通常原动机功率 P_g 选择得要比轴功率 P 大些，即 $P_g>P>P_e$。随着单元机组容量的增大，水泵的容量也相应增大，国产 300MW 机组配置两台半容量的给水泵，原动

机功率约为5500kW。

四、效率

由于泵有各种损失，要消耗一部分能量，所以泵的轴功率不可能全部转变为有效功率，轴功率与有效功率之差是泵内产生的损失功率。我们把有效功率 P_e 与轴功率 P 之比称为泵的效率，用符号 η 表示，表达式为

$$\eta = \frac{P_e}{P} \times 100\% \tag{11-5}$$

由此可见，泵的效率越高，在轴功率中被有效利用的功率就越多，损失的功率就越少，泵的经济性就越高。泵的效率根据其大小、型式、结构的不同，也各不一样。如离心式泵的效率在0.62～0.92的范围内，轴流式泵的效率在0.74～0.89之间。

五、转速

泵的转速是指泵轴每分钟旋转的圈数，用符号 n 表示，单位为r/min。

转速是影响泵性能的重要因素，当转速变化时，泵的流量、扬程、功率、效率都会随之改变。随着火力发电厂单元机组容量的增大，水泵的容量也迅速增加，导致转速也不断提高。由于转速增加，相应的叶轮级数减少，水泵轴缩短，这样就可采用短而粗的刚性轴，同时水泵的质量减轻，体积缩小，也节省了材料。目前大容量机组已采用了高转速的锅炉给水泵，其转速已达7500r/min左右。

泵还有一个性能参数必需汽蚀余量[NPSH]$_r$，将在本章第四节中进行介绍。

第三节　离心泵的各种损失及效率

泵的能量损失，按其能量损失实质的不同，可分为机械损失、容积损失和流动损失三种。这些损失的大小通常用相应的机械效率、容积效率和流动效率来表示。

由于流体在泵内的流动情况十分复杂，有许多问题，特别是流动损失问题，至今还不能从理论上得到解决，还得借助于试验或试验所积累的经验公式来确定。下面分别进行讨论。

一、机械损失与机械效率

泵的机械损失主要包括两部分，一部分是轴与轴承、轴与轴封机械摩擦所引起的损失，它与轴封和轴承结构形式以及输送流体的密度有关，这部分损失功率的大小用符号 $\Delta P_{m,1}$ 表示，其值约占泵轴功率 P 的1%～

5%，特别是目前在大、中型泵中多采用机械密封结构，轴封的摩擦损失就更小了。另一部分为叶轮圆盘摩擦阻力损失，此部分损失功率的大小用符号 $\Delta P_{m,2}$ 来表示。当叶轮在存满流体的壳体内旋转时，叶轮两侧的流体由于受离心力作用形成回流，如图 11－11 所示，做回流运动的流体要消耗叶轮给它的能量，因为流体在回流时会产生摩擦，消耗能量。这一损失直接消耗了原动机的输入功率，但并不影响流体所获得的能量，所以圆盘摩擦损失是一种内部的机械损失，这部分损失功率约为轴功率 P 的 2%～10%，是机械损失中的主要部分。

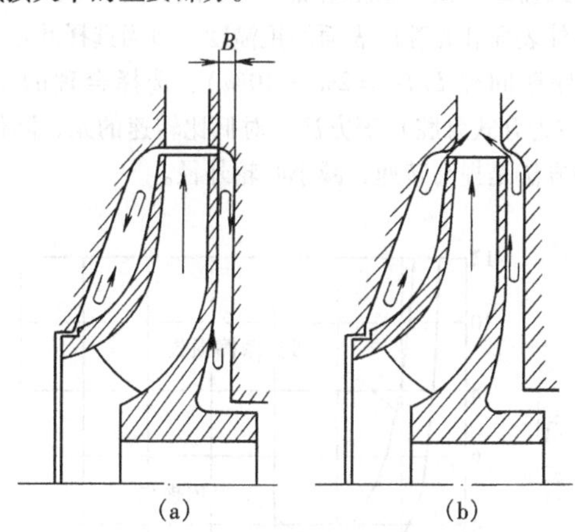

图 11－11　叶轮圆盘摩擦损失

（a）闭式泵腔；（b）开式泵腔

叶轮圆盘摩擦损失功率 $\Delta P_{m,2}$ 的大小，可用经验式（11－6）进行计算，即

$$\Delta P_{m,2} = k\rho u_2^3 D_2^2 \times 10^{-6} \quad \text{kW} \tag{11-6}$$

式中　k——叶轮圆盘摩擦系数，由经验求得，它与雷诺数、相对侧壁间隙 B/D_2、腔壳内表面与叶轮外侧表面粗糙度等因素有关，近似计算时，可取 0.85；

ρ——流体密度，kg/m^3；

D_2——叶轮出口直径，m；

u_2——叶轮出口圆周速度，m/s。

由式（11－6）可知，叶轮圆盘摩擦损失与圆周速度的三次方成正比，与叶轮出口直径的平方成正比，因出口圆周速度与叶轮出口直径和转速成正比。所以，叶轮圆盘摩擦损失与转速的三次方及叶轮出口直径的五次方成正比。由此可见，转速越高，叶轮外径越大，则叶轮圆盘摩擦损失越大。因此，单纯用增大D_2的方法来提高叶轮所产生的扬程是不足取的。但是，对于给定的扬程，转速升高后，叶轮出口直径可减小，其叶轮圆盘摩擦损失不一定增加甚至有可能减小，从而可以提高泵的效率，这也是近代泵发展中用提高转速来增加扬程的原因之一。

叶轮圆盘摩擦损失在中、低比转速n_s的离心式泵中尤为显著。图11－12所示为圆盘摩擦损失、容积损失与比转速的关系。随着比转速的减小，叶轮圆盘摩擦损失急剧增加。为了减少圆盘摩擦损失，通常采取降低叶轮盖板外表面和壳腔内表面的粗糙度、适当选择叶轮与壳体的间隙（一般取相对侧壁间隙$B/D_2=2\%\sim10\%$）、选择合理的泵腔结构形式（如改闭式泵腔为开式泵腔）等方法。对低比转速的泵，降低叶轮圆盘摩擦损失的主要方法是提高转速，减小叶轮外径。

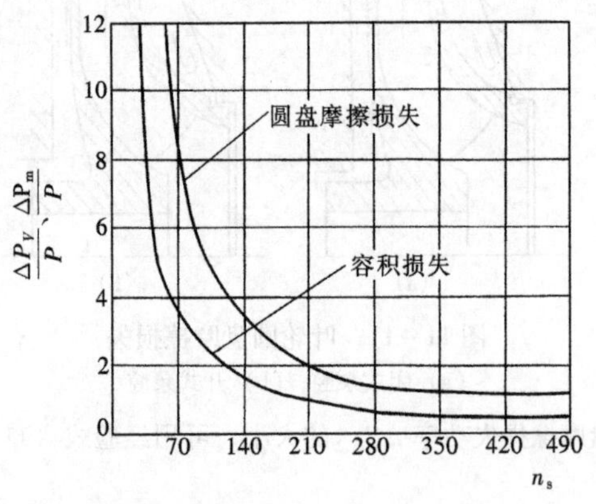

图11－12　圆盘摩擦损失、容积损失与比转速的关系

总的机械损失功率为

$$\Delta P_m=\Delta P_{m,1}+\Delta P_{m,2} \tag{11-7}$$

机械损失的大小，可用机械效率η_m来表示，即

$$\eta_m=\frac{P-\Delta P_m}{P} \tag{11-8}$$

式中　ΔP_m——机械损失功率。

从式（11－8）中可以看出，机械损失功率ΔP_m越小，泵的机械效率就越高。离心泵的机械效率η_m一般在90%～98%之间。

二、容积损失与容积效率

在泵的转动部件和静止部件之间，为了防止接触摩擦而留有一定的间隙。当叶轮旋转时，在间隙两侧的流体会形成一定的压力差，在压力差的作用下，部分已经从叶轮获得能量的流体通过间隙由高压侧向低压侧泄漏。此泄漏造成的流量损失称为容积损失或泄漏损失，它所损失的功率称为容积损失功率，用符号 ΔP_V表示。泄漏量同泵的结构型式、间隙及压力差的大小等因素有关。

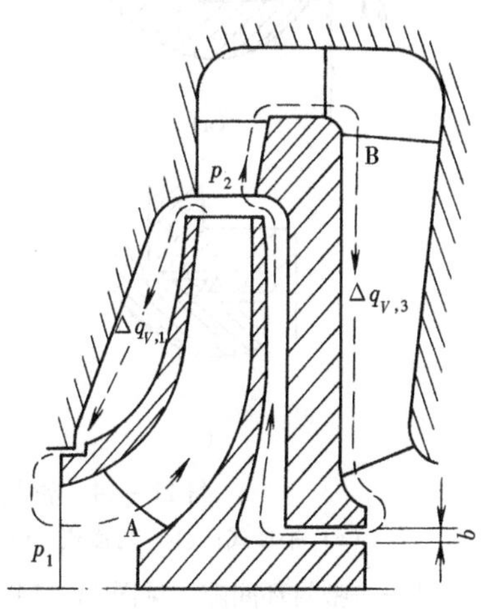

图 11－13　泵内液体的泄漏

容积损失主要发生在下面几个部位：

（1）叶轮入口处的容积损失。在叶轮入口处，叶轮与泵壳之间有一个很小的密封间隙，如图 11－13 所示。由于泵腔内的压力高于叶轮入口处的压力，所以有一小部分流体 $\Delta q_{V,1}$通过密封间隙流回到叶轮的入口。这部分流体的能量消耗在克服间隙的阻力损失上。为了减少这部分容积损失，一般在叶轮入口处都装有密封环，如图 11－14 所示。泵内设置密封环的目的是为了减小叶轮入口与壳体之间的间隙，并增加密封长度，以减少密封环处的泄漏。但密封环间隙不宜太小，过小又会造成机械摩擦损失，所以，密封环间隙应保持在规定范围之内，一般不小于 0.2mm。当密封环在长时间运行后磨损间隙增大后，应及时进行更换，以降低容积损失。

叶轮入口处的容积损失 $\Delta q_{V,1}$可按式（11－9）计算，即

$$\Delta q_{V,1} = \mu_1 A \sqrt{2g\Delta H} \quad (11-9)$$

$$A = \pi D_w b \quad (11-10)$$

式中　μ_1——流量系数；

ΔH——间隙两侧的压差，m；

A——间隙的环形面面积，m^2；

D_w——密封环直径，见图 11－14（a），m；

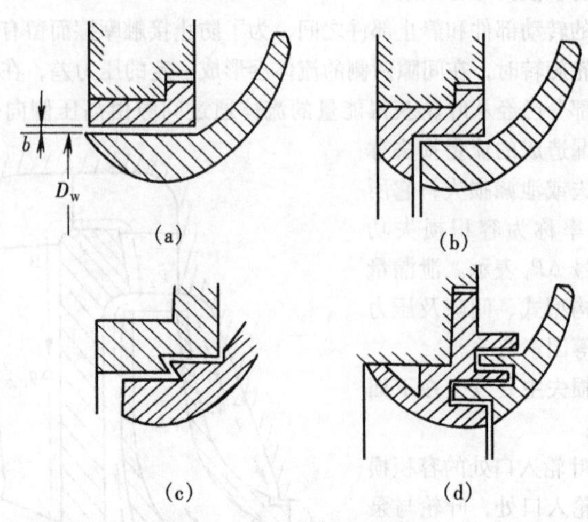

图 11-14　密封环的类型

(a) 平环式；(b) 角接式；(c) 锯齿式；(d) 迷宫式

b——密封环间隙，见图 11-14（a），m。

间隙两侧的压差 ΔH 可按式（11-11）计算，即

$$\Delta H = \frac{p_2 - p_1}{\rho g} - \frac{1}{4} \times \frac{u_2^2 - u_1^2}{2g}(h_2 - h_1) \tag{11-11}$$

间隙两侧的压差也可近似地按式（11-12）计算，即

$$\Delta H = \frac{3}{4}\left(\frac{u_2^2 - u_1^2}{2g}\right) \tag{11-12}$$

式中　p_1、p_2——叶轮进、出口处的压力，Pa；

u_1、u_2——叶轮进、出口处的圆周速度，m/s。

流量系数 μ_1 与密封环的形式、大小有关，可用经验公式计算。作近似计算时，μ_1 可采用下列数据，如图 11-14（a）型结构，$\mu_1 = 0.4 \sim 0.5$；如图 11-14（b）型结构，$\mu_1 = 0.35 \sim 0.45$；如图 11-14（d）型结构，$\mu_1 = 0.15 \sim 0.20$。

（2）平衡轴向力装置处的容积损失。为了平衡轴向推力，采用了不同型式的平衡装置，如平衡孔、平衡盘或平衡管等，因此总有一部分高压流体通过平衡装置从叶轮的出口又回到叶轮的入口，形成了容积损失。平衡装置的泄漏量 $\Delta q_{V,2}$ 从叶轮获得能量，也消耗在克服平衡机构间隙的阻力上。泄漏量 $\Delta q_{V,2}$ 与平衡装置的结构型式有关。

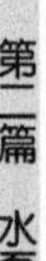

（3）多级泵的级间泄漏。多级泵的级间泄漏，即导叶隔板与轴（轴套）间隙泄漏量 $\Delta q_{V,3}$，流体通过导叶后，部分动能转换为压力能，于是有一部分流体从下一级叶轮进口处通过级间的间隙漏回前一级叶轮的侧隙，如图 11－13 所示。这部分流体 $\Delta q_{V,3}$ 不通过叶轮，所以它不属于容积损失，而应属于叶轮圆盘摩擦损失。只有当流体又一次回来再通过叶轮获得能量的级间泄漏量才属于容积损失。

（4）密封间隙泄漏量 $\Delta q_{V,4}$。无论何种轴封都会有部分流体泄漏，这种泄漏量与密封形式有关，但与上述泄漏量比较，其值较小。

泵总的容积损失为 Δq_V，容积损失所消耗的功率用符号 ΔP_V 表示，衡量容积损失的大小，可用容积效率 η_V 来表示，即

$$\eta_V = \frac{P - \Delta P_m - \Delta P_V}{P - \Delta P_m} = \frac{\rho g q_V H_T}{\rho g (q_V + \Delta q_V) H_T} = \frac{q_V}{q_V + \Delta q_V} \tag{11-13}$$

式中 H_T——泵的理论扬程，m；

q_V——泵实际输送的流量，m^3/s；

Δq_V——泵的容积损失，m^3/s。

容积损失与比转速 n_s 有关，低比转速时，叶轮间隙两侧的压差较大，因而导致间隙泄漏量增大，它随比转速的变化关系如图 11－12 所示。

离心泵的容积效率 η_V 一般在 0.90～0.95 之间。

三、流动损失与流动效率

流体在泵内流动，由于有流动阻力，需要消耗一部分能量，这部分能量损失称为流动损失（也称水力损失）。流动损失的大小与泵通流部件的几何形状、壁面的粗糙度、流体的粘滞性及流体的流动速度等因素有关。流动损失主要有以下三部分：

（1）摩擦损失。由于流动的流体具有粘滞性，当流体流经泵的各通流部件（如吸入室、叶轮、导叶及压出室等）时，流体与各部分通流部件的壁面摩擦，产生摩擦损失，它伴随整个流体流动的全过程，所以又可称为沿程损失。

摩擦损失 h_f 可由式（11－14）计算，即

$$h_f = \lambda \frac{L}{4R} \times \frac{v^2}{2g} \quad \text{m} \tag{11-14}$$

式中 λ——摩擦阻力系数；

L——流道长度，m；

R——流道过流断面的水力半径，m；

v——流速，m/s。

对于泵而言，由于流体在各通流部件中流动状况及各通流部件形状都比较复杂，上述数据很难确定。从工程流体力学中知道，通常流体在泵中流动，当雷诺数 *Re* 较大时，一般都处于阻力平方区，摩擦阻力损失与流量的平方成正比。因此，可把式（11－14）简化为

$$h_f = k_1 q_V^2 \quad m \tag{11-15}$$

式中　k_1——是一个与摩擦阻力系数 λ、流道形状及流道长度等有关的系数，故也称摩擦损失系数。对于给定的泵而言，k_1 是一个常数。

（2）扩散损失。扩散损失也称为局部阻力损失。主要是由于流道过流断面急剧变化使流体的运动速度大小和方向发生改变（如流体流经吸入室、叶轮、导叶、压出室及出口短管等时），局部区域产生旋涡和二次回流时产生的能量损失。其可用简式（11－16）表示，即

$$h_j = k_2 q_V^2 \quad m \tag{11-16}$$

式中　k_2——扩散损失系数，对于给定的泵，它也是一个常数。

（3）冲击损失。当流体在泵叶片中流动，在设计工况下运行时，流体的相对速度方向同叶片切线方向一致，无冲击损失。但在非设计工况下，也就是流量变化后，流体相对速度方向与叶片进口切线方向不一致，就会产生叶片入口与出口处的冲击损失。

流动损失所消耗的功率用符号 ΔP_h 表示。流动损失的大小，可用流动效率 η_h 来表示，即

$$\eta_h = \frac{P - \Delta P_m - \Delta P_V - \Delta P_h}{P - \Delta P_m - \Delta P_V} = \frac{P_e}{P - \Delta P_m - \Delta P_V} = \frac{\rho g q_V H}{\rho g q_V H_T} = \frac{H}{H_T} \tag{11-17}$$

离心泵的流动效率 η_h 一般在0.80～0.95之间。

四、离心泵的总效率

由上述讨论可知，离心泵的总效率等于有效功率与轴功率之比，即

$$\eta = \frac{P_e}{P} = \frac{P - \Delta P_m}{P} \times \frac{P - \Delta P_m - \Delta P_V}{P - \Delta P_m} \times \frac{P_e}{P - \Delta P_m - \Delta P_V} = \eta_m \eta_V \eta_h \tag{11-18}$$

由式（11－18）可知，离心泵的总效率等于机械效率 η_m、容积效率 η_V 和流动效率 η_h 三者的乘积。要提高泵的效率，就必须在设计、制造、检修及运行等方面尽量减小各种损失。此外，离心式泵的效率还与其型式、结构及容量大小等因素有关。

第四节 泵的汽蚀

汽蚀又称为空蚀。汽蚀现象最早是在19世纪末期，提高远洋轮船螺旋桨转速时发现的。1912年英国两艘万吨级海轮高速航行仅9h，其螺旋桨就被汽蚀剥蚀得不能继续航行，与此同时，德国和瑞典也都报道了水轮机的汽蚀破坏情况。这时，汽蚀的严重性才引起了人们的重视。近年来，国内外在汽蚀的机理及防止方法等方面进行了大量的研究，积累了不少研究成果，但还需要不断深化和发展，特别对大容量高转速的泵，随着转速的提高，如何解决泵的汽蚀问题就至关重要了。

火力发电厂中的给水泵、凝结水泵、疏水泵等，由于输送的均是接近饱和状态下的水，且泵的转速较高，所以在运行中很容易发生汽蚀。泵在运行中发生汽蚀后，轻者，流量和扬程下降；重者，泵不能维持正常工作。经常受到汽蚀作用的叶轮将很快损坏。因此，正确了解水泵内产生汽蚀的原因及其危害，提高水泵抗汽蚀的性能是非常必要的。

一、汽蚀现象及其对泵的影响

从热力学可知，液体汽化与温度、压力有关。当作用在液体上的压力不变，液体温度升高到某一数值时就会发生汽化；反之，当液体温度不变，作用在液体上的压力下降到某一数值时，液体同样也会发生汽化。这个压力称为液体在该温度下的汽化压力，用符号 P_v 表示。如：水在 1.01×10^5Pa压力的作用下，当温度达到100℃时就开始汽化；当温度为20℃时，压力降低到 2.35×10^3Pa时，水也会汽化。水泵的汽蚀就是因为液体的汽化所形成的。

泵在运行时，由于某些原因，当泵内某局部位置的压力等于或低于该温度相对应的汽化压力时，水就会在该处汽化，同时溶解在水中的气体也会析出。当液体汽化后，形成许多混合蒸汽与气体的气泡，气泡随着水流从低压区向高压区流动时，由于该处压力较高，迫使气泡迅速凝结而破裂，气泡四周的液体以很高的速度向气泡中心冲击，形成强烈的水击。气泡长得越大，它溃灭时形成的水击压力也就越高。根据观测资料表明，其产生的冲击频率可达每秒几万次，气泡凝结时，瞬时局部温度可达300℃左右，冲击形成的压力可达数百甚至上千兆帕。如果气泡在金属附近溃灭就形成对材料的一次打击，气泡不断发生和溃灭，便形成对金属表面的连续打击，叶轮的表面便将会很快产生蜂窝形状的点蚀，然后逐渐扩大，金属表面逐渐因疲劳而严重损坏，通常把这种破坏称为剥蚀；同时在所产生的气泡中，还夹有一些活泼气体（如氧气等），借助于气泡凝结时所放出的热量，对金属起化学腐蚀作用。化学腐蚀和机械剥蚀的共同作用，使金属的损坏速度大大加快。

综上所述，汽蚀是当流道（可以是泵、水轮机、河流、阀门等）中的液体局部压力下降至临界压力（一般接近汽化压力）时，液体中气核成长为汽泡，汽泡的聚积、流动、分裂、溃灭过程的总称。

由于在泵的叶轮入口处是低压区，是最容易发生液体汽化的位置，而高压区又在叶片出口处，所以受到汽蚀破坏的部位常常是叶轮或叶片的出口处。泵内发生汽蚀时，由于气泡的破裂和高速冲击，会引起严重的噪声和振动，而泵组的振动又会促使气泡的发生和溃灭，两者的相互作用有可能引起汽蚀共振。

泵内汽蚀严重时，产生的大量气泡还会堵塞流道的面积，减少流体从叶片中获得的能量，导致扬程下降，效率降低，甚至会使水泵的出水中断。可见，汽蚀现象一旦发生，对泵的工作是很不利的，因此必须设法防止。

综上所述，汽蚀的危害性可归纳为以下三点：

（1）造成材料破坏。汽蚀对泵过流部分材料的损伤是极其严重的，轻者出现麻点，重者呈蜂窝状的孔洞，甚至被蚀透断裂。

（2）产生振动和噪声。当发生汽蚀，气泡破裂时，液体质点相互冲击，会产生各种频率范围的噪声并伴随强烈的水击引起振动。当汽蚀振动的频率与水泵的自振频率相接近时，就能引起共振，从而引起强烈的振动，也就是汽蚀共振。

（3）使泵的性能下降。在汽蚀过程中，由于流道中布满大量气泡而破坏了水流的流动规律，改变了流道内的过流面积和流动方向，以致能量损失增加，从而引起流量、扬程和效率的迅速下降，性能曲线明显下降，出现“断裂”工况，使性能迅速恶化。

二、吸上真空高度

泵内产生汽蚀的根本原因在于叶轮进口处的压力低于该处液体温度所对应的饱和压力，而影响泵进口压力的一个重要因素就是泵的几何安装高度 H_g。有些泵由于安装高度较大，以至于泵内汽蚀，甚至安装高度过大造成吸不上液体，使泵无法工作。所以，合理地确定泵的几何安装高度，对防止泵汽蚀的发生是十分重要的。

泵的几何安装高度 H_g 与水泵的类型、大小和安装方式有关：中、小型卧式离心泵的几何安装高度 H_g 是指泵轴中心到吸水池液面的垂直距离，如图 11－15 所示。立式离心泵的几何安装高度 H_g 是指第一级叶轮进口边的中心到吸水池液面的垂直距离，如图 11－16 所示。大型泵的几何安装高度 H_g 则以叶轮进口边最高点到吸水池液面的垂直距离来计算，如图 11－17所示。

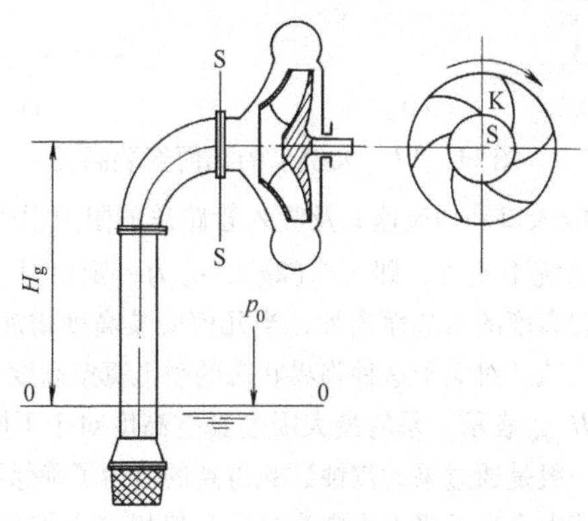

图 11－15　中小型卧式离心泵的几何安装高度

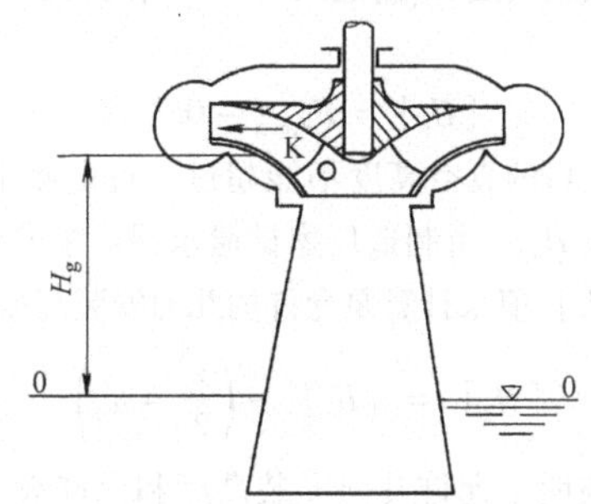

图 11－16　立式泵的几何安装高度图

在图 11－15 中，H_g 为离心泵的几何安装高度。泵吸入口处的真空值，称为泵的吸上真空高度，用 H_s 表示。泵的吸上真空高度对于汽蚀是一个很重要的因素，可用式（11－19）来计算，即

$$H_s = H_g + v_s^2/(2g) + h_w \quad \text{m} \tag{11-19}$$

式中　v_s——泵吸入口处液体平均流速，m/s；

h_w——泵吸入管路总的阻力损失，m；

g——重力加速度，m/s。

由式（11－19）可以看出，泵的允许吸上真空高度 H_s 与泵的几何安

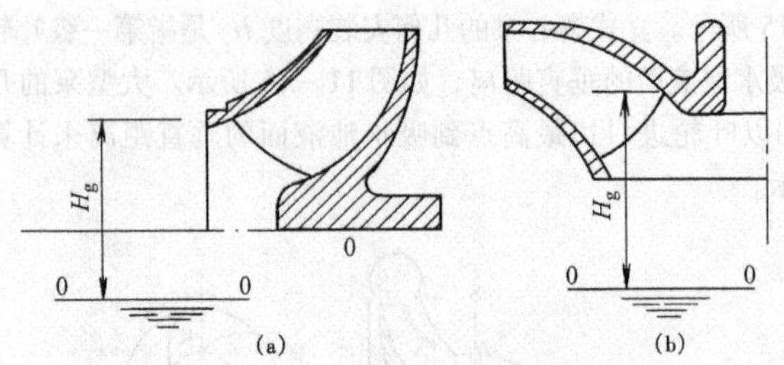

图 11-17 大型泵的几何安装高度

装高度 H_g、泵吸入口平均流速 v_s 及吸入管路总的阻力损失 h_w 有关。当泵的流量和管路系统不变时，即 $v_s^2/(2g)$、h_w 为一定值时，泵的吸上真空高度随几何安装高度的增加而增加，当几何安装高度增加到某一数值时，泵内就会产生汽蚀。对应于这种临界状态的吸上真空高度，称为最大吸上真空高度，用 $H_{s,max}$ 表示。泵的最大吸上真空高度对于不同类型的泵来说是不一样的，一般是通过泵的汽蚀试验得到的。为了确保泵运行时不发生汽蚀，而又能获得合理的吸上真空高度，一般规定应留有 0.3m 的安全余量，即用最大吸上真空高度 $H_{s,max}$ 值减去 0.3m 作为允许吸上真空高度，用 $[H_s]$ 表示，即

$$[H_s] = H_{s,max} - 0.3 \tag{11-20}$$

泵在运行时，入口的真空高度不能超过允许的吸上真空高度 $[H_s]$。最大的吸上真空高度 $H_{s,max}$ 由制造厂家试验求得。泵安装时，应根据制造厂家样本规定的 $[H_s]$ 值来计算泵允许的几何安装高度 $[H_g]$，即

$$[H_g] = [H_s] - \left(\frac{v_s^2}{2g} + h_w\right) \tag{11-21}$$

式（11-21）表明了允许几何安装高度和允许吸上真空高度之间的关系。同时从式中也可以看出：当流量增加时，吸入管道中速度头和管道总阻力损失 h_w 都随之增加，所以为了保证泵运行的可靠性，在设计 $[H_s]$ 值时，应按泵运行时可能出现的最大流量来进行计算。

制造厂提供的 $[H_s]$ 值是在大气压力为 1.013×10^5 Pa、水温为 20℃ 时的清水条件下试验得出的。若使用条件变化时，应予以修正，换算到使用条件下的 $[H_s]$ 值。换算公式为

$$[H_s]' = [H_s] + (H_{amb} - 10.33) + (0.24 - H_v) \tag{11-22}$$

式中 $[H_s]'$——泵使用地点的运行吸上真空高度，m；

$[H_s]$——泵产品目录中所给出的允许吸上真空高度，m；

H_{amb}——泵使用地点的大气压，mH_2O；

H_v——泵所输送液体温度下的饱和蒸汽压头，mH_2O；

10.33 ——标准大气压，mH_2O；

0.24——20℃温度时水的饱和蒸汽压头，m。

由式（11－22）可以看出，泵的安装高度与当地海拔有关，海拔越高，大气压力就越低，允许吸上真空高度也相应变小；输送水的温度越高，相对应的饱和蒸汽压力也越高，水就越容易汽化，泵的允许吸上真空高度也就越小。

大型泵的几何安装高度应按叶轮入口边的最高点位置来确定，如图 11－17所示。

三、汽蚀余量

为了避免发生汽蚀，根据制造厂家所规定的允许吸上真空高度［H_s］来确定泵的允许安装高度。从上面分析可知：泵的允许吸上真空高度是随泵使用地点的大气压、吸入管路中的阻力和流速以及抽送液体的性质和温度的不同而变化的，使用起来很不方便；同时也不能直接反映泵抗汽蚀性能的好坏。为了弥补这些缺点，引入了能表示泵的抗汽蚀性能的参数即汽蚀余量，汽蚀余量指的是：为保证泵不发生汽蚀，在泵入口处流体应具有的超过当时温度下的汽化压力（饱和压力）的静压水头。汽蚀余量一般用符号 Δh 表示，或用 NPSH 表示。汽蚀余量用式（11－23）计算，即

$$\text{NPSH}=H_1+\frac{p_b}{\rho g}-\frac{p_v}{\rho g} \qquad (11-23)$$

式中 H_1——泵入口总水头，m；

p_b——大气绝对压力，Pa；

p_v——液体的汽化绝对压力，Pa。

为了便于分析，汽蚀余量又可分为有效汽蚀余量 Δh_a或［NPSH］$_a$和必需汽蚀余量 Δh_r或［NPSH］$_r$。

在实际工作中会遇到这种情况：如果泵发生了汽蚀，在完全相同的条件下换用另一型号的泵，就可能不发生汽蚀，这说明泵在运行中是否发生汽蚀与泵本身的抗汽蚀性能有关。由泵本身的抗汽蚀性能所确定的汽蚀余量称为必需汽蚀余量；反之，对同一台泵，在某种吸入装置条件下运行时会发生汽蚀，当改变吸入装置条件后，就可能不发生汽蚀。这说明泵在运行中是否发生汽蚀和泵的吸入装置情况也有关。按泵的吸入装置情况所确定的汽蚀余量称为有效汽蚀余量。因此，防止汽蚀产生的措施应从泵本身和吸入装置两方面来考虑。

1. 有效汽蚀余量 Δh_a

有效汽蚀余量是指泵在吸入口处，单位质量液体所具有的超过汽化压力的富余能量。表达式为

$$\Delta h_a = \frac{p_0}{\rho g} - \frac{p_v}{\rho g} - H_g - h_w \tag{11-24}$$

式中 p_0——吸入液面的表面压力，Pa；

p_v——液体的饱和蒸汽压力，Pa。

由式（11-24）可知：有效汽蚀余量 Δh_a 就是吸入容器中液面上的压力水头 $p_0/(\rho g)$ 克服了吸入管道系统中总的阻力损失 h_w，并把液体提升到 H_g 高度后，所剩余的超过汽化压力的能量头。

影响有效汽蚀余量 Δh_a 的因素有吸入液面的表面压力 p_0、被吸液体的密度 ρ、泵的几何安装高度 H_g 和吸入管路的阻力损失 h_w 等。总之，有效汽蚀余量由吸入管路装置条件和通过管路中的流量所决定，而与泵的结构无关，因此又称为装置汽蚀余量。

有效汽蚀余量 Δh_a 越大，说明泵吸入口处单位质量液体所具有的超过汽化压力的富余量越大，对泵的工作来说是安全的，不易产生汽蚀；反之，如果超过汽化压力的富余量小，Δh_a 也就小。那么，Δh_a 小到什么程度就会产生汽蚀呢？这就要由泵本身的必需汽蚀余量来决定了。

2. 必需汽蚀余量 Δh_r

有效汽蚀余量的大小并不能说明泵是否产生气泡，发生汽蚀。因为有效汽蚀余量仅指液体从吸入液面流至泵吸入口处所具有的超过饱和蒸汽压力的富余能量。但泵吸入口处的压力并非泵内液体的最低压力，液体从泵吸入口流至叶轮进口的过程中，能量没有增加，它的压力还要继续降低。主要有以下几个原因：

（1）由于过流端面逐渐收缩，流速增大，压力下降。

（2）液体绕流叶片头部，急剧转变，流速增大，压力下降。

（3）液体从泵吸入口流到叶片入口处，由于流速大小及方向改变而产生了流动阻力，造成液体压力进一步降低。

我们把单位质量液体从泵吸入口流至叶轮叶片进口压力最低处的压力降，称为必需汽蚀余量，国外称此为净正吸入水头。其表达式为

$$\Delta h_r = \lambda_1 \frac{v_0^2}{2g} + \lambda_2 \frac{w_0^2}{2g} \tag{11-25}$$

式中 v_0、w_0——叶片进口边前的绝对速度和相对速度，m/s；

λ_1——绝对速度变化及流动损失引起的压力降系数，为1.0~1.2；

λ_2——液体绕流叶片头部引起的压力降系数，为0.2~0.3。

式（11－25）又称为汽蚀基本方程式。由此可见，必需汽蚀余量与泵叶轮进口部分的运动参数（v_0、w_0）有关。由于运动参数在一定转速和流量下，是由泵的几何参数决定的，所以必需汽蚀余量的大小取决于泵吸入室的结构、叶轮入口的形状和结构及液体在叶轮进口处的流速大小和分布是否均匀等因素，而与吸入系统的装置无关。Δh_r的大小标志着泵抗汽蚀性能的好坏，Δh_r值越小，表示压力降越小，要求装置必须提供的有效汽蚀余量Δh_a越小，因而泵的抗汽蚀性能就越好；反之，泵的抗汽蚀能力就越差。

3. 允许汽蚀余量

从上述分析可知，泵是否会发生汽蚀，是由泵本身的汽蚀性能和吸入系统的装置条件来决定的。

由式（11－24）可知，有效汽蚀余量是随着流量的增加而减小；由式（11－25）可知，必需汽蚀余量是随着流量的增加而增加的，这两种变化关系如图11－18所示，两条曲线的交点C就是汽蚀临界点，$p_k = p_v$对应的流量$q_{V,C}$为临界流量。

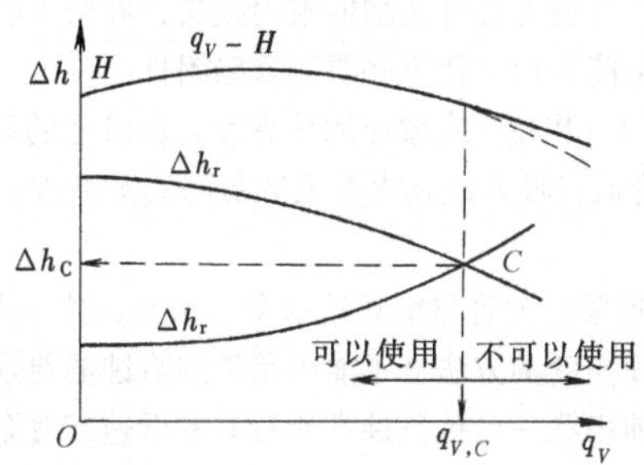

图11－18　Δh_a与Δh_r随流量的变化关系

在交点C左边的区域，$\Delta h_a > \Delta h_r$，$p_k > p_v$，是泵的安全工作区，也就是泵的工作是可靠的。

在交点C右边的区域，$\Delta h_a < \Delta h_r$，$p_k < p_v$，泵内液体汽化，产生汽蚀，是泵的不安全区域，泵的工作点一般不应该落在这个区域里。为了保证泵工作时不发生汽蚀，必须做到$\Delta h_a > \Delta h_r$。

临界点的汽蚀余量$\Delta h_a = \Delta h_r = \Delta h_c$，$\Delta h_c$为临界汽蚀余量，它是由制造厂通过汽蚀试验得到的。为了保证泵不发生汽蚀，把Δh_c再加上适当的安全余量作为允许汽蚀余量［Δh］。一般清水泵按规定应留0.3m作为安

全富余量，所以允许汽蚀余量［Δh］为

$$[\Delta h]=\Delta h_c+0.3 \tag{11-26}$$

在式（11－24）中用［Δh］代替 Δh_a，用［H_g］代替 H_g，可得到泵允许几何安装高度的另一表达式，即

$$[H_g]=\frac{p_0}{\rho g}-\frac{p_v}{\rho g}-[\Delta h]-h_w \tag{11-27}$$

从式（11－27）可以看出，若吸入液面上的压力等于液面的汽化压力，即当 $p_0=p_v$ 时，泵的允许几何安装高度［H_g］为

$$[H_g]=-[\Delta h]-h_w \tag{11-28}$$

式（11－28）中安装高度为负值。负的安装高度称为倒灌高度或注流高度。火力发电厂中给水泵、凝结水泵等都在这种情况下工作。

四、提高泵抗汽蚀性能的措施

改善泵的吸入性能，提高泵抗汽蚀性能的措施，主要从提高有效汽蚀余量和降低必需汽蚀余量两个方面来进行。

1. 提高有效汽蚀余量的措施

（1）减小吸入管路的阻力损失。为了避免汽蚀，应该在水泵安装时，尽可能地减小吸入管道上各种类型的阻力损失，即增大吸水管径、缩短吸水管道长度、尽可能去掉一切不必要的管路附件。

（2）减小几何安装高度或增加倒灌高度。在可能的条件下，泵的安装高度应尽可能地降低，吸入饱和水要采取负的安装高度，以改善泵的吸入性能。

（3）设置前置泵。大容量锅炉给水泵，由于其水温和转速都非常高，若仍采用增大倒灌高度的方法已不能满足消除汽蚀的要求。因此，在高速运行的主给水泵前串联一台抗汽蚀性能较好的低速前置泵，以提高主给水泵的入口压力，相当于提高了 $p_0/(\rho g)$，因而提高了有效汽蚀余量，改善了给水泵的抗汽蚀性能。前置泵一般由双吸的一级叶轮组成，它的转速低，抗汽蚀性好。前置泵的出水扬程可满足高速泵的必需汽蚀余量和在小流量工况下的附加汽化压头。

（4）装设诱导轮。在离心泵首级叶轮前装设一个抗汽蚀性能较好的轴流式螺旋形的诱导轮，使液体通过诱导轮后压力升高，提高了泵的有效汽蚀余量，改善了泵的抗汽蚀性能。目前，我国 NB、NL 系列凝结水泵都是采用了带前置诱导轮的离心泵。

对不配置前置泵的给水泵，也有装设诱导轮的，如 200MW 机组配套的 TDG750－180 型定速给水泵上就装有诱导轮。

(5) 采用双重翼叶轮。双重翼叶离心泵有两个叶轮：一个是前置叶轮，另一个是后置离心型主叶轮。前置叶轮有2~3个叶片，呈斜流形。与诱导轮相比，其主要优点是：轴向尺寸小，结构简单，不存在诱导轮与主叶轮配合不好而导致效率下降的问题。它既可提高泵的抗汽蚀性能，同时又不会降低泵原来的性能。

2. 减小必需汽蚀余量的措施

(1) 增大首级叶轮入口直径 D_0 及叶片入口边宽度 b_1。目的是降低叶轮入口部分液体流速，降低必需汽蚀余量，提高泵的抗汽蚀性能。

(2) 选择适当的叶片数和冲角。叶片数增多可改善液体流动的情况，提高泵的扬程；但叶片数增加后，将加大叶片摩擦损失，减小流道过流面积，造成流速增加、压力下降，使泵的抗汽蚀性能降低。

(3) 适当放大叶轮前盖板处的曲率半径，避免液体急转弯时形成的局部阻力损失。

(4) 采用较小的轮毂或缩小转轴直径。在转轴强度允许下，缩小转轴直径和采用较小的轮毂，同样可得到上述效果。

(5) 采用叶片在叶轮进口处延伸布置。叶轮进口的叶片有平行及延伸两种布置，如图11-19所示。

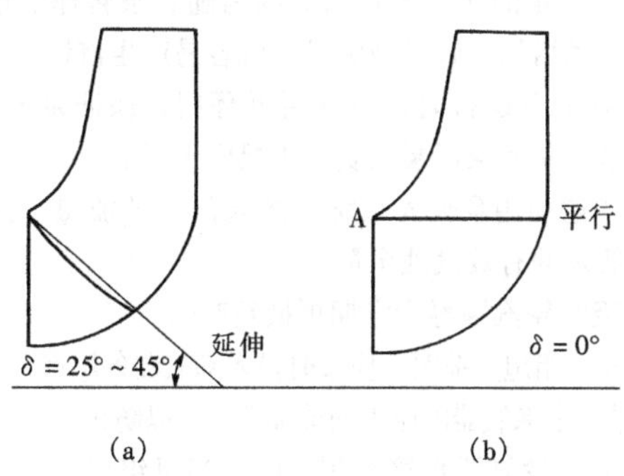

图11-19 叶片在进口处的布置方式

(a) 延伸布置；(b) 平行布置

图11-19 (a) 为延伸布置，这种方法可以加大叶片的工作面积，因为入口边几乎所有各点半径减小，所以，进口相对速度随着圆周速度的减小而减小，从而提高了泵的抗汽蚀性能。图11-19 (b) 为叶片平行布置，液体进入叶片需要转弯，局部区域形成旋涡，产生能量损失，且叶片上每点圆周速度增大，故叶片平行布置时抗汽蚀性能较差，液体容易汽

化，产生汽蚀，进而堵塞流道。若叶片进口延伸太多，则进口边叶片上、下两端直径相差太大，形成圆周速度差，此时需将叶片进口边做成扭曲形。但对低比转速泵，叶片扭曲后液流流道堵塞更严重，吸入性能反而恶化，所以叶片延伸量不能过大，一般延伸25°~45°为好。

（6）首级叶轮采用双吸叶轮。双吸叶轮比单吸叶轮的进水断面几乎增大一倍，在相等的流量下，能使吸入口的液体流速降低一半，减少了必需汽蚀余量，泵的抗汽蚀性能得到提高。

（7）适当减薄叶片进口厚度。叶片进口边越薄，越接近流线型，泵抗汽蚀性能越好。

（8）加装诱导轮式双翼叶轮，可使离心泵的汽蚀比转速提高到3500~4000。

（9）适当降低泵的转速，可降低必需汽蚀余量。

此外，采用抗汽蚀性能较好的材料制成叶轮或喷涂在泵壳、叶轮的流道表面上，也可以延长叶轮的使用寿命。从制造角度来看，使通流部分表面光洁度增加，减少毛刺，同样可延长叶轮的使用寿命。超汽蚀泵的运用，目前还处于初始阶段，还有待于进一步研究开发。

3. 运行中防止或消除泵汽蚀的措施

（1）泵应在规定的转速下运行。因为随着泵转速的增加，其必需汽蚀余量成平方关系增加，超过规定时，就容易产生汽蚀。

（2）在小流量下运行时，打开再循环门，保证泵入口的最小流量，并限制最大流量，从而保证泵在安全工况区运行。

（3）运行中避免用泵吸入系统上的阀门调节流量。因为这样会增加水头损失，降低泵的有效汽蚀余量。

（4）按首级叶轮汽蚀寿命定期更换新叶轮。

（5）当汽轮机组甩负荷时，应及时投入除氧器备用汽源，向除氧器供汽，从而阻止暂态过程中除氧器内压力的继续下降，以防止给水泵入口汽蚀。

（6）适当增加除氧器水箱容积。因为当机组甩负荷时，可减缓除氧器压力突然下降，防止水箱存水"闪蒸"。

（7）当汽轮机组甩负荷时，在给水泵吸入口处注入主凝结水。目的是加速给水泵入口处水温的降低，缩短暂态过程中水温下降的滞后时间，防止给水泵入口汽蚀。

（8）在泵进口放入少量空气。只有在个别情况下使用，以减轻汽蚀引起的噪声和振动，减轻汽蚀对材料的侵蚀，要控制空气流量不超过泵流量的1%~2%。

第五节 比 转 速

在实际工作中，为了对各种不同的泵进行比较，引出了一个与几何形状和工作性能相联系的相似特征数，称为比转速，用符号 n_s 表示。

我国把某一泵的尺寸按几何相似原理成比例地缩小为扬程 1m 水柱、功率 1hP（马力）（745.65W）的模型泵，该模型泵的转速就是这个泵的比转速。比转速 n_s 的表达式为

$$n_s = 3.65 \frac{n \times q_V^{1/2}}{H^{3/4}} \quad (11-29)$$

式中 n——泵的转速，r/min；

q_V——泵的流量，对于双吸叶轮，用 $q_V/2$ 代入计算，m^3/s；

H——泵的扬程，对于多级离心泵用一个叶轮产生的扬程代入计算，m。

需要注意的是：系数 3.65 只是对水而言的，当输送其他流体时，系数则不同。

国际标准化组织（ISO）推荐使用无因次比转速，称为型式数 K，其表达式为

$$K = \frac{2\pi n q_V^{1/2}}{60(gH)^{3/4}} \quad (11-30)$$

我国的比转速 n_s 与 ISO 推荐的型式数 K 的换算关系为

$$K = 0.00518 n_s \quad (11-31)$$

比转速 n_s 是判别动力式泵水力特征的相似准数，但它不是无因次数，而与采用单位制有关。可见比转速不是泵的转速，而是泵相似与否的特征数。相似的泵在相似的工况下比转速相等，不相似的泵一般比转速是不相等的。

同一台泵，可以有许多工况点，相应就可得到许多的比转速。为了能表达各种系列的泵的性能，便于分析、比较，一般把最高效率点的比转速，作为该泵的比转速。

对于相似泵，不管尺寸大小、转速高低，代表泵型号的比转速都是相等的，它是泵分类的一种准则。由于泵的比转速即是水泵相似与否的特征数，故可把它作为泵分类的标志。根据比转速的不同，可把泵分成以下不同的类型：$n_s = 30 \sim 300$ 为离心泵；$n_s = 300 \sim 500$ 为混流泵；$n_s = 500 \sim 1000$ 为轴流泵。在离心泵中，$n_s = 30 \sim 80$ 为低比转速离心泵；$n_s = 80 \sim 150$ 为中比转速离心泵；$n_s = 150 \sim 300$ 为高比转速离心泵。

根据比转速的表达式（11－29）可以看出：若转速 n 不变，则比转速小，必定流量小，扬程大；反之，比转速大，则流量大，扬程小。也就是说，随着比转速由小变大，则泵的流量由小变大，扬程由大变小。因此，离心泵的特点是小流量、高扬程；轴流泵的特点是大流量、低扬程。

在比转速由小变大的过程中，要满足流量由小变大，扬程由大变小，泵叶轮的结构则应该是外径 D_2 由大变小，叶片宽度 b_2 由小变大。所以比转速低，叶轮狭长；比转速高，叶轮短宽。

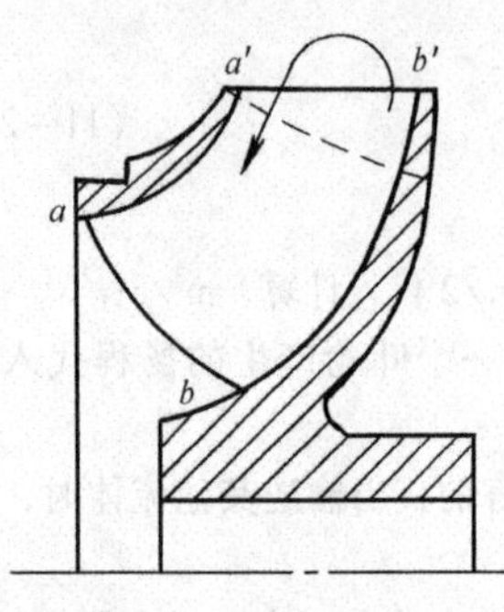

图 11－20　叶轮出口边倾斜

在比转速由小变大的过程中，液体在叶轮内的流动方向，由径向演变为轴向。离心泵叶轮内液体的流动方向，沿轴向吸入，然后由径向排出，且液体在叶轮内的流动大部分是径向流动。随着比转速的增加，叶轮外径 D_2 减小到一定程度时，叶轮前盖板处流线 aa' 要比后盖板处流线 bb' 短得多，如图 11－20 所示，于是出现 aa' 流线上产生的扬程比 bb' 流线上产生的扬程大得多，引起叶轮出口处的二次回流，增加了能量损失。所以，在这种情况下，把出口边设计成倾斜的，如图 11－20 中虚线所示，这种类型的泵称为混流泵，其液体由轴向吸入，从叶轮排出的方向是介于轴向和径向之间的混流形式，且流体在叶轮内的流动一般也是混流形式。随着比转速的再增加，叶轮出口直径进一步减小，使 $D_2 = D_0$，就形成了轴流式，其液体由轴向流入，轴向排出。

低比转速叶轮的叶片，一般采用圆柱形的叶片。比转速增加后，逐渐设计成扭曲形的叶片。比转速较低时，$q_V - H$ 性能曲线较平坦，也易出现驼峰，即最高扬程大于关死点扬程。这是由于低比转速叶轮的出口几何角较大，液体的流速也较大，造成冲击损失增大。平坦的 $q_V - H$ 性能曲线减去冲击损失，容易出现驼峰形状。随着比转速的增加，$q_V - H$ 性能曲线趋于陡降，且出现曲折形状。

比转速低时，$q_V - P$ 性能曲线随流量的增加而上升。最小功率发生在空转状态，为保护电动机，离心泵应该在出口阀门关闭时启动。随着比转速增加，$q_V - P$ 性能曲线随流量的增加而下降。混流泵的 $q_V - P$ 性能曲线有可能出现近乎水平形状，但轴流泵的 $q_V - P$ 性能曲线必定是下降的，最大功率出现在空转状态，所以轴流泵应在开阀状态下启动，即带负荷启动。

比转速低时，泵的 $q_V - \eta$ 性能曲线比较平坦，这种类型的水泵，高效率区较宽，运行经济性能好。随着比转速的增加，$q_V - \eta$ 性能曲线变得较陡，高效率区域较窄。

第六节 轴流泵及其特性

在火力发电厂中，应用最广泛的是离心式水泵，但随着发电机组容量的增大，水泵所输送的流量增加，离心式水泵已无法满足生产的需要，如给凝汽器供冷却水的循环水泵等。因此轴流式水泵逐渐得到广泛应用。

一、轴流式泵的基本型式

轴流式泵可分为以下四种型式：

(1) 单个叶轮。在机壳中只有一个叶轮，没有导叶，这是最简单的一种型式，只适用于低压轴流式泵。

(2) 单个叶轮设后置导叶。在机壳中设一个叶轮和一个固定的出口导叶。在设计工况下，流体从叶轮流出时有圆周分速，但经导叶整流后，消除了叶轮出口处流体的圆周分速，并把这部分动能转化为压能，沿轴向流出。这样可减少叶轮出口处由旋转运动所造成的损失，提高泵的效率。此类型的泵在火力发电厂中已得到普遍应用。

(3) 单个叶轮设前置导叶。在机壳中设有一个叶轮和一个固定的进口导叶。由于汽蚀的缘故，轴流泵一般不采用这种型式。

(4) 单个叶轮设前、后置导叶。如前置导叶为可调，在设计工况下前置导叶的出口速度为轴向。当工况变化时，可改变前置导叶角度来适应流量的变化。

二、轴流式泵的构造

轴流式泵也是叶片泵的一种，主要由叶轮、泵轴、动叶调节装置、导叶、进水喇叭管、出水弯管及轴承等部分组成。

(1) 叶轮是轴流泵传递能量的主要工作部件，通常由叶片、轮毂及动叶调节机构等组成。叶轮上一般有 3 ~ 6 个扭曲的机翼形叶片，轴流泵的叶片采用扭曲形状，这是因为在叶轮旋转时，水平截面上不同半径处的圆周速度是不相等的，叶顶圆周速度大，流体获得的扬程也大；而叶根（轮毂）处的圆周速度小，流体获得的扬程也小。这样不仅使叶片沿半径方向受力不均，而且流体获得的能量也不同，使流体沿叶顶到叶根产生涡流，造成能量损失。因此为了提高流体所获得的能量，而使叶片形成扭曲型。

叶片材料要求能抗汽蚀、抗腐蚀，一般采用铸钢或铬不锈钢制成。叶片有固定式、半调节式和全调节式三种形式。

固定式叶片的轴流泵，叶片和轮毂为一体，叶片安装角不能调节，结构简单，通常用于小型轴流泵。

目前常用的轴流泵一般为全调节式和半调节式两种，它可在一定范围内改变动叶的安装角来达到调节流量的目的。半调节式叶片靠紧固螺栓和定位销钉把叶片固定在轮毂上，叶片角度不能任意改变，只能按各销钉孔对应的叶片角度来改变。全调节式轴流泵的泵轴为空心轴，且装有一套调节机构，它的最大优点是可以在停泵或通过一套调节装置在不停泵的情况下，改变叶片的安装角，调节灵活方便，可调节范围宽，且变工况效率高。但全调节式轴流泵调节机构复杂，一般应用于大型轴流泵。

(2) 轴流泵的泵轴是用来传递扭矩的，它由表面镀铬的优质碳素钢制成。全调节式泵的泵轴为空心轴，既能减轻泵的质量又便于安装调节机构。轴流泵一般多为立式布置，所以水泵转子的自身质量及叶片进出口压差所产生的轴向推力，均由安装在电动机顶端机架上的推力轴承来承担。

(3) 在轴流泵中一般装有出口导叶，其主要作用是把从叶轮中流出液体的旋转运动转变为轴向运动，并在与导叶组成一体的圆锥形管道中将部分动能转变为压能。

(4) 在导叶体内装有橡胶轴承，起径向支撑作用。下部轴承浸没于水中，它的冷却与润滑不成问题。而上部轴承高于水面，需要有专门的外来水源供启动时润滑，待启动后，可关闭注水管，由泵内输送的水来冷却与润滑。

(5) 为了使液体在水力损失最小的条件均匀地流入叶轮，在叶轮的进口前装有吸入导向装置。中、小型的轴流泵一般选用流线型喇叭管，它结构简单，水力性能好，叶轮直径不超过1m的轴流泵通常采用这种吸入室。在大型轴流泵中，为了改善吸入口水力条件和节省投资费用，通常采用肘形吸水流道。

三、轴流泵的特点

轴流泵属于高比转速泵，比转速一般为500~1000，这种泵的性能特点是流量大，即使较小的轴流泵，其流量也在0.5m^3/s左右，一些大型的轴流泵流量可达20m^3/s，某些特殊用途的巨型泵甚至可达300m^3/s。但是轴流泵的扬程一般都很低，在4~15m左右，一些较小的轴流泵扬程只有1m多。对于动叶可调的轴流式泵来说，由于动叶角度可随外界负荷变化而改变，因而，变工况时调节性能好，可保持较宽的高效工作区。此外，轴流泵与其他类型的泵比较，还具有以下特点：

（1）结构紧凑，外形尺寸小，占地面积小，质量轻，可节省金属材料和投资费用。

（2）动叶可调轴流泵的变工况性能好，但转子结构复杂，转动部件多，制造、安装精度要求高，维护工作量大。

（3）立式轴流泵电机位置高，没有被水淹没的危险，且叶轮没在水中启动时不需要灌水或抽真空。

（4）主要缺点是扬程太低，汽蚀性能较差。

四、轴流泵的工作原理

轴流泵与离心泵一样，均属于叶片式泵。所不同的是，轴流式泵的叶片剖面为机翼形状，当叶轮在原动机驱动下旋转时，叶轮中的流体在绕流叶片时，旋转着的叶轮给绕流流体产生一个推力，作用在流体上的推力可以分解为两个分力：一个分力使流体沿圆周的方向做圆周运动，此分力对流体做功，增加了流体的动能和压能，并在导叶的作用下使部分动能进一步转化为压力能；另一个分力使流体沿轴的方向运动。在这两个分力的合力作用下，流体源源不断地从轴流泵的吸入口流入，通过叶轮后，由扩压管流出并输入管路，形成一个连续输送流体的过程。由于它输送液体是沿泵轴方向流动，所以称为轴流泵。又因为它的叶片是螺旋形的，很像飞机和轮船上的螺旋桨，所以有的又称为螺旋桨泵。

五、轴流泵的性能曲线

轴流泵的性能曲线也是在叶轮转速和叶片安装角一定时通过试验得到的，主要有 q_V-H、q_V-P、$q_V-\eta$ 曲线，如图 11－21 所示。它与离心泵的性能曲线相比有显著的区别。

（1）q_V-H 性能曲线是一条马鞍形曲线，也就是说，扬程随着流量的增加先是下降，然后稍有回升，最后又下降。在出口阀门关闭的情况下，即 $q_V=0$，扬程最高，为设计工况的 1.5～2 倍。

（2）与离心泵不同，轴流泵的功率 P 随流量的减小而增加，当出口阀门完全关闭时，即 $q_V=0$，轴功率 P 达到最大值，为避免原动机过载，轴流式泵要在出口阀门全开的情况下启动。如果动叶片安装角是可调的，则也应在关闭动叶片安装角的情况下启动。

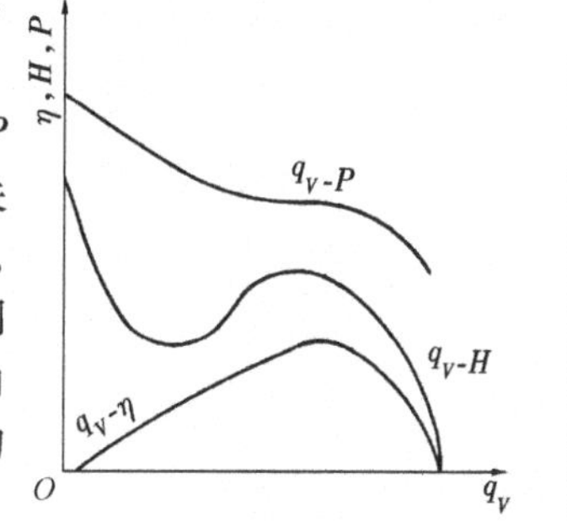

图 11－21　轴流泵的性能曲线

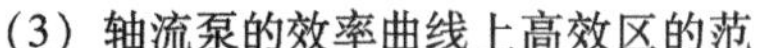
（3）轴流泵的效率曲线上高效区的范

围较小，一离开最高效率点，不论流量是增加还是减小，效率的数值都要迅速下降。故一般不采用节流调节，而采用可动叶片调节，这样可扩大轴流式泵的工作范围，并使之保持在较高的效率下工作。

轴流式泵的性能曲线出现如此特点的原因是轴流泵流量较小时，叶片不同半径上流体所获得的扬程不同，叶顶扬程高于叶根，因而产生了从叶片顶部到叶片根部的液体回流，形成一部分流出叶轮的流体又重新回到叶轮，再次提高能量。因而流量减小，扬程得以迅速升高。随着回流的加剧，流体流动情况混乱，增大了能量得损失，因而消耗的功率增加，水泵的效率降低。

因此，对于轴流泵，除了可以广泛采用具有可以调节叶片角度的叶轮来改变叶片的安装角外，还可以考虑采用变转速的原动机或液力联轴器等变速调节，使泵有较大的工作范围，同时还能保证有较高的工作效率。

提示　第一~六节内容适用于初、中、高级工使用。

第十二章

给水泵的运行

第一节 概 述

给水系统的主要作用是将除氧器水箱中的主凝结水通过给水泵提高压力，经过高压加热器进一步加热之后，输送到锅炉的省煤器入口，作为锅炉的给水。此外，给水系统还向锅炉再热器的减温器、过热器的减温器以及汽轮机高压旁路装置的减温器提供减温水，用以调节上述设备出口蒸汽的温度。给水系统的最初来水来自凝结水系统。

给水泵是火力发电厂中最重要的一种辅助设备，它主要向锅炉连续提供具有足够压力、流量和相当温度的给水。给水泵能否安全、可靠地运行，直接关系到锅炉设备的安全运行。随着发电厂单机容量的不断增加，给水泵所处的地位也越来越重要。

一、现代给水泵的特点

（1）大容量。近年来，火电机组由200、300、600MW发展到1000MW，以至在国际上发展到2000MW，随着火电机组这样不断地增长，与之配套的给水泵的容量也在不断增大，见表12－1。

表12－1　不同容量火电机组相对应的给水泵功率和参数

火电机组容量（MW）	200	300	600	1000	2000
驱动给水泵功率（单台全容量）（kW）	5100	8000	20000	33000	80000
给水泵流量（m^3/h）	750	1250	2500	3000	6000
给水泵出口压力（MPa）	17	22	30	33	35

大容量化的意义：可相对提高给水泵效率，提高设备利用率，节省钢材，减少占地空间等。

（2）高转速。增大给水泵容量最合理和最简便的方法就是提高给水泵的转速。

提高给水泵的转速，可以减少水泵级数，提高单级扬程；泵轴尺寸缩短，泵轴刚性提高，可由挠性轴改为刚性轴；泵体尺寸减小、质量减轻等。不同转速时给水泵质量和级数的比较见表12－2。

表12－2　不同转速时给水泵质量和级数的比较火电机组容量

火电机组容量（MW）	泵转速（r/min）	泵出口压力（MPa）	单级扬程（m）	级数	泵质量（t）
550	3000	19.22	341	5	44
600	4700	22.17	567	4	16.8
660	7500	21.87	1143	2	10.5

由于给水泵是发电厂高耗能设备，因此拖动给水泵所需要的功率，随着主汽轮机单机容量和蒸汽初参数的提高而增加，对于超高参数机组其增加约为2%；亚临界参数机组增加约为3%～4%，超临界参数机组增加高达5%～7%。由于亚临界和超临界机组给水泵能耗的百分比较高，所以应采用高转速给水泵以降低其能耗。目前，对于给水泵汽轮机直接驱动的给水泵，普遍采用的转速为5000～6000r/min；对于电动机驱动经升速齿轮升速后由液力联轴器调速的给水泵，普遍采用的转速为5000～6500r/min。

（3）高性能。随着现代科学技术的迅速发展，给水泵逐步实现高效率、高度自动化和高可靠性。随之逐步建立了日趋完善的调速技术、自动控制技术、自动监测技术和自动保护技术，比如用液力联轴器、油膜转差离合器、变频调速装置和给水泵汽轮机等原动机调速技术实现了给水泵的自动无级调速；投入各种监测和保护系统，保证了给水泵在任何情况下都具有较好的抗振动、抗轴向推力、抗烧瓦和抗汽蚀等性能。同时采用三元流动理论优化给水泵设计；磁力轴承和先进轴密封等技术的出现与应用，使给水泵的性能进一步提高。

总之，现代大型给水泵容量大、转速高，另外对给水泵的驱动方式、结构和材料也有了新的要求。当前单元机组均参与电网调峰，使给水泵的流量变化范围加大，它的扬程、吸入压力和给水温度也相应随着变化，从而使它的运行出现了一些新的问题。

二、给水泵的结构和性能

给水泵有分段式和双壳体圆筒式两种主要结构形式，双壳体圆筒式多级离心泵，其内壳体又分为分段式和水平中开式两种形式，目前多采用内壳体分段式。分段式与圆筒式给水泵的结构和性能比较见表12－3。

表 12－3　　分段式与圆筒式给水泵比较

<table>
<tr><th>比较项目</th><th colspan="2">分　段　式</th><th>双壳体圆筒式</th></tr>
<tr><td>结构特性</td><td colspan="2">（1）由圆盘组成的中段，容易制造，并可以互换；
（2）可以根据负荷需要增加或减少级数；
（3）拆卸和装配比较困难；
（4）多段组合，其结合面多，组装时难以保证结合面的同心度、平行度及均匀的紧密度；
（5）密封较差；
（6）抗热冲击性能差，易产生热变形，造成部件损坏</td><td>（1）内壳与转子组成一个芯包，检修时可以从高压端抽出，拆卸、装配方便；
（2）水泵故障时，可将备用芯包装入筒内，只要调整端盖与外壳的同心度，即可恢复运转，处理事故快，可缩短单元机组的停运时间；
（3）壳体与转子对称性好，同心度好；
（4）夹层内充满高压水，严密性好；
（5）水平中开式内壳圆筒泵，可采取叶轮对称布置，蜗壳对称布置，平衡轴向力和径向力，提高机组可靠性；
（6）水平中开式内壳圆筒泵比分段式内壳体圆筒泵拆卸、组装、检修方便；
（7）结构紧凑，抗热冲击性能好</td></tr>
<tr><td rowspan="3">适用范围</td><td>压力（MPa）</td><td>1～34.3</td><td>9.8～34.3</td></tr>
<tr><td>流量（m^3/h）</td><td>5～210</td><td>60～2100</td></tr>
<tr><td>机组容量（MW）</td><td>200～300 以下</td><td>300 以上</td></tr>
<tr><td>典型泵型号</td><td colspan="2">国产 DG 系列高压以下给水泵，如 DG450－180 型、DG500－240 型</td><td>引进法国 SULZER 技术生产的 HPT 系列，如 HPTmk200－320－6s/28、HPT－POM－28－20－6；
引进德国 KSB 技术生产的 CHT 系列，如 50CHTA/6，80CHTZ/4，CHTC6/6；
引进英国 WEIR 技术生产的 FK 系列，如 FK6F32、FK4E39</td></tr>
</table>

三、前置泵的技术性能

随着机组容量的不断增大，锅炉给水泵的水温和转速也随之增加，这就要求给水泵入口具有更大的有效汽蚀余量，而除氧器的位置又无法设置的更高，所以目前国内外对大容量的给水泵，广泛采用在给水泵前设置低速前置泵的方法，给水经前置泵升压后，可满足给水泵各种工况下有效汽蚀余量的要求，有效地防止给水泵的汽蚀，同时由于前置泵的工作转速较低，所需的泵进口倒灌高度较小，从而降低了除氧器的安装高度，节省了建设费用。主给水泵前置泵的技术性能要求如下：

（1）流量大。前置泵的出口流量应为主给水泵出口流量和中间抽头流量之和。

（2）具有较低的必需汽蚀余量。前置泵的扬程是按主给水泵的必需汽蚀余量［NPSH］r 确定的，在电厂设计时，是取前置泵在额定工况下的扬程为（1.5～3.0）［NPSH］r（m）来满足主给水泵的必需汽蚀余量的。

四、给水泵驱动方式

给水泵驱动方式主要有主汽轮机驱动、电动机驱动、给水泵汽轮机驱动三种。

1. 主汽轮机主轴驱动

主汽轮机经耦合器或经液力联轴器再经升速齿轮与给水泵轴连接，作为给水泵的原动力，如图 12－1 所示，此种驱动方式现在已经基本不使用。

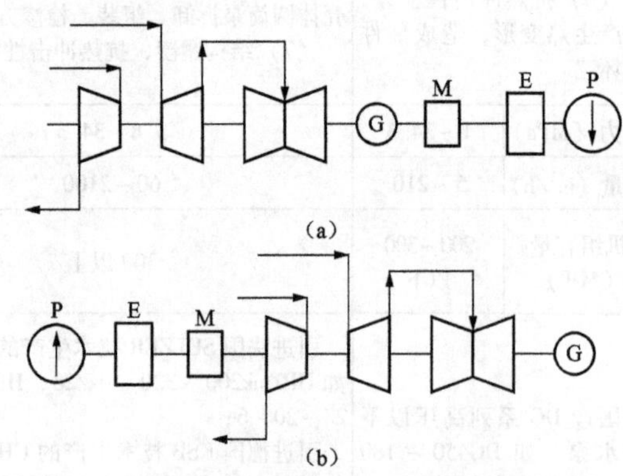

图 12－1　主汽轮机主轴驱动

（a）发电机轴端驱动；（b）汽轮机轴端驱动

G—发电机；M—液力联轴器；E—变速箱；P—给水泵

2. 电动机驱动

电动给水泵的电动机驱动装置可分为以下几种系统，如图 12－2 所示。图 12－2（a）为鼠笼式电动机，经液力联轴器和齿轮控制给水泵变速的系统；图 12－2（b）为滑环式电动机，采用液体变阻器控制给水泵变速的系统；图 12－2（c）为异步电动机，采用谢尔比斯超前相位补偿器控制的变速系统；以及采用双速电动机或直流电动机等驱动方式。

电动机驱动方式的特点是装置简单、工作可靠、成本较低。但当机组

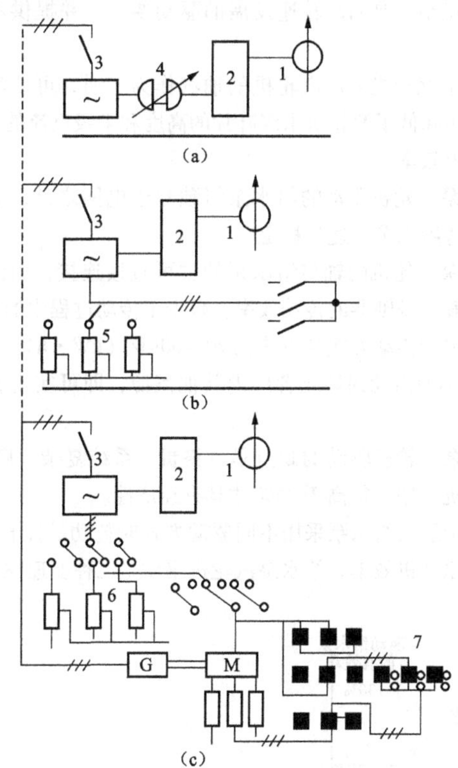

图 12-2　电动机驱动的变速控制系统

(a) 采用液力联轴器；(b) 采用液体电阻器；(c) 采用超前相位补偿器

M—谢尔比斯超前相位补偿器；G—异步电动机；1—给水泵；2—齿轮箱；3—电动机；4—液力联轴器；5—转子线路电阻；6—启动电阻；7—变压器

功率增大后，由于电动机、变压器、启动控制设备等电气设备的容量要相应增大，使整个装置的成本增大，且消耗的厂用电增多，所以在大型机组中通常不使用电动给水泵作为正常运行给水泵，一般只是在机组启动、停运或者汽动给水泵异常情况下使用。

3. 给水泵汽轮机驱动

随着汽轮发电机组单机容量及蒸汽参数的不断提高，设置与汽轮机分开的独立的辅助汽轮机驱动给水泵已逐渐成为大功率汽轮发电机组中应用最广泛的驱动方式。这种驱动方式有如下优点：

(1) 可满足给水泵向高转速发展的驱动要求，并提供不受限制的驱动功率。

(2) 给水泵汽轮机采用汽轮机的抽汽作为工质，可使汽轮机末级蒸汽量减少，从而降低了汽轮机末级叶片的高度和末级汽流的余速损失，提高了汽轮机的内效率。

(3) 给水泵汽轮机驱动的给水泵组独立于电网之外，不受电网频率的影响，可保持给水泵转速的稳定。

(4) 给水泵汽轮机的轴与给水泵的轴可直接连接，而给水泵汽轮机内效率稍高于液力联轴器的传动效率，减少了传动过程中的能量损失，一般可比汽轮机主轴传动方式减少热耗 20～60kJ/（kW·h）。

(5) 利用小型启动锅炉或者厂内其他汽源，即可实现整个机组的启动，启动灵活。

采用给水泵汽轮机驱动的缺点是价格贵、系统复杂、启动时间较长，且给水泵汽轮机效率必须高于 75% 才具有经济性。

图 12－3 所示为给水泵采用不同驱动方式时耗功的比较。从图 12－3 中可知，略去原动机效率，给水泵汽轮机驱动是三种变速驱动中最经济的一种驱动方式。

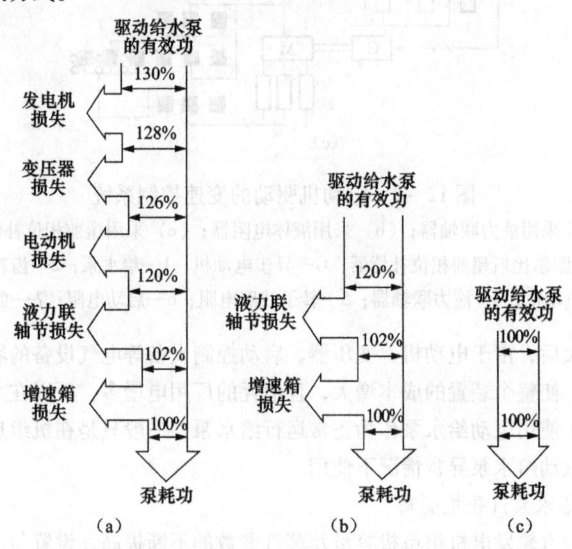

图 12－3　给水泵采用不同驱动方式时耗功的比较

(a) 电动机驱动；(b) 汽轮机驱动；(c) 给水泵汽轮机驱动

第二节 电动给水泵液力耦合器

电动给水泵的主要设备包括前置泵、电动机、给水泵、液力耦合器。电动机的一端直接驱动前置泵，电动机另一端通过液力耦合器驱动给水泵。为了适应负荷升降和变压运行，给水泵需要具备变转速运行的能力，而交流电动机转速是不可调节的，为了满足条件最常用的方法就是采用液力耦合器。

液力耦合器是安装在电动机与水泵之间的一种借助液体介质传递功率的一种非刚性动力传递装置，又叫液力联轴器。

液力耦合器主要由主动轴、从动轴、泵轮、涡轮、旋转内套、勺管等组成，如图 12－4 所示。其中泵轮、涡轮分别刚性连接在位于同一轴线的主动轴和从动轴上，主动轴通过齿轮箱与电动机连接，从动轴则与给水泵连接。泵轮、涡轮和壳体构成工作室，工作油在工作室内循环。在泵轮的内侧端面设有进油通道，工作油从供油室进入泵轮的工作腔室，在主动轴旋转时，泵轮腔室中的工作油在离心力的作用下产生对泵轮的径向流动，在泵轮的出口边缘形成冲向涡轮的高速油流，高速油流在涡轮腔室中撞击

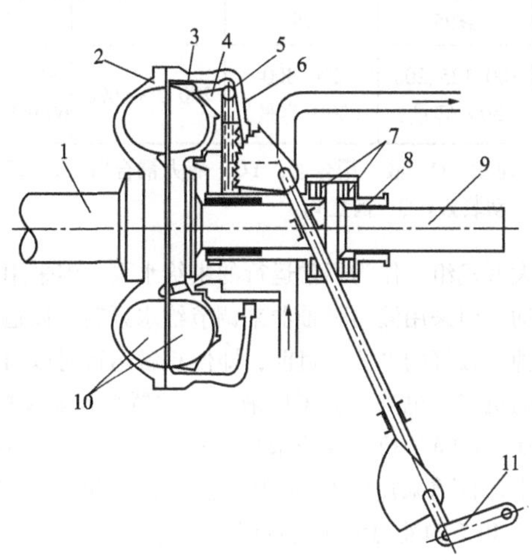

图 12－4 液力耦合器原理图

1—主动轴；2—泵轮；3—涡轮；4—勺管室；5—勺管；6—壳体；7—推力轴承；8—径向轴承；9—从动轴；10—工作腔室；11—控制杆

在叶片上改变方向，一部分油由涡轮外缘的泄油通道排出，另一部分回流到泵轮的进口，这样在泵轮和涡轮工作腔室中形成油流循环。在油循环中，泵轮将输入的机械能转变为油流的动能和压力势能，涡轮则将油流的动能和压力势能转变为输出的机械能，从而实现主动轴与从动轴之间的能量传递。

正常运行时，可以通过调节勺管的位置改变液力耦合器工作腔室的油量，实现对给水泵的变速控制。

液力耦合器按功能可分为限矩型和调速型；按调节充油量可分为进口调节式、出口调节式及进出口调节式；按结构型式可分为无箱体式、有箱体式、带齿轮箱式及立式。

某些国产耦合器的型号及其性能，见表12-4。

表12-4　某些国产液力耦合器的型号及其性能

型　号	CO46	YOT51	YOCQ-X51	YOT46-550
传递功率(kW)	3200	4600	4700	4600
额定滑差(%)	≤3	≤3	≤3	≤3
调速范围(%)	25~100	25~100	25~100	25~100
效　率(%)	≥95	95		≤95
适用机组(MW)	100、125、200(50%容量)	200、300(50%容量)	200、300、600	200、300(50%容量)，600(25%~30%容量)

注　C—齿轮增速型；O—液力耦合器；YO—液力耦合器；T—调速型；YOC—液力耦合器传动装置；Q—前置式。

虽然现代大型机组，作为经常运行的主给水泵，多采用转速可变的辅助汽轮机来驱动。但采用液力联轴器来调节给水泵转速以适应机组的运行工况，也是一种比较好的办法。目前，即使正常运行时以给水泵汽轮机变速驱动给水泵的机组，也都配置了以液力联轴器变速驱动的启动/备用给水泵。我国300、600MW机组普遍采用了这种配置。对于600MW空冷汽轮机的给水泵组，目前采用的基本配置是：两台50%的纯电调汽动给水泵和一台25%~40%的液力调速的备用电动给水泵。

采用液力联轴器变速有以下优点：

(1) 液力联轴器是以油压来传递动力的变速联轴器。由于油压大小不受等级的限制，所以它是一个无级变速的联轴器，由液力传动，调节方便，稳定性好，噪声小，经久耐用。

（2）电动给水泵启动时从静止到额定转速，启动力矩很大，为了适应这个转矩，电动机配置容量往往比水泵的额定功率大30%～50%，很不经济。当使用液力联轴器后，给水泵可在较低的转速下启动。这样，启动转矩小（启动转矩与转速的平方成正比），电动机的容量不必过于富裕。

（3）如果采用进出油联合调节转速，调速的升降速度快，能适应单元机组直流锅炉对快速启动的特殊要求。

（4）可调节的范围大。为了适应机组运行时负荷变化的要求，汽动给水泵和电动给水泵要有灵活的调节功能。要求汽动给水泵汽轮机的调速范围为2700～6000r/min，允许负荷变化率为10%/min；要求电动给水泵组从零转速的备用状态启动至给水泵出口流量和压力达到额定参数的时间为12～15s；要求汽轮机负荷在75%以下时，给水调节功能应能够保证锅炉汽包水位在±15mm范围内变化，不允许大于或等于±50mm（对于直流锅炉，则要求保证压力、流量在允许的范围内）。

第三节　给水泵驱动汽轮机

给水泵驱动汽轮机与电动机驱动相比，汽轮机驱动的给水泵虽然有启动时间长、汽水管路复杂等缺点，但其经济效果十分明显，因而得到广泛的应用。

一、驱动给水泵的给水泵汽轮机型式

驱动给水泵的给水泵汽轮机型式主要分为背压式、背压抽汽式与凝汽式三种。

1. 背压式或背压抽汽式给水泵汽轮机

背压式给水泵汽轮机的进汽，来自汽轮机某一压力较高的抽汽，通常取自高压缸排汽，即中压再热冷端蒸汽。背压式给水泵汽轮机的排汽与汽轮机压力较低的抽汽管相连。大多数背压式给水泵汽轮机中间有2～3侧抽汽，送到汽轮机的回热系统，用以加热给水，又称背压抽汽式，其系统如图12－5所示。

这种给水泵汽轮机虽然有外形尺寸小及可减少中压缸的抽汽等优点，但也存在着如下缺点：

（1）给水泵汽轮机的排汽回到了汽轮机的回热系统，减少了汽轮机的回热抽汽，对改善汽轮机的热经济性并无好处，当汽轮机功率增大，末级的排汽面积不够时，更为突出。

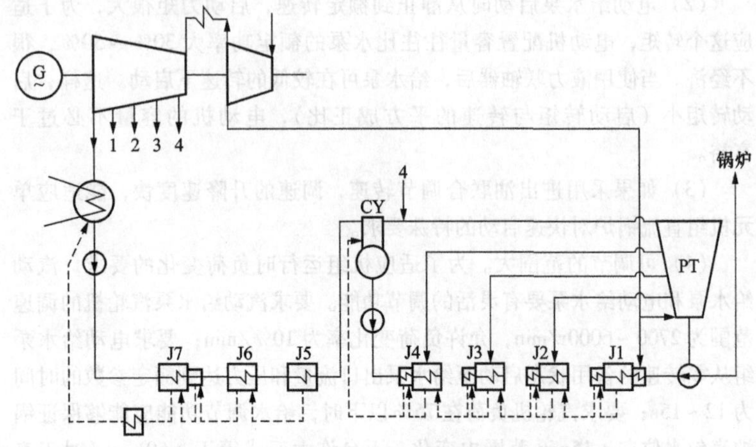

图 12－5　背压式给水泵汽轮机装置系统简图

（2）给水泵汽轮机的运行与汽轮机的回热系统有关，当汽轮机需要经常在变工况下运行时，背压机的变工况很难与汽轮机的变工况相匹配，两者的适应性很差。20 世纪 60 年代这种给水泵汽轮机增在美国获得较多的应用，但目前除少数几个制造厂还继续生产外，它已逐渐被凝汽式给水泵汽轮机所替代。

2. 凝汽式给水泵汽轮机

为了简化系统、增加运行的灵活性，目前广泛采用的凝汽式给水泵汽轮机，均设计成纯凝汽式汽轮机。他的排汽排入自备的凝汽器或主凝汽器，它的工作蒸汽来自汽轮机的中压缸或低压缸抽汽。汽轮机的抽汽压力随负荷下降而降低，因此当汽轮机负荷下降至一定程度时，需采用专门的自动切换阀门，将高压蒸汽引入给水泵汽轮机，或者从其他的汽源引入一定压力、温度的蒸汽，图 12－6 所示为凝汽式给水泵汽轮机装置系统简图。

机组采用凝汽式给水泵汽轮机后，其经济性的改善在很大程度上取决于给水泵汽轮机在热力系统中的位置。从原则上讲，给水泵汽轮机工作蒸汽可取自汽轮机的任何一段抽汽，但从中间再热前供汽会使给水泵汽轮机产生如下缺点：

（1）给水泵汽轮机排汽的湿度过大，增大了末级叶片的水蚀，使给水泵汽轮机效率下降。

（2）工作蒸汽压力高，进入给水泵汽轮机蒸汽的体积流量小，降低

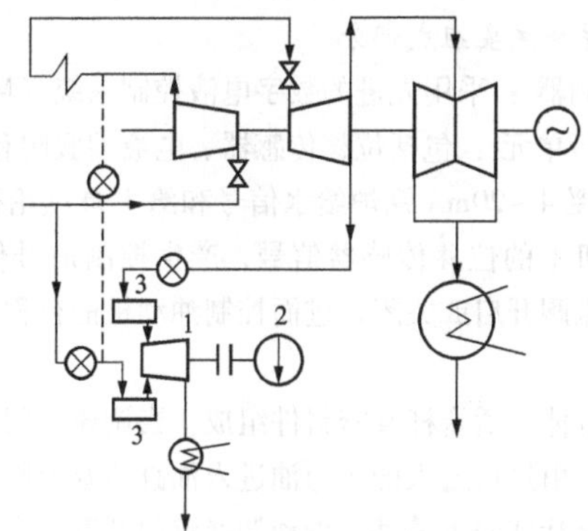

图 12-6 凝汽式给水泵汽轮机装置系统简图

1—给水泵汽轮机；2—给水泵；3—蒸汽室

了给水泵汽轮机叶片的高度，使给水泵汽轮机内效率下降。

（3）从中间再热循环中获得的热力学效益须除去进入给水泵汽轮机的那部分蒸汽，降低了主汽轮机的循环热效率。

为此，给水泵汽轮机的工作蒸汽通常取自汽轮机再热后某一段抽汽。为降低汽轮机排汽的余速损失，同时又不使给水泵汽轮机的排汽面积过大，给水泵汽轮机的工作蒸汽常常取自汽轮机中压缸排汽，或中压缸排汽前一段抽汽。汽轮机额定功率下给水泵汽轮机进汽压力为 0.5～1.2MPa。

二、驱动给水泵汽轮机的结构

同汽轮机一样给水泵汽轮机本体也是由汽缸、转子、喷嘴组、隔板、轴封及隔板汽封、径向轴承及推力轴承、主汽门、配汽轮机构等主要部件组成，为了防止在停机或启机时转子弯曲，设计有盘车装置。

因为给水泵汽轮机是变转速汽轮机，正常运行的转速范围较宽，所以转子上的动叶片全部采用不调频叶片，叶片材料选用具有较高的热强性，良好的减振性和抗腐蚀性的马氏体型耐热不锈钢制造；给水泵汽轮机工作汽源可使用单汽源，也可以使用双汽源，为满足不同汽源作用同一转子做功，低压蒸汽由低压主汽门进入配汽轮机构的蒸汽室再通过低压喷嘴室进入汽轮机上半缸，中压主汽门通过中压喷嘴组进入汽轮机下半缸；为了保证给水泵汽轮机在启动或停机过程中避免汽轮机转子因受热或冷却不均而引起的弯曲变形，给水泵汽轮机必须按规定进行盘车。

三、汽动给水泵 MEH 介绍

MEH（Micro－Electro－Hydraulic Control System）是指给水泵汽轮机电液控制系统。

（一）MEH 系统主要组成部分

（1）调速控制器：采用先进的数字电液控制系统（MEH）。

（2）调节执行单元：包括位移传感器、电液伺服阀和油动机。

MEH 系统接受 4～20mA 锅炉给水信号和给水泵汽轮机转速传感器信号以及位于油动机上的位移传感器信号，产生控制信号作用于电液伺服阀，使电液伺服磁阀开启或关闭，进而控制油动机的行程，从而控制调速汽门的开度。

油动机由油缸体、活塞杆及密封件组成。当调速汽门开度需要增大时电液伺服阀动作，由接口通入的压力油进入油缸活塞上腔，而油缸下腔与回油口相通。于是活塞向下移动，带动调速汽门开度变大；当调速汽门开度需要减小时，压力油进入油缸活塞下腔，而上腔与回油口相通，于是活塞向上移动，带动调速汽门开度减小。油动机的动作会直接通过位移传感器反馈回 MEH，当调节汽门动作到要求开度时电液伺服阀关闭，油动机停止动作。

（3）配汽机构：给水泵汽轮机采用提板式配汽机构，通过同一个油动机控制中、低压调速汽门。通过改变调速汽门的开度，改变汽轮机进汽量，从而改变汽轮机的工作转速。

（4）抗燃油系统：给电液伺服阀和油动机提供调节油。抗燃油系统主要由高低压蓄能器，过滤器和管道等组成，集中布置在给水泵汽轮机的一侧。抗燃油由汽轮机 DEH 系统提供。调速系统的组成框图见图 12－7。

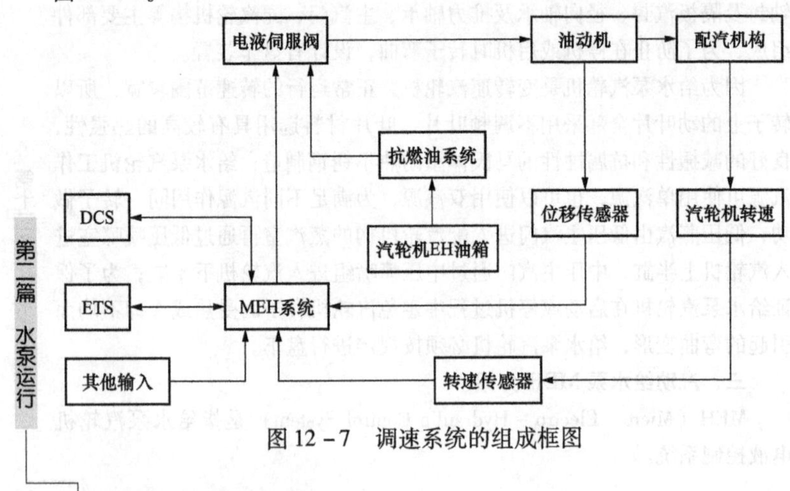

图 12－7　调速系统的组成框图

（二）MEH 系统主要功能

1. 自动升速控制

MEH 系统能按操作员预先设定的升速率和目标转速，自动地将汽轮机转速自最低转速一直提升到目标转速。

2. 给水泵转速控制

MEH 系统能接受来自锅炉模拟量控制系统的给水流量需求信号，实现给水泵汽轮机转速的自动控制。

3. 滑压控制

当汽轮机所带负荷升高时，MEH 系统能自动地实现双汽源给水泵汽轮机从高压汽源至低压汽源的倒换；反之亦然。倒换过程是渐进的，具有一定的重叠度。

4. 联锁保护

具有与液压系统的油压联锁、给水泵汽轮机的超速保护等功能。

5. 阀门试验

为保证发生事故时阀门能可靠关闭，MEH 系统具备对中、低压主汽门逐个进行在线试验。

6. 跳闸试验

MEH 系统提供分别进行电超速跳闸试验和机械超速跳闸试验的手段，以判断超速保护系统功能是否正常。当进行电超速跳闸试验时，机械超速保护被隔离。当进行机械超速跳闸试验时，电超速保护不引起跳闸动作。

7. 自诊断功能

MEH 系统具有自诊断功能，能检出可能造成非预期动作的系统内部故障。

8. 系统故障切手操功能

当发生系统内部故障时，MEH 能自动地切换到手操，隔断系统输出，发出故障报警信号并指明故障性质。任何故障均不导致汽动给水泵不可控的加速度和加负荷。

9. 系统的组态功能

在线和离线两种方式均能进行系统组态。

第四节　给水泵启动前的准备检查工作

一、启动前的准备和系统检查

泵组启动前应当进行以下检查工作：

（1）电动给水泵的电动机已单独进行试运转，各项技术参数（尤其应注意其转速、转向、振动值等）符合要求。驱动给水泵的汽轮机进行单独试运转，检查其调速系统的性能是否符合要求，除了要求其转速、转向、振动值等符合要求外，尤其是自动超速跳闸试验，要求在超过额定转速的5%以上能够可靠地关闭给水泵汽轮机进汽。

（2）给水泵的各项联锁保护试验合格后，投入各联锁保护和相关表计。

（3）检查机械密封、轴端密封冷却水系统和轴端密封冷却器，打开冷却水隔离阀，打开冷却水节流、截断阀，检查冷却水流量，并要可靠排出冷却水系统内的空气。

（4）注水，即将整个给水系统的所有容积充满合格的水，打开旁路阀周围的进口阀，使水充满进口管路、泵体和排出管路直至出口排出阀，直到排气管路不再逸出空气为止，排出所有压力表管路内的气体，直到空气不再排出（排气期间最高温度为80℃）。打开最小流量阀，防止意外关闭，并确保其动作性能可靠。

（5）启动投运油系统（包括工作油系统和润滑油系统），检查给水泵的油系统及电动给水泵液力联轴器油系统的工作性能（如油压和轴承温度）是否符合要求。

（6）检查整个系统中所有监测仪表和控制机构是否符合设计要求、性能稳定、可靠。

（7）投入冷却水、密封水系统，并进行排空，确保畅通。

（8）进行暖泵，即向冷态中的给水泵注入给水，使其均匀受热。暖泵时间取决于泵的尺寸大小、级数、圆筒壁厚度、端盖厚度以及环境温度、泵的初始状态。暖泵过程需要全开泵的吸入口阀门，暖泵的热水必须流到水泵的各个部位，并且连续不断。暖泵时，要注意泵轴端注入式密封装置的注水压力在最大压力以下。

二、暖泵及油循环

对于高温、高压给水泵，在启动过程中一个重要的启动程序就是暖泵。给水泵在启动过程中，由于给水通过，使泵体温度从常温很快升到100～200℃，这就必然造成泵体内外和各部分之间的温差，若没有足够长的传热时间和适当的控制温升的措施，必然使泵体各处膨胀不均，造成泵体各部分变形、磨损、振动等问题。

暖泵就是在较短的时间内使泵体各处以允许的温升，均匀地膨胀到工作状态所采取的措施。

暖泵分为正暖和倒暖两种形式。在汽轮机运行中，当给水泵检修后（冷态启动），一般采用正暖，即水泵在启动前，暖泵水由除氧器来，经吸入管进入泵体，从水泵出口端流出，然后经暖泵水管排至集水箱或地沟。当给水泵处于热备用状态时，一般采用倒暖，即暖泵水从出口止回阀后取水，从水泵出口端进入泵内，暖泵后经水泵入口流回除氧器。比较以上两种暖泵方式，倒暖时，暖泵水能够回收，比较经济。

图 12-8 所示为 600MW 单元机组给水泵暖泵水管路系统。该系统可以取水于相邻的前置泵出口，从水泵低压侧流入泵体，由高压侧下部经放水阀排至冷水集水箱，进行正暖；也可以取水于给水母管并经过减压后从水泵高压侧进入泵体，然后自吸水管经前置泵倒流回除氧器，进行倒暖。如果由于某种原因，所有的水泵全部停止，应立即开启放水阀，将泵内的水全部放入集水箱，同时打开暖泵水管阀门，进行通水保温，以便于再次启动。否则水泵很快冷却，再次启动还需要 60min 的暖泵过程。

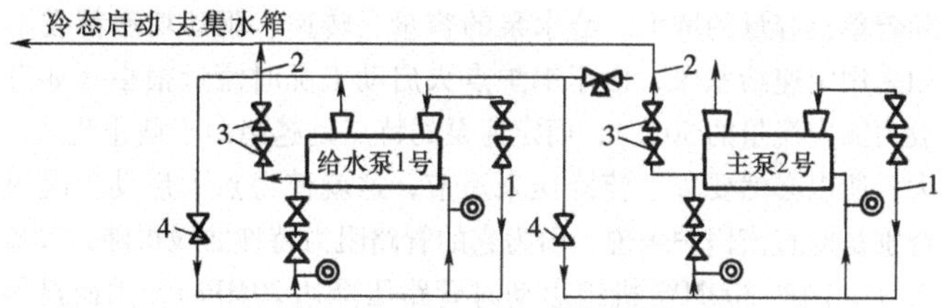

图 12-8　600MW 单元机组给水泵暖泵水管路系统

1—暖泵水进水管；2—暖泵水排水管；3—放水阀；4—阀门

暖泵过程中应掌握指标。暖泵是否充分，由泵外壳体上下温差值来判断，或由外壳体与水泵给水温度的温差来判断。例如 DG270-180 给水泵，暖泵时控制上下壳体温差不大于 15℃，并保证壳体上部与给水温度的差值小于 10℃，泵与电动机的联轴器上下偏差小于 0.05mm，泵体温升率一般为 2~3℃/min。暖泵时，转子盘车转速一般为 100~200r/min。

未经暖泵过程或暖泵不充分，应禁止启动给水泵。

对装油管和检修工作之后，应对油系统进行冲洗，冲洗时用辅助润滑油泵来进行，冲洗前必须装上液力耦合器和泵供油管路上的喷嘴，完全打开截止阀，使工作油流入油箱。辅助润滑油泵至少运转 10~24h。同时过滤器也要投入运行，且要经常切换并清洗。冲洗应在启动前进行，冲洗至少进行8h或滤网上没有出现杂质为止。冲洗合格后，应进行给水泵油系统油循环。投入润滑油、工作油冷油器运行，投入冷却水系统、投入滤油器、根据油温高低投入加热器、拆除冲洗用临时滤网、油箱油位正常，辅助润滑油泵和工作油泵的保护试验正常，如油压低联泵试验、油压低跳给水泵试验等，油泵转向正确。检查供油系统具备条件之后，启动辅助润滑油泵和工作油泵，打开油系统排空阀，进行油系统排空，待有油冒出后，关闭排空阀。检查油压正常，检查法兰接头及管路连接部位是否漏油，各轴承回油量是否正常，检查油滤网前后油压差，当压差达到0.06MPa时，要清洗过滤器。油循环过程中要根据油温的变化，调整冷油器冷却水量。

第五节　给水泵的启停

一、定速给水泵

随着单机容量的增大，给水泵的容量、转速、驱动功率都在不断增加，如采用定速给水泵，由于锅炉点火启动工况时流量很小（如直流锅炉一般为额定流量的30%），而定速泵的特点是越趋向于截止流量，其压力越大，所以必然要以节流降压来适应，这就使得点火启动工况很不经济，特别是对直流锅炉来说，因为它的管路阻力特性曲线很陡，节流降压就更大（如国产300MW机组启动时管路压降达20MPa），因而显得不经济。尤为重要的是，因为压降太大，阀门无法适应，在短时间内就会被冲刷损坏，或因阀门的磨损泄漏而威胁安全运行。因此，现代大型机组普遍采用转速可调节的给水泵，在此定速给水泵就不作介绍了。

二、变速给水泵组的启动

汽动给水泵组与电动给水泵组的运行方法基本相同。在下面的介绍中，将其通称为给水泵组，或简称泵组。

从泵组总体考虑，给水泵组启动应具备以下条件：电动给水泵的电动机及其液力联轴器已做好启动准备；驱动给水泵的汽轮机已做好启动准备；除氧器水箱已充水且水位在正常范围；给水泵的冷却水系统已投运；给水泵及其前置泵已暖泵且效果良好；电动给水泵液力联轴器的辅助油泵已投运且运行正常；液力联轴器、电动机、电动给水泵的油压达到规程要求；汽动给水泵的润滑油泵和工作油泵投入工作，油压正常；给水泵组灌水、排空正常；各项保护投入，所有监视仪表、控制机构正常且投入。

（一）电动给水泵启动

电动给水泵启动之前应检查满足以下条件：

（1）开启前置泵入口阀。

（2）检查关闭给水泵出口阀门（用出口旁路阀上水，待给水系统压力达到规定值后，开启出口阀门）。

（3）给水主调节阀关闭，开启旁路调节阀，待给水流量达到规定值后开启主给水调节阀。

（4）除氧器水箱水位正常。

（5）润滑油压正常，油滤网前后压差正常，油温在规定范围内；

（6）泵组冷却水、密封水系统正常投入。

（7）电气、热工信号正常。

（8）电动给水泵无反转。

（9）最小流量阀开启。

（10）勺管放置在手动位并关至0%。

电动给水泵的启动：合上给水泵操作开关。此时，应注意启动电流的返回时间不超过15s。电动给水泵开始阶段的转速约为1500r/min（即液力联轴器的最小输出转速），此时应检查油压及轴承温度、泵的压力、最小流量管路中流体的声音及温度，所有轴承工作是否平稳，轴密封工作情况和注水系统工作情况是否正常。如各部位正常后，停止辅助油泵，给水系统压力、流量符合规定值后，开启出口门及给水系统主调节阀。启动后在开启出口门时，应根据出口压力逐渐调整勺管位置提升转速。当流量达到允许的最小流量时，应检查最小流量阀自动关闭，防止高压水对阀门、节流装置及管道的冲刷。

（二）汽动给水泵的启动

汽动给水泵启动前，应确保超速试验合格，保护装置动作准确、灵活，汽动给水泵启动过程如下：

1. 油系统检查投运

（1）检查油箱油位正常，启动油箱排烟风机，检查油系统阀门状态正确，冷油器、润滑油滤网一组运行；

（2）检查油温大于25℃，否则应启动电加热装置；

（3）启动一台交流油泵，检查润滑油压力、各轴承回油正常，系统无漏油；

（4）根据油温情况，及时投入冷却水；

（5）试验油泵联锁保护正常后投入油泵联锁；

(6) 联系热控人员做 MEH 静态试验、手动跳机及汽动给水泵组联锁保护试验。

2. 给水泵系统检查投运

(1) 检查给水泵系统放水关闭;

(2) 投入前置泵冷却水,检查前置泵轴承油位正常、油质合格;投入给水泵密封水、冷却水;

(3) 检查给水泵再循环门在自动位且全开,本体放空气门开启;

(4) 稍开前置泵入口门,系统注水,各处空气门见水后关闭,全开入口门。

3. 启动前置泵暖泵

进行暖泵,即向冷态中的给水泵注入给水,使其均匀受热。暖泵时间取决于泵的尺寸大小、级数、圆筒壁厚度、端盖厚度以及环境温度、泵的初始状态。暖泵过程需要全开泵的吸入口阀门,暖泵的热水必须流到水泵的各个部位,并且连续不断。暖泵时,要注意泵轴端注入式密封装置的注水压力在最大压力以下。

4. 汽动给水泵组启动

(1) 汽动泵组冷态启动步骤:

1) 由电动给水泵将汽轮机负荷带到 100MW,汽轮机四段抽汽压力顶开主汽门前的低压止回阀,压力在 0.68 ~ 1.5MPa、温度在 310 ~ 420℃时,第一台汽动给水泵组才能启动。

2) 主油泵投入运行,给水泵汽轮机平台润滑油压力保持在 0.25MPa 左右,盘车投入正常运行,检查各个主汽门、调节汽门活动是否灵活,并放在关闭位置。

3) 打开各个主汽门和调节汽门的疏水门,打开各种管道疏水门,开始主汽门前的暖管。

4) 向轴封送汽时监视轴封冒汽量(蒸汽压力保持在 0.103 ~ 0.130MPa 范围内),并保证本汽轮机排汽真空约为 59kPa(439mm 汞柱)。

5) 打开主汽门。

6) 先操作 MEH 操作画面上的"BFPT 复位"按钮或 MEH 操作盘上挂闸按钮,然后输入目标转速 900r/min,确认后转速将以 $300r/min^2$ 的升速率自动升至 900r/min,暖机 15min。再输入目标转速 1800r/min,确认后转速将以 $300r/min^2$ 的升速率自动升至 1800r/min,暖机 15min,再输入目标转速 3000r/min,确认后转速将以 $1200r/min^2$ 的升速率自动升至 3000r/min,暖机 10min。所有疏水门全部关闭,打开各个主汽门、调节汽门、门杆漏汽管截门。此时汽动给水泵组可交锅炉接受负荷，操作 MEH 操作画面上的“锅炉自动控制”按钮，可实现自动调节，或者操作 MEH 操作画面上的“手动/自动”按钮进行手动操作。

7）汽轮发电机组在汽轮机负荷升至 150MW 时，启动第二台汽动给水泵，停止电动给水泵。启动中应注意转速上升平稳，不能产生过大的波动。如波动过大时应立即停止，查明原因。

（2）汽动泵组热态启动步骤：

汽动给水泵组停下来后，在盘车 8h 内，汽缸法兰内壁温度在 100℃以上，需要热态启动升速时，称为热态启动。

1）打开各个主汽门的疏水门，开始主汽门前暖管。如果主给水泵与汽轮机已经解开对轮，在此时应连上对轮。

2）打开主汽门。先操作 MEH 操作画面上的“BFPT 复位”按钮，然后输入目标转速 900r/min，确认后转速将以 300r/min^2 的升速率自动升至 900r/min，暖机 5min，再输入目标转速 1800r/min，确认后转速将以 300 r/min^2 的升速率自动升至 1800r/min，暖机 5min，再输入目标转速 3000 r/min，确认后转速将以 1200r/min^2 的升速率自动升至 3000r/min，暖机 5min，此时汽动给水泵组可交锅炉接受负荷，操作 MEH 操作画面上的“锅炉自动控制”按钮，既可实现自动调节。升速过程中要经常监视机组振动和机组内部是否有金属摩擦声，如有异常情况发生应该降速暖机至正常为止，再继续升速。

三、给水泵启动后的检查和调整

给水泵组投入运行后，注意电动机出入口风温、各轴承温度及回油温度，按规程规定进行调整。高压给水泵不允许在低于要求的最小流量下运行，哪怕是由开始启动到定速的短时间内也不允许。如果流量不足，将使水泵内水迅速发生汽化，产生噪声，甚至可能造成水泵摩擦振动，损坏设备。因此给水泵在启动、停止前，都必须保证最小流量阀动作的可靠性。最小流量阀前后手动门不论给水泵在运行中或备用中，都应处于开启位置。

电动给水泵在正常备用时勺管保留 5% 开度，启动后应迅速增大其转速至 3000r/min 以上，避免在怠速下长期运行，以免造成液力耦合器推力瓦温度过高，300MW 电动给水泵开度初设为 50%，启动后即可出力，可考虑指令更大些，但 600MW 电动给水泵电流较大，可能会造成 6kV 母线低电压。

四、给水泵的停运操作

在某台给水泵组停运前，首先应降低该给水泵转速，由其他给水泵承担负荷，直到最小流量，注意观察和检查最小流量阀的动作位置，继续降低转速至最小转速，此时可断开电动机电源。检查辅助润滑油泵是否已经自动联启，检查辅助润滑油泵运行正常，同时记录泵组惰走时间，泵组停下后，检查暖泵系统的运行，接着关闭出口阀，最后关闭进水阀，当泵壳温度降至80℃以下时，关闭暖泵系统，停止供冷却水、油，然后打开吸入管、排出管及泵壳的放水门，使泵组完全泄压排尽存水。但如果保持水泵处于热备用状态，则不必关闭出入口水阀，并按照暖泵系统的要求进行操作。

汽动给水泵停运后应注意以下事项：

(1) 停止汽动给水泵组后油动机处于关闭位置。

(2) 注意惰走时间。当转子转速降至盘车转速30r/min时，盘车装置应自动投入，否则应手动开启。

(3) 打开各个主汽门的疏水门。

(4) 汽动给水泵组停止后盘车8h，当汽缸法兰内壁温度低于100℃时，停止盘车和主油泵。

(5) 轴封供汽阶段禁止停止盘车。汽轮机和给水泵汽轮机同时停止时，停止轴封供汽。给水泵汽轮机单独停止时，可在汽缸法兰内壁温度降至100℃时停止轴封供汽，排汽引入主凝汽器的汽轮机此时应关闭排汽真空蝶阀。

第六节　给水泵的正常运行维护

一、给水泵的运行维护

给水泵正常运行中应注意以下事项：

1. 合理调度的原则

母管制给水系统中给水泵运行合理调度的原则为：

(1) 在保证向锅炉安全供水的前提下，以保持给水母管最低压力为原则来确定给水泵的运行台数组合最为经济。给水母管压力合理的变动范围是：超高压机组给水出口压力为16.17~16.66MPa，高压机组为13.23~13.72MPa。除为了不使泵频繁启停，在短时间内允许母管给水压力达到上限值外，一般应靠近下限值。

(2) 在给水泵的启停中，应尽量避免输送的给水在高、低压给水母管中出现大流量的横向流动。

(3) 在定速泵与调速泵并联运行时，用调速泵调节负荷要注意定速泵的流量，防止定速泵在过载或流量过小工况下运行。

(4) 多台泵并列运行，在进行台数组合时，应按各台泵效率的高低安排它的开停先后顺序，让效率较高的泵先开后停，并保持各配合泵较高的运行效率。

2. 监控工作

给水泵运行中，应重点检查出入口压力、泵组温度、电流、平衡室压力、润滑油压、油箱油位、泵组振动情况、冷却水、密封水运行情况，当发现油压降低时，应立即查明原因，除油系统漏油或油泵工作失常外，油滤网堵塞是比较常见的原因。除了做好上述工作外，还应同时做好以下监控工作：

(1) 水泵在运行过程中，运行应平稳，噪声和振动在规定范围内。

(2) 水泵决不允许干转，在出口阀门关闭的情况下，不应长时间运转。

(3) 轴承温度允许比室温高 50℃，但一般不准超过 75℃。

(4) 利用轴向位移监控器检查转子位置。

(5) 水泵在运行过程中不得关闭入口阀门。

(6) 检查轴封的泄漏量和轴承润滑油管及冷却水管的温度。

(7) 检查冷却水流量和温度，温差不得超过 10℃。

(8) 应认真执行定期切换制度，以保证在意外情况下，备用泵能随时正常启动，同时还应监视暖泵系统。

(9) 检查轴承和联轴器处的润滑油的质量和流量。

给水泵应尽量避免频繁启停，特别是采用平衡盘平衡轴向推力时，水泵每启动一次，平衡盘就可能有一次碰磨。水泵从开始转动到定速过程中，也即出口压力从零升到额定压力这一过程中，轴向推力不能被平衡，转子会向进水端窜动。

给水泵允许连续启动的次数，应严格按照规程规定执行。如果连续启动的次数过多，或连续启动时间间隔较短，将可能造成电动机由于频繁启停而烧损。水泵启动跳闸后，应查明原因再进行启动，不允许在故障原因不明的情况下盲目启动。

二、给水泵的切换操作

1. 电动给水泵与电动给水泵的切换

以 1 号电动调速给水泵切换为 2 号泵运行为例：

（1）将2号给水泵选择开关置于手动位置，开启2号给水泵出口门，注意检查水泵不倒转。

（2）2号给水调速勺管置于最小流量位置。

（3）启动2号给水泵的辅助润滑油泵，检查油压及其他参数和系统正常后，启动2号给水泵，提升2号给水泵转速，使其出口流量及压力达到运行的母管压力。

（4）在逐渐增加2号给水泵转速的同时，缓慢地减小1号给水泵的转速，注意给水流量及压力不应有大的变化。

（5）当1号给水泵的负荷全部转移到2号给水泵时，停止1号给水泵运行，关闭出口门。

（6）将2号给水泵开关置于自动位置。

2. 电动给水泵与汽动给水泵的切换

一般在主机负荷大于40%额定值以上时，进行电动给水泵向汽动给水泵的负荷转移，其操作过程是：在最小流量再循环装置自动投入情况下，手动启动汽动给水泵并逐渐升速。随着转速的上升，汽动给水泵出口压力慢慢增加，到某一转速下，汽动泵出口压力达到给水母管压力时，出口止回阀被顶开，此时，汽动给水泵与电动给水泵同时供水。此后，操纵两个泵的再循环装置进行两泵间的流量切换。在两泵完成切换之前，汽动给水泵一直是由运行人员手动控制，来自锅炉的信号只用来控制电动给水泵。

第七节　给水泵的常见故障及处理

一、给水泵事故处理原则

当给水泵发生强烈振动、能够听到泵内有清晰的金属摩擦声、电动机冒烟着火、轴承冒烟着火、运行中给水泵转速调节失灵、给水泵汽轮机严重故障，或发生危及人身和设备安全的情况时，应紧急停泵，以确保人身和设备不受到损坏，或使设备损坏程度减到最小。

二、给水泵紧急停运的操作步骤

（1）按故障给水泵事故按钮。

（2）检查辅助油泵自动投入，油压正常。

（3）记录惰走时间，汇报有关领导。

（4）检查备用给水泵自动投入运行，检查各运行参数在正常范围。

（5）检查故障泵停运后，做好记录。

（6）查明故障泵故障原因，联系组织处理。

三、给水泵常见故障原因分析及处理

给水泵是保证锅炉供水的核心设备，对其发生的故障必须判断准确，迅速处理，以保证锅炉不间断用水。由于各电厂的设备和系统不同，给水泵故障处理方法也有差别，故本书只能原则性地介绍几种常见的故障及处理方法。

（一）给水泵跳闸及倒转

1. 故障原因

运行中造成给水泵跳闸一般有以下原因：电源中断、给水泵保护动作或误动作、误捅事故按钮等。

2. 处理方法

给水泵故障跳闸后，如果联锁正常，故障给水泵的辅助油泵及备用给水泵均能自动投人。这时要将联动给水泵的操作开关置于“运行”位置，然后改变故障泵与联动泵之间的联锁关系。如果辅助油泵或备用给水泵未联动成功，应人为进行启动，如仍无法启动，禁止强行启动。

对于故障给水泵，应检查其开关断开，解除联锁。根据故障原因进行检查和处理后，再决定是否启动或作为备用泵。

如因厂用电中断而造成给水泵跳闸，待电源恢复正常后，按规程规定进行启动。

给水泵跳闸后，如果出口止回阀故障不能正常关闭，将会引起给水泵倒转。这一情况除就地观察外，还可以从表计的变化上进行判断。其现象是：锅炉给水压力下降，除氧器水位上升、给水泵入口压力波动，给水泵发生倒转时一般转速都很高，为了防止轴瓦烧损，一定要检查辅助油泵的运行情况。同时要尽快关闭出口门。此时严禁关闭给水泵入口门，防止给水泵低压侧超压爆破。对倒转的给水泵，严禁重合开关，防止损坏给水泵转子或造成电动机损坏。

（二）给水泵发生汽化

给水泵的工作水温，如果超过其对应压力下的饱和温度，将发生汽化，这时水泵内不能完全被水充满，造成给水泵正常工作状态破坏。给水泵汽化现象为：泵出口压力和电动机电流明显下降并大幅度摆动、泵内有明显的冲击声、平衡室压力大幅度摆动，水泵窜轴变化很大，水泵内有很大噪声。

1. 汽化原因

超负荷运行，入口管内水流速过大、压力降低；除氧器内压力突降；入口滤网被杂物堵塞；入口管内进入空气。当给水泵在低负荷下运行，而小流量调整门又未开启，最容易发生汽化损坏事故。因为这时水泵高速旋转，水泵与液体摩擦产生的热量不能及时带走，使工作水温升高而发生汽化。严重时会引起动静间隙消失而导致动静摩擦。所以这种情况是最危险的。

2. 处理方法

发现给水泵汽化时，首先应开启最小流量调整门，降低运行给水泵的流量；汽化严重时，立即停泵运行，检查备用泵应联动；若无备用泵时，应适当减小机组负荷，以消除给水泵入口汽化；分析入口汽化具体原因，采取相应措施；入口进入空气时，应及时停泵，排出泵内空气；若入口滤网堵塞，应停泵清扫入口滤网。调整除氧器压力和水位正常。如果再次启动汽化的给水泵时，应进行详细检查，盘车应灵活，否则不准启动。启动时，要严密监视给水泵启动返回电流。

（三）油系统故障

给水泵发生油压下降、油温过高、油箱油位过低及油中进水等，都严重威胁着设备的安全运行，必须认真对待。

发现油压降低时，首先应查明原因，如油滤网是否堵塞，冷油器或油管路是否泄漏，减压阀是否失灵，油泵是否故障等。根据故障原因，有针对性地进行处理。若油滤网前后压差大，应及时切换备用滤网。在检查和处理过程中，若油压继续下降，当达到保护定值时，检查辅助油泵是否联动，否则应手动启动，并汇报有关人员，停止给水泵运行，检查处理。

当油温过高时，应检查冷却水是否正常，冷油器运行是否正常，冷却水门开度是否过小。如是油温缓慢升高，则可能是冷油器水侧脏污或有杂物堵塞，应及时停运清理。

给水泵初安装运行时，如果发现瓦温过高且调整无效时，则可能是轴瓦进油量不足，应改变油管路节流孔板直径或采取其他措施。

油箱油位不正常升高或降低，如果未经过补油而油箱油位升高，说明油中进水，应开启油箱底部放油门排水，同时要加强滤油，通知化学人员化验油质，必要时更换新油。如果油箱油位下降，主要是油系统泄漏，如外部检查正常，则冷油器发生内漏的可能性较大，应及时安排停运检修。

（四）给水泵汽轮机超速

1. 故障现象

（1）DCS盘显示给水泵汽轮机转速飞升，就地转速表显示给水泵汽轮机转速飞升；

（2）给水泵汽轮机声音突变，振动增大，给水泵汽轮机超速报警；

（3）给水泵出口压力可能升高。

2. 故障原因

（1）MEH故障；

（2）CCS控制器故障；

（3）给水泵汽轮机与汽动给水泵联轴器断裂；

（4）给水流量大幅度变化或汽泵汽化；

（5）超速保护失灵；

（6）速关阀或切换阀、调节汽门卡涩；

（7）停泵时出口止回阀不严或卡涩。

3. 故障处理

发现给水泵汽轮机超速应立即打闸紧急停泵，检查电动给水泵联动，否则手动启动，联系值长降负荷；立即关闭各给水泵汽轮机供汽电动门；给水管道泄漏时应设法隔离；如果出口止回阀不严时应关闭出口电动门，必要时手动压紧，禁止未关闭出口阀前关闭汽前泵进口门；必须待给水泵汽轮机超速原因查明并消除后，解除给水泵汽轮机与泵联轴器，启动给水泵汽轮机做超速试验合格，连接泵与给水泵汽轮机联轴器完好，检查泵组具备启动条件方可重 新启动给水泵汽轮机。

（五）给水泵汽轮机水冲击

1. 故障现象

（1）进汽温度急剧下降；

（2）轴向位移、振动增大，推力瓦块温度上升；

（3）进汽管道、法兰、给水泵汽轮机轴封、汽缸结合面处冒出白色蒸汽或水滴；

（4）进汽管内有水冲击声。

2. 故障原因

（1）除氧器满水，且止回阀不严，四抽母管蒸汽带水；

（2）主蒸汽温度急剧下降；

（3）轴封系统疏水不充分，减温水控制不当，轴封汽带水；

（4）启动时疏水不充分或疏水不畅。

3. 故障处理

（1）按故障停泵处理；

（2）开启蒸汽管道、汽缸本体疏水及轴封系统的疏水；

（3）倾听给水泵汽轮机内部声音，比较惰走时间；

（4）停机过程中若无异常，再次启动时应注意加强疏水，适当增加暖机时间。

（六）给水泵汽轮机轴向位移增大

1. 故障现象

（1）MEH 显示给水泵汽轮机轴向位移大，DCS 画面显示给水泵汽轮机轴向位移大；

（2）给水泵汽轮机轴向位移大报警，光子牌亮。

2. 故障原因

（1）表计显示误差；

（2）给水量增大进汽量增大，给水泵汽轮机转速高；

（3）叶片结垢、断落；

（4）推力瓦磨损；

（5）真空降低；

（6）给水泵汽轮机水冲击；

（7）进汽压力、温度降低。

3. 故障处理

（1）发现轴向位移增大时，应核对表计确认轴向位移是否增大；

（2）给水量骤变应注意均匀调整；

（3）给水泵汽轮机出力没变而轴向位移增大时，应检查给水泵汽轮机推力瓦温度，给水泵汽轮机振动是否正常；

（4）轴向位移增大报警，应减少给水量，降低给水泵汽轮机转速。

轴向位移上升并伴有不正常声音、剧烈振动或金属摩擦声时应立即停运给水泵汽轮机，转移负荷，汽轮机减负荷；轴向位移增大至 +0.25 或 −0.62 给水泵汽轮机应自动跳闸，否则手动停运给水泵汽轮机，转移负荷，汽轮机减负荷。

（七）给水泵汽轮机断叶片

1. 故障现象

（1）给水泵汽轮机内部发生明显的金属撞击声；

（2）给水泵汽轮机蒸汽通流部分发出不同程度的摩擦声；

（3）给水泵汽轮机振动明显增大；

（4）给水泵汽轮机调节级压力、轴向位移、推力瓦温度异常变化；

（5）给水泵汽轮机在蒸汽参数、真空不变的情况下，调门开度比以往同负荷时增大。

2. 故障处理

（1）发现下列现象之一，应手动打闸紧急停泵：

1）给水泵汽轮机内部发生明显的金属摩擦声或撞击声；

2）给水泵汽轮机通流部分发出异声，同时泵组发生强烈振动。

（2）发现下列情况应进行分析，汇报专业人员进行处理：

1）给水泵汽轮机调节级压力异常变化，在相同的运行工况下负荷下降；

2）给水泵汽轮机轴向位移、推力瓦温度明显变化或振动明显增大，应进行降速或停泵处理。

（八）轴承温度过高

一般主要是润滑油流量不足，润滑油不清洁、轴承安装不当，有问题等引起；处理方法是启动辅助油泵或增大节流圈直径以增加润滑油量，将润滑油处理至合格，检查或重新安装轴承，如轴承温度高达到保护值，应紧急停运给水泵运行。

（九）轴套内泄漏

原因是轴套垫圈破损，处理方法是应更换新的轴套垫圈。

（十）给水泵不出水

可能是水泵转速过低，调速装置故障，叶轮损坏或堵塞，水泵转向错误。处理方法是检查水泵的输入传动装置，清除叶轮杂物或更换新叶轮，检查水泵传动装置转向和电动机接线是否正确。

（十一）水泵流量不足或压力较低

原因是吸入口处有空气漏入、水泵转速低、吸入系统的汽蚀余量太低并有可能水泵发生汽蚀、吸入口堵塞、叶轮损坏、水泵转向错误。处理方法是检查吸入口是否泄漏，检查原动机的转速及传动装置是否正常，检查吸入管路系统，清除吸入口处的杂物，更换叶轮，检查传动装置的转动方向。

（十二）传动装置过载

可能是由于液体密度或流速变化造成的。

（十三）密封机构温度太高

原因是密封水管路堵塞、密封水磁性分离器堵塞。处理方法是清除堵塞物，确保系统畅通。

(十四) 密封泄漏

可能是密封面损坏，检查处理或更换密封面。

(十五) 泵组振动超标

振动大的原因很多，主要有水泵的转子对中不良、转子弯曲、轴承有缺陷。运行因素有暖泵不充分、动静部分发生摩擦、某些部套松动、水泵发生汽蚀以及电气磁场分布不均等。处理方法是重新校正转子，检查转子的平直度。如转子发生弯曲，应进行直轴处理；如轴承有故障，应检修更换轴承。

提示 第一~七节内容适用于初、中、高级工、技师使用。

第十三章

循环水泵和凝结水泵的运行

第一节　循环水泵结构介绍

目前，大型火力发电厂中使用的循环水泵大多为立式混流泵，其按泵与电动机连接方式可分为单基础泵和双基础泵。单基础泵与电动机直接相连，安装在一个基础上；双基础泵与电动机安装在各自的基础上，其中泵的吐出管有的在泵基础之上，也有的在泵基础之下。泵的吸入水池通常为湿坑式，即将泵直接插入敞开的水渠中。泵中间的轴承为洁净水润滑的橡胶轴承。

前面所述，立式混流泵按照叶片调节的可能性可分为固定式、半调节式和全调节式。固定式混流泵的叶片和轮毂铸成一体，叶片角度不能改变；半调节式水泵的叶片在需要改变工况时，可松开螺母，拆出定位销调整叶片的安装角度，达到调节的目的；全调节式泵的叶片可在停泵或不停泵的情况下，通过一套液压或机械调节机构来改变叶片的安装角，以满足流量和扬程的要求。

下面以 KDV－150 型单级立轴可调叶片混流泵为例来介绍其结构和叶片调整机构。

1. 结构特点

KDV－150 型单级立轴可调叶片混流泵主要由叶轮、泵轴、吸入喇叭管、吐出室、吐出管、轴封、轴承及叶片调整机构等部件组成，如图 13－1所示。

叶轮为单吸开式叶轮，由 6 片叶片、轮毂、锥形体等零件组成，采用耐腐蚀性能良好的 SCS13 材料制造。叶片和调整机构安装在轮毂上，轮毂用键固定在下部轴的下端。叶轮与吸入喇叭管之间的间隙通过调整法兰型刚性联轴器间的垫片厚度来实现。叶轮上叶片外周和吸入喇叭管的内壁均被加工成球面形，以使叶片在任何开度下运行都能保持一定的间隙。

通常立式混流泵的轴很长，为了方便安装和解体，将长轴分为上部轴、中部轴和下部轴三部分。为便于找中心，减少轴振动，上、下部轴与中部轴均采用法兰螺栓连接，在法兰结合面处设置有O形密封圈。为操纵可动叶片，该泵的轴设计成空心轴，内部装有调整叶片角度用的调整棒，上、中、下部调整棒间的连接如图13－2所示。图13－2中还示出了上、下部轴与中部轴的连接方式。泵轴采用耐腐蚀性能良好的SUS316材料制造。

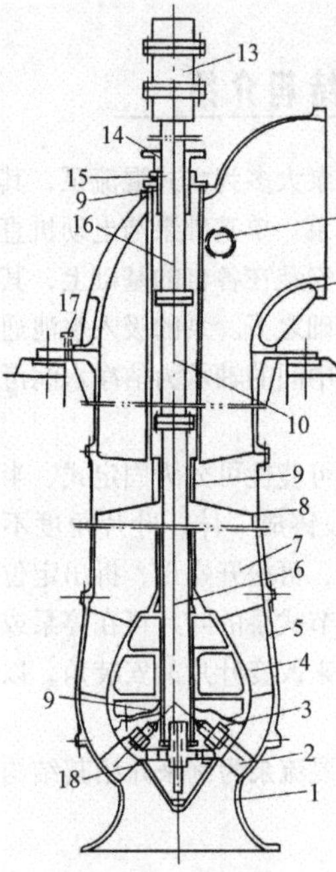

为了减少液体流入叶轮吸入口时的能量损失，叶轮吸入口设计成喇叭管形状。

吐出室包括圆筒形的泵壳及导叶片，7片导叶与泵壳浇铸成一体，且将通道分隔成多流道导水机构。吸入喇叭管和吐出室均采用耐腐蚀性能良好的SCS13材料制造。

吐出管由下部扩散管、上部扩散管和吐出弯管组成。其主要作用是汇集吐出室流出的水，并将剩余的旋转动能转变为压力能，最后通过吐出弯管改变水流方向，送至工作管路。

驱动电动机通过法兰型刚性联轴器与泵轴直接连接。水泵转子向下的轴向推力和重力由联轴器传递给电动机的轴，并由电动机的止推轴承来承受。泵轴上设有3个径向轴承，分别置于吐出弯管、上部扩散管和吐出室内。径向轴承采用SUS304材料，内衬特殊合成橡胶，内表面开有许多凹槽，以利于水的润滑。

轴封采用三根寿命长、耐热性能高的半金属填料。填料压盖为轴向对分的两半结构，以便于拆装填料。

图13－1　KDV－150型立式可调叶片混流泵结构

1—吸入喇叭管；2—叶片；3—轮毂；4—导叶片；5—吐出室；6—下部轴；7—下部扩散管；8—上部扩散管；9—轴承；10—中部轴；11—吐出弯管；12—润滑水引出口；13—联轴器；14—轴封；15—润滑水入口；16—上部轴；17—电动机冷却水排水连接管；18—叶片调整机构

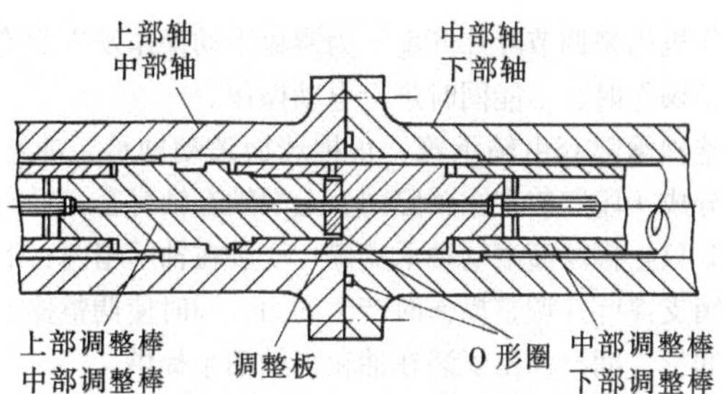

图 13－2　KDV－150 型泵上、下部轴与中部轴及上、下部调整棒与中部调整棒连接

径向轴承和轴封均采用水润滑。通常情况下，润滑水从泵吐出弯管引出压力水经过过滤后，从泵轴封处的润滑水入口进入，在润滑轴封填料的同时，也润滑上部橡胶轴承，再通过轴保护套管润滑中部轴承、下部轴承后，由吐出室平衡孔排出。

当外界负荷减小或循环水温度随气温而降低时，为了减少厂用电，需将循环水量相应减少，此时可通过调节机构，改变叶片的安装角度。当叶片开度小到一定程度时，将影响到轴承润滑水，此时需启动轴承润滑水泵提高水压，以确保轴承润滑水不会中断。

2. 叶片调整机构

叶片调整机构由控制电动机、叶片调整用轴承部套、调整棒及叶轮轮毂内叶片操作机构等部件组成。叶片调整机构为机械方式，采用手动或电动来操作。其动作示意如图 13－3 所示。通过操作控制电动机，使轴承箱上下移动，并通过止推球面滚动轴承使调整棒带动十字头上下移动，十字头通过球形接头、螺栓接头及杠杆带动叶轮轮毂内叶片操作机构动作，以改变叶片开度。

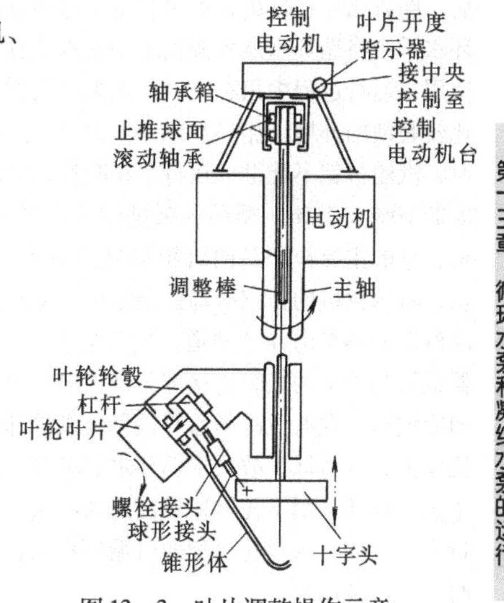

图 13－3　叶片调整操作示意

叶片开度是通过操作控制电动机的开关来进行的，也可

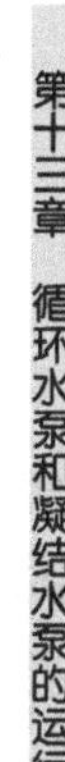

以用手动操作机构来调节叶片开度。为避免手动操作发生危险，设有联锁开关，在手动操作时，不能同时进行电动操作。

叶片调整轴承部套由轴承箱、止推球面滚动轴承、油箱及油泵等组成。调整棒分成4段安装在主轴腔内，上端轴有轴衬套，轴向用圆螺母固定，径向由2只止推球面滚动轴承支撑，安装在轴承箱内；下端与十字头连接。轴承箱支撑叶片调整操作时产生的力，同时使调整棒上下移动。轴承采用强制润滑，润滑油由安装在油箱内的油泵提供。

叶轮轮毂内叶片调整机构由十字头、球形接头及杠杆组成。十字头将调整棒的动作通过球形接头、螺栓接头及杠杆传递至6片活动叶片上，改变叶片开关动作，从而达到调整叶片开度的目的。轮毂中注有润滑、防锈油、同时安装O形密封圈，防止油泄漏。

第二节　循环水泵的启停和运行

一、循环水泵的作用和特点

由于电厂地理条件的不同，循环水系统所采用的循环水将有所不同，可能是江河、湖泊的淡水，也可能是海水（如海边的电厂）。系统的设置方式有开式和闭式两种。开式循环水系统将循环水从水源输送到用水装置后，即将循环水排出，不再利用，这种方式用于水源充足的环境；闭式循环水系统将循环水从水源输送到用水装置后，排水经冷却装置冷却后循环使用，运行过程中只补充少量损失掉的循环水，这种设置方式多用于水源比较紧缺的环境。循环水泵是火力发电厂中主要的辅机之一，失去循环水时，汽轮机就不能继续运行，在凝汽式电厂中循环水泵的耗电量约占厂用电的10%～25%。循环水泵是循环水系统的主要设备，是最早启动的辅机，它的主要作用是向汽轮机凝汽器提供冷却水，以带走凝汽器内的热量，将汽轮机的排汽冷却并凝结成凝结水，并保证凝汽器的高度真空。由凝汽器的热平衡计算知道，凝汽器的冷却倍率一般为50～70，同时凝汽器铜管与管板的胀管连接部分都不能承受较大的压力。此外，循环水泵还向冷油器、发电机冷却器等设备提供冷却水。所有这些冷却水的特点均是流量大、压力低，故要求循环水泵具有大流量、低扬程的性能，所以循环水泵一般都采用了比转速较高的离心泵、轴流泵或混流泵。循环水泵耗电量大，一般一台汽轮机配两台循环水泵，不设备用泵。当用海水作冷却水时，需设备用泵。

目前，在国内大型火力发电厂中使用的循环水泵大多为立式混流泵，它与以往使用的循环水泵相比，具有以下特点：

（1）体积小，质量轻，占地面积小，节省投资。

（2）效率高，可达到80%～90%左右，高效区较宽，功率曲线在整个流量范围内较平坦。

（3）汽蚀性能好，特别在扬程高的情况下。由于水泵吸入口深埋在水中，不容易发生汽蚀。启动前不用灌水。

（4）结构简单、紧凑，容易维修。

（5）流量大，扬程高，应用范围大。

（6）安全、可靠，使用寿命长。

循环水泵的容量选择根据凝汽器和其他辅机的用水量来确定，而循环水泵的总扬程不仅与其布置位置有关，而且也与凝汽器的特性（水阻、流程等）及供水方式等有关。我国汽轮发电机组的凝汽设备所需的冷却水量，是随季节的变化而变化的，尤其是北方地区。固定转速电动机带动循环水泵时，水量的调节主要依靠增减运行水泵的台数来调节；较大容量的轴流式循环水泵则采用了改变工作叶片的角度来调节。

二、循环水泵的分类及应用

随着汽轮发电机组容量的不断增大，对循环水泵的性能、结构等都不断提出了新的要求。为了适应不同容量机组不同供水条件的各种情况，采用了不同类型的循环水泵。目前，在火力发电厂凝汽设备的供水系统中所用的循环水泵有以下几类：

（1）按工作原理的不同，有离心泵、混流泵和轴流泵三种类型。

（2）按布置方式的不同，有卧式泵和立式泵两种类型。

小容量机组多采用卧式离心泵，近代大容量机组多采用立式轴流泵和立式混流泵。轴流泵和立式混流泵具有结构紧凑、体积小、运行调节简单等优点。另外，由于轴流泵的叶轮浸在水中，所以启动时不需要真空泵抽真空，汽蚀性能也可以得到改善。此外，电动机置于轴上部，离水面较高，不易受潮。

大容量机组的循环水泵，不仅要求流量大，而且对扬程的要求也有所提高。而卧式轴流泵扬程均在5m以下，立式轴流泵扬程也不超过15m，因此，大容量机组的循环水泵多采用性能介于离心泵和轴流泵之间的混流式水泵。

三、循环水泵的运行

（一）离心式循环水泵的运行与调节

通常情况下，每台机组配两台或三台50%容量的循环水泵，运行中根据负荷需要有全速并联台数调节、全速单台运行和双速（高速和低速）并联台数调节几种调节方式。具体运行方式分析，由于篇幅所限，在此就不做具体介绍了。

（二）轴流式和混流式循环水泵的运行与调节

轴流泵与混流泵相比，轴流泵比转速高，扬程低，抗汽蚀性能不如混流泵，所以目前300MW以上机组的循环水泵多数采用立式混流泵。下面以立式混流泵为例来说明循环水泵的运行操作。

1. 启动前的准备工作

（1）检查并清理吸入水池，不得有木块、铁丝、垃圾和其他杂物。在水泵运行中也要经常检查并防止杂物进入吸入水池内。

（2）确认吸入水池的水面在允许的水位以上，水位低于规定数值时，会卷起旋涡吸入空气，引起水泵产生振动、噪声等问题。

（3）确认电动机的转向正确。在确定电动机的转向时，一定要拆掉联轴器的螺栓，由电动机单独转动，以免带泵运转情况下，发生反转时，造成水泵有关紧固部件松动。

（4）向橡胶轴承注水。如果不注入润滑水就启动水泵，橡胶轴承瞬间就会被烧坏，因此需要特别注意在水泵启动前，由外接水源向橡胶轴承注水。第一次注水时，一定要注水10~20min以上，以冲洗橡胶轴承。

（5）将填料函填料松紧度调整到不断有少量水漏出为止。填料过紧，会损伤泵轴、烧坏填料；填料过松，会造成漏水量过大。

（6）水泵第一次启动或停运时间较长后再启动时，应先进行盘车，待转子盘动后，再启动水泵，防止启动负荷过大而损坏电动机。

（7）排气阀处于工作状态（手动阀应打开）。

（8）检查电动机上下轴承的润滑油油位正常、油质良好并送上冷却水。

（9）检查水泵及电动机冷却水系统运行正常，水量充足。

（10）检查各有关表计齐全、完好。

对于安装在岸边的循环水泵，还应检查水泵入口的回转滤网等设备是否正常。循环水泵为轴流泵时，应检查其动叶角度调整装置，对只能在静止状态下调整动叶角度的水泵，应调至最小（对应于流量低、扬程小的位置），以减少启动电流。应该注意的是：轴流泵应在带负荷状态下启动，即全开出口阀门启动，此时轴功率最小，不会因过载而损坏电动机，离心泵则不允许带负荷启动，否则启动电流过大将会损坏设备。

2. 启动

循环水泵的启动可采用闭阀启动和开阀启动两种方式。

所谓闭阀启动，是指主泵与出口阀门同时启动，主泵启动的同时打开出口阀门，这种启动方式要求出口阀门动作可靠，必须在较短的时间内打开，水泵在出口阀门关闭的情况下运行不得超过1min。一般在几台循环水泵并联运行时，水泵的出口门后存有压力水的情况下，采用闭阀启动。

所谓开阀启动，是指主泵启动前提前将出口阀门开启到一定位置，然后启动主泵，并继续开启出口阀门到全开位置，在水泵出口管路系统没有水倒灌的情况下，可采用开阀启动。

通常情况下，轴流泵和混流泵启动时应开阀启动，一般先将出口液压蝶阀开30%，动叶装置角放在最小角度情况下合闸启动。待各项指标正常后，逐渐全开出口蝶阀，然后投入蝶阀和动叶角度机构的自动联锁。

水泵启动后，应注意检查电动机电流和泵出口压力符合规定；泵组振动和声音无异常现象；出口阀门顺利打开，电动机轴瓦、绕组、铁芯温度等参数在允许范围内，如振动、声音有明显异常时，应立即停运，查明原因。水泵运行正常后，检查关闭排气阀。

3. 停运操作

循环水泵正常的停运操作，应该是将出口阀门置于联动位置，在断开水泵电源后，出口阀门连动关闭；也可以先关闭出口阀门，当出口阀门关到某一位置时，断开电动机电源，停止水泵。水泵停运后，出口阀门全部关闭。主要是防止循环水大量倒流，引起水泵倒转而损坏设备。

在事故情况下，也会出现在阀门全开的情况下停运水泵，这时出口管路系统内的压力水向水泵倒灌，水泵发生倒转，此时应立即关闭出口阀门，由于此时出口阀门及管路系统受到很大的力，所以要求出口阀门关闭时间一般不小于45s，以减小出口阀门关闭时的水击现象。

4. 运行维护

循环水泵在日常运行中应做好以下运行维护工作：

（1）经常监视泵组的振动、声音及运转情况，如发现异常，应及时找出原因并加以消除。

（2）经常检查填料压盖的压紧程度，如填料压盖处漏水大或没有水漏出，应及时调整填料压盖的松紧度；如填料磨损，应及时更换新填料。

（3）检查电动机轴承的润滑情况，润滑油油位应正常；发现油变质时，应更换新油；轴承温度应在规定范围。

（4）经常监视电动机电流及铁芯、绕组温度，电流不得超过规定值，也不应有摆动现象；电动机各部位温度不得超过规定值。

(5) 经常检查水泵出口压力及橡胶轴承的润滑水压力在正常范围。

(6) 经常检查水泵吸水池水位、进水滤网。水位应正常，滤网应保持清洁，避免堵塞，防止滤网前后水位差过大。

(7) 有条件时，应做好出口阀门的日常试验工作，确保出口阀门动作可靠。

除上述工作外，还应做好运行日志和按时记录表报（水泵出口压力、电流、电压、轴承温度、电动机线圈温度、油质、油位等参数），并对泵组的振动进行定期测量和记录。

5. 循环水泵的联动、保护

(1) 互联试验。如供汽轮机凝汽器的冷却水中断，将造成凝汽器真空消失，汽轮机组被迫停运。为此，在运行循环水泵与备用泵之间设有互联保护回路。当运行水泵故障跳闸时，电气互联保护回路将自动启动备用泵，确保冷却水系统正常运行。做互联试验时，应检查备用水泵在良好备用状态，运行水泵运行正常；将备用水泵联动开关置于“联动”位置，然后停止运行泵，这时备用水泵应联动启动，检查该泵运行正常，各电气、热工信号正常，各参数正常。反之，可以做另一台水泵的联动试验。如在试验过程发生问题，应立即停止试验，联系处理。

(2) 水泵与出口阀门的联动保护。循环水泵一旦发生事故掉闸，水泵出口阀门不能立即关闭时，出口管路系统的压力水将倒灌回循环水泵，使水泵发生倒转。倒转时，水泵的转速比正常运行转速高几倍到几十倍以上，不但影响机组的安全运行，还有可能造成水泵和电动机因倒转而发生损坏，所以大型立式循环水泵采用了主泵与出口阀门之间的联动保护。将出口阀门的联动开关置于“联动”位置，当水泵电源中断停止运行时，出口阀门将自动联动关闭，以确保机组的安全运行。

6. 立式混流泵的运行特性

(1) 立式混流泵在启动和运行中不能中断润滑水，否则会引起轴承和轴烧坏事故。

(2) 叶片可调的立式混流泵在运行中流量调节范围大，能在全性能范围内运行，且在部分负荷运行时，效率仍然较高，对节省电力有利。

(3) 运行中可根据主机负荷及循环水温度连续任意地关小或开大叶片开度，以满足流量变化的要求，所以在低负荷时，水泵很少发生振动和汽蚀。

(4) 可调叶片混流泵是在叶片全关的状态下启动，不必迅速开启出口阀门，比固定叶片泵在关闭出口阀门条件下允许运行的时间长。

对大型汽轮发电机组，通常按一台主机配两台50%容量的循环水泵来设置，不设备用泵；对单元制循环水系统运行可依靠调整叶片开度及启、停泵台数来适应负荷变化；对扩大单元制循环水系统，其运行的经济性和灵活性优于前者。

第三节　循环水泵常见故障原因分析及处理

一、事故处理的原则

当水泵发生强烈振动，能够清楚地听到或看到泵内有金属摩擦声、电动机冒烟或着火、轴承冒烟或着火等严重威胁人身和设备安全的故障时，应立即停泵运行。

紧急停泵的步骤一般如下：

(1) 按事故泵的事故按钮或断开停泵操作开关。

(2) 检查备用泵应立即自动投入运行，保证供水正常。备用泵联动无效时，应立即手动启动。

(3) 检查故障泵电流到零，出口蝶阀或闸门应联动关闭，水泵不倒转。否则，应手动关闭出口蝶阀或闸门。

(4) 及时向值长和有关生产领导汇报，并采取必要的措施，避免故障扩大，影响其他系统或设备。

(5) 故障处理完后，应做好详细记录，以便故障后的事故分析。

当水泵发生盘根发热、冒烟或大量滋水，滑动轴承温度达65～70℃或滚动轴承温度达80℃并有升高的趋势，电动机电流超过额定值或电动机温度超过规定值等故障时，则应先启动备用泵，再停故障泵，这是因为水泵发生这些故障时，在短时间内不会造成设备的严重损坏，这样处理对系统运行的影响较小，有利于主机的安全稳定运行。

二、常见故障原因分析及处理

下面将循环水泵在日常运行中常见的故障原因及处理方法，作一简单介绍。在实际运行当中，循环水泵可能发生的故障很多，造成的原因也可能是多方面的，还需要根据实际情况具体分析和处理。此处所介绍的内容仅供运行人员在工作中参考。

（一）水泵无法启动

1. 故障原因

（1）电动机故障或电气系统有问题；

（2）异物进入转动部位，发生卡涩；

（3）轴承故障卡涩；

（4）水泵启动条件不满足或有保护动作信号。

2. 处理方法

（1）检查电动机接线及电气系统；

（2）清理异物；

（3）更换轴承；

（4）按照水泵正常启动条件逐一检查，并对保护动作情况进行检查。

（二）水泵启动后出力不足或不出水

1. 故障原因

（1）吸入侧有异物；

（2）叶轮损坏；

（3）出口阀门调整不当；

（4）转速低；

（5）泵内存有空气；

（6）水泵发生汽蚀；

（7）转向反。

2. 处理方法

（1）清理过滤网、叶轮及吸入口；

（2）更换叶轮；

（3）重新调整出口阀门；

（4）检查转速低的原因并处理；

（5）提高吸水池水位或放入木排等浮体；

（6）提高吸水池水位或调整运行工况点；

（7）倒换电动机接线，改正转向。

（三）水泵过负荷

1. 故障原因

（1）轴承损坏；

（2）水泵内有杂物；

（3）转动部分损坏；

(4) 填料压盖过紧；
(5) 电压不足；
(6) 电动机缺相运行。

2. 处理方法

(1) 更换轴承；
(2) 停泵排除异物；
(3) 检查处理转动部件；
(4) 适当放松填料压盖；
(5) 检查电源；
(6) 检查电动机接线及开关。

(四) 水泵运行中发生异常振动或噪声

1. 故障原因

(1) 水泵联轴器不同心；
(2) 吸水池水位过低；
(3) 水泵发生汽蚀；
(4) 水泵轴承损坏；
(5) 发生异物堵塞或叶轮损伤；
(6) 转子发生弯曲或转子不平衡；
(7) 地脚螺栓松动或基础不牢固；
(8) 转动部分松动；
(9) 电动机不良；
(10) 联轴器螺栓连接不良；
(11) 出水管路影响。

2. 处理方法

(1) 停泵重新进行联轴器找正；
(2) 提高水位到最低限以上，以消除旋涡的发生；
(3) 提高水位，调整运行工况点；
(4) 更换轴承；
(5) 消除异物，更换损伤部件；
(6) 直轴，消除不平衡；
(7) 紧固地脚螺栓或加固基础；
(8) 检查处理松动部件；
(9) 检修电动机；
(10) 重新固定或更换螺栓；

(11) 检查并消除不良影响。

(五) 循环水泵入口滤网差压高

1. 故障原因

(1) 循环水水质差;

(2) 滤网清污机发生故障、效果差或未按规定投运;

(3) 有较大的杂物堵塞。

2. 处理方法

(1) 联系检修处理清污机，尽快投运;

(2) 若滤网差压继续增大，应严密监视循环水泵工作情况，发现循环水泵发生汽蚀时应立即启动备用循环水泵，停运该循环水泵;

(3) 若循环水水质差，联系化学加药处理。

(六) 循环水泵轴承温度高

1. 故障原因

(1) 循环水泵润滑油油质差，油位低;

(2) 循环水泵冷却水系统异常，冷却水流量低;

(3) 循环水泵温度检测仪温度测点故障;

(4) 循环水泵过负荷，振动大，或轴承损坏。

2. 处理方法

(1) 循环水泵温度异常时，应对比其他温度测点，若为测点故障，应联系维护处理;

(2) 若为单一轴承温度高，应检查该轴承油位、油色是否正常，冷却水门是否正确;

(3) 若所有轴承温度高，应检查冷却水总门，确认位置是否正确;

(4) 若推力轴承温度高，应检查循环水泵电流情况，严禁超负荷运行;

(5) 任一轴承温度达到保护值，应紧停循环水泵。

第四节 凝结水泵的启停和运行

汽轮机凝汽器中的凝结水，以及补入凝汽器的化学补充水，都要通过凝结水泵经除盐装置、轴封冷却器、低压加热器输送至除氧器，是主凝结水系统的主要升压设备，是凝汽设备和回热系统之间的重要辅机之一。

容量为600MW及以下机组基本都配置为2台100%容量凝结水泵，

1台运行，1台备用。1000MW超超临界机组主凝结水流量约2000t/h，凝结水泵配置有两种：上海汽轮机有限公司配置为2台100%容量凝结水泵，1台运行，1台备用；哈尔滨汽轮机厂有限责任公司和东方汽轮机有限公司配置为3台50%容量的凝结水泵，2台运行，1台备用。为了降低凝结水泵的能耗，很多新机组采用了变频调速的凝结水泵。

主凝结水泵将凝汽器热井中的凝结水送入精处理，经过精处理的凝结水通过轴封冷却器、疏水冷却器、低压加热器进入除氧器。主凝结水泵的最大特点是：所输送的凝结水在吸入管内几乎处于饱和状态，凝结水泵入口处很容易发生汽化而产生汽蚀。为了防止凝结水泵发生汽化，通常把凝结水泵布置在凝汽器热井以下0.5～1.0m的泵坑内，使水泵入口处形成一定的倒灌高度，利用倒灌水柱的静压提高水泵入口处压力，使水泵进口处水压高于其饱和温度对应的压力。同时为了提高水泵的抗汽蚀性能，常在第一级叶轮入口加装诱导轮。

凝结水泵的轴封处，需不间断地供有密封水，以防止空气漏入泵内。由于凝结水泵开始抽水时，泵内空气难以从排气阀排出，因此在其上部设有与凝汽器连通的抽气平衡管，以便将空气排至凝汽器由抽气器抽出，并维持凝结水泵入口腔室与凝汽器处于相同的真空度。这样，即使水泵在运行中吸入新的空气，也不会影响到水泵入口的真空度及水泵的正常运行。

主凝结水泵的型式主要有立式筒袋型、立式双壳体泵和单级悬臂式泵等。目前，国产300MW及以上机组的凝结水泵大多采用立式筒袋型泵，这种新型立式凝结水泵比老式卧式凝结水泵约提高效率4%～9%。

下面以LDTN型凝结水泵为例来介绍凝结水泵的一般运行操作知识。

一、凝结水泵启动前的检查

（1）检查电动机转向是否正确。

（2）用手盘动联轴器，检查其转动是否灵活、联轴器连接是否牢固。

（3）水泵出口如果直接与有压力的输水管道连接时，其出口应安装闸阀和止回阀，水泵启动以前，闸阀应稍打开。

（4）水泵进出口真空表及压力表完好，指示正确。

（5）检查电动机控制保护系统是否可靠。

（6）装置汽蚀余量必须大于水泵的汽蚀余量，即不计凝汽器热井到水泵入口附加阻力，热井水位到泵首级叶轮中心线的倒灌高度应大于3.5m。

（7）检查水泵轴承的润滑、密封及冷却水是否畅通。

(8) 水泵的油位、油质是否正常。

(9) 水泵的空气门是否在开启位置。

(10) 水泵的电气、热工信号是否正确。

二、凝汽器热井水位调节

绝大多数机组的凝结水泵是在凝汽器一定水位下运行的，用以保证凝结水泵吸入口的倒灌高度有一个稳定值，防止凝结水泵叶轮汽蚀。正常运行时，凝汽器水位调节主要靠调节化学补充水量和凝结水泵的出口水量来实现。凝结水量减少，热水井水位下降时，就加大化学补充水量或减少凝结水泵的出口水量；热水井水位上升时，采用相反的调节方法。凝结水量的大小通过调节凝结水管路系统的调整门开度来实现，或者调整变频凝结水泵转速来实现。

在机组启动初期，为防止凝结水泵在低负荷下运行引起发热和汽蚀以及满足轴封加热器等所必需的冷却水量，可适当开启凝结水泵到凝汽器的再循环（最小流量）阀门，使凝结水泵出口的一部分水返回到凝汽器热水井中，增加凝结水泵的流量，保证凝结水泵的正常运行。可见，凝结水泵再循环管的作用主要是为了在机组空负荷和低负荷运行时，防止凝结水泵严重汽蚀。

此外，凝结水泵的调节还有一种方法就是采用汽蚀调节，即运行中把水泵的调节阀门开足，当汽轮机负荷变化（凝结水量相应变化）时，借水泵进水水位的变化来调节水泵的出水量，汽轮机排汽量变化时，凝结水泵输水量随之相应变化，使之达到自动平衡。这种运行方式也称为凝结水泵低水位运行。当进水水位降低，以至于使凝结水泵发生汽蚀时，凝结水泵输水量随即减小，进水水位逐渐升高，消除水泵汽蚀现象，凝结水泵正常疏水。再次出现水泵进水水位降低时，又重复上述过程。在对凝结水泵入口叶轮的结构和强度采取措施的情况下，限于调节程度的汽蚀对水泵无明显破坏。

三、凝结水泵的启停及运行维护

启动凝结水泵时，入口门应全开，密封水正常，泵体抽空气门全开，出口止回阀关闭，出口门开启。泵启动后检查出口压力、电动机电流，出口止回阀开启。停泵时应检查出口止回阀关回，如未关回应采取措施，以防止止回阀不严，发生泵倒转。水泵停止后如作为备用泵，应将出口门全开，投入联锁。

如果凝结水泵停止后需要检修时，应将出口门、入口门、抽空气门关闭，最后关闭轴封冷却水、密封水门，联系电气人员将电动机停电。

凝结水泵在运行中出现电动机电流或出口压力摆动时，说明水泵工作不正常。如果是由于凝汽器水位低所致，应及时调整凝汽器水位至正常；如水位正常，则可能是入口滤网堵塞或入口部分漏空气等所致，应停泵清理入口滤网或消除漏空处。凝结水泵入口发生漏空现象时，不仅会影响水泵的正常运行，而且会造成凝结水溶氧不合格，应引起足够重视。

对新安装的水泵应在首次启动时，进行不少于4h的运行。同时注意观察，有下列情况之一时，必须停泵检查：

(1) 电流表摆动较大，或电流超过额定值。

(2) 水泵有明显振动。

(3) 电动机和推力轴承温度高于75℃时。

试运转完毕后，无论情况是否正常，都应停泵检查，用手盘动转子是否灵活，检查各处有无漏油、渗水、漏气等现象，各部件是否有松动现象，待一切检查正常后，方可投入正常使用。

在正常运行时，值班人员若发现上述不正常现象时，应立即停泵检查。平常则应注意以下事项：

(1) 定时检查并记录水泵的运行情况，如电流、电压、出口压力、水位变化情况、发现的故障等。

(2) 每班至少3次检查水泵密封水的情况。

(3) 检查填料处的密封情况，漏水太多或无水漏出都是不正常，应调整填料压盖紧度，允许有少量水漏出。

(4) 随时保证电动机保护系统的清洁、完整，不允许动作失灵。

第五节 凝结水泵常见故障原因分析及处理

一、凝结水泵事故处理原则和紧急停泵操作步骤

当水泵发生强烈振动，能够清楚地听到或看到泵内有金属摩擦声、电动机冒烟或着火、轴承冒烟或着火等严重威胁人身和设备安全的故障时，应当立即停泵运行。

紧急停泵的步骤一般如下：

(1) 按事故泵的事故按钮或断开停泵操作开关。

(2) 检查备用泵应立即自动投入运行，保证供水正常。备用泵联动无效时，应立即手动启动。

(3) 检查故障泵电流到零，出口阀门应联动关闭，水泵不倒转。否

则应手动关闭出口阀门。

(4) 及时向值长和有关生产领导汇报，并采取必要的措施，避免故障扩大，影响其他系统或设备。

(5) 故障处理完后，应做好详细记录，以便故障后的事故分析。

当水泵发生盘根发热、冒烟或大量滋水，滑动轴承温度达65～70℃或滚动轴承温度达80℃并有升高的趋势，电动机电流超过额定值或电动机温度超过规定值等故障时，则应先启动备用泵，再停故障泵，这是因为水泵发生这些故障时，在短时间内不会造成设备的严重损坏，这样处理对系统运行的影响较小，有利于主机的安全稳定运行。

二、凝结水泵常见故障原因分析及处理

下面将凝结水泵在日常运行中常见的故障原因及处理方法，作一简单介绍，在实际运行当中凝结水泵可能发生的故障很多，造成的原因也可能是多方面的，还需要根据实际情况具体分析和处理。此处所介绍的内容仅供运行人员在工作中参考。

（一）凝结水泵无法启动

1. 故障原因

(1) 电动机故障或电气系统有问题；

(2) 异物进入转动部位，发生卡涩；

(3) 轴承故障卡涩或太紧。

2. 处理方法

(1) 检查电动机及电气系统；

(2) 清理异物；

(3) 检查处理轴承。

（二）运行中凝结水泵出力不足或不出水

1. 故障原因

(1) 负压部分漏空气；

(2) 叶轮损坏；

(3) 出口阀门调整不当或出口门门芯脱落；

(4) 凝汽器水位过低；

(5) 转速太低或转向不正确；

(6) 入口压力低于要求值；

(7) 吸入部分、工作部分被堵塞或有异物；

(8) 密封环损坏严重。

2. 处理方法

(1) 检查消除漏空点;

(2) 更换叶轮;

(3) 调整出口阀门或检修出口阀门;

(4) 提高凝汽器水位;

(5) 核对电源电压、倒换电动机接线,改变转向;

(6) 检查进口阀门全开;

(7) 停泵检修,清理清除异物;

(8) 停泵检修,更换密封环。

(三) 水泵过负荷

1. 故障原因

(1) 轴承损坏;

(2) 叶轮与壳体有摩擦;

(3) 流量过大;

(4) 填料压盖过紧;

(5) 电动机缺相运行。

2. 处理方法

(1) 检修更换轴承;

(2) 检查调整转动部分;

(3) 关闭再循环门或启动备用泵;

(4) 调整填料压盖紧度;

(5) 检查电动机接线及开关。

(四) 水泵或电动机异常振动

1. 故障原因

(1) 联轴器不同心;

(2) 轴承损坏;

(3) 转子弯曲或转子不平衡;

(4) 联轴器螺栓连接不良;

(5) 地脚螺栓松动或基础不牢靠;

(6) 转动部分松动;

(7) 电动机不良;

(8) 泵汽蚀;

(9) 零部件有松动。

2. 处理方法

（1）重新进行联轴器找正；

（2）检修更换轴承；

（3）直轴，消除不平衡；

（4）重新固定或更换螺栓；

（5）紧固螺栓或加固基础；

（6）检查处理松动部件；

（7）检修更换电动机；

（8）检查泵入口门、抽空气门、检查水温，检查系统内是否有异物；

（9）调整或更换受损零部件。

提示 第一～三节内容适用于初、中、高级工；第四、五节内容适用于初、中级工。

第十四章

离心式水泵的运行

水泵安装好以后，应经过试运行，确认安装质量符合要求时才能正式投入使用。为保持水泵的正常运行，运行人员必须熟悉水泵的有关性能和操作规程，正确地操作和运行维护，以确保水泵的安全、经济、稳定运行。由于各种水泵的应用场合不同，具体的运行操作和故障处理也有差别，但总的运行原则基本上是一致的。现将火力发电厂应用最广泛的离心式水泵的性能、离心式水泵的一般运行操作及故障处理作一介绍。

第一节　离心式水泵的性能

一、离心式水泵的介绍

离心泵是叶片泵的一种，是根据离心力原理设计的，高速旋转的叶轮叶片带动水转动，将水甩出，从而达到输送的目的。离心泵按照叶轮吸入方式分为单吸式、双吸式；按照叶轮数目分为单级、多级；按叶轮结构分为敞开式、半敞开式、封闭式；按照叶轮出水引向压出室的方式分为蜗壳泵、导叶泵；按照工作压力分为低压、中压、高压；按照泵轴位置分为卧式、立式；按照使用范围可以分为民用和工业用泵；按照输送介质可以分为清水泵、杂质泵、耐腐蚀泵等。

二、离心式水泵的性能曲线及工作点

1. 离心式水泵的性能曲线

离心式水泵（简称离心水泵）的主要参数有流量、扬程、转速、功率和效率等，这些工作参数之间存在着一定的联系和内部规律。通常在转速固定不变的情况下，将离心水泵的扬程、轴功率、效率及必需汽蚀余量随流量的变化关系用曲线来表示，这些曲线成为离心水泵的性能曲线。性能曲线能全面、直观地反映泵的总体工作性能，所以它是用户选择和使用泵所必须的基本依据。

离心水泵的性能曲线有：流量—扬程关系曲线（q_V-H）、流量—功率关系曲线（q_V-P）、流量—效率曲线（$q_V-\eta$）及流量—必需汽蚀余量

关系曲线（$q_V-\Delta h_r$）等。其中，最重要的是 q_V-H 性能曲线，其他曲线都是在 q_V-H 性能曲线的基础上绘制的。

由于水泵的各种损失难以精确计算，离心水泵的性能曲线至今还不能用理论方法精确绘制，所以在实际使用中的性能曲线都是用试验方法得到的。在试验时，保持水泵的转速不变，通过改变离心泵出口调节阀的开度，使水泵的流量逐渐变化，同时测出对应于每一流量下的扬程、功率，并计算出相应的效率，将这些数值绘制在图上，可得到如图 14－1 所示的 q_V-H、q_V-P、$q_V-\eta$ 性能曲线，$q_V-\Delta h_r$ 性能曲线由泵的汽蚀性能试验测定。

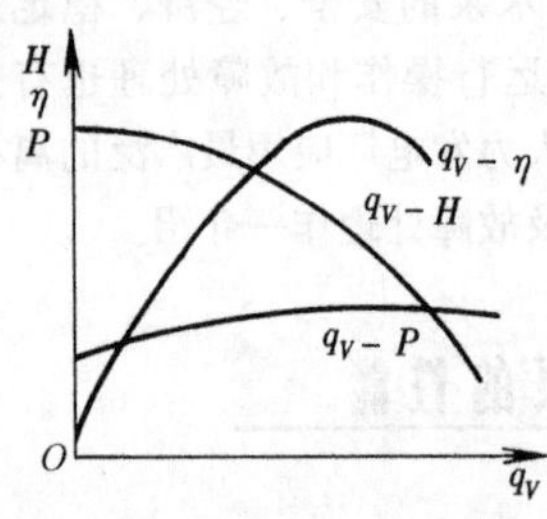

图 14－1　离心泵的特性曲线

通过分析水泵的性能曲线可知：

（1）当流量为零时，扬程不为零，在这种情况下，离心泵内液体在叶轮的旋转下仍然提高了压力能，此时的扬程称为关死点扬程。在流量为零时，轴功率不为零，这部分功率是离心泵的空载轴功率，它消耗在水泵的各种损失上，其结果将使壳内液体温度上升。锅炉给水泵及凝结水泵，由于输送的是饱和液体，绝不允许在空载状态下运行。此外，离心泵在空载状态时，空载轴功率最小，一般为设计轴功率的30%左右。所以为了避免启动电流过大，通常在阀门关闭状态下启动。由于阀门关闭，流量为零，所以水泵的效率为零。

（2）在性能曲线上，每一流量都对应一定的扬程、功率、效率，把每一流量下对应的一组参数值称为一个工况点。$q_V-\eta$ 性能曲线上有一最高效率点 η_{max}，最高效率点所对应的工况点称为最佳工况点，一般最佳工况点与设计工况点重合，水泵在此工况下运行经济性最高。所以选择水泵时，应注意它们的工作点应落在高效率区的范围内。一般规定工况点的效率应不小于最高效率的 0.85～0.90，据此所得出的工作范围，称为经济工作区或最高效率区。

（3）水泵的 q_V-H 性能曲线常见的形状有三种，即平坦型（Ⅰ）、陡降型（Ⅱ）、驼峰型（Ⅲ）。图 14－2为不同形状的 q_V-H 曲线。

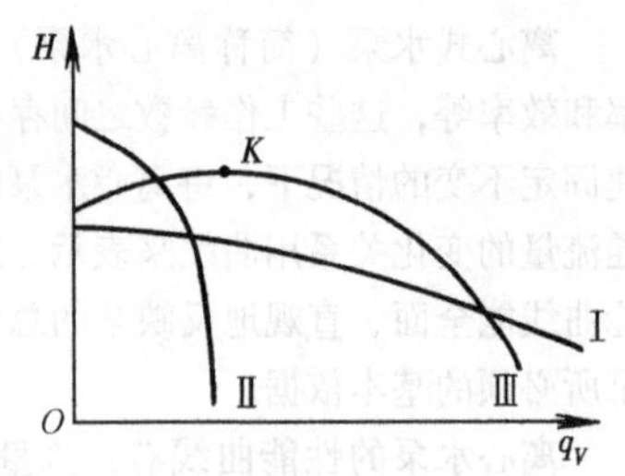

图 14－2　不同形状的 q_V-H 曲线

平坦型（Ⅰ）性能曲线的特点：当流量变化较大时，扬程变化较小。其适用于流量变化大而要求扬程变化小的场合，如火力发电厂锅炉给水泵、凝结水泵等。

陡降型（Ⅱ）性能曲线的特点：当流量变化较小时，而扬程变化较大，因而陡降的性能曲线可用作水位浮动较大的循环水泵。

驼峰型（Ⅲ）性能曲线的特点：当流量为零时，扬程并不是最高，扬程随流量的变化先是增加，然后减小。在曲线最高点（K点）的左侧称为不稳定工作区，影响水泵的稳定性，所以，左侧区域越窄越好，水泵在运行时，应尽量避免在这一区域内工作。

2. 管路性能曲线

水泵的性能曲线反映了水泵本身的性能，曲线上每一个点都对应一个工况。当水泵安装在管路系统中时，水泵的工作点则是由水泵和管路系统的特性共同决定的。所以要分析水泵的工作情况，还必须了解管路系统的特性。管路性能曲线是管路系统中通过的流量与液体所必须具有的能量之间的关系曲线。管路性能曲线方程式为

$$H = H_p + H_z + B q_v^2 \tag{14-1}$$

式中 H——管路系统必须具有的能量，m；

H_p——管路系统需要提高的压力能，m；

H_z——管路系统需要提高的位能，m；

B——管路系统的特性系数，对于给定的管路系统，它是一个常数。

图 14－3 为泵的管路特性曲线，此曲线是一条二次抛物线。对于一定的管路系统来说，通过的流量越多，需要外界提供的能量越大。管路性能曲线的形状取决于管路装置、流体性质和流体阻力等。比如管路中阀门开度变化后，管路系统的特性系数 B 会发生变化，管路性能曲线的形状也会随着改变。当阀门关小时，B 值增大，管路性能曲线将变陡。

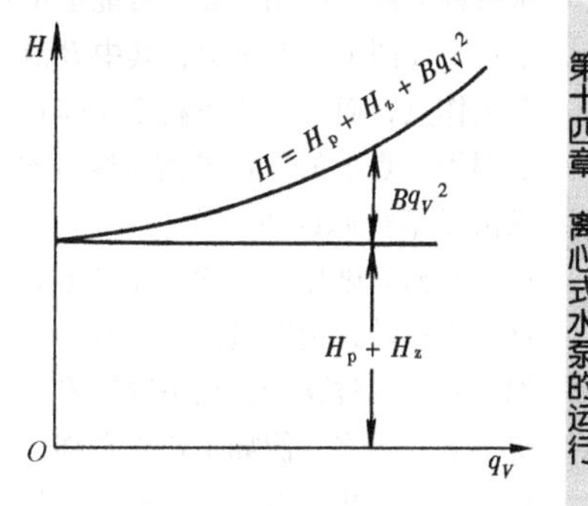

图 14－3　泵的管路特性曲线

如果管路系统由简单管段并联而成，管路系统总的性能曲线则由并联的管段系统性能共同决定。并联管段的工作特点是：并联各管段阻力损失相等，总的流量为各管段

流量之和。

如果管路系统是由不同直径的管段串联而成，其总的性能曲线是由组成串联管系的各简单管段的性能曲线组合而成。串联管路的工作特点是：串联各管段的流量相等，总的阻力损失为各管段阻力损失之和。

3. 离心水泵的工作点

将离心水泵本身的性能曲线与管路性能曲线用同样的比例尺绘制在同一张图上，如图 14－4 所示，则这两条曲线相交于 M 点，M 点就是水泵在管路中的工作点。因为水泵在此点工作时，所产生的能量恰好等于管路系统输送这些流量所需要的能量，达到了供求平衡。如果水泵不在 M 点工作而在 A 点工作，此时流量为 $q_{V,A}$，水泵产生的能量为 H_A，而管路在此流量下所需的能量为 H'_A，由于 $H_A > H'_A$，供给的能量大于需求，剩余的能量 $H_A - H'_A$ 必使管内的流体加速，流量增加，直到工作点移到 M 点才能达到能量的供需平衡状态。反之，若水泵在 B 点工作，则出现能量供不应求，使流量减少，工作点又向 M 点移动，直到到达 M 点才能达到能量供需平衡。因此，泵在 M 点工作时，系统本身能自动保持能量的供求平衡，M 点是水泵的稳定工作点。

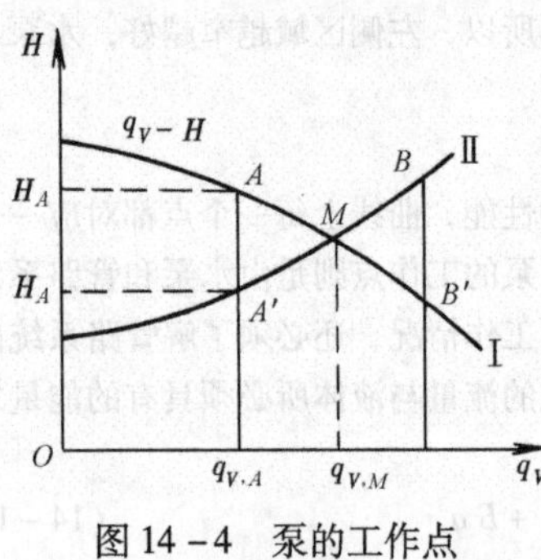

图 14－4　泵的工作点

有些水泵具有“驼峰”形状的 q_V-H 性能曲线，所以管路性能曲线与水泵性能曲线的相交点，可能会出现两个点，如图 14－5 所示，其中 B 点为稳定工作点，而 A 点为不稳定工作点。这是因为 A 点上的能量平衡是暂时的，一旦由于某种原因使工作点离开了 A 点，这种平衡就破坏了。假如工作点离开 A 点向右移动，则能量供大于求，流量增加，直到越过顶峰，在下降段 B 点才稳定下来；反之，假如工作点左移，则能量供不应求，使流量减小，直到流量等于零为止。由上述可知，一旦有外界干扰，工作点离开 A 点之后，就再也不会回到 A 点，不仅 A 点而且整个上升段曲线都是这种情况，因此水

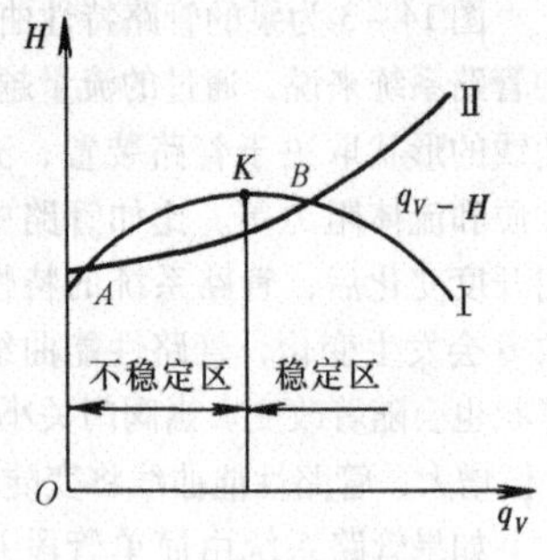

图 14－5　泵的不稳定工作区

泵性能曲线上升段是不稳定工作区，水泵在工作时应努力避开此区域。

由此可见，以最大扬程点 K 为分界，工作点在 K 点的右侧时，都是处于稳定工作区的范围；工作点在 K 点的左侧时，则都处于不稳定工作区范围。

三、离心式水泵的并联与串联

在某些情况下，需要采用两台以上的水泵联合工作。水泵的联合工作有并联和串联两种工作方式。

1. 并联工作

两台或两台以上的水泵同时向一条管道输送流体时的工作方式，称为并联工作。并联的目的是在压头相同时增加流体的流量。并联工作方式多在下列情况下被采用：

（1）当系统需要的流量大时，而大流量的水泵制造困难或造价太高。

（2）发电厂中为了避免一台水泵故障时影响到机、炉停运。

（3）若工程分期进行，当机组扩建时，相应的流量增大，而原有的泵仍可以使用，就可以采用并联方式，这样既发挥了原设备的作用，又能在扩建后满足负荷增长的需要。

（4）由于所需要的流量有很大变动时，为了发挥水泵的经济效果，使其能在高效率的范围内工作，往往采用两台或数台并联工作，以增减运行水泵的台数来适应外界负荷变化的要求。并联工作后的工作状况应由并联工作的总性能曲线与管道性能曲线的交点来确定。

图 14－6 为两台性能相同的离心泵并联工作时的性能曲线。由于两台水泵的性能相同，它们在单独工作时的性能曲线Ⅰ、Ⅱ重叠。它们并联工作的总性能曲线为（Ⅰ＋Ⅱ），是由两台水泵的性能曲线在同一扬程下的流量叠加而成的。并联工作的总性能曲线（Ⅰ＋Ⅱ）与管路性能曲线 DE 的交点 A，就是水泵在并联工作时的工作点。过 A 点作水平线交曲线Ⅰ、Ⅱ于 B 点，B 点为两台水泵在并联工作时各自的工作点。管路性能曲线 DE 与水泵的性能曲线Ⅰ或Ⅱ的交点 C 为每一台水泵在此系统中单独工作时的工作点。从 A、B、C 三个工作点可以看出并联工作后的效果如下：

（1）两台水泵并联时，总流量为每台水泵流量之和，即 $q_{V,A}=2q_{V,B}$，每台水泵产生的扬程与总扬程相等，即 $HB=HA$。

（2）并联后，水泵总流量比一台泵单独运行时的流量增加了，即 $q_{V,A}>q_{V,C}$，但并联运行时，每台水泵的流量却比它自已单独运行时的流量减少了，即 $q_{V,B}<q_{V,C}$，所以并联后水泵总流量小于两台泵分别单独运行时流量之和，即 $q_{V,C}<q_{V,A}<2q_{V,C}$。由此类推可知，并联运行水泵台数

越多，总流量越大，但流量的增加比例越小，所以并联工作的水泵，一般不超过3台。此外，泵性能曲线越陡，管路性能曲线越陡，并联运行后，水泵总流量增加得越少。

(3) 两台水泵并联后的总扬程比每台泵单独运行时的扬程提高了，即 $H_B > H_C$，这是因为此时每台泵并联后流量减少、扬程增加的缘故。但每台水泵并联后的功率却比自己单独运行时减小了。

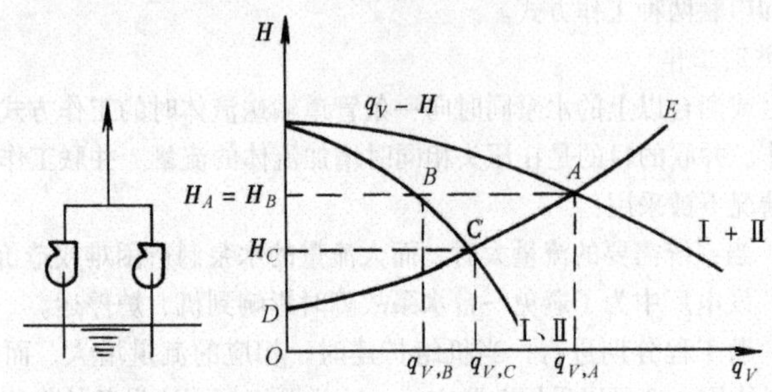

图 14－6　两台相同性能的泵并联工作

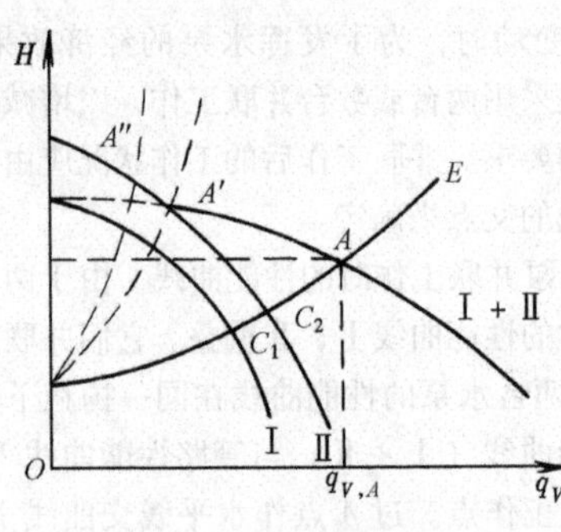

图 14－7　两台不同性能的泵并联工作

根据以上分析，不同性能的水泵并联运行时，如果它们的性能曲线相差不太大，并联工作的效果就较好。图 14－7 为Ⅰ、Ⅱ两台不同性能的泵各自的性能曲线，这两台水泵并联后，合成性能曲线只有在 A′点的右侧才能正常工作。当合成工作点在 A′点时，则第Ⅰ台水泵已不起作用，仅第Ⅱ台水泵工作；如果工作点在 A″点，则第Ⅱ台水泵照样工作，但第Ⅰ台水泵则无法工作，也无法向外界输送液体。随着两台水泵性能差别的增大，并联后可工作的范围更窄。

尽量避免采用性能不稳定的水泵参与并联工作。图 14－8 是一台具有驼峰形状性能曲线的水泵Ⅰ与一台性能稳定的水泵Ⅱ并联工作。由图 14－8可见，并联合成性能曲线（Ⅰ＋Ⅱ）也具有驼峰形状，其中只有 A 点右侧的工作区域的水泵，工作才是稳定的，在 A 点左侧工作时，第Ⅰ台水泵就可能出现不稳定现象，这是因为此时第Ⅰ台水泵可能出现两个工作点。具有驼峰形状性能曲线的水泵并联运行时，则必须把合成工作点限制在稳定工作区内。

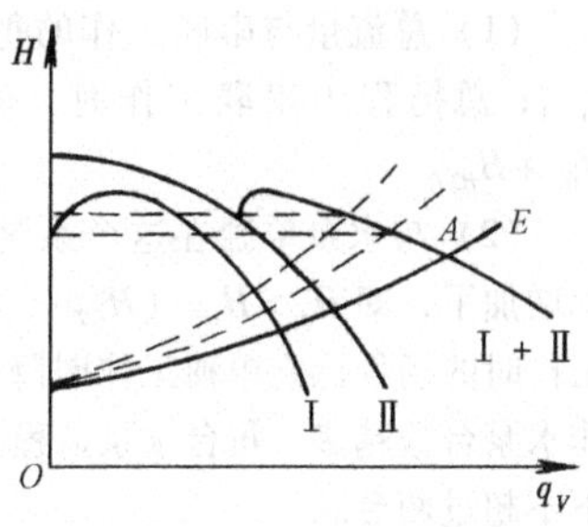

图 14－8　不稳定性能泵并联

2. 串联工作

依次通过两台或两台以上的水泵向管道输送液体时的工作方式，称为串联工作。串联工作的目的是为了提高液体的能量。通常在下列情况采用串联工作方式：

（1）设计制造一台高压的水泵比较困难，或实际工作需要分段升高压头。

（2）在改建或扩建时管道阻力加大，要求提高扬程以输出较多的流量。

串联工作时，水泵的流量及总扬程应由总性能曲线与管道性能曲线的交点来确定。

串联也有两种情况，即相同性能的泵和不同性能的泵的串联。下面以不同性能泵的串联工作为例，介绍如下：

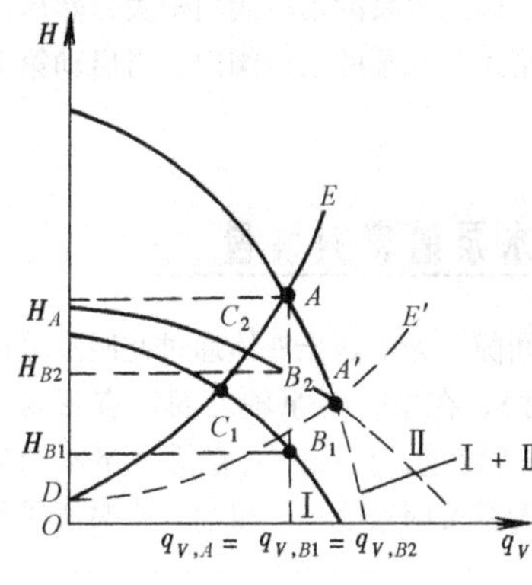

图 14－9　不同性能泵串联工作

图 14－9 为不同性能泵的串联工作。Ⅰ、Ⅱ两台不同性能水泵串联工作时，经过每台水泵的流量是相同的，而扬程却是依次提高，因此水泵串联工作时，合成性能曲线是在同一流量下将Ⅰ、Ⅱ两台水泵性能曲线对应扬程相叠加而成，如图 14－9 中的（Ⅰ＋Ⅱ）曲线所示。合成性能曲线（Ⅰ＋Ⅱ）与管路性能曲线 DE 的交点 A 是串联工作时的合成工作点。过 A 点作垂直于横坐标轴的直线交Ⅰ、Ⅱ两台泵性能曲线于 B_1、B_2 两点，这两点是两台水泵串联时各自的工作点。管路性能曲线 DE 与Ⅰ、Ⅱ两台泵性能曲线交点 C_1、C_2 为Ⅰ、Ⅱ两台水泵单独运行在这个管路系统中的工作点。

分析 A、B、C 三个工作点可知，水泵串联后的工作特点为：

（1）总流量与串联工作的每台水泵的流量相等，即 $q_{V,B1}=q_{V,B2}=q_{V,A}$；总扬程为串联工作时，每台水泵产生的扬程的总和，即 $H_A=H_{B1}+H_{B2}$。

（2）与水泵单独在这个系统中工作时比较，串联后，总扬程和流量都增加了，即 $H_A>H_{C1}$（H_{C2}），$q_{V,A}>q_{V,C1}$（$q_{V,C2}$）。而每台水泵在串联工作时的扬程比它单独工作时降低了，即 $H_{B1}<H_{C1}$，$H_{B2}<H_{C2}$，串联工作水泵台数越多，每台水泵扬程下降也越多。串联工作的水泵，一般情况下不超过两台。

（3）泵的性能曲线越陡，管路性能曲线越陡，串联后扬程增加得越明显。

（4）性能差异大的泵，不宜进行串联运行。

根据以上分析，若工作点在 A'点，第Ⅰ台水泵已不产生扬程，并且成为第Ⅱ台水泵的阻力，此时如果第Ⅰ台水泵处于第Ⅱ台水泵之前，还可能发生汽蚀；若工作点在 A'点的右侧，则情况更加严重，因此要求串联后合成工作点一定在 A'点左侧。

为使水泵在串联工作后正常工作范围扩大，两台水泵的性能应尽可能相近。串联后液体逐渐升压，因此要求工作在后面的水泵强度要高，以免压力过高而损坏。

串联水泵的启动顺序是：启动前，两台水泵的出口阀门全关，然后启动第Ⅰ台泵；待其运行正常后，开启第Ⅰ台水泵的出口阀门，再启动第Ⅱ台水泵，开启第Ⅱ台水泵的出口阀门。

第二节　离心式水泵的密封装置

在泵壳与泵轴之间存在着一定的间隙，为了防止液体通过此间隙流出泵外或空气漏入泵内（入口为真空时），在泵壳与泵轴之间设有密封装置。随着汽轮发电机组容量的增大，高转速、高压、大容量水泵不断发展，密封问题已成为影响泵安全工作的重要因素之一。目前，水泵所采用的密封装置一般有以下几种形式。

一、填料密封

填料密封是最常见的一种密封形式，如图 14－10 所示，由填料套、水封环、填料及填料压盖、紧固螺栓等组成。它是用压盖使填料和轴（或轴套）之间保持很小间隙来达到密封作用的。在真空吸入端，为了防止空气串入泵内，在水封环上引入工业水或凝结水，在轴的圆周上形成一水环进行密封，同时水在填料与轴之间还具有一定的冷却和润滑作用。

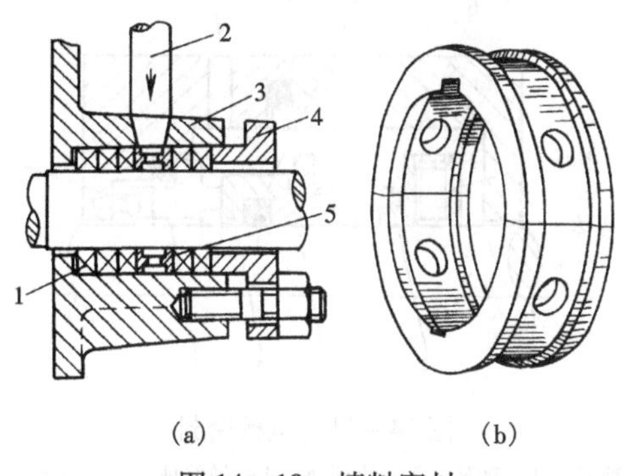

（a）　　　　　　　　（b）

图 14－10　填料密封

（a）填料箱；（b）水封环

1—填料；2—水封管；3—填料套；4—填料压盖；5—水封环

填料密封结构的效果可用填料压盖进行调整。压盖太松，泄漏量增加，在真空吸入端空气容易漏入泵内，破坏水泵正常工作；压盖太紧，泄漏量减少，但摩擦加剧，机械功率损耗增大，从而使填料结构发热，严重时会使填料冒烟，甚至烧毁填料或轴套。故填料压盖压紧程度以漏出量1滴/s为宜。在常温下工作的离心泵，常用的填料有石墨或黄油浸石棉填料。若温度和压力稍高，可采用石墨浸透的石棉填料。输送液体温度高时，可采用铝箔包石棉填料、碳素填料等。

二、机械密封

机械密封又称端面密封，它是一种不用填料的密封形式，其结构如图14－11所示。主要由静环、动环、动环座、弹簧座、弹簧、密封圈、防转销及固定螺钉组成。这种密封结构依靠工作液体及弹簧的压力作用在动环上，使之与静环相互紧密配合，达到密封的效果。为了保证动、静环的正常工作，接触面必须通入冷却液体进行冷却和润滑，在水泵运行中不得中断。

动环与静环一般用不同的材料制成，一个用硬度较低的材料，如树脂或金属浸渍的石墨，一个用硬度较高的材料，如硬质合金、陶瓷。但也可以都用同一材料制成，如采用炭化钨。密封圈在工作温度低于120℃时采用丁腈橡胶、氯丁橡胶；在温度为120～260℃时采用硅橡胶、氟橡胶或聚四氟乙烯等。要求密封圈在工作液体中不得泡胀、变形，同时还应有一定的弹性以吸收不良的振动，其形式通常制成O形、V形及楔形等。

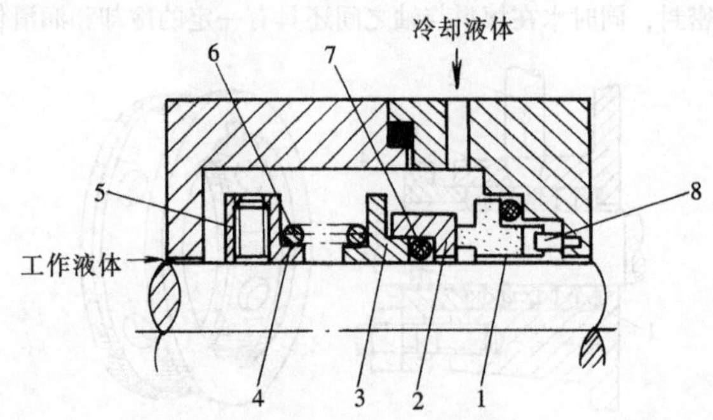

图 14 - 11　机械密封

1—静环；2—动环；3—动环座；4—弹簧座；5—固定螺钉；
6—弹簧；7—密封环；8—防转销

机械密封的显著特点是密封性能好，几乎可以完全不泄漏。此外，它还具有使用寿命长、功率消耗少、轴或轴套都不易受到磨损的优点。机械密封的缺点是制造复杂，价格昂贵，安装及加工精度要求较高，需要使用一些特殊材料。尽管机械密封有上述一些缺点，但由于它的密封性能好，目前已得到广泛应用，结构型式和使用材料都在不断发展。

三、浮动环密封

浮动环密封结构比机械密封简单，运行可靠，泄漏量介于机械密封和填料密封之间，但轴向尺寸大于其他密封结构。

图 14 - 12 为浮动环密封装置的结构，是由浮动环、支承环（或浮动套）、支撑弹簧等组成。浮动环的密封作用是：以浮动环端面和支承环端面的接触来实现径向密封；同时又以浮动环的内圆表面与轴套的外圆表面所形成狭窄缝隙的节流作用来达到轴向密封的。由浮动环和支承环配套一组称为单环。为了达到良好的密封效果，需要把几个单环依次相接，泄漏液体每经过一个单环，就进行一次节流，因而降低了泄漏量。为了提高密封效果，减小液体的泄漏，在浮动环中还通有密封水，密封水的压力为 1.0 ~ 1.2MPa，比被密封的水在浮动环处的压力大 0.2 ~ 0.4MPa 左右。密封水采用凝结水，因为约有 1/4 的密封水流入泵内。

浮动环在支承环与轴套之间有自动调心作用。这是由于在轴套周围的液体受轴套旋转带动的影响也在不停旋转，它的离心作用就是一种支承力，可使浮动环沿着支承环的密封端面上下自由浮动，使浮动环自动对正中心。在浮动环与轴同心时，作用在圆周上液体的离心力相等且平衡，故

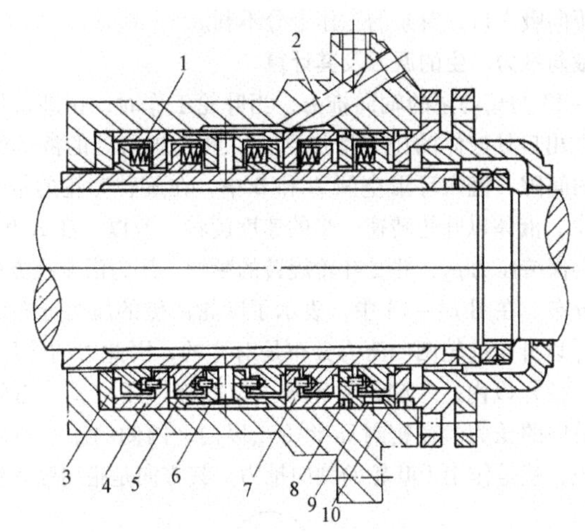

图 14－12　浮动环密封

1—弹簧；2—密封冷却水进口；3—密封环；4—支承环（甲）；5—浮动环；6—支承环（乙）；7—支承环（丙）；8—密封圈；9—冷却水出口；10—支承环（丁）

支承力消失，浮动环不再浮动。浮动环与轴套之间的单侧径向间隙，一般为 0.05 ~0.1mm。

浮动环虽有自动调心作用，但在启动和停转时，浮动环有可能与轴套发生摩擦。为此，浮动环与轴套应采用耐磨材料。在输送水时要采用防锈材料。一般浮动环用铅、锡青铜制造，轴套（或轴）用 3Cr13 制造，并在表面镀铬 0.05 ~0.1mm，以提高表面硬度。

此外，还有一种迷宫密封，其密封原理是：液体通过密封片与泵轴间的径向间隙时，由于节流作用，导致压力降低，从而达到密封的目的。迷宫密封常用的有碳精迷宫密封、金属迷宫密封及螺旋密封三种。迷宫密封的特点是密封片与转轴组成的径向间隙较大，最小为 0.5mm，此值远远大于该处轴的挠度。所以不会产生径向接触，但泄漏量较大。

第三节　离心式水泵的轴向推力和轴向推力的平衡

单吸水泵在运行时，由于作用在叶轮两侧的压力不相等，产生了一个指向泵吸入口并与轴平行的轴向推力，这个力往往可以达到很大数值，将整个转子压向吸入口，对泵的工作十分不利。

一、轴向推力产生的原因及其计算

图 14－13 为离心泵的轴向推力，当叶轮工作时，在进口处液体的压力为 p_1，在出口处液体的压力增加到 p_2。叶轮出口处的液体经过泵壳与叶轮之间的间隙，流入环形空间 A 和 B 中，在旋转叶轮的带动下，在 A 和 B 空间中，液体以叶轮转速一半的速度旋转。所以，在 A 和 B 空间中，液体就不再保持压力 p_2，并受叶轮旋转的影响，压力沿半径方向，按抛物线的规律分布。在图 14－13 中，表示了叶轮两侧的压力分布曲线。在密封环半径 r_m 以外，叶轮两侧压力分布是对称的，因此力的作用保持平衡。在密封环半径 r_m 以内，左侧是叶轮吸入口的液体压力 p_1，右侧是按抛物线分布的转向的压力。在密封环半径 r_m 以内，两侧的压差与对应的投影面积的乘积，就是作用于叶轮的轴向推力，其方向是指向吸入侧的。

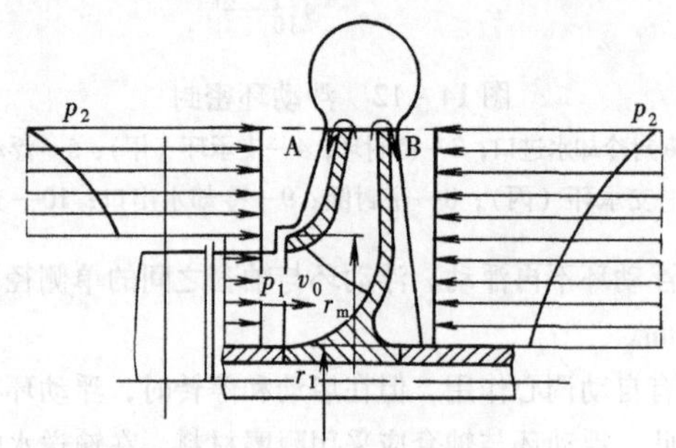

图 14－13 离心泵的轴向推力

由于压力差沿半径方向是变化的，因此可采用式（14－2）计算，即

$$F_1 = (p_2 - p_1)\pi(r_m^2 - r_1^2) \tag{14-2}$$

式中 F_1——作用在叶轮上的轴向推力，N；

p_1——叶轮进口压力，N/m^2；

p_2——叶轮出口压力，N/m^2；

r_m——叶轮密封环半径，m；

r_1——叶轮轮毂半径，m。

另外，液体在进入叶轮后，流动方向由轴向转变为径向，由于流动方向的改变，产生了一个反动力 F_2，反动力 F_2 与轴向力 F_1 方向相反。在水泵正常工作时，反动力 F_2 与轴向力 F_1 相比数值很小，可忽略不计。但在启动时，由于水泵的正常压力还未建立，所以反动力 F_2 的作用较大。启动时，卧式泵转子后窜或立式泵转子上窜，就是这个原因。反动力 F_2 可

用式（14－3）计算，即

$$F_2 = \rho q_v v_0 = \rho v_0^2 \pi (r_m^2 - r_1^2) \tag{14－3}$$

式中 ρ——液体的密度，kg/m^3；

q_V——液体流过叶轮的体积流量，m^3/s；

v_0——叶轮进口前的流速，m/s。

对于立式水泵，转子的重量是轴向的，也是一部分轴向力，用 F_3 表示，并指向叶轮入口侧，总的轴向力 F 为

$$F = F_1 - F_2 + F_3 \tag{14－4}$$

在这三部分轴向力中，F_1 是主要的。

对卧式泵转子重量是垂直轴向的，在轴向为零，故

$$F = F_1 - F_2 \tag{14－5}$$

二、轴向推力的平衡方法

1. 平衡孔及平衡管

对于单级泵，在叶轮后盖板上开一圈小孔，该孔称为平衡孔。它是将叶轮后盖板泵腔中的压力水通过平衡孔引向泵入口，使叶轮背面压力与泵入口压力基本相等，则作用在叶轮上的轴向推力大体得到平衡。这种方法的缺点是：部分液体经平衡孔漏回吸入侧，使入口液流受到扰乱，从而降低了泵的效率。但由于这种方法比较简单、可靠，所以在一些小型多级泵中采用平衡孔与止推轴承相结合，以平衡轴向推力。

平衡管是将叶轮后侧靠近轮毂的空间与水泵吸入侧之间用管子连接起来，使叶轮密封环以下两侧的压力平衡，从而消除轴向推力。有的离心泵采用平衡孔与平衡管同时配合使用，平衡效果比较可靠且又简单，唯一的缺点是影响泵的效率。

2. 双吸叶轮和叶轮对称排列

对于流量较大的单级泵，比较合理的办法是采用双吸叶轮。因为叶轮是对称的，叶轮两侧盖板上的压力互相抵消，故水泵在任何条件下工作，都不会产生大的轴向推力。

多级泵采用叶轮对称排列的方式，这种方法是将多级泵的叶轮分成两组，对称地装在同一轴上，并使它们的进水方向相反。但这种方法仍不能完全平衡轴向推力，还需装设止推轴承来承受剩余的推力。一般水平中开式多级泵多采用这种方法。

3. 背叶轮

在叶轮的后盖板外侧加铸 4～6 片径向背叶片（肋筋），相当于一个径向半开叶轮。当叶轮旋转时，由于背叶片的作用，使作用在叶轮后盖板

泵腔内的液体旋转速度加快，从而液体靠近轮毂处的压力有所降低，后盖板处的液体压力降低，使作用在叶轮上的轴向力得到了部分平衡。此外，背叶片还具有防止杂质进入轴封、降低轴封进口处流体压力等优点，故主要用于杂质泵。

4. 平衡盘

单吸多级泵中的轴向推力很大，如果采用对称排列的方法，泵的结构比较复杂。因此，分段式多级泵一般不采用对称排列，而多采用平衡盘或平衡鼓的方法来平衡轴向力。

图 14－14 为一平衡盘装置，平衡盘装在末级叶轮的后面，它与转轴一同旋转。在平衡盘前的壳体上装有平衡套。平衡盘后的空间与离心泵第一级叶轮吸入室相连，使之保持低压 p_0；在平衡盘与平衡套之间形成一轴向间隙 b_0；在某级叶轮与平衡室之间有一径向间隙 b，它是轴套与泵体单侧径向间隙，在此装置中，允许平衡盘与转轴做少量的轴向窜动。

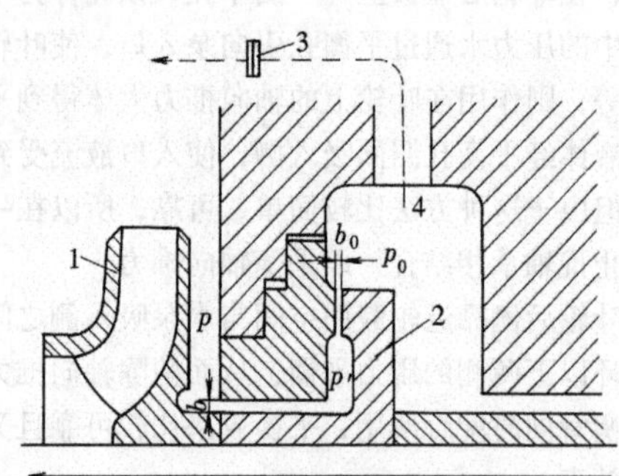

图 14－14　平衡盘装置

1—末级叶轮；2—平衡盘；3—节流装置；4—平衡室

当离心泵正常工作时，末级叶轮出口处的压力为 p，通过径向间隙 b 泄漏后，由于阻力损失，压力降到 p'，p'就是平衡盘前的压力。液体再经过轴向间隙 b_0 泄漏，压力降低到 p_0。在平衡盘前后两侧由于压差（$p'-p_0$）的存在，作用在相应的有效面积上，便产生一个平衡力，它的方向与轴向力的方向相反。当平衡盘的有效面积适当，径向间隙 b 和轴向间隙 b_0 配合良好，那么作用在平衡盘上的平衡力就能与轴向推力自动平衡。

离心泵在运行中若因负荷变化使轴向推力增大，而作用在平衡盘上的平衡力尚未适应负荷变化时，轴向推力则大于平衡力，转轴便向吸入侧位移一微小距离。此时，平衡盘与平衡套之间的轴向间隙 b_0 就减小，泄漏的液体量减少，p' 升高，平衡盘两侧的压差（$p' - p_0$）增大，平衡力增加，直至与轴向推力平衡为止。反之，当轴向推力小于平衡力时，转轴向后位移，轴向间隙 b_0 就增大，泄漏量增加，p' 减小，平衡力随之而降低，当它与轴向推力相等时，又达到平衡状态。由此可见，平衡盘具有自动平衡轴向推力的优点，故在多级泵中，大多采用了这种平衡方法。

对于大型高压给水泵，由于启动或停运时，离心泵不可能达到额定压力，因而平衡盘两侧压差不足以平衡轴向推力，造成转轴向吸入侧窜动。此时平衡盘与平衡套会发生摩擦，严重的还可能发生咬死现象。因此，这类型高压泵的平衡盘和平衡套除采用耐磨材料外，还装有油膜式推力轴承，防止平衡力不足时擦伤平衡盘。

5. 平衡鼓

平衡鼓是一个鼓形轮盘，装在多级泵最后一级叶轮的后面，并与叶轮一同固定在转轴上，如图 14－15 所示。平衡鼓与泵体之间有一圆环形径向间隙 b。高压液体通过该间隙泄漏，压力从 p 下降到 p_0。p_0 是平衡鼓后的压力，该处与第一级吸入室相连，使之保持低压 p_0，这就在平衡鼓两侧形成一压力差，由此产生平衡力来平衡轴向推力。

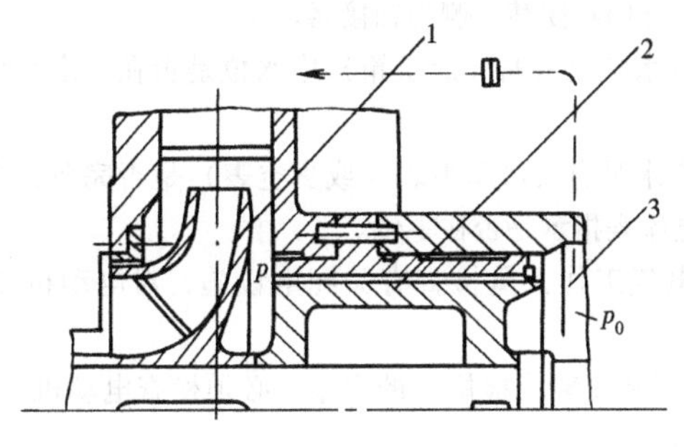

图 14－15　平衡鼓

1—末级叶轮；2—平衡鼓；3—平衡室

在产生轴向位移时，平衡鼓装置不会与平衡套发生摩擦和咬死现象，但它不能完全与轴向推力保持平衡，始终有一剩余的轴向推力存在，而且平衡鼓本身不能限制泵的轴向窜动，所以在使用平衡鼓时，必须同时装上止推轴承。

由于上述原因，很少单独使用平衡鼓，而是采用平衡盘与平衡鼓联合装置。在联合装置中，平衡鼓承受50%~80%的轴向推力，剩余的轴向推力就由平衡盘承担。平衡盘具有根据负荷变化自动调整平衡力的优点。这种联合装置综合两者的优点，能达到较好的平衡轴向推力的效果。

第四节　离心式水泵的运行

一、离心式水泵启动前的检查准备工作

1. 启动前的检查

离心水泵启动前，首先应做好如下检查工作：

（1）检查水泵及电动机固定是否良好，紧固螺栓有无松动或脱落。

（2）用手盘动联轴器，水泵转子应转动灵活，内部无摩擦和撞击声，否则应将水泵解体检查，找出原因。

（3）检查联轴器的防护罩是否完好、牢靠。

（4）检查各轴承的润滑是否充分，如用油环带油润滑轴承时，检查轴承中的油位应在油位计1/2~2/3之处，油质良好，否则应换油。

（5）有轴承冷却水时，应检查冷却水是否畅通，有堵塞时应清理。

（6）检查泵端填料的压紧情况，其压盖不能太紧或太松，四周间隙应相等，不应有偏斜使某一侧与轴接触。

（7）检查水泵吸水池（或水箱）中水位是否在规定水位以上，滤网上有无杂物。

（8）检查水泵出入口压力表（或真空表）是否完备，指针是否在零位，电动机电流表指示是否在零位。

（9）请电气工作人员检查有关配电设施，对电动机测绝缘合格后送电。

（10）对于新安装或检修后的水泵，必须检查电动机转向是否正确、接线是否正确。

2. 启动前的准备

经过全面检查，确认一切正常后，可以做水泵启动前的准备工作，主要有以下几项：

（1）关闭水泵出口阀门，以降低启动电流。

（2）开启水泵泵壳上的放空气阀，向水泵内灌水，同时用手盘动联轴器，使叶轮内残存的空气尽量排出，待放空气阀冒出水后，将其关闭。

（3）大型水泵用真空泵充水时，应关闭放空气阀及真空表和压力表

的小阀门，以保护表计的准确性。

二、离心式水泵的启动操作和注意事项

完成上述准备工作后，并根据该水泵在系统中的作用，联系相关人员周知后，就可以合上电动机开关，启动水泵了。这时应注意电动机电流表的启动电流是否在允许范围内，若启动电流过大，则必须停止启动，查明原因，以免造成电动机因电流过大而烧毁或使水泵损坏。

水泵启动后应注意检查水泵进、出口压力表指示是否正常，泵组振动是否在允许范围内。如果正常，即可缓慢开启出口阀门，并注意其出口压力和电流指示正常，水泵运转声音正常。

离心水泵的空转时间不允许太长，一般以2～4min为限，因为时间过长会造成泵内水的温度升高过多甚至汽化，致使水泵的部件受到汽蚀或受高温而变形损坏。

三、离心式水泵的运行维护及调整

水泵运行中，应注意做好以下几方面的维护工作：

（1）定时观察并记录水泵的进出口压力表、电动机电流表、电压表及轴承温度计指示数值，发现不正常现象时，应分析原因，及时处理。

（2）经常用听针倾听水泵内部声音（倾听部位主要是轴承、填料箱、压盖、水泵各级泵室及密封处），注意是否有摩擦或碰撞声，发现声音异常时，应立即停泵检查。

（3）经常检查轴承的润滑情况。查看油环的转动是否灵活，其位置及带油情况是否正常；用黄油润滑的滚动轴承，黄油不可太满，黄油杯也不能旋得太紧，油量过多也会引起轴承发热；当水泵连续运转800～1000h后，应更换轴承中的润滑油料。

（4）轴承的温升（即轴承温度与环境温度之差）一般不超过30～40℃，但滑动轴承最高温度不得超过100℃，滚动轴承最高温度不得超过80℃，否则要停泵检查。

（5）检查水泵填料密封处滴水情况是否正常，一般要求泄漏量不流成线即可，以每分钟30～60滴为宜。

（6）如果是循环供油的大型水泵，还应检查供油设备（油泵、油箱、冷油器、滤网等）的工作情况是否正常，轴承回油是否畅通。

（7）当轴承用冷却水冷却时，还应注意冷却水量是否正常。

（8）运行中水泵的轴承振动，也是一个非常重要的运行监测项目。轴承垂直振动（双振幅）值不得超过表14－1规定的数值，对于大容量水泵则应测定垂直、水平、轴向三个方向的振动值。

表 14－1　　轴承垂直振动（双振幅）限值

转速 n（r/min）	振幅（mm）		
	优	良	合格
$n \leqslant 1000$	0.05	0.07	0.10
$1000 < n \leqslant 2000$	0.04	0.06	0.08
$2000 < n \leqslant 3000$	0.03	0.04	0.06
$n > 3000$	0.02	0.03	0.04

四、离心式水泵的停运

在停运前，应先将出水阀门关闭，然后再停运，这样可以减少振动。停运操作前，应先停启动器，然后再拉掉电源刀闸，以免发生弧光损伤刀闸及配电设备。停运后可以关闭压力表和真空表的小阀门，关闭水封管及冷却水管的阀门。如果在冬季停泵时间较长时，还应将泵内存水放净，以免冻坏水泵。

第五节　离心式水泵的故障处理

水泵在运行中发生故障的原因很多，部位也较广，可能发生在管路系统，也可能发生在水泵本身，还可能发生在电动机上。由于在生产实际运行中，还有可能出现许多不可预见的故障，因此水泵出现故障时，必须结合具体情况来分析和处理。现将水泵常见的故障及一般的处理方法作一简单介绍。

一、水泵启动后不出水

1. 故障原因

（1）水泵内存有空气；

（2）吸入管或水封处有空气漏入；

（3）电动机旋转方向相反；

（4）水泵入口滤网或叶轮堵塞；

（5）水泵出、入口阀门或出口止回阀未打开，门芯掉；

（6）叶轮安装错误。

2. 处理方法

（1）开启排空气门排出水泵内空气，或向泵内灌水排空；

（2）检查吸水管及水封；
（3）改变电源接线；
（4）检查和清理水泵入口滤网及叶轮；
（5）打开或解体，检查出、入口阀门及止回阀等；
（6）重新安装叶轮。

二、运行中流量不足

1. 故障原因

（1）水泵进口滤网堵塞；
（2）出入口阀门开度过小；
（3）水泵入口或叶轮内有杂物；
（4）吸水池或水箱内水位过低。

2. 处理方法

（1）清理入口滤网；
（2）开大相关阀门；
（3）清理水泵入口及叶轮；
（4）调整吸水池及水箱内水位。

三、水泵泵组发生振动

1. 故障原因

（1）泵或电动机转子不平衡、联轴器中心不正；
（2）轴承损坏；
（3）基础不稳，地脚螺栓松动；
（4）泵轴弯曲；
（5）动静部分摩擦；
（6）水泵发生汽蚀；
（7）管道支架不牢靠。

2. 处理方法

（1）重新进行平衡、对中或联轴器找正；
（2）检查或更换轴承；
（3）加固基础，重新紧固地脚螺栓；
（4）校直或更换泵轴；
（5）解体检查消除摩擦；
（6）采取措施消除汽蚀现象；
（7）加固管道支架。

四、轴承发热

1. 故障原因

(1) 轴承安装不正确或间隙调整不当;

(2) 轴承磨损或松动;

(3) 油环转动不灵活，带不上油;

(4) 润滑油系统工作不正常;

(5) 润滑不良（油质恶劣、油量不足);

(6) 轴承冷却水管堵塞或断水。

2. 处理方法

(1) 重新检查处理轴承，调整间隙;

(2) 检修或更换轴承;

(3) 检查油环;

(4) 检查油系统，消除故障原因;

(5) 检查油质，换油或加油;

(6) 清理杂物，保持供水畅通。

五、泵不能启动或在启动后运行中过负荷

1. 故障原因

(1) 启动时出口阀开启，带负荷启动;

(2) 泵轴弯曲，轴承磨损或损坏;

(3) 泵的动静摩擦;

(4) 泵的填料密封过紧;

(5) 流量过大。

2. 处理方法

(1) 关闭出口阀后再启动;

(2) 校正泵轴，更换轴承;

(3) 停泵检查、检修;

(4) 将填料密封调整至合适位置;

(5) 关小出口门或者降低转速。

六、泵盘根或轴封漏水

1. 故障原因

(1) 填料或机械密封密封不良;

(2) 填料或机械密封选择不当;

(3) 轴颈磨损。

2. 处理方法

(1) 将填料密封调整至合适位置、更换填料或检修机械密封;

(2) 选择合适的填料或机械密封;

(3) 修复轴颈、检查轴封。

提示 第一~四节内容适用于初、中级工;第五节内容适用于初、中、高级工。

第三篇

热力网运行

第十五章

热力网基础知识

第一节 热负荷及热电联产

一、热力网的基本概念

热力网是指供应热能的动力网，简称热网。它和电力网相似，是由生产热能的热源、输送热能的热网和使用热能的热用户组成。

热能是二次能源，是发展国民经济、提高人民生活水平不可缺少的能源。生产热能必须消耗大量的一次能源。我国的能源政策是“开发和节约并重，近期把节约放在优先地位”，开发和建设热电联产与集中供热系统，可大量节约一次能源。

随着人类生产和生活对热能需求的不断提高，逐渐实现了集中供热，热力网也就得到了迅速发展。从热源向一个较大的区域供热称为集中供热，它是建立在以热电联产的热电厂或区域性供热锅炉房为热源基础上的供热系统。它与分散的小锅炉房相比，可以保证供热质量，提高劳动生产率，节约燃料，更重要的是可以减轻环境污染，优化生态环境。

集中供热有热电联产和热电分产两种形式。热电联产是集中供热的最高形式，又称热化，它是把热电厂中的高位热能用于发电，低位热能用于供热，实现了合理的能源利用。热电分产是指用区域性锅炉房供热，凝汽式发电厂生产电能的系统。与热电分产相比，热电联产的优点体现在经济效益和社会效益两个方面。

1. 经济效益

（1）热电联产由于利用高效锅炉集中供热和用能合理，提高了热电生产的经济性，与热电分产相比，可节约20%～25%的燃料。根据我们国家有关部门的统计，分散小锅炉供热标准煤耗为55～62kg/GJ，而热电厂供热煤耗在44kg/GJ左右。

（2）由于节约了燃料，使原煤的开采、运输费用相应减少。

(3) 减少了分散小锅炉及其煤场、灰场所占的土地。

(4) 节约了分散落后小锅炉频繁维修、更换设备的劳力和资金。

2. 社会效益

(1) 减轻了对人口稠密地区的环境（土地、大气及水源）污染。

(2) 改善了单家独户取暖时的繁重劳动、环境污染和供热质量。

二、热负荷的分类及其特点

由发电厂通过热网向热用户供应的不同用途的热量称为热负荷。因其用途的不同，所需载热质及其数量、质量，以及它们随时间变化的规律也各不相同。根据热用户在一年内用热工况的不同，热负荷可分为以下两类：

(1) 季节性热负荷。主要是指在每年采暖期用热的热用户，其热量与室外气温有关。

(2) 非季节性热负荷。全年均在用热的热用户，其用热量与室外气温基本无关。

按热量用途的不同又可以把热负荷分为以下三种：

(1) 工艺热负荷。主要用于石油、化工、纺织、冶金等行业，如加热、烘干、蒸煮、清洗、熔化或拖动有关机械设备（如汽锤、汽泵）等工艺过程。这种热负荷由一定参数的蒸汽或热水供给，其大小和变化规律完全取决于工艺性质、生产设备的型式及生产的工作制度；在一昼夜间可能变化较大，但在全年和每昼夜中的变化规律却大致相同。采用直接供汽时工质损失大，约是 20% ~100%；间接供汽时工质损失小，约是 0.5% ~2%。

生产工艺热负荷的另一个特点是用热参数不一致。当供热温度在 130 ~150℃以下为低温供热，一般由 0.392 ~0.588MPa 蒸汽来满足。130 ~150℃以上至 250℃以下为中温供热，一般由 0.785 ~1.27MPa 蒸汽满足。供热温度高于 250℃为高温供热，一般直接用大型锅炉房或电厂锅炉的新蒸汽经减温降压供给热用户。

(2) 热水负荷。主要用于生产洗涤、城市公用事业及民用。这种热负荷由 60 ~65℃的热水供应，其特点是非季节性，全年变化不大，但一昼夜变化较大，工质全部损失。

(3) 采暖及通风热负荷。主要用于生产厂房、城市公用事业及民间的采暖与通风。这种热负荷是由 70 ~130℃以上的热水供应或由压力为 0.07 ~0.2MPa 之间的蒸汽供应，其特点是季节性强，全年变化大，昼夜变化不大，采用水网供热时工质的损失较小（0.5% ~2%）。

三、热电联产的型式及应用

（一）热电联产的型式

根据热电联产所用的能源及热力原动机型式的不同，热电联产可分为下列几种基本型式：

（1）汽轮机热电厂型。它燃用的是低质化石燃料，并通过较成熟完善的原动机——汽轮机在生产电能的同时对外供热。这种型式是目前国内外发展热化事业的基础，是热电联产的最基本型式。

（2）燃气－蒸汽热电厂型。这种热电厂的特点是把燃气循环部分排气的高温放热量在供热汽轮发电机组的蒸汽循环再次利用。是燃气轮机与汽轮机的优缺点相互补偿的供热发电机组的热电厂。

（3）核能热电厂型。燃用核燃料，利用核电型汽轮机发电和对外供热的热电厂。从长远观点来说，核能热电厂将是热能动力事业发展的一个重要方面。

（4）热泵热电厂型。其工作原理是在蒸发器中低沸点物质（如氟利昂等）吸收由低位热源供给的热量而汽化。生成的氟利昂蒸气在压缩机升压、升温后又在凝汽器中凝结，加热供热的热网水，而凝结了的氟利昂则通过节流阀降压后又重新送入蒸发器。如此循环成为一个城市集中供热的热源。可见热泵热电厂是一种很有发展前途的热电联产形式。

由于汽轮机热电厂型是目前热电联产的最主要型式，其供热机组得到广泛采用。根据供热式汽轮机的型式及热力系统又将其分为以下四种型式，如图 15－1 所示。

（1）背压式机组热电联产系统。采用背压式汽轮机发电做功后的蒸汽全部对外供热，没有凝汽设备，系统简单。

（2）抽汽式机组热电联产系统。采用可调整抽汽的供热机组，将在汽轮机内做了部分功的蒸汽抽出，对外供热，其余部分继续做功，排汽进入凝汽设备。其特点是抽汽压力可以调整，当电负荷在一定范围内变化时，热负荷可以维持不变。

（3）背压与凝汽式机组组合热电联产系统。为克服背压式机组不能同时适应电、热负荷变化的缺点，与凝汽式机组联合的一种热电联产系统。

（4）凝汽－采暖两用机热电联产系统。将现代大型凝汽式汽轮机稍作改动（在中－低压缸导汽管上加装调整蝶阀作为抽汽调节机构），在采暖期从抽汽蝶阀前抽汽对外供热并相应减少发电量；在非采暖期仍还原为凝汽式汽轮机组发电。这是大机组普遍采用的热电联产方式。

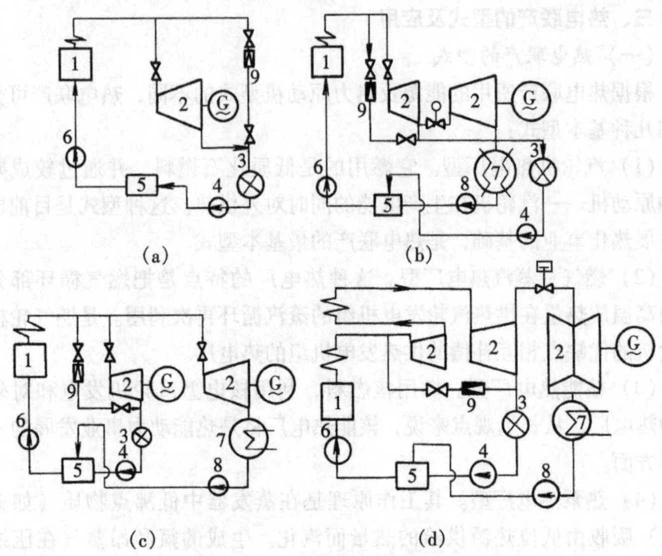

图15-1 联合能量生产系统

(a) 背压式；(b) 抽汽式；(c) 背压加凝汽式；(d) 凝汽、采暖两用式

1—锅炉；2—背压或抽汽式汽轮机；3—热用户；4—回水泵；5—除氧器；6—给水泵；7—凝汽器；8—凝结水泵；9—减温减压器

(二) 热电冷联产（三联产）简介

热电冷联产（三联产）是指热电厂的汽轮发电机组在发电的同时，根据用户的需要，将已在汽轮机中做了一部分功的低品位蒸汽热能，用以对外供热和制冷，简称为热电冷三联产。为了便于说明三联产，下面首先介绍制冷。

1. 溴化锂-水吸收式制冷

制冷装置的关键设备是制冷压缩机，型式可分为容积式和离心式两大类。容积式又可分为活塞式和螺杆式两种。至于利用热能制冷的方式，主要有蒸汽压缩制冷、蒸汽喷射制冷、氨-水吸收式制冷和溴化锂-水吸收式制冷。制冷压缩机要消耗高品位的电能或机械能。蒸汽喷射制冷虽不耗电，却需要较高压力的蒸汽。吸收式制冷以高沸点的物质为溶剂（即吸收剂），低沸点物质为溶质（即制冷剂）组成二元溶液。溶液的溶解度与温度有关，低温时溶解度大，高温时溶解度小。利用溶液的这种特性，取代蒸汽压缩过程，所以称为吸收式制冷。氨-水吸收式制冷是以氨为制冷剂，水为吸收剂的；溴化锂-水吸收式制冷是以水为制冷剂，溴化锂为吸收剂的。其中，溴化锂吸收式制冷技术已成熟，产品也已商品化、国产化。双效（采用两级发生器，又称双效作用）溴化锂制冷机是我国近年研究成功，并推广的节能型制冷设备。

2. 热电冷三联产的特点

热电冷三联产的主要特点有：

（1）提高热利用率。采用蒸汽动力循环和溴化锂吸收式制冷，其循环热效率可达65%以上。若采用燃气-蒸汽联合循环和溴化锂吸收式制冷，其循环热效率高达76%，热利用率为85%左右。

（2）节约用电，降低成本。这里以大型宾馆为例来说明，宾馆空调用电往往占其总用电量的60%左右。用低品位蒸汽热能制冷取代电制冷，不仅能节约用电，还可以增加供电量。以中国科学院某研究所的三联产试点工程为例：采暖期发电1500kW，供热量可供$14\times10^4m^2$建筑物取暖；空调季节发电1000kW，制冷量可供$5\times10^4m^2$建筑物空调用。以上海的虹桥、古比和漕河泾三个经济开发区为例，用蒸汽制冷代替电制冷，每年可节电$13.8\times10^8kW\cdot h$，每年节约成本1.04亿元。此外，吸收式制冷还可直接利用工业生产的废汽、废热和余热，也有很好的效益。

（3）适应供冷需要，运行可靠。与采用中央集中供冷系统一样，三联产的制冷系统可供7℃的冷水，完全能满足宾馆高层建筑空调的要求。溴化锂吸收式制冷机基本上是热交换器组合体，除小功率的真空泵和溶液泵以外，无转动部件，故振动小、噪声低；工质无嗅、无味、无毒、无烧伤性，对人体无危害；处于真空下工作，无爆炸危险；运行可靠，维护方便，易于实现自动化，可在10%~100%范围内自动调节制冷量。

（4）改善大气与投资环境。热电联产大大改善了大气环境，从而也就在客观上起到了改善投资环境的效果。

但是，溴化锂溶液对金属有强烈腐蚀作用，一旦腐蚀，影响传热和使用寿命，所以要严格密封，对设备运行管理的要求也高。因系以热能为动力，吸收过程要排热，故需大量的冷却水。

可见，三联产系统必须限于有稳定热、冷负荷且较为集中的地区，一般供冷半径比供热半径要小些。实际上轻纺、化工、医院、冶金、机械及宾馆、剧院等既需要供热也需要供冷。我国城市商业与娱乐设施就较集中，近年来城区生活小区的建设，也多为4~8层的单元住宅及10~30层高层建筑，居民分布日趋集中，这些都为发展制冷提供了有利条件。对已有的热电厂，夏冬季负荷相差30%以上者，无需热电厂增容，就可很大程度满足制冷要求的热负荷。所以，只要在政策上解决电热冷价，鼓励以热制冷，调动用热的积极性，就可促进热电冷三联产的迅速发展。

第二节　供热系统及载热质

一、供热系统

（一）供热系统的组成

供热系统由热源、热网、用户引入口和局部用热系统构成，如图15－2所示。

图15－2　供热系统组成框图

（1）热源。集中供热的热源，可以是热电联产的热电厂，也可以是大型区域集中供热锅炉房，热源设备生产的热能通过能够载热的物质，即载热质输送到热用户的引入口。

（2）热网。将热源热量输送到用户引入口的管道及换热设备。

（3）用户引入口。将热量由热网转移到局部用热系统，同时对转移到局部系统中的热量和热能能够局部调节的设备。

（4）局部用热系统。将热量传递或将热能转换给用户的用热设备。

（二）供热系统的类型

根据载热质流动的形式，供热系统可分为：

（1）双管封闭式系统。用户只利用载热质所携带的部分热量，而载热质本身则携带剩余的热量返回到热源，并在热源重新增补热量。

（2）双管半封闭式系统。用户利用载热质的部分热量，同时耗用一部分载热质，剩余的载热质及其所含有的余热返回热源。

（3）单管开放式系统。在单管开放式系统中，载热质本身和它携带的热量全部被用户所利用。

（三）热电厂的供热系统

1. 汽网供热方式及其热力系统

图15－3（a）为直接供汽方式的原则性热力系统。它利用供热机组的抽汽或排汽直接向热用户供汽，因此非常方便。但生产返回水率低，电厂水处理设施庞大，供汽蒸汽参数高，降低了电厂的热经济性。

图15－3（b）为间接供汽的原则性热力系统。它通过专用的蒸汽发生器加热产生二次蒸汽，并将二次蒸汽送给热用户。而蒸汽发生器加热用

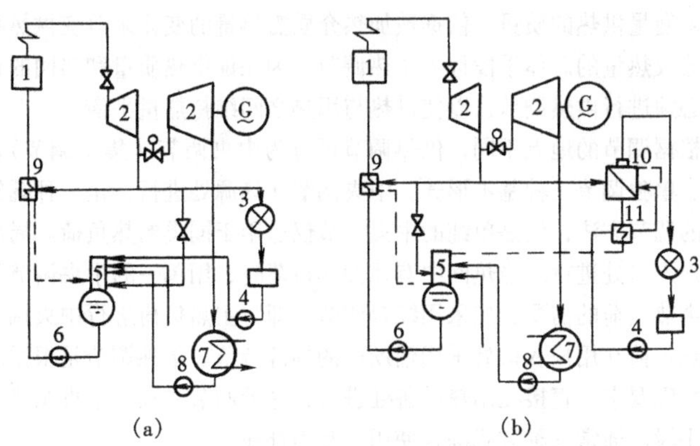

图 15－3　对外供汽系统

(a) 直接供汽系统；(b) 间接供汽系统

1—锅炉；2—抽汽式汽轮机；3—热用户；4—热网回水泵；5—除氧器；6—给水泵；7—凝汽器；8—凝结水泵；9—高压加热器；10—蒸汽发生器；11—蒸发器给水预热器

的一次蒸汽凝结水可以全部收回。间接供汽方式虽然完全避免了工质的外部损失，但系统和设备复杂，投资增大，经济性较差。因为蒸汽发生器的传热端差较大，一般为 15～20℃，这样一次蒸汽压力要相应提高，从而降低了机组的热化发电比，使热电厂的燃料消耗量增加 3%～5%。所以只有在返回水率很低，给水品质要求又较高，补充水质特别差的情况下才考虑间接供汽方式。

2. 水网及其热力系统

水网的主要优点是：输送热水的距离较远，可达 30km 左右；在绝大部分供暖期间可使用压力较低的汽轮机抽汽，从而提高了发电厂的热经济性；在热电厂中可以进行中央供热调节，较之其他调节方式经济方便；水网的蓄热能力较汽网高；与有返回水的汽网相比，金属消耗量小，投资及运行费用少。其主要缺点是：输送热水要耗费电能；水网水力工况的稳定和分配较为复杂；由于水的密度大，事故时水网的泄漏是汽网的 20～40 倍。

热电厂对外供热既要满足热用户对供热量的要求，还要保证各热用户所需要的供热参数，因此要进行供热调节。

(1) 供热调节的概念。水热网系统的供热是通过局部用热系统的散热器（或换热器）把热量传给被加热介质的，可以根据这些散热器的放热量来衡量供热的质量。依据被加热介质需热量的变化来改变供热系统中散热器放热量的总体手段称为供热调节。为保证供热质量和热网的正常运行，必须进行供热调节，以使供热与用热之间维持热量平衡。

根据调节的地点不同，供热调节可分为中央调节（集中调节）、局部调节、单独调节三种基本形式。中央调节在热源处进行，是一种既经济又方便的调节方法，但是单纯的中央调节仅适用于同类的热负荷。局部调节在用户入口处进行。当热网中有几种热负荷时，用单一的中央调节不能满足各类热负荷的需要，应采用综合调节，即对主热负荷进行中央调节，对其他热负荷在用户入口处采用辅助性的局部调节。单独调节是根据用热设备的特殊要求，直接在用热设备处进行，这种调节方式是中央调节的一种补充手段。通常三种方式综合使用，互为补充。

（2）水网供热中央调节的调节方式及特点。对于载热质为热水的水网，其供热量方程式为

$$Q_{\mathrm{h}} = q_{m,\mathrm{hs}} c_p (t_{\mathrm{su}} - t_{\mathrm{rt}}) \tag{15-1}$$

式中 Q_{h}——热网对外的供热量，kJ/h；

$q_{m,\mathrm{hs}}$——热网水流量，kg/h；

c_p——热网水定压比热容，kJ/（kg·℃）；

t_{su}——热网水供水温度，℃；

t_{rt}——热网水回水温度，℃。

在电厂对水网的热负荷进行调节（中央调节）时，根据调节对象的不同又可分为质调节、量调节和混合调节三种调节方式。

1）质调节方式。由式（15－1）可知，当维持水网流量不变（$q_{m,\mathrm{hs}}$为常数），只调节送水温度 t_{su} 从而改变其供热量的调节方式为质调节。

质调节的特点是当热负荷减小时，就可降低水网的送水温度，使供热机组的抽汽压力相应降低，供热抽汽做功相应增加，因而可提高热化效果，多节约燃料，同时因水网中水流量 $q_{m,\mathrm{hs}}$ 不变，水网的水力工况稳定，易实现供热调节自动化。

2）量调节方式。由式（15－1）可知，当维持送水温度不变（t_{su} 为常数），只调节水网流量 $q_{m,\mathrm{hs}}$ 从而改变其供热量的调节方式为量调节。

量调节的特点是当热负荷减小时，可降低水网流量，从而节省了热网水泵的耗电量。但同时因送水温度不变，低负荷时不能利用低压抽汽，在整个供热期内，汽轮机供热抽汽压力均保持在最高水平，降低了热化效果。此外，热网水量改变，地方采暖系统内产生水力失调，水力工况可能会遭到破坏，而且难于实现自动调节。

3）混合调节方式。调节热网送水温度与调节热网水量相互配合，从而改变其供热量的调节方式称为混合调节。

混合调节的特点是综合了质调节和量调节的优点，抑制了其缺点，是理论上最好的调节方式。工程上一般采用分级调节方法，即根据室外温度变化，将网水分为几级（一般不超过3~4级），在各级流量范围内采用质调节方法。

图15-4为有采暖和热水负荷时的水网供热系统和调节图。

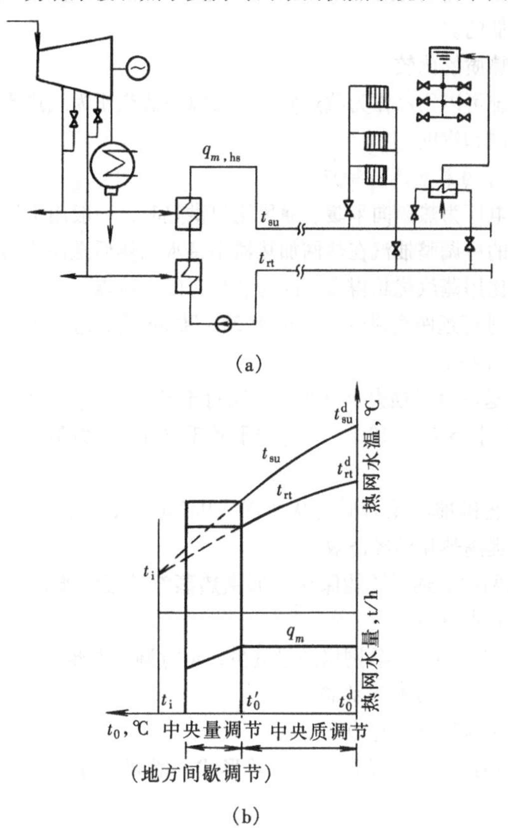

图15-4　有采暖和热水负荷的水网供热系统图和调节图
（a）供热系统图；（b）调节图

采暖和通风热负荷的大小决定于室外温度 t_0，即采暖、通风热负荷与室外温度成反线关系。当采用中央质调节时，热网供、回水温度又随热负荷变化而变化，它们与室外温度近似成直线关系，如图 15－4（b）上部分所示。两条直线交点的纵坐标等于采暖室内维持温度 t_i。当室外温度等于设计外温 t_0^d时，热网供、回水温度应分别等于设计值 t_{su}^d、t_{rt}^d。为保证热水负荷供应 60～65℃的水温要求，当室外温度升高使送水温度低于热水负荷所需的这个水温要求时（即图中 $t_0 > t_0'$时）便需维持供水温度不变，采暖及通风用热采用地方间歇调节（即用中断供水时间进行调节）。图 15－4（b）的下部分表示这阶段采暖、通风、热网水量是随室外温度继续升高而降低的。

二、载热质的比较

热网系统可以用水作为载热质，也可以用蒸汽作为载热质，其相应的热网称为水网和汽网。

1. 用水作为载热质的特点

当以热电厂为热源向采暖、通风用户供热时，一般用水作载热质，用供热汽轮机的可调整抽汽在热网加热器中将水加热后送往热用户，此时用水作载热质比用蒸汽优越得多，因为它具有以下特点：

（1）可进行远距离供热（一般为 20～30km 或更远，而汽网供热距离多在 10km 以内）。

（2）输送热量时损失小（大型水网每千米的温降仅为 1℃左右，比汽网的热损失小 5%～10%。而汽网每千米的压力降低约为 0.1～0.15MPa）。

（3）汽轮机抽汽压力低（从 0.06～0.2MPa），使供热循环的热化发电率增加，提高热化的经济效果。

（4）水网的供热系统能保存全部供热蒸汽的凝结水，所以不需要装设庞大的补充水设备。

（5）水网的局部供热网络的投资少，运行调节方便。

2. 用蒸汽作为载热质的特点

用蒸汽作为载热质有如下特点：

（1）通用性好，可满足各种用热形式的需要，特别是某些生产工艺用热必须用蒸汽。

（2）输送载热质所需要的电能少。

（3）由于蒸汽的密度小，所以蒸汽因输送地形高度形成的静压力很小。汽网的泄漏量较水网小 20～40 倍，但汽网的散热量大。

（4）在散热器或加热器中，蒸汽的温度和传热系数都比水的高，因而可减少换热器的面积，降低设备造价。

(5) 汽网输送距离短，调节性能差等。

三、高温水供热系统

1. 高温水供热系统简介

水温在180~250℃的供热系统称为高温水供热系统。

高温水供热系统可以代替蒸汽满足部分生产工艺用热的要求（如烘干、萃取、浓缩、溶解等生产工艺；由于它们用汽一般用压力在0.39MPa以下、温度在100~150℃之间的饱和蒸汽，因此完全可以用高温水来代替），同时又可供采暖、通风用热，不仅能克服蒸汽供热系统的缺点，而且还能使热网级数减少，故高温水供热系统在国外已被逐渐采用。

2. 高温水供热系统的特点

(1) 高温水用于生产工艺热负荷后，温度稳定，调节方便，有时还有利于提高产品质量。

(2) 高温水供热是大温差小流量的输热，工质的载热能力高，管径和输送电耗小，故管网的投资和运行费用均会降低，使热价成本降低。

(3) 供热半径的扩大，发展了更多工业热用户，从而提高了电厂的经济性。

(4) 高温水供热可回收全部抽汽的凝结水，降低了水处理的设备投资和制水成本，提高了电厂的安全性。同时可采用多级抽汽加热，有利于提高热电厂的热经济性。

(5) 因回水温度高，热网的定压方式较为困难。

(6) 系统承受压力增大，增加了投资。

(7) 高温水供热系统的维护比一般系统要求严格。

四、热水锅炉

热水锅炉是高温水供热系统与热电联产能量供应系统中承担尖峰热负荷的又一种主要设备。

热电厂内的尖峰热水锅炉的主要任务是高峰热负荷期把基本加热器的出口水温进一步加热到热网设计温度（130~150℃），热网中部或末端的尖峰热水锅炉的供热参数，一般采用与热电厂相同的供热参数，对现有的热电厂也可以增加一定数量的尖峰热水锅炉或使热电厂与区域性锅炉房配合供热，可以扩大热电厂的供热能力，提高经济效益。

（一）热水锅炉的工作原理

热水锅炉的工作原理与蒸汽锅炉相似，有直流热水锅炉和自然循环热水锅炉之分，只不过水在锅炉内是单相（即液态）流动。

直流热水锅炉是一种无锅筒的强制循环锅炉，锅炉水在水泵压力作用下，通过联箱实现垂直上下单一方向流动。

自然循环热水锅炉是靠锅炉受热面中水温的不同而形成密度差来建立自然循环的。

（二）对热水锅炉的要求

为保证安全、经济运行，热电厂承担高峰负荷的热水锅炉和向供热区域供给大量热水的热水锅炉，应有如下要求：

（1）在大于100℃的高温热水锅炉和系统中，无论系统是处于运行状态还是静止状态，都要求防止热水汽化。所以，必须有定压装置对系统的某一点进行定压，使锅炉及系统中各处的压力都高于供水温度的饱和压力。

（2）热水锅炉一般只在采暖期使用，设备利用率低，因此在保证安全经济的前提下，力求结构简单，造价低。

（3）由于热负荷随室外气温变化而增减，引起水温和循环水量的改变，故要求热水锅炉的负荷有较大的变化范围，并能在低负荷下安全运行。

（4）对热网的不正常工况有一定适应能力。

（5）为避免水侧产生水垢和气体腐蚀，系统中应有水处理和除氧设备。

（三）热水锅炉的原则性热力系统

1. 热电厂内的尖峰热水锅炉系统

图15－5为热电厂内的尖峰热水锅炉系统。热网水经过基本加热器，被加热到110℃左右，如果室外气温继续下降，进入高峰热负荷期时，把热网水送入尖峰热水锅炉继续加热到150℃左右，再送给供热系统。当室外气温回升到尖峰热水锅炉停运的室外温度时，则停运尖峰炉，使热网从基本加热器出来的水通过旁路系统直接进入供热系统。

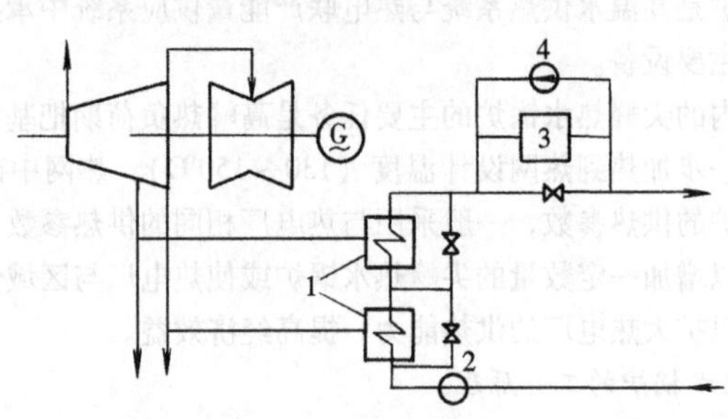

图15－5　热电厂内的尖峰热水锅炉系统

1—热网加热器；2—热网水泵；3—尖峰热水锅炉；4—循环水泵

2. 厂外系统及大型区域锅炉房的热水锅炉

图 15-6 为热水锅炉房的原则性系统图。热网水在热水锅炉中加热到供热所需温度后（150℃），把其中一部分加热后的水用循环水泵打回锅炉入口回水管与回水混合，其目的是把锅炉入口水温提高到烟气的露点以上，同时也使流经锅炉的水温保持恒定。当室外气温较高时，可通过旁路管掺混回水来降低供水管内水温，避免锅炉在较低负荷下运行所带来的问题。用热网水泵保持热网内水的循环，用补水泵把化学补水送入热网水泵入口。

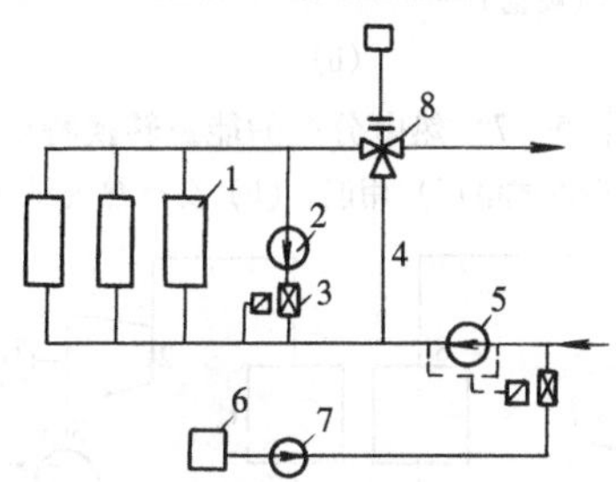

图 15-6　热水锅炉房的原则性系统图

1—热水锅炉；2—循环水泵；3—调节阀；4—旁通管；5—热网水泵；6—净水设备；7—补水泵；8—阀门

第三节　热电联产的经济性

以热电联产为基础的热电厂，其经济性与很多生产实际因素有关，如热负荷的特性、大小及其发展情况，供热机组的型式、参数、容量，热电厂的厂址条件，热电厂所在电网的特性等。所以，对热电厂的经济性分析，远比对热电联产的理论分析要复杂得多，这里仅对热电联产的经济性作一简要介绍。

一、热电分产和联产的用能特点

由热力学可知，任何热力循环在低温热源（冷源）的温度下放出热量，这部分热量就是该循环不能转换为功的那部分能量，称为能量损失或废热，也称为低（品）位热能；而那些能够转变为功的能量则称为高（品）位热能。

1. 热电分产用能情况

图 15-7 为热电分产的用能情况；图 15-8 为热电分产的热力系统。由图可以看出，分产时对一次能源的使用极不合理，一方面热功转换过程

必然会产生的低位热能（凝汽式发电厂的排汽）没有得到利用，被白白地浪费掉了；另一方面分别供应的热能却大幅度地无效贬值，大材小用。

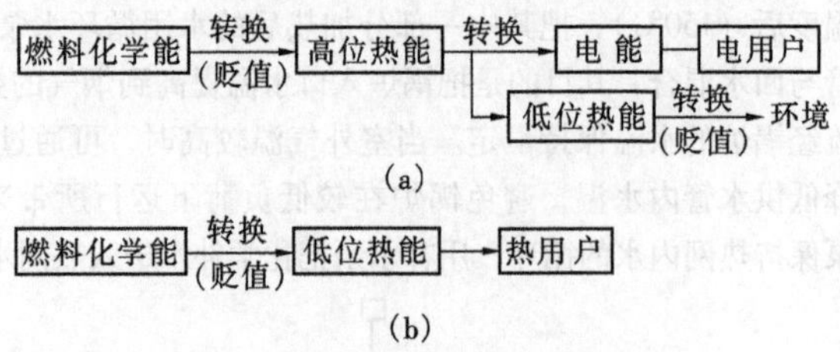

图 15－7　热电分产的能量转换特点

（a）分产电（凝汽式电厂）用能；（b）分产热（供热锅炉）用能

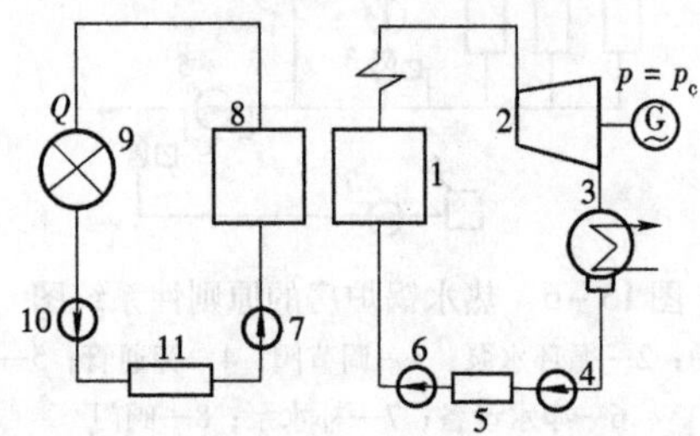

图 15－8　热电分产热力系统

1 —锅炉；2 —汽轮机；3 —凝汽器；4 —凝结水泵；5 —给水箱；6 —给水泵；7 —热网循环水泵；8 —热水锅炉；9 —热用户；10 —热网回水泵；11 —热网返回水箱

2. 热电联产用能情况

图 15－9 为热电联产的用能情况；图 15－10 为热电联产的热力系统。由图 15－9 可知，热电联产在生产电能的同时也供应热能，而且供热是全部或部分利用了热变为功过程中的低位热能。它的用能特点是按质用能，综合利用，是能尽其所用。

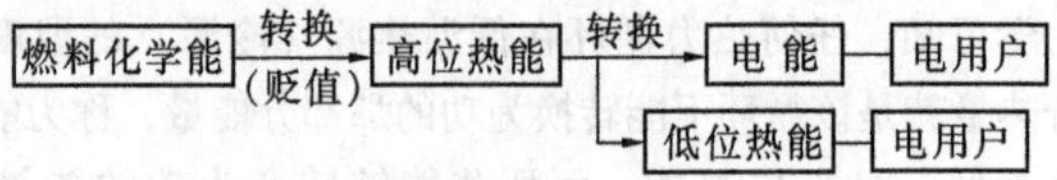

图 15－9　热电联产的能量转换特点

热电联产的特点，不仅表现在调整了热能与电能生产之间的关系，使能量的质量得以合理利用，而且还体现在由于热能供应方式的改变带来了能量数量方面的好处。

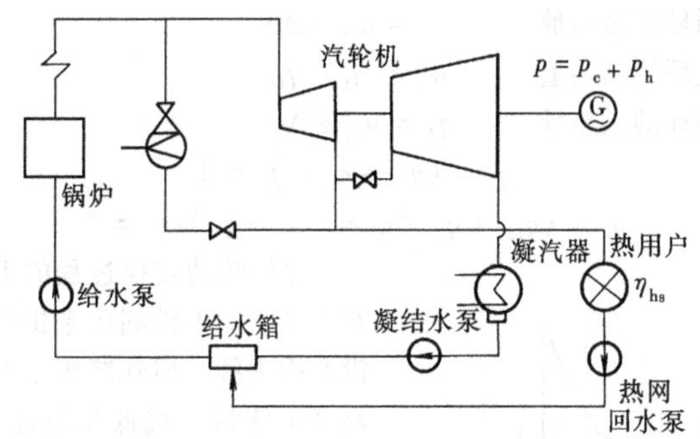

图 15－10　热电联产热力系统

3. 热能的不同供应方式

热能的供应有分散供热、集中供热两种。

(1) 分散供热。由于它的供热规模限制，只能采用热效率不高的小锅炉（实际效率在40%～50%以下）。

(2) 集中供热。采用区域性锅炉房或热电联产，由于规模较大，采用了高效率大锅炉（效率在85%～90%以上）。

综上所述，热电联产用能特点有质量和数量利用两个方面，热电联产把燃料化学能产生的高（品）位热能先用来发电，然后将做过功、品位降低的热能对外供热。它符合按质用能的综合用能原则，加之它的集中供热采用了高效率的能量转换设备，从而使热电联产的热经济性得到较大的提高。

二、热电联产热经济性分析

现代热电联产工程中，一般采用平衡法（即热效率法）评价热功能量转换的效果，它是一种能量的数量方面的分析法。

热电联产效率法分析是一种能量数量利用的分析法。它认为，热电联产基础上的供热（热化），由于利用了热变功过程中不可避免的冷源损失（循环的冷源损失 Q_2 和不可逆过程引起的附加冷源损失 ΔQ_2 ），所以热电联产中的电能生产（热化发电率）就没有冷源损失，它的理想循环热效率 η_t 和实际循环热效率 η_i（汽轮机参加热电联产部分的绝对内效率）都等于1。

图 15－11 为热电联产供热循环的 $T-s$ 图，循环的吸热量、做功量和供热量分别为

吸热量
$$q_1 = q_{1a} + q_{2a} \tag{15-2}$$

实际循环的做功量 $q_{1a'} = q_{1a} - \Delta q_2$ (15-3)

理想循环的供热量 $q_{2a} = q_1 - q_{1a}$ (15-4)

实际循环的供热量 $q_2 = q_{2a} + \Delta q_2$ (15-5)

故 $\eta_t = (q_{1a} + q_{2a})/q_1 = 1$ (15-6)

$$\eta_i = (q_{1a'} + q_2)/q_1 = (q_{1a} + q_{2a})/q_1 = 1 \quad (15-7)$$

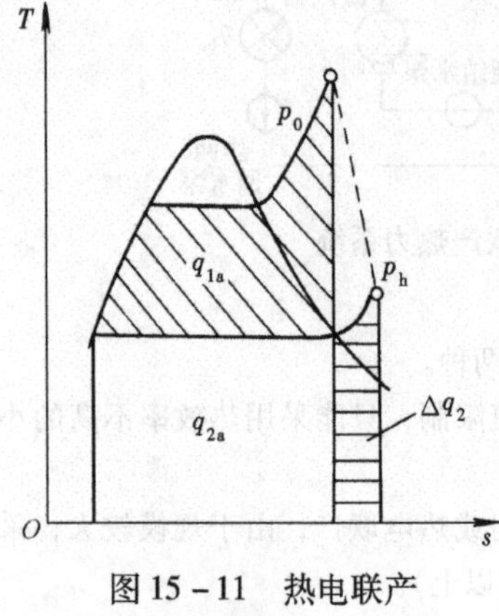

图 15-11 热电联产供热循环 $T-s$ 图

虽然热功转换过程的不可逆损失在热电联产中被利用来供给热用户而没有损失掉，但却减少了做功量，把高品位能量变成低品位能量来利用，所以为提高热电联产的热经济性，仍应力求使做功能力损失为最小（即尽量提高汽轮机的相对内效率）。同时，由于热用户要求的供热参数通常比凝汽式汽轮机的排汽参数高，所以利用冷源损失对外供热亦必须要牺牲一部分做功量。为此，要提高热电联产的经济性，就要在满足热用户对参数要求的前提下，尽量增加热化发电量，减少不必要的节流损失。

从效率法的观点来看，热电联产的特点也包括两个方面：

（1）利用热功转换过程不可避免的冷源损失来对外供热，使热化发电没有了冷源损失。

（2）热化是一种集中供热，它采用了高效率的大容量锅炉代替低效率的分散小锅炉，减少了锅炉方面的热损失，提高了效率。

三、热电联产应用型式的热经济性

1. 背压式、抽汽背压式汽轮机型（B、CB）

由于背压式汽轮机的排汽全部被用来供热，是纯粹的热电联产，热量数量方面的利用率最高，它的结构简单（不需设置凝汽器），投资省，但背压式汽轮机生产的热、电相互制约，不能调节。需在保证热负荷情况下发电，即采用“以热定电”方式运行；当热负荷变化时，电负荷变化剧烈，且当流量偏离设计值较多时，机组相对内效率下降很多，不经济。

2. 抽汽、凝汽式汽轮机型（C、CC）

抽汽凝汽式汽轮机克服了背压式汽轮机的缺点，它相当于背压式汽轮机和凝汽式汽轮机的组合，热、电负荷在一定范围内可以各自独立调节，适应性较大。由于抽汽只是某一部分，故整机热经济性低于背压式汽轮机，而高于凝汽式汽轮机。根据抽汽量的变化，其效率介于背压机与凝汽机之间。

3. 凝汽－采暖两用机[N(C)]

两用机有以下特点：

(1) 与凝汽式N型机比，采暖期因采用了部分热电联产方式，提高了机组的经济性。但非采暖期却因增加了调节机构使流动阻力增大，比纯凝汽式机组效率有所降低。

(2) 两用机在采暖季节因热负荷增加，不得不使电负荷减少（因两用机是按凝汽工况设计的）。

(3) 两用机较类似的供热机组可缩短设计、制造工期，降低成本和增加通用性。

为提高两用机的热经济性，其采暖抽汽压力一般较低（如苏联为0.05～0.2MPa，美国为0.042～0.25MPa），可采用两级加热热网水的方式。

四、热电联产的主要经济指标

热电联产由于同时生产电能和热能两种产品，而电能和热能形式、质量又均不等价，所以热电联产的经济指标应是既能够反映联产的数量特性，又能够反映生产过程完善程度的质量特性。除了总的经济指标外，还应有热、电两种产品的分项指标，以便进行行业间和热电分产系统间的比较。分项指标必须解决热电厂总的燃料消耗，如何分配给热电两种产品的问题。

1. 热电厂总的经济指标

(1) 热电厂的总热效率（燃料利用系数）η_{tp}，其计算式为

$$\eta_{tp}=\frac{3600P_{el}+Q_h}{B_{tp}Q_L}\times 100\% \qquad (15-8)$$

式中 η_{tp}——热电厂的总热效率；

Q_h——热电厂总的供热量，kJ/h；

P_{el}——热电厂向外输出的电功率，kW；

B_{tp}——热电厂的煤耗量，kg/h；

Q_L——煤的低位发热量，kJ/kg。

热电厂的燃料利用系数为输出的电、热两种能量的总能量与其输入的能量之比，它只是表明燃料能量利用的总效率，而不能表明电、热两种能量产品在品位上的差别。将高品位电能按能量单位计算为$3600P_{el}$后与热

能 Q_h 值直接相加，只说明燃料能量在数量上的有效利用程度，故称为燃料利用系数，是数量指标。因为在计算这一指标时，把热能、电能两种不等价的能量看作等价来处理，仅仅反映能量数量方面的指标，不能用它来比较两个热电厂的热经济性，但可用来比较热电厂与凝汽式电厂燃料有效利用的差别，也可用来估计热电厂的燃料消耗量。

此外，它也不能用以比较供热式机组的热经济性，更不能比较各热电厂的热经济性，只是表明热电厂与凝汽式电厂的燃料有效利用程度，一般 $\eta_{tp} = (1.5 \sim 2.0)\ \eta_{cp}$。但 η_{cp} 却不同，对燃煤凝汽式电厂，η_{cp} 也是㶲效率，既是数量指标也是质量指标，而 η_{tp} 却不是质量指标。

（2）热化发电率 ω，其计算式为

$$\omega = \frac{P_{el,h}}{Q_{h,t}} \tag{15-9}$$

式中 ω——热化发电率，(kW·h) /GJ；

$P_{el,h}$——热电联产部分的发电量，kW·h；

$Q_{h,t}$——热电联产部分的供热量，GJ。

热化发电率 ω 只与热电联产部分的热和电有关，它是供热机组热化发电量 $P_{el,h}$ 与热化供热量 $Q_{h,t}$ 的比值，即单位热化联产供热量的电能生产率。

热化发电率 ω 与供热机组的参数、机组完善程度、热力系统、返回水进入热力系统的地点、参数及回水率等多项因素有关。

热化发电量 $P_{el,h}$ 一般是指供热汽轮机供热抽（排）汽所产生的电量，它分两部分：①外部热化发电量 $P^{o}_{el,h}$，即对外供热汽流直接产生的电量；②内部热化发电量 $P^{i}_{el,h}$，即加热供热循环的回水（由供热返回凝结水及其补充水所组成）回热抽汽产生的电量。

当蒸汽初参数及供热抽汽压力确定时，汽轮发电机组热变功的实际过程越完善，热化发电率就越高。供热机组的热经济性越高，热电联产的效益越高。在能量供应相等的条件下，两种供热机组的热经济性，最终表现在热化发电率 ω 的大小上，即热化发电率大的机组，其绝对内效率也高，反之亦然。所以，热化发电率 ω 是用来评价供热机组热电联产部分技术完善程度的质量指标。ω 不能用于不同抽汽参数的供热机组及热电厂和凝汽式电厂之间的热经济性比较，只可用于相同抽汽参数（或背压）的供热机组间的热经济性比较。

此外，还有另一经济指标热电比 R_h，它是指供热量 $Q_{h,t}$ 与供电量 P_{el}

的百分比，表达式为

$$R_h = \frac{Q_{h,t}}{3600P_{el}} \times 100\% \qquad (15-10)$$

单机容量200MW及以上的抽汽凝汽两用供热机组，采暖期的热电比应大于50%。

2. 热、电分项计算的经济指标

（1）发电方面的经济指标。

1）热电厂发电的热效率 $\eta_{tp(e)}$，其计算式为

$$\eta_{tp(e)} = \frac{3600P_{el}}{Q_{tp(e)}} \qquad (15-11)$$

2）热电厂发电的热耗率 $HR_{tp(e)}$，其计算式为

$$HR_{tp(e)} = \frac{Q_{tp(e)}}{P_{el}} = \frac{3600}{\eta_{tp(e)}} \quad \text{kg/(kW·h)} \qquad (15-12)$$

3）热电厂发电的标准煤耗率 $b^s_{tp(e)}$，其计算式为

$$b^s_{tp(e)} = \frac{B^s_{tp(e)}}{P_{el}} = \frac{3600}{Q_L\eta_{tp(e)}} = \frac{0.123}{\eta_{tp(e)}} \quad \text{kg 标准煤/(kW·h)} \qquad (15-13)$$

式中 $Q_{tp(e)}$——用于发电所消耗的热量，kJ/h。

（2）供热方面的经济指标。

1）热电厂供热热效率 $\eta_{tp(h)}$，其计算式为

$$\eta_{tp(h)} = \frac{Q}{Q_{tp(h)}} \times 100\% \qquad (15-14)$$

2）热电联产供热的标准煤耗率 $b^s_{tp(h)}$，其计算式为

$$b^s_{tp(h)} = \frac{B^s_{tp(h)}}{Q/10^6} = \frac{10^6}{Q_L\eta_{tp(h)}} \approx \frac{34.1}{\eta_{tp(h)}} \quad \text{kg 标准煤/GJ} \qquad (15-15)$$

式中 $Q_{tp(h)}$——用于供热的热耗量，kJ/h；

Q——热用户处的热负荷，kJ/h；

$B^s_{tp(h)}$——热电厂供热标准煤耗量，kg/h；

Q_L——煤的低位发热量，kJ/kg。当为标准煤时，Q_L = 29310kJ/kg。

提示 第一～三节内容适用于初、中级工使用。

第十六章

减温减压器的运行

第一节　减温减压器的启停及切换操作

一、减温减压装置及其热力系统

减温减压器（RTP）是将具有较高参数的蒸汽的压力和温度降至所需要数值的设备。在凝汽式发电厂中主要作为厂用蒸汽的汽源，将降压后的蒸汽用于加热重油，或作为除氧器的备用汽源，在单元式机组中还常用它构成旁路系统。在热电厂中，它不仅可以用来作为调节抽汽机组或背压机组向外界供热的备用汽源，而且也能对外界热用户供热。一般情况下，它是用来向热网尖峰加热器提供加热蒸汽，在供热高峰时也可向蒸汽热网供应一部分蒸汽。

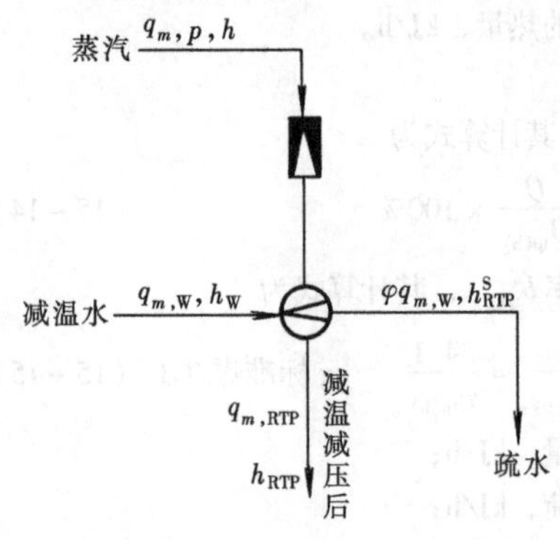

图 16－1　减温减压器的原则性热力系统图

图 16－1 为减温减压器的原则性热力系统图。分产供热用减温减压器出口蒸汽参数的选择，不影响热电厂的热经济性。作为热电厂供热抽汽备用的 RTP，其出口蒸汽参数应与该供热抽汽参数完全相同。而用于供尖峰热网加热器的 RTP，当汽源是新蒸汽时，其出口蒸汽应能将热网水加热到最高送水温度。蒸汽压力还应能使尖峰加热器的疏水靠压差自动流到除氧器。一般 RTP 的出口蒸汽温度应有 30～60℃ 的过热度，以便于测定流量和简化蒸汽管道的疏水系统。

根据减温减压器的数据可进行 RTP 的热力计算，一般热力计算的目的是确定进入 RTP 的蒸汽量 q_m 和所需的减温水量 $q_{m,W}$。具体的计算可由以下 RTP 的物质平衡和热平衡方程式，联解求出 q_m 和 $q_{m,W}$。

物质平衡 $$q_m + q_{m,\mathrm{W}} = q_{m,\mathrm{RTP}} + \varphi q_{m,\mathrm{W}} \tag{16-1}$$

热平衡 $$q_m h + q_{m,\mathrm{W}} h_\mathrm{W} = q_{m,\mathrm{RTP}} h_\mathrm{RTP} + \varphi q_{m,\mathrm{W}} h_\mathrm{RTP}^\mathrm{S} \tag{16-2}$$

式中 φ——RTP 中未蒸发的水量占总喷水量的比例，一般可取0.3～0.35；

h——减温减压前蒸汽的比焓，kJ/kg；

h_W——喷水的比焓，kJ/kg；

h_RTP——减温减压后蒸汽的比焓，kJ/kg；

$h_\mathrm{RTP}^\mathrm{S}$——减温减压后的饱和水比焓，kJ/kg；

$q_{m,\mathrm{RTP}}$——减温减压后的蒸汽流量，kg/h。

图 16－2 为减温减压器的全面性热力系统图。由锅炉来的新蒸汽由进汽阀进入减压阀，节流至所需压力后进入混合器，与由温度调节阀来的减温水（一般由给水泵或凝结水泵来）混合使新汽降温。减压阀和温度调节阀的开度由调节机构控制，以保证 RTP 后的蒸汽参数能稳定在规定的数值上。此外，减温减压器系统还需设置必要的安全阀和疏排水装置。

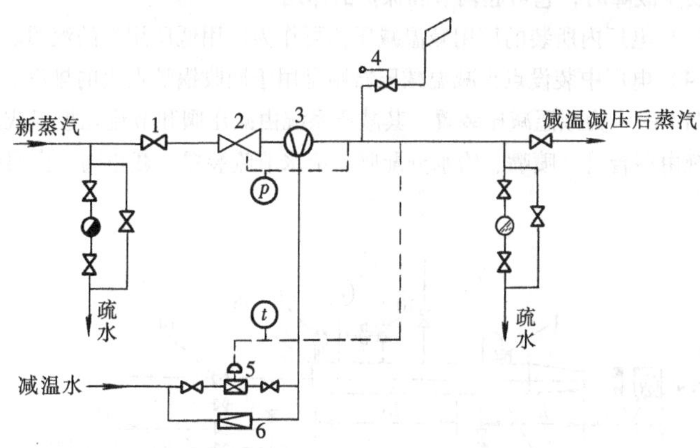

图 16－2 减温减压器的全面性热力系统图

1—进汽阀；2—减压阀；3—减温器；4—安全阀；5—温度自动调节阀；6—手动针形阀

经常工作的 RTP 应有备用的 RTP，不经常运行的 RTP 一般不考虑备用。备用的 RTP 应处于热备用状态，有些备用 RTP 还要配装快速的自动投入装置。

减温减压器的减温和降压可分开进行，也可在一个阀体内同时完成。

图 16－3 为减温减压装置的工作原理示意。压力、温度较高的新蒸汽

首先经节流门节流降压，然后喷入减温水，使新蒸汽的压力、温度降至规定值。减温水来自高压给水泵的出口或将凝结水泵出口的凝结水经专门减温水泵升压后作为减温水。

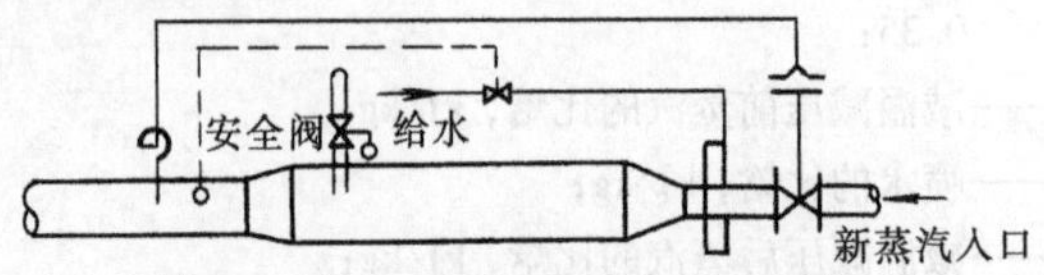

图 16－3　减温减压装置工作示意

火力发电厂中减温减压装置有以下几方面的作用：

（1）在对外供热系统中，装设减温减压装置用以补充汽轮机抽汽的不足，此外还可作备用汽源，当汽轮机检修或事故停运时，它将锅炉的新蒸汽减温减压，以保证热用户的用汽。

（2）在大容量中间再热式汽轮机组的旁路系统中，当机组启动、停机或发生故障时，它可起调节和保护的作用。

（3）电厂内所装的厂用减温减压器可作为厂用低压用汽的汽源。

（4）电厂中装设点火减温减压器则是用于回收锅炉点火的排汽。

图 16－4 为减温减压装置。其减压系统由减压阀和节流孔板组成。减温系统由混合管、喷嘴、给水分配阀、给水节流装置、截止阀、止回阀组

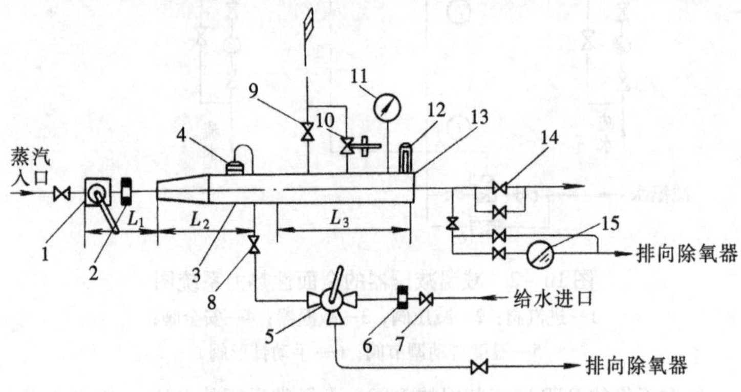

图 16－4　减温减压装置

1—减压阀；2—节流孔板；3—混合管；4—喷嘴；5—给水分配阀；6—节流装置；7—截止阀；8—止回阀；9—主安全门；10—脉冲安全门；11—压力表；12—温度计；13—蒸汽管道；14—出口阀；15—疏水排出系统；L_1—减压系统长度；L_2—减温系统长度；L_3—安全装置长度

成。安全保护装置由主安全阀、脉冲安全阀、压力表、温度计和蒸汽管组成。

蒸汽的减压过程是靠减压阀、节流孔板来实现的。所需要的减压级数由进口的蒸汽压力与出口蒸汽压力的差值来决定，一般每经过一级减压后的压力降落大致为减压前压力的一半。

减温系统采用带机械喷嘴的文氏管式喷水减温器。减温水经节流装置、给水分配阀而注入喷嘴。为了改善给水分配阀的调节性能，使流过节流装置的给水流量保持不变，剩余的水由给水分配阀的另一通路流回水箱或除氧器。为了维持出口蒸汽参数稳定，要求进口蒸汽流量的变动不得太大（一般可比正常流量小20%左右）。

为了保持供汽压力稳定，防止由于压力调节器失灵使供汽设备超压，在减温减压器上设有安全阀。安全阀的类型有全启式双杠杆安全阀、脉冲安全阀、主安全阀组成的冲量式装置等。当减压后的管道压力超过规定数值时，安全阀动作，将蒸汽排至大气，保证了减温减压器及供热管道的安全。

在图16－5所示的减温减压装置系统图中，压力、温度较高的新蒸汽依次经节流孔板1、阀门2、减压阀和节流孔板4，进入文氏管的混合器，

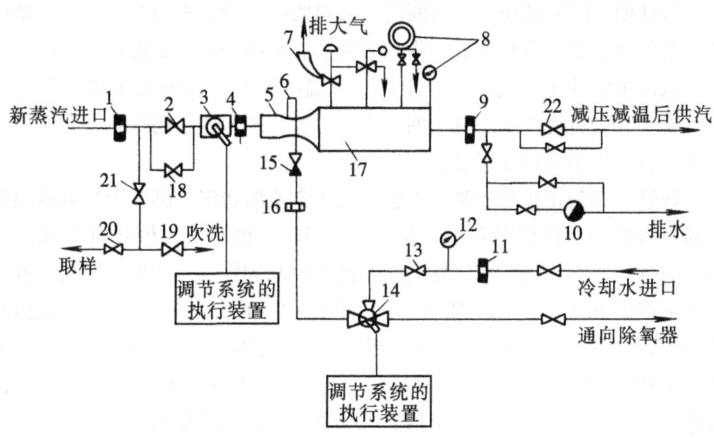

图16－5　减温减压系统图

1、4、9、16—节流孔板；2、13—阀门；3—减压阀；5—文氏管；6—喷水装置喷嘴；7—安全阀；8—测量仪器；10—疏水器；11—冷却水节流孔板；12—压力表；14—三通阀；15—止回阀；17—混合器；18—预热阀；19—吹洗用阀门；20—蒸汽取样门；21—分支阀门；22—出口阀门

冷却水依次经节流孔板 11、冷却水调节三通阀、节流孔板 16 和止回阀，从喷水装置喷嘴 6 喷入文氏管，在混合器中与蒸汽混合，使蒸汽温度、压力降到规定值。调节三通阀可调节喷水量的大小，使减温减压后的蒸汽稳定在规定值，多余的减温水送到除氧器。止回阀的作用是防止蒸汽倒流进入除氧器。阀门用以关断新蒸汽，使减温减压器停止工作。减压阀被调节系统的执行机构所控制，使蒸汽降压到某一压力，节流孔板 4 也起节流降压作用。预热阀用以在启动时预热减温减压器。启动时，阀门 2 全关，开启预热阀，当负荷带到 5% 时，即可全开阀门 2 向用户供汽。安全阀是在减压阀或调节系统等故障而使供汽压力升高到最大允许值时自动开启，起排大气泄压的作用。节流孔板 1、9、16 用来测量流量，节流孔板 11 则起稳定水压的作用。测量仪表用以监视混合器内的压力和温度。

二、减温减压器的投入

减温减压器投运前，应先将减温减压器的电动门、调整门送电，调试合格，远方就地操作灵活，动作正确，试验正常后关闭。减温减压器远方和就地的各压力、温度、流量表计全部安装到位并投入使用。

图 16－5 为减温减压器供热系统。减温减压器一般是用喷水法减温，用节流法降压。

启动前，减温减压器出口阀门、入口阀门和预热阀门全关，减压阀应切换至手动，然后将其全关，冷却水调节三通阀全关，减温水进水阀门关闭，减温水管的排空气门开启少许，减温减压器前后的疏水排大气门开启，积水放完后将疏水倒至热网疏水扩容器，疏水器在切除状态。系统的上述准备工作结束后便可暖管。

暖管可分为正暖和倒暖。正暖是按正常流向送汽；倒暖则是由减温减压器出口阀门后的供热汽源（0.8～1.3MPa）倒送汽。倒暖具有来汽压力，温度均较低，减温减压器的温升便于控制的优点。这里只介绍减温减压器正暖的方法：将出口阀门全开，缓慢开启减温减压的预热阀，减压阀开启少许，保持压力 0.05～0.196MPa，暖管约 20min，待减温减压器温度达到 150℃，暖管结束。暖管的时间、温升和升压速度均应控制在规定的数值内。压力、温度升到一定值后应及时倒换疏水至疏水母管，以便减小噪声和回收工质和热量。暖管压力、温度接近正常时，缓慢的开启入口阀门，预热阀关闭，操作减压阀，每分钟以 0.098～0.196MPa 速度升至工作压力，使之带上少许热负荷，升压过程中逐渐关小直至关闭所有疏水门，一切正常后便可将减压阀投入自动调节。在减温减压器暖管结束后，即可将减温水进水阀门开启，减温水溢水至除氧器阀门开启，减温水管排完空气后关闭排空气门，根据减温减压器温度上升情况将冷却调节三通阀投入自动调节，并将疏水器投入运行。

三、减温减压器的停运

减温减压器切除停运时，应先将减压和减温自动装置切至手动，关闭减温调整阀门和减压调整阀门，然后关闭减温水总门，以防调整阀门不严使系统温度突降产生泄漏。最后关闭减压器蒸汽的出、入口阀门，并切除疏水器，逐渐开大疏水至排大气阀门，使减温减压器压力缓慢的降至零，然后全开此阀门。关闭减温减压器出、入口阀门时，应注意其内部压力，以防入口阀门不严，压力升高使安全阀动作。

四、减温减压装置的切换操作

运行中的减温减压器因故退出运行，而热网尖峰加热器继续运行时，就必须投入备用的减温减压器，这就需要进行减温减压器的切换工作。切换工作采取先投入备用减温减压器后退出运行减温减压器的方法。首先备用减温减压器进行暖管和升压，升压过程中逐渐关小疏水阀门，注意升压速率、升温速率，及时投入减温水，缓慢开启备用减温减压器的出口门，注意尖峰加热器供热蒸汽的压力、温度在正常范围内，逐渐关小准备退出运行的减温减压器的减压和减温调节阀门，同时逐渐开大备用减温减压器的减压和减温调节阀门，直至准备退出运行的减温减压器的负荷减到零，关闭停运减温减压器的出口门、进汽门和减温水总门，开启其疏水门，使停运减温减压器内部压力到零。备用减温减压器投入运行正常后将减温、减压调节阀投入自动。在整个切换过程中应特别注意保持供汽压力、温度的稳定。

第二节　减温减压器的运行及定期校验

一、减温减压器的运行及日常维护

减温减压器一般都设有自动调节机构，当其投入运行后，供汽参数由自动调节装置保持，其动作过程如图 16－6 方框图表示。

压力变送器 DBY 接受到减温减压器内的压力变化信号，输送给 DTL－211 比例积分单元，并指挥电动执行器 DKJ 进行操作。若自动调节机构失灵，也可通过手动操作单元 DFD，对电动执行器进行操作。当压力变化时，DTL－211 在对电动执行器 DKJ 发出调节信号的同时，也对温度调节的电动执行器 DKJ 发出校正温度的信号，对给水分配阀进行调节，保持减温减压器内相应压力下的供汽过热温度。

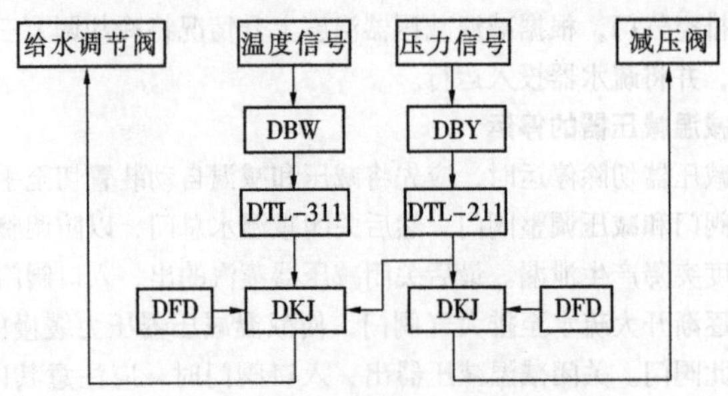

图 16－6　DDZ－Ⅱ型热力调节系统方框图

DBY—压力变送器；DBW—温度变送器；DTL－211—比例积分单元；

DKJ—电动执行器；DFD—操作单元

减温减压器在运行中应经常保持压力、温度在规定范围内。在正常情况下，二次压力、温度的调节，由减温减压器的自动来完成。如调节装置失灵，应迅速改为手动调整。同时应检查调节装置及调节设备，如控制油泵是否掉闸、油箱油位是否正常等。在就地进行巡检时，要核对减温减压器就地有关表计与控制室的远方表计是否一致，检查阀门开关位置是否正确，同时检查管道、阀门及减温减压器本体是否完好，有无泄漏等情况。

二、减温减压器的定期校验

减温减压器在运行中还应定期试验，以检查安全阀动作数值是否正常等，其动作范围应比最高供热压力大 0.15～0.2MPa。试验方法为：操作减压调节阀门，使供热压力强制升高，通过移动安全阀门重锤（向里移动降低动作数值，向外移动提高动作数值）来调整至规定的动作数值。

此外，还要定期检查疏水器是否灵活可靠，以防疏水不畅或大量蒸汽漏出。

提示　第一、二节内容适用于初、中级工使用。

第十七章

热力网水泵的运行

第一节 热力网水泵的运行维护及试验操作

一、热网疏水泵的运行

热网疏水泵应用在热网加热器的疏水系统上，热网疏水泵根据用在基本加热器和尖峰加热器的不同，又划分为基加疏水泵和尖加疏水泵，基加疏水泵是将基本加热器的疏水送入主凝结水管路中的，尖加疏水泵是将尖峰加热器的疏水送入除氧器中的，有时也可将它们的疏水全部送入凝汽器。

（一）热网疏水泵的工作特点

热网疏水泵输送的加热器疏水，温度高达100～150℃以上，所以热网疏水泵在运行中的汽蚀问题便非常突出。为防止热网疏水泵发生汽化，在安装和设计时，就已考虑了加热器疏水箱与水泵之间的安装位置标高差，以保证热网疏水泵必需的倒灌高度。另外，在热网疏水泵的出口装有返回到热网加热器疏水箱的再循环管路及再循环调节阀门。在运行中，可利用出口调节阀门和再循环调节阀门的联合调整来维持加热器疏水箱水位的正常，以保持热网疏水泵入口的倒灌高度和热网疏水泵的流量不低于最小流量。尽管如此，实际运行中的热网疏水泵还是经常发生汽蚀现象，严重时会使泵部件发生损坏而被迫停运检修。所以，防止汽蚀损坏，是热网疏水泵运行中应注意的重要问题之一。

由于热网疏水泵输送的水温高，所以泵的填料箱与轴承套一般均设有冷却水室，运行中通入冷却水以冷却填料箱与轴承套，防止填料与轴承过热而发生损坏。其冷却水一般要用凝结水或化学除盐水，以保证不影响热网加热器疏水的回收。

热网疏水泵启动时，一般都采用在泵出口调节阀关闭的情况下启动，然后开启调节阀进行调整。用这种方式启动泵时应注意，泵在出口阀门关闭时的运行时间不能过长，否则泵内会发生汽化。为此，有的机组采用了在出口阀门部分开启（一般为全开度的10%）的情况下启动，这样既可避免全开出口阀门启动时引起电动机过负荷的问题，又可避免采用闭阀启动时间过长引起泵内发生汽化的现象。

有许多热网疏水泵，从泵的吸入室引出一连通管与热网加热器的蒸汽室相通，连通管可以将泵内存留的气体或运行中泵入口部分发生汽化时产生的气体及时排到加热器的汽室内，有利于疏水泵的稳定运行。因此，泵在启动前和运行中，需将该连通管上的阀门打开。

（二）热网疏水泵的运行维护

（1）热网疏水泵启动运行后，应用听针仔细倾听泵内及轴承声音是否正常，不正常时应停泵检查处理。

（2）轴承（包括电动机轴承）振动值应低于该泵运行转速对应的国标振动值。

（3）电动机定子绕组和铁芯的最高温度不得超过铭牌规定，未规定的不得超过80℃。环境温度在35℃以下时，最大温升不得超过45℃。电动机外壳温度不得超过75℃。

（4）检查热网疏水泵出口压力正常，电流不超过额定值。

（5）轴承内油质良好，油位正常，油环带油良好。

（6）轴瓦冷却水畅通并开度适当。

（7）热网疏水泵联锁保护在投入状态。同时还应检查系统管道、阀门及泵体是否完好，有无泄漏情况等。

（三）热网疏水泵的联锁试验和定期校验

为了保证热网加热器和疏水泵的正常运行，热网疏水泵一般都设有如下的联锁及保护。

1. 泵与泵之间的相互联锁

为保证热网加热器可靠地运行，水位不致过高，热网疏水泵都设有备用泵，并设置了疏水泵的联锁装置。具体是当运行泵发生故障跳闸时，备用泵自动投入运行，以保证加热器汽侧不发生满水事故，维持正常运行。

热网加热器的疏水泵在启动前因无疏水，必须在试验位置做各泵的联动试验。试验时，必须将其电源开关置于试验位置，合上试验泵操作开关，投入联锁开关，按下试验泵的事故按钮，此时事故喇叭响，泵掉闸绿灯闪，备用泵应被联动，红灯闪。合上备用泵的操作开关，断开掉闸泵操作开关。用同样的方法可试验另一台泵，当所有联动试验合格后，操作开关断开，将设备送至“工作”位置。有些电厂的尖加疏水泵的电动机是属于380V的低压电动机，试验时就只能进行带泵试验了。方法为：先启动一台泵，检查正常后投入联锁。捅掉运行泵事故按钮，运行泵跳闸，备用泵联动，同理可做另一台泵的联锁。需注意的是整个试验过程应控制在最短的时间内完成。

2. 防止热网疏水泵发生汽化的保护

热网疏水泵还有低水位停泵试验。为了防止热网疏水泵汽化，在热网加热器水位达低Ⅱ值时，一般都要停止其运行。试验时，应先在试验位置合上热网疏水泵，然后由热工人员短接水位低Ⅱ值信号，疏水泵应掉闸。

此外热网疏水泵还有以下保护：

（1）当热网疏水泵的流量超过允许的最大流量时，备用泵应自动启动。

（2）当热网疏水泵的流量降到允许流量的最小流量时，再循环调整门自动打开或自动停止疏水泵。

二、热网循环水泵的运行

随着我国集中供热事业的不断发展，以高温热水作为载热质的城市采暖水热网也得到很大发展，容量也在逐渐增大。热网水泵工作的可靠性，直接影响着热网系统运行的稳定性与经济性，具有重要的社会意义。

热电厂中的热网系统一般采用热网循环泵和热网疏水泵，疏水泵在前面已做了介绍，下面主要讲述热网循环水泵。

（一）热网循环水泵的工作特点

目前，国内大型的城市集中供热水热网系统的一次网都采用了双管式封闭循环系统。热网循环水泵的作用就是为这一封闭循环系统提供必要的动力，将携带热量的热网循环水进行升压，使水在热网的热源加热器及二次网的转换器之间形成循环，以达到输送热量的目的，完成热质的传递与转移。由于城市集中供热的供热面积很大，而作为热源的热电厂一般距离市区又较远，为使循环水能够携带足够的热量，并具有较小的循环阻力损失，一次网系统的主管道设计的管径一般都较大，有的已达800～1200mm，这就要求采用大流量的热网循环水泵。

采用封闭循环的水热网系统，供水温度一般为110～150℃，回水温度为50～70℃，因此防止热网循环水泵入口的汽化是一个不可忽视的问题。为防止热网循环水泵的汽化，一般都将热网循环水泵布置在热网加热器入口处的回水管道上，选型时也应采用抗汽蚀性能较好的水泵，除此以外，还要求在运行中泵的入口处具有一定的压力，一般入口压力不低于0.1MPa。

热网循环水系统是一个庞大的系统，保证热网循环水泵及其出入口参数的稳定是非常重要的。如果其出口压力不稳定，在热网系统中便会形成压力冲击波，严重时会引起“水锤”，造成设备的损坏。为了能方便地调节热网循环水泵的出口压力，并使其在系统阻力变化时，能平稳过渡，现在热网循环水泵一般均采用液力联轴器，来调节其出口压力，以使其与系统阻力相匹配，保持出口压力的稳定。另外，采用液力联轴器，在节能方面的作用也不可忽视，因为为了保证热网循环水泵在各种工况下正常工作，特别是热网系统部分运行以及启动初期逐渐升压过程中时，此时往往采用出口门节流的方法来保持系统压力稳定及其平稳过渡，这样就造成了节流损失，而采用液力联轴器则可以避免这个问题。

由于热网循环水泵输送的工质是具有一定温度的热水，所以要求泵在结构上应能解决轴封的密封及冷却问题。泵在运行中应投入轴封冷却水，防止发热磨损。

（二）热网循环水泵的运行维护

热网循环泵运行中，应注意做好以下维护工作：

（1）定时观察并记录泵的进出口压力、电动机电流及轴承温度的指示数值，发现不正常现象，应分析原因，及时处理。

（2）经常用听针倾听内部声音（倾听部位主要是轴承、填料箱、压盖、水泵各级泵室及密封处），注意是否有摩擦或撞击声，发现其声音有显著变化或有异声时，应立即停泵检查。

（3）经常检查轴承的润滑情况。查看油环的转动是否灵活，其位置及带油是否正常；用黄油润滑的滚动轴承，黄油不要加太满，黄油杯也不要用力旋紧，油量过多也会引起轴承发热；当轴承连续运转 800 ~ 1000h 后，应更换轴承中的润滑油料。

（4）轴承的温升（即轴承温度与环境温度之差）一般不得超过 30 ~ 40℃，但轴承最高温度不得超过 70℃，否则要停泵检查。

（5）检查水泵填料密封处滴水情况是否正常，一般要求泄漏量不要流成线即可，以 30 ~ 60 滴/min 为合适。

（6）注意轴承冷却水水流情况是否正常。

（7）运行中循环水泵及其电动机的轴承振动不得超过有关的标准，超标时应停运检查。

（8）电动机定子绕组和铁芯的最高温度不得超过铭牌规定，未规定的不得超过 80℃。环境温度在 35℃以下，最大温升不得超过 45℃。电动机外壳温度不得超过 75℃。

由于热网循环水泵在热网中的特殊地位，除以上要求外，还应注意以下几点：

(1) 热网系统要求压力稳定，不能突变，因此要求在泵出口门关闭的情况下启动，特别是在热网系统第一次投运启动首台水泵时，其出口门不能一下大开，应根据入口压力的变化缓慢开启，这样热网系统不致发生水击，也能保证泵的入口压力维持在规定范围内，以避免由于补水流量跟不上，而造成泵入口拉空或汽化的现象发生。

(2) 热网系统庞大，管线长，热网循环水泵出口压力变化后，经供水管道、热网换热站及回水管道，需要很长时间才能反映到泵的入口，所以启动第二台及以上的泵时，应视热网容积的大小及距离热用户的远近，而保持一定的启动间隔，使整个管网系统压力平稳变化，运行稳定。一般认为当回水压力有所反应时，再启动第二台泵比较合理。

(3) 热网系统停运时，要缓慢关闭要停的第一台泵的出口门后再停泵，注意泵出、入口母管压力，待泵入口母管压力稳定后，再依次停止第二、三台泵，直至最后剩一台泵运行为止，保证系统内的压力逐渐降低。当入口母管压力降到0.2MPa以下稳定运行一段时间后，方可停止最后一台泵，以防止入口母管超压。

(4) 在两台泵互相切换时，应逐渐关小停止泵的出口门，同时缓慢开启启动泵的出口门，注意管网供、回水压力不发生较大的变化。

(5) 当回水温度发生变化时会影响回水压力，此时要注意及时调整，防止回水压力过高或过低造成跳泵。

(三) 热网循环水泵的联锁试验和定期校验

当热网循环水泵入口压力过低时，会造成泵入口及管网系统中发生汽化，水循环被破坏；而泵出、入口压力过高时，又会造成热网设备或管道超压，严重时将导致热网设备和管道的损坏。因此，为保证热网系统和热网循环水泵的安全，设置有入口压力低、入口压力高和出口压力高等联锁保护装置，运行中应投入这些保护装置。例如某热电厂的热网系统，有六台热网循环水泵，正常运行中五台泵运行，一台泵备用，设有下列保护：泵入口压力低于0.1MPa时，保护动作停泵；泵入口压力高于0.5MPa延时20s保护动作停泵；泵出口压力高于2.25MPa延时20s保护动作停泵；当有四台以上泵运行，由于种种原因有三台以上不运行延时10s触发保护动作停所有泵。

热网循环水泵是热网系统中功率最大的设备，热网循环水泵与热网疏水泵一样，也设有联锁装置，也需要进行联锁试验。试验时应先将电动机开关放至“试验”位置，送上操作电源，将所试验的设备在“试验”位置启动，信号正确，投入联锁。选择好备用泵，当将运行泵事故按钮捅掉后，此时事故喇叭响，运行泵掉闸，掉闸泵绿灯闪，备用泵应联动，红灯闪，检查信号正确后，合上备用泵操作开关，断开掉闸泵的操作开关。再同样做其他泵的联锁。当所有联动试验合格后，操作开关断开，将设备送至“工作”位置。

三、热网补水泵的运行

（一）热网补水泵的工作特点

要保证热网和所有用户系统都能安全和可靠的工作，必须保证热网各点运行时压头都维持在规定的范围内。同时，当运行停止时，也应使整个管网系统达到规定的静压力。无论热网处于工作还是静止状态，都必须使热网中的一个点（或者在地形复杂情况下的数个点）的压力维持在给定值，从而保证水压图的实现。热网中压力需保持不变的地方称为热网的定压点。

定压点可以在供水管上，也可以在回水管上。为了更好地保证用户（局部）系统的压力稳定，回水管固定是比较有效的。

热网补水泵由热网除氧器水箱取水，补水至热网回水管。热网补水泵一般采用电动机变频调节或泵出口设置调节阀来调节流量，热力网运行中，应根据定压点的压力要求调节热网补水泵的出力，来保证整个热力网运行的水压稳定。

（二）热网补水泵的运行维护

同热网疏水泵的运行维护相同。

（三）热网补水泵的联锁试验

热网补水泵一般设置两台，两台之间要有互联功能。热网补水泵泵间联锁只能进行带泵试验，先启动一台泵，检查正常后投入联锁。捅掉运行泵事故按钮或拉掉运行泵，此时事故喇叭响，运行泵掉闸，掉闸泵绿灯闪，备用泵应联动，红灯闪，合上备用泵操作开关，断开掉闸泵的操作开关。同理做另一台泵的联锁。

第二节　热力网水泵的启停及切换操作

一、热网疏水泵的启停及正常切换操作

1. 热网疏水泵的启动

热网疏水泵启动前，首先应做好如下检查工作：

（1）检查泵与电动机固定是否良好，螺丝有无松动和脱落。

（2）用手盘动联轴器，泵转子应转动灵活，内部无摩擦和撞击声，

否则应将水泵解体检查，找出原因。

(3) 检查各轴承的润滑是否充分，检查轴承中的油位应在油位计的1/2～2/3处，油质应正常，否则要换新油。

(4) 有轴承冷却水时，应检查冷却水是否畅通，有堵塞时应清理。

(5) 检查泵端填料的压紧情况，其压盖不能太紧或太松，四周间隙应相等，不应有偏斜使某一侧与轴接触。

(6) 检查泵出、入口压力表是否完备，指针是否在零位，电动机电流表是否在零位。

(7) 联系电气人员对该泵电动机测绝缘合格后，送上电源。

(8) 对于新安装或检修后的泵，必须检查电动机转动方向是否正确，接线是否有误。

(9) 检查热网加热器保持有一定水位。

经过全面检查，确认一切正常后，可以做启动的准备工作：

(1) 关闭热网疏水泵出口阀门，以降低启动电流。

(2) 打开泵壳上放空气阀（或旋塞），待放空气阀冒出水后将其关闭。

(3) 打开热网疏水泵的再循环阀门。

完成上述准备工作后，就可以合上热网疏水泵的操作开关，这时应注意电动机的启动电流是否符合允许范围，若启动电流过大，则必须立即停止启动，查明原因，以免造成电动机因电流过大而烧毁。疏水泵启动后应注意其出、入口压力表是否正常，轴承振动是否在允许范围内，如果正常即可缓慢打开出口阀门，并注意其出口压力和电流指示，将疏水泵投入正常运行，调整热网疏水泵再循环门，保持热网加热器水位正常。

热网疏水泵的空转（即泵出口门在关闭状态）时间不允许太长，通常以2～4min为限，因为时间过长会造成泵内水的温度升高过多甚至汽化，致使泵的部件受到汽蚀或受高温而变形损坏。

热网疏水泵刚启动时，由于热网加热器负荷较小，疏水量较少，需要用再循环门来调节加热器的水位，保证疏水泵不发生汽化。

2. 热网疏水泵的停止

在停运热网疏水泵前，应先停止对应热网加热器的抽汽，待热网加热器的水位接近低限时，关闭热网疏水泵的出口门，然后断开热网疏水泵操作开关。

在事故情况下，也会出现先停运热网疏水泵的情况，但要随即关闭泵出口门，防止出口止回阀不严使疏水泵发生倒转。

若热网疏水泵需退出备用转为检修，则还要关闭其入口阀门及轴瓦冷却水阀门，电动机停电等。

3. 热网疏水泵的切换操作

检查备用热网疏水泵具备启动条件，合上备用热网疏水泵的操作开关，检查一切正常后，开启备用热网疏水泵出口门。然后关闭运行热网疏水泵的出口阀门，断开运行热网疏水泵的操作开关，停止运行热网疏水泵。在切换热网疏水泵的过程中，应注意再循环门的开关情况正常，以便能够始终保持热网加热器的水位在正常范围内。

二、热网循环水泵的启停及正常切换操作

1. 热网循环水泵的启动

热网循环水泵启动前，同样应做好如下检查工作：

具体检查项目详见热网疏水泵的（1）～（8）项。

经过全面检查，确认一切正常后，可以做启动的准备工作：

（1）关闭热网循环水泵出口阀门，以降低启动电流及能保持热网循环水系统压力的稳定。

（2）打开泵壳上放空气阀（或旋塞），待放空气阀冒出水后将其关闭。如果空气阀无水放出，应继续向循环水泵内灌水，直至空气阀冒出水后排尽空气方可。

完成上述准备工作后，可以合上热网循环水泵操作开关，这时应注意电动机的启动电流是否符合允许范围，若启动电流过大，则必须停止运行，查明原因，以免造成因电流过大而烧毁电动机。热网循环水泵启动后应注意其出入口压力表是否正常，轴承振动是否在允许范围内，如果正常即可缓慢打开出口阀门，控制系统压力上升速度，并注意其出口压力和电流指示，将热网循环水泵投入正常运行，关闭循环水泵出入口联络门。

热网循环水泵的空转时间也不宜太长，因为时间过长会造成泵内水的温度升高过多甚至汽化，致使泵的部件受到汽蚀或受高温而变形损坏。

2. 热网循环水泵的停止

在停运热网循环水泵前，应缓慢关闭热网循环水泵的出口门，然后断开热网循环水泵操作开关。

在事故情况下，也可先停运热网循环水泵，但要立即关闭泵出口门，防止出口止回阀不严，造成热网循环水泵发生倒转。

若热网循环水泵需转入检修，则还应关闭其入口阀门及轴瓦冷却水阀门，电动机停电。

3. 热网循环水泵的切换操作

检查备用热网循环水泵具备启动条件，合上备用热网循环水泵的操作开关，检查一切正常后，缓慢开启备用热网循环水泵出口门，同时逐步关小运行热网循环水泵的出口阀门，尽量维持热网循环水系统压力稳定，待运行热网循环水泵的出口阀门全关后，断开其操作开关，停止热网循环水泵运行。在切换热网循环水泵的整个过程中，要注意热网循环水母管压力及流量均应保持在正常范围内。

三、热网补水泵的启停及正常切换操作

带调节阀的热网补水泵的启停及正常切换操作与热网疏水泵的方法基本相同，这里不再介绍了，下面介绍变频调节的热网补水泵的启停及正常切换操作方法。

1. 热网补水泵的启动

热网补水泵启动前，应做好如下检查工作：

具体检查项目除与热网疏水泵的（1）~（8）项相同外，还需注意：

（1）检查各轴承的润滑是否充分。使用黄油润滑的滚动轴承，黄油不要加太满，黄油杯也不要用力旋紧，油量过多也会引起轴承发热。使用滑动轴承的补水泵应检查轴承中的油位在油位计的1/2 ~ 2/3，油质应正常，否则要换新油。

（2）热网除氧器保持正常水位。

经过全面检查，确认一切正常后，可以做启动的准备工作：

（1）关闭补水泵出口阀门。

（2）打开泵壳上放空气阀（或旋塞），待放空气阀冒出水后将其关闭。

（3）将变频器手动调至最小位置。

完成上述准备工作后，便可以合上补水泵操作开关，开启补水泵出口门，逐渐调整变频器，使补水泵转速逐渐提高至定速运行，补水泵启动后应注意观察其出入口压力表是否正常，轴承振动是否在允许范围内，并注意其电流指示，正常后将变频器投入自动，补水泵根据热网循环水母管压力变化进行自动补水。

2. 热网补水泵的停止

手动调节变频器，使热网补水泵的转速降至最低，再关闭热网补水泵的出口门，然后断开热网补水泵操作开关。

在事故情况下，先停运补水泵，立即关闭泵出口门，防止出口止回阀不严补水泵发生倒转。

若热网补水泵需退出检修，要关闭其入口阀门及轴瓦冷却水阀门。

3. 热网补水泵的切换操作

检查备用热网补水泵具备启动条件，合上备用热网补水泵的操作开关，检查一切正常后，开启备用热网疏水泵出口门，逐渐调节备用泵的变频器提高转速，同时调节运行泵的变频器降低运行泵转速直至最低，然后关闭运行热网补水泵的出口阀门，断开运行热网补水泵的操作开关，停止运行补水泵。在切换热网补水泵的过程中，注意调节两台补水泵的变频器，使补水泵的负荷切换平稳，热网循环水母管压力基本保持不变。

第三节　热力网水泵故障的原因分析及处理

一、事故处理的一般原则

当热力网水泵发生强烈振动、能够清楚地听到或看到泵内有金属摩擦声、电动机冒烟或着火、轴承冒烟或着火等严重威胁人身和设备安全的故障时，应执行紧急停泵。具体操作步骤为：

（1）揿故障泵的事故按钮或断开其操作开关。

（2）检查备用泵应立即自动投入运行，保证供水正常。若备用泵联动无效，应立即手动启动。

（3）检查故障泵电流到零，泵不倒转。否则应手动关闭故障泵出口门。

（4）及时汇报有关领导，并采取必要的措施，避免事故扩大以及影响其他系统和设备。

（5）故障处理完毕后，应做好详细记录，以便于事后的事故分析。

（6）故障处理结束，系统稳定后，根据检修人员要求将故障设备列检修状态检修。

当热网水泵发生盘根发热、冒烟或大量滋水，滑动轴承温度达65～70℃或滚动轴承温度达80℃并有升高的趋势，电动机电流超过额定值或电动机本体温度超过规定值，轴承振动超过规定值等故障时，则应先启动备用泵，再停止故障泵，因为水泵发生这些故障时，在短时间内尚不会造成设备的严重损坏，这样处理对系统运行的影响比较小，有利于系统的安全稳定运行。

二、热网疏水泵的常见故障原因分析与处理

热网疏水泵常见故障的原因分析及处理方法，见表17－1。

表 17－1　热网疏水泵常见故障原因及处理方法

故障现象	原因	处理方法
出力不足或不出水	（1）叶轮损坏；	（1）更换叶轮；
	（2）出口阀门、再循环调整门调整不当或出入口门门柄掉；	（2）检查调整出口阀门、再循环调整门或检修故障阀门；
	（3）吸入侧有异物；	（3）清理叶轮及吸入口；
	（4）吸入空气；	（4）关小出口门，开大再循环门，提高加热器水位；
	（5）发生汽蚀；	（5）提高加热器水位或调整运行工况点；
	（6）热网加热器内水位太低；	（6）提高加热器水位；
	（7）转向反	（7）倒换电动机接线
不能启动	（1）电动机故障、电气系统或热工回路有问题；	（1）检查电动机、电气系统或热工回路；
	（2）异物进入转动设备，发生卡涩；	（2）清理异物；
	（3）轴承故障卡住；	（3）更换轴承；
	（4）不满足启动条件	（4）按启动条件逐一检查排除
超负荷	（1）转动部分损坏；	（1）检修转动部件；
	（2）填料压盖过紧；	（2）调整填料压盖；
	（3）电压下降；	（3）检查电源电压；
	（4）电动机缺相运行；	（4）检查电动机接线及开关；
	（5）轴承损坏	（5）更换检修轴承
异常振动	（1）发生汽蚀；	（1）提高加热器水位，调整运行工况；
	（2）靠背轮不同心；	（2）重新找正；
	（3）轴承损坏；	（3）更换轴承；
	（4）轴弯、转子不平衡；	（4）直轴，消除不平衡；
	（5）地脚螺栓松动或基础不牢固；	（5）紧固螺栓或加固基础；
	（6）转动部分松动	（6）检修松动部件

三、热网循环水泵的常见故障原因分析与处理

热网循环水泵故障的原因分析及处理方法与热网疏水泵基本相同，但

要注意表 17 – 2 中的区别。

表 17 – 2　热网循环水泵故障原因及处理方法

故障现象	原因	处理方法
出力不足或不出水	(1) 出口阀门调整不当或出入口门门柄掉;	(1) 检查调整出口阀门或检修故障阀门;
	(2) 发生汽蚀	(2) 适当提高回水压力，开启泵体排空
异常振动	发生汽蚀	适当提高回水压力，开启泵体排空

四、热网补水泵的常见故障原因分析与处理

热网补水泵故障的原因分析及处理方法与热网疏水泵基本相同，但要注意表 17 – 3 中的不同。

表 17 – 3　热网补水泵故障原因及处理方法

故障现象	原因	处理方法
出力不足或不出水	(1) 吸入空气;	(1) 关小出口门，开大再循环门，提高热网除氧器水位;
	(2) 发生汽蚀	(2) 提高热网除氧器水位或调整运行工况点
异常振动	发生汽蚀	提高热网除氧器水位，调整运行工况

提示　第一 ~ 三节内容适用于初级工使用。

第十八章

热力网加热器和除氧器的运行

第一节 热力网加热器的运行

一、热力网加热器的结构及系统

热网加热器是高温热水网中的热源设备。一般和热网水泵一起装设在汽轮机下部零米处，可以全厂集中布置，也可以按每台机组单独布置。随着热网容量的增大，为适应热网低扬程、大流量的工作要求，热网加热器不仅体积巨大，而且趋向于换热系数高的卧式横管结构，在发电厂内集中布置。

图 18－1 为 PC－2400－16/6V－GA 型热网加热器的结构简图。它主要由外壳、水室封头、管板和管束等组成，直径 2.4m，长 11.6m。为使较长的换热管束换热均匀，汽侧设有两个进汽口，且进汽口处设有两个缓冲挡板，这样不仅均布了蒸汽，而且可防止入口处管束被冲刷。

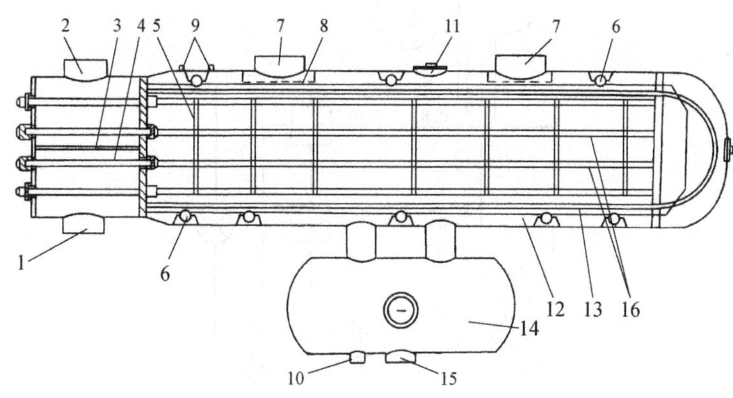

图 18－1 典型热网加热器结构简图

1—加热器水侧入口；2—加热器水侧出口；3—水室隔板；4—连接螺栓；5—汽侧挡板；6—内部滑动支架；7—汽侧入口；8—缓冲挡板；9—汽侧安全阀接口；10—再循环接口；11—检修人孔；12—内部固定支架；13—加热器 U 形管系；14—凝结水箱；15—凝结水出口；16—内部固定支架

此加热器内部U形管束单程长9.0m，为使其得到良好支撑，且能自由膨胀，在加热器内部的壳体和管束支架之间设有导向滑轮作为管束的滑动支撑。

加热器下部设有单独的凝结水箱，用来收集加热器的疏水，以防止热负荷小时，热网疏水泵因疏水少而汽化。

由于热网水泵均为低扬程，因而热网加热器的水室端盖采用了螺栓连接，检修时可直接打开水室端盖，拉开整个管束清洗。

热网加热器是用来加热热网水的，它的工作原理和构造与表面式加热器类似。其特点是容量和换热面积均较大，端差可达10℃，为了便于清洗一般采用直管管束。

热网加热器系统一般装设基本和尖峰两种加热器，如图18－2所示。基本加热器在整个采暖期间均运行，它是利用汽轮机的0.12～0.25MPa的调整抽汽作为加热蒸汽，可将热网水加热到95～115℃，能满足绝大部分供暖期间对水温的要求。尖峰加热器在冬季最冷月份，要求供暖水温达到120℃以上时使用。尖峰加热器在水侧与基本加热器串联，利用压力较高的汽轮机抽汽或经减温减压后的锅炉蒸汽做汽源。

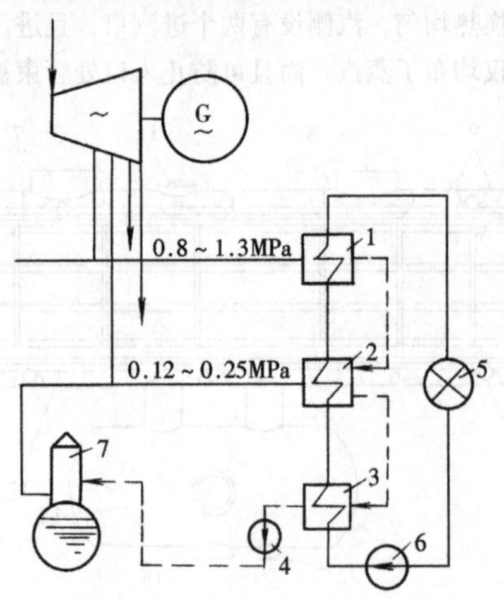

图18－2　热网加热器连接系统

1—尖峰加热器；2—基本加热器；3—疏水冷却器；4—热网疏水泵；5—热用户；6—热网水泵；7—大气式除氧器

在图18－2所示的热网加热器连接系统中，热网加热器的容量和台数，应根据热负荷来选择。一般不设备用加热器，但是任一台加热器停运时，其余加热器应能保证最大热负荷的70%。

热网加热器的疏水一般都引入到回热系统中，疏水方式采用逐级自流，最后的疏水用热网疏水泵送往与加热器共用一段抽汽的除氧器或引到与热网加热器共用一段抽汽的表面式加热器后的主凝结水管道中。但也有的热电厂是将热网加热器的疏水回收到对应抽汽机组的凝汽器中的。

二、热力网加热器的投停和运行维护

1. 热网加热器的启动

热网加热器启动前，首先要联系电气人员将加热器的出入口水门、旁路水门、进汽电动门及事故放水门送电，调试正常；联系热工人员将加热器的有关表计送电，运行人员检查加热器进出口水门在关闭位置，旁路门在开启位置，水侧排空气门开启，进汽电动门关闭，加热器汽侧放水门开启，加热器的有关表计投入正常。

在以上准备工作完成后，即可以投入热网加热器水侧，先稍开入口水门灌水排空，待空气门冒水后关闭排空门，大开入口水门。开启出口水门，关闭旁路门。检查管束不泄漏，汽侧无水位，热网加热器水侧正常投入运行后，即可投入汽侧运行。

投入汽侧前要充分疏水，打开进汽电动门前管道疏水门，待疏水排尽后方可投入加热器汽侧，以避免管道及加热器冲击。投入汽侧时，要先进行暖体，稍开进汽电动门、汽侧排空气门，维持加热器出口水温升不大于0.5℃/min，暖体约20 min后，可逐渐开大进汽门投入汽侧运行（在疏水水质未合格，热网疏水泵未启动前，加热器汽侧放水门不得关闭），关闭蒸汽管道电动阀、止回阀前后疏水门。

对初次投入的热网加热器还需要对加热器汽侧、水侧进行冲洗。

热网加热器汽侧冲洗方法：检查加热器的进汽电动门处于严密关闭状态。疏水系统所有阀门处于关闭状态。开启加热器补水临时管路上的补水门，启动热网补水泵，用补水泵通过临时管路向加热器汽侧灌水。补水过程中检查热网加热器阀门、法兰、表管、焊口有无泄漏现象，并及时处理。加热器汽侧补水至高水位时，停止补水，对加热器进行浸泡。开启热网疏水泵入口门及放水门，对每个加热器排放冲洗10min之后将加热器水位重新补至高限。启动试转热网疏水泵，疏水泵试转正常，开启再循环门，对加热器进行循环冲洗，并注意疏水泵入口滤网的差压达定值时清洗入口滤网。经排放重新补水，反复冲洗至水质合格。

为防止杂质及生水进入加热器，热网加热器是不参加外网冲洗的。当外网已冲洗合格，整个系统用软化水充满时，方可进行热网加热器水侧的冲洗，冲洗步骤为：

热网系统补入软化水，入口压力达到一定数值时，启动热网循环泵，开启加热器旁路门，进行热网水系统循环，经循环过滤冲洗水质合格后，稍开加热器水侧入口电动门灌水排空后，关闭排空门，大开加热器水侧入口电动门，开启出口门，关闭水侧旁路门，投入该加热器循环。按上述方法，依次将加热器投入循环，直至冲洗水质合格。

2. 热网加热器的停运

热网加热器因检修停运时，应先关闭加热器空气门，缓慢关闭进汽门，停止热网疏水泵，开启汽侧放水门，开启加热器抽汽管道有关疏水门。再开启热网加热器水侧旁路门，关闭加热器水侧出、入口门，开启水侧放水门及排空气门即可。如果是采暖期结束，系统全停，则加热器水侧充压力水，而汽侧充入氮气，用来防腐保护。

3. 热网加热器的正常运行维护

正常运行中要注意监视热网加热器汽侧的压力、温度，以及水侧出、入口温度，尤其应注意监视加热器的水位，保持在正常位置，防止水位过低，热网疏水泵汽化；水位过高，加热器冲击。

三、热力网加热器的故障及处理

加热器管束的泄漏是加热器运行中的最常见也是最严重的故障之一。其原因是管子受腐蚀或浸蚀，管束隔板安装不正确而引起的加热器本体振动，管子本身质量不良，以及安装工艺差，运行方式不当产生过大热应力等。泄漏严重时，不但影响加热器的安全运行，而且有可能沿抽汽管道返回到汽轮机中，造成汽轮机组的水冲击事故。故运行中要对加热器水位高保护进行定期检查、校验，确保其正确投入。运行中人为地检测加热器管束泄漏时，应将该加热器退出运行。

汽塞也是热网加热器常见的故障，其主要原因是水侧压力低，流量小。汽塞常发生在采暖初期及末期，此时外网用水量较少，供水温度要求较低。加热器旁路门开启调整出口水温，当加热器内水流量过小时，因热网水压低，就会使加热器水侧的水因温度超过饱和温度而汽化，阻塞水流。发生这种情况后，要及时关闭进汽门，打开水侧排空门排出水侧蒸汽。待水侧恢复正常后方能重新投入加热器抽汽。

热网加热器的常见故障还有：

（1）运行中加热器水位升高。其原因及处理如下：

1）原因：①管束泄漏或爆破；②热网加热器疏水泵故障或跳闸；③疏水调节阀自动失灵或调节不当；④假水位。

2）处理：①如果确证为加热器管束破裂经采取措施仍不能维持正常水位时，应及时停运进行检修，将加热器进汽门关闭，开启事故放水门，水侧走旁路；②疏水调节阀自动调节失灵时，应切换到手动操作并开启疏水调节阀；③如热网疏水泵故障或跳闸，应启动备用疏水泵；④如系假水位，应检查水位计阀门位置是否正确，并对水位计进行冲洗，检查是否有杂物堵塞。

（2）加热器出水温度降低。其原因及处理如下：

1）原因：①热网加热器水位过高；②加热蒸汽量减少；③加热循环水量增加；④加热器的铜管内、外壁结垢，影响传热；⑤加热器内结聚空气；⑥热工测量表计失灵。

2）处理：①维持加热器水位正常，检查疏水器是否良好，疏水是否畅通；②检查加热蒸汽压力是否正常，若低则应提高抽汽压力；③根据循环水量增加，调整进汽量，保持出水温度正常；④若加热器的端差大，应视情况进行清洗管壁或酸洗铜管；⑤开启加热器排空气门排出空气；⑥联系热工人员校验测量表计。

（3）加热器冲击或振动。其原因及处理如下：

1）原因：①加热器冷态启动时暖管不够，疏水不充分；②加热器水位过高；③加热器水侧积空气。

2）处理：①如果是因冷态启动发生振动冲击，则应当关闭进汽门，重新暖管投入，并注意充分疏水；②加热器水位过高可开大疏水调整门或启动备用疏水泵；③如水侧有空气，则应打开水侧排空气门，检查是否积空气。

第二节　热力网除氧器的运行

一、热网除氧器的工作原理及结构

热网除氧器的作用是除去热力网补充水中的氧气，保证补充水的品质。

补水的除氧是防止管道腐蚀的主要方法，在容器中，溶解于水中的气体量与水面上气体的分压力成正比例，采用热力除氧的方法，即用蒸汽来加热补水提高水的温度，使水面上蒸汽的分压力逐步增加，而溶解气体的分压力则渐渐降低，溶解于水中的气体就不断逸出，当水被加热至相应压力下的沸腾温度时，水面上全部是水蒸气，溶解气体的分压力为零，水不再具有溶解气体的能力，亦即溶解于水中的气体，包括氧气均可被除去。

热网除氧器属于大气式除氧器，其结构为喷雾填料式除氧器，该种型式的除氧器结构简单，检修方便，除氧效果良好，适应负荷变化的范围大。这种除氧器的除氧头为立式。立式除氧头筒身竖向布置，虽然喷雾面积小，但喷雾区间大，除氧效果好。

除氧的效果一方面决定于是否把补水加热至相应压力下的沸腾温度，另一方面决定于溶解气体的排除速度，这个速度与水和蒸汽的接触表面积的大小有很大的关系，采用喷雾、淋水盘加填料的方式，水通过喷嘴被强烈地播散成雾状下落，与上升的蒸汽流相遇，雾化的结果大大增加了水和加热蒸汽的热交换面积，强化了汽水热交换的效果，雾状的水滴经过淋水盘换热后，继续流经无规则堆放的填料层时，受到蒸汽的进一步加热。水迅速被加热，溶解于其中的气体的排除速度也更快。因此，虽然水在除氧器中停留的时间很短，而除氧效果较彻底，出水含氧量不大于0.015mg/L。

二、热力网除氧器的投停和运行维护

1. 热网除氧器的投入

热网除氧器投入前，首先要联系热工人员将除氧器的进汽电动门、溢流门送电，调试正常；将除氧器的有关表计送电，调整门送电。运行人员检查关闭热网除氧器水箱底部放水门，进汽、进水调整门在关位，溢流电动门在关闭位置。联系热工人员进行除氧器水位保护试验。试验方法如下：

联系热工调整热网除氧器水位升至“高Ⅰ值”，水位高Ⅰ值信号出现，化学软化水泵跳闸；水位升至“高Ⅱ值”，水位高Ⅱ值信号出现，溢流门联开，同时关闭汽轮机供除氧器抽汽加热止回阀和电动阀。调整除氧器水位低至“低Ⅰ值”，水位低Ⅰ值信号出现，联启化学软化水泵；水位低至“低Ⅱ值”，水位低Ⅱ值信号出现，联跳热网补水泵。试验完毕后，恢复系统。

完成上述准备工作后，开始进行热网除氧器的冲洗。

启动化学软化水泵向热网除氧器上水，除氧器水位计见水后，检查热网除氧器所有法兰、阀门、水位计等有无泄漏。除氧器水位至高限后，关闭补水门，停止软化水泵，对除氧器进行浸泡，使除氧器内部的焊渣、锈皮等被水剥落。打开除氧器水箱底部放水门，对除氧器进行排放冲洗。水放尽后，将放水门关闭。启动软化水泵，向除氧器重新上水，如此冲洗几次，直至冲洗水质化验合格。

热网除氧器的投运：除氧器冲洗合格后，保持热网除氧器水位在2/3

的位置，投入除氧器加热蒸汽，开启除氧器再沸腾门进行加热，待除氧器水温加热到100～104℃，维持除氧器内部压力0.02MPa时，关闭再沸腾门。根据要求启动热网补水泵，用除氧器进水调整门保持除氧器正常水位，进汽调整门维持除氧器正常的压力、温度。除氧器投运过程中，注意对蒸汽管道的暖管疏水，防止水冲击引起管道振动。

2. 热网除氧器的停运

热力网运行中，热网除氧器有可能停止加热，改为水箱运行，即除氧器不进行除氧，只作为储水设备，这种情况只需关闭除氧器进汽电动门，开启加热蒸汽管道的疏水门，除氧器的水系统正常运行。如果是采暖期结束，热网加热器停运时，除氧器的水系统也需要停止运行，此时应关闭热网除氧器的补水门，停止化学软化水泵，待除氧器水位降至低限时，停止热网补水泵的运行，关闭停运泵的出口门。大开热网除氧器的放水门，将除氧器内的存水放尽。

3. 热网除氧器的正常运行维护

热网除氧器运行中，由于加热蒸汽压力、进水温度、水箱水位的变化，都会影响除氧效果。因此，热网除氧器在正常运行中应主要监视压力、温度、水位及溶氧量。

热网除氧器的压力和温度是正常运行中监视的主要指标。当除氧器内压力升高时，水温会暂时低于对应的饱和温度，导致水中溶解氧量增加。压力升高过多时，还会引起安全门动作，严重时会导致除氧器爆裂损坏。而压力降低时，水温会暂时高于对应的饱和温度，水中溶解氧量会减少，但要注意这种情况下容易引起自生沸腾。

除氧器水位的稳定是保证热网补水泵安全运行的条件。水位过高将引起溢流管大量跑水，若溢流不及，还会造成除氧头振动，加热蒸汽管道冲击；水位过低而又补水不及时，会引起热网补水泵汽化，影响热网循环水母管的压力，严重时会造成热网循环水泵因回水压力低全部跳闸。

三、热力网除氧器的故障及处理

热力网除氧器运行中常见故障的原因及处理方法如下：

1. 热力网除氧器发生水冲击和振动的原因及处理

（1）原因：①除氧器过负荷（进水量过大，水温过低）或水位过高；②启动或并列时暖管不充分，压力调整不当；③受汽水管道冲击影响。

（2）处理：①当除氧器发生振动时，应迅速降低该除氧器负荷；②如水位过高造成振动时，应采取措施降低水位，必要时可通过溢流放水门放水；③启动或并列时发生除氧器管道振动，应立即停止操作，加强暖管疏水，待疏水放尽后再做启动操作。

2. 热网除氧器水位上升的原因及处理

（1）原因：①水位自动调节装置异常，调整门失控大开，造成除氧器水位上升；②运行中热网补水泵掉闸，水位调整未跟上；③水位表显示错误。

（2）处理：①立即将水位调节装置切为手动，人为控制热网除氧器的上水量，同时联系热工人员处理；②热网补水泵掉闸未联动备用泵时，启动备用补水泵；③立即校对控制室与就地表计，联系热工人员处理。

3. 热网除氧器水位下降的原因及处理

（1）原因：①热网除氧器进水量减少或中断；②热力网补水量增大，除氧器补水量未能及时跟上；③并列运行的除氧器水位波动。

（2）处理：①发生水位下降应立即进行调整并查明原因；②如热力网补水量突增，应及时联系和调整，保持水位正常。

4. 热网除氧器压力升高的原因及处理

（1）原因：①压力调节阀失灵；②除氧器加热汽源压力突然升高；③除氧器进水量突然减少；④人为误操作或调节不当。

（2）处理：①发现热网除氧器压力升高时，应检查压力调节阀是否失灵，如果失灵应解除自动调节改手操；②发现除氧器进水量突然减少应采取措施进行调整，否则应减少进汽量，使压力下降。

5. 热网除氧器压力下降的原因及处理

（1）原因：①压力调节阀失灵；②加热蒸汽压力下降；③除氧器进水量突然增大。

（2）处理：①发现除氧器压力降低时，应检查压力调节阀是否失灵，必要时应及时切换手操；②发现蒸汽压力降低时，应立即汇报单元长恢复；③适当减少补水量（除氧器不能在水位低于最低水位下运行）。

提示 第一、二节内容适用于初、中级工使用。

第十九章

热力网的运行

热电厂的供水系统根据载热介质的不同有汽热网和水热网之分。汽热网供热方式系统简单，启停操作方便；而水热网供热系统较为复杂。目前，我国北方城市的采暖集中供热，大多采用了水热网的供热方式。本章将以国产300MW供热机组的水热网供热方式为例，重点介绍装有大型采暖供热机组的热电厂水热网供热系统的启停操作、运行维护和事故处理等。

第一节 典型水网供热介绍

图19-1和图19-2是某热电厂国产300MW供热机组的水热网供热系统图，它由蒸汽系统、循环水供热系统和疏水系统三部分组成，主要用于我国北方大城市的采暖集中供热。

一、水热网供热系统介绍

1. 蒸汽系统

图19-1为热网的蒸汽疏水系统图。供热网加热器的汽源来自两台汽轮机的中压缸末级排汽，调整抽汽压力为0.245~0.686MPa。来自辅助汽源（来自锅炉或相邻机组）的蒸汽经减温减压器后，作为热网加热器的后备汽源。

1号汽轮机额定抽汽压力为0.245MPa，最大供热量为1476GJ/h；2号汽轮机额定抽汽压力为0.686MPa，最大供热量为1492GJ/h。两台汽轮机的单机额定供热能力均为1254GJ/h，总供热量为2508GJ/h。

热网加热器分为2级，每级两台加热器并联。其运行方式为2台基本加热器和2台尖峰加热器分别并列运行，各承担1254GJ/h的热负荷。

当1号汽轮机组故障停运时，2号汽轮机组仍带尖峰加热器运行，基本加热器可由减温减压器来的备用汽源供给。同样，当2号汽轮机组故障

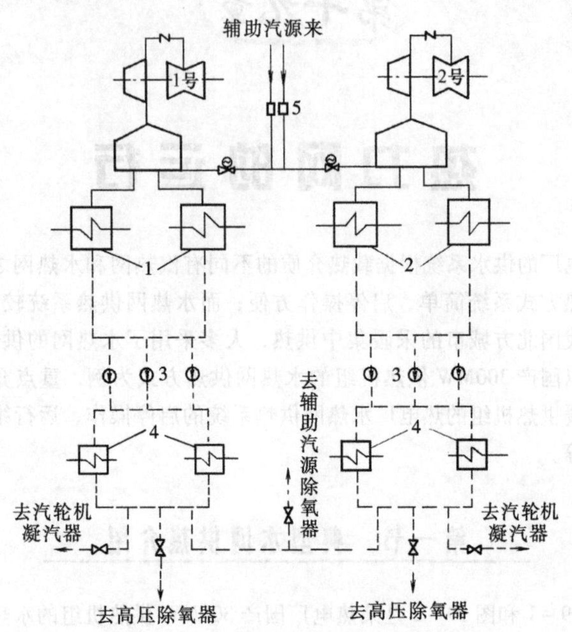

图 19－1　热网蒸汽疏水系统图

1—基本加热器；2—尖峰加热器；3—疏水泵；
4—疏水冷却器；5—减温减压器

停运时，1 号汽轮机组仍带基本加热器运行，尖峰加热器可由减温减压器来的备用汽源供给。

2. 循环水供热系统

图 19－2 为热网循环水供热系统，热网循环水参数为 150℃（供水）/70℃（回水）。额定循环水量为 7500t/h，每台热网加热器的额定通流量均为 3750t/h，管网内总储水量近 40000t。

正常运行工况下，热网循环水先进入 2 台并联的基本加热器，水温从 70℃升至 110℃，然后再进入 2 台并联的尖峰加热器，水温从 110℃升至 150℃。

在 2 号机停运时，由减温减压器来的备用汽源带尖峰加热器，热网循环水经过尖峰加热器，从 110℃升至 134℃。

在 1 号机停运时，由减温减压器来的备用汽源带基本加热器，热网循

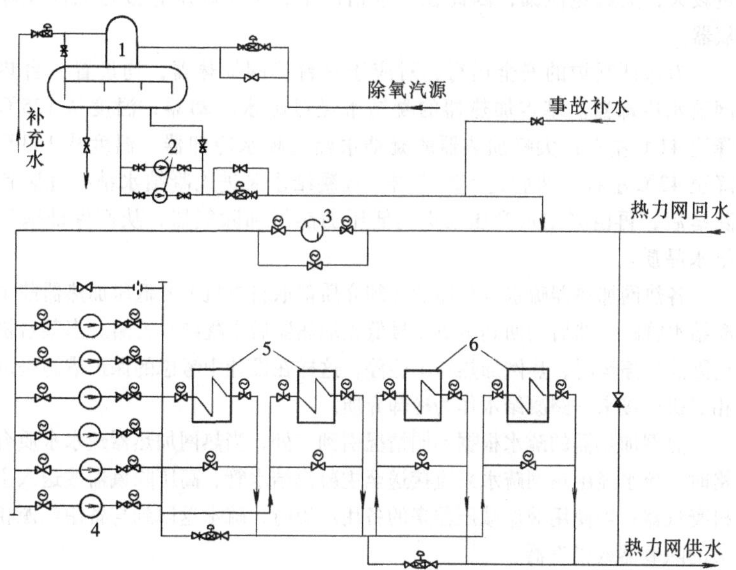

图 19－2　热网循环水供热系统

1—低压除氧器；2—热网补水泵；3—滤网；4—热网循环水泵；
5—基本加热器；6—尖峰加热器

环水经过基本加热器，从 70℃升至 94℃，再经过尖峰加热器，从 94℃升至 134℃。在此工况下，备用汽源来汽由于减压，损失了较多的能量，因而不经济。

热网加热器的循环水均设置有旁路，旁路的容量均为 100% 的循环水量。该旁路有两个作用：

（1）任一台热网加热器停运时，循环水量可通过旁路继续运行。

（2）在热网加热器正常运行工况下，可以根据外界热负荷短时间的变化，主动利用旁路上的阀门，改变旁路部分的水量，进行供热调节。

基本加热器在采暖期应持续运行，这样可用低压蒸汽保证基本供热量，从而提高热电厂的经济性。

3. 疏水系统

该热网加热器的疏水系统较为复杂。主要原因是亚临界压力直流锅炉对给水品质的要求极高，凝结水需要进行精处理，而热网加热器含铁量较大，又难免泄漏，因此在一般情况下，不将疏水直接送入高压除氧器。

为保证锅炉的安全运行，对应于每台热网加热器，均设置一台热网疏水冷却器。基本加热器的凝结水经过疏水冷却器，温度从125℃降至41℃左右；尖峰加热器的凝结水经过疏水冷却器，温度从163℃降至43℃左右，然后送入凝汽器，经凝结水泵进入凝结水精处理装置除盐后，再由凝结水升压泵送到低压加热器和除氧器，从而保证锅炉给水品质。

各热网加热器疏水冷却器的冷却介质都取自本机1号低压加热器前主凝结水管路，然后均回到本机2号低压加热器后主凝结水管路。当某台机组因故障停运时，热网加热器不能停，这样在设计中考虑的保护措施是从相邻机组接来一路凝结水作为冷却介质。

热网加热器的疏水根据不同情况引到三处，当热网加热器疏水水质合格时，疏水经由热网疏水泵直接送至主凝汽结水管、高压除氧器或送入主机凝汽器；当使用减温减压器来的备用汽源时，疏水返回到与备用汽源相关的除氧器或凝汽器。

二、补水、定压及调节方式

1. 补水

热网循环水系统中的补水品质较高。在正常情况下，均为经过化学处理和除氧的软化水，本热网系统设计补水能力为150t/h，由热网补给水泵供给。厂内工业水泵作为事故备用补水水源，补水量也为150t/h。

2. 定压

热网定压点设在热网站循环水入口处。定压点的恒压值由带旁路的补给水泵及补给水出口调节阀保证。补水泵为连续运行。

3. 调节方式

热网的调节方式是采用热电厂热网站内部集中质调节手段。

采用集中质调节，有如下考虑：

(1) 苏联及东欧各国在热电厂供热方面，大多采用此方式，具有相对成熟的经验。

(2) 此方式具有简单易行、便于管理、误操作可能性小等优点。

(3) 该工程采用的凝汽器式供热机组，中压缸排汽不管是用于发电还是用于供热，都会被充分利用。

(4) 采用此方式，对城市热网二级热力站的水量分配没有影响。

图19-3为热网水温随室外温度的变化曲线。它说明在热网循环水量

恒为7500t/h时，热网供、回水温度及二次水的供、回水温度在不同室外温度下的变化。

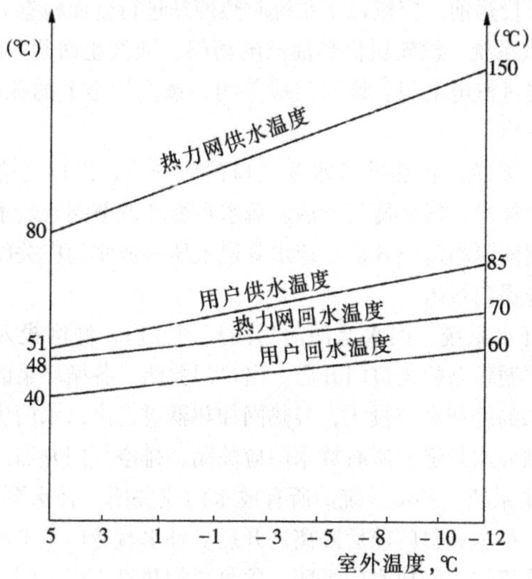

图19-3 热网水温随室外温度的变化

外界热负荷的变化通过调节汽轮机中、低压缸蒸汽连通管上蝶阀的开度来实现。对于较短时间内的热负荷变化，则可借助于热网加热器水侧旁路调节阀来改变热网供水温度。

第二节 热力网的启停操作及运行维护

热力网的启停操作是一个复杂的联合操作过程，涉及多方面的问题，必须统筹安排，有条不紊地进行。

一、热力网投运前的检查和准备

启动前要全面检查系统和设备，发现问题及时汇报处理，以免影响整个热网的启动时间。

启动前应检查检修工作已全部结束，现场清理干净，照明设施齐全，光线充足。

启动前应联系电气人员测量各电动机绝缘，合格后送电；热工人员投入有关仪表、信号、自动及保护电源，各种保护装置根据情况投入运行；各电动门、调整门送电。然后联系化学，热网除氧器准备上水，联系供热外网做好启动准备，要求所有管线上的阀门开关正确，系统畅通。所有管道放水门关闭，排空气门打开。最后，做好厂内热网系统的全面检查。

热网准备投运前，应按以下系统对热网站进行全面检查。

（1）蒸汽系统。汽轮机供热抽汽电动门、抽汽止回阀、调整门关闭，各热网加热器进汽电动门、调整门应关闭，蒸汽管道上的疏水门应开启，排空气门应开启。

（2）疏水系统。各热网疏水泵入口门应开启，出口门应关闭。疏水泵密封水、冷却水、气平衡门开启。疏水再循环调节阀及疏水调节阀应关闭，而调节阀前隔离门应开启，疏水管道上所有放水门应关闭，疏水冷却器的冷却水应提前投入。

（3）循环水系统。回水滤网前后隔离门开启，滤网投入，旁路门应关闭。各热网循环泵的入口门开启，出口门关闭。各循环泵的密封水、填料压盖和轴承的冷却水应投入，各热网加热器进、出口水门应关闭，旁路门应打开。循环水管道上所有放水门应关闭，排空气门开启。

（4）补水系统。补水系统的所有放水门应关闭。补水泵入口门开启，出口门关闭，补水调整门前后隔离门开启。补水直通门及事故备用补水门关闭。热网除氧器底部放水门关闭，除氧器加热进汽门关闭。

经过全面详细的检查，所有系统、设备均符合运行规程要求的条件时，就可以启动热网了。

对于新装初次投运的热力网，还需要进行热网站外网与内网系统的清洗。

（一）热网站外网系统的清洗

在水供暖热网系统中，把到用户的供、回水总门以外的系统称为外网系统；总门以内的系统称为厂内热网系统。目前城市集中供热的大型水供暖系统具有如下特点：供热半径大，输送距离远，供热量大，管径大，系统存水量大，沿途截门（主管线）少等。水供暖系统投运前的清洗十分重要，为达到预期的清洗效果，需要的水量大，且清洗时需维持一定的流速，一般都采用厂内供热网站的热网循环水泵作为动力。在外网清洗的同时，也将厂内热网站的循环水系统一起清洗。另外，为保持清洗的效果，节约用水，清洗时需制订一个合理的清洗方案。

1. 清洗方案

制订清洗方案时，主要考虑以下几个因素：

（1）水源。由于整个管网系统很大，存贮水量很大，清洗时所需的水量成倍增长，这就需要考虑水源问题。在靠近江、河、湖泊的地区，可用江河水来做水源，这样既经济又方便，没有条件的地区，就不得不用地下水或生活饮用水作为水源。总之，水源是热网管道清洗时首先考虑的问题。

(2) 水质。热网管道及设备清洗时，必须考虑清洗水质对设备的影响，对于不锈钢管的加热器，要特别注意水中氯离子等有害物质的含量，另外，清洗水的pH值、纯度、Ca^{2+}、Mg^{2+}等离子的含量均有严格的要求。清洗水质必须保证清洗后，对设备及管道的危害在规定允许范围内。

(3) 清洗效果。除了水源、水质外，还要注意清洗的效果。清洗时必须保证一定的流速（管网主干线清洗时，流速不得小于1m/s），清洗后水的纯度、悬浮物、有机物和杂物的含量必须控制在合格的范围内。

(4) 清洗方法。为保证清洗后的效果，还需制订清洗方法。远距离大管径的水供热管网系统的清洗一般分为以下几步：

1) 人工清理。安装前将管子内表面人工清理干净，管道连接后，将管道内的焊渣及杂物等清理出来，以减轻水冲洗阶段清理的负担。

2) 生水冲洗。此阶段向管网系统灌入生水，进行系统灌水排空、浸泡、循环冲洗、定期排污等粗冲洗，主要是通过冲洗，将管网的杂质、悬浮物、有机物等冲洗掉，保证管网内水的透明度。

3) 软化水清洗。生水粗冲洗之后，将系统存水放尽，灌软化水循环冲洗，通过该阶段冲洗使整个管网系统水的指标完全合格。然后再向热网加热器通水、冲洗、冷循环运行，为热网投入供暖准备条件。

2. 清洗前的准备工作

清洗前，整个管网系统应打压合格，无泄漏。各种辅助设施及表计安装验收完毕。管网系统内的流量孔板、温度计、调节阀阀芯、止回阀阀芯等影响冲洗或易损附件、仪表应拆除，待清洗完毕后重新装上。管网系统的各种阀门应开关灵活，临时补水泵及系统连接好，试运正常。清洗前，应对全网进行全面检查，重点放在阀门、补偿器及排水设施等管道附件上。波纹补偿器的保护拉杆应拆除，波纹间的杂物应清除干净，保证补偿器伸缩自如。厂内热网站设备清洗前做好隔离工作，短接加热器水侧（即循环水走旁路门）。参加清洗的设备、管路上所有高点的排空门应打开，管路上的放水门应关闭。

3. 清洗的步骤

(1) 灌水。启动灌水用临时补水泵，开始向热网系统灌水，记录开始灌水的时间及灌水流量。管道充水过程中，热网系统中沿线各高点空气排尽见水后，关闭排空门，并检查沿线补偿器的工作情况，检查系统无泄漏，水灌满后，关闭所有空气门，停止补水泵，对管道进行浸泡。

(2) 循环冲洗。浸泡2~3天后，启动临时补水泵向系统充水，当回水压力达到一定数值（系统定压点规定值）后，启动热网循环水泵，缓慢开启出口门，主干线开始循环冲洗。注意主干线升压情况，及时检查泄漏情况，从回水管滤网处定期排污，并注意系统回水压力，压力降低较快时，增大补水量关小排污门，并根据滤网差压决定是否清洗滤网。

冲洗过程中，必须保持循环水的流速不低于1 m/s，冲洗至水质初步化验合格，水清晰，悬浮物、杂质等含量符合要求。

(3) 软化水冲洗。生水冲洗合格后，整个管网系统的水放尽，灌入软化水，软化水灌满后，启动热网循环水泵进行软化水循环冲洗，至各项指标经化验合格，满足系统正常运行水质要求时，停止软化水冲洗。

（二）热网站内汽水系统的清洗

热网站内系统包括蒸汽系统、疏水系统、补水系统及厂内循环水系统。厂内循环水系统一般随外网同时冲洗。蒸汽、疏水、补水系统的清洗是热网系统投运前冲洗的另一部分。由于疏水系统与机组汽水系统相连接，疏水水质直接影响机组的安全、经济运行，所以对蒸汽及疏水系统的冲洗有更高的要求。

由于热网蒸汽管道管径较大，难以采用吹管的方法清扫，而又不具备水冲洗的条件。故应在冷态情况下进行人工清理。在热态情况下，随热网加热器供汽升温的同时进行清洗，排放至水质合格。

补水系统包括软化水管道、热网除氧器、热网补水泵、补水管。由于在热网外网补充软水的同时已开始投入，故此部分的冲洗随补水同时清洗了，不需再设临时管道。

疏水系统是指由热网加热器疏水箱与疏水到主凝结水管或凝汽器、除氧器之间的管路。这部分系统包括热网疏水泵、疏水冷却器等设备。这部分管路的清洗是热网厂内水系统清洗的重点。清洗效果的好坏，直接影响热网投运后疏水水质，而疏水水质对主机的影响最大。此部分系统的冲洗应严格按照冷态冲洗和热态冲洗两个步骤进行。

冷态冲洗是在热网投产前的冲洗。将软水通过临时系统补至热网加热器汽侧，利用热网疏水泵的压头，对系统进行冲洗。在进入主凝结水管或凝汽器、除氧器前通过，临时排放管将水排至地沟。图19－4为某厂热网站疏水系统的冲洗系统图。

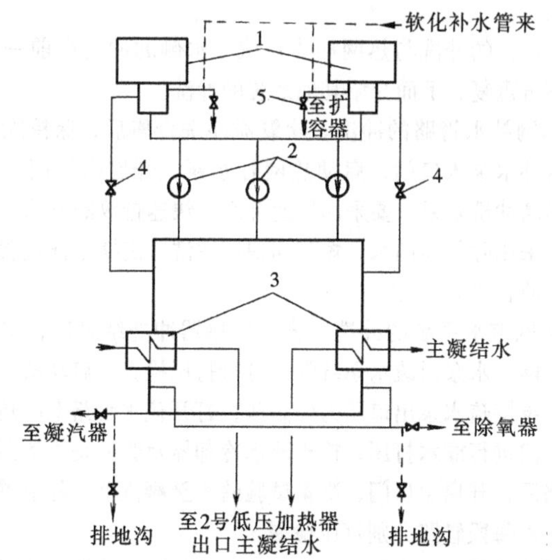

图 19-4　某电厂热网疏水系统冲洗系统图

-----—临时冲洗管道；1—热网加热器；2—热网疏水泵；3—热网疏水冷却器；4—热网疏水泵再循环门；5—热网加热器事故放水门

热态冲洗是在热网加热器进汽升温过程中的清洗。在热网加热器升温时，利用临时排放管对疏水管路进行冲洗，使疏水水质满足机组对回收水质的要求后，回收疏水，以降低汽水损失（此部分随热网整体调试进行）。

1. 冲洗的准备工作

冲洗前，检查热网加热器、疏水冷却器、热网除氧器等所有设备及系统，按要求应全部安装完毕，并按《电力建设施工及验收技术规范　汽轮机组篇》验收合格。根据系统情况确定冲洗方案，安装临时冲洗管道系统，检查冲洗系统与非冲洗系统及运行或检修系统可靠地隔离，必要时加装临时堵板。检查冲洗用的临时仪表，应齐全、正确并投运。同时，应将正常运行中使用的流量孔板、节流孔板等测量装置及重要表计拆除，以防止冲洗时堵塞或损坏。静止状态下进行热网疏水泵、补水泵等子组、功能组控制回路的试验符合要求，进行电动机空转及电动门调整试验合格。准备好充足的软化水和除盐水。冲洗时所用泵轴承加油至正常油位，投入各泵的轴承冷却水系统，应供水正常，回水管排水畅通。

2. 冲洗

热网除氧器的冲洗与热网加热器汽、水侧的冲洗在前一章已做了介绍，这里不再重复，下面介绍其他系统的冲洗。

（1）热网补水管路的冲洗。除氧器冲洗合格后，保持除氧器水位在高限，开启补水泵入口门，启动热网补水泵，开启出口门，将水补至外网。为了提高冲洗效果，要采用快速补水、快速排放的方法。当软化水供水不足时，采用除氧器储水，短时间快速冲洗。定期采样化验，直至水见清，化验水质合格。

（2）热网疏水系统的冲洗。热网加热器冲洗结束后，将水位补至高限，启动热网疏水泵对疏水系统管路进行打压检查。启动疏水泵时，应打开再循环，维持疏水泵出口压力较高些，打开疏水管路上的疏水冷却器入口门、排空门进行灌水打压，检查疏水冷却器及管路是否泄漏。疏水冷却器打压合格后，开启出口门，准备试验疏水至凝汽器、除氧器或主凝结水管的管路，对每段管路分别打压检漏。

疏水系统分段打压合格后，使整个系统按以下路线流程进行反复冲洗至化验水质满足正常运行的要求。

补水→加热器→疏水泵→疏水冷却器→凝汽器前放水门
└→除氧器前放水门

二、热网的启动

完成热网的检查和准备工作后，就可以进行热网循环水管网的补水了。外网系统软化水灌水完毕后，投运外网各加热站循环水侧，启动热网循环水泵进行热网循环水系统循环，并通过水力特性试验检查、确定供热工况时循环水泵的运行方式（决定供水流量）。

投入热网补水系统，启动化学软化水泵向除氧器上水，水位正常后，启动热网补水泵向外网补水，用除氧器水位调整门及补水泵出口调整门调整除氧器水位，进行除氧器水位报警、保护联锁试验。当外网补满水且回水压力达到定压点定值要求后，启动一台热网循环水泵，缓慢开启其出口门，记录泵出、入口压力，热网供、回水压力。待回水压力稳定后，再启动第二台循环泵，如此逐台启动循环泵，记录供、回水压力，供、回水流量。循环水系统循环稳定后，投入热网加热器水侧，关闭水侧旁路门。加热器水侧投入时，应先投基本加热器，再投尖峰加热器。注意维持循环水供、回水母管压力在允许范围内，根据热负荷及系统情况确定热网的供水流量、供水压力，但必须严格按设计的水力工况运行。投入热网补水自动调整装置，维持热网定点压力在规定范围内变化。热力网的水网就正常投入了。

热网加热器投入蒸汽时，应先投基本加热器，后投尖峰加热器，并严格按照外网升温曲线及热力调度命令升温。机组抽汽供热升温投运步骤如下：

检查热网循环水系统运行正常，检查热网加热器、水位调整装置试验正常且投入，联系汽轮机值班员准备投入汽轮机供热抽汽运行。开启机组供热抽汽止回阀，开启供热抽汽管疏水门，对抽汽管道进行暖管，疏水排尽后，关闭疏水门。开启热网加热器进汽门，缓慢开启供热抽汽电动门，对热网加热器进行暖体，并注意控制加热器出口水温升。此时，疏水直排地沟，对蒸汽管道及加热器进行直排冲洗。冲洗合格后，关闭事故疏水门，待加热器水位正常后，启动热网疏水泵，对整个疏水管路进行热态大流量冲洗，如此反复冲洗至水质合格后，回收疏水。当疏水回收至主机凝汽器时，应通知汽轮机值班员注意真空的变化。

在供热抽汽投运时，控制热网加热器出口水温升不超过0.5℃/ min，并用机组供热蝶阀调整供热抽汽压力在允许范围内。加热器投运后，投入加热器水位自动调整装置，并检查工作正常；投入加热器出口水温自动调整装置，并检查工作正常。基本加热器在整个供暖期间，基本压力维持不变，严寒期根据热负荷曲线及调度命令投运尖峰加热器。

三、热网的停止

热网的停止虽然没有启动过程那么复杂，但也必须按规程逐项操作，以确保安全。一般在尖峰加热器和基本加热器同时运行的情况下，先停尖峰加热器，后停基本加热器。在整个热网开始停运操作之前，要通知外网和汽轮机等有关岗位的人员，共同做好热网停运的工作。

1. 热网蒸汽和疏水系统的停运

接到停止热网系统的命令后，做好停止热网蒸汽的准备，逐步缓慢关小热网加热器进汽门，使热网供热水温度变化不超过0.5℃/ min，以免温度变化剧烈时，外网管路上伸缩节应力过大而损坏。在此过程中，要注意调整热网疏水泵出口调整门和再循环门开度，保证疏水泵正常运行。当全关加热器进汽门后，应注意加热器水位，水位降至低限后，关闭疏水至相对应机组凝汽器的截门，停止热网疏水泵运行，关闭疏水泵出口门，停止热网疏水冷却器运行；开启加热器事故疏水门，停止加热蒸汽、疏水系统，开启蒸汽疏水管路上的放水门、排空门，放尽所有蒸汽疏水系统管路内的积水，准备热网保护。

2. 热网循环水系统的停运

根据热负荷逐渐停止热网循环水泵的台数。先暂时停止热网补水，停止热网除氧器运行，逐渐关闭一台热网循环水泵的出口门，注意循环水供水母管压力应缓慢降低，出口门全关后，停止该泵运行，注意热网回水母管压力不发生较大变化，防止回水压力保护动作。待热网循环水泵入口母管压力稳定后，再按上述方法依次停运其他热网循环水泵，直至最后一台泵停运。这样按顺序逐台停止，是为了防止因停泵过快造成入口母管超压或系统发生水锤，损坏设备。关闭回水滤网的进出口水门。需要消除泄漏时，管道系统放水，否则应使整个管网系统在充水状态，准备热网系统保护。

四、热网的运行维护

热网投入运行后，值班人员的工作就是正常的运行维护。对于某一具体的热网系统，都有其具体的运行控制数据明确地写入了规程，运行中要注意监视和调整各参数在控制范围之内。

热网运行维护应定期检查和监视以下项目：

（1）检查热工报警信号是否正常。

（2）监视抽汽室压力是否正常。

（3）监视热网供水、供汽压力、温度是否符合供热曲线参数，如果偏离应及时联系调整。

一般主要参数允许偏差范围为：热网供水温度，±2℃；回水压力，±10%；供水流量，±5%；供水压力，±3%。

（4）监视供热回水压力和热力网补水量。运行中发现回水压力下降，补水量大时及时汇报值长，检查系统是否有泄漏。

（5）监视各热网加热器、疏水箱水位自动、温度自动、补水自动是否正常。如果自动失灵，先立即改为手动调节维持运行，及时联系检修处理。

（6）正常情况下，每小时应检查一次各转动设备（热网循环水泵、热网疏水泵、热网补水泵等）运行是否正常，汽水系统是否有泄漏或振动现象。

在热网运行中，要必须保证各泵联动保护正常投入，各运行泵电流、出口压力、轴承振动均正常，各回转设备轴承油质良好，油位正常，油温符合规定。另外，还要检查各泵轴承、填料盒冷却水正常投入，各电动机及泵无异声，地脚连接牢固等。

第三节　热力网的故障及处理

一、热网故障的种类

热网作为集中供热的热源，系统复杂而又庞大，其可能发生的事故也是多种多样的，常见的故障有热网回水压力异常、热网加热器冲击或振动、热网加热器水位异常、热网加热器水温异常、热网除氧器压力异常、热网除氧器水位异常、供热蒸汽压力异常、供热蒸汽管道水冲击、热网转机故障等。部分热网故障的原因及处理在其他章节已有介绍，这里不再重复，下面主要介绍热网回水压力异常的原因分析及处理。

二、热网故障的原因分析与处理

（一）热网回水压力升高的原因及处理

（1）热网循环水泵跳闸造成回水压力升高。立即启动一台备用泵，断开跳闸泵的操作开关，关闭跳闸泵的出口门，恢复回水压力并联系检查热网循环水泵跳闸原因。

（2）补水调整门失灵造成回水压力升高。先切到手动调整，恢复热网回水压力并联系热工处理热网补水自动。必要时可暂时停止热网补水泵运行。

（3）外网调整不当（同时停运多个热力站且操作太快等）或用水量减少。外网有操作时，应及早联系厂内热网值班员，可适当降低热力网回水压力。操作时应分别进行，且不能太快，以维持系统稳定。如发现回水温度过高，应减小热网加热器的进汽量。

（4）误开事故补水门。立即关闭事故补水门，必要时可开启入口母管放水门调整压力。

（二）热网回水压力下降的原因及处理

（1）热网系统的管道或设备泄漏造成热网回水压力下降，可增加补水量，设法消除或切除泄漏点，保证热网系统循环正常。

（2）热网补水泵故障跳闸，造成热网回水压力下降。启动备用补水泵或投入热网补水泵旁路门，尽快查明原因，恢复正常。

（3）发现补水调整门自动失灵，手动调节或切换为旁路门调节，联系热工处理恢复。

（4）热网回水滤网堵塞造成回水压力下降，应清扫滤网。

（5）外网投入部分系统较快，造成回水压力降低。开大补水调整门，必要时开启事故补水门。如发现供回水温度下降较多时，可开大热网加热器进汽门，增加抽汽量来提高水温。

（三）厂用电中断的象征及处理

1. 象征

(1) 运行中的热网循环泵、热网疏水泵、热网补水泵电流均到零，红灯灭，绿灯闪光，备用泵未联启。

(2) 供、回水压力降低，热网加热器水位升高。

(3) 供热网加热器的抽汽压力突然升高。

2. 处理

(1) 将所有跳闸的电动机操作开关、联动开关断开，关闭各水泵出口水门。

(2) 退出加热器的汽侧运行，联系供热机组人员停运供热蒸汽管道的运行。

(3) 联系电气恢复电源，电源恢复后，重新启动热网循环泵、热网补水泵运行，热网水侧恢复正常后，投入供热蒸汽管道运行和热网加热器汽侧运行，恢复热网的原运行状态。

第四节　热力网投运前的试验

大容量热网系统在启动前必须认真、仔细地进行每一项联动、保护试验，以免在运行中因联动、保护动作不正确而酿成人身及设备安全的事故。一般常见的热网试验有各泵的联动试验、进汽蝶阀试验和加热器水位试验。

一、热网站电动阀门、气动门的调试

热网投运前，应对所有的电动阀门、气动阀门进行调试。电动阀门的调试方法如下：

(1) 先手摇阀门手轮灵活，将阀门开启部分，然后电动试验，电动机转动方向正确后，接近全关时停止。

(2) 手动关闭阀门，再开启 1～2 圈（以门杆扣数为准），将限程开关定在全关位置。

(3) 电动开启阀门，约在全开时停止，手动将阀门全开，然后再关 1～2圈，将限程开关接点定在全开位置。

(4) 电动关、开阀门应在原定全关、全开位置停止（如不停止应立即手动停止），开关试验两次，正确后即告结束。

(5) 记录全开、全关时间及预留行程。

气动阀门开、关方向应正确，阀门动作应灵活，无卡涩、跳动等现象。

二、热网水泵的联动、保护试验

热网站一般设有热网循环水泵、热网疏水泵、热网补水泵、化学软化水泵及热网排水泵等回转设备。首先，用单独操作站在控制室做远方启、停试验，这些泵应启、停正常，信号正确，电流也在规定范围。之后，再试验各泵之间的保护、联锁情况。

1. 热网循环水泵的联锁

热网循环水量较大，一般都在几千吨，且随着热网投产后热负荷的逐年增长，循环水量也在逐渐增大，故热网循环水泵一般均为多台泵并列运行。其联锁一般为多台泵之间的故障掉闸联锁方式。有些热网供水系统选用了液力调速循环水泵，它的流量变动范围大，一般只设2~3台，联锁回路也简单。

2. 热网疏水泵的联锁

为保证热网加热器可靠运行，水位不致过高，热网疏水泵都设有备用泵，并设置了疏水泵的联锁装置。它包括故障泵掉闸联锁和热网加热器水位联锁。

3. 热网补水泵、化学软化水泵的联锁

热网补水泵由热网除氧器水箱取水，补水至热网回水管，一般设两台，两台泵之间有互联功能；化学软化水泵由化学软化水箱取水，供热网除氧器的上水，一般也设有两台，两台泵之间也是互为联锁。热网补水泵与化学软化水泵有的还设置热网除氧器水位的保护联锁，即水位高Ⅰ值跳化学软化水泵，水位低Ⅰ值启动化学软化水泵，水位低Ⅱ值跳热网补水泵。

各泵之间保护及联锁试验时，对于热网循环水泵、热网疏水泵等用6kV高压电动机的泵，应先将电动机开关拉至“试验”位置，送上操作电源，将所试验的设备在“试验”位置启动，信号正确，投入联锁。选择好备用泵，当将运行泵事故按钮捅掉后，运行泵掉闸，备用泵应联动，检查信号正确后，恢复好操作开关位置，再同样做其他泵的联锁。当所有联动试验合格后，操作开关断开，将设备送至“工作”位置。低压设备如化学软化水泵、热网补水泵等应进行带泵试验，先启动一台泵，检查正常后投入联锁。捅掉运行泵事故按钮，运行泵跳闸，备用泵联动，同样做另一台泵的联锁。

当做保护位置联锁时，一般采用热工人员短接保护信号的方法，如热网除氧器水位高Ⅰ值跳化学软化水泵，当热工人员短接水位高Ⅰ值信号后，化学软化水泵跳闸。同样可做其他保护联锁。

三、热网进汽蝶阀的试验

一般热网抽汽管道上均装设有抽汽止回阀，又称进汽蝶阀。试验前先就地手动操作应灵活，然后投入自动装置，短接热网加热器水位高Ⅱ值信号时，加热器进汽蝶阀必须能迅速全关，目的是防止汽水返回汽轮机。

另外有些热网将该止回阀设计成调整阀，感受热网加热器的出口水温。试验时，先投入自动调整器，然后输入出口水温信号，此时蝶阀开度应随输入信号而改变。

四、热网加热器水位的保护试验

为防止热网加热器管子泄漏，水位高造成汽轮机进水，热网加热器也设有水位保护。

保护动作设置为：

低值：跳热网疏水泵；

高Ⅰ值：打开事故疏水门；

高Ⅱ值：停热网加热器（关加热器进汽门，关加热器水侧出、入口门，开旁路门），关汽轮机抽汽止回阀、抽汽电动门，大开汽轮机调整抽汽蝶阀。

热网加热器水位高保护的试验方法：注意在不影响汽轮机运行的前提下由热工人员短接加热器水位高、低信号校验各水位报警值、保护动作值。

试验时，热网疏水泵应放在“试验”位置，送上操作电源，投入联锁开关，检验疏水泵动作应正常。试验水位高Ⅱ值时，应确认汽轮机供热抽汽电动门在关闭位置。

五、热网回水压力的保护试验

在水供暖热网系统中，为保证在整个供暖期间，热网中（包括外网）任一点的供水不汽化，同时也不超压，使供水按设计的水力工况运行，就需在整个循环供水系统上设置一个压力恒定不变的地点——定压点。热网水系统的定压点均设在回水管循环水泵的入口处，并在定压点设置了补水调整装置以确保整个热网水力系统的安全运行。如某厂水供暖热网循环水泵压力保护设计方式如下：

热网循环水泵压力保护定值：入口压力≥0.5MPa，跳泵；入口压力≤0.1MPa，跳泵；

出口压力 ≥2.15MPa，报警；出口压力≥2.25MPa，跳泵；循环水泵出入口压差≤1.5MPa，跳泵。

试验时，将热网循环水泵电动机开关送“试验”位置，由热工人员分别依次短接压力开关，检查保护动作正常，试验结束后将热网循环水泵电源送上。

第五节　热力网系统停运后的保养

供热结束后，热网停运时间较长，长达6个月以上，由于热网管道及热网加热器管子均为碳钢，为防止加热器管子及系统管道的氧化锈蚀，在热网系统停运后，应进行防腐保护工作。

一、热网停运后的保养方法

热网锈蚀的主要原因是氧化，保护防腐的主要手段是使管子等金属部件与空气隔绝，其方法有以下几种。

1. 气相保护

将保护气体或气相缓蚀剂气化后（氮气或有机胺盐与无机胺盐复合材料）充入被保护系统内，并达到一定浓度，使气体在金属表面形成膜状，使空气与金属表面隔离而形成保护。

保护机理：保护气体或气相缓蚀剂气化后（缓蚀剂受热后分解）进入保护系统，遇到潮湿的金属表面或经过系统弯曲部位积水处，即被潮湿金属表面水膜或凹入部分积水所吸收，在此部分金属表面将形成一种膜，从而起到保护作用。

2. 液相保护

在热网系统中加入保护液，使管网系统金属在停运期间不产生锈蚀。液相保护药剂一般采用丙酮肪氨。

保护机理：液相保护是在溶液中加入缓蚀剂，使液体与金属接触生成钝化膜，将空气与金属表面隔离，使金属得到保护。应通过小型试验确定药剂量，并选择工艺以保证在金属表面形成良好的钝化膜。

二、热网停运后的保养

热网停运后，根据系统布置，将保护分为两类，即蒸汽、疏水系统及疏水冷却器的保护与热网水侧保护。

1. 蒸汽、疏水系统及疏水冷却器保护

蒸汽、疏水系统及疏水冷却器疏水侧由于容积大，一般多采用气相保护法。当充气浓度达到一定数值后，即可得到较长时间（2~3个月）的保护。整个保护期间充气两次即完全可以防止金属及管子的锈蚀，保护期结束后，再启动时，不需对管子进行冲洗。

保护前，先将被保护部分系统内的积水全部排尽，再将系统所有放水、排空门及疏水门、进汽门等截门关闭。准备好需用量的气相缓蚀剂（一般 $1000m^3$ 约需 500kg）连接好加热罐的电源、气化罐气源（>0.2MPa 的干净压缩空气）。开启压缩空气向所保护的系统充空气，检查系统是否泄漏，消除漏气点，并进行加热罐气密试验、通电试验、气化罐气密试器。试验合格后，开启进气阀门，开启气化罐入口门、出口门和加热罐止气门，投入热网加热器，缓慢开启热网加热器来气门（保持压力在 0.2MPa 左右），并使热网加热器出气温度维持在 80～90℃。加入缓蚀剂，使系统进入充气状态，注意调整温度小于 90℃，调整好压力在 0.1～0.2MPa，以温度为准调整压力。充气 20min 后对所有保护设备进行检验，合格后停止充气，关闭充气门，关闭各热网加热器进出口电动门，使热网加热器及管路系统处于保护状态。

充气一段时间后，在热网加热器采样处检查，应有少量气体排出，经检验 pH 值>10 时，即认为充气保护已合格，可以停止充气，否则应充气至合格为止。

此外，在热网加热器汽侧及蒸汽、疏水管道系统中还可以充入 0.2MPa 压力的氮气来进行保护。但汽侧氮气压力应略高于水侧压力，以防止热网加热器泄漏。即使如此，在停运期间也应加强对汽侧水位的监视，防止加热器满水后窜入汽轮机。

2. 热网水侧系统保护

热网水侧系统保护多采用液相保护法，即在热网循环水系统（此处仅指发电厂内的热网供、回水系统，不含外网系统）中加入保护液，使热网循环水系统金属在停运期间不产生锈蚀，液相保护药剂一般采用丙酮肟氨。

热网停运后，水系统应全部充满软化水，并检查泄漏情况，消除全部泄漏点后，将整个保护系统用软水充满，维持热网循环水管道系统内压力不低于 0.2MPa。

加药系统一般需要设置一个水箱及一台加药泵，根据保护系统的容量选择水箱大小及加药泵的流量（如保护水容积 $500m^3$ 时可选用 100t/h 的泵）。图 19－5 为某电厂热网循环水系统保护图。加药时，先将药箱补软化水，启动加药泵，开出口门，开启回药门建立循环；检查系统泄漏情况，并将泄漏点消除。无泄漏后，停加药泵，向药箱加药（药量按 $500m^3$ 用量计算），将保护药剂倒入药液箱中搅拌至固体药剂完全溶解后，再启动加药泵加药，循环 1h 后，在回药管上采样检查药液的 pH 值，pH 值大于 10，丙酮肟氨量达 30mg/L 为合格，否则继续向药箱加药，继续循环，至药液合格为止。合格后，停止加药泵，关闭加药门及回药门，关闭各热网加热器进、出水门，使所有热网加热器及管路进入保护状态。

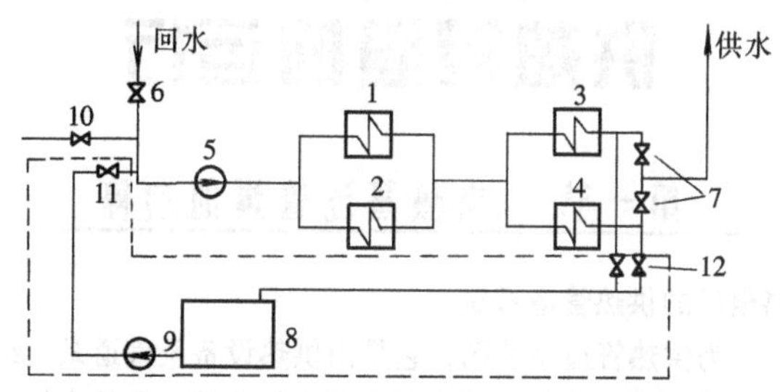

图 19－5　某电厂热网循环水系统保护图

1、2—基本加热器；3、4—尖峰加热器；5—热网循环泵；6—回水门；7—尖峰加热器出口门；8—药箱；9—加药泵；10—补水门；11—加药泵出口门；12—回药门

对于外网循环水系统，由于系统庞大，如热网停运后把水全部放掉将会造成一项巨大的损失，而如果放不尽时，积水将在管道内表面产生氧化腐蚀，将造成更严重后果。所以，外网在热网系统停运后，补水系统需继续运行，维持热网循环水管道系统内压力不低于 0.2MPa，防止漏入空气，腐蚀设备（即湿式保护）。

三、热网系统在保护期间的监督检查

对热网蒸汽、疏水系统及热网水循环系统进行保护，除采用有效的保护方法外，保护期间的监督检查也是必不可缺少的。监督检查的目的是使要求的技术指标始终维持在合格的范围之内，只有这样才能达到预期的保护效果。

首先应定期进行系统泄漏检查，充气（水）压力降低超过规定范围要随时补足，保证保护介质的充满程度。另外还要通过化学人员定期对保护介质进行化验，以判定是否能达到加药时的要求，否则应补充并提高药剂浓度，使系统具有一定抗腐蚀能力。还有一种称为直观的检查方法，即在介质中放入金属样品，通过对样品腐蚀情况的监视，直接反映被保护系统金属部件的腐蚀程度，以便随时采用调整措施。

提示　第一～五节内容适用于初、中级工使用。

第二十章

供热管道的运行

第一节　供热蒸汽管道的启停

一、热电厂的供热管道系统

图 20－1 为供热管道系统图，它是由供热设备及管道系统组成的。

根据用户的需要，该系统装有两台基本加热器，它的水侧和汽侧都是并联的，使用0.07～0.25MPa 的可调节抽汽作为汽源。在供暖季节，系统可向热用户供应 90～100℃的热水。冬季最冷月份，可将基本加热器出口的水引入与其串联的尖峰加热器中，用 0.8～1.3MPa 的抽汽或新蒸汽经减温减压后的蒸汽继续加热到所需的温度。尖峰加热器不投入运行时，热网可走旁路。

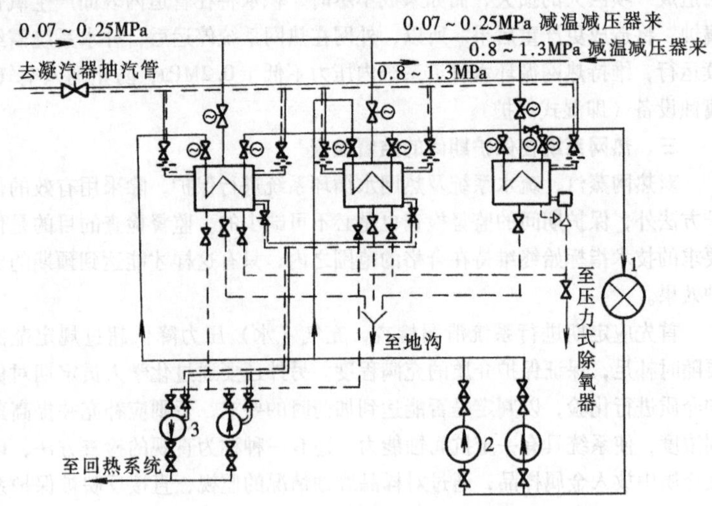

图 20－1　供热管道系统

1 —热用户；2 —热网循环水泵；3 —热网疏水泵

热网系统中装有两台热网水泵（一台运行，一台备用），水泵使热网水在热网加热器和热用户之间循环，各加热器都有与凝汽器抽汽管相连的管道，用以抽出加热器汽侧的空气，使加热器正常工作。系统中还备有减温减压设备。

二、供热蒸汽管道的投运

投运前应检查检修工作已全部结束，管道保温完整，管道支吊架齐全，现场卫生合格。联系有关人员将供热抽汽电动门、快关门送电并调试正常，联系热工人员试验供热抽汽止回阀开关正常。开启供热蒸汽管道上的所有排地沟门（尤其注意开启伸缩节处的放水门），检查放完水后关闭排地沟门，开启供热蒸汽管道的所有疏水至热网危急疏水扩容器阀门。

上述检查和准备工作完成后，就可以投运供热蒸汽管道。打开供热抽汽止回阀，稍开供热抽汽电动门及快关门，进行供热蒸汽管道的暖管，要求温升率小于1.5℃/min。供热蒸汽管道接近200℃时，暖管结束，关闭供热蒸汽管道的所有疏水至热网危急疏水扩容器阀门。逐渐开启供热抽汽电动门及快关门，投入供热蒸汽管道的运行。

供热蒸汽管道在投运过程中要严格控制温度、压力的上升速度在正常范围内，同时要严格监视管道的膨胀、支吊架的工作状况。由于供热蒸汽管道较长，操作时必须加强联系和协调工作。

三、供热蒸汽管道的停运

热网加热器汽侧因故退出运行时或供暖期结束时，需要停运供热蒸汽管道。停运前做好各有关岗位的联系工作，关闭供热抽汽电动门及快关门，关闭供热抽汽止回阀，开启供热蒸汽管道的疏水门进行泄压，放尽余汽。

四、供热蒸汽管道运行中的参数监视与调节

供热蒸汽管道运行中主要监视供热蒸汽压力和温度是否正常，发现不正常时，立即就地检查供热蒸汽管道是否运行正常，无异常时，应联系汽轮机值班员调节低压调门，保持供热蒸汽压力、温度在正常范围内。

第二节　供热蒸汽管道的故障原因及处理

一、供热蒸汽管道水冲击的原因及处理

1. 原因

（1）启动过程中，暖管速度过快或操作不当。

（2）夜间低谷负荷时流量太小，由于散热损失，发生饱和现象，引起管内积水。

2. 处理

(1) 启动过程中发生水冲击，应关小进汽门或停止启动，开大蒸汽管道疏水门，等冲击声消除后再重新启动。

(2) 如夜间流量过小，引起管道积水，应开启疏水门排放，特别是末端用户如无用量应微开疏水门。

(3) 水冲击时要监视管道各附件及支吊架状态，若危急人身和设备安全时，应向值长、单元长汇报，停用该段热管道。

二、供热蒸汽压力下降的原因及处理

1. 原因

(1) 供热机组出力下降或调整不当。

(2) 压力自动调节失灵。

(3) 热用户用汽量增加。

(4) 供热管道有较大的泄漏。

2. 处理

(1) 及时调整供热机组出力，增大供汽量。

(2) 如供热压力自动失灵，应立即切换到手动操作。

(3) 迅速查出泄漏点，并设法隔绝该段管道。

三、供热蒸汽压力升高的原因及处理

1. 原因

(1) 供热机组出力突然升高。

(2) 压力自动调节失灵。

(3) 热用户用汽量突然减少。

(4) 误关供热阀门。

2. 处理

(1) 及时联系调整机组出力。

(2) 压力自动调节失灵切换到手动操作。

(3) 开启供热阀门。

第三节 供热管道的日常维护

一、供热管道的巡回检查

(1) 检查管道与阀门及其他设备是否完好、是否存在泄漏情况，发现问题立即汇报值长、单元长，联系检修处理。

(2) 检查管道保温有无脱落现象，若保温不全，联系检修车间补充完好。

（3）检查管道支吊架应良好，热膨胀正常。

（4）检查管道是否振动，若发现振动应及时采取措施。

（5）如果地下水位较高，有可能浸泡供热蒸汽管道时，立即启动排水泵，降低水位。

（6）发现有非正常系统的管道用汽现象时，应查明去向，汇报单元长、值长，采取必要的措施。

（7）厂区内的管线由电厂运行人员负责巡回检查，厂区外的管线由供热部门负责。

二、巡回检查制度

（1）为了保证设备安全运行，值班人员必须按照规程要求认真执行巡回检查，随时掌握设备运行情况，力求各运行参数在正常范围。

（2）巡回检查必须严格遵守电业安全规程有关规定，由独立担任工作的值班人员进行。

（3）巡回检查人员应按规定时间、路线对运行、备用及检修设备、系统进行检查，检查时间不应超过规定时间。

（4）在巡回检查中，检查人员要做到思想集中，认真负责。根据情况用眼观、鼻闻、耳听、手摸等手段，检查设备颜色、气味、声音、温度、振动等，分析判断设备运行状况。

（5）巡检中，如发现设备严重异常危及人身或设备安全时，应按有关规定处理，并及时汇报单元长、值长。

（6）巡检结束，应将发现的设备缺陷记入缺陷记录本，并汇报单元长。

（7）运行中应做好下列情况的重点检查，并增加检查次数：①运行方式改变时；②检修后设备投运时；③属于试验的系统或设备；④带缺陷运行设备；⑤重要表计等。

提示 第一~三节内容适用于初、中级工使用。

第二十一章

吸收式热泵系统的运行

第一节　热泵系统原理及组成

汽轮机冷端系统是机组的辅助性设备，电厂的良好运行需要这部分来调节。汽轮机冷端运行时合理分配，优化使用，不仅能提高该部分效率，而且对整个机组的运行有很大的帮助。

吸收式热泵就是一种利用低品位热源，实现将热量从低温热源向高温热源泵送的循环系统，是回收利用低温位热能的有效装置，具有节约能源、保护环境的双重作用。它可以将汽轮机冷端的一部分热损失回收利用，提高整个机组的经济性。

一、吸收式热泵的特点与工作原理

热泵技术就是通过一种机械装置，利用人工技术将低温热能转换为高温热能而达到供热效果。热泵技术是一种新型的能源利用方式，具有环保、节能的效果，对于火力发电厂做功后蒸汽余热的利用有很大的经济和社会意义。但是热泵技术应用于火力发电厂进行乏汽余热回收利用，在我国还处于初始发展阶段。目前，部分火力发电厂已成功实现热泵技术的应用，并取得了明显的节能减排效果，同时也大大提高了火力发电厂能源的综合利用率。

吸收式热泵以高温热源做驱动，把低温热源的热量提高到中温，从而提高系统能源的利用效率。图 21 - 1 所示为溴化锂吸收式热泵的工作原理。热泵由发生器、冷凝器、蒸发器、吸收器、溶液热交换器、节流装置、溶液泵、冷剂泵等组成；为了提高机组的热力系数还设有溶液热交换器；为了使装置能连续工作，使工质在各设备中进行循环，因而还装有屏蔽泵（溶液泵、冷剂泵）及相应的连接管道、阀门等。

其工作过程为：蒸发器连续地产生冷效应，从低位热源吸热，吸收器和冷凝器连续地产生热效应，将热水（中温热源）加热。热水在吸收器和冷凝器中的吸热量等于驱动热源和低位热源在热泵中的放热量之和。

热泵的驱动热源是汽轮机五段抽汽，低位热源是电厂汽轮机低压缸排

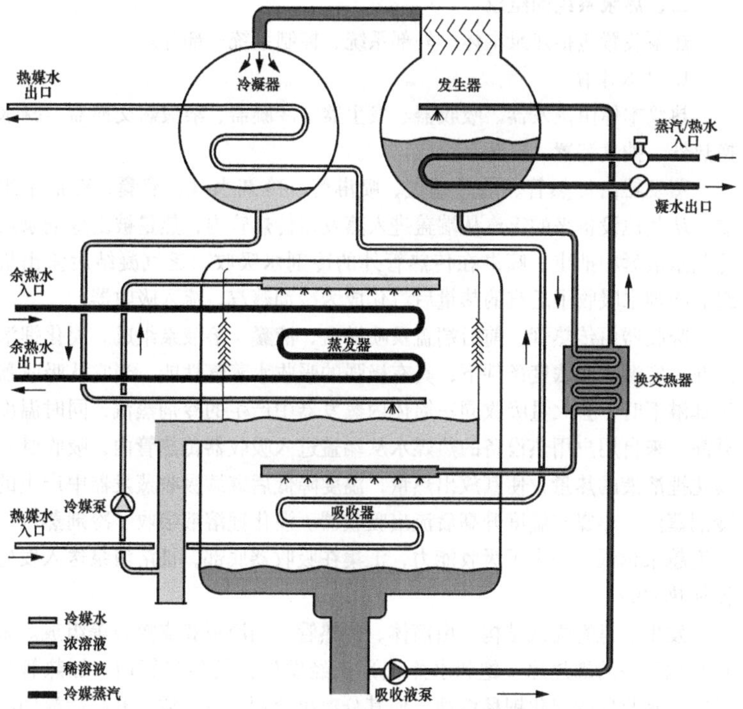

图 21－1　溴化锂吸收式热泵的工作原理

汽，被加热的热水（中温热源）是集中供热的热网循环水。如图 21－2 所示，以汽轮机抽汽为驱动能源 Q_H，产生制冷效应，回收汽轮机乏汽余热 Q_L，加热热网回水。得到的有用热量（热网加热量）为消耗的蒸汽热量与回收的余热量之和 $Q_H + Q_L$。热泵的性能系数（COP_h）定义为得到的有用热量与消耗的蒸汽热量之比，即 $COP_h = (Q_H + Q_L) / QH$。如单效吸收式热泵 $COP_h = 1.7$，即消耗 1 份汽轮机采暖抽汽热量，回收 0.7 份乏汽余热，为热网提供 1.7 份热量。

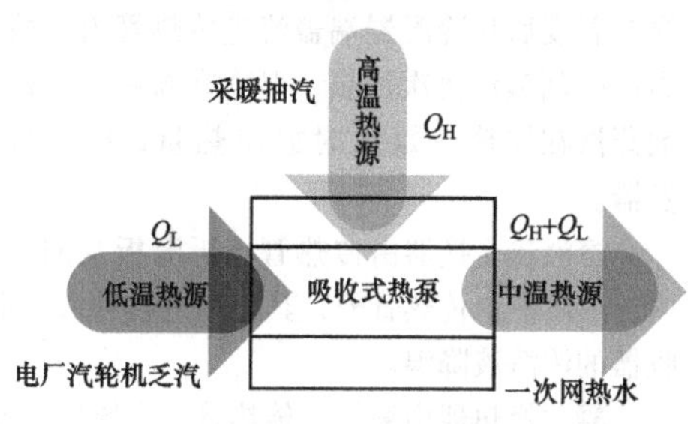

图 21－2　蒸汽型吸收式热泵的工作原理

二、热泵系统的组成

热泵装置包括热泵本体、外部系统、控制系统三部分。

1. 热泵本体

热泵本体由蒸发器、吸收器、发生器、冷凝器、溶液热交换器、凝水换热器、抽气装置、屏蔽泵组成。

蒸发器由传热管、前后端盖、喷淋管、冷剂水盘、液囊、冷剂泵组成。从其他设备来的乏汽从端盖进入蒸发器传热管内，热量被由冷剂泵从冷剂水液囊中抽出、喷淋在传热管外的冷剂水吸收，乏汽凝结后流出机组。冷剂水吸收了乏汽的热量后汽化成为冷剂蒸汽，流入吸收器。

吸收器由传热管、前后端盖及喷淋盘、液囊、溶液泵组成。溴化锂溶液在一定温度和浓度条件下，具有极强的吸收水蒸气性能，当它从吸收器顶部淋下时，会大量吸收同一筒体内蒸发器中产生的冷剂蒸汽，同时温度升高。来自用户用热设备的热媒水从端盖进入吸收器传热管内，吸收管外溴化锂溶液的热量，使其放出热量，温度降低后继续吸收蒸发器中产生的冷剂蒸汽，热媒水温度升高后流出吸收器。溴化锂溶液吸收了冷剂蒸汽后浓度越来越低，丧失了吸收能力，汇集在吸收器底部，被溶液泵送入发生器加热浓缩。

发生器是管壳式结构，由筒体、传热管、挡液板和支撑板等组成。来自其他设备的加热源（饱和水蒸气）流经发生器的传热管内，加热管外的来自吸收器的溴化锂稀溶液，使其分离出冷剂蒸汽，浓度升高后流回吸收器，产生的冷剂蒸汽则流向冷凝器。饱和水蒸气在传热管内放出热量后，冷凝成蒸汽凝水，经凝水液封器流出发生器。

冷凝器由筒体、传热管、支撑板及前后端盖组成。热媒水经吸收器提升温度后从冷凝器端盖流进传热管内，被传热管外侧的来自发生器的高温冷剂蒸汽再次加热，温度升高后流出机组，供用户使用。而高温冷剂蒸汽在加热热媒水时放出热量，冷凝成冷剂水，经U形管流入蒸发器。

溶液热交换器由传热管、折流板及前后液室组成。稀溶液走传热管内，浓溶液走传热管外，其作用是给进入发生器的稀溶液升温，让流回吸收器的浓溶液降温。

凝水换热器由筒体、传热管、支撑板及前后端盖组成。发生器出来的高温工作蒸汽凝水进入凝水换热器管程，降温后由凝水出口排出。吸收器出来的部分热媒水进入凝水换热器壳程，吸收工作蒸汽凝水热量升温后回到冷凝器热媒水出口端盖。凝水换热器的主要作用是回收高温工作蒸汽凝水的热量，降低热泵机组整体的工作蒸汽耗量，提高高品位蒸汽热源的利用效率。

抽气装置由装在机组上的抽气管及自动抽气装置、截止阀、真空泵组成，其作用是抽除机组内的不凝性气体，保证机组的正常运行。机组运行时，抽气装置能自动将机组内的不凝性气体慢慢地抽到储气筒和储气室内，当其压力达到一定值时即可开启真空泵将其抽出。不凝性气体也可直接通过真空泵从机组内抽出。

屏蔽泵（溶液泵和冷剂泵）是机组内工作介质流动的动力设备。溶液泵将吸收器中的溴化锂稀溶液抽出，经溶液热交换器送往发生器，在发生器中被加热浓缩后重新回流入吸收器。冷剂泵将蒸发器冷剂水液囊中的冷剂水抽出，喷淋在蒸发器传热管上，吸收传热管内乏汽热量而蒸发。

2. 外部系统

热泵的外部系统由水系统、工作系统、工作蒸汽凝结水系统、乏汽系统、乏汽凝结水系统、抽气系统、电气系统组成。

水系统——作为热媒水输送通道，使热媒水从用户来经升温后再返回用户。

工作系统——也可称为驱动蒸汽系统，为热泵发生器提供热源，加热溴化锂溶液。

工作蒸汽凝结水系统——收集热泵装置的蒸汽凝结水，并及时排走。

乏汽系统——从汽轮机排汽装置抽出部分蒸汽，通过蒸发器换热管束，加热冷剂水形成冷剂蒸汽。

乏汽凝结水系统——汇集乏汽换热后形成的凝结水并及时排走。

抽气系统——将热泵装置内不凝性气体抽出，以保持系统真空。

电气系统——为热泵装置提供必要的动力。

3. 控制系统

如图 21－3 所示，控制系统通过人机介面，与可编程序控制器（PLC）、铂电阻、压力传感器等先进的检测、控制元件一起，实现对机组的最优化控制。

控制系统应有自动、手动两种控制方式，一般情况下均采用自动控制方式，手动控制方式仅在机组调试及处理故障时采用。控制系统具有按程序自动启停机组、参数设定、热媒水进口温度限度控制、溶液浓度限度控制、负荷自动调节、运行参数实时检测和显示、安全保护、故障自动报警、数据记忆、资料储存等功能，实现对机组运行的高效和全自动控制。

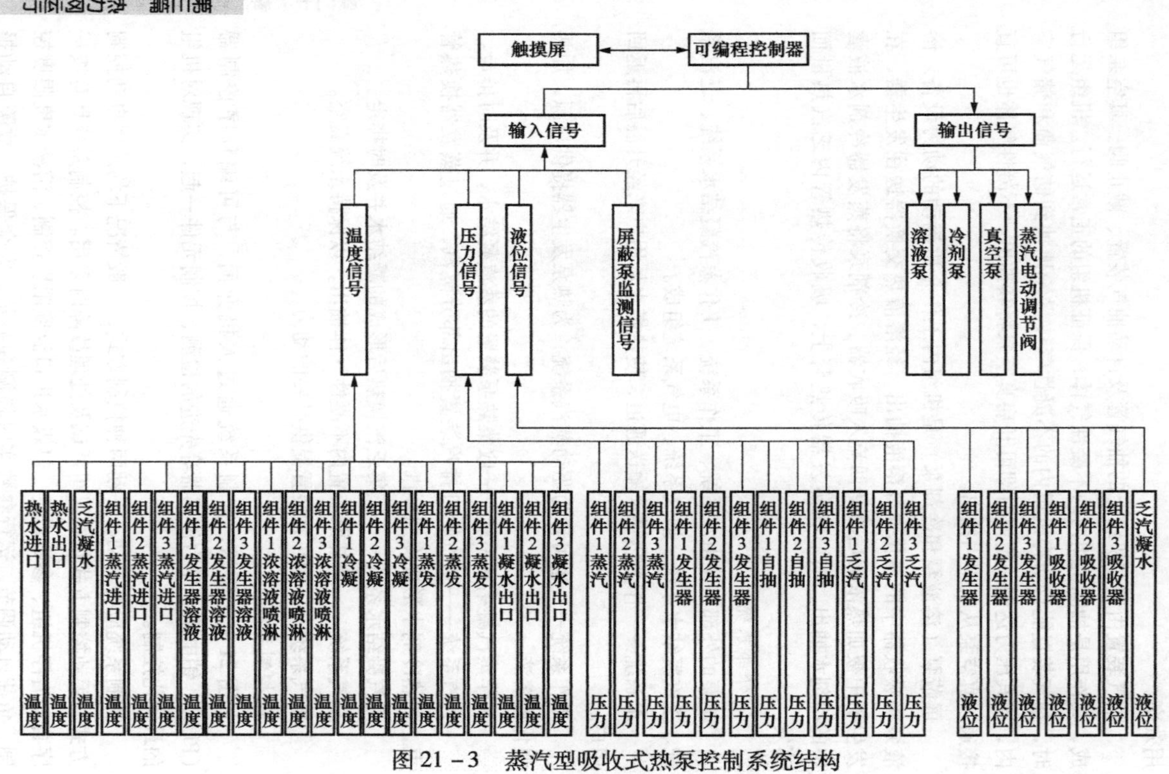

图21－3 蒸汽型吸收式热泵控制系统结构

第二节　热泵系统的运行

一、热泵装置投运前的检查准备工作

热泵装置调试由设备生产厂家技术服务部门在用户配合下，按以下程序进行。

1. 热泵装置外观及安装工程审查

（1）检查热泵装置是否受过重振及碰伤；油漆是否擦破；屏蔽泵是否有裂纹；控制箱、变频器、仪表、阀门及电缆是否有损伤或异样；热泵装置是否遭受长时间的雨淋；在户外放置时间是否过长。如发现有明显损伤，应及早处理。

（2）检查安装是否符合要求。

2. 外部系统检查

（1）水管路系统检查。

1）检查管路系统是否清洗干净。

2）检查是否已在管路最低处设排水阀及在各联管的最高处设排气阀门。

3）检查水管路系统中是否已装过滤网。

4）按照现场接管图检查管路。检查水管的位置和方向是否正确，管路是否吊挂、支撑，以防压力施加在水盖上等。

5）检查水管路系统有无渗漏，水泵及管道是否有振动，水流量是否达到规定值，水质是否符合要求，若水质不合格，需加装水处理设备。

6）检查管路上所有的温度计、流量开关、电动调节阀、温度传感器及压力表是否安装，安装位置是否合理。

7）检查水泵，包括：各连接螺栓是否松动；润滑油、润滑脂是否充足；填料是否漏水，漏水大小以流不成线为界线；检查电气，运转电流是否正常；泵的压力、声音及电动机温度等是否正常。

（2）工作蒸汽系统检查。

工作蒸汽管道的通径以蒸汽流速 20～30m/s 为准来确定（额定蒸汽耗量见机组铭牌）。管道尽可能少拐弯，若需要拐弯，应采用圆弧结构。管道的安装应按有关标准进行。

蒸汽调节阀与机组距离应尽可能短，供给蒸汽压力高于发生器设计压力时还应安装减压阀，管路设计应确保检修和保养减压阀、电控阀时系统

运转不被中断。减压阀与电动阀的前后应装有手动截止阀，以便在突然停机时，切断工作蒸汽。工作蒸汽过热度不能太高，如果过热度超过 15℃，应装降温装置。

注意：若工作蒸汽过热度超过 15℃或温度超过 173℃，将会造成机组损坏，甚至造成发生器报废、人身伤害等严重后果。

如果工作蒸汽含有水分，其干度低于 0.99 时，要装设汽水分离器，以保证发生器的传热效率。进机组之前的蒸汽管路最低处要装放水阀，开机前，应打开放水阀放净蒸汽凝水，以防产生水击现象。

机组应随机带有一个蒸汽安全阀，在进行系统施工时将其安装在蒸汽调节阀前，并按《固定式压力容器安全技术监察规程》及其他有关规定执行。

蒸汽系统施工完毕，应进行管路清洗除锈，并在确保没有不牢固、不安全、泄漏等隐患后，进行保温。

(3) 工作蒸汽凝水系统检查。

蒸汽凝结水回水可采用设置开式凝结水箱的方法，也可采用设置闭式凝结水箱的方法，但凝结水系统设计应确保机组的蒸汽凝结水能及时顺畅地排走，凝结水箱应低于发生器下部 1m。

凝结水管上设置有止回阀，用以防止停机时凝结水倒流。止回阀前应设置泄水阀，用于开机时排除管内积水。凝结水管道应顺水流方向按坡度不小于 0.003 进行敷设，禁止凝结水管道向上弯成 U 形。

在蒸汽凝结水管道上装有手动截止阀时，检查手动截止阀是否打开。在热泵装置运行时，此阀不得关闭。

(4) 乏汽系统检查。

乏汽系统大直径管道的内表面在安装施工阶段形成的任何锈迹必须在安装和封闭管道前用机械方法清除掉；污垢和焊渣必须用大功率吸尘器清除干净。大直径管道在与热泵机组连接处管道上应加支撑，以防管道重量施加在热泵装置上。

注意：在热泵装置运行期间，乏汽系统为真空，为保持系统一直处于真空状态，在乏汽系统末端虽装有抽真空系统，但在管路设计时应尽可能地减少泄漏点，以保证机组换热性能。同时要对比热泵装置投运前后机组真空变化情况，出现较大波动且机组真空低于正常值时，应对热泵系统进行真空找漏，查出漏点并处理。

(5) 乏汽凝水系统检查。

乏汽凝结水回水须采用设置闭式凝结水箱的方法，凝水系统设计应确保机组的乏汽凝结水能及时顺畅地排走，凝结水箱内最高液位须低于蒸生器下部0.5m，凝结水自机组流入凝水箱是靠自重时，必须考虑凝结水管路的阻力。凝结水管道应顺水流方向按坡度不小于0.003进行敷设，禁止凝结水管道向上弯成U形。乏汽凝结水管上应设置止回阀，用以防止停机时凝结水倒流。

热泵装置应在乏汽凝结水排出位置给外部系统提供能远传凝结水液位高、低信号的电极，在没有设置凝结水箱直接用屏蔽泵向外排水的情况下，可用该高、低液位电极信号对屏蔽泵进行变频控制。

注意：外部系统与热泵装置接通前必须清洗干净，否则水、汽中的杂物进入机组将堵塞传热管，会使机组性能下降，并引起机组传热管冻裂等严重后果。

（6）抽真空系统检查。

热泵装置在蒸发器二流程管束端盖上部应设抽气口，系统需将该抽气口与空冷抽气入口连接。通过空冷的抽真空系统将不凝结气体抽出，以保持系统真空。不凝性气体中夹带的蒸汽部分在射汽抽气器内凝结成水，不凝性气体经过分离器排入大气。

3. 真空泵检查

检查真空泵油，真空泵油如含有水分，油就会发生乳化；按真空泵使用说明书检查真空泵安装及其性能。

4. 气密性检查

热泵装置在出厂前应对其各部分进行过严格的气密性检查，但由于运输、起吊及安装时振动与碰撞等原因，可能造成某些部位的泄漏，在热泵装置调试前应对其重新进行气密性检查。首先应进行真空检验，若不合格则需进行压力找漏，找到泄漏点并修补后再进行真空检验，反复进行，直至真空检验合格。

（1）真空检查将热泵装置通大气阀门全部关闭。对未调试的热泵装置，用真空泵把热泵装置内压力抽至30Pa以下。停真空泵，记录下当时的环境温度t_1，并从麦式真空计上读取热泵装置内绝对压力值p_1。保持24h后，再记录当时的环境温度t_2以及热泵装置内绝对压力值p_2。按式（21－1）计算压力升高值，压力升高值Δp不超过5Pa为合格。

$$\Delta p = p_2 - p_1 \times (273 + t_2)/(273 + t_1) \qquad (21-1)$$

对调试过的热泵装置，在真空泵排气口接一根橡胶管或塑料管，并将另一端管口放入装有真空泵油的桶中，用气泡法来判断热泵装置气密性。

1）测试真空泵的极限抽气能力；

2）合格后打开吸收器抽气阀，再慢慢打开真空泵下抽气阀和真空泵上抽气阀，抽气 2min 后，关闭真空泵气镇阀，观察不凝性气体的气泡，并对气泡计数 1min。正常气泡数每分钟应不大于 7 个，若每分钟气泡数大于 7 个，应按上述方法再次检查，直至气泡数达到正常值。如果 2h 后气泡数仍达不到正常值，则应及早进行压力找漏。

(2) 压力找漏往热泵装置内充入表压 0.08MPa 的氮气，若无氮气，可用干燥无油的空气，但对已经调试或运转过的热泵装置，必须用氮气。充入氮气后，在焊缝、阀门、法兰密封面等可能泄漏的部位涂以肥皂水，有泡沫产生并扩大的部位就有泄漏。找出所有泄漏点后，将热泵装置内的氮气放尽进行修补。再按前面的真空检验方法进行气密性检查。

在向热泵装置内充气和从热泵装置内放气时，一般通过冷剂水取样阀进行（先旁通冷剂水后放气）。热泵装置内没有溶液和冷剂水时还可通过其他通大气阀门充、放气。

注意：充气前须先打开吸收器抽气阀和真空泵上抽气阀。

5. 自控元件和电气设备检查

热泵装置在运输及安装过程中，电气设备和自控元件有可能被损坏，因此在热泵装置安装完毕后，均应进行仔细检查。检查应由生产厂家技术服务部门专业人员进行；如有必要，用户的相关专业人员可以配合进行。

(1) 现场接线检查。

参照现场接线图，检查电源及其设备（冷却塔、水泵等）的动力与互锁接线。

(2) 热泵装置控制检查。

仔细检查热泵装置控制箱内的元器件是否完好，接线、各设定值，以及各传感器及流量开关的安装是否正确。

6. 热泵装置加溶液

溴化锂溶液中一般已加入 0.1% ~0.3% 的铬酸锂作为缓蚀剂，溶液 pH 值已调至 9~10.5，浓度为 50%，在注入热泵装置之前应再次确认。

采用负压吸入方法由溶液泵出口侧的加液阀处加溶液，加液前先打开浓溶液调节阀。将热泵装置抽真空至绝对压力低于 100Pa（若热泵装置内存有溴化锂溶液或水，则按上节气密性检查中提到的方法抽到气泡数不大于 7 个）后，将加液阀口的密封塞取出将一根 DN25 真空橡胶管或钢丝增强橡胶管一端套在涂有真空脂的加液阀接口上，向管中灌满溶液后，另一端包上过滤网插入盛满溶液的容积约为 0.6m³

的容器内，打开加液阀即可将溶液吸入热泵装置内。加液过程中，软管一头应始终浸入溶液中，并注意向容器内的加液速度及加液阀的开度，使容器内溶液保持一定液位。

二、热泵装置的安全经济运行

1. 安全运行规定

（1）机房应悬挂“电厂乏汽冷凝热直接回收大型第一类溴化锂吸收式热泵装置操作规程”。

（2）机房应制定严格的管理制度、交接班制度。机房应禁止无关人员进入，严禁非工作人员接触安全装置。未经培训或认可的人员，不允许单独从事运转作业。

（3）蒸汽压力不小于 0.1MPa 的蒸汽型热泵装置，发生器承受热源压力部分属于第一类压力容器，应按照《固定式压力容器安全技术监察规程》及其他有关规定进行使用、管理和定期检查。

（4）泄漏会严重影响热泵装置使用寿命，应确认热泵装置气密性。发现有泄漏时，应尽快充氮检漏。热泵装置所有密封件都应按周期及时更换，更换时应用相同型号或相同材料的密封件，并采用正确更换方法。

（5）未经专业技术人员许可，严禁启动真空泵抽热泵装置及储气筒内的不凝性气体，并严禁任意拧动阀门。启动真空泵抽气前，需先判断真空泵极限抽气能力，必须在真空泵性能合格的情况下才能用真空泵抽气。

（6）在热泵装置运转中严禁用麦氏真空计长时间测机内真空。

（7）发现热泵装置上任何部位（尤其是焊缝）生锈，应立即除锈并刷防锈漆，以免引起泄漏。所有电气元件应远离油漆，严禁在热泵装置运行时进行油漆，以免产生的烟气引起爆炸。机房内应无腐蚀性、爆炸性和毒性气体。

（8）严禁超越安全“设定值”调节安全装置。不允许在安全保护装置有疑问时启动热泵装置，发生任何故障，应立即排除。

（9）严禁先停被加热循环水，后停热泵装置。

（10）热泵首次启动时必须对乏汽疏水和驱动蒸汽疏水的水质和杂质进行检查，在冲洗排水处加装 100 目的滤网，确认正常后方可进入机组凝结水系统。

（11）必须使用规定的电源。必须在热泵装置停止后才能切断电源。

（12）电动机及各种电气元件上不要沾水，以免发生危险。

(13) 严禁在打开控制箱的情况下运转热泵装置，以免发生危险。

(14) 热泵装置运行时发生器、热交换器及与其相连的管道温度较高，应避免接触这些部位，防止发生烫伤等人员伤害。

(15) 热泵装置使用及停机保养期间，应严格按“维护保养”内容认真检查、保养。

(16) 应始终保持机房通风。如不小心接触溶液，应立即用水冲洗受染处。

(17) 机房温度必须控制在5～40℃，机房湿度必须控制在90%以下。

(18) 每月一次，在用真空泵抽气前先打开真空泵下抽气阀，将抽气系统管内的凝结水放入阻油器后关闭真空泵下抽气阀，再打开阻油器底部的放油螺塞，放尽阻油器内的凝结水。然后再拧上放油螺塞（涂密封胶）。

(19) 可编程序控制器（PLC）和触摸屏的电池必须定期更换（2年），整个更换过程必须在5min内完成。对于可编程序控制器，当CPU上的ERR指示灯闪烁，但热泵装置还可运行时，必须在PLC断电的累计时间7天内更换电池，否则将造成PLC程序丢失。对于触摸屏，当其上出现“POWER”灯变成红色，但热泵装置还可运行时，必须在触摸屏断电的累计时间5天内更换电池，否则将造成触摸屏画面程序丢失。

2. 开机程序

(1) 在投入热泵装置运行前要先投热媒水系统，开启热媒水系统排空气门进行排空气，直至排尽设备、系统内的所有空气，并检查热媒水系统循环正常、没有泄漏等问题。

(2) 合上热泵装置控制箱电源，切换到“热泵装置监视”画面，确认“故障监视”画面上无故障灯亮。

(3) 打开抽气系统上的手动截止阀门，并确认乏汽抽真空系统处于开启状态。

(4) 确认乏汽管路处于开启状态，打开凝结水系统上的手动截止阀门，乏汽凝结水液位低于高液位电极。

(5) 蒸汽型热泵装置在排尽蒸汽系统凝结水后，打开蒸汽进口手动阀门。

(6) 自动运行工况下，在“热泵装置监视”画面上按“系统启动”键，然后按“确认”键、“确认完毕”键，热泵装置进入运行状态。

(7) 观察自动抽气装置储气室压力，压力升至蒸发温度对应的饱和水蒸汽压力加 10kPa，启动真空泵排出自抽储气室内气体。

（8）巡回检查热泵装置运行情况，每隔 2h 记录数据一次。

3. 停机程序

（1）关闭蒸汽进口手动阀门，按“系统停止”键，热泵装置进入稀释运行状态。

（2）热泵装置稀释运行后自动停冷剂泵。

（3）热泵装置稀释运行后延时自动停溶液泵。

（4）关闭热媒水出入口阀门后停热媒水泵，延时关闭乏汽管路阀门，关闭乏汽系统抽气阀门。

（5）切断热泵装置控制箱电源。

4. 运行观察与检查

为了使热泵装置能常年安全高效地运行，要经常观察热泵装置的运行情况，以便在发现异常现象的先兆时，就能迅速得到调整。

（1）热媒水观察。观察热媒水出口温度的变化，如果热媒水出口温度下降，且不是外界条件变化所致，而是热泵装置性能下降，应查找原因。运行中还应观察热媒水的进、出口压差，如有显著变化，应分析原因并处理。

（2）真空情况检查。如能经常抽出不凝性气体，应分析、检查原因，如未查出，则尽快进行气密性检查。如果机内压力迅速升高，以及热泵装置内部出现高液位报警，则有可能为传热管破裂或热泵装置其他部位发生异常泄漏，应尽快停机，停机后再尽快切断乏汽、热媒水系统，使乏汽、热媒水不与热泵装置相通，并进行气密性检查和排除漏点。

（3）检查屏蔽泵运转声音及电流值。如有异常，应立即与生产厂家技术服务部门及检修人员联系，分析原因并处理。

（4）偏差调整。检查触摸屏上温度显示值是否与温度计所测值一致，若不一致，应进行偏差调整。

（5）检查真空泵油是否乳化或有脏污。

（6）检查水泵是否振动，电动机是否过热。

（7）每年热泵装置运转头两周，每周检查一次冷剂水密度。

（8）每年至少进行一次热泵装置安全保护装置的确认试验，如安全保护失控，应及时修复正常后才能运行。

5. 抽气操作

真空是热泵装置的生命。热泵装置真空状态好坏（指热泵装置内有无不凝性气体）不仅直接影响到热泵装置的正常工作，而且还影响到热泵装置的使用寿命。为使热泵装置保持良好的真空状态，设有抽气装置，如图 21 - 4 所示，抽气分为自动抽气和用真空泵抽气两种。抽气过程中取样抽气阀常闭，其他各阀门则根据下述情况进行操作。

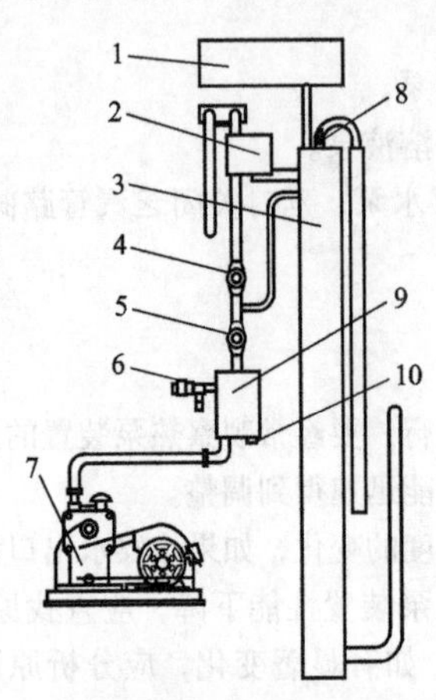

图 21 - 4　抽气系统

1—储气室；2—抽气盒；3—自抽装置；4—真空泵上抽气阀；5—真空泵下抽气阀；6—取样抽气阀；7—真空泵；8—压力传感器；9—阻油器；10—放油螺塞

（1）新热泵装置及检修、保养后热泵装置抽气。

当新热泵装置或检修、保养后的热泵装置内充有超过大气压力的气体时，应先打开冷剂水取样阀，放出气体至机内压力等于大气压后再抽气。此时若机内没有溴化锂溶液和冷剂水，还可通过测压阀、加液阀和浓溶液取样阀等通大气阀门放气。

新热泵装置及检修、保养后热泵装置均使用真空泵直接抽热泵装置内的不凝性气体：确认冷剂水取样阀、加液阀和浓溶液取样阀等通大气阀门关闭；测试真空泵极限抽气能力；合格后关闭取样抽气阀，全开真空泵上抽气阀，再慢慢打开真空泵下抽气阀抽气，待机内真空度有所提高后，再全开真空泵下抽气阀；若机内没有溶液，则在抽至机内压力小于 100Pa 后关真空泵上抽气阀和真空泵下抽气阀并停泵；若机内有溶液，则在将机内压力抽至约等于机房温度对应的饱和水蒸气压力后，在真空泵排气口接一根橡胶管或塑料管，并将另一端管口放入装有真空泵油的桶中，然后关闭真空泵气镇阀，记录从油中冒出的气泡数（不计数时气镇阀打开），在气泡数少于每分钟 7 个时关真空泵上抽气阀和真空泵下抽气阀，并停真空泵，若从计数开始 2 小时后仍达不到气泡数少于每分钟 7 个的要求，且每分钟的气泡数维持在一个较大的值没有减少，则需进行正压检漏；停真空泵后再将真空泵从抽气系统上拆下。非首次开机，机内真空状态很差时，用真空泵抽气也应按上述方法操作。

（2）热泵装置正常使用期间抽气。

热泵装置正常使用期间，运行过程中均使用自动抽气，即在热泵装置运行过程中，抽气装置自动将热泵装置吸收器内的不凝性气体抽到储气筒和储气室内。

当出现自抽装置高压报警，操作人员须通知生产厂家技术服务部门工程师，在其许可下启动真空泵抽出储气筒内的不凝性气体。操作方法为：在完成真空泵极限抽气能力测试并合格后，关闭取样抽气阀后，慢慢打开真空泵下抽气阀抽气，5min 后关闭真空泵下抽气阀并停真空泵。然后再将真空泵从抽气系统上拆下。

注意：①抽气时，真空泵下抽气阀和真空泵上抽气阀应慢慢打开，其开度严禁增大过快，以免抽气速率太大，使真空泵喷油或发生故障；②热泵装置只能在停机且机内温度较低时才能用真空泵直接抽热泵装置内的不凝性气体；③用真空泵抽气时，应将气镇阀打开，以减少真空泵油的乳化；④热泵装置运行期间，应每月一次拧开阻油器底部的螺塞，放尽阻油器中的液体。

6. 真空泵管理

真空泵是维持热泵装置真空的重要设备，确保真空泵的可靠性十分重要。真空泵应进行如下管理，并详见真空泵使用说明书。

（1）首次使用前应点动真空泵，检查其旋转方向是否与标示方向一致，也可从气体出口处是否向外排气来判断。检查真空泵正反转应在注入真空泵油后进行。

（2）真空泵油的更换及补充应在泵停止时进行，以防止真空泵损坏和油溅出。

（3）如泵长时间未启动，在正式启动前也应先多次点动，避免直接启动时由于负荷过大而损坏泵。

（4）用真空泵抽气时，应将气镇阀打开，以减少真空泵油的乳化。

（5）长时间使用真空泵抽气时，应先使泵空转一段时间，直至泵的外壳发热再打开抽气阀，以防止泵油乳化；停止真空泵前也应使泵继续空转一段时间，以使混入油中的水蒸气进一步排出。

（6）应经常检查真空泵油油位及油是否乳化。油位应位于视镜中线。油色若呈乳白色，说明油已乳化，应拧松油箱底部放油螺栓放出乳化油或水珠，并适当补油。如太脏还需用真空泵油置换清洗。

（7）若因误操作致使溴化锂溶液进入真空泵，应立即放出污染的油和溴化锂溶液，多次点动真空泵将残余溶液排出，并用少量油逐步置换清洗，直至没有溶液为止。有条件时应清洗真空泵。如有真空电磁阀，应及时拆下清洗。

(8) 定期测试真空泵的抽气极限真空值，方法如下：①取下取样抽气阀口的密封塞，在阀口上涂真空脂后用橡胶管将麦氏真空计等测量仪表连上；②取下阻油器下面的封板和真空泵上的橡胶管接头，用金属软管将真空泵与阻油器相连；③启动真空泵，3min 后慢慢打开取样抽气阀，用麦氏真空计等测量仪表测量压力，若压力小于 30Pa，则真空泵合格，否则需检查并处理，直至合格。

(9) 真空泵不用时，应从热泵装置上拆下，方法如下：①关闭真空泵上抽气阀和真空泵下抽气阀；②取下取样抽气阀口的密封塞（或橡胶管）并打开取样抽气阀；③拆下阻油器与真空泵之间的金属软管；④在阻油器下部装上随机发货的封板，将阻油器封死；⑤在真空泵吸气口装上随机发货的橡胶管接头，并用 DN10 的橡胶管涂真空脂后与取样抽气阀相连；⑥启动真空泵，抽阻油器内的不凝性气体，10min 后关闭取样抽气阀并停真空泵；⑦从取样抽气阀口上取下橡胶管并装上密封塞。

(8)、(9) 应由生产厂家工程师操作。

7. 热泵装置安全使用注意事项

(1) 热泵装置控制系统需与热媒水泵、乏汽阀门控制系统联动启动和停止。

(2) 在设计安装外部热媒水管道时，应在热泵装置进出口安装阀门，并在进热泵装置的阀门前和出机组的阀门后连接一根与热泵装置并联的旁通管，旁通管上安装阀门。在系统管道安装完毕进行管道清洗时，关闭热泵装置进出口的阀门，打开旁通管上的阀门，使清洗水通过旁通管。清洗完毕放尽清洗水后，再关闭旁通管上的阀门，打开热泵装置进出口阀门。

(3) 热泵装置和各水泵的入口必须按使用说明书要求安装过滤器，否则水中杂物进入热泵装置将堵塞传热管，导致产生热泵装置性能下降等严重后果。

(4) 热泵装置安装时可去除运输架，再将热泵装置放在基础上。不去除运输架时，必须将焊接在运输架上用来固定热交换器两端的角钢或斜铁去掉。

(5) 热泵装置充灌溶液及溶液转移时，应尽量减少溶液损失，操作完毕，应将溅在地上和热泵装置上的溶液冲洗擦拭干净。对于热泵装置油漆发生改变的部位，应立即进行喷漆或刷漆处理。

第三节　热泵系统的保养

热泵装置的性能好坏、使用寿命长短，不仅与调试及运行管理有关，而且还与热泵装置的维护保养密切相关。热泵装置的保养工作并不复杂，但必须认真进行。应有计划地进行定期维护保养，以确保热泵装置安全可靠运行，防止事故发生，延长使用寿命。违背维护保养规定，将会造成不必要的损失。

注意：热泵装置维修应由生产厂家专业人员进行。检修前应关闭电控箱电源，严禁带电维修，否则可能造成电击引起的严重人员伤害或死亡。热泵装置检修时，为避免受伤危险应使用专业工具吊运或移走热泵装置部件。

一、定期检查

1. 每月的检查

热泵装置运行期间，需按表 21－1 内容每月检查一次。

表 21－1　　每月检查项目

序号	分类	项　目	内　容
1	溶液	（1）溶液酸碱度及其他添加剂的浓度；	（1）溶液取样测定和分析，根据其结果进行调整；
		（2）溶液浓度	（2）稀释停机后，取样测量浓度，如发现有明显变化，应立即查找原因并通报服务公司
2	冷剂水	冷剂水密度	冷剂水取样测量，大于 1.04 时再生，直至合格
3	热媒水	热媒水水质	取样作水质分析，根据结果处理
4	外部系统	（1）过滤器清洗；	（1）拆下外部系统管路上的过滤器清洗；
		（2）热媒水泵	（2）检修、换油及紧固螺栓，尤其是地脚螺栓
5	真空泵	测极限抽气能力	测试真空泵抽气极限能力，若达不到要求应检查原因并处理
6	电气元件	测量及动作可靠性	检查电气元件的测量及动作可靠性

2. 每年的检查

每年开机前或停机后需按表 21－2 内容检查和保养。

表 21－2　每年检查项目

序号	分类	项目	内容	时间
1	主机	(1) 清洗传热管；	(1) 打开乏汽、热媒水端盖，用刷子或药品洗除管内的污垢，清洗端盖，同时更换密封圈；	(1) 停机后；
		(2) 气密性检查；	(2) 检查热泵装置气密性；	(2) 开机前及停机后；
		(3) 油漆	(3) 热泵装置如有锈蚀，应补漆或整机油漆	(3) 停机后
2	溶液	溶液分析与处理	溶液取样分析，并根据其结果进行处理	开机前
3	泵	(1) 屏蔽泵；	(1) 检查电动机绝缘性并测定其电流值；	(1) 开机前；
		(2) 真空泵	(2) 检查、清洗真空泵	(2) 停机后
4	电气方面	(1) 检查电源接地；	(1) 检查电源接地；	开机前
		(2) 绝缘性耐电压；	(2) 检查电动机及电控箱绝缘性和耐电压；	
		(3) 检查端子松动；	(3) 补充拧紧端子；	
		(4) 电气控制及保护装置；	(4) 检查保护装置和控制装置的设定和动作点，检查是否有损伤或保护失灵；	
		(5) 电线电缆；	(5) 检查其老化及腐蚀情况，处理或更换；	
		(6) 靶式流量开关；	(6) 检查灵敏度，调整至正常；	
		(7) 传感器电气元件	(7) 检查，视情况处理，维修或更换	

3. 其他定期检查

根据热泵装置使用年数，按表 21－3 内容对有关部件进行检查和保养。

表21-3　其他定期检查项目

序号	项目	内　容	时　间
1	外部系统	全面清理管道内杂物，并对水泵、管道阀门、机房配电等进行全面检修	每2年
2	屏蔽泵	（1）更换轴承；	（1）每15000h；
		（2）大修或更换	（2）每8~10年
3	真空泵	大修或更换	每5~7年
4	电动调节阀	检修或更换	每6~8年
5	压力表	更换	每3~4年
6	蜂鸣器	更换	每4年
7	PLC电池	更换（更换时间不超过3min）	每2年
8	继电器、交流接触器	更换	每8年
9	截止阀	更换密封圈	每2~3年
10	真空蝶阀	更换密封圈	每2~3年

二、停机保养

1. 短期停机保养

短期停机是指停机时间不超过1~2周，在此期间的保养工作应做到以下几点：

（1）将热泵装置内的溶液充分稀释。当环境温度低于20℃，停机时间超过8h时，蒸发器中的冷剂水必须旁通入吸收器，以使溶液稀释，防止结晶。当机房温度可能降到5℃以下时，将冷剂水取样阀与溶液泵出口的加液阀用真空橡胶管相连后，打开两阀，运转溶液泵，停止冷剂泵，使溶液进入冷剂泵，以防冷剂水在冷剂泵内冻结。

（2）注意保持机内的真空度。若机内压力升高，应启动真空泵抽气。

（3）停机期间若热泵装置绝对压力上升过快，应检查热泵装置气密性。

（4）停机期间若当地气温有可能降到0℃以下，应采取措施，保持机房温度在5℃以上，并将蒸汽凝水、乏汽、热媒水系统（含热泵装置）中的所有积水放尽。同时还必须将安装在凝水换热器壳体下的放水阀打开，排放干净凝水换热器内的热媒水，以防止环境温度低结冰等其他情况对热泵装置和水系统造成损害。

(5) 检修、更换阀门或泵时，切忌热泵装置长时间侵入大气。检修工作应事先计划好，迅速完成，并马上抽真空。

2. 长期停机保养

在停机稀释运行时，将冷剂水全部旁通入吸收器，使整个热泵装置内的溶液充分混合稀释，防止结晶和蒸发器传热管冻裂。为防止停机期间冷剂水在冷剂泵内冻结，停机前应使部分溶液进入冷剂泵，方法见短期停机保养的第一条。

在长期停机期间必须有专人保管，每周检查热泵装置真空情况，务必保持热泵装置的高真空度。

对于气密性好，溶液颜色清晰的热泵装置，长期停机期间可将溶液留在热泵装置内。但对于腐蚀较严重，溶液外观混浊的热泵装置，最好将溶液送入贮液罐中，以便通过沉淀而除去溶液中的杂物。若无贮液罐，也应对溶液进行处理后再灌入热泵装置。

长期停机前应拆下凝水热交换器端盖，放尽其中的蒸汽凝水。同时还必须将安装在凝水换热器壳体下的放水阀打开，排放干净凝水换热器内的热媒水。

长期停机期间应使热媒水、乏汽系统（含热泵装置）管内净化，进行干燥保管。方法如下：①把热泵装置运转过程中流通的水从水系统中排出；②对管内进行冲洗吹净，除掉里面附着的水锈和黏着物（用冲洗方法不能除去的场合，同时采用药清洗）；③进行充分的水清洗后，把水完全排出后干燥保管（把排水管一直打开）。

3. 气密性检查

在热泵装置运行及停机保养期间，应密切关注热泵装置内的真空状态。当发现热泵装置有异常泄漏时，应立即进行气密性检查。气密性检查包括打压找漏和真空检漏。

第四节　热泵系统故障处理

一、停机故障

热泵装置在自动运转过程中，出现下列任何一种故障时，控制系统立即报警并自动关闭热源阀和冷剂泵，再按程序自动停机：①冷剂水低温；

②变频器故障；③冷凝器高温；④发生器溶液高温；⑤冷剂泵过流；⑥蒸汽压力高；⑦发生器压力高。

在热泵装置自动停机过程中，操作人员可通过按触摸屏热泵装置运转监视画面上的“故障监视”键，消除警报声，并通过故障内容画面了解故障内容及排除方法。出现故障后，操作人员必须立即排除，故障排除后，再重新启动热泵装置。

二、异常现象及其排除方法

热泵装置及电气系统异常现象及排除方法见表21－4、表21－5。

表21－4　　热泵装置异常现象及排除方法

序号	现象	原　因	排除方法
1	热泵装置无法启动	（1）无电源进控制箱；	（1）检查主电源及主空气开关；
		（2）控制电源开关断开	（2）合上控制箱中控制开关及主空气开关
2	真空不良	（1）热泵装置泄漏；	（1）检漏，并消除泄漏；
		（2）真空泵性能不良或抽气系统故障	（2）测定真空泵性能，并排除抽气系统故障
3	冷剂水污染	（1）溶液循环量过大，液位高；	（1）适当调整溶液调节阀的开度；
		（2）溶液注入量过多；	（2）排出部分溶液；
		（3）热媒水出水温度过低；	（3）增加工作蒸汽量；
		（4）加热量太大；	（4）调整加热量；
		（5）溶液质量不好	（5）取样分析，更换质量可靠的溶液
4	运行中突然停机	（1）停电或电源缺相；	（1）检查供电系统，排除故障，恢复供电；
		（2）安全保护系统动作： 1）冷剂泵异常； 2）溶液泵异常； 3）热媒水断水； 4）其他故障	（2）排除故障，使之正常： 1）若过载继电器动作，复位并检查电动机温度、电流值和绝缘情况； 2）参照1）处理方法； 3）见序号8； 4）根据故障内容进行处理

续表

序号	现象	原 因	排除方法
5	发生器溶液高温	(1) 密封性不良，有空气泄入；	(1) 启动真空泵抽气，并排除泄漏点；
		(2) 加热量超过额定值；	(2) 调整加热量至额定值；
		(3) 热媒水侧传热管结垢严重；	(3) 清洗传热管；
		(4) 溶液循环量偏小	(4) 调节溶液循环量
6	溶液泵汽蚀	(1) 溶液量不足；	(1) 加溶液；
		(2) 结晶；	(2) 熔晶；
		(3) 溶液循环量大	(3) 调节溶液循环量
7	冷剂泵汽蚀	(1) 冷剂水量不足；	(1) 加冷剂水；
		(2) 热媒水水温过低	(2) 调节热媒水水温或添加冷剂水
8	热媒水断水	(1) 水泵（或电动机）损坏；	(1) 修理；
		(2) 过滤器堵塞；	(2) 清洗过滤器；
		(3) 补水不足	(3) 大量补水
9	热泵装置内部液位异常高液位，机内压力异常升高	传热管泄漏或热泵装置其他部位异常泄漏	采取紧急措施： (1) 切断热泵装置电源停机； (2) 关阀并停乏汽系统、热媒水泵； (3) 放尽机内存水； (4) 将机内溶液排至贮液罐，揭开各部件端盖、盖板，进行气密性检查
10	停机期间真空度下降	有泄漏	进行气密性检查
11	触摸屏上显示温度等参数波动较大	(1) 接地不良；	(1) 重新接地；
		(2) 温度探头等传感器不良；	(2) 检修或更换；
		(3) 触摸屏有故障	(3) 更换

续表

序号	现象	原　因	排 除 方 法
12	溶液泵或冷剂泵不运转	（1）泵电动机过载保护；	（1）查出过载原因，处理后，再复位；
		（2）控制电路有故障；	（2）检修电路；
		（3）泵本身有故障；	（3）更换或检修；
		（4）热泵装置自动保护动作	（4）查明原因
13	蜂鸣器不响	（1）蜂鸣器损坏；	（1）更换；
		（2）保险丝烧断	（2）更换
14	发生器一直高液位，浓溶液进吸收器管温度下降	热交换器或浓溶液进吸收器管内溶液结晶	熔晶，打开发生器与吸收器连通管上的球阀，并增大溶液循环量以降低热泵装置运行时的浓溶液浓度

表 21－5　　电气系统异常现象及排除方法

序号	异常现象	排除方法
1	控制系统无电	（1）检查是否有电源供给热泵装置；
		（2）检查控制箱空气开关是否合上，并检查空气断路器输入输出是否有电；
		（3）检查控制箱控制回路单极开关是否合上，并检查单极开关输入输出是否有电；
		（4）根据电气原理图检查各部分控制元器件的电源供给情况
2	控制元器件动作异常	（1）检查控制元器件的输入是否正常，如接触器的三相电源和控制电源是否正常、液位控制器的电源供给及电极回路等；
		（2）检查控制元器件的输出是否正常，如接触器的三相电源输出是否正常、液位控制器的高低液位信号输出是否正常等；
		（3）检查其他相关控制回路，如 PLC 对接触器的控制信号是否正常等；
		（4）按照元器件使用说明书检查元器件是否完好

续表

序号	异常现象	排除方法
3	触摸屏工作异常	(1)检查通信线及电源是否连接正常牢固，检查触摸屏电池（每三年须更换）；
		(2)按照触摸屏操作手册故障查找和维护内容进行检查
4	PLC工作异常（ERRAR指示灯亮）	(1)用排除法检查各元器件是否损坏，包括PLC控制器、控制器电源、输入输出模块、底板及PLC电池（每三年须更换）；
		(2)按照PLC操作手册故障排除和维护内容进行检查
5	外部检测元件工作异常	(1)检查接线是否牢固，线路是否完好（重新用线把传感器接到控制箱）；
		(2)检查传感器是否完好（重新用线把传感器接到控制箱，测量传感器的输出是否正常）；
		(3)检查传感器安装情况（如压力传感器导压孔堵塞，流量开关靶片损坏等）
6	外部执行元件工作异常	(1)检查接线是否正确，控制信号是否正常；
		(2)按照执行元件安装使用说明书检查

三、溶液结晶的处理办法

热泵装置最容易结晶的部位是热交换器的浓溶液侧及浓溶液出口、浓溶液进吸收器管等处，结晶后的显著特征是热泵装置运行时发生器一直高液位，热交换器表面和浓溶液进吸收器管温度下降，甚至会出现溶液泵吸空。结晶后，打开发生器与吸收器连通管上的球阀，发生器内的高温溶液直接进入吸收器内，加大溶液循环量，直至结晶消除。

四、紧急情况处理

1. 火灾、地震

切断电源、关闭热泵装置所有阀门，采取消防措施。

2. 水灾

将热泵装置控制箱、真空泵卸下，运至安全位置，并用厚塑料膜将屏蔽泵、传感器及所有电线包严，确保不漏水。

3. 传热管破损（热泵装置内液位电极报警，机内压力异常升高，溶液浓度变稀）

停机（停冷剂泵、溶液泵），并立即关阀门后停乏汽系统、热媒水泵，将机内溶液排出到贮液罐内。放尽端盖内存水后，打开端盖对热泵装置进行气密性检查，找出破裂的传热管更换。

4. 故障停机

分析故障原因，问题处理后才能重新开机。

5. 断电

停机后应立即关闭热源进口手动阀门，再关闭水泵出口阀门并停泵；若停机前正取样或用真空泵抽气，应关闭取样阀和真空泵下抽气阀、上抽气阀。来电后可按下列程序进行启动：

（1）通过控制箱中的调节阀复位装置使热源调节阀复位。

（2）在确认泵出口阀门关闭的情况下按正常操作程序先后启动乏汽系统及热媒水泵，打开出口阀门，调节流量至额定要求。

（3）热泵装置手动控制，启动溶液泵及冷剂泵，空运转一段时间后停机。

（4）热泵装置自动控制，按正常顺序启动热泵装置。

（5）检查冷剂水，若相对密度大于 1.04，应进行再生处理。

6. 真空泵故障

真空泵常见故障及其原因和排除方法见表 21 – 6。

表 21 – 6　　　　真空泵常见故障及排除方法

序号	故障	原因	排除方法
1	极限真空不高	（1）油位低，油对排气阀不起油封作用，有较大的排气声；	（1）加油，油位在中心线上下 5mm 范围内；
		（2）油牌号不对；	（2）换牌号正确的真空泵油；
		（3）油乳化；	（3）拧松油箱底部放油螺栓放出乳化油或水珠，并适当补油，若太脏还需用真空油置换清洗；
		（4）阻油器及其管道泄漏；	（4）检查泄漏处并消除；
		（5）旋片弹簧折断；	（5）更换新弹簧；
		（6）油孔堵塞，真空度下降；	（6）应放油，拆下油箱，松开油嘴压板，拔出进油嘴，疏通油孔，但尽量不要用棉纱头擦零件；
		（7）旋片、定子磨损；	（7）检查、修整或更换；
		（8）吸气管或气镇阀橡胶件装配不当，损坏或老化；	（8）调整或更换；
		（9）真空系统严重污染，包括管道	（9）清洗

续表

序号	故障	原因	排除方法
2	漏油	（1）放油旋塞和垫片损坏；	（1）检查并更换；
		（2）油箱盖板垫片损坏或未垫好；	（2）检查、调整或更换；
		（3）有机玻璃热变形；	（3）更换、降低油温；
		（4）油封弹簧脱落；	（4）检查、检修；
		（5）气镇阀停泵未关；	（5）停泵时关闭；
		（6）油封装配不当磨损	（6）重新装配或更换
3	喷油	（1）油位过高；	（1）放油使油位正常；
		（2）油气分离器无油或有杂物；	（2）检查并清洁检修；
		（3）挡液板松脱或位置不正确	（3）检查并重新装配
4	噪声	（1）旋片弹簧折断，进油量增大；	（1）检查并更换；
		（2）轴承磨损；	（2）检查、调整，必要时更换；
		（3）零件损坏	（3）检查、更换
5	返油	（1）泵盖内油封装配不当或磨损；	（1）更换；
		（2）泵盖或定子平面不平整；	（2）检查并检修；
		（3）排气阀片损坏	（3）更换

7. 屏蔽泵故障

屏蔽泵常见故障、原因及排除方法如下：

（1）屏蔽泵汽蚀。原因及排除方法见表21－4。

（2）轴承磨损。

1）回转部件的动平衡破坏，应检查并修理回转部件；

2）泵产生气蚀，应检查原因并排除；

3）溶液内有杂物，应使溶液再生，且检查泵过滤网并清洗；

4）工作流量处在不适当的范围，使轴向载荷过大，应将泵流量调整到适当的流量范围内。

（3）泵电动机电流增加。

1）泵内部流体阻力增加，检查泵壳体、叶轮及诱导轮，表面粗糙时，用砂纸或机械方法将其表面磨光；

2）轴承接触面异常，检查并调换轴承、轴套、推力板，消除摩擦增大原因；

3）转子和定子接触不良，检查其表面有无膨胀变形等异常，消除磨损原因；

4）叶轮与泵壳接触不良，检查泵轴与叶轮的安装，并检查泵轴的弯曲度，若轴弯曲不符合规定时，应校对或调换新轴；

5）泵壳内有异物，应拆下泵壳，检查泵内是否有异物；

6）泵电动机绝缘电阻下降，线圈电阻三相不平衡，应使其复原，否则要调换定子，若电动机受湿，应用喷灯慢慢烘干；

7）电动机缺相运行，检查电动机接线部位的紧固状态，有松动时，应紧固；

8）电源的电压和频率变动，检查电路电源。

（4）热继电器保护装置频繁动作。

1）泵电动机过载、过热，检查工作液体流量、温度，检查清洗过滤网；

2）热继电器故障，检修或调换热继电器。

（5）屏蔽泵噪声或振动大。

1）泵反转，应改变电动机接线，使泵旋转方向正确；

2）泵流量过大或过小，应检查热泵装置运转情况，使泵的流量在规定的范围内；

3）泵发生汽蚀，见表21－4；

4）泵吸入异物，检查并排除异物；

5）泵壳与叶轮或诱导轮接触，检查并检修；

6）泵内部螺钉松动，检修泵；

7）泵的回转部件动平衡不良，应检查并校正泵的动平衡。

提示 第一～四节内容适用于初、中级工使用。

参 考 文 献

[1] 吴季兰．300MW火力发电机组丛书：第二分册：汽轮机设备及系统．第二版．北京：中国电力出版社，2006.

[2] 王国清．火力发电职业技能培训教材：汽轮机设备运行．北京：中国电力出版社，2005.

[3] 胡念苏．1000MW火力发电机组培训教材：汽轮机设备系统及运行．北京：中国电力出版社，2017.

[4] 广东电网公司电力科学研究院．1000MW超超临界火电机组技术丛书：汽轮机设备及系统．北京：中国电力出版社，2018.

[5] 张磊，马明礼．超超临界火电机组丛书：汽轮机设备与运行．北京：中国电力出版社，2009.

[6] 王鸿懿．600MW火电机组系列培训教材：第八分册：热工控制系统及设备．北京：中国电力出版社，2009.

[7] 汪淑奇，文练红，杨继明．600MW火电机组系列培训教材：第二分册：中：单元机组设备运行：汽轮机设备与运行．北京：中国电力出版社，2009.

[8] 李建刚，杨雪萍．"十三五"职业教育规划教材：汽轮机设备及运行．第三版．北京：中国电力出版社，2017.

[9] 孙为民，高清林．全国电力高职高专"十二五"规划教材：电厂汽轮机设备．北京：中国电力出版社，2015.

[10] 宁夏电力公司教育培训中心，国电电力武威发电有限公司．350MW超临界压力空冷供热机组技术丛书：汽轮机设备及运行．北京：中国电力出版社，2018.